KB216376

기동전

Race to the Swift

Thoughts on Twenty-First Century Warfare

ⓒ Richard E. Simpkin 1985

이 책의 한국어판 저작권은 시빌 에이전시를 통한 독점계약으로 책세상에 있습니다.
저작권법에 의해 한국 내에서 보호를 받는 저작물이므로
무단 전제와 무단 복제를 금합니다.

MILITARY

CLASSIC

기동전

리처드 심킨 지음
연제욱 옮김

Race to the Swift

책세상

일러두기

1. 이 책에 사용된 맞춤법과 외래어 표기는 1989년 3월 1일부터 시행된 〈한글 맞춤법 규정〉과 〈문교부 편수자료〉에 따랐다.

2. 번역의 텍스트로는 《Race to the Swift : Thoughts on Twenty-First Century Warfare》(Brassey's London & Washington, 1985)를 사용했다.

3. 인명은 최초 1회에 한하여 원문을 병기하는 것을 원칙으로 하고, 필요에 따라 반복 병기도 했다.

4. 지은이나 옮긴이의 의도에 따라 특정 용어는 원어를 단독 표기했다.

5. 옮긴이주는 본문 안에 괄호 처리했다.

아마도 부질없는 바람이겠지만, 전쟁을 좀더 잘 이해함으로써
전쟁을 방지하고 억제하는 데 도움이 되기를 바라면서……
사랑하는 나의 아내 바버러Barbara에게

머리말

이 책은 미래에 관한 것이다. 여기서 말하는 미래란 핵무기의 그늘 아래 소련과 그 주변국의 재래식 병력 및 핵 능력, 그리고 제3세계의 군사분쟁이 나날이 증가하고 보다 호전적으로 변화하는 현상이 근본 문제가 되는 세계 정세 속에서 국가 정책의 수단으로서 군대와 군사력이 직면하게 될 미래를 의미한다.

군사 문제의 장래를 가정하는 것은 실로 어려운 일이다. 군사력을 건설하고 전략을 수립하는 사람들은 한결같이 하나의 군사적 대결이 종식되는 순간 놀랍게도 재빨리 이를 평가하고 곧바로 다시 투쟁 —— 정확히 말하자면 방금 그들이 치른 투쟁이다 —— 에 대비하기 시작하는 경향이 있다. 물론 심킨과 이 책에 대해서는 이러한 비난을 퍼부을 수 없다. 심킨이 제시하는 해결 방안에 동의하든 안 하든 간에 이 책에는 미래를 예측하는 데 필수적인 기본 요소가 담겨 있다. 또한 이 책은 책임을 맡은 관리들이 무엇을 어떻게 행동해야 하는지에 대한 의견을 구하고자 할 때 반드시 고려해야 할 확고한 토의 기반을 제공한다.

이처럼 핵심적인 사안에 관하여 사고할 때, 북대서양의 양쪽에서 중대한 유사점을 관찰하는 것 역시 흥미롭고도 적절한 일이다. 더불어 이러한 유사점에 대하여 저자가 제시하는 도전적인 가설에 어떠한 형태로든 머리말을 붙이는 것이 적합할 것 같다.

1950년대 초부터 미국과 여러 전구戰區의 주요 동맹국들은 잠재적인 적국들의 양적 우세를 핵무기를 통해 상쇄하기 위해서 기술 개발에 주력했다.

이와 같은 현상은 특히 유럽의 나토NATO(북대서양 조약기구)에서 더욱 극적으로 전개되었다. 과거에는 물론 지금까지 확고한 사실은 나토 회원국들이 나토 중부지역의 재래식 방어에 필요한 대규모의 전통적인 사단과 공군을 유지할 수 없으며, 또 그렇게 하지도 않을 것이라는 점이다. 아이젠하워Dwight Eisenhower 장군은 유럽 연합군 최고 사령관으로서 나토 중부지역의 재래식 방어를 위해 96개의 사단과 9,000대의 항공기가 필요하다고 제안했다. 그러나 1951년 나토 집행부는 정치적으로 실행 불가능하고 경제적으로도 유지할 수 없다는 이유로 이 제안을 즉시 기각했다.

나중에 미국의 대통령이 된 아이젠하워는 나토가 26개의 사단(이 중 12개 사단은 서독이 제공했다)과 1,400대의 전술 항공기 및 15,000개의 전술 핵무기에 의존해야 한다는 개념을 수용했다. 이러한 핵무기 생산이 거의 완료되었을 때 케네디John F. Kennedy 대통령의 국방장관인 로버트 맥나마라Robert S. McNamara는 유럽에 배치하는 포병 핵탄, 지대지 및 지대공 핵탄두, 전술 항공기에 의한 핵폭탄 등의 수효를 7,000개로 제한했다. 그럼에도 불구하고 핵무기의 존재는 먼저 제기된 재래식 부대의 규모를 크게 감소시켰다. 또한 대량의 재래식 공격에 대항하여 핵무기 사용으로 위협함으로써 소련의 막강한 공격 능력을 20년 이상 효과적으로 견제할 수 있었다.

하지만 현재 소련이 핵무기에서 전략적, 작전적, 전술적으로 이룬 진보는 아이젠하워의 해결책을 압도한 것이다. 유럽의 나토와 다른 지역에서도 적의 재래식 공격을 핵무기로 조기에 반격하겠다는 위협은 더 이상 신뢰성이 없다. 우리는 이제 소련과 그 주변국 혹은 다른 나라 군대가 소련식으로 대량의 전차 및 보병을 이용하여 공격할 경우 어떻게 대항할 것인가 하는 문제에 대해 다른 해결책을 찾아야만 한다. 무의식적인 무릎 반사와 같은 핵전략으로부터 작전적 차원의 전쟁을 분리해내는 방법을 강구하는 것도 마찬가지로 중요하다. 이 문제는 후르시초프Kruschev와 케네디의 협상 테이블에서 매우 중요하게 거론되었을 테지만 오늘날의 힘의 균형은 그것이 현대의 어떤 협상과도 무관함을 여실히 보여주고 있다.

그러나 유럽과 한국 및 중동 전구의 작전·전술적 수준의 현실을 고려해볼 때 연합 및 합동 전력은 지속적으로는 아니더라도 최소한 초기 단계에서는 우세한 적과 직면하게 될 것이다. 소련식의 작전적 개념을 운용하는 군대는 재래식 무기를 이용하거나 혹은 재래식 무기와 화학 무기 및 전구 핵무기를 결합하여 아군을 압도하고 격멸하기 위해 준비된 지속적이고 무자비한 공격을 유지할 목적으로 질량과 속도의 산물인 '운동량momentum'을 증가시키기 위해 종심에서 제대화梯隊化 편성을 하게 된다. 소련과 주변국 그리고 범세계적으로 다수의 군대들이 현대적인 재래식 무기체계를 가지고 있기 때문에, 핵 보복만이 재래전에서의 패배에 대한 유일한 대안으로 여겨질 수 있다. 그러나 이 대안을 수용할 수 없다는 의견이 지배적으로 확산되고 있다. 전쟁을 수행하는 연합군 사령관은 아무도 결과를 예측할 수 없는 핵전쟁을 수행하는 대신 초기에 공중 및 지상에서 압도적으로 우세한 적에게 대항할 수 있는 재래식 군대와 무기체계를 보유해야 한다.

이와 같은 딜레마에 부수적으로 연관되는 것이 제3세계 국가들이 현대적인 무기체계를 갖추고 점진적으로 군국주의화하는 현상이다. 오늘날 적지만 상당히 현대화된 재래식 무기와 소규모의 핵을 비축한 소국小國들은 수년 전 나토 회원국들이 선택했던 것과 같은 이유로 핵무기라는 과학기술로 양적인 열세를 만회하겠다는 발상을 할 수 있다. 이러한 생각은 핵전쟁의 위험을 가중시키고 동시에 핵분쟁의 확산을 위협하고 있다. 비록 아직 문지방을 넘어서지는 않았지만 우리는 무책임한 정부나 지도자가 비이성적이고 무책임한 여러 가지 방법과 이유로 핵무기를 사용할 수 있는 바로 그러한 시대에 살고 있다. 오늘날 북대서양의 양쪽에서 일부 국가가 몰입하고 있는 핵 현대화에 대한 과열 경쟁이 다년간 성장해온 전통적인 현명함과 조약들을 파기하는 여건 속에서, 그리고 파기 명분에 대해 핵무기가 제대로 사용될 수 있다는 가능성에 대처하는 어려움이 증가된다는 사실을 감추어서는 안 된다. 그러므로 핵균형이 불확실해질수록 오늘날 핵 환경의 현실에 합당한 공식을 찾아내는 것이 필수적이며, 적절한 비핵전력의 능력을 강력하게 요구해야 핵 재앙의 위험 없이 문제를 해결할 수 있을 것이다. 무엇보다 절박한 위험은 핵논쟁이 비핵전력의 중요성을 은폐시키는 경향이 있다는 점이다. 이것은 앞으로 나토의 재래식 방어와 재래식 공격에 대한 무관심을 촉진시켜 재래식 전력을 돌이킬 수 없는 지점으로 몰고 가는 결과를 가져올 것이다.

이러한 고려사항들은 유럽에서의 나토 전략이 처음부터 소련의 통합된 전장 위협에 대처하도록 정립되어야 함을 요구하는데, 여기에는 재래식 병력과 핵능력 및 화학전에 의한 모든 병과 협동능력들이 포함된다. 또한 다른 지역에서도 핵능력이 증가하는 상황은 위와 같은 전략이 다른 전구에서도 적절하게 수립되어야 함을 시사하고 있다.

소련식의 작전적 개념은 다음과 같은 두 가지 기본 개념을 포함한다.

첫째, 질량mass, 운동량momentum 그리고 지속적인 전투continuous combat가 소련군이 적용하는 작전술이다. 방자의 방어 체계를 붕괴시키기 위하여 최초 돌파를 추구한다. 모든 병과와 무기체계(재래식, 핵, 화학)는 통합적으로 운용할 수 있도록 계획되어야 한다.

대안으로서 기습이 질량을 대신한다. 기습에는 나토 지역에서 독자적인 공격 임무를 수행하도록 작전 기동단(OMG)으로 구성된 다수의 사단을 포함할 수 있다. OMG는 무경고하에 나토 방어 부대가 전방으로 전개하는 기회를 거부하고자 할 것이다.

두 가지 개념은 서로 상이한 방법을 사용하지만 방자의 작전술을 와해시킨다는 하나의 목적을 갖고 있으며 본질적으로 기동을 토대로 한 계획이다.

오늘날과 미래의 현실에 적절한 작전적 개념을 정립하기 위해서는 반드시 이와 같은 근본 문제들에 대처해야 한다.

미국과 영국에서는 미래전을 위한 군의 작전적 개념을 새로 정립해야 한다는 전제 아래 비슷한 사유 과정을 거쳐 어느 정도 동일한 결론에 도달했다. 그 중 중요한 것은 다음과 같다.

핵무기는——특히 작전적 및 전술적 수준에서——제1세계와 제2세계 국가, 즉 초강대국과 기타 선진국의 정부가 적합한 것으로 고려하는 정치적 목적을 추구하는 수단과는 무관하게 되었다.

소모전, 즉 지속적으로 핵화력을 포함한 대량의 병력과 화력을 운용하여 적을 소모시키는 방법은 더 이상 자유세계 군사력의 작전적 개념으로 적합하지 못하다. 앞으로 서방국가들은 계속 양적인 열세에 처하게 될 것이다. 소련은 물론 전 세계적으로 분포된 제3세계 국가들의 군사력이 증대될 것이기 때문이다.

그렇다면 무엇을 해야 하는가?

우리가 질문하고 답변해야 할 기본 문제는 과연 전구 핵무기를 사용하지 않고도 양적으로 우세한 적을 극복할 수 있느냐는 것이다. 이에 전쟁의 역사에서 교훈을 찾을 수 있다. 전쟁의 작전적 및 전술적 차원에서 전투의 역사는, 전투를 개시할 때 가용한 병력 비율에 그 결과가 좌우되는 것이 아니라는 점을 되풀이해서 가르쳐주기 때문이다. 즉 일정한 범위 내에서는 양적으로 우세하거나 열세하다는 것이 승리와 크게 상관이 없다. 전투의 효과는 병력의 숫자가 아니라 구성 요소에 달려 있다. 그렇다고 해서 양과 전혀 무관하다고 강변하는 것은 아니다. 실제로 양적인 요인도 매우 중요하다. 그러나 이는 합리적인 한계——예를 들어 1:6에서 6:1까지의 공격 대 방어 비율——내에서 승리는 양적 우세가 아니라 '수단과 방법'에 의해 획득된다는 것을 의미한다. 이러한 사실은 국가 정책의 현실에 의해 양적인 열세에 처할 수밖에 없는 국가들에게 용기를 불어넣어준다.

무엇이 승리를 가져다주는가?

대다수의 전투에서 승자는 보통 초기의 전력비가 앞서 언급한 '합리적인 한계' 이내에 있었고, 어떻게 해서든지 적으로부터 주도권을 탈취하여 전투가 끝날 때까지 이를 유지했다. 그리고 주도권은 대부분 기동에 의해서 성공적으로 탈취되고 유지되었다. 이러한 현상은 방자이든 공자이든, 양적으로 열세하든 우세하든 공히 적용되는 것으로 보인다.

그렇다면 앞서 언급한 바와 같이 불리하고 급변하는 세계 속에서 국가 정책의 수단으로서의 군사력과 군대의 사용을 어떻게 받아들여야 할 것인가?

평화시 군대의 목적은——특히 국익 측면에서 매우 중요하다고 생각되는 지역에서의 군사 작전과 연계시켜 —— 정치적 문제를 군사적으로 해결하고자 하는 적 지도자의 동기를 최소로 감소시키는 데 있다. 그러나 정치권이 정치적 목적을 위해서 군사력을 투입할 경우 군대는 반드시 무엇이든 얻어내야 한다. 그렇지 않으면 정치권이 정치적으로 승리하기 위해서 협상을 할 수 있는 기초가 무너지기 때문이다. 그러므로 군사 작전의 목적은 단순히 패배를 방지하는 것이 아니라 승리를 달성하는 데 있다. 이것은 특히 나토나 중동 또는 한국에서 어떠한 방어전략도 상대방의 승리를 거부하는 데 그치지 말고 그 이상으로 확대되어야 함을 의미한다. 방어전략은 비록 제한이 되더라도 명확하게 인식할 수 있는, 방자에 대한 승리를 전제로 해야 한다.

세계 중요 지역에서의 방어전략은 방어 지역의 영토, 자원 및 시설물을 보존할 수 있도록 계획되어야 한다. 미군의 투입이 예상되는 세계의 중요 지역에는 소모전을 기반으로 한 고전적인 종심 방어전략을 수용할 수 있는 공간이 충분하지 않다. 그러므로 방어는 작전적 및 전술적 차원에서 신속하게 주도권을 탈취하기 위하여 충분히 전방에서 시작하고 그곳으로부터 공세적으로 진행하여 적의 돌격 제대를 격멸하는 동시에 적의 후속 제대를 감속, 와해, 분쇄, 분산 및 격멸시켜야 한다.

이 개념을 실행하기 위한 작전술은 정치권이 유리한 위치에서 적과 협상하도록 뒷받침해주는 동시에 신속하게 전투를 완결지을 수 있도록 만들어야 한다. 그리고 말할 것도 없이 작전적 충돌의 한 가지 목적은 군사 작전이 장기화되는 가능성을 줄이는 것이어야 한다. 나아가 작전술은 동시에 다음을 추구해야 한다.

적이 추구하는 목표에 접근하는 것을 거부한다.

후속 제대와 전투하여 적 돌격 부대의 증원을 차단한다. 그리하여 '상당한 전투력의 차이'에도 불구하고 강력한 전방 방어에 의해 적이 지속적인 전투를 달성하는 것을 방지한다.

적의 공격을 중단시키고 철저한 패배의 위험 속으로 몰아넣으며, 적의 작전적 계획의 통합성을 공격하여 파괴하는 기동을 함으로써 기회를 포착하고 주도권을 장악한다.

이러한 목표를 달성하기 위해서 전장과 전투는 다음 세 가지 방향으로 확장되어야 한다.

첫째, 전장은 종심 깊이 확대되어야 한다. 아직 접촉하지 않은 적 부대의 운동량을 와해(질량의 분쇄와 속도의 감소를 지향한다)시키기 위해서 교전해야 하며, 적의 지휘 통제를 어렵게 만들어야 한다.

둘째, 현재의 전투 행위, 후속 제대의 공격, 군수지원 준비 및 기동 계획 등이, 시간이 경과할수록 근접 전투의 승리 가능성을 극대화할 수 있는 지점으로 적시에 전방 확대가 되어야 한다.

셋째, 전투에 관련되고 영향을 미치는 자산의 운용 범위는 합동 표적 획득 수단과 공격 자원을 운용하는 상급 사령부를 크게 강조하는 쪽으로 확대되어야 한다.

여기서 등장하는 것이 전투 개념, 즉 공지전투空地戰鬪이며 적의 전투 능력을 파괴하기 위한 목표는 전장에서의 광범위한 체계와 조직 운용의 통합을 촉구한다. 이러한 전장에서는 과거의 교리적인 개념으로 예측한 것보다 군단과 공군의 종심이 훨씬 깊다.

그렇다면 전장과 전투의 확대는 가능한가?

나는 가능하다고 믿는다. 더 나아가서 현재 및 머지않은 장래에 사용 가능한 과학기술이 작전적으로 유용하게 될 것이라고 확신한다.

주로 전자 기술, 감지 기술, 마이크로 프로세서 기술, 회전익 항공기와 이와 관련된 항공 전자 기술 등이 독특한 방법으로 결합되어 공지전투를 가능하게 할 것이다. 우리는 과거의 과학기술에 의존하는 해결책의 부적절성 그리고 질량 및 운동량에 의한 지속적인 지상전투라는 소련군식 작전적 개념의 현실을 인정했다. 때문에 양적으로 우세한 적에 직면하여 기동전을 가능하게 만들도록 의도된 작전적 개념을 뒷받침하기 위해 다시 한 번 과학기술적 제안을 응집시키는 일이 가능하다고 확신한다. 전쟁의 작전적 및 전술적 차원에서 주도권을 확보하고 유지하며 공지전투를 승리로 이끌기 위해서는 기동전이 필요하다.

편성 부대의 적절성, 나토 중심부 방어 그리고 소규모 부대 기동 이론 등 심킨이 이 책의 마지막 장에서 수용한 개념은 우리가 일반적으로 동의하는 도전에 대처하기 위한 작전술 문제의 해결책이지만, 이에 적합한 개념을 제공하는지의 여부는 독자들의 판단에 맡긴다. 아무튼 변화에 대한 요구는 거부할 수 없는 과제이다. 또한 심킨이 어떠한 형태로든 최초로 대담하게 기술을 시도했으며 우리가 암울한 미래를 응시하고자 할 때 가슴 깊이 새겨야 할 핵심적인 아이디어가 이 책에 담겨 있다는 사실은 분명하다.

미 육군대장 돈 A. 스태리Donn A. Starry

차례

머리말 · 7

서문 · 27

그림 목록 · 42

도표 목록 · 45

군대 부호 · 46

제1부 전쟁술의 본질

제1장 50년 주기 · 51

    1. 서론 · 51

    2. 50년 주기 · 54

    3. 수수께끼의 인물 클라우제비츠 · 60

    4. 작전적 수준과 총력전 · 69

    5. 20세기 전차 유일론 · 72

    6. 80년대의 소동 · 76

제2장 전격전 · 78

    1. 서론—소모 이론과 기동 이론 · 78

    2. '작전적'이라는 용어 · 85

3. 전후의 동요 · 87

4. 작전적 교리 · 95

5. 히틀러의 영향 · 99

6. 비평 · 102

제3장 종심작전 이론 · 108

1. 투하체프스키와 트리안다필로프 · 108

2. 제2차 세계대전(대 애국전쟁) · 112

3. 전후 기간의 지상군 · 117

4. 데잔트Desanty · 123

5. 비평 · 129

제2부 전쟁의 물리학

제4장 지면 · 139

1. 서론 · 139

2. 기본적인 지형 모델 · 141

3. '목' 지점 · 147

4. 장애물 도하 · 152

5. 은폐 및 엄폐와 상호 가시성 · 155

6. 도시 지형 · 161

7. 극심한 지형과 기후 · 165

8. 지면의 작전적, 전술적 가치 · 168

9. 영토의 정치적, 경제적 가치 · 171

제5장 질량 · 174

1. 서론―랜체스터 방정식 · 174

2. 사용 가능한 질량 · 176

3. 물리적인 전투력 · 178

4. 군사적 질량의 실용 단위 · 181

5. 전투 승수 · 184

6. 로봇 공학과 무인 방어물 · 187

7. 결론 · 196

제6장 무너지는 댐 · 198

1. 서론―동적인 부대 · 199

2. 지레 작용의 발전 · 201

3. 두 이론 사이의 관계 · 203

4. 견제 부대의 역할 · 204

5. 내선 · 206

6. 지렛대의 변화 · 206

7. 상대 속도 · 211

8. 기동 부대와 견제 부대의 일반적인 특징 · 214

9. 특수한 경우 · 216

10. 템포 · 219

11. 템포의 일반적인 특징 · 222

12. 실시 템포를 저하시키는 요인들 · 224

13. 결론—기동 승수 · 229

제7장 회전익의 혁명 · 234

1. 서론—선형 규칙 · 234

2. 헬리콥터—이중 혁명 · 238

3. 주전투 공중 차량의 개념 · 241

4. 중重 수송 선택 · 250

5. 비용 · 251

6. 헬리콥터 여단의 능력 · 252

7. 결론 · 256

제8장 전투 가치 · 259

1. 서론―기동 이론의 한계 · 260

2. 충분 질량과 최소 질량 · 261

3. 전투 가치 · 263

4. 상호 교환 가능성, 무력화 및 섬멸 · 266

5. 붕괴, 선제 및 억제 · 271

6. 인간 승수 · 274

7. 결론 · 275

제9장 클럽 샌드위치 전투 · 278

1. 서론 · 278

2. 상대적인 템포 · 282

3. 클럽 샌드위치 · 288

4. 공정 부대의 장래 · 293

5. 헬리콥터가 선도하는 전략적 행동 · 298

6. 잠수 항공모함의 충격 · 299

7. 결론 · 301

제3부 행운 관리

제10장 과학기술과 우연 · 307

1. 서론 · 307

2. 표적 반응 · 309

3. 화력의 지배 · 312

4. 첩보 과학기술과 전자전 · 315

5. 인간과 환경 · 322

6. 대실수 · 329

7. 결론―과학기술과 기습 · 331

제11장 기습과 책략 · 334

1. 서론 · 334

2. 기습의 계량화 · 337

3. 정신적인 기습―종합적인 운동량 · 340

4. 준비태세 · 341

5. 전략적 기습 · 342

6. 특수 부대와 기습 · 345

7. 보안, 기만 및 허식 · 348

8. 결론 · 356

제12장 정보, 위험 및 행운 · 359

1. 서론 · 359

2. 승산과 결심 · 361

3. 첩보와 위험 · 362

4. 작전적 정보 · 367

5. 행운 · 372

6. 결론 · 375

제4부 둥근 바위

제13장 의지의 충돌 · 379

1. 서론—정치적 및 대중적 의지 · 379

2. 보병 공격 · 383

3. 충성심 · 387

4. 정신적, 물리적 용기 · 388

5. 마개와 구멍 · 390

6. 지휘의 통일 · 396

7. 지휘 방식 · 400

8. 결론—외양과 현실 · 402

제14장 임무형 전술(지령형 통제) · 406

1. 서론—임무형 전술의 의미 · 406

2. 지휘의 매개 변수 · 409

3. 임무형 전술의 기초 · 412

4. 차차상급, 차차하급 · 415

5. 전방 지휘(진두 지휘) · 418

6. 부대 예규(SOP) · 423

7. 결론—임무형 전술의 역할 · 427

제15장 유연한 사슬 · 429

1. 서론 · 429

2. '융커' 사회 · 431

3. 계급간 문제의 공유 영역 · 433

4. 독일군의 구조와 훈련 · 436

5. 사회 · 경제적 배경 · 443

6. 결론 ― 가능한 체제 · 446

제16장 멋쟁이와 동료들 · 453

1. 서론 ― 결심 주기의 투쟁 · 453

2. 지휘관과 선임 참모장교 · 456

3. 본부의 규모와 구조 · 460

4. 준비 템포와 참모 기능 · 464

5. 그것은 어떻게 작동할까? · 467

6. 결론 ― 두 가지의 중대한 변화 · 469

제5부 목적과 수단 · 473

제17장 수용 가능한 목적 · 475

1. 서론 ― 최후의 스포츠 · 475

2. 전쟁 목적 · 479

3. 군사 목적 · 482

4. 작전적 개념 · 488

5. 결론 · 490

제18장 편성 부대의 적절성 · 493

1. 서론―소련군의 '사용 불가능성' 개념 · 493

2. 다른 저변에 깔린 경향 · 495

3. 상호 확증파괴(MAD)에서 광기까지 · 498

4. 비핵 억제 · 501

5. 사용 가능한 군대의 형태 · 503

6. 지상군의 구조 · 505

7. 자국 방어 · 508

8. 시민군의 위험 · 513

9. 결론 · 515

제19장 나토 중심부 방어 · 517

1. 서론―나토의 낡은 강령 · 517

2. 지상군의 수준 · 521

3. 전술적 개념 · 522

4. 작전적 개념 · 528

5. 반격과 역위협 · 533

6. 결론―위협 평가 · 536

제20장 소규모 부대 기동 이론 · 538

1. 서론―군인과 게릴라 · 539

2. 왜 혁명군이 승리하는가? · 541

3. 훈련 철학 · 543

4. 혁명전쟁에 대한 대응 · 546

5. 개입 · 549

6. 결론―정치적, 합법적 장치 · 552

참고문헌 · 556

해설/심킨과 《기동전》· 581

찾아보기 · 604

서문

"완전히 독단적인 주장을 늘어놓기보다는 심사숙고할 수 있도록 고려 사항들을 제공하는 편이 낫다."

— 알프레드 세이어 마한Alfred Thayer Mahan

삭스Saxe 원수는 "전쟁을 하나의 '술術'로 취급한 소수의 저서들 중에서도 존경받을 만한 작품은 극히 일부에 불과하다"고 혹평한 바 있다. 오늘날에도 보편적으로 적용되는 그의 말은 전쟁서를 쓰려는 모든 사람들에게 달갑지 않은 충고가 된다. 나는 전쟁의 보편성에 대해 저술한 사람들을 세 부류로 나눌 수 있다는 사실을 발견하였다. 첫째, 아마 대가들을 고무하기에 가장 값진 것일 텐데, 부분적으로 고유한 문학적 가치를 지닌 준신비적인 작품들이 있다. 낯설기는 하지만 삭스의 《전쟁술에 대한 몽상Rêveries upon the Art of War》이 이러한 장르에 속하는 하나의 예이다. 또 나폴레옹이 야전에서 늘 지니고 다녔다는 드 기베르De Guibert의 《전술 평론Essai Général de Tactique》도 부분적으로 이러한 범주에 속한다. 우아한 데카르트식 논법을 펼친 트리안다필로프Triandafillov의 저서 《현대군 작전의 특징 Kharakter operatsii sovremennykh armii》은 이러한 특징을 더욱 많이 갖고 있다. 이와 같이 주로 프랑스적인 전통은 1944년 비밀 비행 임무를 수행하던 중에 사망한 시인이자 조종사였던 신비의 인물 앙투

안 드 생 텍쥐페리Antoine de Saint-Exupéry의 저술에서 절정에 이른다. 그러나 이러한 장르의 작품들은 주로 미학적인 차원에서 의사소통을 시도하기 때문에 분석하거나 부언하기 어렵다.

두 번째로 투키디데스Thucydides와 타키투스Tacitus로부터 리델 하트Liddell Hart, 앨런 테일러Alan Taylor 그리고 마이클 하워드Michael Howard에 이르는 분석적인 전쟁사가들이 있다. 우선 사례들을 깊이 있게 검토하고 난 뒤 그 사례들로부터 일반적인 결론을 도출해내는 그들의 기술은 비역사가들에게 특별한 가치를 지니는데, 그러한 기술은 비역사가들에게 사실을 제공하고 역사가들의 사고를 드러내는 역할을 한다. 이러한 유형의 저술가들은 그 접근 방식으로 인해 한계를 나타낸다. 즉 그들은 실제적인 원칙들을 상술하기 직전 단계에서 중단하는 경향이 있다. 그러나 마한은 예외적인 경우이다. 나는 약 35년 전 참모대학에서 공부할 때 마한이 러일전쟁에 대하여 저술한 책을 읽으며 급속도로 빠져들었던 경험을 생생하게 기억한다. 당시 나는 마한이 저술한 《해양 전략Naval Strategy》을 다시 한 번 완전하게 통독하는 것과 같은 엄청난 희열을 느꼈다. 나는 미군의 '개혁가(기동 이론의 주역)'들이 클라우제비츠Carl von Clausewitz를 숭배하느라 고민하면서 시간을 낭비하는 이유를 알 수가 없다. 그들은 지척에 마한과 같이 훨씬 건실한 권위자를 소유하고 있을 뿐만 아니라 학식 있는 장군들의 소개로 더욱 뛰어난 군사 대가인 손자孫子 또한 알고 있다.

이렇게 해서 마직막 세 번째 부류, 즉 그 이름만으로도 전쟁 이론을 연상시키는 군사 이론가들에게 이르렀다. 그들은 내가 독자들에게 납득시키고자 하는 '갈퀴의 양 갈래'를 입증하는 멋진 예외이다. 손자는 2000년도 넘는 과거에 살았던 사람이지만 마치 오늘날에 저술한 것과 같은 불후의 명저를 남겼다. 그리고 손자의 저서를 번역한 새뮤얼 그리피스Samuel B.Griffith 장군은 고도로 본질적이고 문학적으로 뛰어난 번역 솜씨를 발휘하는 한편, 자신의 배경 지식과 주해를 이용하여 우리를 손자의 정신 세계로 인도한다.

　나는 전문적인 번역가의 한 사람이지만 번역에 깊은 불신감을 갖고 있다. 따라서 어디에서든지 할 수만 있으면 원전으로 되돌아갔다. 독자들이 제1부에서 보게 되다시피 특히 클라우제비츠의 경우에 그러했다. 그러나 군사 이론가들의 의사擬似 철학적인 혼란 상태와 즐비한 원칙, 자질구레한 세목들은 나에게 '버니언의 절망의 구렁텅이John Bunyan's Slough of Despond'(버니언의 작품인 《천로역정Pilgrim's Progress》에서 인용─옮긴이주)를 생각나게 했다. 이 구렁텅이에 빠져들었을 때 전쟁 이론에 대하여 저술하려는 의욕은 점차 위축되어갔다. 그러나 손자의 식견과 마한의 객관성을 동시에 흉내내되 역사와 전쟁보다는 학문으로부터 나의 주장을 발전시키면서 다른 접근 방식을 찾기 위해 거듭 다짐을 하곤 했다. 나는 군사사軍事史가 미래를 조망하는데 값진 깊이와 공통적인 배경을 제공한다는 것은 인정하지만 군사적인 지혜에 도달하는 유일한 경로라는 역사학자들의 견해에는 동의하지 않는다. 따라서 분석적 역사가들과 이론가들 사이에서 중도를 추구했는데, 후자와는 다음 네 가지 관점에서 상이한 견해를 갖고 있다.

　첫째, 이론가들은 전쟁을 정책 수단으로 인정하던 시대에는 왕자들 또는 장군참모(독일어의 원 단어인 Generalstabsoffizier는 본래 의미로 보아 장군참모장교로 번역하는 것이 옳다─옮긴이주)들을 지도하기 위해 책을 기술했다. 풀러Fuller와 드골de Gaulle의 시대에도 군대에 의지하는 것은 수용 가능하다고 간주되었다. 즉 마이클 하워드가 설명했듯이 코카서스 문화는 아직 '호전적'이었다. 오늘날 편성 부대(한 국가의 조직화된 군대로서 상비군을 의미 — 옮긴이주) 사이의 전쟁은 제3세계에서 인기 있는 스포츠로 남아 있다. 반면에 제1세계와 제2세계에서는 여론의 무게중심이 편성 부대 사이의 충돌에 의존하는 것을 더 이상 정책수단으로 수용할 수 없다는 쪽으로 쏠려 있는 듯하다. 이것은 여론이 군사적 위협에 대하여 무력에 의한 방어를 배제하거나 보통 '혁명전쟁'으로 알려진 빈번하고 효과적인 폭력 행위들을 전적으로 부인한다는 의미는 아니다. 오히려 반대로 '정부지원 테러리즘'이라는 미명 아래 이와 같은 행위들이 승인된 무장력 적용의 한 형태로 자리를 잡아가고 있다. 여기서 나의 목표는, 군인과 정치가들 그리고 그 외의 지식 사회에 현대전쟁의 매카니즘에 관한 이해를 새로 가르치는 것이 아니라 확대하는 것임을 다시 한 번 강조하겠다. 나의 희망은 이러한 이해가 전쟁의 열정과 신비를 감소시켜서, 비폭력적 수단 또는 적어도 대량 학살 대신 선제 공격과 적을 붕괴시키는 작전을 사용하여 분쟁의 해결을 촉진하게 되는 것이다.

둘째, 이론가들의 방식은 소위 말하는 영속적인 원칙의 틀을 세우고 이것을 덧없는 로코코식의 화려한 세목들로 장식하는 것을 즐겨왔다. 심지어 트리안다필로프와 비독선적인 천재 투하체프스키Tukhache-vskii와 같은 러시아인들도 과학기술의 영향으로 그들이 1920년대에 설명했던 세목들의 대부분을 무효화시켰다. 클라우제비츠의 여담이 보여주듯이, 상세하게 분류된 세목의 방대한 체계를 확립하여 지적인 학문을 계발하는 개념은 자연과학의 발전 과정에 묘사적인 단계가 반영된 것이다. 그것은 지난 세기의 대부분을 거쳐 금세기까지도 매우 중요시되는 접근 방식으로 문학 및 예술 사조와 조화를 이루어 유지되었다. 나는 이론이란 현상의 저변에 깔린 원칙들에 대한 일반적인 설명과 정반대라고 견해를 갖고 있다. 사람들은 누구나 이해력이 증가할수록 분석에 의해서 본질이 드러날 때까지 점진적으로 계속 껍질을 벗겨낸다. 이와 같은 방법으로 과학적인 '법칙'에 상응하는 '명제'에 이르게 되는데 이는 현재의 이해력으로 도달할 수 있는 가장 간단하고 일반적인 진술을 의미한다. 따라서 이것은 지속 가능성이 가장 높은 방식이다.

셋째, 부분적으로는 위에서 설명한 이유 때문에 이론가들은 전쟁을 다른 분야나 현상과 연계하려고 하지 않는다. 이론가들이 순전히 자기 중심적 사고를 고집할 때 이러한 권위는 평범한 문외한들에게는 난해한 용어와 가정으로써, 또한 비역사가들에게는 설명 부재의 무의미한 역사적 사례들로써 무차별 폭격을 가한다. 게다가 명상에 잠기기를 좋아하는 경향은 그들이 사용하는 용어와 논변을 의심스럽게 만든다. 가령 클라우제비츠에 대한 일반적인 해석을 보자. 그의 '섬멸의 원칙Vernichtungsprinzip'은 제1편에서는 '격멸, 파괴destruction'로, 7, 8편(제1장 참조)에서는 '붕괴dislocation'로 변화했다. 이러한 두 갈래의 해법이 두 가지 주요한 전쟁 이론을 신봉하는 사람들로 하여금 그의 권위를 고수하도록 만들고 있다. 나는 전쟁을 광범위하게 인정받는 정립된 학문분야와 관련 짓는 것은 전적으로 실현 가능하며 필수적인 일이라고 확신한다.

넷째, 나 역시 그렇지만 대부분의 이론가들은 대다수의 경우 잘 맞지 않는 의사 철학적인 예복으로 자신의 시스템을 치장하려고 애써왔다. 분명히 이러한 시도는 이론가들이 저술하던 당시에는 거의 예절에 속하는 품위의 문제로 취급되었다. 그러나 이론가들은 전쟁의 영광에 사로잡혀 있거나 이를 기술하는 데 광분하고 있었다. 중얼거리는 작은 목소리는 트럼펫 소리에 묻혀버리기 쉽다. 전쟁의 개념들은 지적으로 결코 쉬운 문제가 아니다. 그러나 바로 그러한 이유 때문에 가능한 한 가장 단순한 용어로 설명하고 논의해야 한다.

하지만 내가 이론가들과 끝까지 함께해야 하는 측면이 한 가지 있다. 그들은 거듭하여 많은 부분을 유클리드식 추론에 투자한 뒤에 "그러나 물론 전쟁을 단지 기하학의 문제로 보는 것은 최악의 실수이다"(수학이나 다른 그 무엇으로 보더라도 마찬가지이다)라고 말한다. 이것은 2차원의 모눈종이 위에서 전쟁을 논하려는 시도에서 발생하는 문제이다. 상급사관이 좋아하는 3차원 체스나 3차원의 3목놓기 경기(오목과 비슷한 어린이 놀이의 일종—옮긴이주)처럼 전쟁은 3차원에서 동시에 바라보아야 한다. 같은 맥락에서 전쟁은 하나의 별개 학문 분야가 아니라 세 가지 학문 분야의 견지에서 설명되어야 한다. 여기서 문제의 핵심은 이 세 가지 차원의 상호 작용에 있으며, 이들은 지휘관의 의식 속에서 각자 자신의 법칙에 순응해야 한다.

첫번째는 고전적인 물리학의 차원으로서 이 분야는 전쟁의 물리적인 측면에 모델을 제공한다. 이 차원에는 기동의 특징을 이루는 역동적이고 상승 작용을 하는 효과가 있으며 다른 한편으로는 지형과 사용 가능한 과학기술이 주는 억제 효과가 있다. 현대 물리학은 이러한 차원과 다음에 이야기할 차원을 훌륭하게 연계시켜줄 전망이지만, 불행하게도 그 유사성은 저자와 대다수 독자들의 능력을 벗어나는 것 같다. 나는 모든 장교들이 물리학을 배워야 한다거나 물리학자가 군사대가가 될 것이라고 주장하는 것이 아니다. 단지 이것이 문제에 접근하는 가장 쉬운 방법임을 우연히 알게 되었을 뿐이다. 이러한 사실을 깨닫지 못한 사람들조차도 정립된 학문 분야와의 이러한 유사성을 통해 주장의 타당성을 확인하고 그것이 어디서, 왜 잘못되었는지를 식별할 수 있다(제8장 참조). 이 책을 균형 잡히고 읽을 만한 것으로 만들기 위해서, 현재의 개념에 도달하기 전에 겪었던 여러 가지 불확실한 사고 과정은 될 수 있는 한 드러내지 않으려 한다.

두 번째 차원은 위험과 우연(확률의 의미를 갖고 있다) 그리고 기습에 기초를 둔 것으로, 요컨대 통계학이라 할 수 있다. 클라우제비츠가 군사상에 가장 크게 기여한 것은 아마 전쟁에서 우연의 역할을 밝힌 점일 것이다. 당시에 그 이상 나아가는 것은 어려운 일이었을 텐데, 오늘날에는 과학기술이 우연의 역할을 새롭게 만들고 수학이 이해를 도와주었기 때문에 우연성의 계량화가 부분적으로 이루어질지라도 이 모든 측면을 객관적인 관점에서 분석하는 것이 가능하게 되었다. 이 문제에 관해서는 제3부에서 분석해보았다. 여기서 '위험'의 시야를 너무 좁게 제한함으로써 불안하게 표류해 다녔는지 모르겠지만 적어도 나의 분석은 불확실한 영역을 좁히고 유익하게 보이는 일련의 사고를 제공할 것이다.

마지막으로 가장 중요한 세 번째 차원은 지휘관의 의지를 부여하고 또 충돌시키는 것으로 여기서 우리는 자연스럽게 심리학으로 전환하게 된다. 1930~40년대 영어권 국가에서 '심리학'은 '프로이트 심리학'을 의미했고 따라서 최소한 '심리학으로의 전환'이 무엇을 뜻하는지 누구나 이해할 수 있었을 것이다. 프로이트는 분명히 눈부실 정도로 훌륭한 영향을 미쳤다. 그리고 그는 많은 국가에서 전문가와 일반인들이 공유할 수 있는 모티브를 제공했다. 오늘날에는 약 5개의 주요 학파가 있는데 종종 모순이 될 정도로 각자 상이한 용어와 개념들을 채택하고 있다. 그리고 일반인이든 전문가 사회에서든 널리 알려졌거나 존경받는 학파는 하나도 없는 것 같다. 따라서 어느 학파도 개념적 기초와 이에 수반되는 용어법을 정립하지 못했고, 이러한 실태가 전쟁의 심리적 측면에 대한 객관적인 논의를 매우 어렵게 만들고 있다. 그러므로 '의지의 충돌'이라는 주제의 장에서 이 문제에 대해 미숙하게나마 일괄 처리한 것을 만족스럽게 생각하고, 좀더 단순하지만 마찬가지로 중요한 부대의 '지휘 통제' 문제를 심도 있게 탐구했다. 적을 아는 것이야말로 중요한 일이다. 신속하고 단호한 행동으로 적 지휘관의 반응을 방해하는 것이 적이 어떤 행동을 할 것인지 알기 위해 고심하는 것보다 심리적인 승리를 달성할 가능성이 높다고 확신한다.

앞서 언급했듯이, 글로 표현하는 범위 내에서 세 가지 차원을 일반적으로 종합하는 방법을 찾을 수가 없다. 사실 나는 이것을 시도하는 일이 위험스러울 정도로 단순할 수도 있다고 생각한다. 세 가지 차원 모두 교리와 지휘 결정에 상당히 상이한 방식으로 작용하기 때문에 더욱 그렇다. 이것이 삭스 원수가 사소하게 취급한 저명한 선배들의 집단에 내가 합류하게 되는 한 가지 이유인 셈이다. 이 책의 마지막 부분에서는 오늘날의 범세계적인 사회, 정치적 상황과 관련되어 있다고 믿는 미래의 무장충돌이라는 측면에서 세 가지 차원의 상호 작용을 고찰하는 방법으로 내 논제의 원리를 도출하고자 시도했다.

망령이 들어 독선적인 사고에 탐닉한다고 비난받을지 모르겠지만, 나는 일반적으로 서부유럽의 평화 및 환경주의자 운동, 특히 독일의 녹색당은 그 중요성으로 볼 때 중세와 산업혁명 초기 사이의 발전에 필적하는 유럽 문명 발전의 선구자라고 생각한다. 비록 정치인들이 아직 다른 견해를 갖고 있긴 하지만 확실히 서부유럽 국가들은 사회적으로 승인된 '종족 내 대량살육'(전쟁의 인성학적 정의)이 만인의 일을 처리하는 데 이상적이지 못하다는 사실을 인식하게 되었다. 이것은 아무리 반복해도 지나치지 않은 주장이다. 물론 그렇다고 해서 선진 세계에서 전쟁이나 전쟁의 위협을 순식간에 제거하는 결과를 가져오는 것은 아니다. 그러나 '공세 이전' 또는 적을 견제하는 것이 아니라 적을 패배시키는 임무의 필요성과 같은 전통적인 군사원칙과 목표들은 수정될 것이다.

게다가 이러한 견해는 주로 소련에서 편성 부대의 '사용 가능성'에 대하여 이미 던져졌던 의문점을 제기하고 있다. 이러한 의문점이 현재 편성된 상비군의 즉각적인 해체를 야기하지는 않을 것이다. 하지만 그것은 편성 부대가 핵무기로부터 '사용 불가능한 억제력'의 역할을 넘겨받았음을 의미한다. 반면에 현재 발생하고 있는 무장충돌은 모든 종류의 비밀요소뿐 아니라 기동 이론을 적용한 소규모 특수 부대에 의해서 수행되고, 오직 국지적으로 방어 행동을 할 수 있는 대규모 시민군만이 그러한 부대에 대처하기 위한 '사용 가능한' 보완책이 될 것이다.

머리말을 기술한 돈 스태리 장군이 그랬듯이 나 역시 이 책 전반에 걸쳐서 대서양의 양 진영이 직면하고 있는 군사적 문제점과 이를 해결하는 접근 방식의 유사점에 관해 숙고했다. 더불어 나는 저변에 깔린 사회 정치적 성향을 기준으로 양대 초강대국으로부터 유럽을 구별하는 방식을 정립해야 한다고 생각한다. 오늘날 소련과 미국은 이념적, 경제적 대리분쟁을 통하여 그리고 군사적 대치 및 혁명전쟁, 최후의 수단으로서 '편성 부대' 간의 직접적인 마찰에 의해서, 과거 경쟁 관계에 놓여 있던 유럽의 제국들처럼 현재의 지위 때문에 근본적으로 공세적인 자세를 취하도록 강요받고 있다.

현재 유럽은 힘의 중심이 모스크바, 워싱턴 그리고 점차 리야드로 변화하는 상황 때문에 자신의 가치와 생존을 유지하기 위한 수세적인 자세를 취하고 있다. 바르샤바 조약과 코메콘COMECON(Council For Mutual Economic Assistance : 경제상호원조회의)이 공포에 의해서 결속이 유지된다는 것은 새삼 강조할 필요가 없다. 이보다 덜 명백한 것은 대서양을 횡단하여 유지되는 나토와 유럽경제공동체(EEC)의 허약함이다. 적어도 오늘날 두 집단 체제가 보여주는 결속력은 현존하는 영국과 서독의 우익 정부에 의존하고 있다. 독일연방의 차기 선거에서는 사회민주당(SPD)과 녹색당의 연합이 권력을 장악할 것이다. 그리고 이러한 정치적 변화는 독일이 나토에 계속 남아 있을 것인가 하는 문제는 아니더라도 가입 형태에 커다란 의문점을 제기할 것이다. 나토와 유럽경제공동체에 대한 영국의 현 정책들은 여소야대의 영국 정부를 난관에 빠뜨리고 있다. 영국 선거권자의 60% 이상이 이들 정책에 대해 지속적으로 반대를 나타내고 있다.

따라서 서독의 사민당과 녹색당의 연합 또는 영국의 노동당 정부가 아무리 신중하고 현명하게 행동하더라도 앞으로 2~3년간은 나토의 위험한 불안정, 특히 나토 중심부 지역에서의 불안정한 모습을 보게 될 것이다. 물리적인 힘의 공백처럼 서유럽의 정책적 공백이 북대서양 동맹의 적들에게 이득을 주고 있다. 군사적인 측면에서 급진적인 사고는 이제 과거지사가 되어버렸다. 더욱이 유럽경제공동체의 제안자들은 이 사실을 조금 더 일찍부터 겪어왔다.

결국 나는 더욱 다급한 문제들을 살펴보기 위해 과거로 다시 돌아가야 했다. 광범위하고 장기간에 걸쳐서 패션의 흐름이 격식을 따지지 않는 방향으로 변하듯이 정치적 성향은 좌익으로 흐르고 있다. 그러나 나는 서부유럽에 대한 소련의 직접적인 공격 가능성을 대서양과 북해 양쪽에 대한 몽상가들의 상상력의 산물로 보는 견해에 동의한다. 서구의 정치인들은 일부 군인들이 최후의 전쟁을 준비하는 데 착수한 것만큼이나 확실하게 마지막 평화를 유지하기 위하여 안간힘을 쓰고 있다. 그럼에도 불구하고 변화가 일어나고 있다. 1984년 3월 미국을 방문했을 때, 나는 나토 중심부에 대한 바르샤바 조약의 위협이 아직 최고의 위험임에는 틀림없으나 더 이상 발생 가능성이 가장 높은 위협으로 간주되지 않는다는 사실을 공식 브리핑에서 청취했다. 묘하게도 이러한 사실을 처음으로 절실하게 느낀 것은 15년 전에 말레이시아를 방문했을 때이다. 그때 나는 과거에는 평화롭고 상냥하며 매력적이던 말레이시아인들에게서 이슬람 국수주의의 거만하고 불평에 가득 찬 목소리를 들었다. 그리고 프랑스어권의 이슬람 시장으로 수출하는 산업 역군들과 함께한 경험에서 이와 같은 인상은 거듭 심화되었다.

서부유럽과 다소 차이는 있으나 소련과 그 위성국들 역시 동쪽으로 더 멀리 전초 기지를 갖추고 알제리아에서 아프가니스탄까지 뻗어 있는 전선의 이슬람 병사로부터 심각한 위협을 받고 있다. 이 위협은 70년대에는 경제적인 것이었으나 80년대에 들어와 혁명전쟁의 위협이 되었다. 이슬람의 2~3개국은 이미 핵무기를 보유하고 있을 것이다. 따라서 세기가 바뀔 무렵에는 그 위협이 핵무기의 지원을 받는 편성 부대의 위협이 될 것이라고 충분히 가정할 수 있다. 문제는 이슬람 문화권의 코란이 중세의 가장 잔인했던 기준과 동일한 자비심의 기준을 제공하고 기꺼이 성전聖戰을 위해서 죽을 수 있는 자세와 연계되어 있다는 점이다. 이슬람인들은 친절하게 자신들을 도와준 부유한 양대 선진국에게 무기를 사용할 준비가 충분히 되어 있다. 나는 기동 이론과 혁명전쟁 교리 사이의 유사성뿐 아니라 혁명전쟁의 위협에 대처하기 위해 기동 이론을 적용하는 것을 살펴보면서 마무리를 하고자 한다.

이슬람의 핵 위협에도 불구하고 핵전쟁 및 화학전에 대한 논의는 의도적으로 배제했다. 이 문제는 앞으로 더욱 광범위하게 거론될 것이기 때문이다. 나토와 바르샤바 조약에 의한 상호 핵무기 사용은 더 이상 신뢰성이 없다. 지정된 '전구 무기'의 배치와 함께 유럽에서 모든 전장 핵무기의 사용은 최소한 '전구의 교환'으로 즉각 확대될 것이다.

내가 접한 모든 전쟁 이론은 반응에 의하여 다음 과정이 영향을 받을 수 있도록 충분히 느린 속도로 변화하는 상황을 기초로 한다. 그러므로 현재 예측 가능한 규모의 핵교환은 비핵전쟁과 근본적으로 성격이 다르다. 이 문제에 대해 좀더 이야기해보자. 핵무기는 말할 나위없이 최고의 물리적 폭력을 대표한다. 그러나 나와 제17장('수용 가능한 목적')까지 함께하는 독자들은 아마도 핵교환이 의미 있는 전쟁 행위인지 또는 단순히 관념적인 상호확증파괴(MAD)의 '광기'인지 의문을 제기하는 데 동의할 것이다.

정부와 인구 중심지에 치명적인 피해를 입히거나 마비시키는 화학전에도 같은 주장이 적용된다. 화학전은 전적으로 실행이 가능하다. 물리적인 관점에서 볼 때 화학무기의 선택적인 전술적 운용은 다른 탄약의 운용과 비교할 때 정도 면에서 차이가 날 뿐이다. 할데인 Haldane과 리델 하트를 비롯하여 20세기의 많은 사람들이 "군부대를 대상으로 화학작용제를 사용하는 것은 강철과 고폭탄을 사용하는 것보다 인도적이다"라고 주장한 것은 반박되었다기보다 오히려 무시되어 왔다. 사실상 현대적인 화학작용제의 특징이 이러한 사실에 더욱 무게를 실어주고 있다. 나는 1960년에 발표한 논문에서 처음으로 독자적인 견해를 밝혔는데, 오늘날 전쟁의 심리와 인간적 요소를 연구하는 많은 전문가들이 이에 공감하고 있다. 직접적인 군사적 효과가 무엇이든지 간에, 현대적인 고성능 화학작용제는 아마도 전장의 환경 조건을 인간의 인내 한계를 넘어서게 만듦으로써 적대 행위를 종식시킬 수 있을 것이다. 하여튼 호전적인 문화권에서 다양한 이념을 지닌 정부들이 어떻게 화학전을 배제하는 데 협력하는지 주목하지 않을 수 없다.

앞서 언급한 모든 내용들이 나와 독자들을 신속하게 결속시킴으로써 모두가 이 어려운 과제를 해결하는 데 동참하기를 기대한다. 그러나 해결책까지 가는 길이 험난한 만큼 나의 사고 습관을 언급함으로써 우리를 연결해주는 밧줄을 단단하게 잡아매고자 한다. 왜냐하면 추론의 결과가 적합한지는 차치하고 '인과적 또는 단선적' 추론이 사실상 혁신적인 사고에 큰 도움을 주는지 의심스럽기 때문이다. 영미인들은 지혜로울 수는 있으나 결코 합리적이지는 못하다. 차차 알게 되겠지만, 프랑스인과 독일인들도 추론 속에 직관력을 감추는 경향이 있다. 반면 러시아인들에게 마르크스-레닌주의자들의 장황한 '말의 파도'는 사생활을 위장할 수 있는 연막에 불과하다. 나는 철저한 합리주의자로 태어나고 성장했으며 교육받았기 때문에 한 걸음 한 걸음 고민하면서 단계를 거쳐 결론에 도달하는 것을 선호한다. 그리고 내가 1인칭을 사용하는 것에 영미인 독자들보다 독일인 독자들이 더 애정을 가질 텐데 나 역시 이러한 사유 과정을 좋아한다. 사실을 버리기 전에 배우고 소화해야만 하듯이 누구나 이러한 추론 과정을 반드시 밟아야 한다. 그러나 일부 독자들이 나와 의견을 달리할 수 있다는 사실은 제쳐두고라도, 이러한 추론에 두 가지 결함이 있음을 발견하게 되었다.

첫째, 단선적인 논리 과정은 복잡한 문제에 대해서 균형 있는 해답을 가져다주지 못한다. 나는 《대전차Antitank》라는 책에서 과학기술을 결정적인 것으로 간주하고 지나치게 비대하고 값비싼 사단과 결별했었다. 그 후 부대 구조나 작전적 개념을 중심사상으로 적용할 때 같은 결과를 가져온다는 사실을 우연히 알게 되었다. 따라서 많은 사람들이 친절하게 평해주었듯이 《대전차》의 저술은 두 배로 값진 경험이었다. 그러나 그 책은 미래 군대의 청사진을 제시하지 못했거니와 그럴 의도도 없었다.

두 번째의 엄밀한 한계는 단선적 논리 과정이 논거의 주된 방향을 벗어나는 중요한 관점을 차단한다는 것이다. 계곡을 따라 운전할 때는 누구도 방향을 선회하여 작은 골짜기들을 전부 바라볼 수 없다. 그러나 독자들이 계곡 도로를 이미 알고 있을 수도 있고, 그렇지 않더라도 골짜기까지 올라가는 모든 길을 보기 바랄 것이다. 내가 나의 경험을 토대로 이야기하는 이유는 이것이 내가 늘 적용했던 방법이기 때문이다. 만일 과학기술의 관점에서 장갑 차량의 설계에 관해 쓰거나 말하려 한다면 틀림없이 특정한 인간적인 요소를 도입하고 여기에 적절한 비중을 두어야 할 것이다. 그러나 인간 공학적인 관점만으로 일관성 있게 전체를 표현할 수는 없으므로 또 다른 책이 요구되고, 인간과 기계가 공유하는 영역을 종합하는 핵심적인 역할은 독자들의 몫으로 남겨져야 한다. 이것이 앞서 언급한 '2차원적인' 한계이다. 나는 이 책에서 두가지 다른 방법으로 문제에 접근함으로써 그 한계를 극복하고자 했다.

더욱이 나는 오늘날에는 다시 'OK' 와 같은 '구어' 가 지배하고 있음을 확신한다. 오랫동안 문체를 결정했던 '문어' 는 이제 효과적인 의사소통을 위해서 '구어' 의 방식을 따라야 한다. 나는 러시아 출신의 뛰어난 어학 선생을 기억하고 있는데 그는 내게 이렇게 말한 적이 있다. "문법과 구문론은 마치 한 쌍의 목발과도 같습니다. 완벽하게 건강하다면 목발을 던져버리시오." 이와 유사하게, 컴퓨터의 사용과 같이 현저하게 사실적이고 엄격하게 증명된 접근 방식도 실제로는 단지 '신뢰성' 이라는 사다리의 단에 불과하다는 생각을 하게 되었다. 사다리의 단을 모두 오르면 사다리에서 벗어나 훨씬 더 자유롭게 이동할 수 있는 발판을 밟을 수 있다.

그럼에도 불구하고 나는 철저하게 출판사의 예산과 독자들의 시간을 낭비하지 않으면서 상당히 정형적인 구조를 추구했다. 독일인 친구들을 기쁘게 하기 위해서라도 절대로 1인칭을 버리거나 좀더 형식적인 스타일을 선택하지 않을 것이다. 내가 기술하는 내용이 확고하게 연구와 분석에 기초한 것이기를 바란다. 그러나 이 책은 한 사람의 생각일 뿐이지 그 이상은 아니다. 따라서 정장 안에 코르셋을 입어 감추듯이 내 견해에 객관성의 겉치레를 하는 것은 정직하지 못한 일이 될 것이다. 더욱이 학구적인 일부 독자 및 대다수 독자들의 요청에 부응하여 주석과 세세한 출전 표시는 생략했다. 대부분의 참고 문헌은 필요로 하는 독자들에게 매우 친숙한 것들이다.

나는 군사 이론가들과 견해를 달리하는 네 가지의 관점으로 토론을 개시했는데 이제 다섯 번째 관점으로 마무리하고자 한다. 군사 이론가들이 주장하는 세부항목들의 생명력이 부분적으로 짧을지라도 그들은 모두 제한적인 '전쟁의 체계', 즉 마스터 플랜을 수립하고자 했던 것이다. 엄청나게 복잡하고 가공할 만한 현대의 무장충돌과 관련하여, 만일 내가 독자들이 '무지에서 앎으로' 다만 몇 걸음이라도 내딛도록 인도했다면 더없이 기쁠 것이다.

1984년 7월
리처드 E. 심킨

그림 목록

1. 50년 주기의 개념도
2. 기동성의 혁신과 이론화의 정점
3. 소모 및 기동 이론
4. 투하체프스키의 '최대 접촉 지역' 개념
5. 부대와 화력을 이용한 모루 방어
6. 지형 형상(파장)의 관계도
7. 전형적인 인공 '목' 지점
8. 차량 질량의 함축된 의미
9. 하천 장애물의 세 가지 요소를 보여주는 도식
10. 상호 가시성의 유형
11. 전차 표적 획득 및 교전 거리
12. 고도와 거리에 따른 노출 시간의 다양성
13. 바르샤바 조약군의 예상 돌진선(공격축선)
14. 화력, 기동성, 생존력의 마케팅 삼각형
15. 마케팅 삼각형 모델의 확장
16. 4대의 로봇 전차로 구성된 소대 지휘차량의 개념도
17. 전술적으로 수동 및 능동적인 무인 요소
18. 소모 및 기동 이론

19. 지레 작용의 발전

20. 공자의 내선

21. 지렛대의 변화

22. 2개 요소로 구성된 기동 부대

23. 지렛대의 발전

24. 포위와 추격

25. 조우전의 전개

26. 소련군의 계획 수립 절차와 공간적 대칭

27. 전선군 수준의 작전을 위한 전형적인 소련군의 실시 템포

28. 전개에 의해 상실된 시간

29. 기동 이론에서 승수의 상승 작용

30. 고정익 항공기 공정 작전에 대한 선형성의 영향

31. 소련군 공정 강습 여단 (초기 형태)

32. 헬기의 체공 효과

33. 동심의 역선회 회전익 개념도

34. 축소된 단일 막대형 조종간의 개념도

35. 다양한 비행 방식의 헬기 연료 소모율 비교

36. TD, HD 진지 내의 전차

37. '군대의 안팎을 뒤집는' 과학기술의 개념도

38. 효용 체감의 법칙(일반적인 경우)

39. 소련군의 동시성 개념

40. 운반 및 발사 수단의 속도와 그들 사이의 바람직한 템포 비율

41. 소련군 '전선군' 수준의 OMG 전투 서열 예상

42. 클럽 샌드위치 모델

43. 물질적 기습의 계량화 개념도

44. 작전 진행 준비시 정신적 기습 유지의 체감에 관한 개념 곡선

45. 군사적 태세와 정보의 관계

46. 개념적인 지형 요도(연안 및 협로)

47. 지휘의 매개 변수

48. 포병 운용시의 판단과 일상적인 기능

49. 발전된 개념의 소규모 지휘소

50. 소련군의 전차군 작전과 OMG 작전시 준비 템포

51. 장기적인 부대 균형

52. 방어 형태('적극 방어', 망치/모루/그물)

53. '모루와 삼중 망치' 방어의 개념도

54. 소모—기동의 연속체

도표 목록

표 1. 지형 파장의 군사적 의미

표 2. 회전익의 군사적 역할의 변화

표 3. 나치 국방군 전차 대대와 영국군 기갑 연대의 장교 편성 비교

표 4. 작전적 차원의 지휘소

표 5. 참모 기능 분야의 전산화

표 6. 2개 사단으로 구성된 부대의 준비태세 유형

표 7. 미래 영국군 기동 부대의 가능한 구성

군대 부호

이 책에서는 NATO 부호(STANAG 2019)를 기준으로 적용했다. 독자의 이해를 돕기 위해서 참고로 군대 부호 사용의 일반 원칙을 소개한다.

● 부호 조합법

군대 부호는 공통 기본 부호(단위부대 및 시설 부호), 부대 단위 부호, 병과 부호, 수행 임무 부호, 화기 기본 부호로 구성되어 있으며, 이들의 조합에 의해 표현하고자 하는 부대의 부호가 완성된다.

(1) 공통 기본 부호 (2) 병과 부호(포병) (3) 부대 규모(중대) (4) 약어(Medium, 중中), 필요시 공통 기본 부호 아래에 표시

※ 부대 명칭은 단대호 오른쪽, 하급 제대는 왼쪽에 표시

전투 지경선은 실선으로 표시, 중앙에 부대 규모를 도식

실선은 현존하는 부대, 점령된 진지 등을 나타낸다

점선은 차후 진지를 나타낸다

단대호 중앙으로부터 연결 선으로 부대 위치 표시

 단대호 좌하단에서 연결 선으로 지휘소 위치를 표시

● 병과 / 수행임무 부호

✕	보병	∧	대전차 포병
⬭	전자, 장갑, 자주	⌒	방공 포병
⊠	기계화 보병	⊓	공병
⊘	기갑 수색	/\/	통신
⬇	공수 부대	+	의무
∞	회전익 항공 부대	**PRO**	헌병, 교통 통제
•	포병	>—<	정비, 수리
⬗	로켓 포병	⊗	근무, 보급

● 화기/장비 부호

  수색 정찰 차량   중+대전차 유도 미사일

전차   자주화된 중重대전차
                      미사일

● 부대 규모

·   분대   X X   사단

···   소대   X X X   군단

| 중대   X X X X 군

|| 대대   X X X X X 전선군(집단군)

||| 연대   (부대 규모 상단에 표시)
                                 대, 단

X   여단   (+), (−) 부대 증강 및 감소

제1부 전쟁술의 본질

"전쟁이란 둔재에게는 교역交易 행위요, 천재에게는 과학이다."

— 삭스

"지금까지 군사교육은 문제에 관한 과학적인 접근방법을 가르치는 것보다는 수행 기술을 익히고 충성심을 배양하는 것을 지향해왔다."

— 리델 하트

"……결국 자신의 성공을 둘러싸고 있는 환경 조건과 무관하게 위대한 명장이 등 장한다면, 그의 시스템은 설령 그가 시스템을 갖고 있지 않다 하더라도 매우 독단적 이고 확고한 교리로 변화한다.'

— 풀러

제1장 50년 주기

"그렇게 되는 것이 합리적이겠지만, 학생들은 전술의 변화가 무기의 변화 후에만 발생하는 것이 아니고 그러한 변화 사이의 간격이 지나치게 길었음을 주목하게 될 것이다."

— 마한

서론

전쟁 이론에 관한 최초의 대표적인 저서는 기원전 4세기에 쓰여진 《손자병법孫子兵法》임이 거의 확실하다. 내가 연구했던 모든 책 중에서 《손자병법》에 견줄 만한 것은 현재와 미래에 가장 적절하게 부합되는 마한의 《해양 전략》뿐이다. 비록 원래와는 다른 언어로 번역되었지만 《손자병법》의 문학적 가치는 도처에서 드러난다. 다시 말하면 많은 구절들이 심미적 차원의 지휘술을 전달하며, 구체적인 교훈들이 간결하게 표현되어 있기 때문에 현대적인 용어로 쉽게 번역된다. 고대 그리스 및 이후의 시기는 손자보다 조금 앞선 투키디데스로부터 타키투스를 거쳐 6세기에 저술 활동을 한 프로코피우스Procopius에 이르기까지 걸출한 분석적인 역사가들을 배출했다. 이밖에도 호메로스Homeros와 베르길리우스Vergilius처럼 세계문학사상 전무후무한 대가라 할 수 있는 전쟁시인들이 이 시기에 탄생했다. 그 후에는 다시 전쟁에 관한 명쾌한 해석으로 훌륭한 분석 모델을 제시해준 서술적 역사가들도 존재했다. 이중에서 율리우스 카이사르Julius Caesar는 검을 휘두른 것만큼 효과적으로 펜을 사용한 역사상 몇 안 되는 인물 중의 한 사람이다.

그 다음으로 중무장 기사들의 지루한 흥망시대가 뒤를 이었다가 칭기즈 칸 현상과 마키아벨리Machiavelli의 이론화 작업에 의해 막을 내렸다. 흥미롭게도《군주론The Prince》을 특징 짓는 초연한 절대주의는 곧바로 마키아벨리의《전쟁술Art of War》에서 사라진다. 그는 이 책에서 논쟁의 핵심을 벗어나 비약함으로써 광범위한 논점들을 모호하게 만들었고 이는 대부분의 후계자들에게 전례로 고착되었다. 그리고 프랑스혁명까지 해당되는 18세기에 소수의 뛰어난 군사저술가들과 함께 지상 및 해상에서 위대한 명장들이 출현했다. 예를 들면 나폴레옹 군대의 조직과 훈련에 기초를 제공하고 그의 군사적 천재성에 밑거름 역할을 한 드 부르세de Bourcet와 드 기베르 등을 꼽을 수 있을 것이다. 빌로Heinrich Von Bülow의 순수 기하학적 전쟁 이론을 담은 책은 18세기 말에 발간되었으나 엘레강스 시대의 산물로서, 기술한 문장들의 의미로 보아 지나친 수사로 흐른 하나의 불행이었다. 전쟁에 대한 현대적 이론화의 샘물을 흐르게 만든 것은 프랑스혁명의 산물인 나폴레옹 군대이다. 왜냐하면 나폴레옹의 전쟁 수행은 군인과 역사가 그리고 예술 애호가들에게 전쟁에 대하여 사고하고 대화하며 저술해야 할 동기를 제공했기 때문이다.

그러나 이보다 더욱 확고한 두 가지 이유가 있었다. 18세기까지는 한 사람이 국가 원수의 역할과 전쟁의 정치적 지도 및 야전에서의 군대 지휘를 동시에 담당했다. 이러한 현상은 특히 대륙의 강대국들 사이에서 주로 나타났으며, 국가 원수가 직접 전쟁을 수행하지 못할 경우에는 마키아벨리의《군주론》에 요약된 하나의 원칙처럼 자신의 후계자 혹은 같은 전통 속에서 훈련된 가까운 친척에게 위임하는 경향이 있었다. 더욱이 '군주 전쟁'까지만 해도 군대의 규모가 매우 작았기 때문에 한 사람이 효과적으로 지휘할 수 있었다. "내가 만일 현장에 없었다면 승리를 달성할 수 없었을 겁니다"라는 웰링턴Wellington 공작의 말도 이러한 맥락에서 이해할 수 있다.

한편 선진 민족국가들의 구조가 좀더 복잡해지면서 '전쟁 장관', 혹은 이와 유사한 직책이 필요하게 되었다. 또한 나폴레옹 군대의 규모와 특성을 성공적으로 모방한 군인들은 군대의 대형화 현상을 촉진시켰으며 곧 국민군대를 탄생시킨 철도와 결합했다. 이렇게 하여 전쟁의 수행은 자신이 최선이라고 생각한 것을 계속 실행할 수 있는 단한 명의 중요 인물이 아니라 최소한 네 사람, 즉 국가 원수, 전쟁 장관(또는 참모총장), 야전 총사령관 그리고 한 명 이상의 대부대 사령관에 의해서 이루어지게 되었다. 또한 내각의 각료들이 국가 원수의 주변을 둘러싸듯이 참모가 야전지휘관을 보필하면서 성장했다.

이 모든 복잡성이 세 가지 필요성을 일깨워주었다. 첫째는 각 구성 요소의 기능과 힘 그리고 책임을 분명히 하는 것이었다. 두 번째는 더욱 중요한 것으로서 그들이 서로 잘 이해하고 원활하게 의사소통할 수 있는 전문용어이다. 세 번째도 두 번째와 마찬가지로 중요한데 바로 표준적인 절차와 공통적인 교리였다. 이러한 상황은 클라우제비츠와 조미니Jomini 같은 현대적 군사 이론가의 제1제파를 형성했다. 두 사람은 모두 1830년대에 처음 작품을 발표했는데, 두말할 필요도 없이 적대적인 관계에 놓여 있었다. 그럼 수수께끼의 인물인 클라우제비츠를 살펴보기 전에 제1장의 주제를 먼저 다루기로 하자.

50년 주기

헨리 스탠호프Henry Stanhope는 《군인The Soldiers》이라는 저서에서 일부 긍정적인 이유와 대다수의 부정적인 이유 때문에 군대란 근본적으로 기능적 조직이라기보다는 사회적 조직이라고 지적한 바 있다. 소규모 군대라도 어떤 기준에서는 대단히 큰 조직이다. 평화시에 충원된 정규 장교들은 혁명론자들과 같은 최상의 열정과 활력을 발휘하는 경우가 드물고 실질적인 권력을 행사하는 자리에 도달하지 못하는 경향이 있다. 이와 같이 군대는 본질적인 특성상 본래의 규모가 제시하는 것보다 몇 배나 더 큰 조직적인 관성을 지니고 있다.

최근 BBC 텔레비전 방송에 출연한 영국 출신의 지도자급 여권주의자는 "남성을 결코 변화시킬 수 없다"는 사실을 간파했다고 말하면서 배타적인 남성 숭배주의는 소년들이 여권주의자의 관점 아래 성장한 후에야 사라질 수 있을 것이라고 탄식했다. 군사적인 혁신의 형태에서도 이와 같은 주장이 분명하게 적용된다. 장비와 교리 또는 부대 구조의 급진적인 변화가 관련되는 곳에서, 기술이 실행 가능하게 되거나 변화의 필요성이 명백해지는 시기와 전면적인 혁신이 이루어지는 시기 사이에는 항상 30~50년 혹은 그 이상의 기간이 소요된다. 이와 같은 지연은 단지 이를 지배하는 요소, 즉 장교가 최고 계급까지 승진하는 데 걸리는 '직업적인 성공 시간'에 나타나는 변화 때문에 시간과 장소가 다소 변화할 뿐이다. 전쟁의 압력이 이러한 유형을 왜곡시킨다고 해도 곧 평화가 항상 원위치로 복귀하는 반동反動을 수반한다. 한 권의 책을 채울 만큼 역사적인 사례들이 많지만 여기서는 두 가지만 언급하고자 한다. 그 중 첫번째는 이중성을 갖고 있다.

1780년의 미국 독립전쟁 당시 영국은 머스켓 소총으로 무장한 경보병 중대급 이상 제대의 규모를 확장했고, 미국은 소총수들로 편성된 부대들을 야전에 배치했다. 그러나 영국 육군이 베이커 소총을 완전히 도입하기까지는 30년이 걸렸다. 마찬가지로 독립전쟁에서 폰 부름프Von Wurmb의 예거Jäger(독일군의 저격병)와 접촉한 경험은 영국인들의 마음속에 산병전散兵戰의 씨앗을 뿌려주었으며 이는 존 무어John Moore 경의 실험적인 소총 부대와 경사단에서 주목할 만한 결실을 맺었다. 그러나 선보병線步兵은 거의 한 세기 동안, 그리고 그 후에도 수많은 인명 피해를 내면서 보어Boer 특공대들이 '사격과 이동의 군기'를 강요할 때까지 그대로 남아 있었다. 그리고 1919년에 '풀러 계획'(종심 돌파에 전차를 사용하는 계획)을 전술의 기본으로 수용한 사실은 연합군 최고사령부가 3년 반 동안 수백만 명의 희생을 치르고 나서야 기동의 관점에서 사고하기 시작했음을 보여주는 가장 좋은 예이다. 또한 포슈Foch의 심경이 변화한 덕택에 이러한 개념들이 전후 프랑스 육군에 다소 영향을 미쳤으나 영국에서는 이 관점이 폐기되었다기보다 무관심 속에 묻혀버렸다. 미육군에서는 기갑병과가 해체되고 전차에 대한 책임이 보병으로 귀속되었다. 확실히 '기갑화'에 대한 사고는 미국과 영국의 군대에서 50년이 아니라 25년이 경과한 뒤에 원상복구되었다. 그러나 이러한 변화의 시기와 범위는 부분적으로 북아프리카 전역의 상황, 주로 독일군 기갑 부대의 위협에 의하여 결정되었다.

일찍이 과학기술은 어떤 방식으로든 전쟁의 형태에 영향을 미쳐왔다. 그러나 실질적으로는 제1차 산업혁명의 시기, 즉 18세기에서 19세기로 넘어가는 전환기에 이르러서야 비로소 과학기술이 혁신적으로 발전했으며, 기계의 힘이 처음에는 정적으로, 후에는 동적으로 적용되었다. 마치 기계혁명이 우리 선조들을 몰아쳤던 것과 마찬가지로 전자혁명의 발전 속도는 우리를 숨가쁘게 만들지만, 그것이 군사장비의 발전 속도에 어떤 영향을 미칠지 짐작하는 것은 시기상조이다. 지금까지 가속화되어온 과학기술의 발전은 이에 버금 가게 혁신의 속도를 높이는 데 실패했다. 심지어 순수하게 과학기술적인 측면에서 전쟁의 위협이나 실제 상황에 의해 급진전된 사항도 일단 전쟁의 압력이 제거되면 그 반동에 의해서 상쇄되었다. 모든 분야에서 평화시 주요 장비의 최고 수명 주기는 전시의 10배 가량이다. 예를 들어 평화시의 수명 주기가 20년이라면 전시에는 2년이 된다.

또한 장비의 일정한 범주의 특정 형태는 그 최고 수명이 평화시에 두 세대에 걸쳐 있다는 증거가 많이 있으므로 총 수명은 50~60년에 이른다. 여기서 '형태'의 변화란 교리와 부대 구조에 영향을 미칠 만큼의 장비 실질적인 변화를 의미한다. 적어도 나에게는 이러한 사실이 꽤 놀라운 일이기 때문에 〈그림 1〉로 나타내보았다. 나는 이 그림이 하나의 원칙을 규명해줄 뿐 아니라 '50'이 매우 융통성 있는 숫자라는 점을 이해시키는 데 기여할 것으로 기대한다. 그 동안 초중량 대포처럼 일시적으로 성공한 무기, 기관총처럼 끈기 있는 화기, 카고트럭처럼 오랜 기간 신뢰를 받아온 차량들이 있었다. 특히 카고트럭은 20세기를 예측하는 데 혼동을 초래했고 전반적으로 궤도 차량 및 항공기가 가하는 모든 도전을 막아냈다.

사실 개략적인 50년 주기에는 최소한 다섯 가지의 타당한 이유들이 있다. 50년 주기에 의하면, 최신 전자기병의 돌격에 대항하여 경기

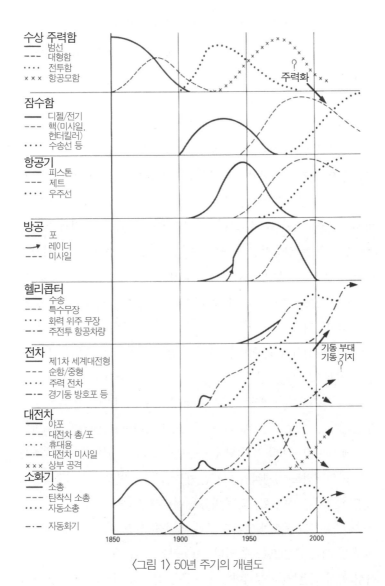

수상 주력함
— 범선
--- 대형함
···· 전투함
××× 항공모함

잠수함
— 디젤/전기
--- 핵(미사일, 헌터킬러)
···· 수송선 등

항공기
— 피스톤
--- 제트
···· 우주선

방공
포
→ 레이더
--- 미사일

헬리콥터
— 수송
--- 특수무장
···· 화력 위주 무장
-·- 주전투 항공차량

전차
— 제1차 세계대전형
--- 순항/중형
···· 주력 전차
-·- 경기동 방호포 등

대전차
— 야포
--- 대전차 총/포
···· 휴대용
-·- 대전차 미사일
××× 상부 공격

소화기
— 소총
--- 탄착식 소총
···· 자동소총
-·- 자동화기

주력화?

기동 부대
기동 기지
?

〈그림 1〉 50년 주기의 개념도

규칙을 지키는 후위 전투의 형태로 싸우게 되는 상황이 충분히 전개
될 것이다. 첫번째 이유는 역시 상업과 산업에서 나타나는 것으로 한

가지 장비를 생산한 후 그것이 정착되기까지 걸리는 성공 시간 요인이다. 예를 들어 컴퓨터를 완전히 수용하고 통합하는 것은 오늘날의 컴퓨터 세대 학생들이 장차 기성세대가 될 때까지 기다려야만 해결된다. 두 번째 이유는 정교한 장비를 가지고 훈련을 실시하는 데 따르는 어려움이다. 독일연방공화국은 틀림없이 과학기술과 교육 분야에서 세계적인 수준을 갖춘 프랑스와 스웨덴에 필적할 만하다. 5년 전 독일은 좀더 발전된 장비가 본질적으로 조작하기에 용이하며 훈련 문제도 야기하지 않는다고 선언한 바 있다. 현재 독일의 전후 제3세대 장비(예를 들어 1984년의 레오파르드 3 전차 프로젝트)들은 훈련과 조작의 용이성이 모든 성능적인 측면에 우선한다. 또한 전투기 조종사처럼 인간의 신체적 기능의 제한성과 복잡성이 관련되는 분야에서(선발된 후 충분한 운용 자격을 갖출 때까지) 전체적인 훈련 성공률은 5% 이하로 저하되었다.

셋째는 재정상의 문제이다. 전차나 공격 헬기와 같이 비교적 단순한 무기체계도 대당 생산단가가 200만~800만 달러에 이른다. 그리고 이들 무기체계의 개발, 관련 시설 및 군수 지원을 포함하는 '실제 생산단가'는 이보다 몇 배 더 높다. 오직 거대하고 건실한 경제만이 어떻게든 이러한 비용을 감당할 수 있다. 그리고 이와 같은 경제력을 갖추고 있더라도 잠재적인 디자인 개발이 계속 연장되어 기술적으로 소멸되는 기간 동안 소요되는 비용을 부담해야 한다.

넷째, 용어의 적합한 의미로 보아 세 가지 시간 요소가 있는데 우선 연구 및 개발 시간을 들 수 있다. 자동화는 오직 한 분야——가장 주목할 만한 것은 전자 체계이다——를 포함하는 체계의 설계 및 개발 속도를 엄청나게 높여왔다. 그러나 적어도 현재까지의 전자 체계는 복잡한 무기체계에서 상호 연관된 분야의 공유 영역에 안착하지 못했다. 제1 및 제2세계 그리고 최근에 상대적으로 복잡한 장비의 개발과 생산에 뛰어든 한국처럼 제3세계 국가들에서 연구 및 개발 주기가 길어지고 있다는 증거가 많이 나타나고 있다. 70년대에는 하나의 프로젝트가 결정되어 장비가 도입되기까지 10년이 걸린다고 했지만 현재는 계획 수립의 토대를 세우는 기간만 12년을 산정해도 충분하지 못하다. 분명히 전쟁 기간에는 수년을 수개월로 단축하여 설정하기도 한다. 이러한 단축 결과, 제2차 세계대전과 베트남 전쟁시에 초기 독일군의 제트기 및 스텐 포——이들 무기는 적보다 오히려 아군 사용자들에게 더욱 위험한 것이었다——의 개발에서 완전한 실패작은 소수였고 그보다 훨씬 많은 수량의 완제품을 생산하게 되었다. 우리는 평화시에도 '긴급 프로젝트'를 진행하고 기간을 단축하는 노력을 기울여왔다. 그러나 나토에서든 바르샤바 조약에서든 계획을 중도에 포기하거나 정상적인 도입 시기보다 늦게 불만족스러운 모델을 사용하는 결과를 낳곤 했다. 연구 과정의 자금 조달 문제와 진행상의 차질을 제외하더라도 최소한 사용자가 시험하는 단계까지는 후속 모델에 대하여 적절한 요구사항을 작성한다는 것은 대단히 어려운 일이다. 이 시기는 처음 언급된 때부터 7~8년 후를 의미한다.

마지막 요인으로서, 도입 자체의 문제에 봉착하게 된다. 사용자의 시험과 시제품 채택이 원활하게 진행되는 곳에서조차 제품이 본격적으로 생산되기 전에 부대 시험과 훈련 평가를 위해 공급되기까지 적어도 1년 이상 지연되고, 양산 제품이 유통되기 시작하여 기간 요원에 대한 훈련이 시작될 때까지 그 이상의 시간 지연이 불가피하다. 따라서 무기체계를 채택한 후 이것을 야전 부대에서 운용하기까지는 4~5년의 시간 간격이 존재한다는 사실을 직시해야 한다. 결국 자금 조달과 생산, 훈련과 군수자원, 때로는 활주로의 확장과 같은 관련시설 등에 의해서 이른바 이송 기간pipeline time이 발생한다. 이 모든 것으로부터 당분간 절반 세대인 10년, 한 세대인 20년 그리고 주어진 장비 형태의 50년 수명주기가 공존하게 된다는 결론을 얻을 수 있다.

처음에 나는 전쟁 이론의 발전 유형에서 50년 주기 개념을 착안했는데 후자가 전자의 원인이라기보다는 결과라고 생각한다. 나는 개인적으로 '성공 시간 요인'이 결정적인 것이라고 확신한다. 그러나 나폴레옹 시대를 출발점으로 삼고 그 이후의 군사사상을 분류하고 또한 기동 수단에서 과학기술의 단계적인 발전(《그림 2》)을 도출해보면 흥미롭게도 일관성 있는 유형을 알 수 있다. 이것을 좀더 깊이 연구하기 위해 이론화의 정점을 차례대로 살펴보고자 한다.

수수께끼의 인물 클라우제비츠

'세계적으로 가장 많이 인용되지만 가장 적게 읽히는 소설가'가 프루스트Marcel Proust라면, 클라우제비츠는 비소설 분야에서 프루스트의 상대격이다. 전쟁을 이론화한 최초의 현대적인 흐름은 나폴레옹이 군대의 특성과 전역戰域 수행을 통하여 분출시킨 열기, 그리고 신속한 철도 수송이 가능해짐에 따라 대규모 군대를 이동시키는 경향에서 비롯되었다. 이러한 흐름에 속하는 또 다른 대가 조미니는 자신이 주장한 이론의 한계점을 인정했다는 사실만으로도 더 명쾌하고 건실한 인물이다. 그러나 대중의 마음속에 전쟁 이론을 각인시킨 것은 클라우제비츠이다. 어떤 사람들은 그를 죽음과 파멸을 속삭이는 근대의 마르스(로마 신화의 군신軍臣 — 옮긴이주)로, 혹은 군국주의에 대항하는 인류의 구원자로 간주한다. 소모 이론가와 기동의 대가들은 같은 명

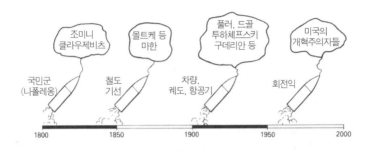

〈그림 2〉 기동성의 혁신과 이론화의 정점

제를 취하지는 않지만, 공통적으로 섬멸의 원칙Vernichtungsprinzip
이라는 용어를 고수하고 있다. 심지어 분석적인 역사가들조차 그에
대하여 상반된 입장을 취하고 있다. 처음부터 클라우제비츠를 무시할
수도 없고 그렇다고 무조건적으로 신뢰할 수도 없음을 실감하면서,
나는 제반 문제점에 관해 진상을 규명하기로 결심했다.

　클라우제비츠에 대한 것은 많은 부분 모호한 상태로 남아 있다. 그
이유는 부분적으로는 본인 스스로가 그것을 원했고 한편으로는 확증
할 수 없으며 진위가 불확실한 철학적 주장을 늘어놓았기 때문이다.
《전쟁론Vom Kriege》 제2편(전쟁술의 이론)을 보면 클라우제비츠는 포
괄적인 이론을 종합하고자 노력하는 과정에서 계속 자기가 주장하는
명제의 상부 한계를 설정하는 데 실패하고 있다(주장하는 내용이 이론
인지, 아니면 그의 천재적인 발상인지 모호함을 지적하는 내용이다— 옮긴
이주). 물론 나에게 그의 철학적 접근방식을 논평할 자격은 없다. 그
러나 지도적인 위치에 있는 권위자들이 클라우제비츠의 사고가 칸트
Kant나 헤겔Hegel에서 유래한 것이라고 주장하거나 혹은 이러한 측
면에 대해 아예 침묵하는 것을 보면서 '진위가 모호한 주장'이라는 표
현을 사용하는 것이 지극히 정당하다고 생각했다. 사실 이와 관련하

여 가장 인상적인 것은 18세기의 풍자시인으로 유명한 리차드 포르슨
Richard Porson의 〈대륙 방문기〉란 4행시이다.

나는 프랑크포르트에 가서 흠뻑 취하였네
가장 박식한 교수인 브룬크와 함께
나는 보르츠에 가서 더 흠뻑 취하였다네
그보다 더 박식한 교수인 룬켄과 더불어.

이러한 사실 위에다 나의 지적 소양이나 학술적인 해석 능력이 부족
함에도 불구하고 주요 문제점에 대한 해결 방법이 내 무릎 위에 밤송
이처럼 떨어져 깜짝 놀라지 않을 수 없었다.

나는 본에서 출판된 1952년판《전쟁론》을 기준으로 삼았다. 그 이
유는 많은 독일인들이 이 판본을 최상의 것으로 인정하는 듯하고, 또
한 베르너 할베크Werner Hahlweg가 쓴 탁월한 서문 때문이기도 하
다. 클라우제비츠의 부인 마리Marie가 쓴 출간사와 그 스스로 쓴 머
리말 사이에는 그의 원고에서 발견된 경과 보고서가 등장한다. 이것
은 두 부분으로 구성되어 있는데 아마 제2부는 그나이제나우
Gneisenau의 참모장으로서 그와 합류하기 위해 폴란드로 떠나기 전
에 마지막으로 원고를 정리하면서 기록한 것 같다. 결국 그는 폴란드
에서 치명적인 콜레라에 감염되어 복귀해야 했다. 클라우제비츠는 경
과 보고서의 제1부에서 자신의 입장을 설명하기 위해 아주 명백한 문
체를 사용하고 있다. 그는 제7편(공격)이 제6편(방어)의 '거울 영상'으
로서 단지 초고('스케치')에 불과하다고 말하고 있다. 더욱 중요한 것
은, 제8편(전쟁계획) 역시 전반적으로 저술의 정점을 이루지만 그의
생각을 정리하고 앞서 기술한 6편을 개작하는 데 참고할 목적으로 씌

어진 초고라는 사실이다.

그는 경과 보고서의 제2부에서 다음과 같이 거듭 강조하고 있다.

현재 상태에서 내가 사망한 후에 발견될 대규모 전쟁 수행에 관한 원고는 단지 이로부터 대규모 전쟁 이론이 발전되어 나와야 할 연구 논문를 모아놓은 것에 불과하다고 할 수 있다. 나는 아직 초고들의 대부분에 대해서 불만족스럽다. 그리고 제6편은 실로 막연한 추측에 불과하다. …… 제1편의 제1장은 내가 최종 형태가 될 것이라고 자신하는 유일한 원고이다. 그러므로 제1장은 전반적으로 내가 의도하는 전체적인 방향을 제시하는 데 기여할 것이다.

이러한 관점에서 제1편 제1장과 제8편을 살펴보면, 이 부분이 클라우제비츠에 대한 두 가지 주요 문제점에 대해 명쾌한 해답을 제공하는 것 같다. 제1편 제1장의 24~27절에서 클라우제비츠는 전쟁을 "진정한 정치적 수단, 정치적인 교류의 연속, 다른 수단에 의한 정치적인 상호 교류의 실행"으로 간주하고 있다. 그는 심사숙고를 거듭하면서 특정한 전쟁의 형태가 스스로 목적이 된다는 주장을 종식시킨다. 그런 뒤에 전쟁이 비록 정치에 종속된다 하더라도 그 자체의 본질을 가지고 있으므로 정치가 전쟁의 본질에 반대되는 사항을 전쟁에 요구해서는 안 된다고 지적한다. 그는 이러한 관계를 정확하게 인식하는 것이야말로 정치가와 야전사령관이 발휘해야 할 최우선적이고 가장 결정적인 판단 행위라고 주장하고 있다.

클라우제비츠가 사용한 섬멸의 원칙이라는 용어가 전투에서의 적의 물리적 파괴 또는 와해를 의미하기 시작했고 점차 붕괴 및 심리적인 와해의 개념을 포함하기 위해서 그 원칙의 의미를 확대했다는 추측이 일반적이다. 나 역시 이를 옳다고 생각해왔다. 그러나 제1편의 2장과 제8편을 읽어보면 누구라도 이러한 견해를 부정하게 될 것이 틀림없다. 그는 제2장의 서두에서 '총체적인 3대 군사 목표'를 '적 부대, 영토, 적의 의지'라고 규정한 후 다음과 같이 앞 문장을 이탤릭체로 강조하면서 단정적인 진술을 계속하고 있다.

  적 부대를 반드시 격멸해야 한다. 즉 군대가 더 이상 전쟁을 계속할 수 없는 상태로까지 적 군대를 몰아넣어야 한다. 여기서 우리는 '적 부대의 섬멸'이라는 표현을 사용하되 그 이상은 의미하지 않음을 선언한다.

  나는 그가 위와 같이 얘기하고 나서 바로 전투로 관심을 돌렸을 때 그의 사고는 트럼펫의 최고음이 특징인 바그너풍의 선율에 점차 빠져들게 되었으며, 오래 지나지 않아 글을 쓰는 과정에서 이러한 군악을 적시에 자신의 시스템에 활용했다는 인상을 받았다.
  이것이 왜 클라우제비츠가 그렇게도 널리 오해를 받았는지에 대한 한 가지 이유를 드러내준다. 그의 논문들은 주로 30대 중반에서 50세에 이르는 15년 동안에 걸쳐서 저술된 초고들이며 그 중 일부는 좀더 일찍 작성된 것이다. 본인 스스로 모든 초고 중에서 제1장만을 최종적으로 개정 완료했다고 주장하지만 적어도 제1편의 나머지 부분에도 일부 개작을 했다는 증거가 내재되어 있다. 누구의 저술이든지 원문은 초고의 모든 특징을 간직하고 있다. 글을 쓰다 보면 문맥의 흐트러짐과 착오, 불합리한 추론이 발생하며, 때로는 부정확하고 모순된 용어를 사용할 때가 있다. 게다가 쉽게 전달하기 위해서 깊이 생각하지 않고 써버리는 불필요한 감정적인 표현들도 있다. 이러한 것들은 다음에 버리거나 완전히 새롭게 기술해야 한다. 클라우제비츠에게서 흔히 나타나는 또 다른 친숙한 특징은 난해한 관념과 머리 싸움을 하는 동안 그가 사용하는 언어의 질과 명확성이 사라지는 것이다. 이와 같은 요소들이 서로 혼합되어 있는 문장은 무엇인가를 의미하거나 아니면 전혀 의미하지 않을 수 있기 때문에 오로지 문맥 안에서만 해석될 수 있다. 이같은 문제 외에 번역의 문제가 있다. 많은 분야에서 의사 철학적인 독일어를 번역해본 경험에 따르면 번역은 지극히 어렵고 가끔은 결실이 없는 과업이기도 하다. 번역자도 원저자와 같은 문제로 어려움을 겪기 때문에 부분적으로 이해가 불가능하고 전체적으로 읽을 수가 없는 책을 출판하게 된다. 독일인의 사고방식이 독일어의 구조와 너무나 밀접하게 연관되어 초고를 작성할 때 서로 혼합되어 나타나는 것이 이러한 문제를 낳는 한 가지 이유이다. 독자들이 이해하기 쉬운 번역서를 제공하려고 노력하는 과정에서 번역자는 원전의 형태에서 멀어지고 번역서의 의미 역시 원전에 머물러 있지 않고 점차 벗어나는 경향이 있다.

나는 이것이 클라우제비츠 저서의 번역본을 읽은 사람들이 왜 그렇게 엄청나고도 비극적으로 그를 오해했는지 설명해주는 이유 중의 하나라고 생각한다. 두 번째 이유는 리델 하트를 비롯한 권위자들이 주장한 것인데 나 역시 같은 생각이다. 현실적인 앵글로-색슨족이나 데카르트식 논리에 입각한 예리한 위트를 지닌 프랑스인들은 독일적인 사고에 따른 의사 철학적이고 두서 없는 이야기에 그다지 흥미를 갖지 않는다. 비독일계 독자는 제목이나 긴 문장 앞 부분의 구절을 움켜쥐었다가는 포기해버릴 것이다. 클라우제비츠에게 가끔 나타나는 것으로서 문장의 후반부가 처음과 반대 의미를 갖거나 혹은 제8편의 내용이 제1편과 모순이 되는 것과 같은 현상은 매우 바람직하지 못한 습관이다. 엄청난 오해를 부른 가장 강력한 이유는 상황을 고려하지 않고 성공을 모방하려는 군사정신과 결전을 준비하기 위한 군사정신을 선호하는 것이다. 물론 나는 여기서 다시 독창성에 대한 권리를 주장할 생각은 없다. 클라우제비츠가 국제적으로 명성을 드높이게 된 것은 1864년과 1866년 그리고 1870~71년의 전쟁에서 몰트케Moltke가 거둔 승리 때문이다.

유일한 문제는 프러시아인들 스스로가 프리드리히 대왕과 나폴레옹의 군사적인 성공 그리고 철도의 가능성에 의해 고무되었지만 결코 클라우제비츠의 논제를 수용하지 않았다는 점이다. 내가 보기에 독일군 장교들이 클라우제비츠를 인정했음을 발견할 수 있는 유일한 증거는 베크Beck가 전쟁 자체를 목적으로 하는 루덴도르프Ludendorff의 전쟁교리에 대응하기 위해 클라우제비츠를 이용했다는 것뿐이다. 조미니와 클라우제비츠의 원전을 함께 읽어보면 자신의 둥지에서 내려와 좀더 현실적인 상대인 스위스인에게 발톱을 꽂은 '철학적인' 프러시아인의 준비성에 충격을 받게 된다. 제2편의 후반부와 베르너, 할베크가 제시한 외적 증거는 클라우제비츠가 프러시아 참모대학 총장으로 근무할 때 가르쳤던 내용이나 그의 저술들이 강력한 반대에 부딪쳤고 수용되기보다는 오히려 경멸의 대상이었음을 시사하고 있다. 그가 출판할 수 있을 만큼 오래 살았음에도 불구하고 생존 당시에 출판을 원치 않았던 이유도 궁금하다. 종합적으로 추론해볼 때 나는 클라우제비츠가 저술 초기 여러 해 동안 '유혈 전투'에 사로잡혀 있었다는 인상을 받았다. 빈 회의 이후의 몇 년간은 일종의 반동의 시기였을 수 있다. 그는 나중에 간접 접근을 옹호하거나 평화주의를 지향하는 다양한 유파에 대항하여 그러한 반동을 바로잡으려고 시도했다. 이 부분은 역사학도들을 위한 훌륭한 연구 과제로 남겨두겠다.

일부 권위자들은 대 몰트케가 참모대학에서 클라우제비츠의 제자였다고 믿는 것 같다. 몰트케는 1800년에 출생했고 1822년까지는 아직 덴마크군에서 프러시아군으로 전속되지 않았는데 그 시기가 어떻게 들어맞는지 알 수 없다. 그러나 몰트케가 군사 경력을 쌓는 시기에 클라우제비츠의 사상에 어느 정도 영향을 받았다는 것은 상당히 설득력이 있다. 몰트케의 사고는 세부적으로 흠잡을 데가 없다. 반면에 그는 동원 개시부터 최종 승리까지 단번에 압도적인 유린을 목적으로 하는 철도에 의한 대규모 이동과 임무형 전술(독일어로 Auftragstaktik이나 저자는 이해를 돕기 위해 directive control로 영역하여 표현하고 있다. 이 책에서는 지령형 통제로 번역하는데, 임무형 전술과 동일한 의미로 사용한다— 옮긴이주)의 발전에 의해 유연성을 유지하는 필요성 사이에서 망설인 것처럼 보인다. 보다 중요한 것은, 프러시아의 독수리가 날개를 펼치고 성숙해지면서 군사적 목적과 행동을 정치적 목적에 종속시킨 클라우제비츠의 관점을 점차 덜 수용하게 되었다는 점이다. 이 독수리 스스로는 민첩성에 큰 관심을 갖고 있었지만 영국과 프랑스 그리고 러시아가 감시자나 경쟁자로서 바라본 것은 새의 크기와 발톱의 타격력이었다. 이것은 클라우제비츠가 초기에 강조한 전투 및 적 부대의 '격멸', 그리고 나폴레옹의 '절대전쟁' 개념(제8편)에 대한 그의 곡해와 결합하여 오늘날 소모 이론으로 알려진 교리에 도달한다. 소모 이론은 장군들의 정신과 본성에는 쉽게 들어맞지만 부하들의 육체에는 고통스러운 것이다. 소모 이론이 인간적인 측면에서 용납하기 어렵고 식민지 전쟁에서 그 비참함이 입증되었을지라도 제1차 세계대전 당시 두 차례에 걸친 독일군 작전적 공세의 실패는 진지전이야말로 당시의 과학기술 환경에 대한 정확한 반응이었음을 보여준다. 포슈가 혼란을 겪었던 것은 오히려 이러한 과학기술 환경과 슐리이펜 계획Schlieffen Plan의 영역에 나폴레옹식 전장의 차원을 적용하는 문제였다.

내가 여태까지 언급한 내용들이 클라우제비츠 해석에 대한 논쟁의 불길을 더 거세게 만들 것이라고는 생각하지 않는다. 그러나 이것들은 전적으로 클라우제비츠로부터 도출된 것으로서, 내가 주장하려는 견해가 왜 그의 이론의 최종 형태에서 비롯되는지를 보여줄 것으로 기대한다. 여기서 이론의 최종 형태란 모든 군사적 사안보다 정치적 목적을 우선하는 것, 군사적 목적을 달성하는 많은 것 중에서 전투를 하나의 수단으로 간주하는 것, 그러나 필요시 전투할 수 있도록 정신적으로나 물질적으로 뒷받침되지 못하는 위협은 모두 무시할 수 있다는 관점에서 출발한다. 클라우제비츠의 책에서 반복해서 표면에 드러나는 한 가지 사실은 그가 '개연성'과 '장군의 지휘술'Generalship(장수의 도 또는 용병술로 이해하면 된다 — 옮긴이주)의 실체를 설명하는 일관성 있고 포괄적인 이론 속으로 자신의 논제의 다양한 측면을 종합하고자 부단히 노력했다는 것이다. 서문에서 설명했던 바와 같이 나는 일반적인 통합을 시도하기 직전에 중단했다. 이러한 결정을 뒷받침하기 위해서 클라우제비츠가 최종적으로 자신의 논문을 검토할 때 쓴 것으로 보이는 경과 보고서의 짧은 요지를 인용하고자 한다.

행동을 할 때는 대부분 각자 소유하고 있는 천재성의 수준에 대체로 잘 의존하는 주관적 판단에 근거하여 오직 '감각'을 따라야 한다. 모든 명장들이 이러한 방식으로 행동해왔고 그들의 위대함과 천재성의 일부는 핵심을 꿰뚫는 기지에 있었다. 모든 일은 항상 이러한 방식으로 진행될 것이며, 이러한 관점에서 볼 때 '감각'은 더욱 적합한 것이다. 그러나 스스로 행동하는 것이 아니라 토의를 통하여 타인을 확신시키는 데 관건은 문제의 명확한 관념, 즉 내적인 상관관계를 증명하는 일이다. 지금까지 이러한 기술이 제대로 발전하지 못했기 때문에 대부분의 토의가 정당한 근거 없이 오락가락하는 형태를 취하고 있다. 아무도 주장을 굽히지 않거나 또는 상호 존중하는 것은 단순한 타협을 유도할 뿐이다. 타협은 어떤 방식으로 이루어지든 본질적으로 바람직한 해결책이 되지 못한다.

이론가의 역할은 즉각적으로 적용할 수 있는 전쟁 체계를 제공하는 것이 아니라 전쟁 논의를 위한 매개체와 전쟁을 훨씬 능숙하게 치르거나 이를 회피하기 위하여 정신을 훈련시키는 데 필요한 자료를 제공하는 것이다.

작전적 수준과 총력전

전쟁에 대한 현대적인 이론화 작업의 첫번째 정점이 백운석과도 같이 출현한 것은 아마 클라우제비츠의 논문과 조미니의 주요 저술이 비슷한 시기에 나왔다는 우연의 일치에 기인하고 있을 것이다. 이와는 대조적으로 두 번째 정점은 백운석과는 달리 연수정의 볼록면체를 가지고 있고 훌륭한 교육적 토대를 제공하지만, 적어도 내가 보기에는 심미적인 매력이 결여되어 있다. 추측컨대 그것은 보불전쟁 말기부터 1905년에 있었던 슐리이펜의 퇴역에까지 걸쳐 있으며 주로 독일과 러시아에 국한되었다. 앞서 언급한 바와 같이 영국과 프랑스의 소모 이론가들은 잘못된 해석에 따라서 클라우제비츠를 깊이 연구하는 데 열중했다. 미육군은 불행하게도 독립전쟁과 남북전쟁 당시 지휘관들이 보여주었던 눈부신 지혜를 역사서에 유기시키고 소모 이론가들과 유사한 입장을 공고히 한 것 같다. 단지 미 해군대학만이 마치 바다 위에 비치는 태양과도 같이 찬란한 빛을 발하는 마한의 가르침과 저작을 교육하고 있다.

사상가라기보다 행동가이자 실용주의자인 대 몰트케와 슐리이펜은 모두 이 시기에 활동한 위대한 인물들이다. 그러나 베르두아Verny du Verdois, 블루메Von Blume, 셰리프Von Sheriff, 골츠Von der Goltz와 같은 군사 저술가들은 당시 여러 해에 걸쳐 독일군 참모본부에서 발전되었고 클라우제비츠보다 오히려 조미니의 영향을 받은 사상들을 기록하고 논의했다. 군대의 규모와 복잡성이 당시 정의되던 전략과 전술 사이에 애매한 부분을 창출했고 전구(집단군) 또는 군으로부터 군단급까지, 그리고 몰트케의 시각으로는 사단에까지 이르는 세 번째 수준을 정의할 필요성을 제기했다. 프랑스가 채택하고 영국이 뒤따라 사용했던 용어는 '대전술grande tactique'이었다. 반면에 독일이 선택한 단어는 '작전적operativ'이었고 러시아는 재빨리 이를 'operativnyi'로 수용했으며, 이제 영어로 'operational'이라는 용어가 탄생했다.

이러한 후자의 용어 그룹을 중심으로 역동성, 상승 작용 효과, 반응성, 독립성과 같이 현대적인 함축적 의미들이 결집되기 시작했으며 후에 더욱 심화되었다. 이것은 또한 근본적인 견해의 차이를 낳았다. 몰트케는 작전적 계획은 피아 주력 부대간의 최초 접촉이 가능한 한 가장 유리한 상황에서 발생하도록 보장할 수 있어야 하며 "모든 계획은 접촉에 의해서 변화된다"고 주장했다. 그것은 반응성과 기회 포착의 문제였다. 그러므로 몰트케는 임무형 전술의 모든 면, 특히 추가적인 명령을 기다리지 않고 스스로 상황을 판단하여 현장에서 대처할 수 있는 지휘관의 권한을 극단적으로 강조했다.

프랑스와 독일군이 제1차 세계대전의 수단으로 삼으려고 했던 '복잡성과 동원전력'을 달성했을 때 영향력을 행사할 수 있는 위치에 있던 슐리이펜은 반대 의견을 피력했다. 그는 최초의 주력 부대가 접촉하는 위치와 성격 및 결과의 불확실성이 일반적으로 오늘날 우리가 얘기하는 미흡한 시나리오와 특히 적을 찾아내야 한다는 낡은 필요성에서 기인한다고 인식했다. 슐리이펜의 시야는 프랑스와의 전쟁에 확고하게 고정되었다. 그는 프랑스군이 독일군처럼 동시에 모든 전선에 걸쳐서 국경 쪽으로 전진하는 것 외에는 달리 선택할 길이 없음을 간파할 수 있었다. 양국의 철도수송 종점에서 쏟아져 나오는 수백만의 인파를 서로 발견하지 못한다는 것은 거의 불가능한 일이었다.

이처럼 제약이 존재하고 수송 수단이 결정된 상황에서 슐리이펜은 언제, 어디서 그리고 어떻게 최초의 접촉이 일어날 것인가를 미리 결정하고 동원으로부터 전략적 결심에 이르는 작전적 계획을 수립하는 것을 선호했다. 슐리이펜 계획이 소 몰트케가 수정한 것과는 달리 원형 그대로 시행되었더라면 이 개념이 어떻게 되었을지, 더욱 깊이 들어가서 "슐리이펜이 현장에 있었다면 슐리이펜 계획이 그대로 시행되었을지", 또 포슈가 전선이 아니라 파리 전방에 나폴레옹식 마름모 대형으로 프랑스군의 주예비대를 보유했다면 더 일찍 심각한 결과를 초래했을지 등의 추정에 관해서 아무도 장담할 수 없다. 결과적으로 연합군은 독일군의 라이트 훅이 너무 느리고 또 훅이 그리는 궤적이 연합군 주력의 외선을 타격했기 때문에 이를 봉쇄할 수 있었다. 우리는 대 몰트케의 접근 방식이 나치 국방군의 수행 방식과 소련군의 교리 및 미군 개혁주의자들의 사상에 재현되었음을 알게 된다. 잠시 슐리이펜의 사상이 이스라엘의 상황에 어떻게 영향을 미쳤는지 독자들 스스로 생각해보아도 좋다. 그리고 소련군의 수행 방식이 사실상 몰트케보다는 슐리이펜에 더 근접해 있는 것이 아닌지 연구해볼 수도 있다.

19세기 당시 프러시아군에는 정치적 목적의 우월성을 고집하는 클라우제비츠로부터 이탈한 보다 근본적인 또 하나의 사고 방식이 존재하고 있었다. 프리드리히 대왕의 영광, 클라우제비츠가 초기에 나폴레옹의 절대전쟁 개념을 잘못 해석한 사실 그리고 '국민군대'의 의미를 지닌 대규모 군대의 성장으로부터 비롯된 목적으로서의 전쟁 개념이 지속적으로 확고한 기반을 다지게 된 것이다. 이러한 추세는 1888년 윌리엄 2세가 황제로 즉위하고 2년 후 비스마르크Bismarck가 사임하면서 통제를 벗어나기 시작한 것 같다. 나는 이 문제에 대한 힌덴부르크Hindenburg의 견해를 기록한 문서를 발견하지 못했는데 지금 다루고 있는 주제에 대해서는 루덴도르프가 '총력전'을 옹호하면서 클라우제비츠의 변형된 원칙을 분명하고도 총체적으로 비난한 것에 주목하면 충분할 것이다. 우리는 이것이 연합군으로 하여금 무조건 항복을 요구하도록 만든 처칠Churchill의 총력전 개념에 뿌리가 되었다고 생각하지 않을 수 없다.

20세기 전차 유일론

잠시 후 독일과 소련에서 발전된 사항을 심도 있게 탐구하게 될 것이다. 여기서는 주로 풀러, 리델 하트 그리고 드골 등과 관련시켜 고조된 새로운 사고를 살펴보고 싶다. 이러한 이름들은 보통 기계화 및 전차와 연관되지만 최소한 영국에서는 화학전의 주창자인 할데인 Haldane이라는 매우 저명한 이름과 확고하게 연계되어 있었다. 사실 화학전은 기계화보다는 주로 폭격기와 관련이 있고 풀러의 저서뿐 아니라 리델 하트의 초기 저술(1925년경)의 실질적인 중심 사상이었다. 드골의 저서인 《칼날Le Fil de l' Epe》을 잠간 살펴보면 이전에 드골이 영광을 제외한 어떤 것에 의해서 고무되지 않았나 생각된다. 그러나 풀러와 동료 군인들, 그리고 리델 하트와 같은 영국인 저술가들은 무엇보다도 제1차 세계대전에서 나타난 대량살육에 대한 혐오감 때문에 마음이 움직였다. 내 생각에 클라우제비츠가 기술한 많은 문장의 암흑처럼 풀러의 제안을 감싸고 있는 구름층들은 그의 군국주의적이고 극우적인 태도와 기본적인 인간애 사이에서 발생하는 갈등에서 비롯되는 것 같다. 리델 하트는 탁월한 저술가이다. 그러나 이 주제에 대하여 리델 하트가 20세기 중반에 저술한 내용은 훗날 그가 스스로 인정했듯이 너무 과장되었고 감정이 충만하여 설득력이 없다. 마찬가지로 풀러 또한 반대자들의 옹고집 때문에 '전차 유일론'이라는 극단적인 견해로 치닫게 된 것이 아닌가 생각한다.

이 모든 저술에서 화학전, 항공, 야지 군수지원 차량을 포함한 기계화와 기계화 공정 부대에 대한 강조 사이에 명백한 교리적 연계가 있었다. 이러한 것이 상호 결합된 전쟁 방식은 전투 없이도 신속한 결정決定에 도달하는 수단을 제공했다. 정부와 인구의 중심지를 무능화 화학작용제로 폭격하면 국가적 결심수립 능력을 붕괴시키고 국가의 의지를 분쇄함으로써 최소의 희생자 및 지속적인 무능화와 더불어 하나의 결정을 가져온다. 이때 여성과 어린이를 포함한 민간인들이 극소수의 사상자가 될 것이다. 그러나 전시에 군대가 주로 징집병과 예비군으로 구성되는 시점에 있어서 이러한 사상자 집단의 속성은 심리적으로 크게 민감한 문제이다.

작전적 수준에서 적의 주력 부대는 우회 및 붕괴되어야 한다. 만일 노출된 측방 또는 단절된 정면이 있다면 기계화 부대는 그곳으로 돌아가거나 간격을 극복한다. 만일 이것이 안되면 기계화 공정 부대가 적의 상공을 통과하거나 화학전에 의해서 형성된 간격으로 기계화 부대가 돌파한다. 주로 차량으로 수송된 대규모 보병은 적을 소탕하고 포로를 취급하며 탈취된 영토를 확보한 후 행정적으로 관리하기 위해서 필요하다. '현존함대Fleet in being' 이론을 적용할 때 재래식 전투력에서 열세할지라도 화학능력을 구비하고 동시에 화학전 방어능력이 있는 공군과 기계화 부대의 존재가 빈번하게 적에 의한 군사행동을 선제하고 적이 시도하는 어떠한 작전도 엄격하게 저지할 것이다. 나는 이것이 풀러와 리델 하트가 제시한 논제의 핵심을 올바르게 설명한다고 생각한다.

그러나 이 교리뿐 아니라 드골의 현실적인 제안들을 심도 있게 탐구해보면 누구든지 두 가지 모두가 모순임을 발견할 수 있다. 군사적인 철저함과 드골식의 맹목적 애국주의의 관점에서 드골은 자신에게 보탬이 되는 일을 많이 했다. 드골의 첫번째 저서《적국에서의 불일치La Discorde chez l'Ennemi》(1924)는 드골의 사고가 "전차의 집중 운용은 우리의 최대의 적이다"라는 루덴도르프의 진술로부터 유래되었음을 시사한다. 그리고 드골 스스로 자신이 과학기술적 지식이나 인식조차 완전히 결여된 상태였음을 인정하는 것도 바로 이 책이다. 1934년에 출판된 그의 핵심 사상이 담긴 저서인《상비군에 관하여Vers l'Armée de Métier(Towards on all-regular army)》를 보면 그가 풀러와 리델 하트를 연구했지만 '전차 유일론'의 주장을 수용하는 단계에 있지 않았음을 알 수 있다. 드골이 제안한 기갑 사단은 1930년대의 관점에서 보아도 지나치게 비대하고 전차 위주였으며 포병이 부족했다. 그러나 기갑 사단은 양호한 첩보 수집 자원을 보유한 제병과 부대이고 사단에 500대의 전차가 편제된 것은 차후 알게 되듯이 '마법의 수'와도 같았다. 드골은 1939년 11월에 작성되었지만 1980년까지 공개되지 않았던 프랑스 육군의 총사령관과 참모총장에 대한 비망록에서 반응성에 대한 하나의 열쇠로서 완전히 기동화된 무선지휘 시설을 크게 강조했다. 그러나 그는 좌절의 과정을 겪으면서 '전차 유일론'의 관점으로 기운 것처럼 보인다. 드골이 보수적인 군사적 견해의 물결을 저지할 수 없었을 수도 있지만 사실상 그는 다음 두 가지의 걸림돌에 부딪힌 것으로 보인다. 그의 신뢰성을 빼앗아간 첫번째 사실은 당시 약18톤이었던 중重전차를 50~60톤으로 증가해야 한다는 제안이었다. 그를 침몰시킨 두 번째 동기는 특수 부대와 간부로 편성된 군대가 아니라 상당한 규모의 상비군을 보유하는 데 대하여 당시 프랑스가 갖는 반감이었다.

내가 지상전에 관한 풀러의 견해에 대해서 발견했던 최고의 비평은 풀러가 저술한 《전쟁개혁론Reformation of War》의 러시아어 번역판에 기술된 투하체프스키의 서문인데 러시아 육군원수 선집으로 재발간되었다. 두 사람 모두 기계화 공정 부대의 가치에 인식을 같이했지만 후에 보다 실질적으로 발전시키는 데 성공한 것은 소련군이었다. 이와는 별개로 투하체프스키는 소련식 사고의 발전에 풀러가 미친 어떤 특정한 아이디어의 영향에 관하여 올바르게 평가하지 못하는 것 같다. 그러나 훌륭한 제병전투諸兵戰鬪의 주창자인 투하체프스키는 '전차 유일론'이라는 이설異說을 현명하게 다듬고 있다. 그는 전차의 전진을 지원하기 위한 보병과 포병의 필요성을 강조한다. 또한 기동 부대의 우회작전시에는 지레의 받침점을 제공하고 적을 전방에 고착시키기 위한 주력 부대(견제 부대)가 있을 때에만 기동 부대가 전개할 수 있음을 지적한다. 풀러와 리델 하트의 사고가 독일군에게 얼마나 널리 긍정적으로, 아니면 이와는 다른 방향으로 영향을 미쳤는지는 잠시 후에 논의할 것이다. 그러나 내가 추적하지 못했던 경로를 따라서 움직이던 '전차 유일론'은 1973년 10월 수에즈 운하의 동쪽 제방에서 보금자리로 마침내 되돌아왔다.

80년대의 소동

투하체프스키와 구데리안의 기계화 구상이 휩쓸던 시대인 30년대를 50년 주기의 효과적인 정점으로 간주한다면 이제 우리가 다음 주기의 정점에 서 있다고 기대할 수 있다. 그리고 현실적으로도 선진국의 주요 군대 중에서 크고 작은 주기의 변화를 겪고 있는 몇몇 국가를 접하고 있다. 오늘날 과학기술적으로 장갑 차량의 상부 공격이 직접 조준사격 체계를 압도한다. 이는 전차로부터 대전차 기능을 박탈하고 장갑 차량의 주요 종류에 있어서 형태의 변화를 강요할 것이다. 이러한 추세와 관련하여 헬리콥터는 장갑 차량을 축출하고 보다 신속하고 가벼운 장갑 차량으로의 전환에 박차를 가하는 역할을 하고 있다. 이제 경사 회전익의 시대로 발전해가는 회전익 원리는 해군으로 하여금 발달된 탐지 및 공격 수단의 압박에 대응하여 수중으로 잠수하는 것을 가능케 할 것이다. 예를 들어서 소련은 핵추진 항공모함급의 잠수함들을 건조하는 중에 있는 것 같다. 이 잠수함은 헬기 탑재 항공모함과 강습 함정을 대체하고 단지 탑재물의 이륙 비행과 부양시에만 수면 위로 부상할 것이다. 이것은 오랜 기간 취역 중인 대잠 탐색 공격기hunter-killer 및 미사일 탑재 잠수함과 연계하여 수중 해군 특수 임무부대의 발전 방향을 제시하고 있다. 보다 노골적으로 말하자면 전자포, 유도에너지 무기 및 로봇 공학에 대해 갖고 있는 의문부호(?)들이 다음 주기의 50년에 걸쳐 마치 영국군 근위병 신장 정도 크기의 느낌표(!)로 변화될 수 있을 것이다.

그러나 마르크스주의자의 맷돌은 규모와 관료주의로 인하여 조물주의 맷돌만큼이나 천천히 갈린다. 서구의 영국군은 30년이나 계속되는 경제적인 압박으로부터 얻어낸 것에 간신히 매달려 있다. 나치 국방군에서 훈련된 장교들이 사라져감에 따라 정부에 의해서 운명적으로 진지방어 교리를 받아들여야 했던 독일연방군은 프러시아의 번뜩이는 창의성을 상실해왔고 행정적인 문제의 늪에서 허덕이는 듯하다. 혁신을 추구한다면 미육군의 '개혁' 운동을 주목해야 한다. 소모 이론에서 기동 이론으로의 전환을 확산시키고 있는 미야교 100-5 작전 요무령要務令이 가장 모범적인 출발이다.

이렇게 가시화된 작전에 대해서 알아보기 전에 스웨덴군과 스위스 시민군 그리고 이러한 국가들이 방어정책의 기초로 하고 있는 광범위한 개념을 제시해보는 것이 흥미있을 것이다. 왜냐하면 내 생각에 이 국가들은 방어정책이 시작부터 완벽하게 성공적인 유일한 선진국들이기 때문이다. 역사는 항상 '최고의 국가'가 존재하는 반면에 이에 대응하는 도전자도 있음을 보여준다. 평화시에 억제는 될지라도 초강대국간의 경쟁은 계속될 것이다. 그렇지만 한편으로 유럽의 평화운동이 확고한 정치력으로 등장하여 새로운 미래를 제시하고 있다. 시간이 주어지면 비록 오늘날 제왕과 그 권력은 사라졌지만 옛날 '제국주의 권력'이 호전적인 열망을 삼가하면서 스스로 모방할 가치가 있는 모델임과 동시에 다루기 힘든 존재인 스위스나 스웨덴화하여 과거에 누렸던 힘의 형태를 오늘날의 실제적인 영향력으로 대체할 수 있을 것이다.

제2장 전격전

["전차 운용의 원칙"에서]

"……(전차는) 그러므로 잠재적으로 결정적인 공격 무기이다. 공격이 종심 돌파를 달성하고 돌파한 기갑 부대가 추격으로 전환할 수 있을 경우에 기동성과 화력이 충만하게 이용된다……

전차의 집중도가 높을수록 성공은 더욱 빨라지고 규모가 커지며 파죽지세가 된다. 반면에 아군의 손실은 보다 적어질 것이다…….

전차는 가능한 적의 취약한 곳으로 알려져 있거나 적이 취약할 것으로 예상되는 지점을 기습적으로 공격해야 한다…… 심지어 방어 중에도 전차는 공세적으로 운용되어야 한다. 이때 적의 우세가 적어도 한 지점에서는 상쇄될 수 있도록 하기 위해 집중이 매우 중요하다.

— 구데리안《전차여 전진하라!Panzer Marsch!》

서론 ─ 소모 이론과 기동 이론

전쟁이 끝난 지 1, 2년 뒤 나는 쿠어퓌어스텐담에 있는 카밀라 스페트 서점의 지하실을 뒤지고 있었다. 이때 일생을 통하여 가장 기쁘고 놀라운 발견을 경험했다. 그것은 20세기 독일의 대표적인 서정시인 중 한 명인 크리스티안 모르겐슈테른Christian Morgenstern의 작품 《교수대의 노래》로서 리어Lear 또는 루이스 캐롤Lewis Carrol과 비교할 만한 넌센스적인 시가 적혀 있는 독일책이었다. 〈무릎〉("한 무릎이 외로이 세상을 걸어가네……")이라는 제목의 14행시는 우리에게 더욱 잘 알려진 지그프리트 사순Sigfried Sassoon의 "그러나 그는 그들을 위하여 자신의 공격 계획에 의거 행동했었네"라는 시행처럼 제1차 세계대전의 의미 없는 살육에 대해 노래하고 있다. 제1차 세계대전의 패배에 대한 독일의 군사적 반응을 설명하기 전에 두 가지의 중요한 전쟁 이론과 이들 이론 사이의 관계를 설명하는 것이 좋을 것 같다.

나는 기갑 교리, 더 나아가 전차 설계의 철학에 관한 영국과 독일의 입장을 조정하려고 노력하는 현역 장교로서 —— 미국과 유사한 토의를 한 경험을 가지고 있고 어떤 면에서는 필사적으로 노력하기도 했다 —— 카버carver 경이 《기동전의 사도들The Apostles of Mobility》에서 주장한 논제에 찬성했다. 그는 다양한 선진 군대들의 견해를 직접방호로부터 기동에 대하여 강조하는 스펙트럼을 통해 바라보고 있다. 나는 카버 경의 의견을 존중하지만 지난 몇 년 동안의 연구결과에 따라 정반대의 입장을 갖게 되었고 이제 그것을 설명하려고 한다. 여기서 직접적인 목적은 단지 나의 의견을 요약하는 것이기 때문에 이에 대한 부연 설명과 정당화는 이 책의 후반부로 넘기겠다.

우리는 앞 장에서 미국, 영국 및 프랑스의 소모 이론에 대한 노력이 부분적으로 클라우제비츠에 대한 잘못된 해석으로부터, 일부는 성공적인 프러시아를 맹목적으로 모방하는 것으로부터 어떻게 비롯되었는지를 알아보았다. 프러시아인은 사실상 클라우제비츠를 이해했지만 대부분 배척했다. 일부 권위자들은 대략적으로 대등한 정밀무기 및 무력을 보유한 동맹국이나 민족국가간에 벌어지는 유럽 대륙에서의 전쟁과 비교해보면 이러한 군대가 소모 이론을 선호한 것이 식민지 전쟁의 경험으로부터 비롯되었다고 주장한다. 그러나 보어 전쟁, 광적인 회교도와의 극단적인 유혈충돌, 심지어 성공 일보 직전에 실패한 독일군 공세(1914년)의 교훈들도 소모론자들의 신념에 전혀 영향을 미치지 못했다. 미국에서는 물질적 진보에 대한 믿음이 양차대전시 미국 교리의 품질을 증명한 결과가 된 군수물자의 위력 때문에 맹목적인 신념으로 자리잡게 된 것 같다. 미군은 이러한 잘못된 신념 때문에 베트남에서 패전했고 뒤늦게 그로부터 벗어나기 시작하는 중이다. 도버 해협을 사이에 둔 영국과 프랑스의 소모적 태도는 아마 두 국가가 군인의 피와 용기를 장군의 두뇌보다 더 중요하게 사용했던 방식에서 유래한 까닭일 것이다. '출혈이 국민 건강에 좋다'는 오래되고 기묘한 신념을 영국과 프랑스의 질병이라고 부르지 않을 수 없다.

소모 이론(또한 '진지론'으로 알려져 있다)은 해상, 공중 그리고 최근에는 지상에서의 전투와 주로 사상자에 관한 것이기 때문에 물질적인 손실을 고려해야 한다. 이 전쟁 이론의 신봉자는 단순히 적에게 자기가 겪는 것보다 훨씬 높은 인명피해율, 포괄적인 의미의 '소모율'을 부과하여 자신에게 유리한 상대적 전투력의 변화를 추구한다. 이는 물리적인 관점에서 볼 때 시간에 따른 상대적인 질량의 변화율을 의미하는 2차원 모델이다(〈그림3〉 a 참조). 실로 이 모델은 어떠한 전쟁 형태에도 적용되는 변화를 나타내지만 본질적으로 동적인 효과를 무시한 정적인 개념이다. 여기서 그래프의 완만한 곡선은 주단위 병력 현황을 종합한 분포도에 불과하다. 부대 이동은 단순히 전투를 대기하거나 또는 전투를 하기 위해서 시간 내에 진지에 도달하는 수단이다. 이렇게 된다면 부대의 이동 속도는 오직 부차적인 중요성을 가질 뿐이다.

상대적 전투력의 변환을 달성하기 위해 소모론자들은 적과 전략적 목적의 달성 사이에 놓여 있는 지면을 탈취, 확보한다. 물론 해전의 경우에는 전진 기지와 해협이 해당된다. 또한 이러한 지면은 확보하고 있는 쪽에 고도 자체로서 아니면 장애물 및 애로 지역의 감제처럼 전술적인 이점을 제공해야 한다. 그러면 적은 영국의 기본적인 신조처럼 바위에다 자신을 충돌시켜 산산히 부서지거나 미군의 견해처럼 스스로를 바위 위에 설치된 '화력 기지'의 표적으로 제공한다. 일단 상대적인 전투력이 방자에게 유리하게 변환되면 방자는 '공세로 전환한다.' 만일 적이 자신의 정치적인 죄악을 회개하지 않고 평화를 요청하거나 적의 정부가 군사적인 보복을 위해 정치적인 목적을 망각했을 경우에 소모론자는 지난 날 침략자의 결정적인 이익을 직접적으로 위협하는 다른 지면을 탈취하기 위해 전 정면에 걸쳐서 조심스럽고 질서 있게 전진한다. 그 과정은 제2차 세계대전에서처럼 한쪽이 압도적인 전투력을 보유하거나 제1차 세계대전처럼 완전히 소진될 때까지 반복된다. 특히 러시아 불곰이 개입하는 바람에 불확실성이 연장되었던 제2차 세계대전은 클라우제비츠의 원칙을 여실히 보여주고 있다. 전투를 제외하고 소모론자들이 유일하게 상대적 전투력을 변환하는 방법은 적의 부차적인 구성원들을 무력화시키거나 동맹국을 확보하는 것이다. 반면에 기동 이론은 전투를 정치·경제적 목적의 달성을 위해 군사력을 적용하는 하나의 방법 그리고 상당히 우아하지 못한 최후의 수단으로 간주한다. 진정한 성공은 선제 또는 최초 기습으로 결정을 달성하는 데 있다. 전 제대에 걸쳐 있는 임무와 목표들은 논리적으로 전략적 목적에 연관되어 있고 적 부대 및 자원과 관계가 있다.

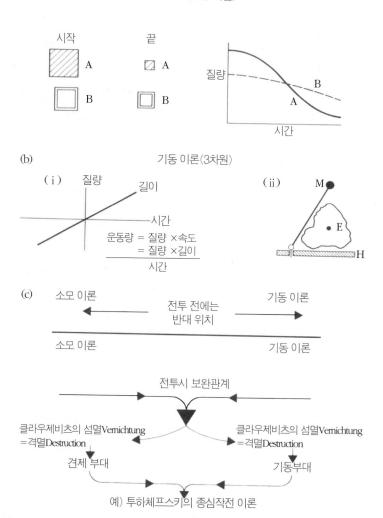

(a) 소모 이론(2차원)

시작　끝

A　A

B　B

질량

B

A

시간

(b) 기동 이론(3차원)

(ⅰ) 질량　길이

시간

운동량 = 질량 ×속도

= 질량 ×길이

시간

(ⅱ)　M

E

H

(c) 소모 이론　전투 전에는 반대 위치　기동 이론

소모 이론　기동 이론

전투시 보완관계

클라우제비츠의 섬멸Vernichtung
=격멸Destruction

견제 부대

클라우제비츠의 섬멸Vernichtung
=격멸Destruction

기동부대

예) 투하체프스키의 종심작전 이론

〈그림 3〉 소모 및 기동 이론

a. 소모 이론은 상대적 전투력의 변화에 의존한다

b. (ⅰ) 기동 이론은 3차원이고 그 핵심은 운동량이다

　(ⅱ) 기초적인 기동 이론 모델—H=견제 부대holding force, M=기동 부대mobile force, E=적 부대enemy(견제 부대와 기동 부대 사이에 받침점이 있다)

c. 소모 이론과 기동 이론은 전쟁 발발 전에는 대립적인 위치에 있으나 전쟁 중에는 보완 관계가 된다.

지면은 그것이 정부기관의 중심, 해군 기지, 비행장, 교량 등과 같이 지리적으로 고정되어 있는 적의 자원을 의미하거나 특별한 지형적 특성이 주요 자원에 대한 접근이나 혹은 통제를 제공하는 경우를 제외하고는 목표로서의 장점을 거의 갖고 있지 못하다.

기동 이론은 힘의 원천이 주로 임기응변적 기회 포착으로부터 비롯된다. 이것은 계산된 위험, 우연한 기회 그리고——테니스 용어를 빌리자면——상대방에 의한 '자의적이거나 타의적인 과오'를 전부 이용하는 것을 말한다. 더 나아가 기동 이론은 기습이나 이것이 실패할 경우 반응의 속도 및 적합성에 의하여 의지의 전투에서 승리하는 것을 추구한다. 그러나 물리적인 수준에서 보면 기동 이론은 동적인 3차원 체계로, 질량과 시간이 아니라 질량, 시간 및 공간의 상호 작용에 관계가 있다. 이를 차원 분석적 관점에서 볼 때 질량, 시간, 길이라고 말할 수 있다(〈그림 3〉 b. i 참조). 이 세 가지의 관계는 '운동량'이라고 알려진 물리적인 양으로써 가장 보편적으로 표현된다. 간략하게 이야기하자면 때로는 전투력이나 전투 가치를 단순히 질량뿐 아니라 운동량, 즉 질량×속도로 이해해야 한다. 이러한 물리적인 양상은 (없어서는 안 되는) 질량, 지레 작용 그리고 임무 완수를 향한 진행 속도의 광범위한 표현이자 복합변수인 템포Tempo의 세 가지 개념에 의존할 수 있다.

지레는 그 효과를 발전시키기 위해 받침점을 필요로 하는데 이는 기동 이론을 운용하는 쪽에게 적어도 두 가지 분명한 질량의 존재를 의미한다. 게다가 이 두 가지 요소는 부대가 아무리 분산되어 있더라도 어딘가에 질량의 중심이 위치하고 있는 적과 동적으로 상호 작용을 하기 때문에 세 가지 요소를 가진 기동 이론의 기본 모형도에 도달하게 된다(〈그림 3〉 b. ii). 그러므로 이러한 체계의 운용은 세 가지 요소의 상대적인 위치와 그 위치 변화의 절대적이고 상대적인 속도에 따라서 결정되는 것이다.

비록 기동 이론이 선제를 추구할지라도 역사적으로 보면 기동 이론의 실행은 대개 중요한 지점에서 극도로 치열한 전투에 도달했다. 정적이거나 서서히 이동하는 부대의 역할은 적을 감속시키는 것이며 일단 적대 행위가 발생되면 적을 감속하는 역할은 교전에 의해 수행되어야 할 것이다. 이처럼 소모 이론과 기동 이론 사이에는 상호관계의 이중성이 존재한다〈그림 3〉c).

적대 행위가 시작되기 전까지는 두 이론이 상반 관계에 있다. 소모 이론은 선제를 위해 소모론자에게조차 전투가 무의미하게 보이도록 전투력의 차이를 극대화하는 데 의존한다. 반면에 기동 이론은 가능하다면 선제를, 불가능하다면 결정적인 기습을 달성하기 위해 적극적인 수단을 필요로 한다. 만일 이러한 것들이 실패하면 전투가 발생하고 전투가 일단 개시되면 소모 이론이 다시 활동하기 시작한다. 정적이거나 느린 이동 요소는 사실상 전투에 관련된 것이다. 기동 요소는 이동하는 그 자체에 관한 것이고 잠재력을 위해서 운동량에 의존하지만 자체의 잠재적 화력과 기동성에 의해서 기동 요소의 질량이 지속적으로 실질적인 위협을 가하지 못하면 거의 효과가 없다. 이와 같이 전투가 개시되면 두 이론이 상호 보완적이 되고 기동 이론은 소모 이론에게 부과된 추가적인 차원을 나타내준다. 역설적으로 소모 이론이 기동 이론에게 전쟁의 폭풍 속에서 기동 이론을 안정시키는 데 필요한 최후의 수단을 제공하는 것이다.

이 점을 명심하여 전격전에 주목하면 독일군 교리에 나타나는 실행상의 약점은 제쳐두고라도 여러 가지 이론상의 취약점이 있음을 인지하게 될 것이다. 독일군 교리는 서서히 이동하는 요소의 중요성을 소

극적으로 이용했고 부분적으로 이러한 이유 때문에 소모의 중요성을
과소평가했던 것이다.

'작전적' 이라는 용어

소모 이론에서는 상위 제대로 올라갈수록 동일한 기초적 기술들이
단순히 규모만 커진 상태에서 반복된다. 그리고 전략적 수준이 부족
한 작전들의 전구 내에 한정할 수 있는 차단점이 없다. '대전술' 이라
는 영 · 불식 용어와 이 용어가 영 · 미 용법에서는 별다른 의미를 갖
지 못하고 사라져버린 방식은 제대간의 차이점이 오직 정도의 차이임
을 내포하고 있다. 그러나 기동 이론은 두 가지 독립적인 요소(시간,
길이)의 상호 작용을 가정한다(〈그림 3〉 b. i). 그리고 이들 각각의 요
소 내부에서 진행되는 것과 2개 요소의 상호 작용방식을 구분할 필요
가 있으므로 결국 3개 수준을 정의해야 한다. 세 번째 수준은 전술과
전략 사이에 설정된 것으로서 전구 내에서의 작전과 관련 있다. 그리
하여 나는 지난 2년간 다섯 번째로 '작전적' (operational, operativ,
operativnyi)이라는 용어를 정의함에 있어서, 영국과 미국의 군사기관
에 합류해야 할 의무감을 느낀다. '작전operation' 이라는 명사를 정
의하려는 시도는 사실상 크게 도움이 되지 못한다. 그러나 일단 형용
사를 정확하게 설명할 수 있다면 명사의 의미는 자연히 풀어낼 수 있
다.

나는 나중에 밝혀지게 될 몇 가지 이유 때문에 '작전적' 이라는 용어
가 두 가지 의미가 아니라 세 가지 군사적 의미를 획득했다는 데 상당
히 만족하고 있다. 첫번째 의미는 우리에게 친숙한 것으로 독일인과

러시아인에 의해서 사용되고 있는데 '행정적' 또는 '군수적' 그리고 한정 수식어인 '훈련' 과 '연습'(예를 들어 '훈련 수단', '연습 제한' 처럼)과는 대조적으로 '전시 작전과 직접적으로 관계를 갖고 시행되는 것' 이라는 개념이다. 둘째는 제대 수준에 관한 조직상의 의미로서 전 구로부터 사단급 규모까지 기동 이론에 의해 요구되는 두 가지 요소가 상호 작용하는 제대를 표시하는 데 기여한다. 이 개념은 한 부대가 대략적으로 일정한 능력을 표시했을 당시에는 적절했다. 그러나 주로 기동성에 있어서의 과학기술적 진보와 새로운 전술에 대한 부단한 연구가 이러한 조화를 무용지물로 만들었다. 게다가 공식적으로 인정받지 못하지만 포클랜드 전쟁시 아르헨티나 본토에 있는 슈퍼 에탕다르 항공기를 파괴한 자들이나 베이루트에 있는 미 해병대 기지를 날려버린 시아파 광신자와 같은 소규모 특수 부대의 분견대들은 '작전적' 성공과 심지어 '전략적' 중요성까지 달성하고 있다.

이렇게 일반적인 군사적 이해뿐 아니라 기동 이론과 연계하여 '작전적' 이라는 용어가 편성 수준과 별개의 세 번째 의미를 탄생시켰다. 나는 개념적으로 이 의미가 적어도 '작전적' 으로 고려되어야 할 계획 또는 전쟁 행위라고 보기 때문에 세 번째 의미는 다음 다섯 가지 기준에 반드시 부합해야 한다.

① 정치, 경제적인 관점에 의해 기술될 수 있는 목적(즉 전략 목적)으로부터 한 단계 낮은 임무를 가져야 한다.

② 반응의 속도 및 적합성으로 특징 지워지는 동적이고 폐쇄된 환상식環狀式 체계여야 한다.

③ 적어도 세 가지 요소로 구성되어야 하고 그 중 하나는 적의 의지를 반영해야 한다.

④ 상승 작용 효과가 있어야 한다. 즉 총체적인 효과는 각 부분의

총합보다 큰 효과를 가져야 한다.

⑤ 임무의 범위 내에서 자체적으로 완비되어야 한다.

우리가 알게 되다시피 전격전의 개념은 이러한 종류의 사고에서 유래하는 것이다.

전후의 동요

망원경을 똑바른 방향으로 들여다보도록 강요되기 전까지는 망원경의 앞뒤를 바꾸어서, 그것도 렌즈 뚜껑을 덮은 채로 역사를 바라보기 선호하는 사람들 중의 한 명으로서 나는 베르사이유 조약의 조항들이 불합리하다고 볼 수 없다. 그러나 독일인들과 과거 독일의 적국이었던 나라의 많은 역사가들에게 있어서 베르사이유 조약은 분쟁의 씨앗이었다. 군사적으로 이 조약은 독일이 공격용으로 사용할 수 있는 모든 무기를 박탈했고 더 중요하게는 백만이 넘는 군대를 총 10만 명 규모로 감축했다. 비록 리델 하트가 새로운 표현을 사용했던 인도적 의미는 아니었을지라도, 미심쩍지만 필수적인 신념인 '적의 배후를 찌르는 행동'과 패배 그 자체의 복합적인 동요는 '더 나은 전투 방법'을 모색하는 실질적인 필요성에 의해서 조화를 이루었다. 불행하게도 관건이 되고 있는 제국 군대와 그것이 나치 국방군으로 성장하는 내막을 조금이라도 파악하려고 시도하는 것 자체가 마치 모래밭에서 사금을 가려내는 것과도 같다. 여기에는 아주 권위 있는 외형적인 편성, 교육훈련 정책 및 전술 등 빛나는 것들이 산재해 있다. 또한 상대국인 영국보다 상당히 고도의 전문적인 내용을 지닌 연대와 부대의 역사가 있다. 그리고 대부분 회상에 근거하고 있는 것처럼 보이는 독일인과 외국인 저술가들의 전격전에 관한 폭넓은 토론들이 있다.

그러나 다수의 미국인과 독일인 권위자들의 도움을 받아 철저히 오랜 기간 연구에 몰두했지만 전격전의 작전적 개념에 대해 가장 신뢰할 만한 진술에 접근할 수 있는 것을 아무것도 찾아내지 못했다. 노획된 자료를 대부분 소장하고 있는 국회도서관의 깊숙한 곳 어디에 유효한 고증 자료가 잠자고 있을지 모르겠다. 그러나 독일인들이 나치 국방군 총사령부와 육군 최고사령부의 비밀문서들을 소각해버렸다는 것은 사실인 것 같다. 또한 1935년 이전에 주요 직책에 있던 자들은 대부분 오래 전에 사망했다. 만일 구데리안이 아직도 살아 있다면 이 책이 출판될 때쯤에 97세가 될 것이다. 그러므로 나는 특히 저명한 두 사람을 포함하여 과거 나치국방군 출신 장교들과 여러 해에 걸쳐 토론한 것에 주로 의존했다. 그러나 우선적으로 두 가지 잘못된 가설을 제시하고자 한다.

첫번째는 다음 장에서 다시 간략하게 언급하겠지만 1920년대에 설립된 독소獨蘇 실험 및 훈련 센터와 관계가 있다. 나는《소련군의 기갑 Red Armor》을 저술할 당시 전격전과 투하체프스키의 종심작전 이론은 동전의 양면이었다는 주장에 공감했었다. 독일인 친구들과 깊은 대화를 나누었던 미국에서의 한 심포지엄에 참석하기 직전에 마침내 투하체프스키의 선집 사본과 약 20여 년 전에 저술된 몇 편의 독일 논문을 손에 넣게 되었다. 나는 지금도 독일과 소련의 개념이 공유하고 있는 중요한 사항으로서 '영어권의 둥근 거위알 형태 같은 도식'과는 달리 굵은 화살표로 지도에 도식하는 경향이 있다는 의견에 동의한다.

규명해보아야 할 충분한 이유가 있지만, 실험 센터에 관한 독일 문서는 리페츠크에 있는 항공 센터에 편중되어 있다. 나는 존 에릭슨

John Erickson으로부터 제공받은, 자신의 분석을 입증하고 있는 미출판 기초자료들은 그만두고서라도 그의 《소련군 최고 사령부The Soviet High Command》라는 책만큼 이 문제에 관하여 명쾌하고 학술적으로 취급한 자료를 본 적이 없다. 간략히 말해서 독일인들은 소련군 참모총장에게 접근하기 위해 모스크바에 임무 본부를 설치하고 리페츠크의 항공 센터(포병 화력을 위한 항공 관측 포함), 볼스크(암호명 톰카TOMKA)의 화학전 센터, 카잔의 전차 및 기계화 센터 등 세 개의 합동 센터를 설립했다. 모든 준비는 1932년에 완결되었다. 리페츠크는 1925년경부터 지속적인 관심을 끌었으며 거의 7년간 효과적으로 업무를 수행했다. 이로써 독일군의 많은 조종사들은 고급 과정을 이수할 수 있었다. 소련군은 훈련뿐 아니라 과학기술 측면에서도 엄청난 이득을 보았다. 볼스크의 화학전 센터는 1926년경에 설립된 것 같은데 그 다음해 추가적인 협상에 근거하여 활동이 감소되었다. 1928년경 화학전 센터 내에서의 이론적인 협조가 잘 진척되는 것으로 보고되었다. 그러나 기술적인 문제와 야전 시험에 관한 소련측의 신중함 그리고 정치적인 민감성에 의해서 이 계획은 중단과 재개를 반복하게 되었다. 긍정적인 결과를 기록한 자료는 없다. 그러나 볼스크의 화학전 센터는 제2차 세계대전 당시에 양국이 화학전을 벌이지 못하도록 유도할 수 있는 부정적인 증거를 만들어냈을 수도 있다.

  훈련, 개발 시험, 사용자 시험, 군수 및 행정비행단 등 인상적인 편성과 야심에 찬 일련의 프로그램에도 불구하고 카잔의 전차 및 기계화 센터는 도약의 계기를 제대로 마련하지 못했으며 1927년 초까지 센터의 설치가 최종적으로 합의되지 않았다. 분해하여 선박으로 운송되어야 할 최초의 전차들이 1929년 봄까지도 소련에 도착하지 않았다. 한 가지 흥미로운 사실은 소련이 1930년 2월에 주문했던 60대의 영국 전차 중 일부가 카잔을 통해서 독일로 넘겨졌다는 사실이다. 그러나 적군은 1932년 이 센터가 폐쇄될 때까지도 소련제 양산전차를 공급받지 못했다. 기갑 장교들을 위한 전술 훈련이 계획되었으나 실제로 실시되었던 대부분의 과정은 승무원과 조립공을 위한 기능교육 수준에 불과했던 것 같다. 물론 1929년 8월 30일에 개최되었던 카잔 회의의 기록을 보면 작전적 및 전술적 교리를 취급한 흔적이 있지만 카잔이 독일인의 사고에 결정적인 영향을 미쳤다는 증거는 없다.

더욱 흥미로운 사실은 투하체프스키나 독일군 기갑 부대의 위대한 인물 중 그 어느 누구도 이러한 협동에 직접적인 역할을 크게 하지 못했다는 것이다. 문제의 시기에 투하체프스키는 먼저 육군 참모총장과 레닌그라드 군관구의 사령관직을 차례로 역임했다. 그러나 주도적인 인물은 보로실로프Voroshilov였다. 독일에 대한 투하체프스키의 입장은 대단히 소극적이었다. 그는 1931~32년의 독·소 참모회담에서 제외되었거나 혹은 참가하지 않았다. 이 모든 것은 놀라운 일이다. 그가 독일과 프랑스의 전쟁성(국방성) 그리고 참모대학을 방문했었다는 사실과 그에 대한 재판의 근거인 '독일과의 밀월 관계'를 고려해볼 때 더욱 놀랍기만 하다. 이것을 설명할 수 있는 한 가지 추측은 이미 예전부터 그의 정치적 신뢰성이 스탈린에 의해 의심을 받아왔다는 점이다. 나의 사견이지만 다음 장에서도 설명되다시피 당시의 투하체프스키는 자기의 사상을 재고하는 데 열중했던 것 같다. 대체로 소련인들의 전반적인 사고와 이 모든 협동의 열매들이 독일의 교리 발전에 지대한 영향을 미쳤다고 시사할 만한 증거는 거의 찾아볼 수 없다.

두 번째 가설은 전격전에 대한 영국식 사고의 영향이다. 제국 군대의 핵심 인물들이 풀러와 리델 하트의 저서를 탐독했다는 것은 사실이다. 구데리안과 그의 동료들이 여러 번 영국의 두 선구자적 인물과 접촉한 것 또한 사실이다. 확실히 독일인들은 러시아인들처럼 영국인의 지혜를 빌렸다. 그리고 《전차전Tank Warfare》에서 기술했던 바와 같이 아직도 나는 리델 하트의 1930년대 사고와 저술이 구데리안에게 자신의 교리를 위한 원칙의 골격과 그것을 가늠하기 위한 기준을 일시에 제공했다고 확신한다. 그러나 초기의 형성 단계에서 영국이 미친 영향이 아주 미약했다는 독일의 주장을 대개 인정하는 데 다음 세가지 이유가 있다. 첫째, 이미 풀러의 저서들이 다량으로 출간되기 전과 솔즈베리 평원에서의 실험 전에 발전 가능성이 있는 사고가 성장했다. 둘째, 전차는 독일의 연구 결과로부터 등장했다. 전차는 본래 연구의 출발점이 아니었으며 독일군 전술의 개념은 근본적으로 제병과 협동개념이었다. 셋째, 독일의 사고는 영국의 관점에서 보면 혁명적인 것처럼 보이지만 지난 50년 또는 그 이상에 걸친 독일 군사사상의 맥락에서 볼 때, 그것은 발전되어온 것이었다.

　구 참모본부의 책임자(참모총장)이자 후에 제국 군대의 지도자로서 폰 젝트Von Seeckt가 당면했던 주요 문제들은 부대 구조, 훈련 및 충원에 관한 것이었다. 젝트가 독·소 협력을 육성했던 사실은 이 세 가지 중 마지막 두 가지를 용이하게 하는 데 있던 것이 아닌가 생각한다. 제국 군대를 본질적인 전투 부대의 핵으로 만드는 유일한 방법은, 비록 비밀리에 시행되는 것일지라도 간부에 의한 기간 편성으로써 제국 군대를 조직하는 것이었다. 이와 같이 10만 명에 의한 기간 편성이 평화시에도 항상 소집된 현역들로 구성된 최정예 조직체였다는 독일의 주장을 수용할 만한 이유가 있다. 다른 한편으로는 독일군의 증편에 쓸 수 있는 시간이 대단히 제한적인 것으로 입증되었고 '보다 나은 전투 방법'에 대한 요구가 모두에게 명백해졌다.

　1922년 초 국방성 수송국의 참모장교(대위)였던 구데리안은 지상,

공중 및 해상에서 내연기관이 갖는 군사적 의미를 심도 있게 탐구하는 것에 착수해왔다. 그는 역사를 통해 명장들이 항상 전쟁의 기동형태에 의해 신속한 결정에 이를 수 있는 새로운 수단을 어떻게 지속적으로 추구하여 왔는지 그리고 이러한 목적을 위해서 신속히 이동하는 부대의 규모를 어떤 방법으로 증가했는지를 입증했다. 구데리안은 본래 보병장교였다. 그리고 이 단계에서 그의 핵심 사상은 단순히 보병을 차량에 태워서 전진시키는 것이 아니라 탑승시켜 전장으로 진입하게 함으로써 보병의 기동성과 공세역량을 회복하는 데 있었다. 구데리안은 전차가 이러한 기동성을 유지해주는 수단이라고 보았다.

그러나 제국 군대에서 근무하는 다수의 우수한 기병들의 생각도 구데리안보다 더 하지는 않더라도 적극적이었다. 비록 베르너 할베크가 "클라우제비츠는 내가 참모대학에 있을 당시 낮게 평가되었다"라고 말한 폰 클라이스트Von Kleist의 논평을 기록하고 있지만 베크를 포함한 일부 사람들은 자신들이 루덴도르프의 견해를 반대하고 클라우제비츠에 대한 정확한 해석으로 되돌아가고 있음을 느꼈다. 이것이 사실이라도 그들의 사고는 손자로부터 더 크게 영향을 받은 것 같다. 그들의 기본적인 접근방식은 전투를 하여 승리를 할 만큼 결코 강해질 수가 없다면 전투를 하지 않고서도 작전적 목적을 달성해야 한다는 것이었다. 이는 무엇보다도 적의 반응능력보다 더욱 신속하게 이동하는 것, 즉 오늘날 미국인들이 설명하듯이 적의 의사결정 과정(결심수립체계) 안에 진입하는 것을 의미했다. 최선의 이동은 전투지경선을 따라서 혹은 다른 취약지점으로(이를 종종 베어내기식 공격Slashing attack이라고 말한다), 아니면 간격을 통하여 기습돌파함으로써 전술적으로 적을 우회하는 것이었다. 그들은 간접 접근 및 조미니가 주장하고 마한과 리델 하트가 재차 강조한 '전투의 위험보다는 차라리 극복

곤란한 지형이 주는 위험이 더 낮다'는 원칙의 확고한 신봉자들이었다. 일시적인 조우전이나 경미한 작은 충돌 외에는 어떠한 전투행위도 회피되어야 했다. 그렇지 않으면 돌진 부대는 최상의 경우라 해도 속도가 감속되고 최악의 경우에는 격멸당하게 된다. 일단 신속히 이동하는 부대가 적 종심으로 진입하고 전술적 수준에서 적을 붕괴시키면 이 부대는 전방으로 한 번 도약하기 위한 종심을 매우 신속하게 확보하고 있어야 한다. 종심이 증가함에 따라서 상대방은 약화되고, 설령 약화되지 않는다 하더라도 아군 부대에 의해 가해지는 지레 작용 leverage이 증대될 것이다.

이와 같이 당시 '개화된 보병'과 '기병'의 견해 등 두 개의 사고학파가 존재했다. 물론 폰 젝트 자신이 최초로 주장했던 바와 같이 '결정적인 병과로서 포병에 의해 지원된 도보보병을 옹호'하는 세 번째의 강력한 견해가 있었음은 언급할 필요조차 없다. 이러한 삼각관계 상황을 보면 구데리안의 기갑 부대에 대한 설계가 하나의 절충안이었다고 생각하는 경향이 있다. 그리고 기병의 전통에서 성장한 독일인들이 이 절충안을 '최종' 해결책으로 간주한 것도 흥미로운 일이다. 이처럼 명백한 역설은 전체적으로 기갑 부대의 구조를 살펴보거나 기갑 부대에 포함된 3개 사단 유형의 최초 편성을 검토해봄으로써 해결할 수 있다. 속도와 야지 횡단 능력 면에 있어서 그 부대의 물리적 기동성은 기병이 선호했던 수준에는 이르지 못했다. 이는 베르사이유 조약의 제한사항이 미친 영향과 뒤섞여서 부분적으로는 구데리안의 전투력에 대한 강조와 당시의 과학기술적 한계에 원인이 있었다.

대조적으로 사단내 전차와 보병의 비율은 극단적이었다. 당시 기갑 사단에는 전차 대 보병의 비율이 2:1 그리고 4:3인 각각 다른 두 가지 종류가 있었다. 보병 사단을 개편하여 편성한 기계화 보병 사단은

6:1로 보병이 우세한 상태에서 출발했으나 후에 4:1로 감소되었다. 주로 기병의 기계화 개념으로 개편된 경사단은 (비록 보병이 기병의 전통하에서 성장했을지라도) 최초 보병 대 전차비가 4:1이었다. 그러나 경사단을 3개 전차 대대로 편성된 독립기갑 여단에 의해서 증강하는 것이 보편적이었고 이러한 시도가 점차 균형 잡힌 기갑 사단으로 개편되었다.

모든 것을 뒤늦게 외국인의 시각에서 바라보면 독일군 기갑 부대의 전력증강이 권력을 장악한 히틀러가 조종하는 대로 진행되었다고 생각하는 경향이 있다. 그러나 사실은 다르다. 구데리안의 초기 연구에 이은 9년 동안에 실제적인 활동은 전차의 모형 차체가 장착 또는 미장착된 상업용 차량을 사용하면서 7개 대대 규모의 차량 수송단에 의한 실험으로 한정되었다. 그러나 이론적인 연구는 베를린에서 계속되었다. 아마 독·소 사업계획에서의 독일인이 얻을 수 있었던 가치는 카잔의 실지형에서 얻어진 것보다도 베를린에서 고취된 사고에 기인한다고 보아야 할 것이다. 구데리안이 수송사령부의 참모장이 된 1931년이 되어서야 일이 실제로 가동되기 시작했다. 히틀러가 권력을 장악한 직후로부터 모든 작업은 새로운 차량화 부대 사령부에게 이양되었고 구데리안 대령(장군참모)이 이 부대의 참모장으로 보직되었다. 1935년이 되어서야 실험적인 기갑 사단 편성에 대한 최초의 야전 시험이 실시되었다. 시험은 성공적으로 진행되었고 그 결과로서 3개 기갑 사단이 편성되었으며 시험적으로 구데리안이 제2기갑 사단의 지휘권을 인수했다. 그 후 얼마 지나지 않아 3개의 경사단과 4개의 차량화(기계화 보병) 사단이 창설되었고 이 10개 사단은 집단군 예하에 3개 군단(기갑 군단의 전신)으로 편성되었다.

비록 구데리안이 다른 나라에서만큼 자신의 조국 독일에서 높게 평가받지는 못했지만(아마 모스크바 전선에서의 패배 때문일 것이다) 기갑부대의 구조, 전술 및 장비에 대한 명성은 당연히 그에게 돌아가야 한다. 그리고 다른 나라 군대에서 발생했던 과정을 면밀히 살펴보면 기갑 사단과 기갑 군단의 창설이 하나의 이정표로 간주되어야 할 것이다. 우연의 일치였을 수 있으나 사단급 수준에서 처음 시험을 했던 1935년이 베크가 참모총장으로 임명된 해라는 사실에 주목해야 한다. 비록 그가 3년도 못 되어서 사임하고 사실상 반나치 저항운동의 지도적인 군 인사가 되었지만 전격전으로 알려진 작전적 교리의 책임 소재를 명확히 하는 토의를 할 때에 계속 등장하는 이름은 바로 베크이다.

작전적 교리

나는 '개념' 또는 '이론'이라는 말보다 '교리'라는 단어를 즐겨 사용한다. 확실히 전격전은 그 결과를 받아들였을 때 개념, 이론 및 교리에 미친 충격이 너무 극적이어서 가히 혁명적이라 할 수 있다. 그러나 누구든지 독일인의 기술을 자세히 고찰하면 할수록 한편으로는 극단적으로 어려운 상황을 실용적으로 관리할 때 나타나는 반응으로서, 다른 한편으로 새로운 수단을 사용하는 대 몰트케와 슐리이펜의 작전적 사고의 단계적인 발전으로서 그들의 기술을 바라보게 된다. 상황은 어려웠다. 왜냐하면 히틀러가 가진 야망의 '질풍노도'는 과학기술적 발달, 장비획득 그리고 부대의 편성과 훈련에 있어 달성 가능한 템포를 상당히 앞질렀기 때문이다. 나는 나치 국방군의 우수성의 핵심적인 특징으로서 독일군 장군참모의 조직력을 내세우는 밴 크레펠트

Van Crefeld에게 전적으로 동의하지는 않는다(제15 및 16장 참조). 이 보다는 그들의 지휘 및 통제기술이 더욱 중요했다. 그러나 제국 군대의 선발과 훈련은 최고관리(장군참모)와 중간관리(준사관 및 하사관) 등 관리적 재능의 예외적인 집중 현상을 초래했다. 이와 동시에 루덴도르프가 '적의 배후를 찌르는 행동'을 주장함에 따라서 패배에 직면하여 보존된 두 계층(최고관리와 중간관리)의 군사적 전통은 이들이 명확한 사고에 필요한 전문가적 초연함을 갖고 전쟁을 직시하도록 보장했다.

이론화에 대해 내가 받은 인상에 의하면 폰 젝트, 베크, 폰 브라우히치Von Brauchitsch와 그 동료들은 마치 대 몰트케가 클라우제비츠에게 행동했던 것처럼 풀러, 나중에는 드골 및 투하체프스키에게 반응했다. 그 방식은 전쟁 이론의 가치가 전쟁 수행의 청사진을 제시하는 데 있는 것이 아니라 전쟁이라는 현상의 이해를 증진시키는 데 있다는 나의 견해와 일치한다. 정신적으로 사우나를 하는 사람들처럼 독일인은 영국인의 허풍, 프랑스인의 뜨거운 숨결 그리고 러시아인들의 찬바람 같은 이성이 자신들에게 넘쳐흐르도록 했고 그 결과 필요한 모든 것을 꿰어 맞추는 것으로 나타났다.

제1차 세계대전시 두 번에 걸친 독일군의 작전적 공세는(1914년과 1918년) 결정적인 성과를 달성하지 못했다. 그리고 전반적인 템포가 너무나 느렸기 때문에 그들은 분명히 실패했다. 공세 작전은 준비 단계에서 전신으로 타전되었고 실시 단계에서 어렵게 시행되었다. 결과적으로 방자는 큰 힘을 들이지 않고도 독일군의 두 차례 공세를 저지할 수 있었다. 제국 군대의 지도자들은 슈트덴트Student 휘하에 최우수 공정사단을 창설했고 이것을 크레타 섬에서 매우 효과적으로 사용했다. 그러나 영국파 및 투하체프스키와는 달리 독일군 지도자들은 공정 부대를 역사적으로 확인된 판단인 '선택적 여분'으로 간주했던 것 같다. 지도자들에게 동력을 갖춘 항공기의 역할이란 동력화된 바퀴와 궤도(기갑 또는 기계화 부대)가 항공첩보 및 화력 지원에 의해서 신속히 전진하도록 도와주는 것이었다. 그들의 중심 사고는 기동성을 갖추고 질적 수준이 높은 소규모 부대에게 나머지 부대보다 높은 '10의 배수 속도범위'(〈그림 40〉 참조)를 발전시키는 것이었다. 이들은 처음부터 소규모 부대의 비율이 전체적으로 사용할 수 있는 동원력의 5% 정도에 해당되어야 한다는 데 동의했다. 작은 규모는 전혀 문제가 되지 않는다. 왜냐하면 그 부대의 전투 가치는 기병의 접근방식인 기습과 '실시의 속도'에 있기 때문이다.

이 부대는 전략적 혹은 작전적 기습을 적용하여 전투를 회피하면서 적 예비대 위치보다 훨씬 종심 깊이 돌파한다. 이러한 종심 돌파는 적 부대를 물리적으로 와해하고 적 지휘관을 심리적으로 붕괴시킨다. 적은 뒤늦게야 반응을 보일 것이고, 분명히 일련의 사건에 의하여 압도되기 때문에 독일군의 작전적 목적에 아무 영향을 주지 못할 것이다. 운이 좋으면 기갑 부대의 선두가 적의 주요 병참선의 간선을 차단하고 심지어 방호되지 않은 지방정부나 중앙정부의 중심지를 탈취하여 이로써 적의 정치적, 국민적 의지에 직접 영향력을 행사할 수 있을 정도로 충분히 멀리 그리고 신속하게 전진하게 된다.

보다 공공연한 의문점은 전격전 교리의 창안자들이 과연 그러한 부대들이 자유롭게 돌파를 하게 되었을 때 어떻게 조종해야 하는지에 주목했느냐는 것이다. 폴란드 전역에서 기초가 된 사고는 적을 심리적으로 붕괴시키기 위해서 대단히 종심 깊은 지형 목표와 도하 지점을 포함한 하천선 또는 병참선의 주요 연결지점 등을 탈취하는 행동에 의존하는 것이었다. 폴란드 육군이 대부분 전방에서 방어했기 때문에 독일군 보병 부대들은 기갑 부대의 후미에 상당히 근접하여 폴란드 육군의 붕괴된 부대들을 잘 처리할 수 있는 위치에 있었다. 독일군의 전진 속도가 적을 놀라게 했던 것 이상으로 독일군 지휘관을 경악시켰던 프랑스 전역에서는 연합군 부대들을 상호 분리시키거나 퇴로를 차단하는 작전적 목표를 선호하는 경향이 나타났다. 그리고 이러한 혼합된 접근 방식은 주로 유고슬라비아와 그리스에서 반영되었다. 반면에 북아프리카에서는 지형과 작전시 사용 가능한 지역의 형태 때문에 우회(미국인들은 이를 포위 기동enveloping이라고 부른다)와 유럽인들 나름대로 의미를 해석한, 보다 '완전한 포위'로의 변화를 인지할 수 있다. 이러한 경향은 러시아 전역이 전개되어가고 대규모 소련군 부대가 연속적으로 차단, 포위 및 —— 클라우제비츠의 개념에 따라 —— '격멸'되면서 더욱 현저하게 나타났다. 확실히 독일군이 전략적 수세로 전환하지 않을 수 없게 되었을 때 상당히 고전적 의미로서의 '통제된 기동'은 작전적 및 전술적 수준에서 기갑 부대의 일일명령이 되었다.

이 모든 것은 매토우 쿠퍼Mathaw Cooper와 다른 사람들이 포위가 독일군 기갑 부대가 종심 작전을 전개할 때 중심사상이라고 주장하는 근거가 되었다. 최근까지 서구에서 중요한 연구대상이 되어왔던 우크라이나에서의 만슈타인의 방어작전에서조차 포위에 상반되는 물리적인 와해 또는 붕괴가 자주 진술된 목적이자 실제적인 결과가 되었다. 나는 독일군이 포위를 계획 수립의 근본 요소라기보다는 상황에 반응하는 기회의 문제로 인식했다고 생각하고 싶다.

이제 2부에서 계속 알아보게 될 준역설을 제시하고자 한다. 독일인들은 기초 물리학에서와 마찬가지로 분명히 기동 이론에서도 지레가 받침점을 필요로 한다는 점을 알고 있었다. 이는 독일군의 공세이전

을 위한 반격작전이 소련군 기동 부대를 와해시키거나 포위하는 전주
곡으로서 '그들을 받침점으로부터 들어 올리는 것'을 목표로 정한 것
에서 확연히 드러난다. 그러나 독일군은 공세작전이 진전됨에 따라
광범위하게 종심 깊이 둘로 분리해야 했던 기갑 부대와 주력 부대(보
병) 사이에서 템포의 불균형에 직면했다. 기동 부대가 계속 전진을 유
지하고 잠재적 에너지와 잠재적 운동량(즉 화력과 기동성)을 유지하는
한, 기동 부대 스스로 자신의 전방에서 돌진선을 따라 투사하는 심리
적인 지렛대의 받침점으로 행동한다. 독일인들은 오래 전부터 지휘관
의지의 중요성을 독특하게 이해하고 있었다. 나는 우리가 제2부에서
물리적인 실체를 보게 될 심리적인 지레 작용이 전격전의 지도원칙이
라고 생각한다.

히틀러의 영향

과거 히틀러의 정적들과 생존해 있는 나치 독일군 장성들은 공통적
으로 그에게 혹독한 비난을 퍼붓는다. 그러나 이것은 제2차 세계대전
으로부터 군사적인 교훈을 도출하려고 추구하는 데 별 도움이 되지
못한다. 따라서 전격전에 대한 평가를 시도하기 전에 완전하지는 못
하더라도 균형된 견해를 취하고자 한다. 이를 충족시키자면 그것만으
로도 책 한 권이 되겠으나 그렇게까지 기술할 생각은 없다. 그래서 의
도적으로 결론을 제시하는 것보다는 오히려 제2의 사고를 자극하는
데 주안점을 두었다. 비록 히틀러가 민족주의, 인종주의, 복수심과
국가 확장의 꿈을 이용했을지라도 권력을 장악하는 이면에서 실질적
인 추진력은 경제였다. 히틀러는 클라우제비츠를 연구했고 누구보다

도 더욱 잘 이해했다. 하지만 다각적으로 그의 사고와 흡사한 마르크스주의처럼 히틀러는 정치 및 전략적인 문제가 경제적인 뿌리를 갖고 있는 것으로 보았다. 히틀러의 성급함은 분명히 개인적인 야망과 자기 운동의 역동성을 유지할 필요성뿐 아니라 상호 반목하는 세계 속에서 경제의 불안감으로부터 기인했다.

게다가 그는 제2의 전선을 전개할 수 있는 서구연합의 의지와 능력을 의심했고 '서부장벽'의 강도를 과대평가했기 때문에 독일에 대한 주 위협을 군사적 패배보다는 경제적 고갈로 보았던 것 같다.

히틀러는 1936년부터 줄곧 행동과 계획수립에 있어서 휘하의 장군들이 원했던 것보다 훨씬 빠르게 움직이는 중이었다. 나치의 전쟁계획에 있어서 도덕적인 측면뿐 아니라 계획 자체가 경솔했던 것이 1938년에 베크가 사임하는 배경이 되었다. 히틀러는 폴란드에서 작전이 진행되고 있는 도중에 프랑스 전역을 개시하도록 압력을 가했다. 본래 최초로 계획된 일정은 1939년 11월이었다. 그리고 그 계획을 연기할 것인지에 대한 논쟁은 추격전의 일종으로 변했다. 히틀러의 본래 계획은 프랑스를 유린하고 1940년 여름까지는 다시 동부전선에 대처하기 위하여 적시에 영국과 평화를 유지하는 것이었다. 프랑스 전역이 개시되자 사건의 진행 속도가 고급 지휘관들을 놀라게 만들었다. 그리고 아무리 위험이 크더라도 고급 지휘관들로 하여금 강행하도록 요구한 것은 히틀러였다. 라인란트에서 바르바로사 작전에 이르기까지 히틀러의 모든 기병들이 —— 심지어 장군들이 형편없다고 평가하던 기병까지도 —— 투입되었다. 동부전선에서의 조기 승리는 비록 군사적으로 사소하나 전략적으로 매우 중요한 아프리카에서의 로멜Rommel의 승리와 연계하여, 수에즈 운하의 통제권 획득, 우크라이나의 경제자원 및 인도에 이르는 육로의 개통과 이로부터 전

중동을 협공하려는 히틀러의 관심에 초점을 맞추었던 것 같다. 그가 우크라이나를 향해서 부대를 남서쪽으로 전환시킨 결정은 필경 모스크바로의 진격을 완료하고 레닌그라드를 점령하려는 작전이 실패하게 되는 데 크게 영향을 미쳤다. 당시 핵심적인 요직에 있던 독일군 장교들이 전쟁의 전환점으로 인식하고 있었던 곳은 스탈린그라드가 아니라 모스크바였다.

1943년부터 줄곧 히틀러는 도네츠 분지의 경제자원에 대한 통제를 유지하기 위해 가능한 전방에서의 견제를 주장했다. 이것은 다시 한 번 동쪽으로의 전세를 결정적으로 전환시키기에 충분한 독일군의 작전적 승리를 가져올 수 있었던 기동의 종심과 반응속도를 만슈타인으로부터 박탈했다. 그러나 곰곰이 생각해보면 '1943년 해빙 이전에 드니페르 강 서쪽에 적군赤軍이 진출했다면 이들을 정지시킬 만한 대응 행동이 있었을까?'라는 의문은 매우 적절하다. 히틀러와 만슈타인 사이에 달성된 절충안에 의해서 독일은 약 7개월의 시간을 벌게 되었다. 결정적인 지연은 군사적으로 4월부터 8월까지 시타델 작전(쿠르스크 반격작전)이 연기된 것이었다.

히틀러가 전쟁수행에 간섭하는 것은 슐리이펜 당시 발아하여 소 몰트케가 왕성하게 꽃 피웠으며 루덴도르프에 의해서 완숙의 경지에 도달한 '전쟁을 위한 전쟁'의 전통 부활에 직면하여 정치, 경제적인 목적을 보전하기 위한 합리적인 시도였다고 논평할 수 있을 것이다.

결국 이와 같은 전제하에 히틀러와 휘하 장군들의 관계에서 히틀러가 무엇을 선호하는지 구체화하기 위해 한 가지 사항을 부언하고자 한다. 내가 만슈타인 장군이 특별히 히틀러가 아끼던 지휘관은 아닐지라도 유능하고 크게 존경받는 지휘관이라고 예를 들면서, 만슈타인이 지휘하던(남부 돈 집단군) 사령부의 고위 정보장교 출신자에게 만일 사령관이 공개적으로 히틀러에게 불복종하여 해임당하거나 혹은 총애를 잃고 처형되었더라면 어떤 결과가 발생했을지를 물어보았다. 그의 답변은 요컨대 "우리가 새로운 지휘관을 맞게 된다는 것 외에는 아무것도 아니다"였다. 군부대의 충성은 전적으로 히틀러에게 집중되어 있던 것 같다. 히틀러의 초기 군사적 성공을 토대로 한 괴벨스 Göbbels의 대내 선전은 그가 독일의 적들을 향한 열변보다도 훨씬 더 목적에 부합하고 효과적이었음에 틀림없다. 정보장교의 진술에 따르면 괴벨스가 이룩한 최대 업적 중 하나는 '히틀러 신화'를 창조하고 그의 신화적 이미지를 총통 측근에서 점점 증가하는 의심스럽고 풍문이 널리 떠도는 정책과 행동으로부터 분리시키는 것이었다.

비평

전쟁이 계속됨에 따라서 제3제국의 승세는 매우 불투명해졌다. 모스크바 목전에서의 중대한 실패는 부분적으로 남쪽으로 우회하는 히틀러의 결정 때문이기도 했다. 1943년과 1944년에 적군에 대해 거둔 방어작전의 승리는 주목할 만했다. 그러나 독일이 전격전과 기갑 부대를 지상의 결정적인 무기 삼아 전쟁을 시작했다는 사실은 부인할 수 없다. 전쟁은 독일이 동부와 서부로부터 완전히 유린된 후 무조건 항복하면서 종결되었다. 이 사실은 기동 이론, 특히 방어시의 기동 이론 주창자들에게 상당한 사고의 여지를 갖게 해준다. 소모 이론가들은 만일 작전의 진행이 잘못될 경우 기동 이론이 붕괴된다고 온 힘을 다해서 주장할 수 있다. 전격전이 결정적인 측면에서 기동 이론으로부터 분기한 것인지, 아니면 주력 부대 접촉을 수반하는 기동 이론과 소모 이론의 보완성을 고려하지 못했던 것인지가 의문점이다. 차분히 생각해보면 독일군의 교리는 이 두 가지 관점 모두에 의해 비판받고 있다.

히틀러는 자신의 전쟁기구가 군사적으로나 경제적으로 대규모 전쟁을 준비하기 훨씬 전부터 이에 깊숙이 휘말려 있었다. 결과적으로 나치 국방군은 일류 팀으로서의 우수성은 성취했으나 대부대에 의한 '종심 전투력'을 달성하지는 못했다. 육군과 공군은 상황이 유리할 때조차도 소모 전력을 충족시키기 위해 주요 전기를 훈련받은 인원과 자원이 크게 부족한 상태에서 전쟁을 시작했다. 물론 기간 중에 무기의 개발이 쇄도했다. 단지 몇 가지 예를 들자면 Me-110은 특성 개발에 있어 양 다리를 걸치다 실패했고 위험한 결점을 지니고 있었다. 시타델 작전 때문에 지연을 초래한 판타Panther(Pzkw.V) 전차는 연료 계통에 극심한 문제를 안고 있었다. 전차에서 저절로 화재가 발생한 경우가 아닌 상황에서, 예를 들어 장갑을 관통하지 못한 명중탄에 의해서도 쉽게 불이 붙었다. 그리고 Me-262 제트 전투기는 신뢰할 수 없을 정도로 위험스러워서 전투기의 뛰어난 성능을 발휘할 수 없었다.

전투기 및 전차와 같이 최우선권을 갖는 군수품의 생산은 지속적으로 위기를 수반했으나 머지않아 적절하게 자리를 잡으려는 시점에 있었다. 다소 우선권이 낮은 주요 전투장비의 공급은 간헐적이었고 조정이 잘못된 소량에 불과했다. 1940년 5월 프랑스 전역이 개시되었을 당시에 존재하던 80개의 기계화 보병대대 중 오직 2개 대대만이 Sdkfz 251 반궤도 차량을 보유하고 있었다. 나머지 대대들은 더 큰 비장갑 차량이나 평범한 바퀴가 달린 차량으로 견뎌야 했다. 인원수송용 장갑차의 가용성이 절정에 달했던 시타델 작전에서조차 226개의 기계화 보병 부대 중 12％도 안 되는 26개 부대만이 장갑화되었다. 트럭처럼 평범하나 긴요한 장비를 보유함으로써 비로소 상황은 혼돈에서 웃을 수 있는 상태로 전환되었다. 1943년초 어떤 날에는 동부전선의 북부 및 중부 집단군에 정상적으로 상태가 양호한 전차는 단 3대뿐이었다. 증원의 우선권이 주어져 있던 만슈타인의 남부 돈 집단군에서조차 기갑 사단들은 운이 좋아야 이름에 걸맞게도 두 자리 숫자의 상태가 양호한 전차를 보유했다. 동계피복 같은 우발 사태에 대비한 보급품은 존재하지 않았고 수송할 수도 없었다. 이 사실은 모스크바 점령에 실패한 중요한 요인, 아마도 결정적인 요인이 되었을 것이다.

전격전 공세의 현저한 특징은 전투를 회피하는 것이다. 여기서 구데리안의 편성상 해결책은 거기에 적용된 기병의 작전적 개념으로부터 빗나갔다는 것이 나의 견해이다. 이것은 제2부에서 검토하게 될 기동성 비율에 전반적인 의문점을 제기한다. '경輕사단' 은 불리해 보이는 지형에서도 신속하고 은밀하게 이동할 수 있었다. 그러나 이를 수행하는 것은 고사하고 자신에게 유리한 위협을 가할 자세를 취하거나 타격할 수 있는 능력도 결여되어 있었다. 전차 위주 및 균형 편성된 기갑 사단은 모두 실질적으로 작전의 진행이 양호하고 군수지원이 정상 가동되는 한 전방으로의 도약을 유지하도록 충분히 빠른 템포를 달성했다. 그러나 러시아의 여건과 병참선의 신장에 의해서 속도가 느려지고 약화되자 전투를 회피할 민첩성과 전투를 할 만한 타격력이 결여되기 시작했다.

이보다 중요한 것은 독일군의 나머지 부대들이 아직도 근력에 의존하고 군화와 말발굽에 묶여 있었다는 점이다. 온전하게 군수지원 차량을 공급하는 데 실패한 이유는 적의 재보급선을 차단하기 위해 러시아의 표준궤도 철도 차량을 무차별 파괴한 일과 연관되어 있었다. 기갑 부대의 공세가 종심을 획득했을 때 그리고 심지어 방어작전에서도 '기갑 부대'와 '나머지 부대'들은 두 가지의 다른 전쟁은 아니지만 서로 상이한 전투를 하고 있는 자신을 발견하게 되었다. 앞서 언급한 것처럼 기갑 부대가 스스로 자신의 전방에 심리적인 지레 작용을 창출할지라도 기갑 부대와 주력 부대 사이의 간격이 너무 크게 벌어지면서 양자 사이에 형성된 어떠한 물리적 지레 작용도 무의미해졌다. 보다 상위의 전술적 수준에서 전차 위주로 편성된 기갑 사단들은 심각한 적의 저항과 험준한 지형에 봉착할 경우 또는 이 두 가지의 결합에 봉착했을 경우에 보병이 고갈되는 경향이 있었다. 내 생각에는 이러한 이유로 됭케르크 전방에서 진격을 중단함으로써 대다수의 영국군이 탈출하도록 허용했고 전쟁의 첫번째 전환점이 되었던 사건에 대한 많은 설명 중에서 가장 믿을 만한 것 같다. 만일 적절한 장소에서 안전하고 작동 가능한 철도를 이용할 수 없었다면 신속한 증원 수단이 없는 셈이었다. 1943년조차 기갑 부대가 아닌 '나머지 부대'는 신속한 부대 이동을 위해서 철도에 전적으로 의존했고 기갑 부대 역시 재보급과 증원을 위해서 철도에 과도하게 의지했다.

병참선의 신장이라는 고질적인 조건과 첨단에서의 타격력 결핍 때문에 극히 심각한 결과가 발생했다. 기갑 부대가 훌륭하게 기동하여 전투했고 그 부대의 작전적 성공이 가치가 있을지라도 기갑 부대는 전장에서 결정적인 작전적 또는 전략적 승리를 거의 달성하지 못했다. 모스크바 정면에서는 저지당하여 후퇴할 수밖에 없었다. 레닌그라드 외곽에서는 고착당했고 알렘할파에서는 격퇴되었다. 스탈린그라드 외곽에 대한 돌입 또는 돌진은 실패했고 쿠르스크에서도 대패를 당했으며 바스통에서 역시 저지당했다. 기동에 상반되는 전투에서 독일군이 거둔 최대의 승리는 이탈리아 전역이었다. 이 전투는 막강한 전술적 힘을 가진 지형을 기초로 보병에 의해 수행된 진지 방어였다. 이러한 승리는 예외로 두자. 일단 소련군과 연합군이 사력을 다해 독일군의 선두 사단을 끌어당기게 되면 독일군은 곧 '종심 전투력'의 부족 현상을 드러내었다.

이와 같은 현상이 기록된 근거를 발견하지는 못했지만 소련에 의해서 영감을 얻은 통찰력에 의해 나는 독일군 기갑 부대가 그들의 기동 범위와 템포와 어울리는 정보 작전 수행에 실패함으로써 극히 위험도가 높고 대개 회피할 수 있는 작전적 및 전술적 위험을 무릅썼다는 사실을 알 수 있었다. 독일군의 항공 정찰은 공중 상황이 허용할 경우에는 대단히 우수했다. 그들의 기갑수색 정찰은 비록 종심이 부족하더라도 능숙하고 신중했으며 또한 대담했다. 그리고 통신정보(감청)는 독일군이 크게 의존했던 것으로서 대단히 돋보였다. 그러나 최근에 내가 우크라이나 작전에 대해 연구한 바에 따르면 독일군 참모본부가 정보에 접근했던 방식은 비록 영국이나 전시 미군의 실행보다 앞서 있었을지라도 본질적으로 진지전의 요구로부터 비롯되었음을 입증하고 있다. 적군이 전쟁시에 이미 실행했고 소련군이 작전적 개념의 핵심으로 발전시켜온 적 종심에 대한 첩보를 신중하게 수집하거나 최신화한 흔적은 전혀 없다. 독일의 '작전적 정찰'은 영국의 '중₩거리 정찰' 개념에 상응했지만 소련군의 개념과는 상이했다. 차차 알게 되겠지만 기동 이론은 '작전적 정보'의 명확한 개념(이는 전술적 또는 전략적 정보와 비교가 된다)과 이를 수행할 수 있는 자산을 요구한다. 나는 제3부에서 첩보와 위험 사이의 상관관계를 검토할 예정이기 때문에 여기서 이 문제를 제기한다.

나치 국방군은 의심할 바 없이 한편으로 정치, 경제적 목적의 범위 및 긴박성과 다른 한편으로는 인적 및 물적 자원의 제한 사이에서 잘못 파놓은 함정에 빠져 있었다. 게다가 나치즘의 본질적인 인종적 우월감과 보편적으로 강압적인 정책들은 심각한 군사적 취약점으로 증명되었다. 만일 이러한 결함이 없었더라면 서부에서의 저항운동은 지탱하기 곤란했을지도 모른다. 다시 말해서 발틱 국가들은 실제 그들이 행동했던 것보다 더욱 대량으로 우수하고 믿을 수 있는 부대를 제공했을 것이며 그루지아 및 우크라이나 지역은 악의에 찬 파르티잔 저항이 아니라 오히려 수준 높은 병력 충원의 원천지가 되었을 것이다. 이것은 기동의 대가들에게 하나의 핵심적인 교훈이다. 그러나 전격전의 발전에 관해서 알고 있는 작은 지식을 투하체프스키의 종심작전 이론의 초기 형태에 비교해보더라도 소련의 성공, 특히 전술적 및 작전적 기법을 개선할 수 있었던 신속함이 온전하고 적용 가능하며 명백히 기술되고 광범위하게 전파된 이론적 기초에 그리 크게 덕을 본 것은 아니라는 데 놀라지 않을 수 없다.

제3장 종심작전 이론

"……포병, 전차, 항공 및 보병은 상호 협동하면서 전 종심에 걸쳐 동시에 적의 전투 서열에 패배를 강요한다."

— 투하체프스키(로시크가 인용)

투하체프스키와 트리안다필로프

폰 젝트와 그의 동료들이 전격전에 대하여 궁리하기 시작하던 시기에, 투하체프스키는 적군赤軍 창설의 충격과 내전의 소란에서 정신적으로 초탈하여 자신의 경험을 바탕으로 미래를 위한 교훈들을 구체화하기 시작했다. 그에게는 제병과 협동에 대한 초기의 주창자인 우쿠니예프Ukuniev 장군이 18세기에 저술한 것(조미니가 인용했다)에서 계속 이어져온 기동의 전통, 특히 우회 이동을 이용할 능력이 있었다. 이러한 전통은 뒤피Duffy와 벨라미Bellamy가 가정했던 것처럼 아마도 칭기즈 칸의 전쟁 방식으로부터, 그리고 더 거슬러올라가면 손자에서 유래되었을 것이다. 적어도 네 가지 종류의 러시아판《손자병법》이 존재했다는 사실은 대단히 중요한 의미를 갖고 있다. 중국의 대가가 주장한 '정병正兵'과 '기병奇兵'(以正合 以奇勝,《손자병법》병세편 兵勢篇)을 표현하기 위해 노력한 수많은 해석 중에서 물리적인 해석은 '정병'(적과 교전하는 부대)을 '견제 부대', '기병'(전승을 달성하는 부대)을 '기동 부대'와 동일시하는 것이다. 손자가 말한 병형상수兵形象水, 즉, 군대의 형세는 물과 유사하다(《손자병법》허실편虛實篇)는 표현은 기동 이론의 역동성, 그리고 부수적으로 '노력의 중점의 발전(developmnt of a center of effort)'으로 번역하면 의미가 전달되지 않는 아주 까다로운 독일어 단어 '집중점의 형성Schwerpunktbildung'까지도 완벽하게 표현하고 있다(Schwerpunkt의 현대적 해석에는 이견이 있지만 여기서는 중심, 중점보다는 고유 의미에 가깝게 집중점으로 번역한다—옮긴이주).

이 장 서두의 인용문이 제시하는 것처럼 투하체프스키 사상의 초점은 제병전투諸兵戰鬪와 파악하기가 쉽지 않은 동시성의 원칙이었다. 그는 동시성이란 가능한 최대 규모의 부대를 동시에 접촉하게 함으로써 '최대 접촉지역'을 야기하는 개념을 필요로 하는 것으로 해석했다. 20대에 쓴 저서에서 그는 동시성이 광정면廣正面에서 작전하는 대규모 군대를 필요로 한다고 주장했다. 〈그림 4 a〉에서 보는 것처럼, 접촉은 정면에서 이루어진다. 성공하기 위해서는 움직이지 못하도록 적을 묶어놓을 뿐 아니라 소모율에서도 유리한 비율을 달성하기 위해 전 정면에 걸쳐 충분한 부대 밀도를 가져야 한다. 이 외에도 중요한 시간과 장소에서 결정적인 우세를 확보하기 위해서 충분한 예비대를 보유해야 한다. 이 모든 것이 함께 움직이는 보병과 전차 및 포병의 책임이다. 그 다음에 도처에서 적을 묶어놓고 선정된 지점에서 돌파하면 공중 및 기계화 부대의 지원을 받아 간격을 통해 기병으로 공격할 수 있다. 비록 이 개념은 '결정'을 달성할 수 있는 작전적 기동을 허용할

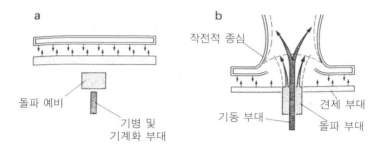

〈그림 4〉 투하체프스키의 '최대 접촉 지역' 개념
　　a. 광정면　　　　　　　　　　　b. 종심 전투

지라도 소모 이론의 덕을 크게 보았다.

　이러한 배경에 대하여 트리안다필로프의 저서《현대군 작전의 특성 Character of the Operations of Modern Armies》이 미친 영향은 차르 군대에서 훈련받은 이 두 명의 걸출한 장군들이 소련군 지상전의 개념 발전에 기여한 바와 같이 보다 분명해진다. 트리안다필로프는 항공을 포함하는, 그리고 부수적으로 실질적인 공세적 화학전 능력을 갖추고 있으며 제병과로 구성되는 강력하고도 다양한 부대인 '충격군 衝擊軍'의 중요성에 초점을 맞추고 있다. 그는 현대군의 발달을 2단계로 구상하고 있는데, 제1단계는 아직 보병 중심이고 투하체프스키의 광정면 개념에 매우 가깝게 부합된다.

　트리안다필로프의 제2단계에서 '충격군'은 여전히 돌입을 책임지고 있지만 오늘날 '기동 부대'라고 부르는 요소를 포함하도록 완전히 재구성된다. 화력 위주의 강력한 전차 및 소형 전차와는 달리 '기동 전차'들은 '기계화된 기병'이라고 불리는 특수 차량화 부대와 연결되어 '전략적인 기병'으로서 종심에서 작전한다. 더 발전된 단계에서 이러한 전차 및 기계화 부대는 군단(특수임무 부대), 군 그리고 사단의 편제 부대로 편성되고 차량화 기관총 대대와 자주自走 포병 대대에 의해 보강된다. 트리안다필로프는 비록 시험적이기는 하지만 소련식 방식으로, 독특한 핵심 개념인 '전투 부대와 화력의 상호 교환 가능성'을 소개하고 있다.

비유적으로 말하여 상호 교환 가능성의 개념과 연결된 2단계 개념은 투하체프스키의 '동시성'에 대한 접근에 대변혁을 일으켰다. 좀더 사실적으로 묘사하면 투하체프스키는 2단계 개념으로 자신의 최대 접촉 지역 원칙은 보존하면서 '광정면'에서 '종심 전투'로 완전히 생각을 바꾸게 되었다(〈그림 4 b〉). 트리안다필로프의 미완성 저서 초판은 1930년에 출간되었다. 그리고 '종심작전 이론'의 첫 단계인 투하체프스키의 '종심 전투' 개념은 1932년 무렵에 분명한 형태를 갖추게 되었다. 제2장에서 언급한 바와 같이 투하체프스키가 독·소 참모회담에 불참한 이유도 이와 같이 근본적으로 새로운 생각을 정립하는 데 몰두하고 있었기 때문일 것이다. 새로운 접근은 적군 기계화 군단의 편성을 착수시켰으며, 투하체프스키가 분명히 배후에서 조종했거나 직접 저술했을 수도 있는 1936년판 야전 근무 규정 'Pu-36'으로 완결되었다.

그 다음 해 스탈린Stalin은 스페인 내전을 구실로, 그리고 투하체프스키가 독일 정보기관인 '압베어Abwehr'(독일어로 방어, 방지라는 의미이다—옮긴이주)에 관련되었다는 이유로 (사실은 거의 확실하게 그를 잠재적인 경쟁자로 인식했기 때문에) 이 위대한 인물과 가장 능력 있는 6명의 동료 가운데 5명을 총살형에 처했다. 기계화 군단은 해체되거나 예산이 삭감되었고, 전차 부대는 독립 전차 대대의 비율이 높아지는 가운데 여단 규모로 제한되었다. 즉 보병이 다시 우위를 점하고 종심작전 이론은 소모 이론에 자리를 양보하게 되었다. 이와 같은 숙청과

정책 전환은 주로 러시아-핀란드 전쟁에서 채택된 방침을 잘 설명해 주고, 히틀러가 바르바로사 작전을 개시하도록 결심하는 데 중요한 요인이 되었다.

제2차 세계대전(대 애국 전쟁)

포위의 위협이 항존하는 가운데 더러는 완전히 포위되기도 하면서 퇴각하는 러시아군에게 초기 독일군의 성공은 마치 종심작전 이론을 실행에 옮긴 것처럼 보였을 것이다. 이러한 요인과 근본적인 변화에 대한 명백한 필요성 그리고 투하체프스키의 유망한 제자가 된 장교들이 가하는 무거운 압력은 최고 야전사령부의 1942년 1월 10일자 지령으로 귀결되었다. 이 지령은 그 해 말에 공포된 두 가지 시행명령과 함께 종심작전 이론을 효과적으로 부활시켰고 그 이론이 요구하는 재편성 준비를 제대로 갖추게 했다. 문서상으로 보면 스탈린그라드 전투 당시 편성된 4개 전차군은 400~450대의 전차 전력을 보유하고 있었다. 1943년 한 해 동안 이 숫자는 500대로 증가했는데, 독자들은 이것이 기갑 부대에 의한 기동에서 중요한 숫자임을 알게 될 것이다.

스탈린그라드와 쿠르스크 사이에 위치한 우크라이나에서 시행된 쌍방의 작전은(1943년 1월부터 9월까지) 전반적인 현대 기동 이론의 정수를 보여주고 있다. 스탈린그라드 공세 이후 초기 단계에서 제5 전차군은, 옛 편성과 변화의 초기 단계를 상징하는 독립 전차 군단 및 여단을 후속 부대로 하여 돌입 부대로 활용되었다. 이 부대는 순식간에 3단계 또는 3개 제대 형태로 발전했다. 전선군(집단군)의 공세에서 독립 전차 여단과 대대들은 돌입전투를 위하여 보병 부대에 배속되었다. 반면에 전차 및 기계화 군단은 돌파의 완성, 측방 차장 그리고 철도 분기점이나 교량과 같은 근거리의 작전적 목표를 탈취하는 데 운용되었다. 전차군들은 가끔 추가 전차군단 등으로 증강되거나, 당시 '충격 그룹'으로 알려진 전선 기동 그룹을 형성했다. 이러한 그룹은 그 부대가 '작전적 종심' 이상의 깊이에서 확실하게 작전을 개시할 수 있을 때까지 투입이 유보되었다. 여기서 '작전적 종심'이란 작전적 수준에서 기동이 적으로 하여금 반응하게 하는 종심을 말한다.

이러한 점에서 개념의 발전은 제한적으로 사용 가능한 기갑 및 기계화 자원에 대하여 상충하는 두 가지 요구에 직면했다. 한편으로는 기동 그룹이 잠재력을 입증했기 때문에 보다 많은 전차를 편제하고 2개 또는 3개 제대로 확장함으로써 그 힘과 범위를 향상하려는 경향이 있었다. 이와 같이 더 거대해지고 복잡해진 부대는 당연히 더 큰 규모의 기계화 보병(차량화 소총)이라는 구성요소를 요구했다. 결과적으로 독립전차 및 기계화 군단으로 구성된 주력 부대의 제2제대는 약화되었고 부대의 임무 역시 돌파 작전을 완료하고 이를 확보하는 것으로 국한되었다.

다른 한편으로는 3개 제대 유형(돌입, 돌파, 돌진)조차도 기동 그룹의 절묘한 작전 개시를 보장하는 데 종종 실패했다. 이에 대한 최초의 반응은 단순하게 기동 그룹으로 하여금 돌파를 완료하고 깨끗하게 진로를 헤쳐나가도록 하는 것이었다. 결과적으로 기동 그룹은 속도가 느려지고 약화되며, 조직이 와해되고 군수 지원 측면에서 통상 기갑 군단급에서 실시하는 독일군의 반격에 의해 손쉽게 희생되는 지점까지 병참선이 신장되었다. 결국 적군亦軍은 그들의 공세 개념에 제4단계를 효과적으로 추가시켰다. 제3제대의 임무는 단지 방어 지대 돌파를 완료하는 것이 아니라, 기동 그룹이 안팎으로 전개할 수 있도록 일종의 교두보와 같은 전개 지역을 확보하는 것이었다.

이러한 문제는 상당히 신속하고도 효과적으로 해결되었다. 왜냐하면 기본적으로 질량의 증가를 피할 수가 없었고, 당시 소련군의 전쟁 노력이 이를 달성하는 데 알맞도록 조정되었기 때문이다. 지휘 및 통제 그리고 포병 및 항공 지원상의 결함들은 쉽게 해결되지 않는 문제로 드러났다. 1942년 10월에 새로운 규정이 공포되자, 단지 기갑병과의 소수 장교들과 우연히 투하체프스키의 주변에 있게 된 기계화 부대의 생존자들만이 이 규정에 깊이 공감하고 찬양했다. 보병과 포병들은 이 규정에 따르면 자신들의 역할이 없어지기 때문에 새로운 개념에서 결점을 찾아내려고 했다. 위에서 토의된 돌파 문제에 대한 전반적인 과소평가는 이동 기술상의 한계와 이동으로부터의 전개, 순차적인 후속 제대의 초월, 그리고 기복 지형의 통과에 필요한 부대 예규 standing operating procedure(SOP)의 결여에 얽혀 있었다.

기동 작전을 통제하는 데 필요한 통신들은 일종의 발아기 상태에 있었다. 적군은 1개 군사령부에서 6개까지의 주요 망을 운용하는 복합 통신 체계의 도움으로 전쟁을 종결시킬 수 있었는데, 이는 아주 어렵게 터득한 교훈의 결과였다. 오늘날 소련군에서와 마찬가지로, 부대를 통제하는 데 물리적인 수단이 없다는 것은 당시 적군을 괴롭히던 두 갈래의 심리적인 문제점, 즉 "실제로 강한 명령을 받기 전에는 아무 일도 하지 않으려는 러시아 장교의 경향, 그리고 비난받지 않기 위해서 불리한 상황의 보고를 주저하는 당연한 두려움"과 결부되어 있었다. 사단급과 그 상위 제대 지휘관의 손실율이 보여주는 것처럼, 어느 정도의 융통성이라도 발휘할 수 있는 유일한 방법은 극단적일 정도로 전방에서 진두지휘를 하는 것이었다.

전투시 부대의 선두에서 사망하는 것은 실패의 대가로 공개 처형되거나 결국 지뢰 지대에서 사지를 절단당하는 형을 받는 범죄자 대대의 비참함보다 분명히 나은 일이었다. 그러나 이처럼 졸렬한 해석은 최고위급 소련 장교들의 우수성과 나머지 평범한 장교들 사이의 차이점을 충분히 설명하지 못한다. 이 점은 당시와 마찬가지로 오늘날에도 이채롭지만 정체를 알 수 없는 수수께끼와 같다.

전술 문제, 심지어 지휘 및 통제 문제보다도 더욱 심각하고 감당하기 어려운 일은 당시 소련군 포병이 기동작전을 지원할 능력이 없고 효과적인 근접 항공 지원(CAS)에 필요한 통제 및 연락 준비사항들을 전혀 갖추지 못했다는 점이다. 적군은 인원 수송 장갑 차량 같은 장비들이 부족하여 기계화 보병을 제한된 성능의 비장갑 차량에 탑승시키거나 전차에 탑승시켜야 했다. 독일군 포병은 두 가지 경우 모두 보통 전투의 초기 단계에서 소련군 보병을 전차에서 분리시킬 수 있었다. 기동 부대는 포병화력이 취약하기 때문에 포병 사정거리 바깥으로 전진하는 것이 더욱 어려워졌다. 기동 부대는 공격 기세 유지에 필요한 직접 지원뿐 아니라 적어도 전차와 보병의 분리를 지연시킬 수 있는 대포병 사격 능력이 부족했다. 소련군이 다량의 전차 차체를 돌격포(SU)로 전환할 준비가 되어 있었음에도 불구하고 내가 아는 한 단 한 대도 '자주 포병' 차체나 인원 수송 장갑차로 전환하지 않았다는 사실은 흥미롭다.

어쨌든 1943년 후반부터 계속 전차 및 기계화 군단의 포병 요소는 연대급의 돌격포가 증강됨으로써 강화되었다. 돌격포들은 대포병 사격 문제를 미해결 상태로 남겨둔 채, 가장 적합한 직접 사격 임무에 거의 전적으로 사용되었다. 적군이 전쟁 기간 동안 야전에 배치한 것으로 유일무이하게 기동성 있는 간접 화력 무기체계는 트럭에 탑재된 방사포였다(이는 일명 스탈린 오르간으로 불리는데 오늘날 '제3단계'의 혁명군으로 사랑받고 있다). 과학기술과 생산 자원의 가용성에도 불구하고 기동 작전을 위한 절차상의 부적절함과 어우러져 배가된 러시아군 포병 병과의 보수주의는 적절한 지원을 받지 못했음이 분명하다. 역사상 프랑스만큼이나 탁월했던 포병을 보유한 소련군이 여러 해가 지난 뒤에야 적절한 자주 포병을 갖게 된 마지막 선진 군대였다는 사실은 의미심장하다.

포병뿐만 아니라 항공 지원 역시 하부 제대에서 상부 제대로 요구사항을 전달하는 시스템이 부재하여 운용에 장애가 되었는데, 지금까지도 이 현상은 마찬가지이다. 대부분의 선진 군대에서는 대규모 화력 계획조차도 앞서 설명한 방식으로 수립된다. 그러나 소련군의 시각에서 보면 이러한 하부 제대의 요구사항은 겁쟁이거나 상급 지휘관에 대한 권한 침해였고, 두 가지는 특히 범죄자 대대로 이르는 가장 빠른 지름길이 되었다. 하여튼 리페츠크에 있던 합동 항공 센터의 성공에도 불구하고 적군은 나치 국방군이 선구적으로 개척하고 서구 연합군이 도입하여 발전시킨 근접 항공 지원 기술과 유사한 절차를 결코 발전시키지 못했다. 각 전선군(집단군) 내에 사치스러운 규모의 전술 항공과 항공군이 존재했지만 근접 항공 지원 작전은 항공군과 전차군 또는 제병군 사이의 군급 측방협조와 더불어 전선군 수준에서 착수되고 협조를 받았다. 전후 소련군은 이른바 사단의 촉각으로서 전방 항공 통제 조직을 도입했다. 이 조직은 최근에 이르러서야 서방측 군인과 공군 요원들에게 익숙한 기능 발휘의 징후를 일부 보여주었고 최근의 첩보가 그러한 추세의 반전을 시사하고 있다.

1943년 말 이후부터는 개념, 편성 또는 템포에 거의 변화가 없었다. 소련군의 실행에서 늘 그러했듯이, 기동 부대의 편성에 있어서 규모가 증대되는 경향이 나타났고 1945년 당시에 1개 전차군은 500대 이상의 전차 전력을 보유했다. 게다가 특히 종심에서 작전의 범위가 점차적으로 증가했는데 이것은 주로 상대방의 질과 전력의 악화에서 기인했다. 적절하게 증강된 전차군은 전선군의 보편적인 기동 그룹이 되었다. 1943년 말과 1945년 사이의 전차군 작전은 템포에서 놀라운 '일관성'을 보여주었다. 전체 작전의 지속 시간은 대체로 준비와 실시로 균등하게 나누어지며 약 30일이 소요되었다. 그리고 최초 접촉선 너머 35~60킬로미터의 '작전적 종심'에서 기동 그룹이 공격을 개시할 수 있는 최적 시기는 D+4일 또는 D+5일로 고려되었다. 전차군은 1일 평균 약 50킬로미터의 속도로 전진하여 약 10일 동안 공격의 운동량을 획득하는 경향이 있었다. 마찬가지로 돌입 및 돌파 전투 시에 전진 속도는 처음 2일간은 전형적인 속도인 1일 5킬로미터에서 5일째에는 25킬로미터까지 가속되었다.

전후 기간의 지상군

제2차 세계대전이 끝난 후 40여 년 동안 기본적인 종심작전 이론은 "견제 부대가 돌입전투를 책임지며 기동 부대는 가능한 한 최대로 적의 질량을 우회하는 데 기초를 두고 행동한다"는 고유 형태에서 거의 변화가 없었다. '서서히 진입하고 신속하게 빠진다', 즉 돌입시의 정밀한 행동과 엄격한 통제 그리고 돌진시의 과감한 진격과 완화된 통제라는 원칙은 변경되지 않은 것이다. 그러나 실제로 크게 발달한 소련군의 C3I 시스템은 분명히 과거에 기동 부대 지휘관들이 누리던 행동의 자유를 박탈했고 결과적으로 일종의 '후방으로부터의 전방 지휘'를 초래했다. 사실상 오늘날 군 사령관은 사령부에서 이동하지 않고도 중대 그룹을 직접 통제할 수 있다. 군 사령관이 그와 같은 행동 (하급 부대에 대한 직접 통제)을 거부한다면 대단히 비러시아적인 것이 될 수도 있다.

전차 군단은 전차 약 340대와 보병 전투 차량(IFV) 230대를 보유한 사단이 되었는데, 이 규모는 전시의 전차군보다 주요 전술 궤도 차량 이 현저하게 증가한 것이었다. 군단은 주요 부대 구조에서 사라졌고 '군단'과 '여단'이라는 용어도 특수 부대에만 남아 있게 되었다. 그 리고 전차군은 약 2,400대의 주요 전술 궤도 차량 규모로 전력이 증강 되었다. 4개 기계화 사단과 1개 전차 사단으로 구성된 제병군의 주요 전술 궤도 차량의 숫자는 전차군과 유사하지만, 포병과 병력에서는 그 규모가 약 1.5배에 달했다. 대개 전차와 기계화 부대는 주요 장비 가 동일하고 따라서 동일한 물리적 기동성을 보유하고 있다. 그러나 전차 부대의 계획된 전체 템포는 대략 제병 부대의 템포보다 2배 빠르 고 전시 전차군보다는 4배가 빠르다.

중重 돌입과 신속한 돌진 형태는 1960년경까지 사실상 변화되지 않 았고, '군사 문제의 혁명'에 있어서 첫째 단계 역시 전장 핵무기와 대 규모 전차 운용의 전성기를 예고했다. 대규모 전차 부대는 전투를 하 거나 기동해야 할 필요가 거의 없이 핵 및 화학 카펫을 지나서 전방으 로 전진했으며 제병 부대는 견제 및 소탕을 전담하는 보조 역할로 전 락했다. 당연히 이 단계에서도 '전투 부대와 화력의 상호 교환 가능 성' 개념이 신뢰를 받게 되었다. 핵무기는 핵 타격 표적을 무력화시 키는 것 이상의 효과를 발휘했다. 즉 엄청난 파괴력을 달성함과 동시 에 신속히 이동하는 전차가 남아 있는 적 부대에 근접하여 충분히 오 랫동안 그들을 무력화시켰다.

소련에서 이 단계는 결국 드니페르 연습시 도하 작전을 위한 비핵전

시나리오로 종결되었다. 이 연습은 혁명 50주년을 기념하기 위한 과시적인 군사적 기동이었다. 그 사이의 수년 동안 세 가지의 큰 변화가 연속적으로 일어났으며, 작전적 수준의 헬기 운용은 네 번째 변화로서 매우 순탄하게 진행되었다.

전장 핵무기에 대한 의존으로부터의 방향 선회는 동급 세계 최초인 BMP1 보병 전투 차량의 도입과 일치했다. 소련군은 오래 전부터 중 돌입전투가 소련군 개념의 근본적인 부분이 아니라 훈련과 장비의 제한에 의해서 강요된 방편이었음을 주장했다. BMP의 확고한 잠재력이 활기 있고 지속적인 논쟁에 불을 당겼고 작전적 차원에서 경기갑 부대의 사용을 제안하는 것으로까지 확대되었다. 이에 등장한 것이 '중 돌입'에 대한 대안으로서 제국 군대의 기병 장교들이 강력하게 선호한 '베어내기식 공격'의 부활이었다. '베어내기식 공격'은 간격을 통과하거나 적의 경계선을 따라서 진행되고, 대각선으로, 다시 말해서 방어하는 사단과 군단의 후방지경선을 따라 우회한다. 이러한 전술적인 우회 기동은 측방 차장과 더불어 기동 부대 고유의 통로(회랑)를 개방한다. 대안으로서 '베어내기'를 하는 부대는 작전적 목표로 직접 압박을 가하고 제병 부대가 근접 후속 부대로서 통로를 확보하면 그 다음에 기동 부대를 제3 제대로 운용할 수 있다.

대다수의 소련군은 피비린내 나는 투쟁에 휘말려 있다. 영국군이나 미군에서처럼 차량화 소총병과는 보병 우세의 전통을 잇는 정당한 계승자로 자처했다. 그러나 전쟁에서 전차를 토대로 한 기동 그룹이 성공을 거둠으로써 전차에 대한 숭배와 전차 병과에 의한 지배가 이어졌다. 더욱이 핵 전성기는 이러한 경향을 강화했다. 그러나 핵무기로부터의 회피와 때맞춘 BMP의 등장은 차량화 소총 병과에게 보병의 중요성을 재천명할 수 있는 기회를 제공했다. 20세기에 투하체프스키가 기계화로 관심을 돌리기 전까지 그의 주요 주제는 제병전투의 발전이었다. 차량화 보병들은 투하체프스키가 떠나버린 제병전투에서 주제를 선택한 것이었다. 이와 같은 강조점의 변화는 아직도 《보엔느이 베스트니크Voennyi Vestnik》 매호마다 핵심적인 이슈로 다루어지고 있는데 15년 내지 20년이 경과되어야 공표될 것이다. 이는 앞서 언급한 바와 같이 소련군의 규모와 인력의 다양성을 암시하고 있다.

세 번째의 발전은 작전 기동단(OMG)의 출현이다. 여기서 역사적인 고찰을 하자는 것은 아니지만, 나는 대다수의 소련 군사 문제 연구가들이 러시아어가 아니라 사실상 폴란드 용어인 OMG를 하나의 혁신, 즉 나토에 대한 새로운 도전으로 소개하고, 본래 하급 제대에서의 '습격 전술'이 발전된 것으로 묘사해야 한다는 주장에 당황했다. 부대 이동의 선형 규칙에 대한 감각을 지닌 사람에게 OMG는 본질적으로 진화적인 성격을 갖고 있다. 단순한 사실을 언급함으로써 이 점을 설명해보겠다. 1980년경에 소련 전차군이 정상적인 소련군의 속도와 밀도로써 단일 통로를 따라 서쪽으로 이동하고 있으며 이 부대의 후미가 바로 베를린을 통과하는 중이라고 가정해보자. 편제 차량만을 고려하더라도 전차군의 선두는 아아헨 부근의 어느 지점이 될 것이다. 평범한 전선군 부대의 일부와 특수 부대가 투입된 경우에 전차군의 선두는 브뤼셀과 오스탕드 사이쯤, 야베크 차량 전용도로상의 한 지점이 될 것이다. 이러한 판단은 개략적인 도로 길이를 바탕으로 한 것으로 일직선의 최단 접근로를 고려한 것은 아니다.

이 거대한 부대의 군집은 주요 전술 궤도 차량에서 1945년 당시 전차군 전력의 약 5배에 달한다. 적어도 개념적으로 OMG는 전장 핵무기의 훌륭한 보완물이었다. 왜냐하면 OMG의 임무는 통로에 대한 피해를 극복하거나 우회하기 위하여 궤도를 전개하고 사용하면서 목표 지역에 도달할 때까지 핵 카펫 위에서 전방으로 전진하는 것이었기 때문이다. 사실상 순수한 기동의 관점에서 OMG를 다루기는 어렵다. 500대의 주요 전술 궤도 차량이라는 '마법의 숫자'가 단일 제대로 기동될 수 있는 최대 규모의 기계화 부대임을 증명하는 독일과 소련의 자료가 무수히 많이 있다. 따라서 전차 사단을 기초로 한 OMG 또는 이에 상응하는 규모를 이용하는 것은 단순히 핵 이후의 현실주의로 돌아가는 현상이다.

그러나 이러한 OMG의 형태는 두 가지 결점을 지니고 있다. 70년대의 균형 잡힌 연습 이후에도 보병이 부족했던 상태에서 전차 사단장은 습격 부대로서 보병 위주의 대대그룹들을 파견하기로 되어 있었다. 소련군 참모본부는 사단장이 작전의 시간틀 내에서 이 부대들을 다시 볼 수 없을 것이라는 점을 분명히 알고 있었으나 많은 서방측 해설가들은 이 사실을 이해하지 못했다. 더욱 중요한 것은 소련군 참모본부가 어깨 너머로 계속 감시하고 있었다는 사실이다. 이는 모든 기갑 지휘관들에게 불쾌한 일이었고, 소련군 기동 부대의 맥락에서 보아도 전적으로 부당한 일이었다. 제2차 세계대전시 소련군은 기동 부대의 선두와 견제 부대의 전선 사이에서 종심상의 분리를 적극 추구해야 한다고 판단했고, 실제로 그렇게 했다. 그러나 80년대에 예상되는 템포로 보면 기동 부대의 전술적 후미와 견제 부대 사이의 분리는 지레 작용의 발전을 방해하게 될 것 같다.

두 가지 문제점은 기계화 사단 형태의 제2 제대를 OMG에 도입함으로써 해결되었다. 지형에 따라 필요하다면 OMG를 선도할 수 있었던 이 기계화 사단의 통상적인 역할은 모든 습격과 차장 작전 및 기타 견제 작전에 착수하고, 전방에서 전술적으로, 그리고 이동 통제에 의

하여 전차 사단을 지원하며, 기동 부대와 받침점 사이에서 지렛대를 유지하는 것 등이다. OMG를 지휘하기 위해 사령부를 분리 운용하게 되면 표준 전선군에 작전적 차원의 사령부가 하나 부족하게 된다. 이 문제를 해소하기 위한 목적으로 군단급 OMG 사령부가 도입되었다. 다시 한 번 융통성과 규모 및 복잡성 사이에서 갈등을 느끼게 된다. 앞으로 알게 되겠지만 이러한 갈등이 차례로 기동 이론의 실행에 대한 새로운 접근 방식의 필요성을 제시해주게 된다.

  적어도 부분적으로는 핵 이후의 재고에서 유래된 네 번째의 확고한 경향은 작전적 헬기 부대인 공정 강습 여단을 전선군과 전차군 부대에 도입하는 것이다. 이것의 바탕에 깔린 원칙이 이 책에서 다루는 주요 주제의 하나이다. 그러나 데잔트desanty(후에 자세히 설명하겠지만 우선 적 후방 지역에서 운용하는 특수 부대라고 이해하기 바란다―옮긴이 주)에 관한 사항으로 관심을 돌리기 전에, 지상군 부대 특유의 합리적인 예측 단계에서 '공인된 의도'의 단계로 옮겨가고 있는 또 다른 새로운 경향을 언급해야 한다. 그것은 조화롭게 작용하는 소련군의 작전술과 과학기술에서 이룬 진보의 산물이다. 기계화 사단도 전차 사단과 동일한 물리적 기동성을 갖고 있다. 그러나 기계화 사단은 일반적으로 전차 대 보병의 비율이 전차 사단의 경우처럼 10:6이 아니라 7:10(실제로는 거의 8:10이다)인 대규모 편성으로서 더욱 정밀하게 운용된다. 전차의 우세에 반대하여 제병전투에 대한 점진적인 강조와 확실한 과학기술을 바탕으로, 주력 전차로 조정된 오직 한 가지 형태의 사단을 보유하는 것은 의미 있는 일이다. 기존 전차 및 제병 사단들을 단일 형태의 '충격 사단'로 대체하고 이 사단이 '공정 사단'과 한 쌍을 이루게 만들려는 계획의 확실한 징후가 보인다. 후자는 공정 및 경기동 부대에서 이중 역할을 하고 중궤도 차량과 회전익 사이에서 기동성을 향상시킨다.

데잔트Desanty

러시아어의 데잔트desant(이 단어의 복수형이 desanty이다)는 영어의 'descent' (하강, 급습)에 해당하는 의미를 갖고 있다. 그러나 데잔트가 갖는 군사적 함의가 너무 광범위하고 중요하기 때문에 번역하지 않고 러시아어를 그대로 차용할 것이다. 러시아인들은 한 부대의 출발점에서 최단 직선거리가 아닌 다른 방향에서, 그리고 자체 능력이 아닌 다른 수단을 이용하여 개별적인 목표 또는 전시 목표가 되는 '적이 확보한 지형이나 어느 부대도 점령하지 못한 지역'에 도달하는 것을 묘사하는 명사나 형용사로 이 단어를 사용한다. 따라서 과거에는 보병이 전차에 탑승하여 전진하거나 돌격을 위한 함정에 승선하여 도하하는데 사용되었다. 오늘날 전술적인 예를 들자면 차량에 탑승한 채 하천을 도하한 후, 제방을 따라서 이동하여 결국 교량을 건너게 되는 기계화 보병 중대의 경우에도 사용될 수 있다. 그리고 작전적, 전략적으로는 주요 공정 및 상륙 작전, 혹은 첩보원들이나 특수 부대의 분견대를 투입하는 데까지 확대하여 사용한다. 이러한 데잔트의 개념은 당대의 종심작전 이론과 전반적인 현대 기동 이론의 기초가 되고 있다.

원 제안자인 풀러나 그 필요성을 암시한 트리안다필로프로부터 투하체프스키가 도출하여 자신의 것으로 소화했던 개념 중의 하나는 공정 부대의 개념이 아니라 기계화 공정 부대 사상이다. 그는 처음부터 공정 부대원이 수송기에서 뛰어내리거나 지상에 접지할 때 수송기의 기동성에서 도보 보병의 기동성으로(오늘날 103만큼 속도 범위의 차이가 있다. 〈그림 40〉 참조) 부대의 기동성이 저하된다는 기본적인 취약점을 분명하게 식별했다. 이와 같은 전술적 기동성의 결여는 즉시 공정 부대 요원의 타격 목표를 적에게 인지시키고 차량 기동성을 갖춘 적이 반응하기 전에 아군을 조직화할 수 없게 만든다.

소련군이 BMD라는 다목적 공중 수송 장갑 차량을 도입하여 기계화 공정 부대 개념의 결실을 보기까지 거의 35년이 소요되었다. 비록 그들의 직접 화력 수단이 ASU 85 공중 수송 돌격포로 제한되었지만 1962년에 처음 도입되었을 당시에 돌격포는 뛰어난 장비였다. 그러나 주력 전차와는 전혀 경쟁이 되지 못했다. 서구에서는 '경기동 방호포light mobile protected gun', 즉 충분한 전차의 화력을 보유한 경전차의 실행 가능성이 입증되어왔다. 소련도 BMP 계열 차량에 대한 기술을 보유하고 있었으며 여러 가지 종류의 포 중에서 선택할 수 있었다. 대부분의 문제점이 해결되어 이제 거의 확실히 제2세대로 진입한 BMD를 고려해볼 때, '경전차'가 기계화 공정 부대의 개념과 경기동 부대의 개념 그리고 같은 관점에서 상륙 해상 강습 부대의 개념을 결합하는 단일 부대에 대한 열쇠가 될 것이다. 이러한 다목적 차량의 등장은 이미 오래 전부터 예견되어왔고, 앞에서 취급했던 편성상의 변화에 대한 분명한 징후가 새로운 개념의 차량 개발이 순조롭게 진행되고 있음을 시사한다. 내가 묘사한 공정 및 경사단이야말로 고도의 전투 가치를 가진 기계화 공정, 공수 및 경제적인 해상 수송 부대를 동시에 제공하고, 회전익과 중궤도 차량 또는 회전익과 고정익 사이에 형성된 골치 아픈 기동성의 간격을 메워준다.

비록 미 육군이 '수직 포위'를 외치며 항공기갑 수색으로 질주했지만 본질적으로 기동 이론을 골격으로 헬기의 진정한 중요성을 파악하고 회전익 항공 기술의 대규모 조직체를 설립했으며 모든 난관을 극복하고 개념을 고수한 것은 소련이었다. 전술적 수준의 헬기 공정 부대 운용이 도하 작전과 연계하여 철저히 검토되었다. 주로 편성 및 훈련상의 이유 때문에 가장 보편적인 전술적 공수의 규모는 2개 대대였지만 증강된 대대로부터 감소된 연대까지 다양하게 변화했다. 다음 단계로는 군수 지원으로서, 기동 부대의 전차에 재보급하기 위한 중수송 헬리콥터의 사용이 대두되었다.

최근에 공개된 첩보에 따르면, 전술적 수준에서 헬기의 통합은 정상적인 습격 부대 대신에 '공지 강습 그룹'의 탄생을 예시하고 있다. 이 부대는 12대 정도의 강습 헬기로 구성된 항공 부대와 화력 지원 및 소규모 전술적 공수(최소 1개 대대 규모)용으로서, 소량의 무장 헬기를 포함한 지상 부대로 구성된 것 같다. 나는 이것이 인공위성을 전문적으로 취급하는 언론에 날아든 또 하나의 '연鳶'으로, 서방측 해설가들의 흥미를 끌어 나토의 고급 장교들을 전율하도록 만든다는 인상을 받았다. 헬기의 전술적 통합이 미육군의 발전만큼 진보했다고 장담하지는 못할 것 같다. 그 동안 소련의 회전익 항공기 기술은 특히 항공 전자공학과 광전자 공학 분야에서 뒤떨어져 있었다.

일단 모델 D와 좀더 신형인 Mi-24(Hind) 등 강습 헬기의 성능이 입증되고 전술적 운용 개념이 연대급 수준에서 평가되었을 때, 소련 군은 헬기의 작전적 운용으로 이전할 준비가 되어 있었다. 1979년 또는 1980년에 (헬기) 공정 강습 여단을 도입한 것은 일보 전진한 것이었다. 이 여단은 소련군이 물리적 기동성에서 기계화된 기동 부대보다 10의 배수 속도 범위(제9장 〈그림 40〉 참조)의 서열이 높고 전차 사단의 전투 가치와 동등하다고 보는 영구적인 편성을 제공함으로써 종심 전투에 새로운 층을 추가시킨다. 이 부대의 하차 가능한 병력은 특수 헬기 탑승 부대로 구성되는데 전 여단이 독립 병종兵種으로서, 인력 선발시 육군보다 5단계 상위 서열에 있는 공정 부대(병과)에 의해 병력이 충원된다. 세 번째이자 가장 중요한 사실로, 공정 강습 여단은 작전적 지휘관에게 지상 차량 및 고정익 항공기의 통제된 이동을 지배하는 '선형성'으로부터 자유로울 수 있는 강력한 부대를 제공한다.

준비된 지상 표면에서 벗어나 집중과 분산을 할 수 있는 능력은 회전익 혁명이 실제로 무엇에 관한 것인가를 말해주는데, 제2부에서 그 중요성에 대해 살펴볼 것이다. 하지만 현재는 중대한 결함이 하나 있다. 중형 헬기 수송 대대가 잠입 비행을 하여 지정된 기계화 연대의 병력을 수송하고 이들을 착륙시킨 뒤 이탈 비행을 하는 특수 헬기 공정 작전에서 일단 착륙하게 되면 이러한 병력의 작전적 및 전술적 기동성이 도보 보병의 기동성 수준으로 저하된다. 편제 헬기를 보유한 공정 강습 여단에서 착륙하여 하차할 수 있는 제대는 작전적 기동성을 유지한다. 그러나 일단 병력이 도보로 계속 이탈하게 되면 전술적 기동성에 거북스러운 간격이 남게 된다. 간단히 설명할 수 있는, 이 문제를 극복하는 방법은 두 가지이다. 하나는 폰 젱어Ferdinand Von Senger가 제시한 공중 기계화의 '주전투 항공 차량main battle air vehicle'(이 단어는 주력 전차 또는 주전투 전차로 번역되는 main battle tank처럼 주종을 이루는 주력 공중비행체, 즉 주력 헬기의 의미를 갖는다고 보이지만 여기서는 직역한다—옮긴이주) 개념인데, 이는 공격 헬기와 강습 헬기를 각각 전차와 보병 전투 차량처럼 취급한다. 다른 하나는 작전적 이동용 중수송 헬기에 의해 운반되는 경장갑 차량을 갖추게 하여 작전적 회전익 항공 부대를 기계화하는 것이다. 소련이 어느 방향으로 발전시킬 것인지를 지켜보는 것은 흥미로운 일이다. 그들은 공정 사단에 중수송 헬기를 지원하고 회전익 공정 강습 부대에게는 전술적인 전투에서 친숙하고 지속적인 참여에 적합한 헬기들을 제공함으로써 두 가지 모두를 실시할 수 있는 규모와 기술을 보유하고 있다.

이에 못지않게 흥미로운 것이 전략적 기동성에 미친 헬기의 영향이다. 소련이 이를 평가했다는 가장 확실한 징후는 미국이 보유한 최대 항공모함급 수준으로 4~5척의 핵추진 잠수함을 최초로 건조했다는 데 있다. 이 첩보는 여러 출처를 통해 확인되었으나 1984년 7월에 나온 새로운 기사가 이에 관하여 다소 의혹을 불러일으키기도 했다. 만일 첩보가 정확하다면 최초의 핵 잠수함은 이미 오래 전에 조선대 밑에 내려가 있거나 취역했을 수도 있다. 두 번째 잠수함은 이 책이 출간될 무렵이면 건조에 착수하게 될 것이다. 예측할 수 있는 이 거대한 잠수함의 역할 중 하나는 헬기의 항공모함 기능이 될 것이다. 1개 여단 또는 그 이상 규모의 공정 강습 여단이 이러한 방식으로 적 후방이나 원거리에 위치한 전구에 행사할 수 있는 위협의 잠재성에 대해서는 더 이상 강조할 필요가 없다.

데잔트의 의미를 확실히 하기 위하여 스페인 내전에서 만들어진 것으로 우리에게 익숙하며 데잔트의 유사어라고 볼 수 있는 '제5열'을 살펴보자. 우리가 논의해왔던 편성 부대의 네 가지 형태, 즉 중기계화 부대, 경기계화 부대, 헬기 부대 그리고 공정 부대는 마드리드로 진군하는 '제4열'을 나타낸다. 소련군의 '제5열'은 사단 종심 정찰 중대의 정찰에 의한 첩보 수집에서 전략적 수준의 사보타주Sabotage와 국가가 지원하는 테러에 이르는 전체적인 활동 범위를 의미한다. 비록 소련군이 전략과 '작전술' 사이에서 공식적인 차이를 도출했지만 우회기동의 개념과 간접 접근들은 대대에서 소련 공산당 정치국에 이르기까지 그들의 사고에 깊숙이 스며들어 있다. 중국어 번역에서 학술적이고도 명쾌한 모범을 보여준 새뮤얼 그리피스Samuel B.

griffith 장군이 지적하는 바와 같이, 적군 참모총장이던 샤포슈니코프 Shaposhnikov의 비평은 전쟁의 이러한 양상에 대하여 《손자병법》의 교훈을 되풀이하고 있다.

승리의 선결 요건은 승패의 결과가 사전에 결정될 수 있도록 적 진영에서 완벽하게 준비하는 데 있다. 그리하여 승리하는 군대는 사기가 저하되고 이미 패배한 적을 공격한다(是故勝兵先勝, 而後求戰 : 《손자병법》 형편形篇).

국가보안위원회(KGB)의 특수 부대와 병존하고 있는 군 특수 부대의 가장 중요한 책임은 공정 부대(VDV)가 맡고 있다. 하사관급 이상 장기 근무자로 구성된 스페츠나츠Spetsnaz의 '전문가'와 특수 부대 훈련을 받은 다른 군인들 사이의 주된 차이점은 '전문가'들이 고공강하에 의한 투입을 훈련한다는 점이다. 공정 부대가 상당 기간 동안 자체적으로 특수 부대 요소를 강화해왔고 모든 소속원을 '특수 부대의 기준'에 따라서 훈련시키는 데 목표를 두고 있다는 징후가 있다. 그러나 이것이 무엇을 의미하는지는 분명하지 않은데, 아마 스페츠나츠의 단기 복무요원 및 사단의 장거리 정찰 중대 요원과 동일한 훈련 수준을 뜻할 것이다. 결국 10만 명에 가까운(또는 2만 명 규모의 5개 부대) 병력이 반半 비밀 및 비밀 작전의 좀더 기초적인 형태에 대해서 훈련받고 있다는 얘기다. 정신이 번쩍 든다.

오늘날 비정규 부대들이 보여주는 활동의 전 세계적인 스펙트럼은 비밀 타격 분대로부터 급습을 거쳐 강력한 습격에 이르는 능력을 구비한 특수 부대의 전략적 영역이 단지 사용자의 상상에 의해서만 제한된다는 것을 시사하고 있다. 이들의 전략, 작전적 임무가 모두 종심작전 이론에서 추가적인 층들을 나타내고, 무엇보다도 이러한 층들이 동시성의 원칙을 실행하는 수단이 된다. 성공한다면 선두 부대가 투입되자마자, 좀더 가능성 있는 것은 선두 부대가 투입되기 이전에 내각에서 상급 작전사령부까지 모든 제대의 적을 마비시킬 수 있다. 정부를 마비시키면 저항하려는 정치적 의지를 충분히 파괴할 수 있다.

이것만으로도 가공할 일이지만, 여기에 정치 지향적인 임무를 띤 첩보원과 특수 부대의 KGB 조직망이 가세한다. 이들은 상대 국가 내부에서 동맹 관계 및 국가의 결속을 붕괴시키기 위해 군 특수 부대와 별개로 활동한다. KGB의 '편성된' 요원 외에도 서독에 약 2만 명 규모의 현지 첩보원이 있을 것으로 추정된다. 요컨대 내가 《소련군의 기갑》에서 "지금도 충분히 대규모로 보이지만 서구가 주목하는 정면의 위협은 빙산의 일각이다"라고 말했던 것을 반복할 수밖에 없다. 빙산은 3분의 1에서 4분의 1만 수면 위로 드러난다. 이것은 대략 소련군의 편성된 지상군이 나타내는 총공세 전력의 비율과 같기 때문에 꽤 훌륭한 비유라고 할 수 있다.

비평

나는 이 단계에서 종심작전 이론을 세부적으로 분석하려고 하지는 않았다. 소련군의 모델은 당시 존재하던 유일한 모델로서, 이론적인 수준에서 역사적으로 기동 이론의 어떠한 변형보다도 잘 발전되고 문서화되었다. 그러므로 이 모델을 기동 이론의 물리적 측면을 검토하게 될 제2부의 기초로 삼으려고 한다. 이 모델이 이 책의 후반부에서 전개할 논제들과 어느 정도 부합되는지는 독자의 판단에 맡긴다. 왜냐하면 나치 국방군의 실용적인 잠재력이 이론적 뒷받침을 능가한다는 나의 주장이 옳든 그르든 소련군은 자체적으로 종심작전 이론을 실행할 만한 능력에 대해서는 명백한 유보 조항을 남기고 있기 때문이다. 이와 같은 의문을 갖는 데는 두 가지 주요 원인이 있다. 하나는 일시적이고 다른 하나는 소련군의 아킬레스건으로서 영속적일 뿐 아니라 궁극적으로 치명적임이 입증되었다.

첫째, 만일 제1장의 내용이 사실이라면 우리는 지금 급진적인 변화를 예측하는 이론적 고찰의 한 정점에 서 있다. 20세기 후반기에 들어서 변화의 주요 요인은 분명히 전자공학과 회전익이다. 특히 한편으로는 감시와 화력 통제로, 또 한편으로는 종말유도 방식에 의해 달성되는 간접 화력의 우월성이 소련군의 '상호 교환 가능성' 원칙을 제자리로 복귀시키고 있다. 소련군이 장갑 차량에 탑승하든 도보로 이동하든 아니면 진지에 머물러 있든지 간에, 고밀도로 전개된 부대는 무능력한 상태로 분쇄될 것이며 아마 클라우제비츠가 의도했던 것보다 현저하게, 말 그대로 '격멸'될 것이다. 야전에 배치된 부대에 대해 전장 핵무기가 달성할 수 있는 효과는 오늘날 비핵수단을 통해서도 얻을 수 있다. 이 모든 것이 소련군의 작전적 교리에는 적합하지만 그들의 전술적 개념을 완전히 뒤바꾸어놓는다. 〈그림 5〉에서 제시하는 것처럼 화력으로 둘러싸인 '부대의 모루'는 '화력의 모루'가 되어야 한다. 후자보다 더 좋은 것은 충분한 부대로 양 끝을 봉쇄하고 간접 화력을 관측하며 표적 출현시에 직접 화력으로 간접 화력을 강화하는 '화력의 가마솥'으로 교체하는 것이다.

소련군이 높은 부대 밀도를 포기하는 것은 아직까지는 무모한 행동이 될 것이다. 그들이 보유하고 있는 과학기술을 야전에 배치할 수는

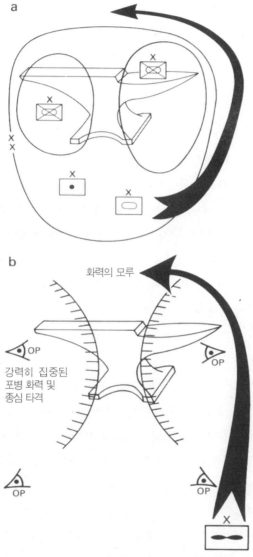

a

b

화력의 모루

OP

강력히 집중된
포병 화력 및
종심 타격

OP

OP

OP

X

〈그림 5〉 부대와 화력을 이용한 모루 방어

a. 부대의 모루─기계화 사단(전차 위주로 편성된 여단 보유)에 의한 재래식 망치와 모루
방어
b. 화력의 모루─방어 부대에 의해 형성된 살상지역으로 부대가 점령하지 않는다.

있으나, 지휘관 또는 부대를 새로운 전쟁 수행 방식으로 훈련시키는 능력은 별개의 문제이다. 결과적으로 소련군은 헬기의 작전적 운용처럼 과거의 것에 새로운 능력의 층을 쌓고 있다. 그 결과 생겨난 '클럽 샌드위치'(소련군의 다양한 공격 방식을 샌드위치에 비유한 표현으로서 제9장에서 구체적으로 설명된다—옮긴이주)는 점점 접시에 담기가 어려워지고 있다. 그리고 식탁까지 무사히 날라와서 옆으로 쓰러뜨리지 않고 샌드위치를 먹을 수 있는 가능성이 갈수록 더 희박해지고 있다. 이와 동시에 과학기술은 샌드위치를 준비해야 하는 사람들에게 더욱 복잡하고 너무나 정교하게 각 층을 채우고 있다. 어떤 관점에서 보면 소련군은 대규모 부대 및 '구식' 장비의 상당량을 폐기 처분하고, 종심작전 이론의 초점을 구식의 층에서 새로운 층으로 전환하려 하고 있다. 그러나 러시아의 역사를 신중하게 고려해볼 때 그들은 시간이 더 경과한 후에야 이를 실행에 옮길 수 있을 것이다.

두 번째의 보다 고질적인 그들의 약점은 러시아인들의 성격에서 유래된 것으로, 마르크스-레닌 체제 전체에 철저하게 스며든 것으로 보이는 편집증과 얽혀 있다. 소련군이 융통성과 주도권 및 템포에 관해 떠들썩하게 소란을 피우는 양상을 보면 상급 제대가 이러한 측면의 취약성을 얼마나 잘 인식하고 있는지 실감할 수 있다. 한 가지 예를 들면 '대대 급속공격'이 있다. 이 용어는 오늘날 심지어 소모 이론 주창자까지도 명령 수령과 임무 완수 사이를 2~3시간 주기의 관점에서 사고하도록 만들었다. 그래서 내 태도는 초심리학에 대한 종교 및 과학 단체의 태도만큼이나 엄격했었다. 나는《소련군의 기갑》에서 단순히 '급속공격'의 템포가 하나의 수수께끼였다고만 기술했었다. 그 이후에《보엔느이 베스트니크》로부터 명백한 설명을 세 가지 더 획득했고, 모든 증거를 개별적으로 확인하고 검토했다. 그 결과 대대 급속공격의 템포가 명령 수령에서 임무 완수까지 2~3시간 걸리는 것이 아니라 명령 수령에서 공격 개시(H시간)까지 18~22시간이 소요됨을 확인했다.

게다가 1981년 1월 이래 줄곧 발행되어온 것으로 사실상 러시아에서 완전한 전술교범이 된《보엔느이 베스트니크》의 제병전투 관련 시리즈는 투하체프스키가 1920년대에 주입하려고 시도했고 또한 200여 년 전에 우크니예프 장군이 주장했던 것처럼 병과 간 협동에 대한 교훈을 반복하여 납득시키려 하고 있다. 젊어서 세련된 이미지를 추구할 때는《뉴요커New Yorker》에 실린 우스갯소리에서 숨겨진 의미를 찾느라 시간을 보내곤 했지만, 결국 내가 처음 생각했던 것이 바로 숨겨진 의미임을 발견했었다. 잠재적인 적을 과소평가하는 것은 위험스러운 일이지만, 소련군이 달성한 성과는 때때로 신뢰하지 않아도 좋을 만큼 대수롭지 않아 보인다.

평범한 소련군 장교들(대대장을 포함하여 그 이하 부대에서 근무하는 대다수의 장교들)은 한 가지 상황에 단지 한 가지 방식으로 반응한다. 즉 가능한 한 교범에 따라 행동하고 뒤로 물러나 앉아서 새로운 명령을 기다리는 것이다. 사실상 병과별 사관학교를 수료하지 않은 사람들이 대대장(독일군을 제외한 대부분의 서방국가 군대에서는 대략 중대장에 해당된다) 이상의 계급으로 승진하는 것은 전시에조차도 불가능하다. 그리고 능동적인 행동이 빚은 과오는 즉각 범법자 대대로 이어지기 때문에 그들이 다르게 행동할 이유는 없다. 마찬가지로 그러한 지휘관들은 비난받지 않기 위해서 불리한 상황을 신속하고 충실하게 보고하지 않는 경향이 있다. 그리하여 현대적인 통신과 감시 수단을 구비했을지라도 새로운 명령을 요구하고 기다리는 것에 의존하는 체계라면 기동 이론이 요구하는 실제 상황에 대한 반응의 속도 및 적절성을 거의 제공하지 못할 것이다. 그것이 사기에 미치는 영향은 차치하고 '후방으로부터의 전방 지휘'는 정상적으로 가동될 수 없다.

추측하건대 장교와 중견 하사관 사이의 연결고리로 도입되었고 소위 '장교의 오른팔'이라는 준사관 계층은 별개로 하더라도, 야전 부대에서 근무하는 하사관들의 직업적, 개인적 자질은 기껏해야 평범한 수준인 것 같다. 서독군과 미군에서와 마찬가지로 소련군에서도 중견 하사관들의 질적인 수준은 하나의 공인된 취약점이다. 그리고 내가 보기에 다양한 형태의 소련군 훈련 조직은 피 흘리고 있는 야전 부대로부터 견딜 수 없을 정도로 심하게 피를 빨아대고 있다.

게다가 계급 간의 상하 관계가 서구의 직업군인들은 상상하기 어려울 정도로 엄격하다. 캐나다에서 열린 심포지엄에서 당시 영국의 샌드허스트 육군사관학교 부설 소련 연구소의 소장이던 피터 비고르 Peter Vigor는 소련군 하사관이 부하에게 단순한 과업을 수행하도록 지시할 때는 어떻게 말하는가라는 질문을 받았다. 그가 말한 명령 예문에는 7개의 단어가 포함되어 있었고 그 중 5개 단어는 진정한 민주주의 정신에 입각하여 러시아인들이 전 계급에 걸쳐서 자유로이 사용하는 욕설이 변형된 것이었다. 다음의 사례는 내가 동일한 욕설을 들었던 경험에서 인용한 것이다. 진흙 구덩이의 경사지에서 나의 전차 승무원 한 명이 궤도를 다시 씌우고 조이는 도중에 궤도 조정장치가 이탈되었다. 조종수는 3피트짜리 스패너와 그 부속품을 머리 위에 인 채로 진흙 속으로 벌렁 나자빠지면서 다음과 같은 불후의 명구를 뇌까렸다.

"The ★★★★ing ★★★★★er's ★★★★★ed, ★★★★ it!"(욕설인 The fucking fucker's fucked, fuck it을 의미한다 — 옮긴이주) 아마도 비고르 역시 파격적인 표현에만 심취하여 실상을 제대로 전달하지 못한 듯 싶다. 어

쨌든 이 책에서 나의 모든 경험과 연구 및 이성을 토대로 주장하려는 것이 있다면, 기동 이론은 오직 단어의 독일적인 의미를 충분히 내포한 '임무형 전술Auftragstaktik'을 시행할 때만 효과적으로 이용될 수 있다는 사실이다.

제2부 전쟁의 물리학

"전쟁술에서 원칙과 규칙은 전쟁술이 잘못 진행될 때 경고하는 지침이다."

— 마한

"당신이 실행하지 않은 것을 독단적으로 단정하는 것은 무지의 특권이다. 그것은 마치 레그랑주Legrange나 라플라스Laplace도 겁낼 난해한 기하 문제를 이차방정식으로 풀 수 있다고 생각하는 것과도 같다.'

— 나폴레옹(마한 번역)

제4장 지면

"한 사람이 양의 내장이나 개집의 문과 같은 좁은 산악 지형을 방어한다면, 그는 능히 천 명의 적을 저지할 수 있다. 이것이 지형에 대한 형세이다(隘形者, 我先居之, 必盈之以待敵)."

—《손자병법》 지형편

서론

만일 전쟁이 피할 수 없는 것이라면, 나는 기동 이론을 주창한 사람으로서 독자들이 나에게 다른 사람들의 경고에 귀를 기울이거나 은신처로 피신하라고 충고하더라도 크게 개의치 않고 나의 주장을 개진하겠다. 왜냐하면 독자에게 지식을 전달하기보다는 새로운 정신 세계에 도전하고, 다른 한편으로는 이 책의 명확한 무게 중심에 의해서 독자와 나 자신의 관점을 왜곡시키지 않도록 하기 위해서이다. 내가 취급한 기동 이론의 물리적 양상이 이 책에서 가장 길고 아마 제일 중요한 부분일 것이다. 이는 물리적 양상이 가장 중요하다는 의미는 아니다. 또한 사기만이 군사력의 실제적인 가치를 계속해서 향상시키는 것은 아니다. 앞으로 알게 되겠지만, 기동 이론의 역학을 이용하려면 특히 훈련과 지휘권의 행사가 뛰어나야 한다.

나는 "전쟁술에서 원칙과 규칙은 전쟁술이 잘못 진행될 때 경고하는 지침이다"라는 마한의 명언을 대단히 좋아한다. 더 나아가 나는 이 원칙과 규칙을, 임무형 전술을 사용하는 지휘관이 부하들에게 부과하는 '제한 사항'과 동일시하려고 한다(제4부 참조). 사물의 물리학을 이해하고 존중하지 않는 사람은 계획을 제대로 진행시킬 수 없으며, 이로써 관련된 다른 계획도 함께 무산될 수 있다. 그러나 지면의 규칙에 순응한다고 해서 계획이 성공한다거나 심지어 계획이 임무에 실로 적합하다는 긍정적인 확증을 얻게 되는 것도 아니다. 성공은 술術의 숙련됨, 리더십 그리고 무엇보다도 창조적인 사고에 달려 있다. 간단히 말해서 이 모든 것은 규칙은 다소 부족하더라도 융통성이 더 보장되는 곳에 있다.

지면은 인간의 선천적인 요소이자 무한히 복잡한 요소이다. 지상에서의 전쟁은 근본적으로 다음 세 가지 측면에서 해상, 공중 또는 우주 공간에서의 전쟁과 상이하다. 첫째, 유동적인 매체 속에서의 전쟁은 지면의 전체 또는 일부가 해저일지라도 궁극적으로 지면의 소유 및 통제와 관계가 있다. 이에 대한 유일한 예외는 경제적인 필요에 따라서 해양에 접근하는 것이다. 둘째, 지상에서 인간은 기계에 대한 의존도를 선택할 수 있다. 그러나 유동적인 매체 속에서 인간이 기계 없이 생존하거나 이동할 수는 없다. 셋째로 유동성이 있는 매체란 예를 들어 협소하고 얕은 하천과 낮게 깔린 안개 등, 지상에 인접한 것을 제외하면 형태가 같거나 속성이 변하지 않는 특성을 갖고 있다. 선박이나 항공기의 경우 지상에 가까운 곳이 아니면 기상 조건에 쉽게 영향받지 않는다. 반면에 지상은 공간과 더불어 매우 복잡한 방식으로 변하고 공간에서보다는 덜하지만 시간에 따라서도 상당히 중요한 변화를 일으킨다. 오로지 인공 지표면으로 덮여 있는 상대적으로 좁은 지역만이 불변하며 예측 가능한 특징을 제공한다.

지면은 실로 대단히 복잡하다. 그리고 지면과 인간의 지각, 육체 및 기계의 상호 작용이 너무나 다양하게 이루어지기 때문에 제한된 측면과 지역에 관한 세부 분석조차도 가장 우수한 자료 처리 체계와 정교한 전자 묘사 기술 영역에 이제 막 포함되고 있다. 대개 동물과 식물의 왕국에서 동시에 세력을 떨치는 지면에 관한 '안목'이나 '감각'은 예측 능력이 있는 어떠한 인공물보다도 훨씬 훌륭하고 쓸모가 많은 도구이다. 그럼에도 불구하고 나는 특히 지형의 군사적 가치에 대한 물리적 측면에 꼭 들어맞는 틀을 제공하는 데 다양한 측면에서 도움이 되는, 조악하지만 '힘 있는' 분석을 발견했다. 이처럼 거칠게 단순화된 모델은 지면의 경제적·정치적 가치, 식물의 성장과 건물이 시야에 미치는 영향, 지면을 사용하는 인간의 능력에 대한 지표면 위의 기상 효과를 전혀 고려하지 않는다. 나는 이 모델을 단순하게 유지하고 앞서 거론한 측면들을 개별적으로 다루는 것이 유익하다고 생각한다.

기본적인 지형 모델

내가 파장이라고 부르게 될 주요 매개 변수는 두 정점 사이의 평균 거리를 나타낸다. 이것은 계속되는 전술적 약진 사이에서도 마찬가지이다. 우리는 파장을 연속되는 10의 배수로(10의 몇 승 단위로) 표현할 수 있다. 만일 상상할 수 있는 작은 크기인 '개미의 눈'에서 시작한다면, 직경 1밀리미터의 지렁이 배설물 조각도 개미의 입장에서 볼 때는 극복해야 할 중대한 장애물이다. 인간 또는 최소한 군인이 관심을 갖기 시작하는 최저 파장은 100밀리미터인데, 이는 엄지손가락과 나머지 손가락들을 말아 쥐었을 때의 손의 넓이와 거의 같다. 〈표 1〉에서 보는 바와 같이 연속되는 10의 배수들은 분명하고 특정한 군사적 의미를 갖고 있다.

여기서 경고의 목적뿐 아니라, 구체적인 지형 분석이 왜 그렇게 어려운가를 설명하기 위해 한 가지 사항을 지적해야 한다. 만일 이러한 종류의 파장 또는 주파수 유형이 주어지면 음악가, 물리학자 그리고 많은 엔지니어들은 기초음과 일련의 화성학을 나타내는 사인파sine waves의 정돈된 세트 속으로 분해하여 들어갈 수 있는 진동 체계를 상상하게 된다. 파장의 각 요소가 다른 원인에서 비롯되기 때문에 이것은 지형에 적용되지 않는다. 잠시 '개미'로 다시 돌아가보자. 개미가 관심을 갖는 10의 배수는 입자 크기의 분포, 토양의 구성과 습도 등의 범위 내에서 각기 토양 입자의 위치에 따라 결정될 것이다. 차량 설계자에게 탑승에 관해 생각하도록 만드는 파장의 차수에서는 암석과 단기간의 침식 형태 같은 요소가 지배적이지만 좀더 광범위하게 검토해보면 지질의 역사와 구조가 유력한 요소가 된다.

두 번째의 매개 변수는 '기복起伏'으로서, 아마 좀더 긴 주파대에서의 급경사 또는 울퉁불퉁함으로 더 익숙하겠지만 한 가지 용어를 고수하기로 하자. 우리는 기복을 각 주파대에 관한 지형 형상의 폭 또는 높이로 생각할 수 있다〈그림6〉. 그리고 만일 우리가 '기복'을 주파대 내에서 가장 높은 파장의 비율로 표현할 필요가 있다면 이 또한 가능하다. 이것은 마치 대륙에서 말하는 '기울기'라는 표현과 유사하나 다소 다른 의미를 갖고 있다. 분명히 일정한 범위의 지형은 상이한 주

m×10^n	'주파대' (상용 단위)	군사적 의미
10^{-1}	100mm	탑승
10^0	1m(단위 m)	탑승
10^1	1m의 10배	탑승
10^2	1m의 100배	보병/전차의 전투 기술 및 소대 전술
10^3	1km	중대/대대 전술
10^4	1km의 10배	여단/사단 전술
10^5	1km의 100배	작전적 수준

〈표 1〉 지형 파장의 군사적 의미

파대에서 상당히 다른 '기복' 을 가질 수 있다. 그리고 다시 한 번 말하지만 이와 같이 다양한 원인에 의거해 야기되는 기복들은 상호간에 수학적인 관계를 가질 필요가 없다. 〈표 1〉을 다시 살펴보자. 우리는 일정한 지형 내에서 각 주파대의 군사적 가치가 주로 그 주파대 내의 기복 정도에 의존함을 알 수 있다. 그러나 이러한 평가도 역시 군사적인 상황에 달려 있다. 방자에게 유리한 지면이 역으로 공자에게는 극

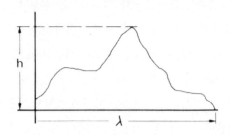

〈그림 6〉 지형 형상(파장)의 관계도
파장=λ(〈표 1〉 참조), h=최대 높이, h/λ=' 기복'

복하기 어려운 지면이다. 그리고 전차병에게 유리한 평탄한 지면은 상대적으로 보병에게는 위험하게 노출된 지면이다. 상이한 주파대의 상대적인 중요성은 군사적인 상황에 따라 변할 수 있으나 각 주파대의 군사적 의미가 변하지는 않을 것이다(최소한 지형 기복의 최고 및 최저에서만 변하게 된다). 이와는 대조적으로 지형 기복과 군사적 가치 사이의 관계는 전적으로 군사적인 상황에 의해서 좌우된다.

나는 세 번째 매개 변수를 '저항력'이라 부르겠다. 토목 기사는 저항력을 '흙이 지탱하는 압력'(최대 전단응력 剪斷應力)으로, 차량 설계자들은 접지압을 제한하는 요소로 그리고 주로 충적 토양이라는 조건에서는 전투 질량 또는 총 차량 질량으로 알고 있을 것이다. 하천 장애물과 갈라진 틈은 저항력이 '0'인 지형 조각으로 보일 수 있다. 만약 장애물을 뛰어넘거나 헤엄쳐 건널 수 없다면 사람은 오직 인공 지물을 이용해서만 이 장애물들을 극복할 수 있을 것이다. 기병과 짐 운반용 동물 그리고 토탄 소택지를 횡단하여 '사격과 기동'을 시도하는 보병을 제외하고는 오직 10미터 주파대 이상부터 저항력이 작용하기 시작한다. 잠시 후에는 기후의 양 극단을 취급하게 될 것이다. 그러나 여기서 온대 지방을 벗어난 위도 지역은 아무런 가치가 없다. 왜냐하면 대규모 대륙이 관련된 온대 지방에서는 지형의 저항력이 계절에 따라서 급격히 변하기 때문이다. 담수빙이나 해빙은 두 가지 모두 거대한 장애물을 가로질러 양호한 통로를 제공한다. 눈이 내리기 전에는 평이한 지형이라도 눈이 쌓이면 특수 훈련을 받은 요원과 특수 차량만 통과할 수 있게 된다. 광활한 지역에 걸쳐서 가을비나 봄의 해빙에 의해 생성되는 진흙은 준비된 지표면을 이탈하여 이동하는 것을 불가능하게 만든다.

나와 마찬가지로 독자들에게 간단하고 다소 무미건조한 분석의 시도가 도움이 되기를 바란다. 우리는 동일한 야지의 일부를 걷고, 지프로 소로를 따라 달리며, 보통 도로를 따라서 차량을 운전하거나 고속도로로 야지를 횡단하고, 비행기에 탑승한 채 저공 비행을 하면서 받는 제각기 상이한 인상으로부터 신속하게 '10의 배수 이론'의 접근 방식에 대한 통찰력을 갖게 된다. 나는 다음 두 가지 이유 때문에 그 모델을 고집하고 있다. 첫째, 이 모델은 군인이 지형을 평가할 때 고려해야 하는 대부분의 요소에 대한 이론적인 또는 적어도 일반화된 기초를 제공한다. 그것은 헬기의 전투기술(NOE : 침투 비행), '도로 상태'의 질적 수준과 이에 따른 이동 속도, 지면의 전술적 가치, 특수한 부대 유형 그리고 기동 형태를 위한 대규모 지역의 작전 적합성 등을 포함하는 탑승 및 하차 전투 기술의 광범위한 개념을 담고 있다.

둘째, 소련군이 발간한 전술 상황요도와 지도를 연구할수록 나는 10의 배수 이론이 소련군 장교가 지도를 판독하는 방식이라고 확신하게 된다. 이 의견은 부분적으로는 일반적인 주관적 인상으로부터, 또 다른 한편으로는 기동 이론과 균형의 관점에서 생각하도록 훈련된 눈으로 바라보려고 노력하는 데서 비롯된다. 나는 이 점을 자신있게 말할 수 있으며 다른 사람들도 내 의견에 공감하기를 바란다. 말하자면 축척 1 : 25,000의 군사지도 한 장을 들여다볼 때에도 단순한 조감도가 아니라, 위치를 변화시킴에 따라서 바뀌는 실지형을 머리 속에 그려내는 것이다. 이것은 다져진 길을 따라 걷거나 도로를 따라 운전함으로써 얻는 실제적인 시야와도 같다. 나는 내 눈앞에 '펼쳐지는' 풍경을 바라본다. 이러한 기법은 물론 상세하지는 못하지만 (나토의 유럽 지역 지도와 같이) 약 1 : 250,000 축척에 이르는 지도에 적용된다. 만일 이 축척의 한계를 벗어나면 첩보의 부족 때문에 지도 보기는 조감도 수준으로 떨어진다. 반면에 해도海圖의 경우는 조감도처럼 바라보고 해도가 나타내주는 대로 특정한 해협이나 해안선의 특징을 시각화하기 위해서 의식적인 노력을 기울여야 한다. 그러므로 해군성의 해도 역시 지상에서와 마찬가지로 작은 요도들이 제공하는 무한한 가치를 갖고 있다.

　나는 독자들에게 자신의 지도 판독법을 검토해보라고 요구하고 싶다. 만일 소련군 장교와 그의 상대자가 실제로 지도가 주는 정보를 서로 다르게 상상한다면 그들의 접근 방식에 근본적인 차이가 있음을 의미한다. 기동 성향의 사람은 항해자가 바다를 상상하는 것과 같은 방식으로, 지상을 횡단의 대상물이나 A에서 B로 이동하는 수단 또는 최소한 작전적 목표인 B에 도달하는 수단으로 상상한다. 내가 '지형 기복'이라 불렀고 존 해킷John Hackett 장군이 훨씬 점잖게 '지면의 이동'이라 불렀던 것은 장애물이다. 소모 이론을 통해 성장한 사람이 나중에 기동 이론을 수용하기 위해 자신의 견해를 넓힌다 해도, 지형 기복이란 당연히 이용해야 할 우선적인 전술적 자원이다. 이러한 견해 차이가 나치 국방군 출신의 독일인들이 미군과 영국군을 '군단급 수준을 넘어서지 못하고 항상 전술적으로만 생각한다'고 비난하는 이유와 또한 어떻게 그들이 우리가 질색하는 지상에서의 해전을 마음껏 누리는 초고속 기동 차량을 심사숙고할 수 있는지 설명해준다. 나는 독일인과 러시아인들이 진정한 기동을 이해하여 지형의 기복을 바다의 파도와 동일시하면서 행복해 보이는 반면에 우리가 명문 출신의 유명한 해군 제독들을 다수 보유한 최고의 해양 세력이었음에도 불구하고 지금은 작은 언덕에 사로잡혀 기동 이론을 망각하고 있는 현실을 아이러니컬하다고 하지 않을 수 없다.

'목' 지점

방금 살펴본 모델에서는 이동 방향을 따라서 지면을 바라보았다. 말하자면 세로 주파대였던 것이다. 마찬가지로 이동선에 수직이 되고 측면 파장을 기초로 하는 유사 모델을 생각해볼 수 있다. 그러나 이 모델은 단지 두 가지 효과에만 집중되기 때문에 그다지 유익한 것은 아니다. 그 중 하나는 물리적인 폭의 제한이다. 이것은 미터 단위 범위이며 일반적으로 인공 지물, 즉 도로, 교량, 농로, 숲 속의 승마 도로 등과 관계가 있다. 만일 폭이 일반적으로 지표면 수준 이상에서 건물 사이의 간격에 해당하는 '제한된 길이'라면 쉽게 극복이 된다〈그림 7 a〉). 만일 그 간격이 길거나〈그림 7 b〉) 또는 차량이 주행하는 지

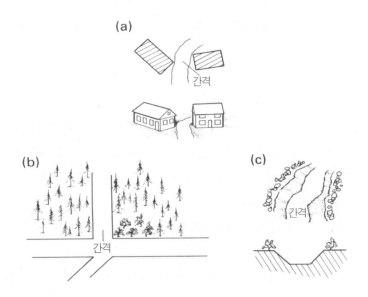

〈그림 7〉전형적인 인공 '목' 지점(미터 단위의 폭을 갖고 있다)
a. 건물 간격   b. 숲속의 도로   c. 함몰(침상) 도로

표면에 의해 구성된다면(〈그림 7 c〉), 간격을 극복하는 것은 확실히 중요한 과업이 되고 경우에 따라서 불가능할 수도 있다.

나는 '통행 능력'의 개념을 강조하기 위해 이처럼 아주 분명한 요점을 주장하고 있다. '통행 능력'은 지형과 이를 횡단하는 차량에 똑같이 적용할 수 있고 전투 회피를 강조하는 전격전의 기초가 되었으나 최근까지 기계화된 소모론자의 사고에서 전혀 그 특징이 드러나지 않던 용어였다. 1950년대에 디트로이트 애스널Detroit Arsenal은 'mobiquity'(어느 곳이든 갈 수 있는 능력)이라는 용어를 새로 만들어냈다. 그러나 이 용어는 주로 견고하지 않은 지면을 횡단하는 능력에 관련되어 있다. 이것은 불균형하게 폭이 넓은 차량으로 귀착되고 결국 다른 관점에서 보면 통행 능력이 저하되는 결과를 낳는다. 선진국과 대다수의 개발도상국에서 최대형 상업 및 농업용 차량의 폭 이내에서 군사장비의 차량폭을 유지하면 엄청난 군사적 이익이 있다. 대략적으로 말해서 도로 '군사하중분류(MLC)'의 상대물인 총 차량 질량은 직접적으로 (특히 궤도 차량에서는) 차량폭이 질량과 함께 증가하기 때문에 역시 중요하다. 차량 질량의 기능으로서 총 지원 노력과 통행 능력을 보여주는 〈그림 8〉의 곡선들은 도식적이지만 그 근거가 잘 나타나 있다. 이 곡선들은 일반적으로 38톤(MLC 40)에 달하는 상업용 한계를 초과하는 것이 불이익이 된다는 점을 아주 극적으로 표현하고 있다. 상업용 차량폭의 한계는 2미터(+10% 오차 허용)로 결정된다. 이는 궤도 차량 또는 현재 일부 지역에서 유행이 퇴조하고 있는 듯한 다양한 형태의 지면효과기(공기를 쿠션으로 이용하여 지상 및 해상에서 10센티미터 떠서 달리는 승용 물체—옮긴이주)가 대처하기에는 어려운 '폭의 한계'이다.

물리적인 폭의 제한에 이어서 두 번째의 측면 효과는 주로 '수백 미

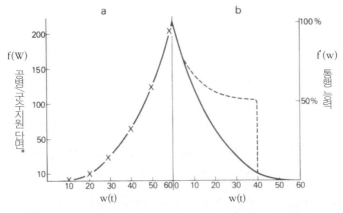

*(임의의 단위×10³)
〈그림 8〉 차량 질량의 함축적 의미

a. 공병 및 군수지원 노력
이전에는 군수지원 단면이 10³을 상회하여 중량과 공병 노력의 제곱에 따라 변하는 것으로 간주되었다. 오늘날에는 양자 모두 개략적인 판단을 위해 10³ 단위를 사용하는 게 합리적인 것 같다.

b. 통행 능력
상식적으로 또 독일에서 연구한 증거에 따르면 기본적인 통행 능력 및 중량 곡선은 공병 및 군수 지원 노력과 중량 곡선의 대칭 주위에 있음을 보여준다(실선). 특정한 목적을 위한 교통 체계의 발달이 그림에서 보는 바와 같이 곡선을 변형시킨다(점선은 MLC 40인 도로의 위험 하중이 40톤인 경우이다).

터' 주파대에 위치하지만 가끔 킬로미터 단위까지 확대되는 애로隘路이다. 여기서 산악 통로와 같은 긴 애로와 종종 장애물 및 물리적인 목 지점이 연결된 벤투리venturi 형(이중 깔대기) 애로의 차이점을 구별해야 한다. 이 벤투리형 애로는 길이가 길고 폭이 상당히 넓은 애로 지역에 위치할 수 있다. 예를 들면 고지대의 계곡이나 북독일 평원과 같이 전체적으로 노출된 지형의 수축된 부분이다. 집중적인 간접 화력의 우세와 연계하여 기동의 속도 및 범위를 특징 짓는 시기에 '목' 지점인 애로 지역이 군사적인 관점에서 볼 때 가장 중요한 지형학적 특징이다.

긴 애로 지역의 위험을 극복하기 위한 유일하게 현실적인 방법은 지면을 이탈함으로써 애로를 우회하는 것인데, 이는 헬리콥터가 갖고 있는 혁명적인 효과의 한 측면이다. 하나 또는 그 이상의 물리적인 '목' 지점을 갖고 있는 벤투리 형태의 애로 지역은 아직도 분명하게 기동에 영향을 미친다. 그러나 대부분의 경우 애로 지역 때문에 제기되는 문제점들은 해결할 수 있다. 게다가 헬기 탑승 부대는 이러한 지형에서 방어가 준비되고 교량들이 파괴되기 전에 애로 지역을 탈취함으로써 중요한 역할을 수행할 수 있다. 더 전통적인 방식은 경수륙양용 차량의 능력을 이용하는 것이다. 광정면의 전선에서 장애물까지 근접하기 위해 다수의 작은 접근로를 사용하고 그런 후에 여러 장소에서 하천 장애물을 도하함으로써 기동 부대가 깔대기를 통과하듯이 집중되는 것을 피할 수 있고 성공하는 데 필요한 균형을 유지할 수 있다. 이것은 "하나의 계획이 과일나무처럼 열매를 맺으려면 반드시 많은 나뭇가지가 필요하다"는 나폴레옹의 명언에 어느 정도 잘 들어맞는 사례이다.

이제 차장screen을 하더라도 도하하기에는 지나치게 밀집되는 전차 및 기타 차량들의 잠수 도하 또는 스노클snorkel 도하 문제를 살펴보아야 할 시점이 되었다. 소련군이 잠수 도하 역량을 과시한 후 오랜 기간 누구나 그 능력에 중요한 전술적 가치가 있다고 생각하는 경향이 있었다. 모두들 '그다지 깊지 않은 곳에 있는 괴물'이 방자를 공격하기 위해서 제방 위로 기어올라가는 모습을 상상했다. 잠수 도하할 수 없고 수상 운행 능력도 없는 보병 전투 차량(독일군의 마저Marder 장갑차를 말한다—옮긴이주) 때문에 골치를 앓고 있는 독일연방군은 스노클에 의한 잠수 도하가, 기동해야 할 지면을 알고 통제하는 방자에게 현실적인 전술적 수단임을 주장한다. 비록 나는 나토 중심부의 방어가 잠수 도하에 좌우된다고 생각하지 않지만 독일연방군의 주장이 사실일 수도 있다. 그러나 공자가 스노클 도하를 전술적으로 이용하는 것은 반드시 덤으로 간주되어야 한다. 소련군 역시 스노클 도하를 점차적으로 이렇게 취급하고 있다. 소련군은 소량의 궤도화된 자주自走 교량/페리(나토의 Gillois 및 M2 또는 그 후속 모델과 유사한 GSP)를 전방에 유지하고 이 장비를 이용하여 전차 및 장갑화된 중형포(M1973으로서 GANEF 차체 위에 152밀리미터 포를 탑재한다)를 도하시킨다. 소련군은 전술적 헬기 부대에 의존하지 않고서도 12밀리미터 수륙양용 장갑포뿐 아니라 모든 보병 전투 차량과 장갑인원 수송 차량으로 신속한 적전敵前 도하를 강행할 수 있는 잠재력을 지니고 있다.

스노클 도하에 대한 견해를 정리하고자 여러 해 동안 애쓴 끝에 내가 정립한 입장(이것이 오늘날 소련의 사고에 부합된다고 믿는다)은 이러한 능력의 가치가 접촉선에서 후방으로 이동함에 따라 증가한다는 사실이다. 만일 그것을 작전적 템포를 유지하면서 공중 공격과 장거리 포병 화력에 대한 취약성을 감소시키는, 바꿔 말해서 무리를 형성하기(밀집을 의미한다)와 줄 서기 두 가지를 피하는 수단으로 바라본다면 완전히 별개의 모습임을 알 수 있다. 나토 중심부를 예로 들어보자. 바르샤바 동맹은 엘베, 오데르 및 비스툴라 강 그리고 훨씬 후방에 있는 드니페르 강 위의 주요 통로 주변에 다수의 잠수 도하 지점을 준비할 수 있고 또한 지금까지 거의 확실하게 실행해왔다. 그들은 도하 지점들을 은밀하고 여유 있게 준비할 수 있을 뿐 아니라 주기적인 검사와 보수에 의해서 유지하고 있으며, 이 지점들이 적으로부터 안전하다는 것을 확신하고 있다

장애물 도하

그럼에도 불구하고 1990년대에는 대부분의 강대국 군대에서 '경기 동성을 지닌 방호된 포'와 보병 전투차량에 기초하는 수륙양용 경기 갑 부대의 출현이 거의 확실시되므로 잠수 도하 지점을 준비한다는 것은 제한적이고 일시적인 관심사가 되고 있다. 그러나 경기갑뿐 아니라 중기갑 부대가 하천 및 건조한 간격이 있는 지역을 전술적으로 도하하는 것이 훨씬 중요하다. 여기에서 전술적인 측면을 취급하고 싶지는 않지만 소련군의 모델이 하나의 훌륭한 예가 되고 지금까지 광범위하게 논의되었기 때문에 언급하고자 한다. 공격이나 방어시 장애물을 평가하고 도하 지역을 선정하는 데 관련된 사람들이 거의 평가하지 못하는 것은 물 또는 공기로 채워져 있는 간격 자체가 일반적으로 문제 해결의 가장 용이한 부분이라는 사실이다. 장애물에는 접근로(출구), 제방 그리고 간격(〈그림 9〉)이라는 세 가지 특징적인 요소가 있다. 신속히 횡단하기에 가장 힘든 자연 장애물의 하나는 좁고 깊으며, 측면이 가파른 건조한 간격이다. 그 예로는 우크라이나의 발카

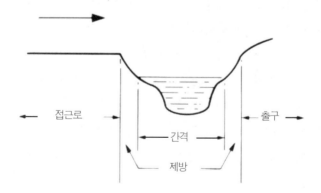

〈그림 9〉 하천 장애물의 세 가지 요소를 보여주는 도식

스 또는 산맥 바로 하단부의 충적평야에 위치한, 홍수시 범람하는 하상河床 등이다. 대부분의 북독일 평원처럼 가장자리가 견고한 지면에서 보기에는 적합한 접근로나 출구들이, 심지어 기존의 소로와 비포장 도로까지도 너무나 갑자기 상태가 악화되곤 한다. 특히 도하가 제대로 진행되는 가운데 소나기가 쏟아져 모든 것이 완전히 수렁에 빠지는 것을 볼 때가 있다. 아마 전단응력이 보다 적고 압력이 최대로 작용하기 때문에 가장 취약한 공간은 제방의 직전방이나 직후방일 것이다. 차안此岸은 공병차량과 기동하는 도하 통행 차량에 의해서 난타당하고, 대안對岸은 상향 경사지로서 통행 차량들이 헤치고 나가기 때문에 손상을 입는다. 세계의 여러 지역 중에서 내가 고생을 하면서 이러한 교훈을 배운 곳의 하나가 홍콩의 신 지역인데, 충적토 내에 있는 방죽길(둑길), 제방 그리고 퇴적층 등은 차량 접지압의 2~3배에 달하는 중차량의 중량이 갑자기 가해지면 붕괴한다. 또한 북부 독일에서도 연중 일정 기간 동안 건조한 간격인 작은 이네르스테 강의 제방을 따라서 그리고 슐레스비히 홀슈타인의 저지대에서도 같은 현상을 경험했다.

건조한 간격과 얕은 여울이 있는 차안은 소련군이 사용하는 형태의 램프ramp 차량으로 평탄하게 만드는 작업을 하거나 완만한 경사를 만들 필요가 있다. 그러나 대안상 출구의 제방이 분명하게 더 큰 문제점을 제기한다. 유속이 매우 빠르고 깊으며 습한 간격에서 수륙양용 차량을 운용하는 것은 계획 수립자들이나 사용자들이 경험을 통해 깨닫기 전에는 거의 인식하지 못하는 특성을 지니고 있는데, 이것은 오늘날 배수추진기에서 다시 궤도 및 바퀴에 의한 물 추진으로 선회하는 현상과 더불어 두 배나 중요한 특성이다. 수상운행 차량이 가파른 가장자리를 지나서 물 속으로 진입하거나 이탈할 때 한쪽 끝이 지면에 의해 지지되고 나머지는 물에 뜨며 물의 흐름에 영향을 받는 지점이 있다. 이것은 차량을 제방과 평행하게 되도록 선회시키는 힘을 형성하므로 하안에 근접하는 궤도나 제방을 타고 올라가는 차륜에 의해서 차량이 전복될 수 있다. 다시 말해서 차량이 차 안으로부터 순조롭게 물에 뜨기 시작하거나 대안과 수직을 형성하는 것 자체가 매우 어려울 것이다. 이를 극복하기 위해서는 제방을 준비할 때 부유하게 되는 하천의 가장자리와 전진하고 있는 지상 차량을 고려하여 지면을 충분히 확장하는 것이 좋다. 이것이 불가능한 지형에서는 케이블 페리처럼 흔들리는 케이블 형태를 고려할 수 있다.

여기서는 수륙양용 차량, 자주 교량/페리, 리본 브리지 그리고 (공사용) '전술적' 공병장비를 고려할 때 도하 완수의 난점이 제방 사이의 간격보다 제방의 성격에 크게 좌우된다는 점을 강조하고자 어느 정도 상세하게 다루었다. 이처럼 유속이 거의 또는 전혀 없는 좁은 운하가 폭이 넓고 제방이 얕으며 유속이 빠른 강이나 간만이 있는 하구보다 훨씬 심각한 장애물로 등장할 수 있다. 높은 곳에 지하수면이 있는 충적토 지역의 운하들은(나는 여기서 다시 북부 독일의 평원을 염두에 두고 있다) 실로 곤란한 문제를 야기한다. 이러한 지역에서는 제방을 따라서 겨우 차량 1대 폭의 예인도로가 있을 수 있으나 다수의 포장된 접근도로는 활용할 수 없을 것 같다. 지역 내에는 운하들이 무수하게 산재해 있다. 비포장 접근로와 출구들은 평탄하게 만드는 작업을 했든 아니든, 거의 준비되자마자 곧 붕괴하거나 깊은 진흙 수렁으로 바뀌게 되는 것이 당연하다. 교량/페리와 다른 수륙양용 차량도 물에서 이탈할 때는 물론이고 진입하는 것조차 어렵다는 것을 알게 될 것이다. 그리고 자갈을 깐 예인도로 없이 가볍게 다져지기만 한 경충적토의 수직제방은 MLC 80의 짧은 교량에도 이상적인 상태가 아니다.

도하 장비가 점유한 도로 공간의 용도 상실을 포함하여 장애물이 야기하는 총체적인 지연의 관점에서 그 심각성을 생각해보는 것은 유익한 일이다. 두 개 하천 사이의 협소한 지면(아마 제방일 것이다)과 함께 서로 평행하게 흐르는 하천과 운하처럼 이중 장애물의 적전 도하는 두 개의 유사한 장애물이 잘 분리되어 있는 경우보다도 훨씬 심각한 지연을 초래하며 엄청나게 커다란 전술적 위험을 포함하고 있다.

우리는 작전선에 대한 수로의 방향에서 수로를 단순히 장애물로만 바라보는 오류를 범한다. 적어도 소련군의 관점에서 수로는 데잔트를 달성할 수 있는 또 하나의 방법이다. 예를 들어 수륙양용 경기동 방호포를 현존 소련군의 기갑 차량 계열에 추가하면, 하천을 따라 지상으로 운행하거나 유속이 상당히 빠른 하천을 통하여 은밀하게 기동함으로써 균형잡힌 소규모 부대(말하자면 습격 부대의 전형인 대대 그룹)를 투입하는 것이 가능하게 된다. 나는 대부분의 군인들이 이와 같은 기동 방법을 너무 느리다고 판단할지 모른다고 생각한다. 그러나 유속이 3노트인 강을 3노트의 순간 속도로 이동하는 부대는 24시간 이내에 250킬로미터 이상을 주파할 것이다.

은폐 및 엄폐와 상호 가시성

과학기술은 은폐 및 엄폐는 물론이고 많은 지형 요소의 군사적 가치를 변화시키고 있다. 주로 야음의 은폐 기능을 좌절시킨 근거리 적외선 장치와 영상 증폭기처럼 원거리 적외선 대역을 사용하는 공수 및 지대지 열영상 시스템도 관측과 위장으로부터의 은폐에 대한 전통적인 개념을 변화시키고 있다. 어떤 사람들은 주위 온도가 불변하는 곳에서의 제한된 식별 능력과 빈약한 영상의 질 때문에 이들 시스템의 전술적 가치를 아직도 의심하고 있다. 반면에 다양한 감지기 형태에서 오는 신호를 영상 처리기로 종합하고 최대로 활용하게 만드는 차세대 감시, 영상 및 조준 시스템은 이러한 문제점의 대부분을 해결하게 될 것이다. 그렇게 되면 이동하거나 고정된 군사적 대상물은 마치 밝은 대낮에 개활지에 있을 때와 마찬가지로 24시간 내내 쉽게 관측될 수 있다. 단지 큰 나무들이 밀집된 삼림, 큰 빌딩과 좁은 길이 들어선 인구 밀집지대 등은 이동하기가 어렵고 조직적인 공세 행동을 취하기가 불가능한 환경으로서 얼마든지 확실한 엄폐를 제공한다. 또한 위장 피복, 도색과 같은 수동적인 대응책과 열 출처를 파괴하는 것처럼 적극적인 대응책도 분명히 발전할 것이다. 그러나 이러한 대응책들이 열영상 감지기가 점유한 선도적 역할을 되찾기는 어려울 것이다.

오래 전부터 개활지나 노출된 참호 속에 서 있는 사람은 간접 화력에 취약했다. 기갑 차량은 최근까지 초중超重포병을 제외한 모든 간접 화력으로부터 피해를 입지 않았기 때문에, '(직접) 화력으로부터의 엄폐'가 기갑 차량에게 요새, 흉벽, 심지어 제방 뒤에서 지난날 보병이 향유했던 것과 같은 종류의 방호력을 제공했다. 이제는 다양한 표적 지시 방법을 사용하는 비교적 값싼 소형의 종말 유도 시스템이 간접 화력을 사용하여 정확하고도 효과적으로 장갑 표적과 교전하는 것을 가능케 만들었다. 또한 수십 년 동안 정체되었던 화학 에너지탄 기술이 갑자기 발전하기 시작했다. 중박격포 발사용의 '스마트Smart' 장갑파괴탄이 이미 실용화되었고, 중형 박격포(81밀리미터)용의 유사 탄종도 이 책이 출간될 쯤이면 아마 최종적인 개발의 설비 단계를 완료하게 될 것이다. 따라서 지금은 단지 '관측으로부터의 은폐'를 초월

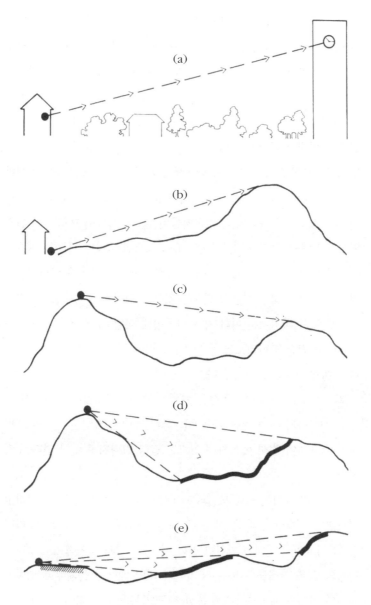

〈그림 10〉 상호 가시성의 유형
(a) 지점 대 지점 (b) 지점 대 정상 (c) 정상 대 정상 (d) 정상 대 지역 (e) 지역 대 지역

하여 '사격으로부터의 엄폐'에 관해 재고해야 할 때이다.

여기서 적합한 표현인 '영상'을 완전하게 만들기 위해 '완전 탄도 유도'에 의해서 보완된 직접 사격 무기용 사격 통제 시스템의 발전은 지형에 의해 부과되는 상호 가시성의 한계를 확대하고 점 표적의 직접 사격 유효 사거리를 상호 가시성의 한계 이상까지 확장했다. 또한 엄폐물 뒤에서 갑자기 나타날 수 있는 헬리콥터에 순항 유도 무기를 탑재함으로써 유효 사거리의 한계를 효과적으로 연장시켰다. 이러한 이유뿐 아니라 상호 가시성의 거리가 오해받기 쉬운 주제이고, 따라서 유감스럽게도 사심 있는 기술자들이 왜곡하기 쉬우므로 이에 관한 언급이 도움을 줄 것이다. 〈그림 10〉에 묘사된 마지막 세 가지 경우(c, d,e)를 보면, '상호 가시성'은 엄격하게 정의내리는 경우가 아니라면 이 단어를 사용하는 사람이 원하는 것은 무엇이든지 의미할 수 있다. 따라서 많은 국가에서 여러 차례 만들어낸 직접 사격 교전 거리의 수치들이란 전술·시나리오와 무기체계 유형의 표시로 구체화되지 않는다면 대개 아무런 의미가 없다.

그러므로 〈그림 11〉의 곡선은 수치를 표시한다기보다는 오히려 형태를 제시하기 위한 일반화된 곡선이다. 첫번째 요점은 지형의 개방성과 폐쇄성이 흔히 예상하는 것과는 달리 그다지 차이가 없다는 것이다.

나는 이것이 기본 지형 모델의 관점에서 이미 설명된 이중 효과라고 생각한다. '개방성'과 '폐쇄성'에 대한 우리의 개념은 주로 100미터 및 그 이상의 주파대와 관련이 있다. 한편 사막과 자연적으로 평탄한 지형의 많은 형태들은 10~100미터의 대역 내에서 물체에 2~3미터 높이의 엄폐를 제공하기에 충분한 지형 기복을 갖고 있다. 반면에 최상의 은폐 및 엄폐를 제공하는 불규칙한 지형의 기복 부분이 궤도 차

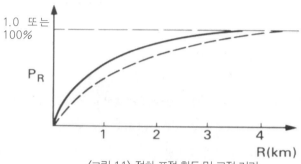

<그림 11> 전차 표적 획득 및 교전 거리

일반화된 곡선으로서 점선은 사막 지형(예 : 리비아), 실선은 기복 있는 유럽 지형(예 : 플랑드르)에서의 표적 획득 및 교전 거리를 보여준다.

(1) P_R은 거리 R이나 그 이하에서 사건이 발생할 확률이다.

(2) 조건을 한정하기 곤란하므로 항상 확률은 격렬한 논쟁의 주제가 되어왔다.

(3) 몇 가지 이유 때문에 전투 분석과 시험 결과는 모두 시종일관 주관적인 경험이 제시하는 것보다 낮은 수치를 보여주고 있다.

량의 기동에는 가장 부적절해지는 경향이 있다.

〈그림 11〉의 곡선은 보는 바와 같이 단순히 X축에 '비용'을, Y축에 '표적 백분율'을 기록하면 비용 대 효과 또는 '효용 체감' 곡선으로 전환될 수 있다. 그러나 두 번째 논쟁 분야는 기초적인 비용 대 효과 분석과 비용 대 이익 분석 사이의 차이점을 설명해준다. 즉 매개 변수가 무엇을 의미하는지 확신하지 못한 채 효용 체감의 법칙을 적용할 때의 위험성을 강조하는 것이다. 예를 들어 사실상 80% 지점에서 차단하는 것은 가능한 표적의 20%에만 영향을 미칠 수 있을 뿐이다. 그러나 여기에는 유사한 표적들이 직접 사격 지대 안의 어느 곳에서나 동일한 전술적 가치를 지니고 있다는 가정이 내포되어 있다. 이것은 분명히 사실이 아니다. 누구나 직접 사격 지대의 양 끝에 있는 표

적들이 지대의 가운데 있는 표적들보다 훨씬 중요하다는 것을 경험을 통해 알고 있다. 방자가 지대의 끝에 있는 표적들과 교전하는 것은 적의 반응을 조급하게 만들 것이다. 그리고 운이 좋으면 적이 과잉 반응을 하고 형세를 오판하도록 만들 수 있다. 공자의 경우, 감시 진지로부터 표적을 드러내기 위한 지원 무기체계의 능력은 전개 및 '사격과 이동'에 의존해야 하는 공자 선두 부대의 템포가 50% 저하되는 것을 구제하거나 적어도 연기시킬 수 있다. 아주 근거리에 위치한 표적은 즉각적이고 극단적이며 대개 중대한 위협을 제공하기 때문에 쌍방에게 모두 결정적인 것이다.

이러한 요인들은 사거리 분배 형태에서 거리를 단축하는 경향이 있고, 이러한 경향은 종종 단순성에 대한 군인의 요구와 저렴한 비용에 대한 정치가의 요구에 의해 강화된다. 그러나 반대 의미로 작용하는 또 하나의 요인이 있다. 나는 직접 참여했던 이러한 종류의 연구와 다른 연구들을 검토했지만, 사람들이 조준이나 교전에 관하여 언급하고 있는지, 그리고 만일 후자의 경우라면 공격중인 무기체계가 교전하기에 충분할 정도로 표적이 길게 노출되었는지가 항상 명백한 것은 아니다. 일정한 지면 위에서 일정한 통로를 따라 달리는 일정한 차량의 노출 시간은 관측자와 피관측자의 상대적 높이와 양자간의 거리에 따라 변화한다(〈그림 12〉). '사각死角'을 살필 수 있는 능력은 조준각에 달려 있고 일정한 고도 차이에서 조준각은 다시 사거리에 좌우된다. 이것이 사거리가 멀어질수록 노출 시간이 짧아진다는 상식적인 사실을 설명해준다.

요컨대 "아무것도 당신을 보호할 수 없다". 왜냐하면 오늘날의 군사장비는 너무나 무자비하고, 마치 '천국의 사냥개'와도 같이 만물을 두루 바라볼 수 있기 때문이다.

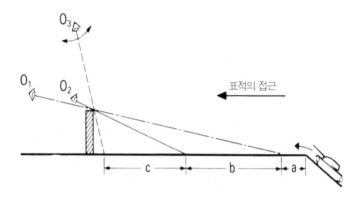

〈그림 12〉 고도와 거리에 따른 노출 시간의 다양성

이동 노출 시간이 관측자와 피관측자의 상대 고도 그리고 양자간의 거리차에 의해서 어떻게 변화하는가를 표시하는 그림이다.

(1) O_1은 표적을 잠시 관측할 뿐이다(관측 시간은 표적이 거리 a를 횡단하는 데 소요되는 시간이다).

(2) O_2는 이보다도 길게 관측한다(a+b).

(3) O_3는 계속 표적을 관측할 수 있다(a+b+c).

도시 지형

나는 미국식 용어를 즐겨 사용한다. 미국식 용어는 야생 지역이나 전원 지역과 마찬가지로 인가 밀집 지역이 군사적인 특성을 지닌 지형 형태를 잘 나타낸다는 점을 분명히 해주기 때문이다. 유럽 그리고 이보다 작은 범위로서 유럽을 제외한 제1세계와 제2세계에서는 도시 지형이 지표면의 큰 부분을 차지하고, 그 점유율은 점차 증가하고 있다. 분명히 도시 지형은 유일하게 인간이 만들고 지배하는 지형 형태이다. 그러나 대부분의 다른 지형 형태도 사실상 대등한 면을 갖고 있다. 간척사업으로 개간된 평범한 농경지 역시 러시아의 초원(스텝)이나 기타 대륙의 평탄한 지형과 그리 큰 차이가 없다. 나는 도시 지형도 광범위하게는 삼림지대, 숲 그리고 관목지(규모 순으로 나열했다)의 분류 기준으로 고찰할 수 있다고 생각한다. 그러나 도시 지형은 근본적으로 대부분의 횡단 가능한 표면이 최소의 지형 기복과 최대의 저항력을 가진 동일한 기준에 따라 만들어진다는 점에서 차이가 있다.

　나는 심사숙고한 끝에 삼림지대, 숲, 관목지라는 분류 개념을 적용했다. 왜냐하면 군인의 관점에서 볼 때 도시 지형에는 현저하게 다른 특징을 지니고 있는 세 가지 범주가 존재한다고 확신하기 때문이다. 첫번째 범주(삼림지대와 비교)는 거의 모든 옛 도시와 큰 촌락 그리고 대부분의 현대 도시 중심부, 상업 지역, 산업 지대 및 주거 지역으로 대표된다. 여기서 1~10m 주파대의 지형 기복은 심지어 1,000%까지 접근할 수 있고(10㎡의 기초 위에 100m의 탑이 될 수 있다) 100m~1km 주파대에서도 여전히 지형 기복이 대단히 중요하다. 그 결과로 지면 수준의 상호 가시성은 일반적으로 거리와 시가지 한 구획의 폭, 거리가 직선으로 뻗은 길이 그리고 이따금 크게 노출된 공간의 연속에 따라 한계가 결정된다. 심지어 감제할 수 있는 옥상에서 내려다보더라도 지면에서 벌어지는 상황을 거의 알 수 없다. 거리에 있는 사람들은 건물 안과 옥상에 있는 사람들의 수류탄 투척과 같은 초보적인 공격 형태에 대부분 완전히 노출되어 있다. 또한 희생자들이 공자를 관측할 수 있을지라도 건물을 소탕하지 않고서는 공자에게 손을 쓰거나 효과적인 대응 사격을 할 수 없다.

　이제 우리는 시가지 전투의 재래식 전술에 이르게 된다. 하나의 거리와 몇 채의 작은 가옥이 있는 시골 마을에서라면 이러한 전술을 적용할 수 있다. 그러나 작은 도시에서조차 시가지 전투는 스펀지처럼 1개 블록당 1개 대대 또는 1개 건물당 1개 대대 규모의 부대를 흡수해버리고 시간 소요 및 사상자 면에서도 엄청나게 소모적이다. 이 모든 것은 손자가 '최악의 전략은 도시를 공격하는 것이다(其下攻城 :《손자병법》모공편謀攻篇)'라고 언급한 바와 같이 기동의 대가들이라면 이단시해야 할 행동이다. 공자를 이러한 종류의 '인공 삼림으로 유인'해야 하는 단 한 가지 이유는 아마도 정부 중심부의 붕괴 또는 방송 시설이나 국가 전산 정보 센터와 같이 일부 중요한 자원을 탈취하는 것이다. 특히 자국 내에서 전투하는 방자는, 만일 기동 부대 사용을 최대한 줄여서 공자를 도시로 유인하고 이를 소탕함으로써 적의 주돌진선을 저지할 능력이 없다면, 군사적, 인도주의적 제반 사항을 고려해볼 때 이러한 지역에서 방어하는 것을 피해야 할 것이다. 이것은 자국 내 방어 부대가 정규군이든 아니든 마땅히 책임져야 할 상황 중의 하나이다.

내가 숲과 비교했던 건물 지역의 두 번째 범주는 (도시 표준에 비해서) 인구밀도가 낮고 주로 거주지를 토대로 계획된 현대적인 도시이다. 이 범주에는 또한 '전원식의 교외 주택지'와 다른 현대적 주거 교외지도 포함된다. 도시 계획상의 특징은 가까이에 좁은 길이 많이 있는 이중 마차 도로와 모서리가 둥글고 중심가를 통과하는 대로 등이다. 여기서는 건물들의 높이가 상대적으로 낮고 1~10m 주파대에서 100%로 지형 기복을 제한한다. 이 정도의 주파대이면 '도심지'의 범주보다도 '10의 배수' 수치가 적다. 그리고 건물들이 일정한 간격을 두고 배치되어 거리가 100m 또는 200m로 제한되더라도 지면 수준의 상호 가시성이 전술적으로 유용하다.

시민회관과 쇼핑센터 그리고 경공업 지대들과 같은 소수의 중요한 종합단지를 제외하면 이러한 지형은 기계화 및 공중 기계화 부대의 소규모 전술적 기동에 적합하다. 이 지형은 일반적으로 개방성 면에서 보카주bocage(들과 숲이 혼재하는 전원 풍경 — 옮긴이주)에 비교될 수 있으나, 횡단할 때 넓은 도로의 가장자리가 1개 분대 또는 한 대의 차량에게 관측으로부터 엄폐를 제공하기 때문에 훨씬 통과하기 쉽다. 이러한 지역들은 대부분 군사적인 관점에서 일반적으로 사용 가능하다고 간주되는 자연 지형의 형태에 해당된다. 공자가 이 지역을 통과하느냐 아니면 우회하느냐는 그들이 축선으로 원하는 간선 도로의 위치와 주변 지역의 특성에 좌우된다. 추측하건대 방자는 인도주의적인 이유 때문에 이러한 지역에서의 전투를 피하고자 할 것이다. 그러나 방자가 지역 내부에서 공자를 저지하거나 방자를 위한 '모루' 또는 기동의 축을 형성하기 위해서 이 지역에 포병 화력을 집중하도록 강요받는 것도 당연하다.

관목지에 비교했던 도시 지형의 세 번째 범주(관목지로 부르는 것이 타당하다고 생각하는 이유는 그것이 전적으로 인공적인 것은 아니지만 광역 도시권의 일부를 형성하고 인간이 지배할 수 있기 때문이다)에는 예를 들어 독일의 북부, 스칸디나비아 및 미국의 여러 지역에서 증가하고 있는 '교외 통근 지역'이 속한다. 이 지역은 1헥타르당 10명(1에이커당 4명) 미만의 밀도에 정원, 과수원 및 울타리 등을 가지고 있으며 낮은 주택들이 무질서하게 들어서는 경향이 있다. 지선支線 도로에는 자갈이 깔려 있으나 협소하기 때문에 아마 경차량만이 통과할 수 있을 것이다. 이 지역은 자연 지형에 알맞는 형태로 발전될 수 있지만 차폐되거나 기복이 있는 지방에서는 일반적으로 자연적인 특징이 인공적인 특징보다 우위를 차지하는 경향이 있다. 하노버 북쪽과 북서쪽 지역같이 개활하고 평탄하거나 완만한 기복 지형에서는 이러한 도시 지형이 발달됨으로써 그 지방의 군사적 특징이 급격하게 변하지는 않지만 두드러지게 폐쇄적이 된다. 말하자면 이러한 유형의 지역은 소자작 농지가 지배적인 농경 지역보다 한층 더 심하게 차폐되어 있다.

나는 도시 계획시의 예측이나 민간 목적용으로 만들어진 설명서 그리고 지도까지도 오해를 불러일으킬 수 있으므로 이 범주를 언급한다. 예를 들어 1960년대 독일의 도시 계획 입안자들은 하노버를 중심으로 광역 도시권을 예측하고, 브룬스비크, 첼레, 바드 넨도르프와 힐데스하임까지 확장하고 있었다. 이것은 평균 반경이 대략 50km인 원으로서 면적이 거의 8,000km^{2}나 되었는데, 바르샤바 조약 주 돌진선 중의 하나에 걸쳐 있었다. 전체적인 지역을 볼 때 기갑 부대의 공세에 유리하지 못한 요소가 산재해 있으므로 방어 전투의 성격을 변화시키게 될 것이다. 중간 축척의 지도를 판독하여 개략적으로 분석해보면, 이 지역은 3개 '도시' 범주의 분류에 의해서 20%의 '도심권', 30%의 '교외', 그리고 50%의 '교외 통근 지역'으로 분류된다. 따라서 이 지역은 계획 수립시에 성급하게 예측하는 것과는 달리 결코 장애물이 아니다. 도시 지형의 '교외'와 '교외 통근 지역'의 범주들은 실제로 아르덴느와 같이 기습적인 공격을 보장하는 온전한 축선을 제공한다.

극심한 지형과 기후

손자는 "천리를 행군해도 피로하지 않은 것은 적의 저항이 없는 곳으로 이동하기 때문이다(行千里而 不勞者, 行於無人之地也 :《손자병법》, 허실편)"라고 말한다. 또 리델 하트는 "자연적인 위험은 전투시의 위험보다 덜 심각하다"고 강조한다. 극심한 지형을 이용하는 가치는 고대 중국에서 고전 시대를 거쳐 제2차 세계대전과 오늘날 아프가니스탄에 이르기까지 역사가 철저히 증명해주고 있다. 이와 마찬가지로 해군의 역사 역시 내항성(항해에 견디는 힘)과 선박 조종술로부터 얻어진 전략적 이점을 입증하고 있다. 현대적인 보조 수단이 개발되면서 극심한 기후에서 생존하고 작전할 수 있는 능력에도 똑같은 것이 적용된다. 우리는 전적으로 바퀴와 궤도의 관점에서 지상의 기동성을 생각하고, 그리하여 차량이 작전할 수 있는 자연 지형의 형태와 준비된 표면에 초점을 맞추어 생각하는 경향이 있다. '화력, 기동성, 방호력'의 삼각 관계는 전차의 설계에서 적용되는 것보다 더욱 폭넓은 개념이다. 만일 우리가 속도뿐 아니라 융통성을 포함하는 '기동성' 그리고 장갑뿐 아니라 회피성을 포함하는 '방호력'(카버 경은 이를 직접 및 간접 방호라고 정의했다)에 대한 이해를 넓혀간다면, 구르카Gurkha(네팔에 사는 호전적인 종족—옮긴이주)의 잘 갖추어진 소대와 주력 전차 부대의 전투 가치를 비교할 수 있다. 마찬가지로 부드러운 눈 위를 이동하고 빙하를 통과할 수 있도록 보온 장치를 잘 갖추고 비장갑화된 설상 차량 부대는 단단하게 다져진 눈에서만 기동할 수 있고 내한 능력이 없는 장갑차 연대의 전투 가치를 보유할 수 있다.

적이 갈 수 없는 곳으로 이동할 수 있는 능력과 의지 그리고 아군이 이동할 수 없다고 생각하는 곳으로 갈 수 있는 적의 능력과 의지는 측정할 수 없는 자산이다. 그러나 '자연적인 위험'이 '전투시 위험'을 능가하는 이점의 하나는 예측 가능성이다. 예측 가능성은 극심한 지형과 기후 또는 양자의 혼합을 두 개의 등급으로 나눈다. 보다 협소한 의미로 말하자면 예측 가능성은 내가 앞서 'mobiquity'와 '통행 능력'에 관해서 지적했던 사항을 강조한다. 만일 당신이 이와 같은 형태의 간접 접근에서 성공하려면 실제로 예측 가능성이 당신의 역량 범위 내에 있다는 것을 반드시 확신할 수 있어야 한다.

이는 아마도 차량과 연계할 때 가장 쉽게 알 수 있을 것이다. 경험이 풍부한 기갑 부대 지휘관들은 대규모의 피해가 생기기 전에 전차가 통과해야 할 간격이 충분히 넓은지 아닌지를 알아낼 수 있기 때문에, 그리고 많은 간격들이 쉽게 확장될 수 있고 차량 1대가 통과하면 나머지 차량도 통과할 수 있을 것이기 때문에 전차를 협소한 간격으로 통과시킬 것이다. 기갑 지휘관들은 측면 경사지나 (포클랜드 전쟁에서 또다시 입증된 바와 같이) 바닥이 무른 기동로를 사용하려 하지 않을 것이다. 왜냐하면 통로를 시험할 수 있는 유일한 방법은 통로상에 차량을 1대 투입하는 것이기 때문이다. 그리고 첫번째 차량이 통과한다 하더라도 나머지 차량이 통과할 것이라는 보장이 없다. 정글 및 산악과 몬순의 혼합, 그리고 봄, 가을에 생기는 북극과 남극의 빙하는 예측 가능성이 낮은 또 다른 사례이다.

극심한 지형의 사용을 염두에 두지 않게 하는 또 하나의 요인은 '동종간의 경쟁' 이라는 잠행성 이론이다. 제5부에서 이 문제를 다시 취급하게 될 것이지만 여기서 약간 거론하고자 한다. 이 이론은 '공명정대한 시합' 과 '유쾌한 투쟁' 을 선호하는 소모론자들이라면 누구나 갖고 있으리라 기대하는 견해다. 그러나 놀랍게도 이 견해는 기동의 대가들 —— 주로 일부 나치 국방군형의 독일군 —— 그리고 가령 인간으로 하여금 기계에 맞서서 도보로 전투하게 하는 것은 잘못이라고 생각하는 강한 인도주의 기질을 지닌 방어 분석가들에 의해서 더욱 강조되고 있다. 만일 중전차 대 경전차, 복싱의 밴텀급 챔피언 대 헤비급 챔피언, 테니스 여성 챔피언 대 남성 챔피언과 같이 비슷하지만 동일하지 않은 두 개의 생명체나 기계를 서로 대항하게 만들면 아마도 강한 자가 승리할 확률이 높을 것이다. 이는 양쪽이 각자의 본성이나 '경기 규칙' 에 의해서 비슷한 행위를 강요받을 경우에 특히 그러하다. 만일 전차 대 대전차 격멸조, 잠수함 대 헬기, 또는 정규군 대 게릴라 부대와 같이 근본적으로 상이한 두 상대자가 호적수이고 그들의 행동이 단지 각자의 물리적 특성에 의해서만 제한될 경우에는 외관상의 약자가 오히려 승리하기 쉬운, 완전히 다른 종류의 경쟁을 하는 셈이 된다.

지면의 작전적, 전술적 가치

과학기술상의 진보는 분명히 지형 성격과 특히 지형학적인 특성의 군사적 가치를 변화시킨다. 예를 들어 우리는 이미 수중 장애물의 심각성이 어떻게 수로 자체의 방향보다는 접근로와 제방에 따라 변하는가를 살펴보았다. 화력의 발전은 고지대와 가파른 경사지의 저항력을 점차 쇠퇴시켰다. 일단 간접 사격이 인간에게 대항하는 장갑 차량과의 교전에서 지배적인 요소가 되면, 유일하게 남는 고지대의 물리적 이점은 고지대가 제공하는 관측 범위가 될 것이다. 물론 이것의 심리적인 중요성이 오랫동안 유지될 것인가에 대해서는 나도 회의적이다. 적어도 한쪽 편이 기계화된 대결에서는 고지대로부터 애로와 전도된 애로(협소하고 가파른 측면 능선)로 전술적인 중요성이 옮겨진다. 만일 우리가 전도되었거나 정상적인 애로를 택하고 90°각도로 이를 우회할 경우, 습하거나 건조한 간격을 기초로 하는 장애물뿐 아니라 미국인들이 '방해 지형'이라고 부르는 '지형대地形帶'를 발견하게 된다.

이러한 지형은 견고한 지면의 좁은 공간, 심지어 제방길의 회랑을 따라서만 유연하게 횡단할 수 있다. 늪지 및 이와 유사한 것들은 사격으로부터의 엄폐는 그만두고라도 적의 관측으로부터 엄폐되고 중화

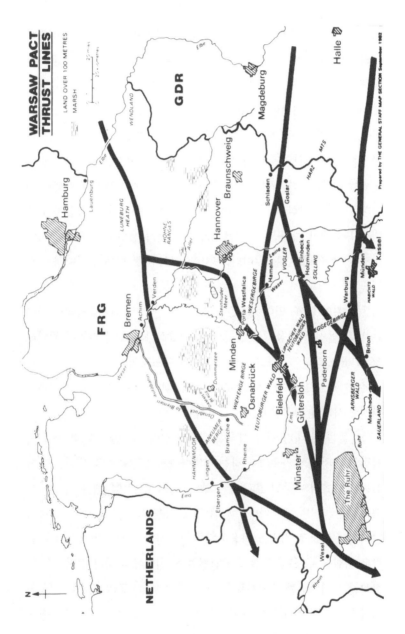

<그림 13> 바르샤바 조약군의 예상 돌진선(공격 축선)

기의 설치와 제거가 곤란하기 때문에 공자와 방자에게 거의 비슷한 어려움을 제공한다. 그러나 순간적인 정확도를 갖고 장거리 간접 사격을 명령할 수 있는 능력과 연계된 현대적인 감시 능력은 이제 방자를 구석으로 몰아붙이고 있다. 방어에 절대적으로 유리한 곳은 인공적이든 자연적이든 마찬가지로 착잡錯雜한 지형이다. 차량의 이동과 전술적 기동이 관련된 곳에서 착잡한 지형이란 정지한 차량이 통로를 봉쇄할 수 있을 만큼 충분히 좁은 애로 지역의 복합체라고 해석할 수 있다. 만일 이러한 지형대가 위험해서 이를 극복하기 위해 공자가 보병을 투입해야 하다면, 그것은 기동 이론을 운용하는 적에 대항하여 상당한 방어력을 갖는 것이다. 방어 지역의 기본 형태가 어떠하든 간에 공자가 방해 지형대를 조우하지 않고서는 방자를 유린하는 작전적 기동을 거의 할 수 없다. 나토 중심부에 대한 바르샤바 조약의 예상되는 모든 돌진 방향을 가로질러서 적어도 하나의 방해 지형이 존재하고 있다〈그림 13〉). 그리고 1942~43년 우크라이나에서의 작전에 관한 설명 역시 방해 지형이 방자 및 공자 쌍방에 미친 영향을 보여주는 명백한 사례를 제공한다.

독자들은 왜 내가 지형 형태에 관해서 깊이 파고들지 않고 바로 군사적인 가치의 평가로 전환하는지 의아하게 생각할 수도 있다. 그 이유는 헬리콥터의 주된 효과 중의 하나가(제7장) 지면의 전술적 평가를 혁신하는 것이기 때문이다. 헬기는 기동성을 위해서 지면에 의존하지 않고 전술적으로 지면을 사용하도록 보장한다. 이와 같이 새로운 능력은 사실상 두 가지 근본적인 전쟁 이론 사이에서 하나의 갈등을 완화시킬 것이다. 반드시 전투를 해야 할 경우, 기동의 대가는 지형의 기복을 이동의 장애라기보다는 전투에 대한 보조 수단으로 간주함으로써 소모론자들과 한 편이 될 수 있을 것이다.

영토의 정치적, 경제적 가치

우리는 제2장에서 주력 부대를 우크라이나 남부로 전환시킨 히틀러의 결정이 모스크바 진격의 실패에 어떻게 기여했는지를 알아보았다(많은 독일인들은 이것이 결정적인 역할을 했다고 생각한다). 처칠이 와벨 부대를 북아프리카에서 그리스로 우회시키는 바람에 비참하고 무익한 결과를 가져온 것도 같은 성격을 지닌다. 포클랜드의 모험 역시 이러한 부류의 우발 사건을 모아놓은 장에 새로운 절을 추가했을지 모른다. 나토 중심부는 한편으로는 정치, 경제 및 문화적인 이해 관계 사이에서 벌어지는 갈등, 그리고 다른 한편으로는 군사 기획(군사력으로 국가 목표 달성을 뒷받침하기 위하여 군사전략과 소요 군사력을 판단하고 이를 획득, 유지하기 위한 사업 및 소요 자원을 배정하여 예산 구조로 전환하는 절차—옮긴이주) 사이의 갈등을 보여주는 극단적이고 지속적인 사례를 제공한다. 독일(서독)은 제2 또는 제3의 초강대국이고 두 번째로 가장 열렬한 나토 회원국이며 나토의 주 국경을 담당하는 국가이다. 독일군의 전투력과 독일 영토가 제공하는 종심이 없다면 나토 중심부는 전혀 유지될 수 없다. 독일 정부가 '전방진지 방어'에 대해서 전적으로 납득할 만한 주장을 하는 것을 보면, 핵무기를 사용하지 않고 현재 가용한 부대로 나토 중심부를 방어할 때 현실적으로 성공의 개연성이 희박함을 알 수 있다. 그 결과 유럽은 핵전이나 화학전을 일으키고 서독 인구를 전멸시킬 수 있는 갈등이 발생할 극단적인 위험을 안고 있다. 이는 결국 독일의 정책을 궁극적으로 부정하는 것이다.

이와 같이 명백한 모순이 클라우제비츠가 실제로——이 문제에 대한 그의 견해에 대한 다수의 상이한 해석과는 전혀 다르게——강조한 균형에 대해서 잘 설명해준다. 그는 "전쟁에는 자체의 문법은 있으나 자체의 논리는 없다"고 이야기했다. 군사적 목적이 정치적 목적에 종속되어야 하는 반면에 전쟁을 시작한 정부는 전쟁의 본질을 복합적인 현상으로 인정하고, 전쟁의 본질과 갈등을 일으키는 제한사항들을 장군들에게 부과해서는 안 된다.

과학기술의 진보는 극도의 경제적 가치를 거대한 해역까지 확장했을 뿐 아니라 3중의 효과를 가져왔다. 이러한 진보는 사실상 어리석을 정도로 정치 및 경제적 중심부에 대하여 직접적인 공격 능력을 증가시켜왔다. 그리고 전쟁과 같은 행위의 영향은 차치하고라도 주요 분야의 파업으로 대표되는 대단히 제한된 물리적 간섭에 이르기까지 진보된 사회(사회, 경제적 복합체라고도 할 수 있다)의 단기적인 취약점을 크게 확대시켰다. 과학기술의 진보는 또한 농업 경제에 따라 살아가기에는 너무 높은 인구 수준과 밀도를 조성시켜 국민들의 장기적인 생존을 매우 민감한 산업 및 상업 복합체의 기능에 의존하도록 만들었다.

유럽이 적어도 중세의 야만성을 포기하고 전쟁이 소규모 군대간의 대결로 진행되는 '군주들의 전쟁'이었던 18세기 당시에는 중요한 정치적 목적과 양립할 수 있는 최소의 무장력, 그리고 전쟁을 수행하는 사회가 인내할 수 있는 최대 피해 사이에 커다란 간격이 존재했다. 그러나 나폴레옹 전쟁부터 격차는 점차 좁혀졌다. 만일 이와 같은 격차가 아직도 존재한다면 그것은 대규모 편성 부대라는 낙타가 통과할 수 없는 바늘구멍일 것이다. 이것이 제18장에서 검토하게 될 편성 부대의 '사용 불가능성'에 대한 소련군의 사고에 깔려 있는 개념이다. 이러한 개념은 또한 혼란스러운 녹색당의 유럽 평화운동을 위한 지혜의 씨앗으로 여겨질 수도 있을 것이다. 만일 전쟁이 실제로 합리적인 정치적 목적에 종속된다면 끊임없이 증가하고 있는 선진 사회 영토의

정치, 경제적 가치가 전쟁의 범위와 방식에 엄격한 제한을 가하게 될
것이다.

제5장 질량

"다수의 군집群集은 단지 갈피를 못 잡고 당황하게 만드는 역할을 할 뿐이다."

— 삭스

"일반적으로 다수를 관리하는 것은 소수를 관리하는 것과 같다. 그것은 조직의 문제이다(凡治衆如寡, 分數是也)."

—《손자병법》병세편

서론 — 랜체스터 방정식

최근까지 직접적으로 군사적인 의미를 지니는 어떠한 물리적인 힘도 질량 없이는 생각할 수 없다는 것이 틀린 말은 아니었다. 오늘날 유도에너지 무기는 질량(발사기의 질량을 의미한다)을 '표적에 대한 효과'로부터 이격하여 위치시켰다. 그러나 질량에 대한 설명은 여전히 우리의 목적에 부합할 것이다. 그런데 전쟁의 물리학에서 사실상 질량의 표현을 거의 고려하지 않았다는 것은 놀라운 일이다.

질량은 유동적인 매체 속에서 작전하는 대규모 독립 부대들의 견지에서 아주 쉽게 상상할 수 있는 것으로 간주되어왔다. 그러나 잠시 범선의 시대로 거슬러올라가보면, 일일이 선박들의 수를 세고 등급을 나누었지만 전투력을 계량화하는 데는 단 하나의 매개변수도 사용되지 않았음을 발견하게 된다. 프리깃(대잠용 해상호위함)과 같은 소형 함정이 전열함과 교전하기 위해서는 전열함에 다가가 침몰하기를 반복해야 하기 때문에 대 전열함 전투시에는 오직 전열함만이 고려되었고, 이들은 한 번에 사격하는 함포의 수량에 따라 등급이 결정되었다. 예를 들면 H. M. S 콘월리스호는 74문의 함포를 장착하고 있었다. 통계적으로 볼 때 분명히 많은 함포를 장착한 함정이 일제 사격의 대결에서 승리할 가능성이 높다. 마찬가지로 당시의 해군 제독들은(최소한 소수의 유능한 해군 제독들은) 상대적인 전투력을 결정하기 위해서 함정의 수량과 함포의 수량을 결합하는 암산 공식을 가지고 있었던 것 같다. 이것은 오직 상대적인 관점에서만 군사적 질량을 의미 있게 정의할 수 있다는 첫번째 문제점으로 이어진다. 물론 나는 이러한 관점에 찬성하지 않는다. 왜냐하면 '상대적 전투력'이라는 표현 자체가 쌍방이 공통적인 상황에서 대치하고 있음을 내포하며, 이는 군사적 질량이 종속되어 있는 많은 숨겨진 변수의 일정 부분을 고착하고 차단하기 때문이다.

20세기 초 패른보로의 영국 항공기 협회에서 근무하던 랜체스터 Lanchester는 내가 알기에 수량과 질 사이의 수학적 관계를 제안한 최초의 인물(질에 관해서는 앞에서 함포의 수량에 의한 해군의 사례로 설명되었다)로서 우리가 귀 기울여볼 만한 가치가 있는 인물이다. 그는 공군기인 허리케인과 스핏파이어용으로 소량의 중重화기가 아니라 8정의 중中기관총을 채택하도록 건의함으로써 제2차 세계대전을 종결시켰다고까지 평가받는다. 또한 그가 고안한 랜체스터 방정식은 문제의 범위를 설명해주는 동시에 그 한계를 설정해준다. 랜체스터는 대결과

간접 화력을 위해서 선형법칙을 제안했다. 이 법칙에 의하면 2:1의 성공 개연성을 위해서 2배의 수적 또는 질적 우세가 필요하다. 그리고 한쪽 편의 모든 부대가 상대방의 모든 부대를 공격할 수 있는 상황, 즉 직접 화력 전투를 위해서는 자승의 법칙을 제안했다. 자승의 법칙에 따르면 2:1의 성공 개연성을 위해서 수적으로 2배 또는 질적인 면에서 4배의 우세가 필요하다. 따라서 질량을 전투력에 연계시키려는 사람이라면 누구든지 힘의 오차 지대에서 시작해야 하는데, 이는 2개로 구성된 하나의 요소이다.

사용 가능한 질량

질質이 갖는 의미를 추적하기 전에 아무리 단순할지라도 함정, 항공기, 전차 또는 무장 군인의 숫자가 전투 가치를 표시하는 데 고려될 수 있다고 가정해보자. 그러면 다음 문제는 쌍방이 주어진 상황에서 그들의 가용 부대를 어떠한 비율로 적용할 수 있느냐는 것이 된다.

대부분의 사람들은 제3세계에 대한 가장 가능성이 높은 제1, 2세계의 '개입'에 원거리 해상로 및 항공로가 영향을 미치고, 이는 개입에 투사되는 병력에 제한 사항을 부여한다고 쉽게 생각한다. 포클랜드 전쟁의 전반적인 템포와 일촉즉발의 성격이 이 점을 완벽하게 증명해준다. 이 책을 쓰고 있는 이즈음 미국이 온건한 걸프 지역의 아랍 국가들을 지원하는 데 주저하는 것은 또 하나의 사례이다. 여기에는 적어도 두 가지의 충분한 지정학적 이유가 있다. 그러나 하여튼 지상 작전은 고사하고 호르무즈 해협을 건너는 실질적인 해상이나 공중 작전의 착수와 지속을 위한 군수지원 문제는 엄청난 것이다. 걸프 지역은 지도에서 보면 새우통발처럼 생겼다.

　이와는 대조적으로, 개발된 영토에 위치한 육로에 유사한 제한 사항들이 적용된다고 생각하는 사람은 거의 없다. 우리는 제3장에서 정상적인 예속 부대를 보유한 소련 전차군이 단일 통로를 따라 이동하면서 베를린에서 거의 영국해협에까지 이르는 고속도로를 점령할 것임을 살펴보았다. 이를 제대로 인식하기 위해서는 동전의 다른 면을 감안해야 한다. 나토군은 주로 서독의 영토, 즉 세계에서 가장 현대적이고 주로 나토가 요구한 틀에 맞게 발전된 도로 체계 위에서 발생했다. 아직도 전차나 기타 주요 전투 차량이 통과할 수 있는 MLC 50 또는 그 이상의 동-서간 도로는 각 사단에서 오직 한 개씩만 쓸 수 있다(〈그림 8〉도 이 사실과 연관된다). 단일 통로에 일렬로 배치된 1개 사단은 실제적으로 작전적 기동성을 박탈당한 것이다. 마찬가지로 동원 이후 개시된 공세에서 도로 공간의 제한 때문에 바르샤바 조약군은 15~20개 사단으로 선도 공격을 해야 한다. 여기에 아마 종심 깊이 투입되는 4~5개의 공정 사단이 추가될 것이다. 그리하여 만일 나토가 충분히 전개했다면 최초의 충돌은 규모가 비슷한 부대 사이에서 발생할 것이다. 덧붙여 말하면 이 규모는 소련군이 전략적 기습을 달성하며 공격하기 위해 집결해야 한다고 생각했던 부대 규모와 같다.

　이렇듯 나토 중심부는 쌍방이 즉각적으로 사용 가능한 거의 동일한 규모의 질량을 보유하고 있으며, 이는 지표면 병참선 체계를 완전히 포화시키는 부대 규모에 대체로 부합한다. 이 점에서 소모 이론과 기동 이론의 차이점이 가장 현저하게 부각된다. 소모 이론에서는 거의 비슷한 질을 갖고 있는 두 부대 사이의 소모 비율의 차이가 그다지 크지 않다. 때문에 폴란드 서부 국경에서 드니페르와 그 너머까지 이미 균형 배치된 거대한 후속 부대에 의해 바르샤바 동맹군의 승리를 예측할 수 있다. 기동 이론에 따르면 소규모 부대가 매우 거대한 규모의 부대를 와해시키거나 붕괴시키는 곳에서 논쟁의 여지가 더욱 커진다. 제5부에서 다시 다루겠지만, 문제는 오늘날 나토가 기동 이론을 적용하려 하지도 않고, 유럽 중부 전선을 장악할 만큼 대규모 부대를 보유하고 있지도 않다는 데 있다.

물리적인 전투력

나는 부대의 총체적인 군사적 유용성에 대해 '전투 가치'라는 용어를 사용하는 것을 유보해왔다(제8장에서 이 개념을 발전시킬 것이다). 여기서는 질량과 보다 협소하고 본질적인 '(이동의 반대 개념으로서) 전투의 전술적 개념'에 집중한다. 어떠한 형태를 취할지라도, 전투란 본질적으로 에너지의 교환이다. 화력은 적에게 에너지를 전달하는 능력이고 생존력은 이 에너지를 회피하거나 흡수하는 능력이다. 좁은 한계 내에서의 이동은 완전하게 배제될 수 없다. 이동은 전달해야 할 화력의 이송 수단을 제공하고 생존에도 기여한다. 그러나 상호 충돌하는 항공기, 함정이나 전차와 같이 드문 경우들을 제외하고는 이동이 에너지의 교환에 직접적인 역할을 하지 못한다. 질의 개념에 접근하기 위해 처음에는 물리적인(용병술과 사기를 배제하기 때문에 물리적이다) 전투력의 개념, 그 후에는 물리적인 전투력을 질량에 연관시키는 개념이 필요하다. 그리고 '단위 질량당 물리적 전투력'의 양을 가정한 뒤 그 매개 변수를 정의하거나 또는 모델화를 시작한다고 생각해 보자.

나는 우선 상업적인 관점에서 마케팅 삼각형(〈그림 14〉)에 접근했다.

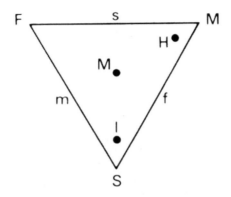

〈그림 14〉 화력(F, f), 기동성(M, m), 생존력 (S, s)의 마케팅 삼각형
H=헬기 부대, I=참호 속의 보병, M=균형 잡힌 중重기계화 부대

이 개념을 확장하는 데에는 여러 해 동안 나와 친분이 있고 영국의 유
명한 운용 분석 연구가로서 존경받고 있는 로니 셰퍼드Ronnie
Shephard 교수의 도움이 컸다. 마케팅 삼각형의 커다란 강점 중의 하
나는 간단한 평면도에 의해 선형적 관점에서 3개의 복합 변수를 연구
할 수 있고, 심지어 상호간에 상대적으로 계량화할 수 있다는 것이다.
따라서 유클리드 기하학의 한계, 그리고 나 자신을 비롯한 많은 사람
들이 이해하고 있는 한계를 넘어서지 않고서도 누구나 그 모델을 면
적, 깊이, 체적, 입방체의 4단계로 확장시킬 수 있다.
　만일 삼각형의 3면이 물리적인 전투력을 묘사하는 3개의 상호 작용
매개 변수를 표시한다면, 삼각형의 면적이 물리적인 전투력을 나타낸
다는 생각은 지극히 논리적이다. 또한 이 개념을 편리한 질의 기준으
로 만들기 위해서는 '단위 질량당 물리적 전투력' 로서의 질량과 연계
시켜야 한다. 이렇게 하고 나서 데카르트 좌표의 z축인 세 번째 차원
(깊이)으로서 질량을 도입할 수도 있다〈그림 15〉a).

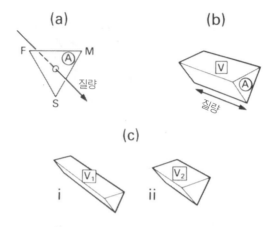

〈그림 15〉 마케팅 삼각형 모델의 확장

(a) 삼각형 FMS의 면적 A(〈그림 14〉)는 물리적인 전투력을 표시하고 질량을 의미하는 축선을 따라 적분할 수 있다.

(b) A로부터 형성된 입방체의 체적 V는 유효한(또는 사용 가능한) 질량의 총 전투력을 표시한다. 본문에서 설명한 이유에 따라 이것은 절대항에서 유용한 개념은 아니다.

(c) 동일한 체적에서(V1＝V2) 형태는 질을 표시한다. 길고 가는 막대는 퇴보한 징병제 군대, 짧고 폭이 넓은 것은 발전된 직업군이다.

　　이것은 군사적인 질량을 이해하려고 할 때 실로 중요한 단계로서 끝까지 철저하게 논쟁해볼 만한 가치가 있다. 만일 지금 일정한 질량의 z축을 따라서 체적을 구해보면, 삼각기둥(〈그림 15〉b) 형태의 입방체를 얻게 된다. 이러한 입방체가 하나 또는 두 가지의 유용한 개념을 제공해준다.

　　입방체의 체적은 '가용하거나 사용 가능한 질량'의 총 전투력과 일치한다. 이것은 잠시 후 검토하게 되겠지만, 절대항에서 물리적인 전투력을 계량화할 수 없기 때문에 거의 가치가 없다. 한편 단면의 면적은 질을 표시하므로 인적 자원의 수준과 과학기술의 진보 정도와 관런이 있고 길이는 질량을 나타낸다. 따라서 전체적인 형태가 부대의 수준을 묘사하게 된다(〈그림 15〉c). 즉 길고 가는 막대는 후진국의 징집된 군대를, 같은 부피라도 짧고 볼록한 것은 선진국에서 창설된 소규모 직업군을 나타낸다.

불행하게도 위 사례의 마지막 세 가지 단계를 가지고 우리가 할 수 있는 일이란 미래에 사고의 지침으로 참조하기 위해 각자의 마음속 깊이 간직하는 것이다. 이 3차원 모델을 총체적인 전투 가치로까지 확대하고 싶지만, 다음 두 가지 이유 때문에 그렇게 할 수가 없다. 첫째, 이미 강조한 바와 같이 절대항에서 물리적인 전투력을 계량하는 유용한 방법을 발견할 수가 없다. 둘째, 나폴레옹 1세처럼 정신과 물질의 비율이 3:1이라고 말하는 것이 그럴듯한 일이긴 하지만, 이 요소를 수학적 모델에 적용하는 것은 다소 무리가 있다. 나는 다른 어떤 모델을 제시하려고 하지도 않을 것이다.

군사적 질량의 실용 단위

이 장의 서두에서 지적한 바와 같이, 해군과 공군의 질량을 정의하고 계량하는 데 어느 정도의 주관성은 늘 있었다. 그리고 랜체스터 방정식은 질을 고려하는 질량의 단일 단위가 결여될 경우에 이러한 주관성이 대부분 정당화된다는 것을 우리에게 알려준다. 그러나 군인에게 해답은 언제나 간단한 것이었다. 질량의 단위는 인간이다. 그리고 아무리 인간이 지적, 도덕적 그리고 문화적 속성에서 개인에서 개인으로, 사회에서 사회로 변할지라도, '물리적인 힘'의 관점에서는 여전히 매우 일정하다.

유명한 나치 국방군 시대의 독일군과 내가 판단할 수 있는 한 소련 군 역시 지상전에 대한 과학기술의 영향에도 불구하고 질량의 단위가 인간이라는 개념을 확고하게 견지하고 있다. 그러나 나는 결코 현재 지속되고 있는 것처럼 이 개념이 미래에도 유지될 것이라고 생각하지 않는다. 왜냐하면 이 개념이 일련의 숨겨진 가정을 포함하고 있고 그 들 중 일부에는 명백한 오류가 있기 때문이다. 게다가 간단한 귀류법 으로도 이 개념이 상식에 어긋남을 알 수 있다. 이 개념은 놀라울 정 도로 단순하고, '사용 가능한 질량'에 대해 경미한 제한 사항이 쌍방 모두에게 적용되는 환경에서 대략 같은 구조(복잡성)를 지닌 두 지상 군 부대를 비교하는 데 상당히 기여하고 있음을 말해준다. 그러므로 이 개념은 앞서 논의된 바와 같이 동시에 '사용 가능한 질량'이라는 점에서 나토 중심부에 적용된다.

현대의 지상 전투에서 인간을 질량의 단위로 설정하는 것은 전투 및 전투를 지원하는 모든 군인(직접적으로 물리적 전투력에 기여하는 군인을 말한다)이 동일한 생존 기회를 가진다고 가정한다. 보다 상세히 언급 하자면 인간에 대한 직접적인 위협과 인간이 제공받는 직간접적인 방 호력을 결합하여 공정병에서 보병, 전차병 및 중로켓 사수에 이르기 까지 적과의 접촉시 똑같은 예상 수명을 갖는다고 전제하는 것이다.

질량을 더 잘 이해하기 위한 이정표는 소련군의 (포탄과 대검의) 상 호 교환 가능성 원칙이다. 그리고 이 원칙과 대등한 것으로서 포병 탄 약에 대한 소련군의 사용 기준이 있다. 내가 알고 있는 이러한 사항들 은 전투 경험, 정교한 모델화, 그리고 광범위한 시험으로부터 발전되 어왔고, 다시 포탄의 강도(기동에서 템포에 해당하는 개념이다)와 중량 이라는 잘 알려진 개념으로 이어진다.

또한 이것은 질량과 중량에 대한 기본적인 정신적 연상과 이어져 나로 하여금 중량이 군사적 질량의 매개 변수임을 검토하도록 이끈 하나의 요인이 되었다. 다른 요인은 내가 미국에서 요청받아 '하이테크 경輕사단'에 관한 연구문을 작성할 당시에 문제 해결의 지침 단계로서 경사단에 대해 수립한 두 가지 구조적인 계획 중의 하나였다. 나는 매우 광범위한 선택의 폭을 문제에 적용하는 과정에서 물리적인 전투력과 전투 가치 모두 병력의 규모뿐 아니라 항공수송 중량에 연계되어 있음을 발견했다. 마치 소련군의 생각 때문에 기대할 수 있었던 것처럼, 대략 1개의 표준적인 보병 여단과 균형 편성된 기계화 대대그룹은 대등했다. 그러나 비교를 위한 최상의 기초는 항공수송 중량이었다.

이러한 사실은 내가 《소련군의 기갑》에서 주장했던 병력 규모에 기초한 등량等量을 참모 점검 수준에서 재검토하게 했다. 내가 제시한 새로운 데이터들은 일관성 있는 경향을 보여주는데, 비록 인력에 기초를 둔 수치들에 비해 어림짐작에 가까운 것이지만 사실상 현실에 더 근접하고 있다. 그러나 또한 대규모의 복합적인 부대에서 중량은 병력의 규모보다 훨씬 처리하기에 까다로운 매개 변수였음도 발견했다. 여기서 1인당 편제 중량이라는 개념이 나타났다. 이때 편제 organic란 경작에서와 같이 '유기적'이라는 의미가 아니라 차량에서처럼 '구비'되어 있다는 의미이다. 내가 주목했던 소련군 부대의 편제 중량 개념은 공정 강습 여단의 경우 1톤/1인 이하(헬리콥터 포함)이고 공정 사단(편제 보병의 약 3분의 1 규모가 BMD 탑승)의 경우 1톤/1인을 약간 상회(수송기 제외)한다. 그리고 기계화 사단은 2톤/1인, 전차 사단은 4톤/1인에 육박하고 있다. 독자들이 사소한 흠을 문제삼아 꼬치꼬치 캐묻지 않도록 일부러 정확한 수치를 제시하지 않았지만, 이 데이터들이 납득할 만하다는 사실에 이론이 없을 것이라 생각한다.

이로써 우리는 계속 군인을 군사적 질량의 기본 단위로 사용할 수 있게 된다. 이러한 기본 단위는 널리 이해되고 수용될 뿐 아니라 아주 편리하다. 게다가 '1인당 편제 중량'을 전투와 관련되는 곳에서는 견제 부대를 위해, 그리고 기동 부대가 가하는 위협 평가에서는 승수로 적용할 수 있다. 앞으로 알게 되겠지만 템포는 기동이 관련되는 곳에서 중요한 승수가 된다. 제8장에서 취급하게 될 몇 가지 사례를 통해 템포와 기동 모두 승수로 적용됨을 알게 될 것이다.

확장된 마케팅 삼각형(《그림 14, 15》) 모델로 다시 돌아가보자. 삼각형의 면적은 1인당 편제 중량을 표시하며, 그 결과 형성되는 입방체의 체적과 인원의 숫자(질량)가 물리적 전투력을 표시한다고 말할 수 있다. 하지만 모든 군인이 정신적으로 동일한 전투력을 갖고 있다는, 오류투성이의 가정이 감추어져 있다는 사실을 잊지 말아야 한다.

전투 승수

미국식 용어인 '전투 승수'는 전투 가치에 도달하기 위해서 질량을 증가시킬 수 있는 요소를 의미하는데, 전투와 기동에 똑같이 또는 양자의 혼합에 전반적으로 적용된다. 나는 이 개념을 두 가지 방식으로 구분할 필요가 있다고 생각한다. 첫째, 물리적 전투력과 소모를 포함하는 상황에 연관되는 전투 승수와 기동 승수가 있다. 두 개념에 절대적 차이가 있는 것은 아니다. 왜냐하면 '화력, 기동성, 생존력'의 삼각형(《그림 14》)에 묘사된 복잡한 상호 작용들로 인해 그 차이가 불분명해지기 때문이다. 그러나 이러한 상호 작용과 심리적인 가리개를 명심한다면 유익하고 안전한 차이점이다. 두 번째 분류 역시 상호 작용 때문에 다소 불분명하지만 부대의 구성적 성격으로부터 발생하는 내부 승수와 환경 또는 상황에서 비롯되는 외부 승수가 있다.

지적 및 정신적 요소가 중요하지만 이를 계량화할 수는 없고 단지 나폴레옹은 3배, 테니슨Tennyson은 10배의 가중치로 설명했다. 많은 역사적 사례를 보면 지적 및 정신적 요소가 증대될 가능성은 아직도 많다는 것을 알 수 있다. 그리고 이 요소는 기습과 혼합되어 어떠한 수준까지도 거의 달성할 수 있다. 사물의 물리학은 우리를 올바른 교구로 인도하거나 잘못된 교구로 가는 것을 멈추게 해줄 뿐이다. 실질적으로 우리를 정각에 교회로 인도하는 것은 의지와 기술, 그리고 판단이다.

1인당 편제 중량을 내부 전투 승수로 정립하고 난 뒤에 랜체스터 방정식을 두 번째로 고찰했다. 그 결과 규모가 크고 복잡한 두 기계화 부대 사이의 대결에서 '1.5배 힘의 법칙(이는 랜체스터의 두 가지 사례를 절충한 것이다)'이 크게 잘못되지 않았음을 발견할 수 있었다. 반면에 게릴라 부대를 상대하는 선진 군대의 경우처럼 크게 공통점이 없는 성격과 수준의 부대를 비교하려고 시도하는 것은 별 소득이 없다. 게다가 미군이 베트남에서, 소련군이 아프카니스탄에서 배우고 있는 것처럼 1인당 편제 중량은 승수에서 부정 승수, 즉 손상 요인으로 뒤바뀔 수 있다.

랜체스터 방정식의 절충안은 그 종류가 다양하듯이 사실상 절대적인 군사적 질량의 개념으로 인도하는, 매우 향기로운 '앵초의 소로'를 조성한다. 나는 잠시 동안 이 소로를 따라 걸어갔었음을 인정한다. 비록 지금 남은 것은 앵초의 낭떠러지에서 비를 맞으며 걸었던 기억 뿐이지만 여기서 일반화된 두 가지 관점을 발견할 수 있다. 첫째, 방정식이 산출한 제대급 수준이 높을수록 1인당 편제 중량뿐 아니라 간접 사격 무기의 비율이 높아진다. 달리 말하면 간접 사격 무기의 비율 증대는 물리적인 전투력에서 이중 효과를 갖는다. 두 번째이자 오늘날 훨씬 중요한 사실은 간접 사격 무기의 비율 증대는 질이 양적 열세를 상쇄할 수 있는 정도를 향상시킨다는 것이다.

소모 이론의 단순성이 제시하는 바와 같이 전투 승수는 숫자상으로 거의 나타나지 않고 기동 승수가 합성하는 정도만큼 서로 합성하지도 않는다. 중요한 외부 승수는 고전적으로 방자에게 3:1의 이점을 준다고 평가되는 '지면'이다. 주도면밀하게 방어 진지를 준비하는 것이 방어 부대에게 직접 방호력을 제공할지라도, 전술적으로 지면의 저항력을 개선한다는 측면이 가장 중요하다고 간주된다. 과거에는 정밀한 방어 준비가 명백한 전투 승수였다. 그러나 오늘날 감시 자원과 현대 화력의 정확도 및 강도가 커짐에 따라서 정밀한 방어 준비는 파멸로 가는 지름길이 되고 말았다.

우리는 제4장에서 지면에 대해 자세히 알아보았다. 여기서 되새겨 볼 만한 요점은 군사적 관점에서 바라본 본질적인 지면의 이중성이다. 지면의 이중성이란 전투 승수와 기동 승수를 의미한다. 한쪽 편에게 전투 승수인 지면이 다른 편에게는 기동 부정 승수가 된다. 물론 그 반대의 경우도 마찬가지다. 그러나 작전적 기동을 선택할 경우 방자는 지면의 결을 가로질러서라도 공자보다 신속하게 이동해야 한다. 따라서 단단하고 매우 평탄하지만 특징이 없지 않은 개방된 지형은 사실 '양호한 전차 기동 지역'으로서, 비슷한 기술을 사용하는 공자보다는 오히려 작전적 기동에 기초를 둔 방자에게 유리할 수 있다.

이에 따라 전술적 기동이 확실하게 외부 전투 승수로 간주될 수 있는가 하는 물음이 이어진다. 훨씬 하위 제대급에서의 제한된 기동은 거의 항상 진지전에서 일익을 담당했고, 확실히 그러한 기동을 수행할 수 있는 능력이 전투 역량을 향상시킨다. 반면에 '작전적'이라는 용어는 기동 이론과 관련이 있으나 제대 수준과는 독립된 별개의 의미를 갖고 있다. 그러나 일단 적대 행위가 시작되어 소모 이론과 기동 이론이 상호 보완적이라는 사실을 받아들인다면 기동 이론이 어떤 수준에서도——소모 이론에 종속된 개념이나 상황에서도——적용될 수 있다는 사실도 받아들여야 한다. 여기에 흥미롭지만 애매한 분야가 있는데, 미육군 대학원의 한 학생 장교가 던진 질문 때문에 처음으로 내가 주목하게 된 부분이다. '쌍방간에 행해진' 정면 공격을 기동으로 묘사하는 사람은 거의 없을 것이다. 실제로 콜린스와 웹스터 대사전을 보면 대서양의 양쪽에서 '기동'이라는 단어가 간접 접근의 능수능란함과 교묘함을 암시한다는 내 생각을 확신할 수 있다. 내가 앞서 러시아 단어인 데잔트를 설명하면서 '기동'이라는 용어를 사용해서 번역하고 싶었으나 원어를 그대로 쓴 이유는 기동은 'manoeuvre'이라는 단어를 번역하기 위해 남겨두어야 하기 때문이다. 나는 (데잔트 운용 조건의 하나인) 물리적으로 가능한 가장 직접적인 접근으로부터 벗어나는 이동이 이루어질 때마다 기동 이론이 작용하기 시작한다고 생각한다.

로봇 공학과 무인 방어물

지금까지 주로 운동(항공기, 함정 그리고 완전 및 불완전 유도 미사일)과 관련이 있던 군사 로봇 공학을 질량이나 기동성과 연계시켜야 하는가 여부는 아주 적절한 질문이다. 나는 이러한 과학기술을 전투 승수로 취급하는 데 두 가지 이유가 있다고 생각한다. 첫번째는 원칙의 문제로서, 자동 장치와 자동 시스템은 군인의 감지 범위를 확장하고 물리적 힘을 확대시킨다. 즉 물리적인 힘의 경우 자동 장치와 자동 시스템은 군인이 휴대하고 있거나 등에 지고 있는 장비의 중량처럼 군인의 군사적 질량을 증가시키는 것이다. 또는 단순히 군인을 복제하는 것이 아니라 군인의 능력을 특별하게 조합, 재생산함으로써 완전히 군인을 대체한다. 그러므로 이와 같은 장치와 체계는 가장 고유한 의미의 전투 승수가 된다.

두 번째 이유는 주로 지상전의 전술적 수준에 적용된다. 정치적 · 전략적 수준에서 논란의 여지가 있을지라도, 토마호크 크루즈 미사일은 무인 조종 항공기가 고속으로 침투 비행을 하거나 또는 저고도 등 고선 비행을 할 수 있음을 보여준다. 내가 아는 한 토마호크는 발사 후에 지령을 받도록 설계되지 않았다. 즉 이와 같은 설비를 갖춘 무인 항공기는 전자전의 위협에 광범위하게 노출되어 있고, 이러한 위협은 유인 항공기와의 통신에도 영향을 미친다. 막대한 비용과 90% 이상의 소모율에도 불구하고 고속 제트 비행기의 조종사와 마찬가지로 비용이 많이 드는 항법사들을 훈련시키는 이유는 비행하거나 기계를 조종하는 데 목적이 있는 것이 아니라, 한두 사람의 두뇌로 현장에서 전술적 판단을 하고 비행시에 일어날 수 있는 비상 상태에 대처하기 위해서이다. 함정도 마찬가지다. 특정한 '자동 조종 장치'가 아무리 정교하지 못하고 신뢰할 수 없을지라도 복잡한 항로에서 모든 것은 '자동 조종 장치'에 맡겨진다. 나는 야간에 영국해협을 항해하다가 당직실에서 편안히 잠자던 당직사관이 레이더의 경보 신호에 잠옷 차림으로 함교로 뛰어가는 모습을 자주 목격하곤 했다.

이것을 바람직한 행동이라고 할 수는 없지만 레이더와 경보 신호의 신뢰도가 높기 때문에 관행적으로 허용된다. 당직사관은 감지기를 장착한 신뢰성 있는 통신 장비를 보유하고 있고 비상시 현장에 위치하므로 비록 상시 대기를 하지 않더라도 기계로부터 신속히 통제권을 인수할 수 있다. 우리는 현재 애틀랜타 조지아의 거대한 공항에서 경쾌한 소리를 내며 달리는 지하철처럼 철도 시스템의 일상적인 통제가 충분하게 자동화되는 시점에 있다. 마찬가지로 고속 자동차 도로에서의 자동 교통 통제는 경제적인 경쟁력이나 심리적인 수용과는 별개의 문제로 과학기술의 실현 가능성에 접근하고 있다. 그러나 충분히 성공적으로 자동화된 야지 횡단 주행 또는 헬기의 전술적 침투 비행에 요구되는 기동의 정밀성과 복잡성은 상상하기 어렵다. 로봇 전차를 원격으로 조종하는 '승무원'들은 광학 입체경의 비디오 연결 장치와 다중 채널 지휘 연결 장치를 필요로 하는데, 양자 모두 사용에 별 문제가 없을 뿐 아니라 적극적인 전자전 위협을 포함하는 모든 형태의 간섭에 대해 안전하다. 이것은 '승무원'이 본질적으로 로봇을 가시거리 내에 두지 못할지라도 적어도 수백 미터 범위 내에 위치시켜야 함을 의미한다.

이 논쟁의 다음 단계는 1981년에 스웨덴을 방문했을 때 주관했던 세미나의 덕을 보고 있다. 나를 초대했던 사람들이 검토해주길 바랐던 주제 중의 하나는 부대 지휘 차량을 보유한 로봇 전차 부대였는데 전적으로 공감할 수 있는 착상이었다. 그들은 각 로봇마다 2명의 '승무원'이 필요할 것이라고 제시했다. 이러한 개념은 4대의 로봇 전차 부대를 지휘하기 위한 보병 전투 차량의 차체를 상상하여 작성한 〈그림 16〉의 배치도로 이어졌다. 지휘 차량은 모든 면에서 육중하게 장갑화하기 불가능한 대형 차량이 될 것이며 확연하게 구별되는 외형적 특징을 갖게 된다. 심지어 이 지휘 차량이 직접 지상 사격으로부터 엄폐될 수 있는 상황에서도 적이 일단 로봇 전차들과 접촉을 하게 되면

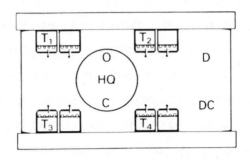

〈그림 16〉 4대의 로봇 전차로 구성된 소대의 지휘 차량 개념도

이 그림은 1981년 보포르 무기회사(Bofors Armaments)에서의 세미나 기간에 그린 스케치이다. 차량은 상자 형태의 장갑 차량이다. M113 장갑차의 확장형이라고 해도 좋다. 전면에는 조종수(D)와 전차장 역할을 하는 부소대장(DC, 예를 들어 소대 선임하사)이 탑승한다. 소대장(C)과 운용병(O)은 꼭대기에 조준경(그림에서는 보이지 않는다)이 있는 상부거치 선회식 플랫폼에 위치한다. 각 로봇 전차에는 지휘소(T1~T4)가 있고 여기에 각 전차의 전차장 및 포수 그리고 조종사가 운용하는 2개의 모니터 및 2개 세트의 제어 장치가 장착되어 있다.

특별한 어려움 없이 지휘 차량의 위치를 알아낼 수 있다. 또한 지휘 차량은 헬리콥터 및 현재 가용한 공중 공격 무기체계에 취약할 것이다. 결국 한 발의 명중탄이 4대의 로봇 전차를 무력하게 만들고 고도로 훈련된 10명의 요원들이 부상당하거나 사망하게 된다.

내 생각에는 이러한 쟁점들이 기계화 및 공중 기계화 부대의 표준적인 장비로서 로봇화된 지상 차량들과 헬리콥터를 배제시키고 있다. 실현 가능한 항공기와 함정의 자동화의 정도 그리고 일부 특수한 용도의 기동화 로봇의 성공적인 사용(주로 불발탄 처리)이 사실을 오도하기 쉽다. 유동적인 매체(공기, 물)에서 이동하는 차량(항공기, 함정)들이 지형이 갖는, 보다 짧은 주파대의 복잡성에 대해 반드시 대처해야 하는 것은 아니다. 그리고 예를 들어 불발탄을 처리할 때 조작하는 인간과 로봇의 연결 장치가 위협을 받지는 않는다. 조작자는 비디오 연결 장치뿐 아니라 육안으로도 관측할 수 있고 로봇과 케이블로 연결할 수도 있다.

통제 센터의 이와 같은 취약성 문제는 운용하는 동안 지속적으로 인간의 통제가 필요한 모든 방어물의 정적인 시스템에 같은 강도로 적용된다. 적은 사전에 통제 센터가 어디에 위치하는지를 발견하고자 할 것이며, 그것이 시스템에 근접해 있다면 어떻게 해서든 무력화시키려 할 것이다. 만일 이중 통제 센터가 멀리 떨어져 있다면, 적은 가장 취약한 지점에서 통신 연결 장치를 차단하려고 할 것이다. 평화시에는 물리적으로 존재하는 은밀한 중요 지역에 적이 전면적으로 침투하지 않는다고 가정하는 것은 순진한 생각이다.

나는 존 키건John Keegan을 비롯하여 '방어물'이 더 이상 언급해서는 안 될 용어가 아니라고 주장하는 사람들의 의견에 전적으로 동의한다. 확실히 모든 정적인 시스템은 적이 광범위하게 유린한다면 붕괴될 수 있고, 한 지점이 돌파되면 그 가치를 크게 상실한다. 이와는 대조적으로 정적인 시스템은 또한 내가 제5부에서 다시 언급하게 될 측면인 시간을 획득하게 해주는 순수한 방어 체계이다. 한편 나는 위에서 언급한 이유 때문에 '원격 조종' 방어물의 개념이 함정이라고 주장한다. 누구나 어느 쪽으로든지 방어물을 우회할 수 있다. 한 가지 방법은 다양한 감지기와 근거리에서 원격 조종하는 무기체계를 운용하되 최하급 전술 제대에서조차 완전한 자동화 통제를 지향하지 않는 매우 육중한 '유인 방어물'로 전환하는 것이다. 이러한 개념은 단지 정적인 직접 방호력만을 보유하며, 방호된 기동성이 주어지고 기동 부대로 운용될 수 있는 가용 전투 병력의 상당 부분을 고착시킨다.

대안은 방어물의 완전 자동화 체계인데, 평시에 완벽하게 설치되고 모니터 상태로 작동된다. 자동화 체계의 주무장은 한 사람의 행동에 의존하지만, 감지기 입력의 특정 형태에 반응하는 자동 무장 프로그램의 지원을 받을 것이다. 무장 해제 체계는 여러 단계의 인간 및 전자 코드화에 의해 보호받을 수 있고, 더 나아가 많은 지리적 위치에서 입력하거나 지역을 분권화함으로써 보호받을 수 있을 것이다. 여기서 "제한된 작전적 가치를 지닌 것으로 알려진, 방어 형태로서의 인공 장애물 지대가 어느 지점에서 무인 방어물 체계로 변화할 것인가?" 하는 의문점이 제기된다.

하나가 전술적으로 수동적인 반면에 다른 하나는 작전적으로 수동적일지라도, 나는 전술적 차원에서 하나는 능동적이고 다른 하나는 반응적이라는 데 차이가 있다고 믿는다. 단일 압력식 퓨즈를 가진 재래식 대전차 지뢰 지대 그리고 삼각대와 인계철선을 가진 대인지뢰를 고려해보자. 이것은 자연적인 하천 장애물이나 대전차호와 빈번하게 연관되고 가끔 용치龍齒와 같은 기타 장애물 형태와도 관련되어 있다 (〈그림 17〉 a). 이러한 장애물 지대는 준비하는 데 오랜 시간이 소요되기 때문에, 적은 장애물의 위치와 배열을 거의 확실하게 알게 될 것이다. 이러한 지대는 적에게 사상자를 내게 하고 부분적으로 지연시키지만 화력으로 엄호되지 않으면 적의 공병에 의해서 돌파된다. 지뢰를 들어 올리지 못하도록 하는 장치, 다중 압력식 퓨즈 그리고 감응 퓨즈를 가진 형성장약 지뢰 등은 적의 임무 수행을 더욱 어렵게 만들지만, 근본적으로 장애물의 수동적인 성격을 변경시킬 수는 없다. 왜냐하면 장애물은 적이 장애물로 진입하지 않는 이상, 적에게 피해를 입힐 수 없기 때문이다.

다음에는 프랑스의 MICAH(강판을 발사한다) 같은 지뢰, 로켓 발사관(예를 들어 소련의 RPG 7V) 그리고 해제식 코드나 압력식 튜브로 구성된 것으로 매우 간단한 장치인 포가세fougasse(〈그림 17〉 b)를 알아

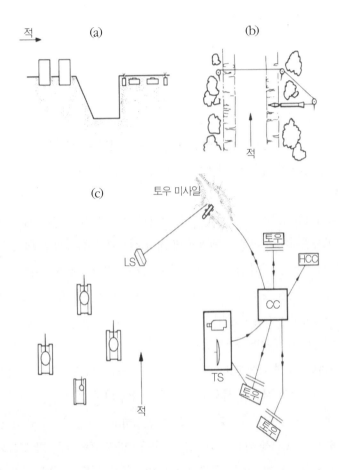

〈그림 17〉 전술적으로 수동 및 능동적인 무인 요소(축척은 고려하지 않았다)
(a)재래식 인공 장애물―용치, 대전차호, 대전차 및 대인 지뢰 지대
(b)로켓 발사관과 해제식 코드(또는 압력식 튜브)를 장착한 포가세(정폭지뢰처럼 미리 정해진 방향으로 비산한다)
(c)토우TOW 미사일에 기초한 전술적으로 능동적인 무인 대전차 요소. 4기의 토우 미사일의 위치는 통제 센터(CC)에 연결되어 있고, 이곳에서 전술 감지기(TS)로부터 정보를 수신하여 차상급 통제 센터(HCC)로 보고한다. 후자는 여러 통제 센터를 조율하고 간접화력을 발사할 수 있는 능력이 있다. 경고 후 사격 명령이 내려지면 토우 미사일은 국지감지기(LS, 말하자면 마이크로폰 같은 것)로부터 국지 표적 데이터를 수신한다.

보자. 이것은 수미터 범위에서만 작동하는 초보적인 것이지만 표적을 감지하고 그것을 향해 탄을 발사하기 때문에 전술적으로 능동적인 체계이다.

그 다음에 포가세를 토우 미사일 체계로 대체하고 발사관을 소로 뚝방에서 2~3m가 아니라 2~3km 이격된 움푹 팬 포상에 위치시켜보자(〈그림 17〉 c). 이 토우 발사관은 자동 통제 센터를 경유하여 전술 감지기 시스템과 지령 처리기에 연결될 수 있다. 이러한 '소대 본부' 시스템은 토우 시스템에 사격 준비를 명령하고 사격을 허가한다. 표적 지역에서의 압력, 시각 또는 청각 감지기('분견대 지휘자'의 기능 수행)가 발사관에게 추적을 시작해야 할 참고 시간과 장소를 제공한다. 발사관에 부착된 시각 또는 원적외선 감지기('조준 시스템'과 '제어기'가 결합)는 표적을 포착하고 미사일을 사격하며 표적을 추적함으로써 미사일을 표적으로 유도한다.

그리고 이러한 발사관에 장착된 감지기가 섬광과 열로 명중 여부를 탐지한다. 또한 마이크로 프로세서는 명중탄을 찾아내기 위하여 명중 방위각과 비행 시간을 사용하고 지휘 센터에 다시 보고한다. 그러면 '소대 본부'는 이것을 '명중' 보고로 인지하고, 만일 발사관을 사용할 수 있고 교전을 위한 기타 조건이 충족된다면 포병 또는 박격포 화력의 집중을 탄착시키는 최근거리의 자동화 사격 통제 센터('전방 관측 장교'의 기능 수행)에게 이 '명중' 보고를 되돌려 보낸다.

이것은 결코 공상이 아니다. 내가 설명한 모든 개념은 상당히 초보적인 70년대의 과학기술에 근거하고 있으며, 이러한 소우주 분야는 무인 방어물 체계의 필수적인 요소들을 포함하고 있다. 이 소우주를 더 발전시키는 것은 관심 있는 독자들의 몫으로 남겨둔다. 이러한 종류의 시스템은 설치할 때 지면을 사용하는 데 크게 제한받지 않으므로, 시스템의 깊이와 정교함은 오직 비용에 의해서만 영향받을 뿐이다. 예산 지출 규모가 커질 수 있으나 상응하는 기계화 부대의 비용과 비교하면 사소한 수준이다. 이 시스템의 운용은 국경선과 잇닿아 있는 요새화 지대(예를 들어 서독의 내부 독일국경선), 그렇지 않으면 노출된 돌진선의 입구 부분에 있는 저지 진지, 있음직하지는 않지만 제2차 세계대전시의 아르덴느처럼 위험스러운 접근로의 엄호, 그리고 이에 준용할 수 있는 다소 변형된 해안선 및 대공 방어의 엄호를 위하여 상상해볼 수 있다. 지나치게 명확한 한계를 긋고 싶지는 않지만, 그러한 시스템이 '적극 방어'라는 이름 아래 립시Livsey 소장이 제안한 격자전투의 형태로 영구적인 거점에 대한 건전한 대안을 제시할 수 있다는 생각이 든다.

무인 방어물은 정적이고 순수하게 방어적이며 기동 부대와는 다른 종류이다. 그러므로 무인 방어물을 반드시 1인당 편제 중량 개념에 입각하여 병력 규모에 적용되는 하나의 요소인 전투 승수로 간주할 수 있다고는 생각하지 않는다. 반면에 무인 방어물은 방어물을 돌파하는 과정에서 적에게 가할 수 있는 소모 및 지연과 적 기동 부대의 규모 및 전개 속도에 대한 제한이라는 관점에서 훌륭하게 준비된 진지 방어 시스템에 비교될 수 있다. 그러므로 진지 방어에 투입된 보병 여단 또는 사단의 관점에서 무인 방어물의 전투력을 묘사할 수 있다. 무인 방어물은 유인 부대처럼, 만일 공자의 돌진 부대를 봉쇄하고 이 부대가 돌파 회랑으로부터 출현하는 지점에 형성된 '받침점'을 공격하기 위해서 기동 부대와 상호 작용할 수 있다면, 전투력은 한층 강화될 것이다. 그러면 무인 방어물 시스템을 방어적인 질량과 대등한 것으로 간주해도 좋을 것이다. 달리 말하면 무인 시스템을 갖춘 1개 '사단의 가치'는 1개 보병 사단의 인원 수와 1인당 편제 중량의 총합이라고 정의할 수 있다.

결론

내가 발견할 수 있는 한도 내에서 군사적 질량의 개념은 대부분 미지의 영역이다. 1920년대 이전에 저술 활동을 한 역사가들이나 군사 저술가들은 이 문제를 탐구할 필요가 전혀 없었다. 왜냐하면 지상전에서 '질량의 단위'는 명백하게 군인뿐이었기 때문이다. 20세기의 영국학파는 이 문제를 회피했다. 그리고 1920년대와 30년대의 독일인들은 그 후로 계속 소련인처럼 '군인'에 대한 문제에만 집중하고 있었다. 여기서 나는 그들이 과거에도 현재에도 옳다는 사실을 입증했고, 적어도 나 스스로는 이에 만족하고 있다. 단 해전 및 공중전에서의 질량 단위 논제는 일부러 미결로 남겨두었다. 왜냐하면 이 주제에 대한 명백한 해결책을 찾을 수가 없고, 유동적인 매체에서의 전쟁 감각을 갖추고 있지도 못하기 때문이다. 그러나 어느 정도의 진전은 있었다고 생각한다. 제6장에서 알게 되겠지만, 내부와 외부 승수 그리고 전투와 기동 승수간의 차이점은 유용하다. 저변에 깔린 물리적인 전투력의 개념도 마찬가지로 중요하다. 1인당 편제 중량을 내부 승수로 설정함으로써 우리는 다양한 형태의 전투력과 부대의 수준을 비교하는 수단을 얻게 되었다. 비록 기동력의 유효성이 환경에 의존한다는 사실을 염두에 두더라도, 기동력을 고려함으로써 이러한 수단을 한층 더 발전시켜야 한다.

고전적인 랜체스터 모델들의 절충안은 우리의 상식을 확인해주고 직접 사격으로부터 간접 사격으로의 전이가 질량의 전투 가치에 대해

질의 전투 가치를 격상시키는 경향이 있음을 보여준다. 마지막으로 나는 동적인 시스템을 위한 과학기술의 제한된 가치를 정적인 시스템을 위한 확실한 보장과 대조시키면서, 지상전의 로봇 공학과 정적인 무인 시스템에 대한 견해를 밝혔다. 요컨대, 이러한 작업이 군사적 질량의 근본 개념에 대해 독자들과 공통적인 이해를 정립했기를 바란다. 그렇다면 이제 우리는 기동 이론의 역동적인 측면을 검토하기 위해서 함께 출발할 수 있을 것이다.

제6장 무너지는 댐

"무릇 군대의 운용은 물과 같아야 한다. 물은 높은 곳을 피하고 낮은 곳으로 흐른다. 댐이 무너지면 물은 막을 수 없는 폭포수가 된다. 마찬가지로 군대의 운용도 적의 강점은 피하고 그 허점을 공격해야 한다. 이리하면 물과 같이 어느 누구도 대적할 수 없다(夫兵形象水 水之形 / 避高而趨下 兵之形 / 避實而擊虛 水因地制流 / 兵因敵而制勝)."

—《손자병법》 허실편

"일반적으로 전투에서는 교전하기 위해 정병正兵을 사용하고, 승리하기 위해서는 기병奇兵을 사용한다(凡戰者 以正合 以奇勝)."

—《손자병법》 병세편

"그리하여 전쟁 준비에 다소 부족한 점이 있다 하더라도 속전속결을 추구하여 승리한 전례는 들어보았으나, 전쟁 준비를 완벽히 갖추어 장기전을 추구하여 현명한 결과를 가져온 작전은 본 적이 없다(故兵聞拙速 未睹巧之久也)."

—《손자병법》 작전편

"앞으로 전투에서 패배할 수도 있겠지만, 나는 단 1분도 결코 놓치지 않을 것이다."

— 나폴레옹(리델 하트 번역)

서론 — 동적인 부대

고대 인도까지 기원이 거슬러 올라가는 체스는 세계적으로 유명한 게임으로 오랫동안 그 지위를 누려왔다. 체스에는 각각의 적용 규칙을 가진 다양한 형태의 말, 객관적인 예측, 그러한 예측들을 종합하는 주관적인 판단의 적용과 상대방에 대한 연구와 같은 요소들이 결합되어 있다. 이 모든 방식은 체스를 전쟁과 유사한 가치가 있는 게임으로 만들어주는데, 사실상 진부할 정도로 우리에게 매우 익숙한 방식이다. 체스 게임은 일련의 개별적인 '말'의 움직임으로 이루어지고, 게임에 참가하는 사람들은 심사숙고한 뒤에 각각의 말을 움직인다. 우리는 텔레비전에서 저속 촬영 기술이 적용된 게임을 보면서, 이러한 기술이 식물의 성장 과정을 보여주는 것처럼 연속적인 움직임을 구체적이면서 자세하게 보여주기 위해 적용할 수 있음을 쉽게 알 수 있다. 우리도 군화와 말발굽에서 궤도 및 회전익에 이르기까지, 이러한 방식으로 전쟁을 고찰한다면 부대의 물리적 기동성에 나타나는 증가를 살펴볼 수 있다. 나는 이것이 "어떻게 소모 성향의 사람들이 현대전을 일련의 불연속적인 상황들의 급격한 연속으로 바라보는가?"라는 문제를 설명한다고 확신한다.

이와 같은 시각은 소모 이론이 기초로 하고 있는 2차원적이며 불완전한 견해이다. 아무리 신속하게 이루어지더라도 불연속적인 상황의 연속은 그대로 잔존한다. 즉 이러한 상황의 연속은 동적인 부대를 전개시킬 능력이 있는 역동적인 시스템이 될 수 없다. 단지 질량 및 시간과 관련을 맺는 한(〈그림 18〉 a) 소모 이론에는 동적인 부대를 위한 여지가 전혀 없다. 따라서 이를 고려하기 위해서는 '길이'라는 세 번째 차원을 추가해야 하고, 그렇게 함으로써 시간뿐 아니라 공간에 관

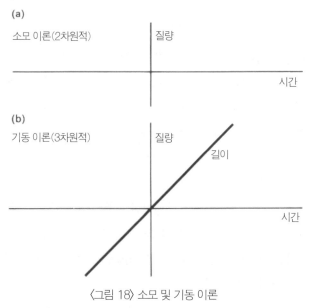

(a)
소모 이론(2차원적) 질량

시간

(b)
기동 이론(3차원적) 질량

길이

시간

〈그림 18〉 소모 및 기동 이론

(a) 소모 이론—2차원적 (질량, 시간)
(b) 기동 이론—3차원적 (질량, 시간, 길이)

한 변화의 관점을 도입하게 된다(〈그림 18〉 b).

 그러나 만일 동적인 군대가 전쟁에 영향을 미치지 않는다고 생각한다면, 동적인 군대 존재 자체를 부정하는 것이 된다. 악기 음색을 예로 들어보자. 포티아의 '연민에 가득 찬 듯한 음색' 또는 비올라의 '애도하는' 멜로디를 합성장치의 단조로운 소리에 의해 일정한 속도로 전달한다고 가정해보자. 당신은 메시지를 이해할 수는 있겠지만 그것을 본질적으로 좋아할지 의심스럽다. 메시지 문구의 가치는 언어(질량)와 전달(역동성)의 결합에 있다. 이 중에서 비중이 큰 것은 역동성이다. 오케스트라의 예행 연습이나 팝 그룹 또는 재즈 악단의 연주에 귀를 기울여보자. 지휘자는 제1 클라리넷 주자에게 회음回音을 가려내도록 요구하거나, 제2 바이올린, 비올라 및 첼로 주자로 하여금 주 선율 없이 한 악절을 느리게 연주하게 함으로써 균형을 향상시키고자 노력하고, 일련의 화음을 하나씩 연주하도록 하여 조화를 이끌어낸다. 예행 연습이라는 맥락에서 벗어나게 되면 이와 같은 소리들은 전혀 무의미하다. 음악은 심미적인 차원에서 완전하게 소통이 되는데, 그 소통을 위해서는 전적으로 음악의 역동성에 의존한다. 손자는 생존시 종과 징 소리에 심취해 있었다. 아직까지 칭기즈 칸의 음악 취향을 완전히 이해할 수 없지만, 적어도 현대 세계에서 가장 성공적인 3대 기동 이론 실천가인 독일인, 러시아인, 유태인 또한 우리 문명의 가장 음악적인 국민이라는 사실이 나의 뇌리를 떠나지 않는다.

지레 작용의 발전

기동 이론의 두 가지 주요 특징인 지레 작용과 템포를 한 장에서 같이 취급하는 것이 이상하게 보일지 모른다. 여기에는 충분한 물리적 이유가 있음을 입증하기 위해, 결론부터 먼저 살펴보도록 하자. 간단히 말하면 기동 이론에 대한 운동량momentum의 관계는 이중이 아니라 삼중이다. 근본적으로 운동량은 속력 또는 방향의 변화에 대한 이동체의 저항을 표시한다(엄밀히 말하자면 속도의 변화이다). 따라서 운동량은 질량과 속도에서 나오는 것이기 때문에 역시 부대의 물리적 기동 가치를 표시하고, 이는 부대의 물리적 전투력에 대한 상대 개념이 된다. 셋째로 운동량은 질량×속도, 질량×시간, 또는 지레 작용의 변화율을 의미한다. 이러한 특성이 기동 이론의 물리적 측면을 이해하는 최소한의 실마리이다.

이 모든 점을 염두에 두면 기동 이론의 실행가들이 어떻게 지레 작용을 발전시켰는지 알 수 있다. 내가 굳이 '지레 작용'이라는 용어를 선택한 이유는 미국인들이 이 용어에 집착해왔기 때문이다. 그러나 내 생각에 그 개념을 표현하는 더 직설적인 방법은 '우회 모멘트 turning moment(여기서 모멘트는 회전하는 원동력이다)'이다. 우회 모멘트와 고전적 군사 용어인 '우회 기동turning movement' 사이의 연상 결합은 지레 작용의 군사적 의미를 바로 이해할 수 있게 한다. 일반적인 물리학적 의미(《그림 19》)로서 지레 작용은 일정 길이의 곧은 막대기(지렛대)가 한쪽 끝에 받침점이 놓여 있는 가운데 움직일 때 형성된다. 그리고 지렛대의 한쪽 끝에 힘이 가해지는 현상은 예를 들어 중력이 질량에 미치는 작용에 의해 생성된다. 지레 작용 또는 (우회) 모멘트는 이러한 질량(m)과 지렛대 길이(l)의 산물이다.

이것은 견제 부대(H), 기동 부대(M) 및 적(E)으로 구성된 기초적인

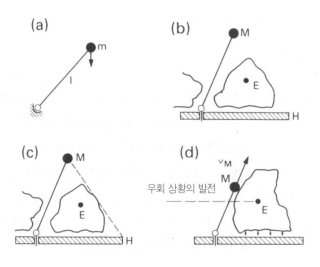

〈그림 19〉 지레 작용의 발전(본문 참조)

기동 이론 모델의 일반 원칙에서 진일보한 것이다(〈그림 19〉b). 그러나 군사적인 의미에서 '우회'는 '우회당하는' 부대 집단의 이동의 자유에 대한 실제적, 잠재적 구속을 내포한다. 이것은 네 번째 조건을 야기하고 '우회당하는' 부대 집단, 혹은 적어도 그 집단의 질량 중심은 지렛대의 양쪽 끝과 견제 부대의 우측 끝에 의해서 형성되는 삼각형의 내부에 위치해야 한다(〈그림 19〉c). 그렇지 않으면 도구로 껍질을 까다가 놓친 큰 호두가 날아가듯이, 단순히 적을 옆으로 밀어내기만 한다면 적은 대부분 행동의 자유를 유지하게 되고 견제 부대를 '역우회' 시킬 가능성도 있다.

그러므로 유용한 지레 작용은 순간적으로 더해지는 기동 부대의 가치뿐 아니라, 알 수 없는 적 주력의 질량 중심과 견제 부대 모두에 대해 상대적인 위치에 좌우될 것이다. 3개 요소의 상대 속도(즉 그들의 속력과 이동 방향)가 작용하기 시작하는 것이 바로 이 지점이다. 이제 그것을 상대 '속도'라 부르고, 적이 완강한 견제 부대에 의해 고착되어 있다고 가정하는 것에서 시작해보자. 이러한 단순한 상황에서 지레 작용을 형성하기 위해 기동 부대(M, 〈그림 19〉d)는 적의 질량 중심(E)에서 보다 멀리 전진해야 한다. 기동 부대의 속도(V_M)는 이를 수행하는 시간 소요를 결정하고, 일단 형성된 지레 작용이 기동 부대의 추가적인 전진에 의해서 증대되는 비율을 결정한다. 단순하고 어린아이 장난 같은 이러한 개념으로부터 주요 핵심의 실마리가 풀려 나온다.

두 이론 사이의 관계

만일 지리와 환경의 변화가 3개 요소(H, M, E)의 상대적 위치를 상호 적대 행위 없이 형성시킨다면, 공자의 목적은 단지 지레 작용에 의해서 획득될 수도 있다. 이것이 나중에 더 상세하게 설명할 선제先制이다. 선제는 순수 기동 이론의 적용을 대표한다. 소모 이론은 선제가 아닌, 매우 다른 방책을 선택할 것이다. 이와 같이 두 이론은 정반대지만, 견제 부대가 반드시 전투를 실시해야 할 경우에 상대적인 전투력의 변화인 소모 이론이 두 주력 부대(H와 E)의 행동에 영향을 미치는 요인으로 작용하게 된다. 반면에 공자의 작전적 목적은 기동 부대를 전방으로 이동시켜 지레 작용을 발휘하는 것이다. 따라서 일단 전투가 시작되면 소모 이론은 기동 이론을 보완하는 역할을 하게 되고 실제로 기동 이론의 한 요소가 된다. 달리 말해서 기동 이론은 실질적으로는 물론이요, 상징적으로도 소모 이론에 새로운 차원을 추가하고 있다.

견제 부대의 역할

이와 같은 사실은 자연스럽게 견제 부대의 역할이라는 주제로 이어진다. 견제 부대의 첫번째 과업은 기동 부대가 깨끗이 돌파하고 통과할 수 있도록 적 방어의 전술적 종심을 가로질러 통로를 개방하는 일이다. 그 다음에 견제 부대는 만일 지레 작용을 발휘해야 한다면 기동 부대가 필요로 하는 받침점의 착수대가 된다(사실상 받침대의 고정된 절반과도 같다). 그러나 기동 부대의 문제가 완전히 해결되고 나면 견제 부대의 주된 관심은 대치하고 있는 적 부대의 질량이다. 견제 부대는 방자를 선제하고 받침점을 향하여 측면으로 역습을 가하는 적의 전술적 예비대를 방어해야 한다. 그러나 더 중요한 견제 부대의 역할은 기동 부대가 적의 질량 중심(⟨그림 19⟩ d) 너머로 전진할 수 있도록 방자를 전방에 고착하고, 가능하다면 적을 전방으로 끌어당기는 일이다.

물리적, 심리적 의미에서 전투 중인 두 부대가 서로 끌어당기는 경향이 있다는 것은 잘 알려진 전술적 사실이다. 손자가 지적한 바와 같이 적에게 등을 돌리는 쪽은 심리적으로 패배를 인정하는 것이다(현대전에서도 동일하다). 즉 통제와 사기가 모두 손상된다. 따라서 만일 깨끗하게 적의 포위망을 돌파하지 못하고 추격에서 벗어나지 못한다면 붕괴할 수도 있다. 물리적으로 볼 때 육박전을 하는 전투나 현대전 모두 후퇴를 시도하는 부대는 포위망 돌파를 시작하는 순간부터 적의 전투 무기 사거리를 벗어날 때까지 극단적인 위험을 감수해야 한다. 뿐만 아니라 포위망을 돌파할 때 노출되지 않을 수 없으므로 포병 화력에 취약하다는 난점을 안고 있다.

이는 왜 기계화 부대가 철수할 때 통상적으로 방호된 기동성을 갖춘 전차가 잔여 부대를 엄호하기 위해서 운용되는가를 보여준다. 전차든 아니든 약자는 종종 완벽한 돌파를 위해서 짧고 날카로운 역습을 가해야 한다. 그리고 승자 쪽은 역습을 예측하면서 전방 부대를 강화하거나 심지어 대對 역습을 개시하게 된다. 이 자석과 같은 효과는 역사적으로 널리 예증되었고 소모 성향의 사람들이 잘 이해하고 있으므로 더 이상 언급할 필요가 없다고 생각한다. 공자는 적을 자신의 앞으로 끌어당기기 위해서는 세차게 밀어붙여야 한다. 확실히 이러한 압력은 전술적으로 적을 전방에 고착시키면서, 작전적 관점에서는 적의 질량 중심을 힘에 의해 뒤쪽으로 밀고 나가는 경향이 있다. 누구보다도 슐리이펜이 잘 이해했던 바와 같이, 견제 부대를 이용하여 적을 고착시키거나 유인하는 것은 기동 이론의 기능을 발휘하는 데 근본이 된다.

내선

지렛대에 관해 더 상세하게 알아보기 전에, 본론에서 약간 벗어나 기동에 기초를 둔 공세에 대한 역이동 계획에 관심을 갖는 사람들이 종종 간과하기 쉬운 한 가지 사항을 지적하겠다. 내선內線의 개념은 병참 측면에서 모든 군인들이 잘 알고 있지만, 소모 성향의 전술가들에게는 전투 수행상의 한 요소로서 친숙하지가 못하다. 병참의 영향은 소련군 모델(〈그림 20〉 참조)에 따라 돌입전투로 시작되는 공격의 경우에 가장 쉽게 발견된다. 일단 공자가 작전적 종심으로, 즉 적의 전술적 방어 지대 너머로 돌파구를 확대하기 시작하면 내선의 이점을 갖는다. 그리고 기동 부대는 지렛대를 형성하기 위해서 전진하며 대형을 부채꼴로 펼치거나 전술적 경계선을 횡단하여 우회하여 이러한 이점을 작전적 수준으로 확대한다. 기동 부대를 봉쇄하거나 패배시키기 위해서 방자는 머뭇거릴 여유가 없다. 즉 그림에서 강조하듯이 방자는 궤도 차량을 이용하여 공자보다 더 민감하게 반응하고 신속하게 움직여야 한다. 만일 방자가 기동 이론에 기초한 작전적 시스템에서 가능한 네 번째 요소인 작전적 예비대를 보유할 경우, 이 예비대는 아주 빠르게 이동해야 할 것이다. 이것이 폰 젱어가 주장한 회전익 작전적 예비대의 형태이며, '새로운 작전적 차원'의 개념에 깔려 있는 사상이다. 이에 관해서는 제7장에서 좀더 구체적으로 다룰 것이다.

지렛대의 변화

계속해서 견제 부대와 적을 정지시킨 상태에서 지렛대에 관해 좀더

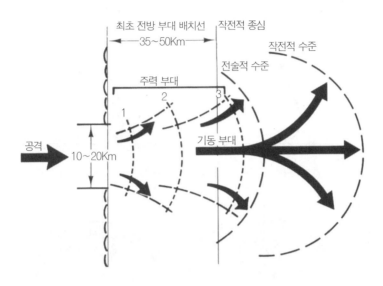

최초 전방 부대 배치선 작전적 종심

35~50Km

작전적 수준

전술적 수준

주력 부대

공격

10~20Km

기동 부대

〈그림 20〉 공자의 내선(소련군의 '중重 돌입 전투'를 기초로 한 그림이다)

상세하게 살펴보자. 우리는 지금까지 기동 부대란 소련군의 전차 사단처럼 지렛대를 형성하기 위해 돌진선을 향해 가능한 멀리 그리고 신속하게 적의 질량 중심을 밀고 나가는 단일 제대라고 간주해왔다. 공자의 목적이 가능한 한 깊은 종심을 얻는 것이기 때문에 그 돌진선은 하나의 곧은 축선 또는 이와 거의 유사한 선이다. 물리학자들은 이러한 이동을 병진 운동(〈그림 21〉 a)이라고 표현한다. 일단 이 운동이 우회 종심을 넘어선다면 기동 부대는 포위 기동(미국인을 제외한 모든 사람들이 이해하는 용어로서의 의미이다)으로써 적의 축선을 횡단하여 방향을 바꾸어야 한다. 만일 우리가 이것을 일종의 유린(〈그림 21〉 b)으로 상상해본다면 병진 및 회전 이동의 혼합으로 받아들일 수 있다. 달리 말하면, 상식적으로 기동 부대는 병진과 회전 운동의 어떠한 결합 형태도 취할 수 있는 것이다.

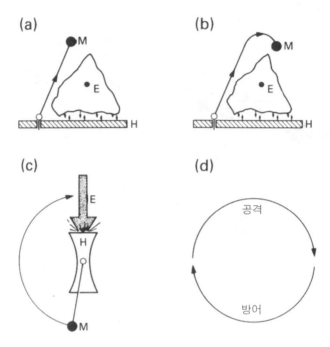

〈그림 21〉 지렛대의 변화

a. 병진 운동(전진)
b. 혼합된 병진 및 회전 운동(포위)
c. 선회 운동(망치와 모루 방어)
d. 공격―방어 연속체

　그리하여 기동 부대는 순전히 회전 운동만을 하면서 원형 궤도를 따라갈 수도 있다. 이제 기동 이론을 운용하는 측(HM)이 공격이 아니라 방어를 하고 있다고 가정해보자(그림21 c). 견제 부대는 부대에 의한 '모루' 또는 화력에 의한 모루를 형성하면서 애로 지역을 저지하고 있다. 전자의 경우 견제 부대는 저지 임무에서 무인 방어물 시스템에 의해 대체가 가능하다. 기동 부대가 이러한 저지선 뒤에 위치하고 있고,

적이 모루에 충격을 주었을 때 적의 측방과 전술적 후방을 타격하기 위해 원형의 궤도상에서 이동한다고 가정해보자. 이것이 우리에게 잘 알려진 '망치와 모루' 방어이다.

이와 같은 운동 형태의 단계적인 변화는 두 이론 사이에 존재하는 근본적인 차이점 중의 하나(이는 조미니가 강조했던 것이지만 오늘날까지도 큰 영향력을 미치고 있다)를 명백히 나타내준다. 기동 이론에서의 공격과 방어는 소모 이론에서처럼 상호 대립 관계가 아니라 연속체상에서 하나의 원을 형성하고 있다(〈그림 21〉 d). 공세적인 방어는 수세적인 공격과 합치되고 그 반대의 경우도 마찬가지이다. 나는 "방어란 공격이 거울에 비친 영상이다"라는 소련군의 표현도 같은 맥락에서 이해한다. 여하튼 이러한 사고들이 '반격', '공지전투', '종심 타격' 등 나토의 전투 개념들에 이론적인 바탕을 제공하고 있다.

제5부에서 살펴보게 되겠지만, 이러한 개념들은 삼중의 망치를 요구한다. 이것은 낮은 전술적 수준에서의 '기계화 망치', 그보다 높은 전술적 수준에서의 '공중 기계화 망치', 그리고 공중 기계화 부대에 의해서 지원되는 화력 및 고정익 항공기의 '작전적 망치'이다.

이와 같이 복합적인 망치의 개념은 우리의 사고를 공격, 특히 단순한 기동 부대가 아니라 복합적인 기동 부대에 의한 공격으로 전환시키는 데 기여한다. 단일 요소의 기동 부대만을 보유한 작전적 지휘관은 딜레마에 빠지기 쉽다. 한편 기동 부대 선두와 견제 부대 전면부(소련군은 이를 '분리점'이라고 부른다) 사이의 종심상 거리는 지레 작용을 형성하고 증대시키기 위해 가능한 멀리, 신속하게 전개될 필요가 있다. 반면에 기동 부대가 전방으로 이동함에 따라서 기동 부대의 측방에는 접근 가능하나 그대로 방치되는 부차적인 목표들이 남는다. 더 중요한 것은 만일 작전적 지렛대가 과도하게 신장된다면 기계적인 레버처럼 부러지게 된다는 사실이다. 사태가 악화되어 간격이 너무 커지면 방자가 '기동 부대를 받침점에서 들어올리는' 것이 비교적 쉬워질 것이다(독일어로는 이를 '돌진 부대를 받침점에서 들어올려 혼란시키기'라고 한다).

이 내용은 우크라이나에서 만슈타인이 실시한 방어작전을 독일군이 분석할 때 계속 등장한다. 두 가지 중 어떤 경우라도 지레 작용 전체는 아니라도 많은 부분을 잃게 된다. 그리고 만일 기동 부대의 존재가 적으로 하여금 토끼와 같이 소심하게 마비되는 상황으로 몰고가지 못했다면 기동 부대는 언제 잃게 될지 모르는 처자식이나 재산과 같이 운명의 인질이 된다.

비록 이동 문제가 새로 등장하긴 했지만, 이러한 약점은 소련군에 있어서 '전선군 수준의 작전 기동군'처럼 주로 2개 요소로 구성된 기동 부대를 운용함으로써 해결되었다. 지레 작용의 발휘를 위한 최소 종심에 도달할 때까지 기동 부대는 하나의 그룹으로 이동한다(〈그림 22〉 a). 이때 선두 요소는 전방에 도달하기 위해서 집중한다. 반면에 후속 요소의 임무는 가능한 모든 방법을 통해 선두 요소를 지원하고 어떠한 역이동도 회피하며, 선정된 목표들을 돌진선의 측방에서 처리하기 위해서 소규모 특수임무 부대(소련군은 이 부대들을 '습격대'라고 부른다)를 분리해서 운용하는 것이다. 일단 지레 작용을 위한 최소 종심이 하천 장애물과 같은 중요 지형지물에 이르면 후속 요소(M_2, 〈그림 22〉 b)가 확고하게 전진하고 종심상의 회랑을 확보하여 선두 요소에 전진된 받침점을 제공한다(M_1). 이에 대한 자세한 내용은 제9장에서 다시 다루도록 하자.

왜냐하면 이 전방 받침점의 개념이 헬기 탑승 부대를 공중 기계화 작전에 통합하는 과정에 뛰어난 아이디어를 제공하기 때문이다. 아마

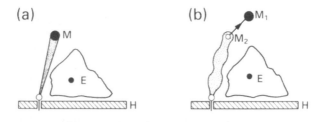

〈그림 22〉 2개 요소로 구성된 기동 부대
a. 기동 부대가 최초 1개 부대로 이동
b. 후속 부대 M₂가 기동 부대 M₁의 전방 받침점을 형성

우리가 생각할 수 있는 가장 유사한 것은 전진 해군 기지 또는 전략적인 공두보일 것이다. 마한은 "함대 자체가 전체의 주요 진지이다"라는 사실을 언급하고, 나중에는 함대에 의해 장악되고 설치된 전방 기지가 함대의 일부나 전체에 의해서 실시되는 기동 작전의 축이 된다고 설명함으로써 이러한 생각을 분명히 했다. 마한의 사고는 현대적인 지상 작전에 다음 두 가지를 적용시킨다.

첫째, 기동 부대의 후속 요소는 자체적으로 전방에 근접하면서 최초 견제 부대와의 접촉을 유지하지 않고도 새로운 받침점을 형성할 수 있다. 둘째, 마치 공정 부대가 전략적 공두보를 확보할 수 있는 것처럼 헬기 탑승 부대는 기동 작전을 위한 기지로서 작전적 공두보를 설치할 수 있다.

상대 속도

정적인 상태의 견제 및 방어 부대(H와 E)와 더불어 발생하는 세부 사항들을 검토하면, 기동 이론의 진수인 3개 요소에 의한 상대 속도의 중요성을 이해할 수 있게 된다. 1943년에서 1945년까지의 소련군 공세 작전과 최근 소련군의 저술에 근거한 가설적 사례를 분석하면, 일단 기동 부대가 돌진했을 때 작전적 관점에서 적을 전방에 고착하는 견제 부대가 전술적으로 적을 뒤로 밀어내기 때문에 견제 부대 자신은 전방으로 이동하게 된다. 이러한 분석에 따르면, 지렛대의 왕성한 확장과 시기 적절한 우회 상황 조성을 위해서 기동 부대의 속도(당분간 이처럼 일반적인 용어를 계속 사용한다)는 틀림없이 견제 부대 속도의 2배는 될 것이다(〈그림 23〉a).

반면에 기동 부대가 적절하게 전개되지 못하고 받침점이 취약한 초기 단계에서는, 만일 이러한 속도비가 3:1보다 훨씬 크다면 응집력과 통제력을 상실하는 경향이 있다. 이것은 전체 작전이 명실공히 운동

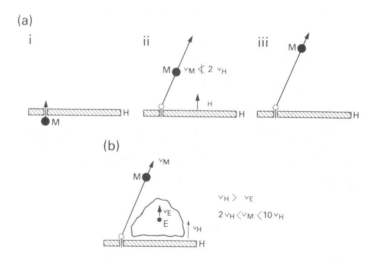

〈그림 23〉 지렛대의 발전
(a) 돌진 후 부대 사이의 상대 속도를 위한 조건
(b) 작전이 충분히 전개되었을 경우

량을 갖게 된 시기에 기동 부대의 선두가 속도를 늦췄어야 한다는 의미가 아니라 최초의 기동 부대가 회전익보다는 궤도화가 되어야 함을 뜻한다. 다시 말해서 두 가지 요소의 속도에서 10:1이라는 비율은——일단 작전이 충분히 전개될 경우 전적으로 수용될 수 있는 반면에——지렛대의 과도한 신장과 지레 작용의 상실 및 작전 통합의 균열로 이어지게 될 것이다. 그러나 이러한 사실이 기동 부대의 전진을 보장하기 위한 헬기 탑승 부대의 전술적 운용을 배제하는 것은 결코 아니다.

일단 공자가 우회 상황을 조성하면, 방자는 전술적 수준에서 역공세 행동을 취하면서 방자의 질량 중심을 후방으로 전환하기 위한 작전적 수준의 철수를 시작하도록 강요될 것이다. 만일 방자를 고착시키고 받침점을 와해시키는 데 실패한다면, 우회 기동은 전면포위로 종결될 것이다.

움직이고 있는 3개 요소의 체계와 함께 가장 중요한 사실은 견제 부대는 방자가 근접한 상태를 지속할 수 있도록 해야 한다는 점이다. 즉 후방 속도보다 전방 속도를 더 빠르게 유지해야 한다(〈그림 23〉b). 마찬가지로 지레 작용의 확실한 보장과 이상적인 증대를 위해서 기동 부대는 견제 부대에 비해서 최소한 2:1의 속도 한계를 지속할 수 있어야 한다. 사실상 역사적인 사례들과 이론적인 연구가 반복해서 보여주듯이, 기동 부대, 특히 최초 기동 부대의 일부가 전진 받침점(또는 전방 기지)을 설치했다면 기동 부대는 전진을 가속해야 하며 실제 가속할 수 있는 시기도 바로 이 단계이다(〈그림 22〉). 이는 견제 부대보다 더 큰 10의 배수 속도 범위를 가진 헬기 탑승 부대가 응집력을 상실하지 않고 작전적 수준에서 운용될 수 있는 단계이기도 하다.

기동 부대와 견제 부대의 일반적인 특징

이와 같은 일련의 사고를 심도 있게 추적하기 전에 나중에 전개될 사안을 위해서 세 가지 일반적인 요점을 공개한다. 이 중 두 가지는 기동 부대의 특징에, 그리고 세 번째는 견제 부대의 특징에 관한 것이다. 기동 부대의 전투 가치를 지배하는 양은 운동량, 즉 MV(질량×속도)이므로, 얼핏 보면 기동 부대의 역할은 느리게 이동하는 대규모 부대에 의해서도 충족될 수 있다. 그러나 사실 그렇지 않은 데는 두 가지 근본적인 이유가 있다. 첫째로 방금 전에 살펴본 바와 같이 최소 속도를 부가하는 속도 관계의 설정이다. 이러한 조건에 대처하지 못한 과오가 제1차 세계대전시 독일군이 두 번의 작전적 공세에서 패배한 원인이 되었다.

두 번째는 융통성의 필요성이다. 한 기동 부대가 최소 속도 요구는 충족하지만 운동량의 대부분을 주로 질량에서 획득한다고 가정해보자. 일단 부대가 기동을 개시하면 질량은 쉽게 변할 수 없다. 어떤 특정한 환경에서 이 질량의 대부분은 견고하게 기동할 수 있겠지만〈그림 22〉, 속도에서 제한을 받는 나머지 부대는 운동량을 크게 증대시킬 수 없다. 게다가 기구에 탄 채 모래주머니를 기구 바깥으로 던져버리는 사람처럼 부대의 일부분을 떼어내 버리는 행동은 군사적으로 불가능하다. 이와는 대조적으로 속도에서 대부분의 운동량을 얻는 기동 부대는 모멘트의 요구에 따라 운동량을 손쉽게 조절할 수 있다.

이러한 사고는 위협을 가하고 유지할 필요가 있는 기동 부대의 질량과 속도의 균형에 대해 두 번째 제한 사항에 이르게 한다. 아마 이 부분에 대한 가장 분명한 증거는 우크라이나에서 연료가 고갈되었을 당시, 독일군이 기동군 포포프Popov와 그 상대방을 취급했던 오만한 태도일 것이다. 엄격하게 물리적인 의미에서 부대가 감속하거나 정지할 때, 부대의 운동량은 파괴된다. 그러나 부대가 연료를 보유하고 있는 한 스스로 가속하거나 다시 이동하기 시작하면서 운동량을 재생시킬 수 있기 때문에 잠재적 에너지와 운동 에너지의 관계와 유사하게 실제적 운동량과 잠재적 운동량 사이의 역전을 생각할 수 있다. 기동 부대 위협의 기동 요소를 구성하는 것은 '증속하거나 이동을 재개하는 능력', 즉 '잠재적 운동량'이다.

그러나 위협을 지속시키기 위해서는 부대가 수반하는 화력의 형태로 잠재적인 물리적 전투력을 보유해야 한다(제5장 참조). 이것은 다시 질량에 대해 보다 낮은 한계를 설정한다. 잠재적 전투력의 개념은 하나의 중요한 예외 사항이다. 일부 소련의 권위자들이 화력과 전투부대의 '상호 교환 가능성'에 대해 누구보다도 잘 알고 있는 것 같다. 사격이 중단되었을 때 그 결과가 파괴적일 수 있으나 사격 결과는 실제적이고 측정 가능하다. 즉 화력이 더 이상의 위협을 가하지 못하는 것이다. 지연 효과탄을 사용하지 않는다면 화력 위협을 가하는 유일한 방법은 위협을 전달할 수 있는 곳에 발사체를 놓는 것인데 이것은 기동 부대가 어떻게 위협의 전투 구성 요소를 창출하는지 보여준다. 그리고 이 위협의 필수적인 전투 구성 요소가 기동 부대의 운동량에 대한 질량의 기여에 관해서 보다 낮은 한계를 부과한다. 제2차 세계대전시 독일군을 패하게 했고, 적군赤軍에게 오직 압도적인 질량을 통해서만 극복할 수 있는 난관들을 야기시켰던 요인 중의 하나는 기동 부대와 주력 부대 사이의 지나친 속도 차이였다. 독일군의 공세시 기갑 부대는 다른 부대보다 5~6배 신속하게 이동했다. 따라서 기동 부대는 압박을 가하면서 지렛대를 지나치게 신장했고 결국 지레 작용의 이점 없이 '전투를 수행해야만 했다. 또한 병참선이 요구할 시에는 후속 부대가 따라올 때까지 기동 부대의 전진이 억제되었다. 이것은 적군에게 상황에 대처할 수 있는 시간을 제공했다. 기동 부대와 견제 부대 사이의 속도 차이가 견제 부대의 물리적 기동성에 의해서 통제될 경우 이와 같은 작전적 통합의 붕괴는 항상 발생하기 쉬웠다. 제2차 세계대전 당시에는 이러한 현상을 피할 수 없었다.

오늘날의 과학기술 환경에 있어서 선진 군대의 주력 부대가 완전히 기계화되었기 때문에 양 요소가 동일한 물리적 기동성을 가져서 안 될 이유는 전혀 없다. 소련군 및 독일연방군(서독) 그리고 1986년의 미육군 구조의 경우가 바로 그러한 예이다. 전차 및 기계화 사단(미군의 경우 A 및 B형 重사단)은 모두 동일한 전차 및 보병 전투 차량을 갖추고 있다. 다시 소련군의 모델을 적용해보자. 소련군 기계화 사단은 완벽하게 작전 기동단(OMG)을 구성할 능력이 있었고, 이는 착잡한 지형에서도 마찬가지이다. 속도의 차이는 거의 전적으로 훈련과 조작 능력에 좌우된다. 유사한 물리적 기동성을 보유한 견제 부대와 기동 부대의 운용은 공세 작전의 초기 단계에서 융통성과 유연성에 크게 기여한다. 그러나 이러한 운용이 더 나은 전진을 위한 경장갑 및 회전익 부대의 가치를 떨어뜨리지는 않는다.

특수한 경우

이러한 사항들을 명심하면서 상대 속도라는 주제로 돌아가 세 가지의 특수한 경우를 검토해보자. 여기에서는 기동 이론 체계의 3개 요소 모두가 움직이고 있으므로 기동 부대 속도의 증가가 요구된다. 첫 번째는 유럽식 용어의 개념에 따른 포위인데, 이 경우 적의 축선은 적 주력 부대의 후방에서 차단되고 가능한 제2단계에 의해서 전면 포위로 발전된다(〈그림 24〉a). 대체로 이를 수행하는 데는 두 가지 방법이 있고 모두 2개의 분명한 요소로 구성된 기동 부대를 포함한다. 한 가지 방법으로(〈그림 24〉a(i)), 최초 기동 부대의 후속 제대(M2)는 전방에 받침점을 형성하기 위해 견고하게 전진한다. 그리고 전진한 위치에서 적의 축선을 횡단하고 봉쇄 진지를 형성하기 위해 선두 제대가 내부로 방향을 바꾸면서 선회한다. 이러한 작전 단계는 적이 자신의 축선을 보호하거나 전진 받침점을 공격하기 위해 종심상에서 실질적인 전투 부대를 조직할 수 있기 전에, 그리고 당연히 적이 함정에서 빠져나가기 전에 완료되어야 한다. 이에 대한 대안(〈그림 24〉a(ii))은 헬기 탑승 부대가 종심 차단을 수행하며 이 부대와 연결하고, 협조된 봉쇄 진지 및 전진 받침점을 형성하기 위해 최초 기동 부대를 내부로

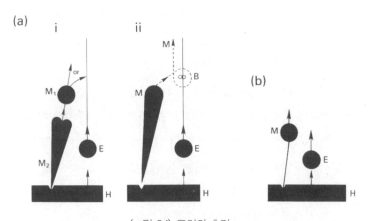

〈그림 24〉 포위와 추격

(a) 포위―(i) 2개 요소의 기동 부대에 의한 포위 (ii) 회전익 항공기 부대의 투입에 의한 포위

(b) 추격―소련군은 이것을 '혼합 추격'이라고 부르는데 견제 부대는 적의 정면으로, 기동 부대는 적과 평행하게 추격한다.

선회하는 것이다. 헬기 탑승 부대의 이용은 전술적, 작전적 경계선에 위치하고 있으나, 나는 개인적으로 작전적이라고 생각한다. 왜냐하면 부분적으로 소련군이 (회전익) 공정 강습 여단을 운용할 것으로 예상되기 때문이다. 그러나 많은 독자들이 나의 의견에 동의하지 않을 수도 있다.

포위 작전 시행시 만일 적이 철수하지 않고 그 자리에서 버틸 경우 문제가 더 쉬워지기 때문에, 적이 철수하기 시작했거나 철수하게 될 것으로 가정해도 상관없다. 그러나 나머지 두 경우는 모두가 전력으로 질주하고 있기 때문에 상대 속도의 중요성을 강조하고 있다. 추격 (〈그림 24〉 b)에서는 쌍방이 같은 방향으로 이동하고 있으므로 상대 속도가 작다. 양자의 주력인 기계화 부대가 거의 동등한 물리적 기동성을 갖는다고 가정하면, 즉 다소 특수한 정치적 · 지리적 환경 또는 군사적 환경 때문에 추격 부대가 전방 지역에 사전 배치되는 경우가 아니라면, 이러한 부대로 구성된 기동 부대의 추격이 적의 후방에 도달하여 우회 또는 포위 상황을 조성할 수 있는 방법이 없다. 적의 조직이 와해됨으로써 이를테면 주력 부대보다 1.5배 정도 신속하게 지면을 극복할 수 있는 경기갑 부대가 적당한 물리적 전투력을 보유하게 되고 틀림없이 후퇴하는 적을 우회할 수 있게 된다. 이 모든 징후들이 중重기갑 부대가 주력 전차로써 방어 진지에 편성된 적에게 정밀공격을 실시하던 임무를 1990년대에는 경기갑 부대가 인수하게 될 것임을 시사한다. 게다가 종심상에서 더욱 안전하게 적을 봉쇄하기 위해 헬기 탑승 부대를 투입할 수 있을지도 모른다. 왜냐하면 경기갑 부대가 헬기 탑승 부대와 더 신속하게 연결할 수 있기 때문이다.

이제 기동의 대가들이 조우전을 왜 그렇게 중요시하는지 곧 알게 된다(〈그림 25〉). 조우전에서는 양쪽이 서로를 향해 이동하므로 상대 속도가 최고도에 달한다. 〈그림 25〉는 조우전의 전개를 내가 글로 표현할 수 있는 것보다 훨씬 잘 묘사하고 있다. 그러나 여기서 강조되어야 할 요점이 두 가지 있다. 포위 작전은 신속하면서 적이 전방으로 움직이는 가운데 안전하게 이뤄질 수 있기 때문에 계속되는 전진에 대해 상당히 매력적인 대안이 된다. 마치 추격이 경기갑 부대의 필요성을 명백히 입증하는 것처럼 조우전은 어떠한 주력 부대의 일부로도 기동 부대를 형성할 수 있다는 사실의 중요성을 나타낸다. 그림에서 제3단계는 최초 종대의 후방에서 발진하여 일익포위의 '새우 발톱' 모양을 완료하기 위해 전방 및 내부로 우회하는 제2의 기동 부대를 보여준다. 그리고 빈번하게 견제 부대의 우측(원래는 정면)으로부터 제2의 기동 부대를 출발시켜 양익 포위를 시작하는 것이 더 적합할 수 있다.

템포

이러한 상대 속도의 두 극단을 살펴보았으므로 이제 '속도'가 기동

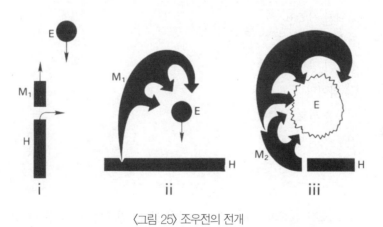

〈그림 25〉 조우전의 전개

이론의 환경에서 무엇을 의미하는지 다시 고찰하자. 그러나 기동 이론의 환경에서 '템포Tempo'라는 기초 물리학적인 용어는 그다지 만족할 만한 위치를 점유하고 있지 못하다. 내가 미육군 대학원의 강의에서 처음으로 러시아 용어인 '템포'를 사용했을 때 두 가지 반응이 있었다. 일부 사람들은 이미 많은 이들이 상상할 엄두도 내지 못하고 있던 전반적인 기동 이론 문제를 내가 더 복잡하게 만든다고 생각했다. 그렇지만 나는 나토의 고위직에 있는 두 명의 나치 국방군 출신 독일군 장교들이 템포라는 용어를 인정했을 뿐 아니라 직접 사용했기 때문에, 당시에도 그렇고 현재에도 내 입장을 고수하는 것이 정당하다고 확신한다. '템포'의 개념은 기동 이론을 이해하거나 운용하려면 반드시 자진하여 터득해야 할 분야이다.

　일반적으로 대부분의 사람들은 템포를 전술적 전진 속도에서 유추하여 '작전적인 전진 속도'라고 묘사하는 것 같다. 그러나 템포는 사실상 7개 요소의 복합체로서, 모든 요소가 제각기 복합적이면서 동시에 상호 작용을 하고 있다.

물리적 기동성
전술적 전진속도
첩보의 양과 신뢰성
C3 타이밍
이동을 완료하는 시간
전투 지원 형태
근무(군수) 지원 형태

각 요소는 전쟁의 '마찰'에 종속되어 있다. 전쟁의 '마찰'은 내 생각에 클라우제비츠가 군사사상에 미친 가장 중요한 업적이다. 그는 "전쟁에서의 행동은 방해하는 매체 속에서의 이동이다. ……정밀성을 기대하지 말라"고 기술했다.

나는 다소 까다로운 개념인 템포에 대해서는 천천히 접근할 것이다. 첫째로 우선 기동전의 역학에 있어서 템포와 지레 작용의 관계를 논의하기 위해 충분히 검토할 것이다. 제7장에서는 지표면과 회전익 항공기의 이동을 대조하면서 이동의 측면을 주목할 것이다. 그 다음에 제11장에서는 기습과 연계해서 상대적 템포와 절대적 템포의 중요성을 각각 명백하게 도출하고자 할 것이다. 그리고 제12장과 16장에서는 정보와 C3 측면을 취급할 것이다.

작전의 전반적인 템포란 "최초 접촉선으로부터 최종 작전적 목표 후방까지의 거리를 작전 지휘관에게서 명령을 받는 순간부터 임무의 완수 또는 실패까지의 시간(또는 날 수)으로 나누는 것"이라고 정의할 수 있다.'

일단 그 개념을 충분히 이해한 뒤에, 템포를 명령 수령부터 최초 접촉선 통과시까지의 준비 템포와 그 시간 후부터 계속되는 실시 템포로 구분함으로써 응용할 수 있다. 준비 템포는 주로 이동과 C3 타이밍에 의해서 결정되는데, 제7장과 16장에서 각각 더 깊이 있게 탐구할 것이다. 실시 템포는 다시 보통 견제 부대의 행동, 즉 질량에 의해서 결정되는 작전적 종심까지의 템포와 기동 부대의 행동, 다시 말해 운동량에 의해 지배되는 작전적 종심을 넘어선 템포로 분류된다.

템포의 일반적인 특징

이 점에서 나는 제2차 세계대전부터 현재까지 발전해온 것처럼, 소련군의 모델에 기초하는 것이 템포의 개념 정립에 어느 정도 도움이 되리라 생각한다. 비록 전격전에 대하여 유사한 분석을 선호하더라도 자료를 풍부하게 갖고 있는 것 같지 않고 나로서는 발견할 수도 없었다.

소련군의 작전적 템포는 공간과 시간이라는 2중 대칭이 특징적이다. 그러나 나는 이 개념을 완벽하게 이해하지 못하고 있다. 단지 독자의 이해를 돕기 위한 적절한 사례를 들자면, 골프 공을 타격하기 전후 스윙 동작의 대칭적 균형이 물리적으로 가장 유사하다. 이러한 형태의 일관성 그리고 전반적인 템포가 4배 증가했음에도 불구하고 1940년대부터 현재까지 고집해온 방식을 보면 대칭이야말로 성공적인 기동 이론의 운용에 근본이 된다는 사실을 확신할 수 있다. 나는 〈그림 26〉에서 공간적인 대칭을 묘사하려고 했다. 내 생각에 이 그림은 원래 소련군의 작전적 지휘관이 소모론자들이 작업하는 방식과 정반대로 공세 작전을 수립할 때에, 양극단에서 내부로 작업하는 방식을 제시하려고 준비한 여러 장의 플립 차트였다. 마찬가지로 여기서도 놀랄 만큼 일관되게 준비 시간이 실시 시간과 거의 비슷함을 알게 된다. 우리는 준비 템포와 실시 템포가 비슷하다고 말함으로써 이러한 2중 대칭을 간단히 표현할 수 있다.

2중 대칭은 작전 준비에 있어서도 명백한 개념이고, 오늘날 템포의 속도가 4배 증가했지만 변함없이 유지된다. 이 개념의 정수는 C3 처리 과정, 부대 이동, 필수적인 병참 위치 선정 및 이동들이 상호 평행선을 그리며 흘러가듯 진행되는 것이다. 선도 중대가 집결지에 도

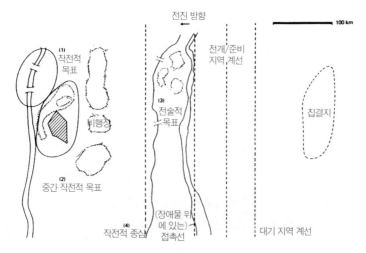

전진 방향

전개/준비
지역 계선

100 km

(1)
작전적
목표

비행장

(3)
전술적
목표

집결지

(2)
중간 작전적 목표

(장애물 위
에 있는)
접촉선

(4)
작전적 종심

대기 지역 계선

〈그림 26〉 소련군의 계획 수립 절차와 공간적 대칭

작전적 지휘관은 최종 작전적 목표로부터 내부로 계획하여 대칭의 외형을 만드는 방식으로
최초 배치를 할 것이다.

착하면 중대장들은 명령을 수령하게 되고(소련군의 경우 아주 단순한 명
령이다) 전투 및 근무 지원 요소들이 최초 진지에서 전개를 완료한다.
이에 대해서는 제16장에서 더 구체적으로 알아보자.

　누구나 기대하듯이 실시 템포는 한편으로는 준비 템포와 동일하게
평균화되면서 대체로 유사한 작전들 사이에서 광범위한 변화(사실상
20%까지의 변화이다)를 보여준다. 다시 강조하지만 소련군의 자료에
따르면 지난 40년 동안 작전적 종심까지의 전진 템포가 4배 증가되었
다. 제2차 세계대전시 기동 부대를 투입하는 데 자주 선정된 시기는
D＋4일 또는 D＋5일이었다. 현재 그들은 D day에 단일 제대의 작전
기동군(OMG)을, 그리고 D＋1이나 D＋2일에는 '전선군 수준'의
OMG를 투입할 것으로 예상된다. 여기에는 두 가지 이유가 있는데

하나는 '중重돌입 전투'의 템포에 미치는 현대 화력의 영향이며, 두 번째는 이러한 전투를 회피하고 베어내기식 공격 또는 (더 나은 것은) 조우전으로 작전을 개시하려는 경향이 증대되었다는 점이다.

따라서 전체적으로 실시 템포에 있어서 4배의 증가는 부분적으로 기동 부대의 조기투입과 기동 단계의 템포를 배가함으로써 달성된다. 실시 템포는 작전을 통하여 점진적으로 증가하는 형태를 보여준다 (〈그림 27〉참조). 기동 부대의 평균 템포가 견제 부대 템포의 2배인 반면에, 두 부대의 템포는 기동 부대가 아직도 전개하고 있는 동안에 견제 부대에 대한 저항이 약화됨에 따라서 작전적 종심이나 그 근처로 합쳐진다. 투하체프스키의 저술이나 역사적인 사례를 보면 이와 같이 유연한 전진이 성공적인 기동전의 수행의 또 하나의 중요한 요인임을 알 수 있다.

실시 템포를 저하시키는 요인들

클라우제비츠의 '마찰'은 그 생성 원인이 무엇이든지 간에 작전 준비의 물리적 측면과 작전 실시의 근간에 있는 물리적인 현상이다. 그러나 마찰은 가치가 있는 포괄적인 개념이기 때문에, 누구나 마찰에 대한 템포의 저하 내용을 마음대로 기술함으로써 이를 남용하기가 쉽다. 특정하게 식별 가능한 원인들로 인해 저하 효과가 커질수록 분명히 이러한 원인들은 더욱 서로 합성이 되고 마찰에 의해서 혼합된다. 그러나 실시 템포의 결정 요인은 주로 선도 부대의 전술적 전진 속도이다. 이상적으로 말하면 이것은 물리적 기동성에 의해 지배되고 '통제된 이동'을 실행 가능하게 하는 최선의 주행 속도와 동일하다.

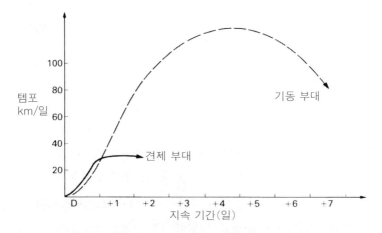

〈그림 27〉 전선군 수준의 작전을 위한 전형적인 소련군의 실시 템포
실선은 견제 부대를, 점선은 기동 부대를 나타낸다. 돌진시의 매끄러운 변이가 중요함을 주목하라.

식별 가능한 첫번째 요인은 직접적으로 물리적 기동성을 저하시키는 '불량한 지면 상태'이다. 이것은 지형이 원인이 될 수 있다. 소련과 나토의 중重궤도 차량을 포함한 이동 종대의 계획 속도는 (예를 들어 언덕과 같이) 어려운 통로를 통과할 때 약 40% 정도 감소된다. 이러한 감소 현상은 차륜 및 경궤도 차량의 경우에 비율이 낮지만 이 때에도 역시 불량한 지표면을 참작해야 한다. 야음도 비슷한 영향을 미친다. 비록 야간 조종 보조 수단이 물리적으로 주간 속도에 버금가도록 주행할 수 있게 하지만 야간에는 '마찰 손실'이 더욱 크다. 유럽에 '초점'을 맞췄을 때 우리가 놓치기 쉬운, 더 극적인 결과는 도로의 결핍에서 비롯된다. 심지어 리비아 사막 또는 예멘 연안 지역의 양호한 노면도 클라우제비츠라면 '방해하는 매체'라고 불렀을 것이다. 시나이 반도와 사하라 사막의 많은 지역들은 상당한 기동 지원이 없이는 궤도 차량조차 통과할 수 없다. 이러한 결과는 개발된 지형에서 군사적 상황에 따라 야지 기동을 요구해야 할 때 아주 분명하게 인식된다.

다양한 형태의 지형에서 '불량한 지면 상태'가 부과하는 제한성은 기동 거부 노력이 조금만 있어도 증강될 수 있다. 인위적으로 설치된 지뢰 지대는 아직도 다른 형태의 자연 및 인공 장애물 그리고 방어물과 연계하여 수행해야 할 기능이 있다. 그러나 거대한 지뢰 지대 그 자체에 더 이상 노력을 기울일 가치가 있는 것인지 의심스럽다. 항공 감시 기술과 종심 수색 정찰 및 첩보 활동의 결합 등이 전진 탐색을 실질적으로 확실하게 보장한다. 이러한 여건에서 지뢰를 제거하는 데 소요되는 시간은 상당히 짧고, 쌍방이 모두 손쉽게 계산할 수 있을 것이다.

이와는 대조적으로 살포 지뢰는 항공기, 포병에 의해 투하되든지 아니면 차량으로부터 맨손으로 분배되든지 간에 완전하게 전진을 좌절시킬 수 있다. 게다가 살포 지뢰의 존재나 존재 가능성이 적으로 하여금 돌진을 조심하게 하여 속도를 완화시킨다. 소련군은 중거리 정찰대가 공격에 의해서 표적의 존재를 노출시켜야 하는 극소수 표적을 대상으로 소형 지뢰의 살포 수단을 목록화함으로써 이러한 사실을 입증하고 있다. 착잡한 지형에서는 매복과 '전차 사냥' 전술이 훨씬 더 파괴적일 수 있다. 여기서 승수는 한 대의 파괴된 차량, 특히 차례대로 파괴된 한 쌍의 차량이다. 더군다나 이와 같이 관측 사격으로부터 엄호되는 장애물은 상당 시간 협소하고 폐쇄된 통로를 봉쇄할 수 있다. 만일 봉쇄의 위험이 충분히 커질 수 있다면 전진 중인 쪽은 보병을 대거 투입하고 하차시켜 상대방을 소탕해야 할 것이다. 더 후방에서의 와해 효과를 제쳐놓더라도, 이러한 행동은 궤도 차량의 속도를 보병의 행군 속도, 더 나아가 탐침으로 지뢰를 찾느라고 더욱 느려진

보병의 전진 속도를 감소시킬 것이다.

공자가 작전을 전개하기 위해서 수행해야 하는 필수적인 절차가 있다. 비록 공자가 아무리 종대 이동을 강력하게 추구하더라도 어떤 단계에서는 신속히 전개해야 한다. 이 기초적, 물리적 요인이 서방 군대에서는 제대로 평가받지 못하고 있는 듯하므로 상세히 검토할 필요가 있다. 소련군의 전위가 단일 통로 회랑이나 지형적인 '목' 지점에서 출현한다고 가정해보자. 최선의 계획 속도와 정상 밀도(차간 거리를 의미)에서 전위 대대 그룹의 시간장경(종대가 한 지점을 통과하는 데 소요되는 시간)은 약 35분이다(〈그림 28〉 a). 전위 대대 그룹이 전술적 간격으로 전개할 때 전위 대대 그룹의 후미가 '목' 지점의 입구를 통과하는 것을 완료하기 전에 부분적으로 실시해야 할 것을 고려한다면, 시간장경은 1시간 35분이 된다(〈그림 28〉 b). 이제 다양한 전술적 이유 중의 하나 또는 여러 가지 이유 때문에 전위 대대 그룹이 위로 두 배 크기의 부채꼴로 전개한다고 가정해보자. 두 번째 대대 그룹은 전위 대대 그룹이 '목' 지점을 통과 완료할 때까지 전개를 시작할 수 없고, 축선을 개방하기 전까지는 대형을 움직일 필요도 없다. 그러나 물론 이 부대도 다음에는 그렇게 행동할 때가 있다(〈그림 28〉 c). 이 시간 동안에 전위 대대 그룹은 계속 이동하게 되고, 요구되는 전개가 완료되기 전에 두 번째 그룹이 전위와 함께 평행한 위치로 따라붙게 될 것이다(〈그림 28〉 d). 유용한 경험의 법칙으로서, 전개에 의해 상실된 시간은 선두 전술 그룹의 정상적인 시간장경에 비해서 1.5~2.5배가 된다.

다음에 템포가 저하되는 주요 원인은 선두 부대가 '사격과 이동'을 해야 할 경우이다. 잘 알려진 바와 같이 사격과 이동의 실행 수준은 전술적인 전진 속도를 반감시키고 실제로 템포를 더욱 감소시키며,

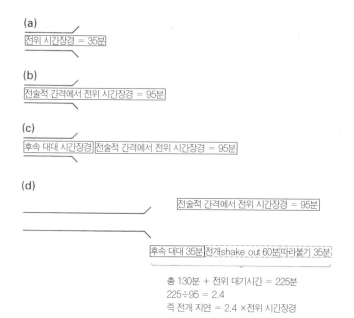

(a)

전위 시간장경 = 35분

(b)

전술적 간격에서 전위 시간장경 = 95분

(c)

후속 대대 시간장경 | 전술적 간격에서 전위 시간장경 = 95분

(d)

전술적 간격에서 전위 시간장경 = 95분

후속 대대 35분 | 전개shake out 60분 | 따라붙기 35분

총 130분 + 전위 대기시간 = 225분
225÷95 = 2.4
즉 전개 지연 = 2.4 ×전위 시간장경

〈그림 28〉 전개에 의해 상실된 시간
(소련군 모델을 기초로 하고 있다:본문 참조)

클라우제비츠의 '마찰'과의 유사성을 확대하는 양호한 분기점이 된
다. 토목기사들은 상대적인 이동에서 두 개 표면 사이의 마찰인 '구
름 또는 미끄럼 마찰'과, 두 개의 표면을 상대적으로 이동시키는 데
저항 역할을 하는 '스틱션stiction'이라는 '정적인 마찰'을 구분한다.
당연히 정적인 마찰이 언제나 크다. 사격과 이동을 실행하는 기계화
부대나 하차 보병 부대를 주시해보면, 그들이 아무리 잘 훈련되었을
지라도 한 부대가 휴식을 취하고 다른 부대가 이동하기 시작할 때마
다 지연이 발생하는 것을 볼 수 있다. 이와 유사하게 호송하에 이동해

본 경험이 있는 사람은 종대가 정지하고 다시 이동할 때마다 전 종대에 걸쳐서 같은 영향이 파급되는 것을 잘 알고 있다.

첩보의 부족과 부정확성은 주로 지휘 및 통제의 템포뿐 아니라(이 분야는 제4부에서 검토하게 될 것이다) 실시 템포에도 이중적인 영향을 미친다. 전술 지휘관이 적의 위치를 의심하든 아니면 그의 선두 예하 부대가 —— 가장 우수한 집단에서 자주 발생하듯이 —— 단순히 진로를 잃어버렸든 간에 불확실성은 마치 방향 전환할 장소나 특정 거리 및 건물을 찾으면서 운전할 때와 같은 영향력을 발휘한다. 이 외에도 템포의 개념은 목표 또는 결과를 향한 이동, 즉 목적성을 내포하고 있다. 우리는 산문의 한 문장이나 한 절의 음악 선율이 절정을 향해 매끄럽게 진행되다가 갑자기 방향을 잃고 뒤엉키기 시작하는 경우를 알고 있다. 불확실성이 템포에 미치는 뿌리 깊은 영향은 이와 비슷한 것이다.

이 모든 요인들과 마찰의 애매한 나머지 부분이 서로 혼합되어 결국 작전은 결승 테이프를 향해 전력 질주하거나 부득이하게 천천히 멈추게 된다. 이는 성性으로부터 우주 여행에 이르기까지 가장 복합적이고 동적인 시스템의 운용에서 발견되는 것과 동일하다. 그러나 내 생각에 지상전의 경우에는 지레 작용과 템포의 역동적인 상호 작용에 대한 설명이 있어야 한다.

결론 ─ 기동 승수

제5장에서는 물리적인 전투력에 작용하고 진지전 및 견제 부대의 행동에 적용되는 '전투 승수'와 기동 이론 아래서 기동 부대에 관련된

'기동 승수' 간의 하나의 차이점을 도출했다. 기동 부대의 기동은 복합적인 동적 시스템을 구성하고 있다. 이러한 시스템의 발전 및 그것이 다른 시스템에 영향을 미치는 주요 요인들은 선형 방식이 아니라 원형으로 상호 작용을 한다. 마치 국지적인 사이클론 기류가 회오리 바람으로 선회하거나 또는 소멸되는 것처럼, 기동 부대는 자제할 수 없게 될 때까지 운동량을 획득하거나 아니면 운동량을 상실하고 가라앉게 된다. 나는 비록 불충분하게나마 〈그림 29〉에서 이러한 현상을 표현하고자 했다. 이 그림이 독자들에게 적어도 내가 전달하려고 하는 회오리바람 같은 강한 인상을 제공하리라 기대하며, 이 장을 독자와 공유하기 위해서 다음 내용을 주장하려고 한다.

우리는 먼저 시스템에 대해 본질적으로 외부적인 2개의 조건에 도달하는데, 이 조건들은 시스템 내부에서 주로 또는 전체적으로 시스템과는 다른 환경에 의존한다. 그러나 이 두 가지 조건은 기동 부대의 성공에 따라서 확립되거나 회복되는 것이다. 기습과 선제는 전략적인 단계나 작전적인 단계에서 달성되거나 상실될 수 있다. 그러나 기습과 선제가 매우 강력한 승수이기 때문에, 작전적 차원에서 그것을 유지하고 회복하는 것은 거의 틀림없이 전략적인 반향을 가질 것이고, 전술적 차원에서도 보통 작전적인 의미를 갖게 된다. 작전적 기습의 달성과 회복은 분명히 기동 부대의 템포에 관한 문제이다. 이에 관해서는 제11장에서 더 상세히 취급할 것이다. 또한 작전적 선제의 상황을 달성하고 회복하는 것은 기동 부대가 조성하고 지속시키는 위협과 관련이 있다. 즉 이는 지상에서의 '현존함대' 이론과 동격이다(제8장 참조).

이러한 위협은 기동 부대의 두 가지 고유한 특성에 의해서 조성된다. 먼저 (기동 부대 내부에서) 화력의 이용은 이 시스템에서 거의 아무

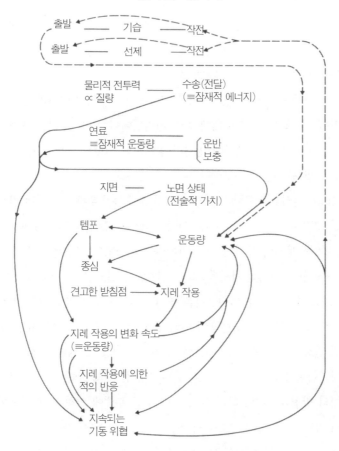

전투 승수
기동이론, 기동 부대

출발 —— 기습 —— 작전

출발 —— 선제 —— 작전

물리적 전투력 —— 수송(전달)
∝ 질량　　　　　　(≡잠재적 에너지)

연료 ——
≡잠재적 운동량　　　운반
　　　　　　　　　보충

지면 —— 노면 상태
　　　　　(전술적 가치)

템포　　　　　운동량

종심

견고한 받침점 —— 지레 작용

지레 작용의 변화 속도
(≡운동량)

지레 작용에 의한
적의 반응

지속되는
기동 위협

〈그림 29〉 기동 이론에서 승수의 상승 작용
(상승 작용의 개념적인 흐름도를 묘사하고 있다:본문 참조)

런 역할은 하지 못하고 이론적으로도 전혀 기여하지 못한다. 관건이
되는 사항은 위협을 구성하는 하나의 중요한 요소인 —— 잠재 에너지
를 제공하는 —— 화력의 운반이다. 다른 주요 구성 요소는 더 빨리

이동하는 능력인 잠재적 운동량이다. 기동 부대는 '연료의 운반'으로 잠재적 운동량을 창출하는데, 이는 곧 부대가 이동할 때 소모되는 자산이다. 소련군이 그들의 예봉인 기갑 부대의 일상적인 연료를 재보충할 때 중重수송 헬리콥터를 사용하는 방식에서 잠재적 운동량을 유지해야 하는 필요성이 더 명백해진다.

외부 기동 승수인 '지면'은 이제 전술적인 저항력이 아니라 반드시 지면이 제공하는 노면 상태에 따라 평가되어야 한다. 우리는 내선의 효과와 지면의 '결' 때문에 방자가 공자보다 양호한 노면 상태를 더 필요로 할 수 있음을 주목했다.

그리고 이러한 연구에서 나의 방식을 고수하기 위해 적용했던 일시적인 소결론 즉, 운동량의 3중 영향에 대해서도 개관했다. 첫째, 그 것은 기동 부대의 물리적 기동 가치라는 시스템의 기초적 매개 변수를 제공한다. 이러한 가치를 질량×템포로 표현하고, 이 형태로서 제8장으로 연결시킬 수 있다. 이를 좀더 구체적으로 설명하자면, 일정한 질량을 가진 부대가 템포에 따라 변화하는 운동량이 속력 또는 방향의 변화에 대한 저항, 즉 '종심'을 얻는 능력을 표시한다고 말할 수 있다. 이 종심은 지렛대의 길이를 나타내며, 견제 부대와 기동 부대 사이의 받침점이 견고하게 유지될 때 기동 부대에 의한 지레 작용이 발휘된다.

지레 작용은 힘×길이(군사 용어로 질량×종심)이다. 그리고 질량×속도인 운동량은 표준 차원 분석에서와 같이 '질량×길이÷시간'(MLT-1)에 의해 표현될 수 있다. 그러나 이것 역시 동적인 양인 '지레 작용의 변화율'에 대한 정의이므로 지레 작용의 변화율은 결국 운동량을 의미한다. 지레 작용의 발전에는 시스템의 운동량과 이에 따라서 다시 지레 작용의 변화율을 증가시키는 템포가 추가된다.

이와 같이 점진적인 운동량의 생성이 전격전과 종심 전투의 역사적 사례에서 명백한 반면, 한 번에 물리적인 용어로 설명하기는 쉽지 않다. 누구든지 기동 요소에 의해 구성되고 하부 체계에 작용하는 외부적인 힘을 찾기 마련이다. 지레 작용은 기동 부대가 적의 측후방을 공격하지 않는다는 의미에서 잠재적인 힘으로 남아 있을 수도 있다. 그러나 우리는 역사적인 사례를 통해 다음과 같은 사실을 알고 있다. 지레 작용은 적을 '우회' 시킴으로써 적을 붕괴하거나 적이 능력이 있다면 철수하도록 강요한다. 만일 기동 부대가 공격한다면 적은 저항할 것이고, 물리적인 힘은 물리적인 반응을 낳게 된다. 똑같은 방식으로 기동 부대에 의해 발휘되는 지레 작용도 지레 작용과 같거나 또는 반대되는 역지레 작용 및 견제 행동 등 적의 반응을 야기한다. 나는 이것이 기동 부대가 운동량을 축적하는 힘의 원천이라고 믿는다.

그리하여 기동 이론이 시스템의 세 번째 요소인 적의 존재와 반응에 어떻게 의존하는지를 알 수 있다. 기동 이론은 유도에서처럼 적을 패배시키기 위해 적의 힘을 이용한다. 우리는 왜 기동 이론을 토대로 한 작전들이 회오리 바람처럼 성공을 가속하거나 신속하게 붕괴되는지를 알게 된다. 만일 적이 철수함에 따라서 지레 작용이 상실되거나 감속되어 템포를 상실할 경우 효과는 역전된다. 게다가 운동량의 상실은 기동 부대의 물리적 기동 가치를 수준이 상당히 낮을 수도 있는 기동 부대의 물리적 전투력으로 감소시킨다. 대가들이 '느꼈던' 바와 같이, 혹은 내가 분석하고자 했던 것처럼 난해한 운동량의 3중 개념이 분명하게 기동 이론의 이해와 기동 이론을 유리하게 운용하는 능력의 뿌리에 놓여 있다.

제7장 회전익의 혁명

" 부대 배치의 극치는 알아볼 수 있는 형체가 없도록 하는 것이다(故形兵之極,
至於無形)."

— 《손자병법》 허실편

"이동의 자유는 공격과 방어의 힘을 조화시킨다."

— 풀러

"나토를 위한 해답은, 이제 오늘날의 과학기술이 제공하는 내일의 가능성을
인식하여 우리의 증강된 화력을 기동성의 현저한 증가와 조화시키는 것이다.

— 폰 젱어 & 에테를린Etterlin

서론 — 선형 규칙

　20세기의 기계화론자들은 모두 준비된 지표면을 벗어나 이동하는
자유를 '무한 궤도'의 주요 이점으로 간주했다. 그들은 야지에서 전
술적 대형을 갖추고 자유로이 굴러가는 기계화 부대와 군수지원 같은
것들을 푸른 바다에서 항해하는 함대처럼 상상했다. 그들의 생각은
다음 세 가지의 이유 때문에 분명히 오류이다. 첫째, 최고 수준의 야

지 횡단 차량이라도 도로와 기타 준비된 지면을 벗어나면 훨씬 느리게 이동한다. 둘째, 대부분의 야지 횡단 차량이 1톤의 적재 하중을 수송하기 위해서는 도로 전용 차량보다 훨씬 큰 자중自重(차량 자체의 중량)을 필요로 하고, 총 질량이 동일할지라도 더욱 많은 연료를 소모하며, 도로 주행을 할 때보다 야지 횡단시에 장비의 마모가 심하다. 그 결과 야지 횡단 보급 부대는 소모적이기 쉽고, 자체적으로 운반할 수 있는 양보다 많은 연료와 저장품을 필요로 한다. 지구상에는 도로 전용 보급 차량을 사용할지라도 가장 가벼운 경부대에게만 지상으로 연료가 보급될 수 있는 통로들이 많이 있다. 셋째, 만일 야지 횡단 군수 지원 차량들에게 필요한 비용을 지불할 수 있다 하더라도 거기에 소요되는 예산과 자원을 더 나은 군사적 효과를 위해서 사용할 수 있다. 기계화 부대의 시대가 중년으로 진입함에 따라서 우리는 전차에 적재된 탄약처럼 방호된 야지 횡단 기동성이 보장된, 우선적인 병참 적재물의 몇 가지 예를 보게 된다. 슐리이펜과 부분적으로는 대 몰트케가 동원 시작에서 작전 성공에 이르기까지는 전반적인 계획을 준비했던 철도 이동의 분명한 제약들은 전반적으로 소련 전차군이 오데르 강에서 뫼즈 강에 이르는 고속도로를 따라 닦아놓은 도로 위에서 선형으로 통제되는 이동 규칙에 의해 대체되었다.

  같은 이유로 공정 부대의 개척자들은 자신들이 지표면 이동의 구속에서 자유로워졌다고 느꼈다. 그들 역시 틀렸다. 항공기의 발달 과정과 우주 여행에서 가장 큰 기술적 문제 및 위험은 이륙과 복귀에 관련되어 있다. 〈그림 30〉은 준비된 지표면에 고착되어 있는 것이 항공기 이륙시 그 자체의 선형성을 어떻게 부과하는지를 묘사하고 있다. 현대적인 감시 센서 때문에 병력을 탑승시킬 때에는 반드시 지상에 수송기를 집결시켜야 한다. 그러므로 공정 작전은 여단 규모의 수준으

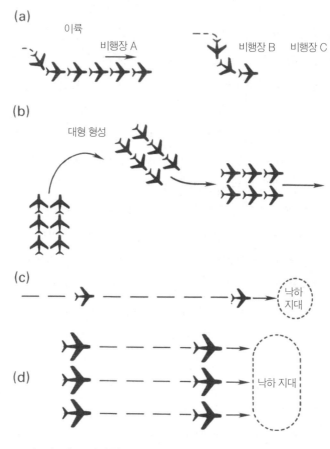

(a)

이륙

비행장 A   비행장 B   비행장 C

(b)

대형 형성

(c)

낙하
지대

(d)

낙하 지대

〈그림 30〉 고정익 항공기 공정 작전에 대한 선형성의 영향

(a) 비행장 집결 후 이륙을 위한 정렬
(b) 대형 형성
(c) 단일 비행로에 진입 비행—시간 내 공정 부대 투하
(d) 다중 비행로에 진입 비행—공간에 공정 부대 투하

로 제한되는 듯하며, 기습을 상실할 위험성 때문에 작전의 범위도 엄
격하게 제한될 것이다. 〈그림 30〉은 또한 어떻게 고정익 항공기의 비

행 방식이 지상에서 방호된 기동성의 결핍 때문에 요구되는, 투하시의 시공간적 집중을 방해하는지 잘 보여주고 있다. 이러한 낙하 지대의 선형성은 공정 부대의 아킬레스 건임이 입증되어왔고 조직적인 저항에 대한 공정 부대의 성공적인 사용을 전술적 수준으로 제한하고 있다.

풀러도 이러한 사실을 인식하고 있었지만, 행동으로 옮긴 선구자는 투하체프스키였다. 기계화 공정 부대는 종심 작전 이론에 대한 그의 초기 사상에 크게 기여했다. 결과적으로 소련군은 지프형 차량을 사용할 수 있게 되면서 바로 공정 부대를 차량화하기 시작한 유일한 군대가 되었다. 그들은 1960년대에 BMP-1 보병 전투 차량의 뒤를 이은 BMD 다목적 공정장갑 차량을 개발했고, 1970년대에는 우선 공정 대대의 1/3, 나중에는 1/2 규모를 BMD로 무장했으며, 1980년대에 들어서도 완전한 기계화 공정 사단을 야전에 배치하는 작업을 계속 추진하고 있다.

각광받지도, 널리 이해되지도 못하던 '부대 이동 기술'은 손자 시대 이래로 군대의 성공을 보증해주는 중요한 요소가 되었으며, 이미 언급한 바와 같이 보불전쟁시 독일군이 승리한 두 가지 열쇠 중의 하나였다. 그리고 제2차 세계대전 당시 심지어 앵글로 색슨족의 소모론자들까지도 자신들이 효과적으로 전투할 수 있는 능력이 도로 이동에 달려 있음을 인지하고 있었다. 회전익의 충격을 충분히 평가하기 위해서는 '통제된 이동'을 지배하는 법칙을 어느 정도 이해해야 한다.

이 법칙을 잘 알지 못하는 사람들은 단지 차량들의 크기와 수량만을 감안하여 기계화 부대의 이동이 차를 타고 여행하는 것과 비슷하다고 생각한다. 하지만 시간장경이 필요한 차량 종대에서 이러한 사고는 완전히 잘못된 것이다. 시간거리가 시간장경을 크게 초과하는 한, 즉 장거리를 이동하는 소규모 이동 종대의 경우 '자동차 운전자'의 접근 방식이 부분적으로 타당하다. 그리고 도로 이동은 여전히 관련된 차량의 물리적 기동성에 다소 의존하는 상당히 효율적인 과정이다. 달리 표현하면, 도로 통과 완료 시간(단위 부대 또는 부대가 목적지에 접근할 수 있는 가장 빠른 시간)은 '소요 시간+α'로 표시할 수 있다. 그러나 시간장경이 시간거리에 비슷해지다가 결국 이를 초과하게 되면서 완전히 다른 상황이 전개되고 선형 규칙이 실제로 적용되기 시작한다. 만일 시간장경과 시간거리가 같다면 도로 통과 완료 시간은 시간거리의 2배가 된다. 주행 속도의 증대는 일반적으로 더 느린 차량과 순수한 시간 손실에 의해서 종대의 와해로 이어진다. 차량 밀도를 증가시키는 것은 물론이고 정상 밀도를 유지하는 것조차도 적의 포병 사거리 이내 혹은 역전된 공중 상황에서는 전술적으로 위험하다. 일반적으로 표면 이동시의 기술의 변화로는 선형 규칙을 부분적으로 깨뜨리는 것밖에 할 수 있는 일이 없다.

헬리콥터 ― 이중 혁명

포클랜드 전쟁에서 헬리콥터의 역할이 현대 전장의 '일군'임이 명백히 입증되었다. 그러나 전체적인 작전의 규모와 애틀랜틱 컨베이어호에 탑재된 시누크Chinook 헬기 한 대를 제외하고 모든 헬기를 상실한 이후 사용 가능한 수송력의 제한을 받았기 때문에 헬기의 영향력이 혁명적이라고 말할 수는 없게 되었다. 소련군 역시 아프가니스탄에서 헬리콥터를 운용할 때 기대했던 것보다 진취적이지 못했다. 그러나 오늘날의 과학기술과 소련군이 보유하고 있는 헬리콥터 부대의 종류로 보아 헬리콥터의 작전적 사용은 궤도가 끼쳤던 것보다 기동전에 더 혁명적인 영향을 미칠 수 있다. 이제 소련군 공정 강습 여단(〈그림 31〉)의 초기 형태를 살펴보자. 이 여단은 60대의 공격 및 강습 헬기와 24대의 일급 중수송 헬기 그리고 약 1,900명의 병력을 보유하고 있다. 제8장에서 다시 거론하겠지만, 소련이 공정 강습 여단을 작전적 부대로 간주하고, 기동 부대로서의 전투 가치를 전차 사단(1만 명 이상의 병력과 500대 이상의 주요 전술 차량 보유)과 대등한 것으로 평가하고 있다는 사실에 잠시 주목해보자.

이 여단은 매우 빠른 템포와 적은 질량에서 운동량을 얻기 때문에 출발하기 전에 이미 이동 문제가 해결된다. '강행군' 속도와 정상적인 소련군 밀도로 이동하는 기갑 부대(84대의 전술 차량으로 편제)의 시

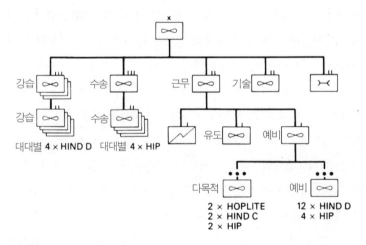

개략적인 헬기 보유량(여단 본부 제외)
Mi-24 HIND D 60, Mi-8 HIP 20, Mi-24 HIND C 2, Mi-2 HOPLITE 2, 계 84

〈그림 31〉 소련군 공정 강습 여단(초기 형태)
이 편성도는 소련군 공정 강습 여단의 초기 형태 또는 그 이전 형태인 독립 강습 헬기 연대의 변형이다.

간장경은 겨우 25분 정도이다. 그러나 헬리콥터 여단은 "헬기는 분산하여 이동하고 집중하여 전투할 수 있다"는 대부분의 이론가와 분석적 역사가들의 말에 걸맞는 임무를 수행할 수 있다. 게다가 여단은 적에게서 비교적 안전하게 이탈할 수 있고, 극단적으로는 측면을 따라 분산된 중대 단위의 은폐 진지에 대기하다가 동시에 이륙해서 공제 선상에서 침투 비행을 하며 방사형으로 목표에 집중하는 것도 가능하다. 그러면 여단의 시간장경은 '0'이다.

말하자면 200km의 진입 비행을 할 경우 완료, 전개 및 교전 시간은 단지 1시간 이내가 될 것이다. 단일 통로에서 같이 질주하는 전차 사단의 도로 통과 완료 시간은 시간거리와 시간장경을 고려할 때 10시간 이상이 소요된다. 게다가 전차 사단이 예하 포병을 전개시켜 전투 행동을 취하게 하는 데 적어도 한 시간이 더 필요하다. 그러나 이점은 잊어버리고, 회전익 부대의 템포가 기갑 부대의 템포보다 10배 빠르다고 가정해보자. 그리고 병력, 전술 차량, 주행 속도(순항 속도)의 관점에서 질량비는 대략 5:1이다. 따라서 헬리콥터 부대가 '0'의 시간장경을 갖게 되면 작전적 템포와 —— 적어도 소련군의 관점에서 보면 —— 전투 가치는 2배로 증가된다.

이 사례는 초기의 '회전익 혁명'을 훌륭하게 묘사하고 있다. 현재까지도 소련군 공정 부대를 제외한 헬기 탑승 부대는 착륙했을 때 도보 기동이 불가피하다. 소련군이 공정 강습 여단을 전술적으로 어떻게 취급하는지, 다시 말해서 강습 헬기가 강습반section을 착륙시키는 시점이 적과 처음 접촉할 때인지 아니면 그 이전인지, 혹은 이 헬리콥터가 보병 전투 차량처럼 운용되는지를 정확히 모르고 있다(적어도 나는 알지 못한다). 분명히 미 육군의 경우, 무장은 되어 있으나 착륙할 수 있는 탑승 보병을 수송하지 못하므로 기본적으로 전차와 유사한 공격 헬기를 전투 지원 무기 체계로 간주한다. 그러나 폰 젱어 운트 에테를린 장군은 '주전투 공중 차량'의 개념을 통해 자신의 개념 상 두 번째의 혁명적 변화에 성공적으로 회전익을 추가했다. 왜냐하면 주전투 공중 차량은 기동성을 위하여 지면에 의존하지 않고 전술적으로 활용하기 때문이다.

주전투 공중 차량의 개념

60년대 후반으로 거슬러올라가보자. 당시 10여 년에 걸친 초고속 궤도 차량 실험이 실패했지만, 그 결과 적어도 한 명의 독일인 전투 개발자의 머리에 아마도 '날아다니는 전차', 즉 헬기의 작전적 기동 성을 보유한 전술 차량의 개념이 섬광과 같이 번뜩였을 것이다. 이러한 착상은 당시 여건에 비추어볼 때 개념적으로 훨씬 앞선 것이었다. 더 중요한 것은 이러한 생각이 회전익 항공기가 더 발전하면 낮은 수준의 제대급에서, 그리고 지면 효과(항공기가 공중에서 지면으로 가까워지면 압축의 영향으로 날개 아래 공기의 압력이 어느 정도 증가되는 현상) 이내에서 사용되려는 목적으로 가격이 저렴하고 비행이 용이한 기계가 산출될 것이라는 잘못된 개념에 기초한다는 사실이다. 그러나 이러한 생각에는 침투 비행과 특히 재순환 현상에 요구되는 특성이 무시되어 있었다(〈그림 32〉). 이 특성은 헬기가 긴 수풀같이 거칠고 움직이는 표면 위 또는 담장이나 숲 가장자리 같은 수직 표면 가까이의 지면 효과 고도 이내 공중에 떠 있을 때 작용한다. 또한 지면 효과에서 얻어진 양력揚力을 상쇄하고 헬기가 지면에 근접함에 따라 일어나는 체공 양력의 증가로 이어질 수도 있다.

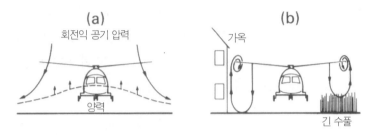

〈그림 32〉 헬기의 체공 효과

(a) 거칠고 움직이는 표면(예 : 긴 수풀)이나 수직 표면 근처에서는 재순환(b)이 지면효과를 무효화시키고 심지어 자유 체공보다 큰 힘을 필요로 한다.

젱어가 인정하듯이, 주전투 공중 차량은 완벽한 성능의 헬기가 되어야 한다. 1980년대의 과학기술이라면 충분히 이러한 비행체를 만들어낼 수 있다. 실제로 현존하는 여러 가지 장비 유형들이 필요한 하중과 성능을 갖고 있지만, 현재 미국이 추진하는 두 가지 계획이 그러한 헬기를 더 매력적인 것으로 만들어준다(〈그림 33, 34〉). 이는 회전익의 반경을 감소시키고 후미 회전익을 제거하기 위해서 원심력을 이용한 회전자를 사용하며 비행 통제 장치를 단일 축소형 막대로 교체하는 것이다. 이와 동시에 약 10톤급의 최대 이륙질량을 가진 헬리콥터들은 유용한 수준까지 선택적인 장갑화를 가능하게 하면서 15톤 정도의 기갑 차량과 비슷한 중량을 보여주기 시작하고 있다. 여기에는 아직 세 가지 의문점이 있다.

첫째, 짙은 야음과 안개 속에서의 헬기의 능력에 문제가 있다는 것이다. 재래식 헬리콥터는 '호버 택시hover-taxi(공기압으로 차체를 띄워 고속으로 달리는 택시—옮긴이주)' 같은 방식으로 움직일 수밖에 없는데, 이 문제는 90년대에 해결되리라 예상된다.

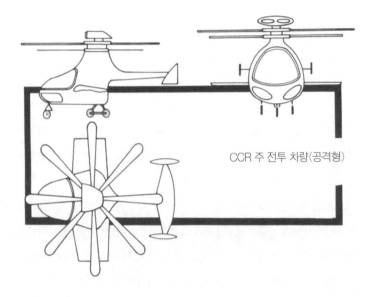

CCR 주 전투 차량(공격형)

〈그림 33〉 동심同心의 역선회 회전익(CCR) 개념도

(후미 회전익이 없는 진보된 개념NATOR)

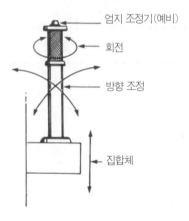

엄지 조정기(예비)

회전

방향 조정

집합체

〈그림 34〉 축소된 단일 막대형 조종간의 개념도

다른 두 가지 의문점은 비용과 관련하여 회전익의 군사적 발전이 실제로 궤도의 발전과 유사한 형태를 취할 것인지를 결정하는 문제로 표출된다(〈표 2〉). 이는 즉 항속 시간과 취약성이라는 문제점을 말한다. 많은 사람들이 헬리콥터 부대가 필요로 하는 연료의 보급 소요량을 알게 되면 겁에 질려 두 손을 번쩍 들고 만다. 실제 예상되는 주행과 비행 조건의 스펙트럼을 고려해볼 때 우리가 거론하는 헬리콥터의 연료 소모는 유별나게 연료 소모율이 높은 M1 전차와 별 차이가 없다.

그리고 헬리콥터와 M1 전차가 운반할 수 있는 연료의 중량(각각 전체 중량의 20%와 5%)은 단지 1:1.5 정도의 차이만 보일 뿐이다. 다른 점이 있다면 전차가 정지해 있을 때는 소량의 연료를 사용하지만 헬리콥터는 체공 비행시 최대로 연료를 소모한다는 것이다.

〈그림 35〉는 만일 집단 헬기가 무장 구보를 하듯이 '지속 속도'로 전장을 선회한다면 문제가 크게 해결될 것임을 시사한다. 그러나 이 경우 헬리콥터들은 불행하게도 사격 연습장에 있는 오리의 신세가 될

차륜 및 궤도 차량	역할	회전익
1910	근무 지원	1960
1920	전투지원	1970
(전투(전차) 1916)		
1940	소규모 고기동성 기동 부대	1980
	기갑 부대(*Panzertruppe*)	
1960	주력 기동 부대의 기동성 지지	2000?
2000?	오직 전투/근무지원 및 저강도 작전	

〈표 2〉 회전익의 군사적 역할의 변화

것이다. 기갑 차량처럼 취급되는 헬리콥터가 지상에서 지속 시간의 80%를 소모하게 된다면(〈그림 35〉의 '공회전 비행'), 헬리콥터는 센투리언 마크 3Centurion Mark 3 전차의 1일 전장 지속 시간(최신 기갑 차량이 대략 24시간인 데 비하여 8시간 정도이다)을 갖게 될 것이다. 센투리언 전차의 제한된 연료 용량이 한 가지 문제점을 야기했으나 결코 영국인 사용자들의 불평처럼 극복하기 어려운 문제는 아니었다. 그리고 센투리언 전차는 헬리콥터와 달리 5~10분 이내에 안전하게 후퇴하여 연료를 재보충한 다음 다시 진지로 돌아갈 수 없었다.

내 계산에 따르면 연료 재보급소에 잔류하고 있는 부기장과 3명의 헬기 승무원에 의해서 주전투 공중 차량은 실제로 24시간 동안 전투

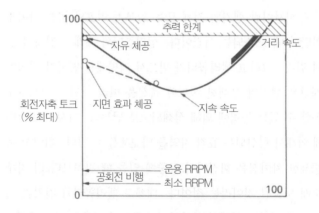

진기속眞氣速(TAS: 공기 밀도, 기온, 고도에 의한 오차를 수정한 공기 속도)
(% 이론적 최대치)
토크torque(회전력, 우력) 가정치 ∝ 연료 소모
회전자 rpm (rrpm) 상수
회전자 형상력 상수
회전자 효율 상수

〈그림 35〉 다양한 비행 방식의 헬기 연료 소모율 비교

지속 능력을 유지할 수 있다.

그러나 전술적으로 정지해 있고 적과 직접 접촉하지 않는 상황에서 지상에 위치해야 하는 필요성이 '민첩성 문제'를 야기하며, 바로 여기에 헬기의 취약성이 밀접하게 관련되어 있다. 암묵적인 가정은 헬리콥터가 착륙한 상태에서 두상 조준경(〈그림 33〉 참조)을 이용하면 발사관, 로켓이나 미사일을 발사하는 것을 제외한 모든 감시, 화력 임무를 수행할 수 있다는 것이다. 이러한 종류의 여러 가지 시스템들은 이미 실제로 운용되고 있으며 기갑 차량의 '관측 및 조준' 체계와 동일한 축선을 따라서 확실하게 발전할 것이다. 기갑 차량과 침투 비행(전술 지형 비행의 한 방법)을 하는 헬리콥터의 공통적인 취약성은 이동 노출 시간 및 사격 노출 시간에 달려 있다.

이동 노출 시간이란 헬기의 전체 또는 일부가 엄호와 엄호 사이의 간격을 횡단할 때 노출되는 시간이다. 헬리콥터와 재래식 전차의 높이는 거의 같다. 그리고 헬리콥터가 반드시 지면에서 떨어져 있어야 한다는 제약은 헬기의 우세한 속도와 축선을 따라 어떤 방향으로도 즉각 이동할 수 있는 능력에 의해 상쇄되고도 남는다. 다시 헬리콥터와 전차에 의해서 형성되는 표적 지역을 비교해볼 수 있다. 취약성 측면에서 중요한 차이점은 회전익이 공중에 있을 때 전차보다 더 자주 그리고 오래 노출될 것이라는 점이다. 대체로 헬리콥터와 전차는 기동간 이동 노출 시간과 취약성의 서열에서 동일한 경향을 갖고 있다.

헬기에서 무기를 발사하면 대단히 눈에 잘 띄기 때문에 사격 노출 시간이 더욱 중요하다. 타이밍timing으로 주제를 옮기기 전에 헬리콥터의 주요 결함을 강조할 필요가 있다. 미래에는 아마 주포가 꼭대기에 위치하게 될 것이므로 사격시 전차는 단지 상부만을 노출하면 된다(〈그림 36〉의 차체 차폐). 반면 헬기의 무장 체계는 회전익이 최대한

〈그림 36〉 TD(포탑 차폐), HD(차체 차폐) 진지 내의 전차(축척 미고려)
이들은 통상 관측/사격 전차로서 동일 수평선상에 있는 표적과 관련된다.

전방에 위치했을 때 발사체 및 포구의 영향을 받지 않도록 충분히 하부에 장착되어야 하기 때문에, 이미 지적한 바와 같이 사격하기 위해서 헬기는 몸체를 완전히 드러내야만 한다. 이때 헬기는 재래식 전차가 형성하는 차체 차폐 표적의 2배, 그리고 사격 진지에 있는 미래 전차의 표적보다는 100배 정도 크게 정면 표적을 노출시킨다. 포탑 차폐 상태에서 올라오는 M1 에이브럼스나 레오파드 2 같은 전차는(〈그림 36〉) 사격을 하고 후진하면서 포탑 전체 또는 일부분을 평균 10~12초 동안, 사격 후에는 3~4초 동안 노출시킨다.

우리가 생각하고 있는 정도의 이륙 질량을 가진 시킹Sea King 같은 헬리콥터는 '바퀴 이탈'(지면 이륙 직후)부터 공중 공간에 체공 비행하는 '뛰어오르기' 동작에 10초 가량, 다시 원위치로 내려앉는 데 2~3초가 소요된다. 나는 이 수치를 비롯하여 여기서 사용하고 있는 데이터들을 영국 공군 기지 근처에서 헬리콥터 비행 훈련을 하는 동안에 확보했다. 민첩한 전차와 체공 비행하고 있는 주전투 공중 차량의 사격 노출 시간은 12초 대 15초로 비교된다. 여기서는 결정 시간, 인간의 반응 시간 그리고 통제 메커니즘과 시스템 반응 시간이 크게 특징을 이루기 때문에 시간을 그다지 많이 단축시킬 수 없다. 지속성 문제로 돌아가서, 시킹 헬리콥터에 기초한 데이터에 의하면 주전투 공중 차량은 세 가지 경고 단계에 의해 운용되어야 한다. 장갑 차량의 대기 상태는 지상에서 헬기가 엔진을 끄고 있는 상태와 같다. 이 단계에서 체공 상태로 변환하는 데 몇 분이 소요될 것이다. 엔진을 끈 상태보다 한 단계 높은 것은 '비행 공회전'인데, 이때는 지상에서 집단 피치가 '0'(회전자는 움직이지만 비행 거리는 0임)인 순항 속도로 회전자가 작동을 하고 자유 체공 비행에 필요한 연료량의 약 1/5을 소모한다(〈그림 35〉). 앞으로 더 경식硬式인 회전자에 의해 최소한의 속도에서 회전자의 운행이 가능하게 되면 연료소모율을 5~10% 정도 줄일 수 있다. 공회전 상태에서 통제된 '바퀴 이탈' 체공 상태까지 도달하는 데는 약 30초가 소요된다.

나는 이러한 전반적인 문제를 여러 곳에서 검토했다고 생각하지만, 이 책에서는 기술적, 전술적 세부 사항들에 대한 설명이 부족한 듯하다. 그러나 1990년대에 들어서면 주전투 공중 차량은 단순히 실현 가능한 개념이 아니라 대단히 흥미로운 개념이 될 것이다. 이러한 헬기를 갖춘 회전익 부대가 전술적 의미에서 경기갑 부대와 전혀 별개가 아니라는 사실을 충분히 납득했기를 바란다. 아직 우리의 전술적인 요구가 제한된 양의 무장 및 1개 분대나 사격팀(분대의 1/2 규모) 정도의 인원을 편성하고 있는 '강습 헬기'의 단일 형태(이는 소련의 Mi-24 하인드Hind 계열의 후계형이다)로 가장 훌륭하게 충족될 것인지, 아니면 '공격' 헬기(전차와 유사하며, AH-64 아파치가 그 예이다)와 '강습' 헬기(보병 전투 차량과 유사하다)의 혼합형이 선호될 것인지 단언할 수 없다. 그러나 소련군이 '공격' 헬기인 Mi-28 하보크를 도입함으로써 미군의 방식을 따르고 있다는 것은 중요한 사실이다.

직접 사격 무장에서는 별 문제가 없다. 충분한 스펙트럼의 무기 체계가 이미 사용되고 있으며 급속히 발전하고 있다. 장비의 '상호 교환 가능성'은 무장 체계와 헬리콥터에서 정립된 설계상의 특징이다.

그리고 간접 사격 지원은 또 다른 문제로, 기본적으로 두 가지가 쟁점이다. 그 중 하나는 비행 중인 헬기의 경우 현저한 반동력 때문에 발사관 무기를 사격할 수 없다는 것이다. 왜냐하면 헬기가 이와 같은 반동력에 반응할 수 있는 유일한 방법은 반대 방향의 운동량을 얻는 것인데, 이를 위해서는 뒤쪽으로 사격해야 하기 때문이다. 착잡한 지형에서 근접 지원에 긴요한 고각 사격시에 헬리콥터가 치명적으로 자신을 노출시키지 않으려 한다면 회전익과의 충돌을 피할 수 없다. 우리가 활용할 수 있는 과학기술은 이러한 문제에 대해 단순한 해결책을 제시하고 있는데, 이 책이 출간될 즈음이면 그 윤곽이 드러날 것 같다.

포cannon와 직접 사격 로켓 포드pod(장치대)는 저각 요구 조건을 상당히 충족시켜줄 수 있다. 또한 회전익 부대의 전술적 템포로 인해 충격 효과가 불가피하기 때문에 가장 매력적인 형태의 무기는 다련장 로켓 발사관 및 박격포가 될 것이며, 두 가지 무기 모두 사격 진지에서 분리할 수 있는 차축 하부 포드에 장착될 수 있을 것이다. 분견대가 이 무기를 가진 채 하차하고, 무기를 통제하기 위해 무선 통신을 사용할 수 있을 뿐 아니라, 멀리 떨어져 있는 위치에서 헬리콥터까지 유선이나 가령 레이저 전화처럼 안전하고 혼선이 없는 국지 시스템을 연결시켜 원격 통제를 할 수도 있다. 예비 탄약은 헬리콥터 내부에 옮겨지고 비행간 무장 포드로 적재되거나 이송된다. 사실상 탄약 재적재 문제와 박격포판의 필요성 때문에 구경 약 120mm의 다련장 로켓이 최선의 대안으로 보인다. 다련장 로켓은 일정량의 '스마트'(종말 유도) 대전차 로켓탄과 일부 산탄형 로켓으로 제공될 수 있고 각기 선택적으로 또는 혼합해서 일제 사격을 할 수 있다. 소련군의 BM-21(40 ×122mm 로켓) 다련장 로켓을 토대로 대략 점검해본 결과 주전투 공

중 차량의 비장갑화된 '화력 지원'형 헬기에는 1회 재적재 분의 탄약
이 운반될 수 있음을 알 수 있었다.

중重수송 선택

무기 포드를 헬기에서 내려 착륙시킨다는 착상은 얼핏 보면 두 가지
중 최선의 것을 제공하는 대안적 개념에 연결고리를 제공한다. 대안
으로, 공동 설계된 경장갑 계열 장비와 중수송 헬기를 보유하고 경기
갑 사단에 2개 기갑 대대 그룹을 위한 편제 중수송 수단을 제공하는
방안이 있다. 이러한 방법은 기계화 사단들이 지금 거론 중인 장갑 차
량의 수송은 제외하고 편제 수송 헬기 부대를 보유하게 될 때 소련군
비탑승 보병의 전술적 헬기 수송과 다소 유사하다. 분명히 작전적 회
전익 항공 부대를 지원하기 위해서 실질적으로 중수송 헬기를 필요로
하게 될 것이다. 소련군은 이미 전차에 즉각적으로 군수지원을 하기
위해서 중수송 헬기들을 사용하고 있다. 그러나 더 자세하게 조사해
보면 이러한 선택에는 세 가지 중요한 결점이 있다.
군사적으로 보면 중수송 헬기는 결코 회전익 항공 부대와 같지 않
다. 중수송 헬기가 일단 착륙하게 되면 장갑 차량이 오직 고유의 기동
성만을 갖는다. 즉 회전익 혁명의 첫 단계는 부분적으로 소모되고 두
번째 단계 역시 전적으로 그렇게 된다. 한편으로는 이러한 이유에서
그리고 다른 한편으로는 회전익 항공 부대의 훈련과 전통 때문에 중
수송 헬기 부대들은 항상 그들이 실행해온 만큼 운용된다. 즉 그들은
헬기 탑승 부대와 같은 영역과 템포를 갖고 있지 못하다. 다음은 다수
의 중수송 헬기 부대와 기갑 부대에 연료 보급을 계속 유지하는 병참

문제가 있다. 대략적으로 중수송 헬리콥터와 경기갑 차량의 혼합 편성은 주전투 공중 차량의 약 4배 또는 3대의 주력 전차로 편성된 1개 소대에 해당하는 양의 연료를 필요로 한다. 다른 식으로 표현하자면 이러한 혼합 편성 부대에 완전하게 연료를 보충하면 전술적인 대량 연료 보급기는 완전히 비게 될 것이다.

비용

연료 문제는 소규모에 대한 임시 방편으로서가 아니라면 '중수송' 헬기에 의한 해결 방안을 무의미한 것으로 만드는 듯한 비용 한계점으로 이어진다. 발표된 자료에 따르면 AH64 아파치의 경우 M1 전차의 약 3배, M2 보병 전투 차량의 4.5배에 달하는 비용이 소요된다. 요구되는 중수송 헬기가 아파치보다 비용이 2배 더 들고, 현실적으로 경기동 추진포가 M2와 동일한 비용이 든다고 가정해보자. 1986년 미군의 부대 구조를 하나의 기준으로 적용하면 2개 대대 그룹은 약 120대의 주요 전술 차량으로 구성되고 경기갑 사단은 10개 대대 그룹을 포함하게 될 것이다. 따라서 2개 대대 그룹을 수송하는 중수송 헬기 부대에 사단 전체 주요 전술 차량의 2배에 달하는 비용이 소요된다. 병참과 분리하더라도 경기갑 사단 전투력의 1/5에 해당하는 작전적 기동성을 획득하기 위하여 경기갑 사단의 3배에 달하는 비용이 소요될 것이다.

만일 아파치와 거의 비슷한 비용이 드는 주전투 공중 차량으로 1:1 대체 원칙에 의해 사단 전체의 주요 전술 차량을 교체해야 한다면, 사단의 투자 비용은 5배나 증가하고 유지 비용 역시 실질적으로 증가하게 된다. 그러나 만일 전투 가치 비교에 기초하여 이 장의 서두에 제시한 소련군의 6~7:1 및 10:1 비율이 아니라 5:1을 택할 경우, 1개 경기갑 사단과 동일한 투자 비용으로 120대의 일급 주전투 공중 차량으로 구성된 작전적 부대를 구성할 수 있으며 유지 비용 역시 대략 비슷하게 소요될 것으로 보인다. 따라서 기동 이론에 입각한 전투 가치 비교에 따르면 1986년형의 미군 항공 기갑 수색 공격 여단 또는 소련군의 공정 강습 여단 정도의 회전익 항공 부대는 최악의 경우에도 건전한 투자일 뿐 아니라 최상의 경우에는 아주 훌륭한 투자가 된다. 소련군의 실행, 미군의 의도 및 젱어의 제안 모두 100여 대의 일급 장비와 2,000여 명의 병력을 '회전익 작전적 부대'의 기초적인 구성 요소로 제시하고 있다.

헬리콥터 여단의 능력

이 부대가 총 120대의 일급 헬기를 보유하고 있으며 헬기들이 60대의 공격기(전차에 해당한다), 40대의 강습기(보병 전투 차량에 해당한다) 그리고 다련장 로켓 발사기를 탑재한 다양한 기종의 화력 지원기 20대로 구성되어 있다고 가정해보자. 나는 공격 헬기들이 적절한 무장으로 직접 지원 포병의 역할 일부를 수행할 수 있으므로 헬리콥터 여단이 균형 잡힌 부대라고 생각한다. 또한 이 여단이 장거리 포나 해군의 함포, 로켓 포병 그리고 고정익 항공 부대의 지원을 받는다고 상정해보자.

이러한 여단의 전투 가치와 전략적 기동성의 결합은 경험은 고사하고 거의 상상하지도 못한 것이다. 그것은 아마 약 100대의 C 141B 스타리프터Starlifter기의 적재량, 말하자면 표준 미군 공정 사단 또는 그들이 제안한 '하이테크' 경사단이 보유한 공수력의 1/10을 의미할 것이다. 만일 이러한 여단의 편성이 필요한 경우에는 '하이테크' 사단 (1984년형) 보병의 규모를 절반 가량 절약하고도 기동성 있는 전투력을 유지할 수 있다. 그리고 여단은 1대 또는 최대 2대의 항공모함, 혹은 더욱 흥미로운 것으로 1983년의 보도 자료가 맞다면 이 책이 출판될 무렵 2대가 진수될 것으로 보이는 항모급 잠수함 3~4대에 의해 수송될 수 있을 것이다. 여단은 해안 방어를 피하면서 내륙 깊숙한 표적을 향해 잠수 항공 모함에서 발진할 수 있다. 그리고 국지적인 공중 우세권이 주어지면 수송로 없이도 장거리 작전을 할 수 있게 된다. 여단을 유지하는 데 사용되는 수송기와 중中수송 및 중重수송 헬기는 필요한 경우와 시기에 개인 휴대품을 보유한 규모의 경보병을 매우 신속하게 공수할 수 있을 것이다.

마찬가지로 헬기 탑승 부대 여단의 작전적 능력은 만일 여단이 적 후방 종심 깊이 위치한 정치적 중심지, 비행장, 교량 같은 취약 표적을 전략적 또는 작전적으로 기습하는 데 운용될 경우 논쟁의 여지가 없다. 그리고 만일 공두보 탈취에 여단이 투입된다면 공정 부대는 낙하가 아니라 공중 착륙을 위한 진입 비행을 보장받게 된다는 사실도 주목해야 한다. 이는 특히 소련군식 기계화 공정 부대가 실질적으로 공수를 절약할 수 있도록 해준다. 제2선, 군수지원 부대 및 지휘 본부 등을 대상으로 하는 여단의 전투력과 충격 효과 역시 마찬가지로 명확하다. 여단이 회전익의 기동성을 유지할 경우에는 적 후방에서 광범위한 파괴 활동을 수행할 수 있을 것이다.

여단의 주된 역할 중의 하나는 적의 후퇴선상에서 확실하게 봉쇄 진지를 점령하는 것이다. 이곳에서 여단은 '망치와 모루'의 행동을 충분히 수행할 수 있다. 이것이야말로 여단이 전차에 해당하는 공격 헬기의 우세를 필요로 하는 또 다른 이유이기도 하다.

지면을 확보하고 적 기동 부대에 대해 지속적인 전투 행동을 수행하는 회전익 여단의 능력에는 의문점이 있다. 여기서 우리는 간접 화력의 강도가 고밀도의 보병이 성취한 지면의 확보를 이미 과거지사로 만들고 있다는 사실을 유념해야 한다. 고밀도의 방자와 그들을 공격하기 위해 과도하게 집중하는 공자 모두가 분쇄될 것이다. 따라서 누구나 주요 지면에서 부대에 의해 채워진 것이 아니라 부대에 의해 형성된 '화력의 모루'를 설치하는 것, 그리고 다른 지면에서 사격과 이동을 실행함으로써 지면을 통제한다는 개념을 염두에 두게 된다. 봉쇄 임무 수행시 적이 헬기 여단의 존재에 대해 격렬하게 반응할 때 여단이 지상 부대의 포병 사거리 내에 들어오리라 기대할 수 있다. 이 경우 여단은 화력을 기초로 '망치와 모루' 전투를 수행하는 다른 어떤 유형의 부대와도 같은 능력을 갖게 될 것이다. 일반적으로 감시 및 사격과 기동을 통해 지면을 통제하는 헬기 여단의 능력은 경기갑 사단의 능력과 유사하다고 추정된다. 여기서 중요한 사실은 '뛰어오르는' 헬리콥터의 능력이 유용한 상호 가시 거리를 크게 증대시킨다는 것이다. 즉 대략적으로 말하자면 '고지와 고지'의 거리 간격을 뛰어넘어 '지역과 지역'의 상호 가시성을 제공한다(〈그림 10〉 참조). 기계화 부대로 낮은 수준의 사격과 이동(소부대 전투 기술을 의미한다)을 운용하는 독일인의 방어 기술에서 어떻게 회전익 항공 부대가 지면을 통제하는지를 끌어내는 것은 그리 어려운 일이 아니다.

단지 나는 근본부터 샅샅이 파헤치는 것을 좋아하기 때문에, 기갑 차량과 동일한 역할을 하면서 전술적으로 운용되는 헬기들이 어떻게 움직여야 하는지를 상상하기 힘들다. 이것이 바로 작전적 회전익 부대의 옹호자들이 가교 역할을 해서 메워야 할 간격 중의 하나이다. 분명히 경기갑 부대가 적 기동 부대의 전차를 공격하기 힘든 만큼, 작전적 회전익 항공 부대는 전술적 대공 방어를 펼치더라도 충분히 적 주력 기동 부대를 공격하기 힘들 것이다. 반면에 약간의 특징적인 지형을 고려해보면 경기갑과 회전익 부대는 자신에게 접근해오는 중기갑의 적군에 대해서 불리한 것만은 아니다. 경기갑은 중기갑을 상대로 곤란하거나 통과 불가능한 착잡한 야지 그리고 어느 정도 약한 지반도 사용할 수 있다. 또한 이미 보았듯이 헬리콥터 부대는 기동성을 위해 지면에 의존하지 않고도 전술적으로 지면을 활용할 수 있다. 만일 경기갑 및 헬기 부대가 충분히 지면을 봉쇄하고 안팎으로 돌진하여 지면의 모서리를 타격하면서 지면의 중심부에 대해 간접 사격을 실행할 경우, 이 부대는 중기갑 부대를 상대로 유리한 소모 비율을 달성할 수 있을 것이다. 그러나 그들은 필요시 지면을 내어주기 때문에 기동의 자유를 필요로 한다.

모든 제대급의 이러한 경 부대들은 반드시 소모 이론에 근거한 '타격의 교환' 보다 '기동 이론의 유도' 기법을 운용해야 한다. 그와 같은 부대들은 전투 가치의 많은 부분을 물리적인 전투력보다 운동량에서 도출한다. 따라서 운동량을 발전시키기 위해서라도 경부대를 기동할 수 없는 상황에서 운용해서는 안 된다. 반면에 경부대의 근본적인 전술적 민첩성은 상식적으로 가정하는 것보다 훨씬 더 이 부대의 물리적 전투력(1인당 편제 중량)의 부족함을 상쇄한다. 우리는 명중되지 않는 것이 더 절실하게 요구되는 전쟁의 시대로 들어서고 있다.

결론

회전익은 궤도보다 훨씬 혁명적인 변화이기 때문에 확실히 인정받을 만한 가치에도 불구하고 쉽게 받아들여지지 않을 것이다. 세계 최강의 군대를 보유한 두 나라가 1980년대 중반이 되어야 실질적인 작전적 헬리콥터 부대를 배치할 것이라는 사실도 놀라운 일이다. 우리는 회전익이 선형 이동 규칙을 완성시키고 부대가 지형에 의존하지 않고 전술적으로 지면을 사용하도록 보장함으로써 어떻게 군사상의 통념을 논파하는지 보았다.

그러나 회전익의 실제적인 중요성은 이보다 더욱 심오하다. 인간과 동물의 근육보다 10의 배수 속도 범위가 한 단계 높은, 즉 하역용 말의 지원을 받는 도보 보병이 달성할 수 있는 템포와 함께 독일군 기갑 부대는 아직 상당한 질량을 갖고 있었다. 그 예하 사단들은 대략 보병 사단들과 비슷한 인원을 보유했고 보병의 4~5배나 되는 1인당 편제 중량을 가짐으로써 당시 기갑 부대도 상당한 물리적 전투력을 보유하고 있었다(제5장 참조). 이와 대조적으로 헬기 탑승 부대는 대부분의 전투 가치를 운동량에서 도출한다. 일례로 만일 연료의 고갈 때문에 작전적, 전술적 기동성과 실질적, 잠재적 운동량을 박탈당한다면 헬기 부대의 전투 가치는 전차 사단에서 보병 1개 대대로 떨어지게 된다. 젱어의 개념에 따르면 헬기 부대는 기간 정찰 및 C³ 전위와 더불어 진입 비행을 할 때 연료와 탄약을 사전에 준비한다. 그러나 헬기 부대는 여전히 기동 방향을 상실하거나 일거에 격멸될 수 있다. 헬기 탑승 부대가 기계화된 기동 부대의 보완책이라기보다는 오히려 수용 대체물이 될 수 있는지 연구해보아야 한다. 나는 제8장에서 이 문제를 어떻게 해결할 것인지를 보여주기 위해 노력할 것이다.

반면에 회전익 항공 부대의 발전은 서로 평행적인 동시에 상호 무관한 5개의 경향 중 하나에 불과하다. 첫째로 가장 명백한 경향은 감시와 화력의 결합이 높은 부대 밀도를 기초로 하는 개념에 종지부를 찍는 방식이다. 두 번째는 전자와는 정반대로, 호전주의(다시 한 번 마이클 하워드의 표현을 빌린다)로부터 멀어지는 제1 및 제2세계의 문화적 발전이다. 이미 유예되었지만 세계 여론은 어떠한 군대의 사용에 대해서도 반대한다. 이것이 제18장의 주제로, 편성 부대의 '사용 불가능성'에 대한 소련군의 사고를 구성하는 한 가지 요소이다. 셋째는 오늘날 자주 입증되고 있는 '국가 지원 테러리즘' 형태의 혁명 전쟁 기술이 보여주는 효과이며, 넷째로 이러한 경향과 조화를 이루는 것으로 내가 제10장에서 검토하려는 광범위한 과학기술의 영향이 있다. 이것은 과학기술의 진보가 작전 수행에서 기습의 달성 및 유지에 이르기까지 우연 요소를 변화시키는 방식이다.

다섯 번째 경향은 앞서 언급한 4가지 경향의 결과라고 볼 수 있다. 그러나 이것은 병참선에서 유발된 지정학적 템포의 가속화, 징집된 병력들의 현대적인 장비 조작에 대한 무능력, 그리고 대규모 군대를 갖추고 유지하는 데 소요되는 경제적 부담으로부터 생겨나고 존재한다. 어수선하게 잡다한 요소들을 갖춘 19세기와 20세기의 대규모 군대들은 소규모의 경輕특수 부대에 밀려나기 시작하고 있다. 이것은 대규모 군대들이 곧 해체되고 이들 군대의 중금속 장비가 폐물이 될 것이라는 뜻이 아니다. 나는 제5부에서 대규모 군대가 '사용할 수 없는 억제력'으로서 핵무기 비축에 가담하거나 또는 그 위치를 대신하리라는 점을 주장할 것이다. 그러나 대부분 군대의 중추는 아직도 선線보병이다. 과학기술이 이러한 질량의 중추를 중간에서 쪼개고, 등과 등을 돌려 함께 붙인 후 두 개의 반쪽을 잡아당겨 운동량에 중심을 둔 새로운 척추를 형성하고 있는데, 나는 이 개념을 〈그림 37〉에서 묘사하고자 했다. 중기계화 부대는 경기계화에게 자리를 내주고, 후자는 다시 공중 기계화 부대, 일명 헬기 탑승 부대로 대체되고 있다. 한편으로는 '표준 보병'에서 경보병을 거쳐 소련군 공정 부대에 의해 표현된 바와 같이 특수 부대, 공정 부대 및 헬기 탑승 부대의 혼합으로 중점이 바뀌어가고 있다. 이 초경기병과 초超경보병 사이의 공유 영역은 회전익이다. 회전익이라는 혁명적인 변화는 마침내 글자 그대로 군대의 안팎을 혁신적으로 뒤집어놓을 수 있게 되었다.

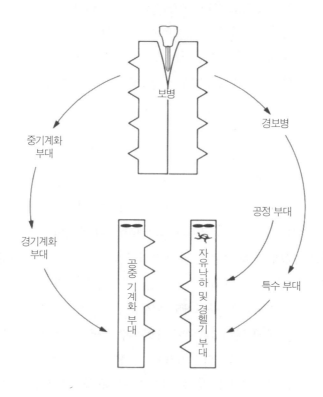

〈그림 37〉 '군대의 안팎을 뒤집는' 과학기술의 개념도

제8장 전투 가치

"그러므로 최상의 전쟁 방법은 전쟁하고자 하는 적의 의도를 분쇄하는 것이다. 그 다음은 적의 동맹 관계를 끊어 고립시키는 것이고, 그 다음은 적의 군사를 치는 것이며, 최악의 방법은 적의 성을 공격하는 것이다(故上兵伐謀, 其次伐交, 其次伐兵, 其下攻城)."

— 《손자병법》 모공편

"모든 전역戰役은 중요한 역할을 하는 실제적인 전투 없이도 높은 수준의 활동에서 수행될 수 있다."

— 클라우제비츠

"게다가 비교적 소규모의 기계화 요소에 의한 타격의 마비적인 초기 효과로 결정이 달성될 수 있다."

— 리델 하트

"만일 전투 없이 해결할 수 없다면, 당신은 전술적으로 가장 유리한 시간과 조건에서 전투해야 한다는 전략적 목적을 갖게 될 것이다."

— 마한

서론 ― 기동 이론의 한계

전장 핵무기가 최초로 논의되던 50년대를 회고해보면, 많은 사람들
은 핵무기의 확실한 특징을 상황을 변화시키는 정도가 아니라 갑자기
발생한 변화 자체라고 생각했다. 이러한 일련의 사고는 가끔 대다수
전쟁 이론의 저변에 깔린 원칙을 강조한다. 전쟁은 변화가 진행되는
과정이므로 너무 빠른 템포로 변화의 연속성과 변화에 대한 반응을
손상시켜서는 안 된다. 비록 현재 일급 군대들이 전장 핵무기를 이러
한 형태로 통합할 수 있다 하더라도(또는 그들 스스로 그렇게 믿고 있을
지라도) 이러한 무기들의 충격 효과 때문에 전장 핵무기의 사용은 전
쟁과 의미 없는 파괴 사이의 경계선에 있다(경계선을 넘어서면 대량의
파괴적인 핵무기와 화학무기가 있다). 이러한 변화와 반응의 형태에는
종종 암묵적으로 가정되는 제2의 원칙이 뒤따르게 된다. 이 원칙은
상대하는 적군이 상호 작용을 할 수 있을 만큼 비슷해야 한다는 것이
다. 이는 이미 언급해왔고 앞으로도 다시 강조하겠지만, 나로서는 이
해할 수 없는 가설인, '끼리끼리 전투한다'는 개념의 중심에 있는 진
리의 속성이다.

여기서 세 가지 근본적인 요점을 다시 살펴보아야 한다. 첫째, 기동
이론은 본질적으로 야지를 질주하는 대규모의 인원 및 장비와는 아무
런 관계가 없으며, 소규모의 질량이 발휘할 수 있는 능력을 증폭시키
는 것과 관련된 것이다. 즉 기동 이론은 간접 접근과 같은 의미이다.
둘째, 질량이 아무리 적더라도 목적에 상응하여 실제의 또는 적이 그
럴 것이라고 믿는 위협을 제공할 만큼 충분한 물리적 전투력을 전달
할 수 있어야 한다. 제11장에서 허식虛飾에 관한 문제를 검토하게 될
것이다. 셋째, 전반적으로 기동 이론 체계는 상황의 변화에 반응하는

데 사용할 수 있도록 남아 있는 질량 요소를 포함해야 한다. 익숙한 말로 표현하자면 예비대가 있어야 하고, 예비대를 사용한 후에는 다시 구성해야 한다. 다른 기준에서 본 단면이지만, 앞 장에서 기동 승수의 적용 가능성이 어떻게 질량과 반대로 변화하는지를 보았다. 부대 이동을 지배하는 물리적 법칙이 템포에 미친 영향이 그 분명한 사례가 된다. 따라서 질량은 〈그림 29〉에 묘사된 바와 같이 기동 승수가 전반적인 상승 작용 체계에 미치는 영향을 제한한다.

충분 질량과 최소 질량

철저한 소모론자들도 템포가 전투 가치를 향상시킨다는 사실은 의심하지 않을 것이다. 그러나 '전투 가치'의 개념에 접근할 때, 질량이나 물리적 전투력이 증가됨으로써 템포의 희생 없이 전투 가치가 향상될 수 있는지를 충분히 고찰해야 한다.

이것은 대단히 제한된 범위 내에서는 틀림없는 사실이다. 비록 소모론자들이 이러한 방법으로 설명하지 않을지라도, 대부분의 사람들은 이상적인 부대별 과업 할당이 효용 체감 법칙 곡선에서 급경사 정상 근처에 있다는 데 동의할 것이다(〈그림 38〉). 말하자면 완벽한 성공 가능성이 75~80%에 달하는 것이다(4~5 : 1 이상). 이는 일반적으로 '변화와 반응'의 유리한 형태를 정립하기에 이상적인, 부분적인 성공에 가까운 확실성을 수반한다. 완벽한 성공이 특히 중요한 곳에서 곡선의 평평한 부위로 접근해서 확률을 높인다는 생각은, 만일 템포의 손실 또는 시간과 공간에서의 집중의 손실 없이 달성될 수 있다면 납득이 가는 이론이다. 예를 들어, 라인 강의 도하 지점 탈취를 목표로

하는 소련군의 작전 기동단(OMG)은 선도 전차 연대에 보병의 전술 헬리콥터 공수를 할당받음으로써 강화될 수 있다. 그러나 이 밖에는 이론상 질량의 증가가 기여하는 바가 전혀 없고 오히려 실행상의 여러 문제점만을 야기한다.

이로써 우리는 그것을 조금이라도 초과하는 것이 일반적으로 무의미하고, 적절한 보장 한계보다 많이 초과하는 것은 더더욱 무의미하게 되는 '충분 질량'의 개념에 이르게 된다. 이는 운동량에 기초한 소련군의 등량 개념과 1940년대부터 현재까지 이루어진 기동 부대의 발전 형태에서 명백히 두드러진다. 소련군의 사례를 보면, 임무 수행에 적합한 질량과 물리적 전투력은 1인당 편제 중량이 약 4톤(제5장 참조)인 10,000명 규모의 병력과 500여 대의 주요 전술 차량이다. 대규모 전차군은 전장 핵무기 전성기에 핵 카펫 위를 굴러다니기에는 좋았지만 정작 실제로 기동이 필요한 경우에는 다루기 어려웠다.

정반대로 반응적인 체계는 융통성을 보장하기 위해 적절한 질량을 가진 기동 부대를 필요로 하는데, 이 개념이 질량에 대한 하부 한계를 설정한다. 그러므로 한편으로 시간 내에 템포 및 집중을 유지해야 할 필요성과 다른 한편으로는 융통성에 대한 요구에 따라 주어진 임무와

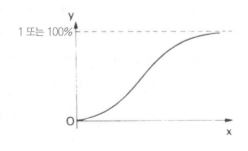

〈그림 38〉 효용 체감의 법칙(일반적인 경우)

상황에 대한 질량의 상하 한계가 부과된다. 따라서 누구나 최적 질량의 개념 그리고 질량과 1인당 편제 중량 및 템포 사이에서 균형을 이루는 개념에 접근하게 된다.

전투 가치

운동 및 화학 에너지 무기에서 자중(차량 자체의 중량)의 톤당 화력이 대체로 일정하기 때문에 나는 제5장에서 '1인당 편제 중량'이 화력의 건전한 지표라고 가정했었다. 이 점을 고려하면 견제 부대의 전투 가치와 기동 부대가 가하는 위협의 수준(만일 기동 부대가 전투를 강요받는 경우라면 기동 부대의 전투 가치라고 다르게 말할 수 있다)이 기동 부대의 물리적 전투력이 된다고 분명히 말할 수 있다. 이것은 부대가 어디에 위치하고 있더라도 늘 변하지 않는다.

만일 템포가 기동 승수의 상승 작용 체계를 의미한다고 간주할 경우, 운동량을 기초로 한 기동에서 전투 가치란 물리적 전투력과 템포의 산물 또는 질량과 1인당 편제 중량 및 템포의 산물이라고 말할 수 있다. 이 정의는 사실상 단순히 질량과 템포의 산물을 택하는 것보다 이미 알고 있는 등량에 대한 소련군의 사고와 더 밀접하게 조화를 이루고 있다. 템포는 그 요소가 상승 작용에 의해 상호 작용을 하는 복합적이고 동적인 양이기 때문에 충분히 소유할 수는 없다. 그러나 댐이 항상 저절로 붕괴되는 것은 아니다. 즉 홍수가 났을 때 저수 능력을 초과하는 물이 빠져나가기 위해 부서질 수 있다. 본래 지상군(헬기 탑승 부대의 반대 개념)에게 적절한 템포는 종종 노면의 상태와 작전 초기의 전술적 상황에 의해서 제한될 것이다. 마찬가지로 지형이나 장거리 개입의 경우에는 운반 용량이 1인당 편제 중량을 제한할 수 있다.

우리는 템포와 집중의 유지 그리고 융통성의 필요가 어떻게 질량을 제한하는지 알아보았다. 불행하게도 (내가 적용해왔고 앞으로도 계속 사용할) '질량과 일련의 승수'로부터 전투 가치를 도출하려는 구식 접근 방법으로는 일반적으로 유효한 전투 가치의 개념에 접근할 수 없다. 대조적으로 '질량과 승수'는 주어진 지형과 상황에서 부대의 전투 가치를 평가해야 하는 작전적 계획 수립에 매우 귀중한 수단이다. 여기서 지휘관은 적에 대해 자기 부대가 펼칠 수 있는 작전뿐 아니라 상호 간에 가능한 다양한 부대 유형의 작전을 위해서, 상대적인 물리적 전투 가치라는 아주 훌륭한 개념에 이르기에 충분한 고정 가치를 소유하고 있다.

표현은 복잡하지만 이는 간단히 말해서 지휘관이 주관적인 판단에 따라 실행할 수 있는 것이다. 여기서 일련의 물리적인 '곱하기의 합계'가, 훌륭한 장군이 더 훌륭하게 작전을 수행할 수 있도록 도와준다고 말하려는 것은 아니다. 위에서 개괄한 접근 방법은 전쟁 물리학에 대한 분석의 가치와 한계를 예시하고 있다. 이러한 분석은 판단의 행사를 지나치게 제한하지 않고서도 판단에 도움을 줄 수 있고, 임무형 전술(제4부 참조)의 요구대로 전 제대급 지휘관들이 공통적인 사고 방식을 가질 수 있도록 객관적인 법칙과 행동 원칙을 제공한다. 뿐만 아니라 군사사軍事史 속에서 이러한 행동 원칙은 늘 계획을 수립할 때 큰 실수를 방지해준다. 즉 행동 원칙은 '사태가 잘못 진전될 때 경고해주는 지침'이다. 마찬가지로 전투 가치에 대한 이러한 논의 자체는 상대적인 개념을 절대적인 상태로 강화하는 것의 위험성을 아주 탁월하게 증명하고 있다.

이러한 유보 사항을 염두에 두면 전략기획 수립과 부대 구조의 문제를 통찰할 수 있다. 전략적 목적은 각각 상황, 지형 및 병참선을 가정하는 시나리오의 지원을 받아야 하며 현존하는 부대 구조에서 출발해야 한다. 비록 착오 발생과 자유로운 행동의 여지는 더 넓지만 이러한 사실 때문에 전략 기획자는 야전의 작전적 지휘관과 유사한 위치에 있게 된다. 전략 기획자들은 이러한 위치에서 시행착오를 거쳐 사안을 진행하는데 현재 일이 진행되는 방식도 사실상 이와 마찬가지다. 이러한 접근 방식은 몽고메리Montgomery가 "자신의 선택을 공개해야 한다"고 말했던 의미로서, 균형에 대한 유용한 관념을 도입한다. 왜냐하면 작전적 지휘관과 전략 기획자 사이에는 또 다른 커다란 차이점이 있기 때문이다. 전략 기획자는 10~20년 앞을 예측하는 과정에서 분명한 과오를 범할 수 있다. 즉 그는 잘못된 전구戰區에서 잘못된 개입을 계획하고 잘못된 지정학적 상황에서 도출된 주위협에 대처하기 위해서 잘못 계획할 수도 있다.

　사실상 내가 주장하는 균형이란 지휘관 또는 기획자가 오류를 범할 가능성에 대한 안전 장치이다. 그리고 허용될 수 있는 불균형의 정도 역시 오차의 한계가 증가함에 따라서 단계적으로 감소한다. 부대에 따른 과업의 효율적 할당으로 인해서 아마 고도의 전술적 불균형이 초래될 것이다. 작전적 불균형도 부분적으로는 마찬가지이다. 즉 작전이나 전역의 범위와 지속에 대한 기초적인 가정들이 유지되는 한 불균형이 용인될 수 있다. 전역이 러시아의 겨울로 확대되었을 때 실시된 바르바로사 작전에서와 같이 만일 기초적인 가정들이 붕괴된다면, 불균형이 시정될 수 없는 한 대재난이 발생한다. 가장 위험한 것은 전략적 불균형이다. 전략적 불균형의 기초가 되는 가정들은 차후 투표 용지에 따라서 즉시 역전될 수 있는 정치적 결정에 기초하고 있다. 이를 이해하기 위해서는 라인 강에 주둔하고 있는 영국군이 단기 경고에 의거하여—— 말하자면 통일 중립 독일에 대한 협정의 일부로—— 철수해야 할 경우 벌어질 영국의 방위 정책과 영국군의 사태를 상상해보면 된다. 미 제7군이 철수하더라도, 이 부대는 대규모 미군 전력의 일부분이고 그 특수화된 성격으로 인해 조성되는 불균형이 적기 때문에 미 육군이 감수할 수 있을 정도의 영향을 미칠 뿐이다.

상호 교환 가능성, 무력화 및 섬멸

화력과 전투 부대, 달리 표현하여 포탄과 대검의 상호 교환 가능성에 관한 소련군의 원칙은 프랑스와 차르 군대(제정 러시아 군대)의 포병이 세계를 제패하고 있던 19세기로 거슬러올라간다. 분명히 트리안다필로프는 이러한 원칙을 당연한 것으로 받아들였고, 1960년대 전장 핵무기의 전성기에 이르러 그 개념은 정당성을 갖게 되었다. 바바드자니언Babadzhanyan 원수의 1980년판 저서에서도 전장 핵타격과 (대규모) 전차군이 등식화되어 있을 뿐 아니라 상호 보완 관계에 있는 것으로 보인다는 초창기의 흔적을 발견할 수 있다. 그러나 간접 화력의 적용과 종말 탄도학彈道學에서 최근 이루어진, 또 앞으로 예상되는 발전에 따라 서방측은 포병탄이 적을 무력화하고 대검이나 카빈 소총이 적을 패배시킨다는 전통적인 견해에서 멀리 이탈하기 시작했다. 이와 동시에 현재 소련군의 탄약 기준은 '격멸'과 '무력화'('제압')에 대한 탄약 사용 규모를 제시하고 있는데, 나는 오직 격멸만이 부대의 효과와 동일시될 수 있다고 주장한다. 따라서 여기에 애매한 영역이 존재하게 된다. 이 영역은 스스로는 '틀에 박힌 사고의 경직성'이라 부르고 다른 사람들을 '주변 형세를 모르는 사고'라고 말하는 소모론자의 주장에 의해서 더욱 모호하게 되었다.

이와 같은 안개를 통과하여 우리가 나아가야 할 길을 감지하기 전에 제6장에서 보았듯이 화력과 부대가 상호 교환될 수 없는 한 가지 측면을 설정해보자. 일단 전달되고 나면 지연 효과 탄약과 같은 제한된 수단을 제외하고서 화력은 더 이상 위협을 가하지 못한다. 화력의 사용은 물리적이거나 심리적인 차원에서 또는 양쪽 모두를 황폐화시키는 결과를 낳을 수 있다. 이러한 결과들은 실제로 관찰 가능하며 측정하고 평가할 수 있는 것이다. 요컨대 화력의 결과는 계속하여 사격을 받고 있는 부대의 지휘관에게 별도의 새로운 상황을 부여한다. 표적에 화력 위협(내가 언급했듯이 '잠재적 에너지'와 동일한 개념이다)을 가하는 유일한 방법은 표적에 화력을 집중할 수 있는 곳에 발사기를 놓는 것이다. 화력 위협 스펙트럼의 한쪽 끝은 우리가 알아보았듯이 기동 부대 전투 가치를 구성하는 핵심적인 요소이고 다른 끝은 장거리 항공 및 미사일의 역할이다. 다음 장에서 살펴보겠지만, 이러한 영역은 소련군의 또 다른 집단주의적 동시성의 원칙에 포함된다. 무엇보다 기동 이론의 정수인 간접 접근에서 화력의 사용이 기동 부대의 기동성과 결코 비견될 수 없다는 사실을 분명히 해야 한다.

하지만 우선 "최후의 수단으로서 군사력은 물리적인 전투력과 전투를 하기 위한 심리적인 준비성에 달려 있다"는 클라우제비츠의 견해(마한은 이러한 관점을 더 명료하게 표현했고 올바르게 제시한 바 있다)를 받아들여야 한다. 이 명제는 상호 교환 가능성을 전투의 관점에서 고려해야 함을 의미한다. 나는 어느 누구도 성공적인 보병의 공격 효과를 의심하지 않는다고 생각한다. 보병의 목표는 적을 소탕하는 데 있고, 도망치지 않은 적은 사상자 또는 포로가 될 것이다. 이 경우 방어 부대는 통상적인 표현 방법으로, 말하자면 격멸된다. 이와 같은 공격에서 화력이 차지하는 역할에 대해 전통적으로 서방이 취해온 견해를 택해보자. 포병은 보병이 적 진지의 가시 거리 내로 들어가면 엄호사격을 하고 점진적으로 적 진지들을 무력화한다. 즉 전차를 포함한 직접 화력 지원 무기들이 부대의 안전상 포병 화력이 연신된 후에 '아군의 보병 속으로 사격'을 하게 된다. 이때 간접 사격과, 더 특징적으로 직접 사격이 다수의 표적들을 격멸할 것이다. 그러나 이것은 무력화에 수반되는 덤일 뿐이다. 화력 계획과 보병 전진의 상호 협조를 이렇게 특별히 강조하는 이유는 무력화가 단지 사격이 가해지는 동안에만 지속된다는 믿음에서 비롯된다.

이상하게도 제2차 세계대전 당시 연합군과 독일군 모두 포병 사격을 단순히 '제압적'인 것으로, 항공 폭격을 '격멸적'인 것으로 간주했다. 이러한 오류를 보여주는 가장 유명한 사례는 아마 오버로드 작전 당시 제2군과 대치하고 있던 독일군 종심 진지들을 항공으로 폭격한 형태일 것이다. 양측의 진술을 종합해보면 항공 폭격은 성공적이어서 엄청난 파괴 효과가 있었으며 여러 시간 동안 독일군이 효과적으로 무력화되었음을 알 수 있다. 그러나 공격 부대가 독일군 방어 진지에 도착했을 때 방자는 처절하고 지연된 전투로 이어지는 저항을 할 수 있을 만큼 충분히 회복되었고 재편성을 완료했다. 반면에 동부 전선에서는 독일 공군이 적군의 포위망에 전술 폭격을 실시한 결과, 포위된 독일군 부대가 신속하고 절묘하게 탈출할 수 있었던 사례가 많이 있었다. 양호한 공지 합동 폭격의 효과는 피지원 부대가 이 효과를 이용할 수 있을 만큼 충분히 오랜 시간 동안 지속되었다(이러한 작전들이 부수적으로는 공군 자신에게 엄청난 위험이 되었지만 독일 공군의 용맹성과 지상군을 지원하는 공군의 준비태세를 잘 반영하고 있다).

이것은 고강도 화력의 효과를 지속하는 데 대한 역사적 토대를 아주 적절하게 제공한다. 바꿔 말하면 우리는 이미 확장된 무력화의 개념, 즉 화력이 중지된 후에도 수분 또는 수시간 동안 지속하는 효과를 받아들였다. '확장된 무력화'라는 용어는 과거에 내가 《대전차》라는 책에서 처음 사용한 것이다. 이 용어는 전장 핵 타격의 후속에 관한 소련과 서방의 견해에서 공히 명백해졌다. 우리는 지금 재래식 포병과 전술공군이 60년대에 상상했던 전장 핵 타격의 기습과 강도에 접근하는 지점에 있거나 또는 대단히 가까이 위치하고 있다. 따라서 이 확장된 무력화의 개념을 하나의 표식으로 설정하도록 하자.

이제 '격멸destruction'의 의미를 검토하거나 어떤 맥락에서는 러시아인들이 채택하기도 한 클라우제비츠식 용어의 직역, 즉 '섬멸 annihilation'을 사용하여 다른 방식으로 문제에 접근할 수 있다. 클라우제비츠의 《전쟁론》에서 충분히 수정되어 타당하다고 생각되는 문장을 통해 그가 무엇을 의미했는지는 명백히 알려져 있다. 소모론자에게 '전투에 더 이상 참여할 수 없는 상태'란 곧 적 부대의 구성원이 부상을 당하거나 포로가 되거나 아니면 사망한 상태를 의미한다. 그러나 기동 이론은 일, 주, 월, 년이 아니라 시간을 기준 단위로 사용한다. 우회나 선회를 강요당한 부대는 작전의 추후 전개와 무관하게 된다. 즉 이 부대에게 계속 발생하는 것은 견제 부대의 전술적 문제이다. 따라서 클라우제비츠의 개념에서 '섬멸'은 '얼마의 시간 동안의 전투 행동 중단'을 의미하게 된다. 이것이 바로 확장된 무력화이다. 작전적으로 필수적인 지속 기간은 우리에게 또 다른 표식을 제공한다. 이제 우리는 안개 속에서 버둥거리는 것이 아니라 맑은 수로를 항해하여 올라가고 있다.

소련군의 탄약 규모 기준이 '동시적 무력화', '확장된 무력화' 그리고 '격멸'이라는 화력의 3단계를 규정하지 않은 것은 놀랍다. 사실 나는 그들의 탄약 기준표에서 '격멸'의 개념이 다소 모호하게 사용되는 것을 발견한다. 왜냐하면 격멸은 본래 의미상 확실히 '파괴될' 수 있는 물질 표적뿐 아니라 확실히 파괴될 수 없는 '부대의 점령 지역'도 모두 포함하기 때문이다. 실제 소련군의 탄약 사용 기준을 보면 점 표적과 지역 표적에서 '격멸'을 상이하게 정의함으로써 이러한 차이점을 내포하고 있다. 이것이 내가 말하고자 하는 요점이다.

점 표적(거의 항상 물질이다)의 경우 격멸이란, 표적이 더 이상 전투에 적합하지 않을 가능성이 90%임을 의미한다.

지역 표적의 경우 격멸이란, 적어도 표적 요소들의 50%가 더 이상 전투 행위에 적합하지 않고 (또는) 최소한 표적 지역의 50% 이내 요소들이 전투에 부적합할 확률이 90% 또는 그 이상임을 의미한다.

이것은 단지 기본적인 척도다. 즉 여러 기준들이 동일한 화력 계획 내에서 하나의 표적에 적용될 수 있다. 내가 보지 못한 다른 문서에 기준 수치와 사격 비율을 무력화의 지속 기간과 관련시킨 표가 있다고는 생각하지 않는다.

만일 존재한다 하더라도 다분히 오도된 용어인 '격멸'과 '섬멸'에 관여하지 않고 단순하게 '적 부대를 작전적으로 무관하게 만든다'는 관점에서 생각하는 것이 현명할 것 같다. 한편 이것은 화력에 의해 확장된 무력화와 전투 부대에 의한 전투 행위의 결합을 통해서 달성될 수 있다. 이에 관해 독일군의 전례를 따라 (물리적) 와해disruption라는 용어를 사용할 것이다. 반면에 선회(우회), 그리고 기동 부대의 위협을 형성하는 잠재적 에너지와 잠재적 운동량을 조합해서 적을 고립시키는 것에는 '붕괴dislocation' 라는 용어를 적용할 것이다.

붕괴, 선제 및 억제

소모 이론에서 전쟁이라는 변화와 반응의 과정은 단지 전투에 의해서, 즉 상대적 전투력의 변화를 초래함으로써 시작되고 계속 유지될 수 있다. 기동 이론은 전투에 대한 물리적, 정신적 준비의 필요성을 말한 클라우제비츠의 주장을 충분히 인정하면서도, 전투란 단지 군대를 사용하는 많은 수단 중의 하나이며 오히려 투쟁에 대항한 최후의 천박한 수단이라고 간주한다. 이것은 내가 거듭 반복해서 강조하게 될 손자의 인용구에서 간명하게 설명된다.

이런 이유로 하여 백 번 싸워 백 번 승리하는 것은 결코 최선의 방법이 아니다. 싸우지 않고도 적을 굴복시키는 것이 최선의 방법이다(是故百戰百勝, 非善之善者也, 不戰而屈人之兵, 善之善者也:(《손자병법》 모공편)).

이 원칙으로부터 군대에 적용하는 세 가지 양식을 도출할 수 있는데, 장점이 큰 순서대로 나열하면 다음과 같다.

붕괴 : 적대 행위가 발생했으나 승리는 주로 기동에 의해서 달성됨을 의미한다.
선제 : 적대 행위의 발생을 방지하기 위해 기동을 사용하는 것을 의미한다.
억제 : 평시 배치에서 일체의 이동 없이 전쟁 행위를 금지시키는 것

을 의미한다.

일단 적대 행위가 발생하면 소모 및 기동 이론이 반목을 중지하고 서로 보완하거나 기동 이론이 소모 이론을 포함한다는 사실을 앞에서 (제2장 및 6장) 확인했다. 붕괴를 목표로 한 작전이나 전략적 행동에서는 세 가지 형태의 전투가 발생할 것이다. 첫째, 기동 부대의 투입 방식을 명백히 하기 위해서 소모적인 전투 행동이 필요할 수 있다. 예를 들면 행동의 자유 또는 작전적 우세를 확보하는 것이다. 전구 내에서 제해권과 제공권을 확보하는 경우도 여기에 해당된다. 둘째, 기동 부대의 기동을 위한 국지적인 행동의 자유를 확보하기 위해 기동 부대는 전술적 차원의 소규모 전투를 일으킬 가능성이 있다. 셋째, 특수 부대와 첩보원이 수행하는 반 비밀 및 완전 비밀 작전은 신중한 폭력 행위를 요구하고 (또는) 기습의 상실 때문에 전투의 발발이라는 결과를 낳을 수도 있다. 예를 들어 이미 부분적으로나 전면적인 경계하에 있는 사령부를 공격할 때도 마찬가지다. 기동 부대는 조우전에서 '망치와 모루 방어'를 할 때 망치 타격의 전달을 후속하는 상황에서 또는 전진하는 기동 부대가 선회하는 주받침점이나 전진 받침점을 적이 역습할 때에 기동 부대가 갇히게 되는 것과 같이 격렬하고 결정적인 전투에 휘말릴 수 있다. 선제는 마한이 유보 조항을 붙여서 상술한 '현존 함대' 이론에 의해서 가장 훌륭하게 예증된다. 그는 현존 함대 이론을 17세기 영국의 항해가인 토빙턴Tovington 제독의 덕택으로 돌리면서도 조미니 사상의 일부에 연결시키고 있다. 마한은 자신의 이론을 다음과 같이 설명한다.

비록 전체적으로 열세하더라도 강력한 부대가 작전 현장 가까이에 존재하는 경우, 적의 행동에 중대한 영향을 미치게 된다.

이를 약간 변형시켜 응용하면 마한이 생각하는 광범위한 방향은 오히려 투하체프스키의 종심 작전 이론과 상당히 비슷하다. 극단적으로 비유하자면 함대는 기동 부대에, 기지 또는 전방 기지는 (전진) 받침점에, 함대의 요새지는 견제 부대에 해당된다.

마한의 설명에서 핵심적인 단어는 '열세'와 '현장 가까이'이다. 이 단어들이 지레 작용을 의미하기 때문이다. 마한은 적과 자신의 목표에 비해 열세인 함대의 이동이 —— 필요시 전방 기지의 설치에 수반하여 —— 어떻게 정치적, 군사적 위협의 긴박성에 조화되도록 긴장을 증대시키고 감소시키는 데 사용될 수 있는지를 입증하고 있다. 물론 그는 오늘날의 기준으로 보자면 기동성이 낮고 단지 설계와 선박 조종술의 한계로만 구별되며 대체로 동일한 기동성을 가지고 대적하는 두 함대를 전제로 하고 있다.

특히 개입이 가능한 전구에서 한 부대의 전략적 사전 배치 및 작전적 이동에 있어 바다의 함대와 유사한 현대적인 지상의 함대를 생각해볼 수 있다. 그러나 현대 미사일과 고정익 항공기 부대 그리고 공중 기계화 부대의 템포를 고려해볼 때, 이와 같은 게임을 할 수 있는 보다 정교한 방식은 준비태세와 경계 태세에 달려 있을 것이다. 이것이 제공하는 영역은 나토의 입장에서 보면 두 가지 중요한 위선 중의 하나로 잘 예시될 수 있다. 나토의 사고는 전략적 기습에 의해서 시작된 공격의 가능성을 배제한다. 나토 전체의 재래식 지상 전투 능력은 10일까지의 경고 시간에 근거하고 있다. 다른 곳에서 주장한 바와 같이, 부대의 1/3 규모를 1시간 내에 준비할 수 있는 사전 전개 상황으로 유지하는 것(이는 열세한 함대를 해상에, 그것도 충분히 전방에 위치시킨 상태로 유지하는 것과 대등하다)은 거듭해서 역위협의 실제 전투 능력과 신뢰성 모두를 확대시켜서 재래식 억제의 수준을 향상시킬 것이다.

선제와 억제의 차이점은 명확하지 않다. 내가 아는 바에 의하면 선제란 부대의 전략적 이동과 준비태세나 경계 태세의 증강 등 평시 태세로부터 변화가 있음을 의미한다. 공격이든 방어든, 선제란 지레 작용을 발휘할 수 있도록 계산된 적극적 행위이다. 달리 말하면 적에게 군사적인 항복을 강요하거나, 적이 명백히 의도하는 행동을 취하지 못하도록 막기 위해 충분하고 적절하게 위치시킨 기동 위협이다.

반면에 억제는 평시 태세에서 두 개의 잠재적인 적대 세력에 의해 상호간에 가해지는 지레 작용이다. 제5부에서 기동 이론의 전략적 및 정치적 측면을 더 상세히 검토하겠지만, 우선 단지 선제와 억제의 몇 가지 사례에 적용되는 하나의 승수를 강조하고자 한다. 상대방에게 지레 작용을 적용하는 방식에서 상징적인 부대의 존재나 이동이 종종 부대 투입을 과시하거나 조약에 따라 원조하는 신뢰를 제공하기에 충분하다. 그러므로 통념에 따라서 서독(독일연방공화국)에 주둔하는 미 제7군과 라인 강에 주둔하는 영국군의 존재는 그 부대들의 전투 가치 및 존재로 보장되는 개입 때문에 바르샤바 조약을 억제하고 있다.

인간 승수

나는 제4부에서 계속 '인간의 질'이 갖는 지배적인 중요성을 기술했다. 이를 최우선적으로 사고하기 위해 전투 가치와 기타 용어에 자격을 부여하는 단어인 '물리적'이라는 말을 혼란스러울 정도로 많이 사용했다. '인간 승수'라는 용어를 사용한 까닭은 천재성과 다양한 수준의 광범위한 기술들이 사기와 동일한 정도로 중요하기 때문이다. 사실상 영국인을 제외한 모두가 동의하는 바와 같이, 장군의 지휘술, 훈련 및 신체적 건강, 주로 두뇌와 태도에 관한 일체의 것들이 모두 사기를 위한 최선의 기초들이다.

이러한 모든 요소들은 적대 행위가 시작되었을 때와 마찬가지로 억제 또는 선제시의 부대의 전투 가치와 크게 관계가 있다. 그리고 템포처럼 개인의 명성 역시 상승 작용 효과가 있다. 독일인들에게도 높은 평가를 받기는 했지만 북아프리카의 영국군에게 인기가 더 높았던 로멜이 좋은 예이다. 당시 오킨레크Auchinleck 휘하의 무능력한 영국군 지휘관들과는 아주 다르게 로멜의 이미지와 명성은 독일군과 영국군 젊은 장병들의 존경을 끌어냈고 전투력에 영향을 미쳤다. 적어도 나의 경험으로 보자면, 연대 정신이 충성심의 동요를 방지했다. 그러나 만일 몽고메리가 문제점을 평가하지 않고 이를 극복하기 위해 필사의 노력을 기울이지 않았더라면 영국군의 연대 정신은 마지막까지 발휘되지 않았을지도 모른다. 인간 승수의 중요성을 강조하기 위해 가볍게 주의를 환기시켜보자. 내 어린 시절에 독일인들은 우리의 '적'이었지만 유모는 늘 이렇게 얘기하곤 했다. "즉시 그만두지 않으면 보니Boney가 너를 잡아갈 거야." 여기서 보니는 풀러가 아니라 나폴레옹이었다.

결론

물리적 전투력과 템포 및 운동량은 물리적으로 타당한 개념들이며, 기동 이론의 범주에서 절대적인 가치를 지니고 군사적으로도 이치에 맞다. 따라서 운동량과 대등한 차원의 양인 '전투 가치'에 도달하기 위해 물리적인 전투력과 템포를 합치는 것보다 더 단순한 일은 없다. 상대적인 전투 가치의 개념은 대적하는 양자뿐 아니라 같은 편의 부대 유형 사이에서도 적용되는데, 작전적 수준의 계획 또는 전략적 시나리오의 틀 내에서 사용될 때는 분명히 훌륭한 수단이다. 톤/㎞/일日이라는 전투 가치의 차원들은 군수 담당관들에게 타당하고도 친숙한 매개 변수이다. 하지만 작전적, 전술적 지휘관들에게는 명백한 의미가 아니다. 사실상 그것은 글자 그대로 '질량의 이동'이다. 이와 유사하게 상식적으로 전투 가치의 절대적인 정의에 접근하고자 할 때 누구든지 장애물에 부딪히게 된다.

나는 이 장애물이 특히 지형의 전술적, 작전적 이중성을 의미한다고 생각한다. 지형이 제공하는 도로 상태의 질이 자주 물리적 기동성(즉 기동시의 템포와 전투 가치)을 제한한다. 반면에 지형의 전술적 저항력은 기동에 반대되는 모든 종류의 전투 가치를 향상시킨다. 지형은 융통성의 필요성을 부가하고 시간적, 공간적 집중을 제한하는 데 큰 역할을 하므로 주어진 작전이나 전략적 행동을 위한 충분 및 최소 질량을 결정할 때 지배적인 요소는 아닐지라도 중요한 요소가 된다.

이러한 이유들 때문에 이 장의 중요하고도 긍정적인 결론은 회전익 혁명이라는 불꽃을 피우는 연료가 된다. 회전익 항공기는 기동성을 위해서 지형에 의존하지 않고도 지형의 전술적 저항력을 이용할 수 있고, 또한 선형성의 제한 없이 분산과 이동 및 집중을 실행할 수 있기 때문에, 초고속 기동성을 가진 지표면 차량들과는 반대로 '지상에서의 해전'을 수행하는 확실한 수단이다. 실질적으로 독립적인 전략 부대로 행동하기에 충분한 작전적 헬리콥터 부대는 지상에서의 대양 함대와 대등하다. 이 부대는 10의 배수에 의한 속도 범위에 따라 기동의 템포를 증대시킬 뿐 아니라 지상의 '현존 함대' 로서, 충분하게 억제 및 선제에 기동 이론을 적용할 수 있게 만든다. 나는 다음 장에서 그러한 부대의 전략적 기동성을 고찰할 것이다. 지상과 해상에서의 다양한 유사성에 의해 이러한 부대의 규모는 최소한 앞 장에서 상정한 2개 여단(여단별 약 100대의 일급 장비 보유)이 될 것이며, 3개 여단이면 대부분의 작전과 전략적 행동에 충분하다고 제안한다. 모든 군대가 회전익 항공 부대에 주목해야 한다고는 생각하지 않지만 이 장에서 살펴본 내용은 회전익이 군대의 안팎을 뒤집고 점차 군대를 '바로크' 식 중장비의 집합체로부터 자유롭게 만든다는 앞 장의 결론을 보강해준다.

맨 끝에서 살펴본 중요한 사항으로서 —— 빠른 템포의 작전에 대해 알아본 바와 같이 —— 확장된 무력화 개념은 소련군의 '상호 교환 가능성' 개념을 밝혀주는 동시에 이 주제에 대한 소련과 서방측의 명백한 갈등을 해결해준다. 이에 대한 토의가 기동 이론과 소모 이론의 보완성 및 이들 사이의 상호 작용을 다시 강조하는 데 기여했다. 만일 어떠한 부대가 효과적으로 위협을 발휘해야 한다면 부대가 물리적으로나 정신적으로 전투할 준비가 되어 있으며 또한 그렇게 되어 있다고 외적으로 반드시 보여져야 한다.

제9장 클럽 샌드위치 전투

"164. 공세적인 전투는 일제히 행동하는 모든 군사 자원으로 적 방어의 전 종심을 기본적으로 동시에 무력화시키는 데 기반을 두어야 한다."

— PU-36 (1936년판 소련군 야전 근무 규정)

서론

리델 하트와 플라비어스 아리아누스Flavius Arrianus에 힘입어 미래의 클럽 샌드위치 전투에 필적하는 전사를 연구하면, 기원전 331년의 아르벨라 또는 가우가멜라에서 알렉산더가 결정적으로 대승을 거둔 전쟁으로 귀착된다. 적군의 배치를 장황하게 설명하는 것이 왕들의 계통을 나열하는 것에 집착하는 것처럼 보이기 때문에 이 전투를 인용하지 않겠다. 내가 다시 생각할 수 있는 단 한 가지 다른 사례는 스티븐 마커스Steven Marcus의 흥미로운 저서 《그밖의 빅토리아 시대 사람들The Other Victorians》에 묘사된 주연이다. 이 책이 인상적으로 기억에 남는 이유는 글을 쓰는 기교가 스티븐슨Stephenson 및 기타 사람들이 발명한 스팀 엔진 밸브 기어의 복잡함과 유사하기 때문이다.

따라서 나는 소련군의 '동시성의 원칙'을 통해 토론에 접근하고자 한다. 투하체프스키 이래로 줄곧 소련 당국은 이 원칙을 근본적인 것으로 받아들이고 있으나 서방측 기동의 대가들은 아직도 경멸하는 경향이 있다. 그 이유는 작전적 계획의 수립에 접근하는 소련군과 서방측 지휘관들의 태도가 아주 다르다는 데 있다. 러시아인들은 극단에서 내부로 들어가면서 생각하기 때문에 전체적인 작전의 시간 규모에 따라서 사고한다. 나는 나치 국방군형 독일군 장군들을 포함한 서방측 장군들이 작전의 각 단계별로 적절한 시간 규모를 적용한다고 확신한다. 소련군의 관점에서 동시성은 상호 교환 가능성처럼 문제를 직시하는 유용한 방법으로, 실제적인 목적과 이상적인 목적 사이에 존재하는 개념이며 양자 모두 전장 핵무기의 전성기에 결실을 보았다. 그 이후부터 기동성과 재래식 화력의 발전이 재래전에 대해 앞서 언급한 두 가지, 즉 동시성과 상호 교환 가능성 모두를 타당하게 만들었다.

서방측의 불신 때문에 나는 이러한 의문점을 《소련군의 기갑》에서 어느 정도 깊게 탐구했으며 그 이후에도 추가해서 계속 분석해왔다. 행동의 동시성을 토의하자면 사고의 표현에서 동시성이 필요하기 때문에 〈그림 39〉와 〈그림 40〉에서 내 생각을 정리해서 도식화했다. 〈그림 39〉에서는 현대적인 소련의 전선군 및 전구 사령관들이 사용할 수 있는 '부대와 자원'별로 공세 작전 및 전략적 행동을 위한 전형적인 종심을 비교하고 있다. 여기서 실선은 각각의 운용을 위한 바람직한 종심 지대를 나타내고, 점선은 종심 지대 너머 준동시적인 행동의 물리적 능력을 의미한다. 그림을 보면 다양한 요소의 전개 및 운용에 대한 전체적인 개념이 동시성에 달려 있고, 동시성은 다시 상호 교환성의 수용에 의존하고 있음을 알 수 있다. 이것이 보장될 경우 압력을

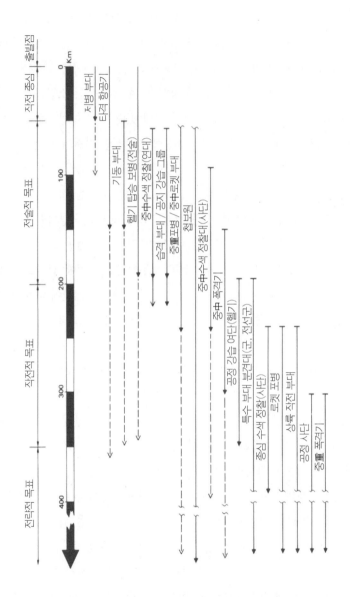

〈그림 39〉 소련군의 동시성 개념

부대와 자원별 공세작전 및 전략적 행동을 위한 종심 비교

전달하는 다양한 수단들이 완전한 작전적, 전략적 종심에 걸쳐서 균형이 잘 잡히고 지속적인 스펙트럼을 형성한다. 반면에 우리는 동시성을 상호 교환 가능성처럼 가감하여 융통성 있게 받아들여야 한다.

정확히 H시에 최초 목표나 표적 모두를 공격하는 거대한 요소들의 복합체를 상상하는 것은 분명히 어리석은 일이다. 주력 기동 부대, 전술 헬기 공정 부대 또는 습격 부대처럼 가장 중요한 일부 부대들은 다른 부대의 초기 성공에 의존한다. 어떤 부대들은 적절한 항공전이나 전자전의 상황 여건을 조성하기 위해 예비 행동을 필요로 한다. 현실적인 앵글로 색슨족에게 동시성이 진정 실행 가능한 원칙임을 확신시키기 위해서 러시아인들의 정신 세계에서 그 용어가 무엇을 의미하는지 연구해야 한다. 이때 마치 상호 교환 가능성에서와 같이 상대성이 작용한다.

속도 범위(Kph)	수단	속도 차이의 속성	템포 비율
10^4(고 1000 단위)	유도탄 등		
10^3(저 1000 단위)	고정익 (고속 제트기, 수송기)	물리적 기동성	4~5:1
10^2(100 단위)	회전익 (작전적 부대, 전술적 그룹)	물리적 기동성	2~3:1
10^1(10 단위)	궤도 차량 (고속 궤도 차량, 중重 궤도 차량)	물리적 기동성	2:1
10^0(1 단위)	도보 견제 부대	접적 조치하의 기동성 접적 상태의 상대적 물리적 기동성	2~3:1 2:1

〈그림 40〉 운반 및 발사 수단의 속도와 그들 사이의 바람직한 템포 비율

외식을 하는 사람은 고기와 야채가 '동시에' 나오기를 기대한다. 단 1~2분만 지연되어도 고기가 식고 소스가 굳기 시작하며, 손님은 종업원을 찾아 두리번거리게 된다. 만일 누군가 편지를 통해 3자 협상 같은 것을 실시하고 있다면, 그는 당연히 "나는 X와 Y로부터 동시에 들었소"라고 말한다. 그러나 여기서 '동시에'란 같은 날 또는 심지어 그 다음 날을 의미한다. 수술을 받기 위해서 병원에 가고 '동시에' 기타 사소한 조치들이 처리되도록 준비한다 해도, '동시에'란 '내가 병원에 있는 동안,' 즉 아마 수주일 동안을 의미할 것이다. 여기서 공통 인수는 정확한 시간이 아니라 '변화와 반응 주기'를 완료하는 데 필요한 시간, 반응 시간 또는 미국인들이 부르는 것처럼 '결심 주기 decision loop'이다. 만일 영향을 받는 수준에서 적의 반응 시간 내에 한 가지 행동이 다른 행동으로 이어진다면, 러시아아인은 분명히 두 가지 행동(동시성과 상호 교환 가능성)을 '동시적으로 압력을 가하는 것'으로 간주할 것이다. 나는 이것이 동시성을 군사적인 맥락과 일반적인 개념하에서 유용하게 이해하는 것이라고 제안한다.

상대적인 템포

비록 앞에서 이야기한 내용을 인정한다고 하더라도 수백 킬로미터의 종심에 걸쳐서 압력의 동시성을 달성하기 위한 능력은 분명히 기동 이론 모델이 포함하는 다양한 구성 요소의 상대적 템포에 달려 있다. 〈그림 39〉의 요소들을 운반 또는 발사 수단에 따라 분류하면 〈그림 40〉에 도달하게 된다. 고정익 수송기의 '10의 배수 속도 범위'는 속도의 단위에 달려 있지만 순서에 의한 등급화가 클럽 샌드위치의 개념을 명확히 보여주고 있다. 나는 제6장에서 기동 이론 체계 구성 요소의 상대 속도를 일반적인 관점에서 토의했고, 계속 속도를 템포로 대치했다. 이제 이러한 차이점의 속성과 그 체계의 연속되는 요소들간의 템포 비율에 관해 더 구체적으로 고찰할 필요가 있다.

장비의 물리적 기동성에 따라 한 부대가 달성할 수 있는 템포의 상한선을 설정할 수 있다. 즉, 공정 부대를 수송하는 수송기의 경우 항공기의 순항 속도에 의한 템포에서 크게 벗어날 수 없다. 반면에 헬기 탑승 부대는 그들의 템포를 더 느리게 할 수 있다. 그러나 만일 출발 지역에서 목표까지 '순항 속도'(설계할 때 인가된 속도의 90%) 이하로 비행한다면, 이 부대는 기습의 기회가 감소되고 회피할 수 있는 자신을 노출시키면서 연료를 낭비하게 된다. 아마 더 중요한 것은 그들의 전투 가치가 템포(달리 말하면 기습과 충격)에 지나치게 의존하기 때문에 속도를 감속함에 따라서 전투 가치가 실질적으로 저하된다는 사실일 것이다.

지상 부대의 경우 너무 느리게 이동해서 간접 방호력의 상당 부분을 상실하는 경우가 아니면 물리적인 기동성에 의해 설정된 템포 이하로 운용하는 데 어려움이 없다. 양호한 통행 능력을 보유하고 빠른 궤도에 탑재된 경장갑 부대가 하나의 경계선이 된다. 이러한 종류의 부대가 적 주력 전차들과 대치하게 되면 생존 능력의 대부분이 장갑이 아니라 간접 방호로부터, 그리고 적지 않은 전투 가치가 템포로부터 형성된다. 그러므로 단단한 엄호나 전술적으로 저항력이 강한 지형처럼 부분적인 외부 승수가 존재할 때 이 부대는 충분한 시간 안에 운용될 수 있다.

대부분의 선진 군대에서 주력 기계화 부대의 견제 및 기동 요소들은 대등한 성능의 주요 전술 차량들을 보유하고 있으며 그 차량들의 구조도 점점 비슷해지고 있다. 지난 10여 년에 걸쳐 소련군 사단의 주된 유형을 보면 전차와 보병의 비율이 한 지점으로 수렴되고 있다. 전차 대대의 병력과 수를 고려할 때 현재 기계화 사단은 거의 균형 잡혀 있다. 그리고 기-보병 대대에 대한 전차 사단의 비율은 이전처럼 10:3 이 아니라 10:6이다. 이미 언급한 바와 같이 90년대가 되면서 이러한 두 가지 형태의 사단은 단일 '충격 사단'의 형태로 변화될 수 있을 것이다. 60년대의 미국 'ROAD'형 기갑 및 기계화 사단들은 이 책이 발간될 쯤 'A형 및 B형'의 중 사단들로 재편성될 것이다. 이 중 A형은 6:4로 전차 위주 편성이고 B형은 균형 편성이다. 서독 연방군은 아직도 각각 약 2:1 그리고 1:2의 비율로 전차와 보병이 편성된 기갑 및 기계화 사단을 보유하고 있다. 그러나 교리, 부대 구조 및 장비의 발전 추세를 보면 불과 몇 년 내에 바뀔 수도 있다. 현재 영국 육군이 보유하고 있는 유일한 유형의 기계화 부대는 기갑 사단인데 엄밀히 말하면 이 사단은 전투 가치보다 정치 활동과 평시 진급을 위한 수준에 맞춰져 있다.

사실상 물리적인 기동성과 부대 유형이 동일한 견제 부대 및 초기 (중궤도) 기동 부대에 관한 대단히 격렬한 논쟁이 있는데, 그 일부를 제6장에서 이미 알아보았다. 우회 작전의 핵심인 지레 작용을 발전시키기 위해서 견제 부대는 적에 근접하여 계속 접촉해야 한다. 이상적인 것은 견제 부대가 적을 전방으로 유인하고 적어도 초기 단계에서는 전방에서 지탱해야 한다. 그러나 조만간 적은 후퇴하거나 지연전을 실시하고 또는 신속한 철수로 이어지는 깨끗한 포위망의 돌파를 시도하려 할 것이다. 따라서 견제 부대는 적과 접촉을 유지할 수 있는 물리적 기동성을 보유해야 한다. 이는 추격 상황에서도 마찬가지이다. 적이 철수하는 템포는 기동 부대 또는 봉쇄 부대의 투입에 의한 포위 때문에 감속된다. 그러나 그렇지 않은 경우도 있다. 마찰을 허용하기 위해 견제 부대는 상대방 템포의 2배 속도로 작전할 수 있어야 한다. 또한 후퇴가 시작되는 단계에서도 접촉의 유지를 보장하기 위해서 대부분 조치보다는 물리적인 기동성에 의한 상대적인 이점이 제공되어야 한다. 이것이 견제 부대에게 그 역할상 최소의 물리적 기동성과 조치 템포를 설정해준다. 말하자면 기동성이라는 사다리에서 맨 밑바닥 단에 해당하는 수준이다.

우리는 제6장에서 지렛대가 충분히 발전하려면 기동 부대가 견제 부대의 템포보다 2~3배 빨리 움직여야 한다는 것을 확인했다. 만일 견제 부대 및 적 주력이 계속 이동한다면 그 템포 비율이 2배가 안 될 경우, 기동 부대는 우회 상황을 만들거나 그 상황을 유지시킬 만큼 빠르게 움직일 수 없게 된다. 만일 템포 비율이 3배 이상이라면 지렛대가 과도히 신장되는 것만으로 부러질 수도 있다. 그리고 견제 부대와 기동 부대 사이의 받침점은 위험스럽게도 역습에 취약해진다.

단독으로 행동하여 이러한 비율을 달성하는 것 자체가 매우 가혹한 훈련 문제를 제기한다. 전술과 절차에는 분명히 차이가 있고, 소련군의 관례는 이러한 차이점을 보여주는 좋은 사례이다. 전차 사단에서는 중대 전체가 함께 이동하는 전차 중대에 의해 사격과 이동이 실시된다(영국의 전문 용어로 중대는 '전술 단위'이다). 기계화 사단에서 전차 중대는 단위가 더 커지며 전차 소대가 전술 단위이다. 이처럼 사격과 이동의 최하위 제대 개념을 도입하는 것은 이론적으로 템포를 반감시킨다. 전차 사단에서 기계화 보병은 전술적 상황이 하차 전투를 강요하지 않는다면, 또는 하차 전투를 강요할 때까지 계속 탑승 전투를 수행한다. 반면에 기계화 사단에서는 통상 기계화 보병이 공격의 최종 단계와 방어시에 하차한다. 전차 부대와 전투 그룹에서 최초 명령만

이 구두로 하달되고 '작전 문서'에 의해 지원된다. 그 후에는 무전에 의해서 통제가 이루어진다. 기계화 대대 그룹의 경우 어떤 작전들은 부대 예규(SOP)에 의해서 통제된다. 그러나 나머지 대대들은 일반적으로 전통적인 보병 전투 훈련 교리(정찰 그룹, 명령 그룹 등)를 따른다. 나는 후자가 10의 1승만큼 일시적으로 템포를 감소시킬 수 있다는 많은 증거를 축적해왔다. 상이한 조치에 의해서 2배 혹은 3배로 템포가 증가하는 영역이 분명하게 있다.

한편 다음의 두 가지 행동 형태는 두 가지 상이한 사고 방식의 외형적이고 가시적인 표시이다. 즉 전차 승무원은 이동 간에 정지하고 보병은 진지와 진지 사이에서 이동한다. 나는 이처럼 접근과 기술의 필수적인 이중성이 달성된 사례를 두 가지 알고 있다. 그 하나는 만토이펠Manteuffel의 '대 독일' 기계화 보병 사단이고 다른 하나는 영국의 차량화 대대였다. 이 개념은 존 무어 경의 전통에 따라 지금은 왕립 녹색 재킷 부대로 통합된 연대들에 의해서 구현되었으나, 전후 영국의 평등주의자들이 그 우수성을 인정하지 않았기 때문에 무용지물이 되었다. 나는 주로 보병에게 지원 역할을 하는 부대(기갑 부대를 비꼬는 표현이다—옮긴이주)에서 근무했기 때문에 영국 육군이 갖고 있는 문제를 잘 알고 있었다. 전차 및 기계화 보병 부대를 지휘하는 장교(일부는 중대장)들이 나치 국방군 체제하에서 훈련되었던 독일연방군의 초창기 당시에도 확실했던 이 문제는 오늘날 더 두드러지게 되었다. 이는 미육군에서 오래 전부터 앓아오던 상처이기도 했는데, 최근에 미국을 방문한 결과 전혀 치유가 되지 않았음을 알 수 있었다. 소련군에서 병과간의 경쟁은 BMP-1의 도입에 따른 공개 논쟁으로 표출되었고, 제병 전투 개념이 발전되어 공포된 지난 15년 동안 줄곧 그 상태를 유지하고 있다. 이러한 문제는 한 국가의 편성 부대가 합리적인 조직이라기보다는 오히려 사회적인 조직이라는 사실에서 비롯되기 때문에 완전히 해소될 것 같지는 않다.

회전익의 템포는 중궤도를 기본으로 하는 기동 부대 템포의 5~10배 사이에 위치한다. 이러한 차이가 두 단계 사이의 거북할 정도로 넓은 간격을 나타낸다. 소련군이 헬기 탑승 부대의 작전적 운용에 대해 신중한 것을 보면 이 점이 잘 입증된다. 그러한 주장은 견제 부대와 초기 기동 부대 사이의 비율에 대한 주장과 동일하며, 공정 강습 여단의 영역을 전술적–작전적 경계선으로 제한하는 데 영향을 미쳤다. 초기에는 기동 부대에 대한 템포의 비율이 약 2:1이 되는 별도의 단계가 필요하다. 이것이 바로 신속한 궤도 위에 탑승한 경장갑 부대를 옹호하는 주요 주장들 중의 하나이다. 또 다른 주장은 중궤도 차량이 이동할 수 없고 작전할 수도 없는 전구에서의 경장갑 부대의 필요성이다. 주요 전구에서 이러한 종류의 부대는 클럽 샌드위치 전투에 매우 적합하게 들어맞는다. 즉 경장갑 부대는 초기 기동 부대가 우회 상황을 형성한 뒤에(이 단계는 이론과 역사적 사례로 볼 때 템포가 가속화되는 단계이다) 이 부대를 초월하게 된다.

제2류의 전구에 개입할 때는 경장갑 부대가 초기 기동 부대를 형성하고 견제 부대로도 투입될 가능성이 큰데, 환경 및 군수지원 마찰이 템포를 저하시키게 될 것이다. 하여튼 경기계화 부대의 전투 가치는 극단적인 융통성을 위해 거의 이상적이라고 할 질량과 템포의 균형을 보유하고 있다. 이러한 부대에 힘을 제공하는 데 필수적인 기술의 진보가 이미 이루어지고 있다. 그것은 미국식 용어를 사용하면 '경기동 방호포'로, 사실상 주력 전차의 화력과 매우 유사한 수륙 양용 경전차이며 모든 측면에서 보병 전투 차량의 기동성에 필적한다. 이상하게도 이 책을 쓰고 있는 지금까지도 아직 이러한 종류의 차량(PT-76의 후속 모델)이 소련군에서 공식적으로 모습을 드러내지 않았다.

나는 고도의 논쟁을 야기하고 있는 공정 부대와의 관련성 속에서 이 경기계화 부대를 잠깐 다시 살펴보게 될 것이다. 그 이전에 헬리콥터가 작전적으로 운용되는 층까지 클럽 샌드위치 전투의 양상을 전개시키고자 한다.

클럽 샌드위치

나는 군사적인 클럽 샌드위치의 개념에 두 가지 커다란 단서를 붙여야 한다고 생각한다. 단순히 기계적으로 유사성을 적용하는 것은 견고성과 다른 한편으로는 엄격성에 대해서 완전히 잘못된 인상을 준다. 전쟁에서 어떤 작전은 불확실성을 띠게 되고 따라서 작전의 과정이 종종 혼란스러워진다. 더 중요한 것은 포용력으로 인해 '다방면의 능력'을 가진 클럽 샌드위치가 아주 가치 있는 모델이 되는 반면, 복잡성은 클럽 샌드위치를 가장 현실성 없는 팡타그뤼엘Pantagruel(프랑스 작가 라블레Rablelais의 작품 《가르강튀아Gargantua》와 《팡타그뤼엘》에 나오는 거칠고 풍자적인 유머가 풍부한 인물—옮긴이주)의 망상으로 전락시킨다는 점이다. 클럽 샌드위치는 군사전문가들이 속속들이 알고 있는 분야가 아닐 뿐 아니라 샌드위치 구조로 갖고 있다는 사실조차 인식하지 않는 경향이 있다. 다시 한 번 클럽 샌드위치의 빵은 러시아제가 유일하므로 러시아제임을 강조한다. 그리고 빠질 수 없는 요소로서 북부 독일 평원(《그림 13》)이 샌드위치 식탁으로서 도움을 주어야 성립이 됨을 밝혀둔다.

그러면 (2개 기계화 사단을 결한) 2개의 제병군으로 편성된 견제 부대에 의해 공세 작전을 개시하는 소련군의 전선군을 가상해보자. 더불어 기계화 사단이 '경연대'를 보유하고 그 연대의 주력 전차들이 오늘날 BMP-3 보병 전투 차량과 같은 기동성을 가진 '경기동 추진포'와 전차 파괴차(미사일 탑재)의 혼합 편성으로 대체된다고 가정하자. 이러한 2개 사단(지형 때문에 모두 기계화 위주로 편성된다)에 추가하여 전선군 공정 강습 여단, 전선군 및 군 포병의 표준적인 일부 제대, 군 교량 설치 시설 그리고 비행장 건설 공병 대대들이 전선군 전투 서열의 일부로 편성된 군단급 OMG 사령부 예하에 전선군 수준의 OMG를 구성한다(〈그림 41 a〉). 전차군이 제3제대로 확보되지만 전선군 사

(a) 전투 서열

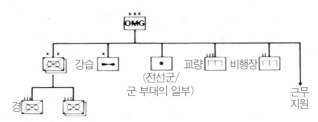

(b) 편성

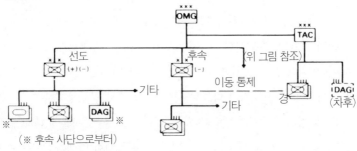

〈그림 41〉 (a) 소련군 '전선군 수준' OMG의 전투 서열 예상(북독일 평원 작전시)
(b) 예상되는 OMG의 초기 편성(본문 참조)

령관은 이미 예하 공정 강습 여단에게는 특별 운용을 위한 꼬리표를 붙인다. 전구(아마도 '주요 전구') 사령부는 전선군 사령관에게, 키예프 군관구에 기지를 두고 있고 D+1일까지 엘베 강에서 사용할 수 있는 추가적인 공정 강습 여단을 할당한다.

탁월한 작전 정보 덕택으로 우측에 있는 제병군이 혼성 군단의 경계 지역까지 성공적인 베어내기식 공격을 시작할 수 있고, 예하 전차 사단은 D일 정오까지 '군급' OMG로 투입될 수 있다. 이 사단을 OMG라고 부르는데 브레멘 공항을 작전적 목표로 하고, 나토의 C3 센터들과 핵발사 및 살포 지뢰 발사 능력이 있는 포병을 처리하기 위해 재래식 습격 부대나 공지 강습 그룹을 파견한다. 이 그룹이 주 돌진선에서 떨어져 북쪽 방향으로 우회함에도 불구하고, 투입이 주는 충격 효과는 뤼네부르크 벌판을 횡단하고 함부르크-하노버 고속도로에서 떨어진 회랑을 개방시킬 수 있다. 그러면 전선군급 OMG가 북쪽으로 이동해서 고속도로를 가로질러 D+1일 03시에 공격을 개시한다. 바로 여기에서 우리의 이야기는 시작된다.

지형과 임무 때문에 OMG 사령관은 두 가지의 재편성을 명령한다 (《그림 41 b》). 그는 예하 2개 사단들에서 '경연대'들을 파견하는데, 이 부대들을 OMG 사령부의 '전방'(전술) 부대 예하로 편성하고 후속 사단의 이동을 위해 전방 부대 지휘하에 둔다. OMG 사령관은 후속 사단의 전차 연대와 사단 포병군을 선도 사단으로 전환시키고 6개 대대 수준의 특수 임무 부대와 최소한의 전투 지원 요소만 사단에 잔류시킨다. 이 때 전투력이 약화된 사단은 두 가지 임무를 수행한다. 하나는 실제로 그 축선의 남쪽에 있는 3개의 특수한 표적들에 대해 습격을 개시하는 것이고 다른 하나는 남아 있는 기계화 연대가 OMG 축선을 개방, 확보 및 확장하는 것이다. 마찬가지로 가능한 빨리 축선의 북쪽으로 향한 제2의 통로도 조치해야 한다. OMG 사령관이 선도 사단을 증강하는 이유는, 베저-알러의 합류점인 베저 강 하류를 횡단하여 확실히 돌파한 뒤에 선도 사단이 강 좌측 제방 아래로 1개 기계화 연대 그룹을 파견함으로써, 브레멘 공항으로 향한 전차 사단과 연결해야 하기 때문이다.

베저를 확보하고 난 뒤에 전차 위주의 선도 사단은 링엔-엘베르겐으로 향한다. 여기에는 엠스 강과 도르트문트-엠스 운하가 나란히 흘러간다. 감소된 후속 사단이 베저에 근접할 때쯤, 적어도 사단이 연대 규모의 습격 부대를 회복할 수 있을 때까지 상당히 양호하게 운용될 것이다. 우리 모델(〈그림 42〉)의 관점에서 보면 베저까지와 이를 가로질러 2개의 통로를 확보하는 것(소련군의 시각으로는 작은 장애물이다)은 최초의 받침점 A와 전진 받침점 B를 창출하는데, B에서 선도 사단이 선회할 수 있다. 선도 사단이 재충원되고 견제 부대 요소에 의해서 교체될 때까지 후속 사단의 과업은 선도 사단의 잔여 부대와 경기계화 그룹을 후속 사단의 전투 지원 및 긴요 근무지원 부대와 함께 베저 건너 전방에서 추월하는 것이다.

일단 선도 사단이 오스나브뤼크-브레멘 고속도로 양쪽에서 성공적으로 적을 우회하고 예하 부대들이 엘베르겐-링엔 장애물(C)을 횡단하면, 전선을 점검한 OMG 사령관은 자신의 공정 강습 여단을 베젤에 있는 교량으로 출발시킨다. 그것의 대용 목표는 레스에 있는 라인 강 도하 지점이다(예하 예비 공정 강습 여단에게 이미 브리핑을 실시한 전선군 사령관은 이 시점에서 레스에 대한 지원 작전을 위해 여단에게 즉각적인 경고를 하달한다). 그 다음에 OMG 사령관은 전방 사령부로 장소를 옮긴 후, 경기계화 그룹과 함께 이동한다.

선도 사단은 명령에 따라 이중 하천 장애물의 도하 지점을 확보하

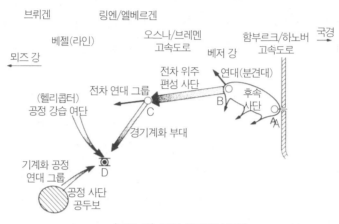

전진 방향

브뤼겐   링엔/엘베르겐
        베젤(라인)   오스나/브레멘   함부르크/하노버 국경
                        고속도로   베저 강   고속도로
뫼즈 강
                                전차 위주   연대(분견대)
                    전차 연대 그룹 편성 사단
        (헬리콥터)   후속
        공정 강습 여단   C   B   사단
                                        A
                        경기계화 부대

    기계화 공정
    연대 그룹
            공정 사단
            공두보

〈그림 42〉 클럽 샌드위치 모델

(지리적인 배치의 개념 도입. 〈그림 13〉과 비교)

고, 1개 전차 연대 그룹을 아펠도른과 서쪽으로 뻗어 있는 네덜란드
자동차 도로를 향하여 횡단시킨다. 그 후에 OMG 사령관 휘하에 있
는 경그룹을 추월하기 위해 통로를 확보하며, 경그룹이 통과할 때 전
방 사단의 포병군을 자신의 지휘 아래 둔다.

이 모델에서 링엔에 있는 도하 지점을 확보하는 것은 B에 있는 받침
점을 무효화하는 효과가 있고 C지점에 또 다른 전진 받침점을 창출한
다. 여기에서 경기계화 그룹(현재 우선권을 보유한다)과 선도 사단에 예
속된 선도 부대들이 선회할 수 있다.

경기계화 그룹은 공정 강습 여단과 연결하고 그 부대에 포병 지원을
제공하기 위해 이제 베젤-레스 지역을 향해 전진한다. 소련군은 계획
수립시에 이러한 연결이 데잔트에 의해 6시간 안에 달성되어야 한다
고 요구한다. 교량 D가 작전적으로 중요한 지리적 위치에 있기 때문

에 교량 D의 탈취는 받침점 C를 잠그고 연결이 달성되기 전에 D를 전진 받침점으로 만든다.

이 시나리오에서 클럽 샌드위치의 마지막 층이 대단히 의심스러우나 일단 마지막 층을 추가한 다음에 비판적으로 정밀하게 검토하겠다. 주요 전구 사령부(전선군보다 한 단계 상위 부대이며 나토 중심부에 대한 전체적인 전략적 공세를 책임진다)는 북부 전선군급 OMG가 양호하게 진출한다고 판단이 되면, 최고 사령부가 유럽의 나토 심장부인 라인-뫼즈 삼각지대에 투입했던 3개 공정 사단 규모의 특수 공정 군단을 출발시킨다. 예하의 1개 공정 사단은 북서쪽에서 본을 향하고, 다른 1개 공정 사단은 뒤셀도르프와 쾰른의 라인 도하 지점 교량에서 공정 강습 여단들과 연결한다. 브뤼겐의 나토 공군 기지에 공두보를 설치한 최북부 공정 사단의 초기 작전적 임무는 북쪽의 도하 지점(베젤 또는 레스)을 탈취하고 준비한 부대와 연결하기 위해 BMD에 탑승한 연대 그룹을 출발시키는 것이다. 이 공정 사단의 견고한 기지가 도하 지점을 확보하고 있는 공정 강습 여단 그리고 라인 강을 도하한 뒤 위에서 언급한 도하 지점과 최초의 전략적 목표를 향하여 남서쪽으로 전진하는 경기계화 그룹 및 기타 부대들에게도 마찬가지로 받침점을 제공한다.

공정 부대의 장래

템포 비율의 사다리 개념을 구체화시키고 동시에 확실히 이상적인 이 모델은 중요한 두 가지 의문점을 제기한다. 첫번째는 수송기로 운반된 대규모 공정 부대가 적과 접촉할 때 또는 위험한 상황에서 착륙할 때의 운용이다. 우리는 제7장에서 공정 부대의 전술적 강하에 대한 선형성의 영향이 어떻게 도보 낙하산 부대로 하여금 적의 즉각적인 반응을 충분히 막아낼 수 있도록 대비하기 위해서 시공간적 집중을 거부하는지 알아보았다. 제2차 세계대전의 크레타 전투와는 달리 공정 부대는 매우 제한된 종심에서 전술적 역할로 사용되었을 때 고강도 및 고템포 작전들에 오직 성공적으로 기여했다. 이 사실은 노르망디 상륙 작전이나 라인 강 도하를 지원할 때의 공정 작전보다 적군이 미확보된 영토에 실시한 소수의 공정 작전에서 더욱 제대로 부합된다.

소련군은 투하체프스키의 기계화 공정 부대 개념을 확고하게 인식하고 최초에는 차량화, 그런 뒤에는 부분적으로 BMD에 의한 기계화, 더 나중에는 완전 기계화를 달성함으로써 이러한 제한을 극복했다. 그러나 이러한 변화는 총 공수력과 요구되는 특수 항공기의 비율 모두에서 다중적인 증가를 나타낸다. 그리고 만일 기갑 차량과 다른 중장비가 착륙이 아니라 낙하산으로 공수되어야 할 경우에 특수 화물의 공수량은 실질적으로 증가된다. 나의 대략적인 계산 결과와 마찬가지로 공정 작전에 대해 많은 서구의 전문가들이 갖게 된 견해는, 소련군의 BMD 탑승 연대 그룹(즉각적인 전투 및 근무 지원과 함께)이 낙하산에 의해서 미확보된 영토에 투입될 수 있는 최대 규모의 부대라는 것이다.

공역 통제 문제는 제쳐두고라도 필요로 하는 대규모 항공기와 이들을 집결, 적재 및 출발시키는 데 명백한 선형성이 절박하게 위험한 두 가지 문제를 추가적으로 야기한다. 여기서 위험에 처해 있는 당사자는 작전적 또는 전술적 기습의 유지이다.

두 가지 문제점 중에서 덜 심각한 진입 비행을 먼저 알아보자. 독일을 횡단하여 동쪽으로부터, 말하자면 라인-뫼즈 삼각지대에 이르기까지 부대가 노출된 상태lo-lo-lo로 직접 비행한다고 가정해보자. 그 선두 부대는 나토의 영토 위로 35~40분을 비행해야 하는데, 영토가 침범당하면 관측자와 지상 감시 장치가 즉각 작동할 것이고 이 부대의 후미는 훨씬 오랫동안 위험에 노출될 것이다. 충분히 적재한 상태로 간접 통로를 사용하기 위해서는 공중 급유가 필요하다. 그러나 공중 급유는 아직도 매우 낮은 고도에서는 문제점을 야기하는 기술이다. 심지어 단 1초 동안 항공기가 레이더 표면에 떠오르거나 함정 탑재 레이더에 의해 포착된다면 게임은 불리해지고 그 부대를 호위의 이점 없이 지대공 및 공대공 공격에 완전히 노출시킨다.

두 번째이자 더 중요한 문제는 공중 수송 및 위성 탑재 감지기에 의한 지상에서의 부대 탐지이다. 현재 이러한 작전을 수행하려면 항공기와 부대들은 몇 안 되는 비행장에 집결할 것이며, 아마 200명 또는 그 이상의 병력을 요구하는 여단별로 비행장이 하나씩 할당될 것이다. 항공기의 연료 재보충과 점검, 중장비의 준비와 적재 그리고 병력을 화물로 일괄처리하는 것(백묵으로 숫자를 쓰듯이)은 쉬운 일이 아니다. 전통적으로 보면, 적어도 작전 개시 24시간 전에 집결이 시작되고 그 전에 비정상적인 공중 이동과 지상 활동이 상당 기간 선행된다. 누구든지 현대적인 감시 수단에 의해 기습이 상실됨을 인정해야 한다. 만일 모든 과정이 사단급 또는 그 이상 대부대 작전을 착수하기 위해 여러 비행장에서 동시에 진행될 경우 기습은 더 상실될 것이다. 따라서 미확보된 영토에서 고정익 항공기에 의한 공정 작전을 실시하기 위해서는 새로운 전술적 개념과 준비 기술을 직시해야 한다.

목표상 또는 목표 최근거리에 강하해서 적이 어떠한 실질적인 반응을 하기 전에 집결하여 목표를 탈취한다는 개념은, 일단 강하하면 공정 부대가 도보 기동력을 갖는다는 사실로부터 비롯되었다. 그들은 기동 능력이 없고 중장비를 사용할 수 없으므로 임무를 완료한 후 참호를 파거나 또는 회피할 때까지는 가장 경량화된 기계화 경계 부대에 의해서도 크게 영향을 받는다. 반면에 기계화 공정 부대가 가장 꺼리는 것은 목표 지점이나 그 부근에 강하하여 전술적 기습을 상실하고 자신들이 가장 취약할 때 전투에 스스로를 노출시키는 것이다. 기계화 공정 부대가 우군 지상군 또는 회전익 항공기의 행동 전개에 의해 어떤 것이 가장 가능한 목표인지 노출하기 전에, 2~3개의 가능한 목표로부터 1시간 혹은 그 이상의 시점에서 공격해 들어가는 것이 가장 이상적이다.

만일 전술적으로 자체 편성을 하고 통제된 이동이나 기동을 실시할 예정이면 기계화 공정 부대는 낙하산으로 강하하는 것보다 공두보로 진입 비행을 해서 들어가는 것이 훨씬 쉬울 것이다. 게다가 낙하가 아닌 착륙을 실행하기 위해 인원을 탑재(그리고 특히 중장비의 적재)할 때는 낙하산, 콘테이너 및 플랫폼이 필요 없기 때문에 공수에 있어서 많은 부분을 절약할 수 있다. 그리고 이러한 절약은 보통 및 특수 화물 수송기의 필요에 직결된다. 사단 작전을 위해서 개인 군장을 휴대한 여단 규모가 공두보에 낙하산으로 강하하여 이를 탈취할 목적으로 공수 탑재되었다고 상상해보자. 여단의 중장비와 사단의 나머지 부대는 필요시 비전술적으로 낙하산 강하가 아닌 착륙을 위해서 적재되어 진입 비행을 해야 할 것이다.

이러한 급격한 변화가 작전의 준비에 있어 긍정적인 효과를 가져올 수 있다. 강습 여단의 인원들이 다수의 분산된 비행장과 활주로에서 탑승할 수 있으므로 밀집이 지연되거나 정상적인 이동과 활동의 형태에 지장을 주는 것을 회피할 수 있다. 나머지 탑재 과정은, 특히 소련과 같이 일상적으로 주로 공중 여행에 의존하는 국가에서는 군대 및 민간 항공의 유형별 사용으로 은폐될 수 있을 것이다. 중장비는 사전에 우랄 지역의 종심 깊은 곳에 적재될 수 있고 일정 기간에 걸쳐 분산된 비행장으로 전방 이동을 할 수 있을 것이다. 부대는 사실상 은폐된 채로 공항에 집결되거나 계획된 민간 항공 노선을 따라 미리 배치된 민간 항공기에 탑승할 수도 있다.

나의 주장과는 정반대의 훌륭한 견해들이 있다. 그러나 미확보된 영토에 대한 상당 규모의 고정익 공정 작전은 만일 공두보가 설치되어 기계화 공정 부대의 전진 기지 역할을 하고, 적극적인 기만에 의해 지원되는 반비밀기술이 작전의 준비시에 운용된다면 전략적 기습의 상황에서 실현 가능하다고 확신한다. 이런 형태의 작전이 실행 가능한 규모는 불확실한데, 이 문제에는 '참모 점검' 수준의 정확성이 크게 도움이 되지 않는다. 나토 중심부에 대한 소련군 공정 작전의 범위는 완전히 프로그램화가 가능한 전쟁 연습과 아마 극단적으로 가치가 있는 기동 연습을 제공하게 될 것이다. 하지만 실현 가능성은 제쳐두고라도 양호하게 장비되고 잘 균형된 공정 기계화 여단 그룹이, 장비가 부족하고 비실제적이며 다루기 힘든 사단보다 높은 전투 가치를 보유하고 있음을 입증할 수 있다. 앞 장에서 전투 가치가 상대적이라고 정의했으므로 적 후방 지역에서 사용할 수 있을 것 같은 전투 부대의 규모뿐 아니라 그들의 제한된 물리적 전투력과 질을 고려해야 할 필요가 있다.

이 개념의 취약점은 화력 지원을 고정익 항공기에 의존하면서 부대를 강하시켜 도보 병력에 의해 공두보를 탈취하는 것이다. 특히 진입 비행은 적어도 낙하산 공격에 대해 30분의 사전 경고 시간을 제공한다. 회전익 강습 여단이 '주전투 공중 차량'의 원칙에 입각해서 작전하도록 훈련되고 장비된 경우에는 더구나 이 부대에 의한 공두보의 확보가 잘 수행될 수 있다.

증대된 물리적 전투력과 더욱 빠른 템포가 기동 부대의 전투 가치를 향상시키기 때문에 부대 유형이 구별되는 핵심 제대는 사단으로부터 여단으로 하향 조정될 것이다. 그러므로 누구든지 공정 사단 또는 더 쉽게는 4개 여단 그룹으로 구성된 사단급 특수 임무 부대를 상상할 수 있다. 이 4개 여단은 1개 회전익 항공기 강습 여단, 1개 경(비차량화) 공정 여단(중요한 고공 강하 능력 보유하고 있다), 그리고 2개의 기계화 공정 여단으로 구성된다. 각 여단 그룹의 유형은 여단에 편제된 적절한 전투 및 근무 지원 능력을 보유하고 있다. 차후 공세 작전을 위한 헬기 부대를 자유롭게 만들면서도 지상에 착륙한 하차 여단이 전방 기지로서 공두보를 인수할 수 있다. 그러므로 이러한 부대는 70년대와 80년대 공격 시나리오의 특징을 이루고 (부분적으로 기계화된) 2~4개의 공정 사단에 의해서 편성된 특수 소련군 군단과 동일한 작전적 능력을 보유하게 될 것이다.

헬리콥터가 선도하는 전략적 행동

이 주제는 나에게 더 급진적이고 흥미로운 사고를 유도한다. 독자들이 은연중에 내가 시작하려는 방식을 공유한다면 신뢰를 얻을 수 있을 텐데 나는 나토 중심부라는 식탁 위에 클럽 샌드위치 모델을 세우기 위해 이 장의 서두에서 적용했던 많은 순서를 따랐다. 앞서 언급했던 바와 같이 결과적으로 샌드위치를 너무 크게 만드는 것은 식사 준비를 어렵게 만들고 그 샌드위치는 분명히 옆으로 쓰러질 것이다.

이 시점에서 라인 강은 내게 루비콘 강(이탈리아 중부의 강으로, 중대한 결정적 지점을 의미한다—옮긴이 주)이 되었다. 만일 당신이 라인 조지의 북쪽에 위치한 주요 도하 지점들의 통제를 확보하고 기계화 공정 부대를 라인-뫼즈 강 삼각지대의 심장부에 투입하며 셸트 에스투아리에 함정으로 상륙하여 이 부대를 지원한다면, 라인 강 동쪽에서의 진행이 그다지 큰 전략적 중요성을 갖지는 않을 것이다. 적의 전략적 기습이 없더라도 나토 지상군의 주력은 잘못된 방향에 대비하거나 심지어 그 방향으로 이동하면서 라인 강의 다른 쪽을 포착할지 모른다. 물론 구형 장비를 가진 소련군 기계화 부대의 전력이 위협적인 태세로 내부 독일 국경(IGF:동서독 국경을 의미)을 횡단하게 될 것이다. 그러나 전략적인 목표에 대해서 '간접적인 직접 접근'을 하는 것은 공세의 전반적인 강조점을 변화시킨다. 기동 이론의 관점에서 보면, 전체 바르샤바 동맹의 지상군은 견제 부대가 되고(손자는 정병' 正兵 이라고 표현했다) OMG 부대는 전술적 기동 그룹이 된다. 반면에 회전익과 고정익 항공 공정 부대가 해상 수송 지원과 더불어 결정적인 기동 부대를 구성할 것이다(손자는 이를 기병奇兵으로 표현했다.《손자병법》병세편의 以正合, 以奇勝 참조—옮긴이주). 과거에 나는 고정익 및 회전익 항공기 부대가 선도하여 전략적 기습이 아주 쉽게 이루어진다는 보장이 있으면, 이러한 부대들이 큰 어려움 없이 투입될 수 있을 것이라고 생각했었다. 아직도 그 생각에는 변함이 없다.

잠수 항공 모함의 충격

그런데 1983년에 공개된 한 가지 첩보가 이와 같은 일련의 사고를 더 흥미롭게 만들었다. 소련은 미군이 보유한 최대 규모의 항공 모함에 버금가는 잠수함을 4~5척 생산할 계획인데, 그 첫번째 잠수함을 건조하고 있다는 보도였다. 흑해에서 두 부분으로 나뉘어 건조 중인 거대한 항공 모함에 관한 최근의 첩보를 고려할 때, 1983년에 보도된 내용에 약간 의심스러운 점이 있긴 하지만, '무성無聲'과 고속 잠수 추진 장치를 장착한 대형 핵추진 잠수 항공 모함들은 분명히 실현될 수 있다. 그것의 특징은 상공이나 주변에서 항해하는 대잠함과 또는 미사일 잠수함에 의해서 잘 은폐될 수 있다. 이 대형 선박은 확실하게 실질적인 전력 규모의 회전익 항공 부대와 수륙 양용 경기계화 부대를 수송할 수 있고, 불과 몇 분만에 수면 위에서 항공기를 이륙시키거나 부대를 이탈(부유)시키게 될 것이다. 이처럼 전략적 및 작전적 수준의 경계선에서 부분적으로 은밀하게 운용되는 소규모 특수 부대는 영국, 소련 및 미해군에서 전술적으로 항공 모함의 선박을 이용하여 부대를 해안으로 이동시키는 것과는 백묵과 치즈의 차이만큼이나 다르다는 점을 강조하고자 한다.

포클랜드 전쟁을 해군의 시각으로 바라본 나의 문외한적인 해석에 따르면, 수면 위에서는 어떠한 규모의 해군 부대도 오랜 시간 생존해 있을 수 없었다. 그리고 핵추진 기술이 잠수함을 모든 해상 임무에 적합하게 할 수 있으므로 해군은 결국 수중으로 내려가게 될 것이다. 최근에 다른 여러 전투에서 잠수 상태의 잠수함이 순항 미사일(탄도 미사일이 아니다)을 성공적으로 발사한 것은 이러한 견해를 고무시키고 있다. 나는 잠수 항공 모함이 얼마나 많은 헬리콥터와 경장갑 차량들을 취급할 수 있는지 판단할 수 없다. 그러나 사전지식으로 대략 추정해 보면 각 부대 유형별로 대대 그룹 규모가 현실적이면서도 설득력이 있을 것이다.

잠수 수송 작전을 위한 기동 부대의 창설에 필요한 물적 및 인적 자원에 대해 말하기는 힘들다. 그러나 이 문제는 이러한 부대가 제공하는 전략적인 힘의 관점과 구식 해군의 비용 그리고 그것이 교체할 지상 및 항공 부대의 관점에서 보아야 한다. 제7장에서 헬리콥터의 잠재력이 적절히 규명되었다고 생각하지만 잠재력의 새로운 측면이 지속적으로 밝혀져야 한다. 상이하지만 본질적으로 보완 관계에 있는 두 가지 군사적 체계의 결합이 제공하는 영역은 거의 무한한 것처럼 보인다.

결론

이 장에서 토의를 통해 세 가지 사실이 분명히 밝혀졌다. 기동 체계를 구성하는 연속적인 두 가지 요소 사이의 템포 비율은 결정적이다. 즉 이것은 클럽 샌드위치의 통합성을 파괴하지 않고, 클럽 샌드위치의 하나 또는 그 이상의 층을 필요로 한다. 반면에 '완벽히 작동하는' 클럽 샌드위치가 아무리 가치 있는 모델일지라도, 분명히 실질적인 제안은 아니다. 비록 이러한 형태의 군대를 창출하는 데 소요되는 자원이 충분하더라도, 그렇게 엄청난 편성과 장비에 걸쳐 자원을 분산시키는 일은 자원을 최적으로 사용하는 것이 아니다. 또한 그러한 군대는 형성될 수 있을지라도 취급하기 어려울 정도로 운용이 복잡할 것이다.

그렇지만 이러한 템포 비율을 간단히 물리적 기동성에 관련시킬 수는 없다. 어떠한 경우에는 융통성이 상이한 조치 기술에 의해서 획득되는 템포상의 일부 차이를 요구한다. 이것은 다시 말해 어떤 유형의 부대가 일부 또는 대부분의 시간 동안에 최대 템포 이하에서 잘 운용하게 될 것임을 의미한다. 이러한 조건에서 그 부대들의 전투 가치를 유지하기 위해서는 물리적 전투력의 전투 가치에 대한 기여도가 대단히 높아야 한다. 한편 아주 빠른 템포의 잠재력은 너무 크기 때문에 무시할 수가 없다.

이것은 예상되는 소련군의 움직임에 한편으로는 충격 사단, 다른 한편으로는 헬리콥터와 기계화 공정 여단으로 지향되는 양극화의 경향이 있음을 시사한다. 다루기 어려운 클럽 샌드위치 대신 두 개의 코스를 선택할 수 있다. 주 요리는 물리적인 전투력 즉 질량을 기초로 한 것이고 다른 하나는 후식, 아니 기습과 운동량으로부터 효과의 대부분이 도출된 짭짤한 입가심 요리이다. 중부대와 경부대는 각각 자체 내에서 작전적 수준의 기동 이론을 적용할 수 있고 견제 부대와 기동 부대를 형성할 능력을 가지고 있다. 두 부대는 전략적 수준에서 이러한 방식으로 상호 작용을 할 것이다. 그리고 한 부대의 결정적인 장비는 지원 역할의 범위를 충족시키는 헬리콥터와 더불어 주력 전차 및 중보병 전투 차량이 될 것이다. 반면에 다른 부대의 결정적인 장비는 헬리콥터와 수륙 양용 및 공중 수송이 가능한 경장갑 차량이 될 것이다. 치열한 전투 환경에서 도보 보병은 생존하기가 힘들게 된다. 경부대 내에서 보병은 전통적인 지면 확보 과업(전진 기지)뿐 아니라 산악전에서 특수 부대 작전에 걸쳐 있는 경보병 역할의 스펙트럼을 갖게 될 것이다.

이것은 사회적으로 용인되는 발전과 점진적인 보수주의의 편안한 모습을 지닌 산뜻한 그림이다. 게다가 이러한 군대는 비록 발생할 것 같지는 않지만, 가장 주된 위협과 —— 세계적으로 개입을 요구하는 —— 더 가능성이 높은 부차적인 위협의 온상에 대항하는 통념으로 적합하다. 그러므로 선진 군대들이 오늘날 소련군이 준비 중인 클럽 샌드위치가 비록 기동 연습시에 거꾸러지거나 또는 옆으로 무너지는 것을 보아왔다 하더라도, 클럽 샌드위치는 다시 제대로 생겨날 수 있을 것이다.

그러나 앞에서 본 시나리오에 따르면 일단 중부대가 우회당하거나 붕괴될 경우 전략적인 결정은 부적절해진다. 헬리콥터 및 경장갑 차량에 신속하고 약간 은밀한 전략적 기동성(이는 기술적으로 실현 가능하고 조만간에 나타날 가능성이 있다)이 주어진다면, 그것들은 오늘날 정부가 지원하는 테러리스트와 마찬가지로 세계 어느 곳에서도 전략적 기습을 위해 운용될 수 있다. 어느 누구도 아직 정신 세계가 전략적으로 이러한 종류의 부대와 어떻게 상호작용을 하는지 평가하기 위해 정신 세계의 범위 이내 또는 정신 세계를 토대로 한 전쟁의 명확한 모습을 충분히 그려내지 못하고 있다. 그러나 잠수함과 헬리콥터의 결합이 확실히 수행할 수 있는 일은 18세기까지 지배적이었던 상황을 회복하는 것이다. 당시의 주요 문제점들은 적의 의도와 행방을 추측하는 것이었다. 나는 제5부에서 헬리콥터와 경장갑으로 구성된 잠수함 수송 부대가 미래 전쟁 행위의 예측 가능한 스펙트럼에 있어서 대대적인 종말을 의미한다고 주장할 것이다. 핵을 비축하지 않는 것을 선호하지만 핵비축과의 결합이 가능한 중부대는 어느 시기에——정치가와 선거권자들이 갖고 있는 군사력의 이해에 부합되고 그 관성 때문에 특히 요구되는—— 안정화 부대를 제공하면서 '사용 불가능한 억제력'이 될 것이다.

제3부 행운 관리

"전쟁술은 당신이 예측할 수 있는 모든 기회를 자신에게 유리하도록 만들기 위해 존재하는 것이다. 즉 그것은 운명의 변덕을 감당할 수 없다."

— 조미니

"대담성은 거의 항상 옳지만, 도박은 거의 항상 틀리다."

— 리델 하트

제10장 과학기술과 우연

"현존하는 인간은 점점 더 기계의 부품이 될 것이다."

— 풀러

"……왜냐하면 우리는 만일 전쟁이 발발할 경우, 의도하지 않은 영향을 제한하는 것이 모두에게 이익이 되는 시대에 살고 있기 때문이다."

— 로렌스 마틴Laurence Martin

서론

빈정대는 것이 아니라 진정한 의미에서 '과학의 경이로움'이라는 말을 처음 들은 지도 수년은 지났다. 컴퓨터 교육을 받은 초등학생들은 하늘을 휩쓸 듯 날아가는 우주선을 바라보기 위해 그들의 지친 머리를 힘겹게 쳐들고 있다. 아직도 나는 전쟁과 전쟁 사이의 기간 동안 아주 멋대로 굴러먹은 10대들조차도 부모나 선생님을 졸라서 최신 공학의 기적을 보려고 했던 것을 분명히 기억할 수 있다. 이러한 현상에는 두 가지 이유가 있었다. 첫째 쾨스틀러Köstler가 한참 뒤에 설명했듯이, 우리는 기계 밖에서가 아니라 내부에서 해결책을 찾았다. 융통성 없는 물질주의는 여전히 통치 중이었고, 하느님의 왕국이 이 세계 안에 있었다. 머지않아 과학이 우리에게 전쟁과 빈곤이 없는 세상을 제공할 것처럼 보였다. 그러나 이제 자유 시장과 혼합 경제에서 과학 기술의 떠들썩한 성장, 특히 핵무기는 이와 같은 자신감을 깨뜨려버 렸다. 아직 미국에서는 아니지만 유럽의 지식층의 의견은 과학기술에 대해 더 회의적이고 적대적으로까지 변하고 있다. 과학기술의 발전이 사회에 미친 가장 광범위한 영향은 그 자체로 일종의 미덕에 속하는 신념을 파괴하는 것이다. 이러한 추세는 긴 안목으로 볼 때 결국 전쟁 에 대한 과학기술의 적용에 영향을 미칠 수밖에 없다.

금세기 전반부의 50년 동안 미래로의 아주 작은 도약조차도 보통 청천벽력처럼 다가왔었다. 페니실린에 관한 이야기가 보여주다시피, 과학자들은 자기 자신의 전문 분야에서조차 언제, 어디서 다음의 획 기적인 발전이 찾아오고 그것이 어느 방향으로 계속 발전해나갈지 예 측하지 못했다. 이제 전반적으로 다음과 같은 혁신적인 발전의 특성 과 방향을 널리 정확하게 내다볼 수 있다. 통제된 핵확산의 경우처럼 오로지 시기만이 불확실할 뿐이다. 발전은 주로 진화처럼 단계별로 진행된다. 하지만 창조적인 상상에 의한 발견에 관해 —— 최근 BBC TV 방송의 시리즈 프로가 보여주었듯이 —— 아직도 혁신적인 신사고 의 영역이 있다. 예측할 수 없는 단계적 발전이 지속적으로 진행될 것 이나 이는 물리학에서보다 생물학에서 더 가능할 것 같다. 과학기술 발전의 두 번째 영향은 컴퓨터 공학에서 적잖이 기인하는데, 우연의 출현과 실재의 영향를 감소시키기 위해 그 자체의 예측성을 향상시키 는 것이라고 말할 수 있다.

이것은 정립된 학문 분야에서는 분명히 사실이다. 반면에 다른 미 정립된 분야와 자연적 환경에 대해 과거의 발전적인 영향 요소가 관계된 곳에는 엄청난 무지와 무관심이 남아 있다. 농업, 의약, 심지어 수질 정화와 같은 일상적인 분야에서 어제의 승리가 오늘의 재앙이 된 것은 한두 번이 아니다. 이 책을 쓰고 있는 지금에도 '핵겨울(핵전쟁 후에 일어나는 전 지구의 한랭화 현상 — 옮긴이주)'의 가설에 대한 결정적인 연구가 미국에서 진행 중이다. 그러나 이 가능성은 히로시마에 원자탄이 투하된 지 35년 이상 지날 때까지 논의조차 되지 않았다. 발전의 광범위한 상호 작용을 예측하는 것은 고사하고 이를 확증하는데 실패하곤 하는 일반적인 이유는 어느 정도 '점점 더 작은 것에 관해 더 많이 아는' 과학자와 공학자들에게 기인하고 있다.

최선진국의 평화시 군사 제도는 그의 '눈가림한 사고'에 대해 경쟁자가 없고 주로 당연한 명성을 향유하기 때문에 미래전과 관련해서 대단히 신랄하게 비판받고 있다. 선진국들은 회전익 항공기와 핵잠수함의 계속적인 발전이 상호 간에, 그리고 오늘날 기계화전의 개념과 어떻게 작용을 하는지 심사숙고해 볼 필요가 있다. 한편으로는 소련군이 오랫동안 추진해오고 있고 내가 제5부에서 분석하려는 바와 같이, 21세기의 지정학적 및 과학기술적 환경 속에서 대규모 편성 부대 사이의 전쟁 가능성에 대해서 당연히 의문을 가져야 한다.

표적 반응

국방 연구를 전문으로 하는 과학자 및 인도주의자들의 소규모 집단 외부에서 지나칠 정도로 과소평가되는 분야 중에 특정한 측면이 하나 있다. 나 역시 이에 관해 분명히 인식하고 있는 군사 전문가들을 거의 알지 못한다. 이것은 표적 반응의 개념인데 권총, 심지어 칼, 총검에서 핵융합 탄두에 이르기까지 모든 수준에 적용이 된다. 나는 이 개념을 잘 기억하고 있으며 치명성을 설명하는 데 독일어 단어인 Wirkung im Ziel(표적에서의 효과effect in the target— 옮긴이주)이 도움이 된다는 사실을 알고 있다. 한 발의 탄환은 인간에게 명중했을 때 거의 해가 없이 인체를 뚫고 나갈 수 있고, 직접 또는 1차 효과가 치명적인 기관을 관통함으로써 즉사시킬 수도 있다. 그러나 종종 신체조직의 강한 저항, 예를 들어 뼈는 탄환이 뒹굴고 덤덤탄dum-dum(명중하면 퍼져서 상처가 커지는 탄—옮긴이주)과 같이 퍼지게 해서 심지어 산산조각이 나게 된다. 이것은 발사체와 유기체 간에 복잡한 일련의 상호 작용에서 첫번째 단계인데, 유기체의 반응이 1차 효과를 훨씬 더 초과하여 간접적인 2차 효과를 생성한다. 더 적나라하게 예를 들자면, 흉곽을 관통하는 탄환은 외부로 비껴나갈 수 있지만 한편으로는 부서진 갈비뼈의 조각이 심장이나 허파를 찌르도록 유발한다.

기갑 차량이나 함정의 공격에서 단 한 발의 명중탄으로 확실하게 살상하는 유일한 방법은 이 원칙이 보여주듯이 표적에 의해 운반되는 탄약에 화재를 일으키는 것이다. 그러나 완전한 충격 효과를 보기 위해서는 전장, 혹은 소규모 인구 중심지에 대한 경고 사격으로서 저출력 킬로톤의 핵무기라는 극단적인 방법을 알아볼 필요가 있다. 내가 육군 참모대학의 지도 교관으로 근무할 때 전장 핵무기에 대한 교육 자료를 준비한 적이 있다. 이때 우리는 캠벌리 같은 소도시와 그 주변 그리고 '경고 및 방호되고' 적절히 소산된 야전 부대에 대해 '전술' 핵무기의 효과를 검토하곤 했다. 도시 표적의 엄청난 황폐화가 주로 석조물을 무너뜨리고 날려버리며 넓은 지역에 걸쳐서 유리를 부수고, 더 넓은 지역에 불을 붙이는 등 표적 내 2차 효과에서 비롯되었다는 것을 인식할 때까지 의견의 차이가 너무 극단적이어서 데이터를 의심하게까지 된다. 유도 에너지 무기에 관련된 내 지식이 제한적이지만, 이러한 무기에 의해 표적 내에서 시작된 2차 효과가 여전히 큰 역할을 수행할 것이라고 확신할 수는 있다.

비록 그렇다 하더라도 공격과 표적 사이의 상호 작용에 대해 이해하는 것은 매우 중요하다. 다음은 핵무기에서 화학에너지무기로 주제를 이동하고, 거기에서 더 광범위한 문제로 옮겨가보자. 고성능 폭약에 의한 파괴력의 향상은 증가된 강도와 운반체의 개선된 정확성 그리고 폭발물 과학기술이 오랜 기간 정체 끝에 새로운 변화의 바람을 일으켜, 일정한 중량의 포탄(또는 폭탄) 위력이 증대된 것에서 비롯된다. 화력에서의 이러한 진보는 너무나 엄청나기 때문에 20년 전에는 핵무기를 사용했어야 가능한 효과를 지금은 고성능 폭약으로 달성할 수 있다.

그러나 파괴력에 있어서 이러한 성장의 가치는 선진국이 제공하고 있는 표적의 취약성이 커지고 있다는 사실과 맞닿아 있다. 현대 사회의 과학기술에 대한 복합성과 의존성은 주로 전기 공급과 같이 세세한 서비스 효과를 확대했을 뿐 아니라, 국가 전산정보 센터 같은 주요 시설들을 집단화했다. 예를 들어 독일군이 제2차 세계대전에서 사용했던 폭탄과 미사일의 중량을 오늘날 영국군이 견디어낼 수 있을지 의심스럽다. 그리고 서독이나 동독조차 각자 자기의 영토에서 경험했던 미군과 영국군의 '전략적' 폭격을 견딜 수 없을 것이다. 여기서 나는 정치적, 대중적 의지의 붕괴가 아니라, 전쟁 노력을 지원하고 야전 부대의 생존과 기지 유지에 필요한 응집력과 효율성의 수준이 상실됨을 말하고자 하는 것이다. 나는 제5부에서 전쟁 목적의 수용성 및 대규모 편성 부대의 사용 가능성과 관련한 이러한 중요한 의문점으로 되돌아갈 것이다.

화력의 지배

전략적 공중 공격의 관점에서 보면 고성능 폭약의 화력 개량과 표적 반응에서의 변화는 결국 정도의 차이이다. 모든 유형과 제대급 편성 부대 사이의 전쟁 행위에서 화력의 지배는 '본성의 차이'를 생성하는 지점으로 접근하는 것 같다. 제1장에서 논의된 시간의 지연을 고려해 볼 때, 분명히 변화를 계획하는 관점에서 그리고 현실적으로 매우 높은 가능성으로 우리는 사실상 이미 그 지점을 통과했다. 포클랜드 전쟁에서 명백하게 2류 군대였고 어느 측면에서 보면 '특수한'이라는 용어가 적합한 상대방이 영국 해군과 지원 함정에 대해 결정적이랄 수 있을 만큼의 소모율을 달성했다. 그 이후부터는 걸프전(중동 지역에서의 전쟁을 총칭한다 — 옮긴이주)에서도 평범한 유인 행동과 구식 항공기로 자신을 위태롭게 하지도 않으면서 손쉽게 함정을 마음대로 각개격파할 수 있게 되었다. 냉정하게 검토해보면 이러한 사실은 확실히 주요 수상 해군 부대의 총체적인 장래를 의문시하게 만든다. 아르헨티나의 성공과 시리아 방공망을 극복한 이스라엘 공군의 능력에도 불구하고 무기 체계 성능을 객관적으로 보면 감지장비를 갖춘 두 일급 군사력 간의 갈등에서 지상 엄호권 외부에서는 거의 항공기가 생존할 수 없음을 알 수 있다. 최근 미국에서의 성공은 탄도미사일과 우주선 역시 기존 과학기술의 진보된 형태로 취급될 수 있음을 보여준다. 언제, 어떻게 그것이 현실화되든 유도 에너지무기와 전자기포에 대한 전반적인 분야가 탐구되고 이용되어야 한다. 요컨대 우리는 해군이 수중으로 잠수해야 하고 공군의 경우 침투 비행으로 제한하는 것을 기대할 수 있다.

나는 앞에서 60년대라면 핵무기를 필요로 했을 화력 임무가 이제는 재래식으로도 수행될 수 있다고 강조했다. 이 능력에는 또 다른 측면이 있는데 이것이 전쟁에서 우연의 역할에 직접적으로 영향을 미친다. 통계적 관점에서, 주어진 표적 효과에 높은 확률을 달성하기 위해서는 과잉 살상력이 적용되어야 한다. 잔인하게도 핵전장에서 친숙한 이 개념은 단순히 표적에 잉여 피해가 가해지게 되므로, 달리 말하면 탄약의 낭비를 의미한다. 많은 표적에 있어서 소련군의 탄약 기준은 필요한 표적 효과의 확률이 90%임을 기초로 하고 있다. 여기에는 상당한 정도의 과잉 살상력이 필요하고, 재래식 포병 화력으로 그것이 달성될 수 있다는 점이 입증된다. 또한 이 90% 때문에 우리는 효용 체감 곡선의 평탄한 부분을 주시해야 한다(〈그림 38〉). 그 결과 실제 확실성(99%의 확률)에는 고비용이 소요될 것이고 현재 시행될 수가 있다. 이는 상호 교환 가능성의 원칙을 분명하게 설명해주기 때문에 중요하다. 재래식 화력은 핵타격 또는 전투 부대에 의한 점령과 동일한 파괴의 확실성을 제공할 수 있다.

지면의 기복은 항상 어떠한 종류이든 화력에 대한 엄호를 제공한다. 반면에 지상군 전술에 대한 현대적인 화력의 영향은 가히 혁명적이다. 우리는 제2부에서 어떻게 회전익 항공기가 부대 구조를 혁신적으로 만드는지 보았다. 화력은 이미 '부대의 모루'를 '화력의 모루'로 교체함으로써 전술 개념을 뒤엎고 있다(〈그림5〉). 지형의 확보와 탈취를 위해 고밀도로 전투 부대를 사용하는 것은 이미 고비용이 소요됨을 입증했고 전체적으로 보아서 실질적인 이익이 없어질 것이다. 화력의 지배가 작전적 수준에서 어떠한 영향을 미칠 것인가는 정말 흥미로운 의문점이 아닐 수 없다.

대서양 양쪽의 많은 국방대학들은 '화력의 지배'가 기동성을 감소시키고 진지전으로의 복귀를 유발할 것이라는 집단적인 의견에 동의

한다. 하지만 화력의 지배가 기동성을 증대시키고 질량을 감소시키며, 회피성(포착하기 어려움)에 프리미엄을 줄 것이라는 반대 견해도 있다. 분석해보자면 두 가지 의견 모두 주로 부대와 화력의 상호 교환성(제8장), 바꿔 말하면 부대의 이동과 화력 집중의 대등함 또는 보완성을 무시하기 때문에 오히려 단순하게 보인다. 이러한 견해는 유인 및 무인 감시 기능과 통신의 역할을 과소평가하게 된다. 군인들이 거의 이해하지 못하고 도외시해온 또 다른 요소는 현대적인 타격형 쾌속 제트기가 '노출 비행'을 하면서 필요하면 어느 지역이라도 대단히 기민하게 퍼부을 수 있는 화력의 중량이다. 현대적인 포병 및 항공 지원과 더불어 전파 방해가 불가능한 무전기와 열상장비에 의해 지원되는 한쌍의 눈은 적어도 1개 (중대) 전투팀, 아마 1개 대대 그룹과 대등하게 될 것이다.

나는 제5부에서 다시 이 주제로 돌아오게 될 것이다. 간단히 말해서 가장 일반적인 관점에서 봤을 때 지배적인 화력의 장기적인 영향에는 다음과 같이 세 가지가 있다고 제시한다. 첫째, 화력 유도 및 국지적 준게릴라 활동의 이중 역할을 하는, 소규모 분견대의 '그물망' 형태로 질량을 분산시킨다. 둘째, 낮은 밀도 때문에 그물망 부대들은 도처에 위치하고 따라서 도보 기동성만을 필요로 한다. 그것은 구조적으로 전투 병과에서는 포병으로, 전개에서는 직접 사격 구역으로부터 중궤도 템포의 이동 능력이 있는 기동 화력 기지의 형성과 방호로 질량을 전이시킨다(제9장 참조). 세 번째 영향은 아직 요구되는 기동 부대가 회전익을 기초로 할 것이기 때문에 기동성이 양극화될 것이다. 이러한 일련의 사고들이 소련군의 최근 공격 추세에 따라서 분명히 입증되었다. C3와 간접 화력 자원에 대해 습격 부대를 파견하여 운용하는 OMG 개념이 화력 기지에 지향된 특수 임무 부대('충격 사단'에 편성된 '공지 강습 그룹') 그리고 작전적 헬기 부대에 의한 더 유동적이고 불연속적인 기동에 자리를 양보하고 있는 중이다. 제12장에서 알게 되겠지만, 소련군의 '전문적인' 정찰과 특수 부대는 이미 '그물망'과 대등한 공세를 펴고 있다.

첩보 과학기술과 전자전

마지막 문장이 보여주는 바와 같이, 이것은 사실상 화력이 아니라 전적으로 첩보에 관한 것이다. 왜냐하면 첩보의 획득, 처리 및 전파는 화력이 사용될 수 있는 속도와 정확성의 토대가 되기 때문이다. 전자 혁명과 이 혁명이 전반적으로 전투 장비를 공격하는 속도가 너무 신속해져서 예측불허가 되고 있다. 마이크로칩의 폭발을 경험한 후로는 다음에 무슨 일이 벌어지게 될지, 나 역시 상상할 수가 없다. 다음 세대가 비록 컴퓨터에 능숙하다 해도 이 점은 마찬가지일 것이다. 군사적인 관점에서 첩보 과학기술이 할 수 없는 일은 무엇이고, 어느 정도 전자전에 의해서 방해받을 수 있는지 깊이 생각해보아야 한다.

레이저는 적용이 다양한 첩보 과학기술과 유도 에너지 무기 분야 사이에서 대표적인 공유 영역이다. 그러나 내가 아는 범위 내에서 첩보 과학기술에 사용되는 다양한 레이저의 유형과 동력 레이저 사이에는 명백한 차이점이 있다. 그리고 기술적 진보는 첩보 과학기술에 관련된 동력의 전이는 감소시키고 금속 절단과 같이 산업적 응용이나 무기에서 달성 가능한 동력을 증가시킴으로써 이러한 차이를 크게 하고 있다. 하지만 현재 유행하고 있는 레이저 블라인딩laser blinding 기법과 사거리 측정, 표적 확인을 위한 저조명의 광도 증가 및 표적 표시를 위해서는 아마 동일한 기구를 사용할 수 있을 것이다. 즉 그 간격은 연결될 수 있다는 말이다. 하지만 대개 첩보 과학기술이 동력의 전이 또는 질량의 전위를 포함하는 체계 속에서 첫번째 요소가 되지 못한다고 말하는 것이 맞을 것이다. 반면에 그러한 체계를 통제하기 위해서는 첩보 과학기술이 점차 지배적 역할을 하게 되고, 그 파생물이 체계의 주된 특성에 영향을 미칠 수 있다.

'전자전'이라는 용어가 전자적 수단에 의한 데이터의 획득과 전달의 방해를 의미한다는 사실은 논리적이지는 않더라도 유용하기는 하다. 정확하지는 않겠지만 내가 이해하고 있는 바와 같이 전자전은 다음 장에서 설명하게 될 적극적인 기만을 배제한다. 어디든지 둘러보기만 하면 레이더, 융합이나 전파 방해와 같이 고비용이 드는 다양함에서 '몇 번째 대응 수단인가를 다투는' 것을 볼 수 있다. 그리고 이러한 야단법석이 전자공학의 발전보다 더 이를 예측하기 어렵게 만든다. 왜냐하면 그 경향이 어떻든지 간에, 하나의 대책과 그 대응책이 어느 일정한 순간에는 최고도에 도달할 수 있기 때문이다. 항공기와 미사일 탐지처럼 중대한 분야에서 어떤 쪽이든 한쪽의 우세가 전쟁을 결심하는 기초가 될 수 있다. 그러나 적극적인 대책과 대응책의 고주파수 사이클은 세 가지 중의 하나이다. 다른 쪽 끝에서는 제1장에서 가정한 50년 주기에 따라서 장기적인 추세로 보아, 해군들이 어느 시기가 되면 수중으로 들어가야 된다는 점을 제시한다. 이들 사이에는 단기적인 동요를 완화하고 장기적인 추세로 방향을 제시할 수 있는 저주파수 진동이 있다. 이것은 개발계획 수립에 영향을 미치는 진동이므로 10~15년 주기의 주파수를 가질 것이다. 즉 이러한 저주파수 진동은 유인 항공기나 미사일에 의해서 특정 역할이 충족될 수 있는지, 아니면 잠수함과 헬리콥터로의 변화가 진행 중인 가운데 발생하는 새로운 위협 때문에 수상 함정 또는 기갑 차량의 설계상 급진적인 변화가 필요한지를 결정한다.

세 번째의 변화에 관해 다음 세 가지를 말할 수 있을 것이다. 첫째, 혁신의 지속적인 효과는 대응책과는 별개로 첫번째 외형이 제시하는 것보다 항상 작다. 둘째, 장비의 정교성에 대한 일반적인 수준이 향상됨에 따라서(장비의 총체적인 기술적 내용의 부피가 증대됨에 따라서) 일정한 규모의 발전 효과가 축소 발표되는 경향이 있다. 이것은 효용 체감의 또 다른 사례이다. 셋째, 대응책이 사실상 전방으로의 거대한 도약을 의미하는 경우를 제외하면, 적극적인 대책(이것은 몇 번째의 게임에 대한 대응책의 순서가 주는 기묘한 힘이다)이 보통 한 발 앞서 있다. 이제까지는 대부분——비록 오래 지속할 수 없는 소모율에서이지만——항공기가 대공 방어를 통과할 수 있었다. 게다가 항공기 폭탄은 계속해서 신관이 항공기를 좌절시키려는 수단(대공 방어)을 무력화했다. 무선 통신은 전파 방해보다 한 발짝씩 앞서 있었다. 이러한 경향을 분석하는 것은 평생이 소요되는 작업이 될 것이므로, 누구나 주관적인 감각에 의존하게 된다. 그리고 이를 기초로 해서 인간의 의식과 두뇌를 확장시키거나 손상을 입히는 발전이 인간 근육의 확장 또는 억제를 나타내는 발전보다 현저하게 지속적으로 영향을 미친다는 점을 덧붙이고 싶다. 전자공학이 전쟁에 미친 영향 중 특수한 하나의 측면은 공역空域 통제, 특히 지상 작전 지역 상공에 있는 공역의 통제이다. 그 동안 수차례 강연을 한 바 있는 나토 유럽 연합군 최고사령관 버나드 로저스Bernard Rogers 장군과 최근에 왕립 국방 연구소에서 연설한 2 ATAF(전구 공군) 사령관 패트릭 하인Patrick Hine 원수에 의해 증명된 바와 같이, 공역 통제는 이제 해결책을 찾아야 할 문제이다. 공역 통제가 일반적으로 기동의 범위와 템포를 향상시키고 특히 회전익 항공기의 혁명을 현실화하는 데 장애물이 될 수 있음은 분명하다. 소련군의 공중 지원 및 대공 방어 수행에 대한 연구와 다양한 항법사들과의 토의를 기초로 갖게 된 견해는, 미래의 발전이 그 문제를 재구성하고 급진적인 해결책을 만들 것이라는 점이다. 이는 군사 정신의 또 다른 혁명으로 보아야 한다.

공중 우세권에 대한 일반적인 개념이 여전히 타당한 반면에 국지적, '전술적' 공중 우세권이라는 개념은 이제 50년 주기의 하향 곡선에 속하는 것 같다. 지금은 아니라도 곧, 적의 지대공 또는 공대공 미사일 사거리 내에서 침투 비행을 해서 적의 레이더 시계로 상승하는 어떠한 항공기도 격멸할 것이다. 예를 들자면 영국 공군은 토스 폭격법(저공으로 목표에 접근하여 급상승하면서 폭탄을 투하함으로써 비행기의 안전을 꾀하는 폭격 방법—옮긴이주)의 환형 기동에 수반되는 위험조차 항공기로 투하하는 무기가 핵폭탄일 경우에만 정당화될 수 있다고 간주한다. 마찬가지로 내가 다른 곳에서 강조해온 바와 같이 현대적인 타격 항공기는 재래식 화력의 중량을 전달하면서 단일 항공기 또는 기껏해야 한 쌍의 항공기 범위 내에서 상당히 큰 규모의 중요한 임무를 수행한다. 유일하게 집중된 부대는 회전익 항공기 부대이다. 요컨대 침투 비행의 외부에서 양측 모두 쌍방이 도달할 수 있는 모든 공역을 총체적으로 통제하는 것이다. 나는 공중전이 활주로의 파괴와 지상에 있는 항공기의 파괴 등 비행장 전투가 될 것이라고 주장한다.

침투 비행의 범위 내에서 상이한 항공기 형태에 의해 활동이 집중되면 심한 공중 교통 통제 문제가 야기될 것이다. 다행스럽게도 헬리콥터에 의한 전술적 침투 비행(NOE)은 주로 고속 제트기의 침투 비행보다 낮은 고도에서 이루어진다. 사실상 헬리콥터의 등고선 비행과 고속 제트기의 침투 비행 사이에서 충돌이 벌어진다. 회전익 항공기 부대에 의한 등고선 비행시, 접근 비행은 더 높은 전술적 수준이나 작전적 수준에서 계획되기 때문에 고속 제트기와의 충돌은 통신이 전자전에 의해 와해되지 않는 한 정상적인 수단으로 피할 수 있을 것이다.

이러한 전반적인 문제의 가장 다루기 곤란한 측면은 당연하게도 항공기와 대공 방어 사이의 공유영역이다. 여기에는 급진적 해결책이 도움이 될 것이다. 아무리 신속한 제트기나 헬리콥터로 비행할지라도, 표적 또는 목표로 돌입하는 경우를 제외하고는 쌍방의 어느 조종사도 소련군의 전술적 대공 방어 체계에 의해 통제되는 공역에 고의로 진입하지는 않을 것이다. 현재 나토군의 공역 관리 실태는 그렇지 않다. 그러나 만일 공역 통제가 소련군의 현실처럼 보장되지 않는다면, 나토는 (중대) 전투팀 이상 그 어떤 규모의 기동도 포기해야 할 것이다. 내가 이렇게 극단적으로 말하는 이유는 전술적 대공 방어 체계에 반응하는 데 허락된 시간 때문이다. 침투 비행을 하는 경우에는 어떠한 체계라도 육안 접촉에 의해서가 아니면 전혀 교전할 수가 없다. 피아 식별 장치(IFF)를 적용하더라도 감시 및 발사 장소와 표적 사이의 레이더나 육안 접촉은 너무나 짧은 순간이기 때문에 능력을 발휘할 수 없다. 유일한 과학기술적 해결책은 자동 파괴 장치와 연동된 미사일 탑재 피아 식별 장치로 나타나게 될 것이다. 그러나 통신이 다시 작동한다는 조건하에 신속한 '사격 금지 및 사격 해제' 통제 시스템이 하나의 해답을 제공하게 될 것이다. 우군 헬기 부대가 진입 비행을 하는 짧은 시간 동안에 피해를 입지 않은 적 항공기가 가할 수 있는 위협을 인정해야 한다. 우군의 타격 항공기는 일반적으로 종심 표적에 간접 접근을 시도하는 경향이 있다. 종심 표적의 기지들이 측방에 위치하고 있어서 적의 전술적 대공 방어에 노출되는 시간을 최소화하기 위해서이다. 그러나 일시적으로 종심 표적들에 대한 대공 방어가 불가능할 수도 있다.

이 광범위한 불확실성에도 불구하고 전자공학이 전쟁에 미치는 가장 큰 영향은 전적으로 직접적인 물리적 효과가 없는 분야인 대량 전달 매체에서 생성됨은 누구나 잘 알 수 있다. 일상적인 생활이 불가능한 전시에는 라디오가 어느 정도 본래의 기능을 발휘하게 될지라도 텔레비전은 이미 확고하게 높은 위치를 고수하고 있다. 20세기의 마지막 10년에 즈음하여 많은 텔레비전 수신기가 직접 위성 수신을 위한 설비를 갖추게 될 것이다. 마찬가지로 라디오 역시 일상적인 사용이든 아니든 방송과 중계를 위하여 인공위성을 사용해야 할 입장이 될 것이다. 어떻든 현재까지 전시 첩보를 위한 주요 통제 수단인 검열은 불가능하게 될 것이다. 적의 전송을 감시하여 응징하겠다는 위협마저도 아무 소용이 없을 것이다. 모든 선각자들이 동의하는 한 가지 사실은, 아무리 군대가 강력하게 증강된다고 해도 법과 질서를 수호하는 군대는 폭력적인 범죄의 쇄도와 중대한 물리적 소동을 처리하기에 바쁠 것이라는 점이다. 정밀한 공격에 의해서 선택적으로 인공 위성을 제거할 능력이 있게 되더라도 경쟁자들이 서로의 감시 위성을 파괴할 것인가는 아주 적절한 질문이다. 그들 모두는 통신 위성에 의존하고 있기 때문에 인공 위성을 손대지 않은 채 놔두자는 '무언의 동의'로 귀결될 것이다.

존 해킷 장군이 저서 《제3차 세계대전The Third World War》에서 지적한 바와 같이, 역사적으로 검열은 첩보를 적에게 알리지 않는 것을 목적으로 한다. 그러나 위성 및 기타 수단에 의한 현대적 감시 앞에서는 대중의 사기를 유지하는 것이 목적이 된다. 이것은 누구나 직시해야 하는 사실이다. 내가 교육받을 당시의 과학적인 요소는 나에게 첩보의 공개에 대한 확고한 신념을 심어주었고, 나는 선전과 역정보를 첩보의 결핍과 비밀의 결과로 간주했다. 아마도 청취자와 시청자들은 믿도록 강요된 뉴스의 출처를 계속 신뢰하게 될 것이다. 그리고 이것은 미국 및 서독과 같이 공개적인 첩보 정책을 실행하는 자유사회의 이익으로 되돌아가게 될 것이다. 이러한 신뢰가 검열에 의해 방해받지 않는 한 화장실 세제 광고처럼, 일부 아랍 및 러시아인들이 만들어내는 거창한 재앙의 소리나 운명의 예언을 심각하게 받아들이는 사람은 없을 것이다.

그럼에도 불구하고 책임 있는 뉴스 보도는 극단적인 공포의 장면을 거실과 숙소로 끌어들이게 되고, 동시에 놀라운 첩보의 격차를 폭로하게 된다. 이러한 환경에서 교전국들의 일반적인 의지가 어느 방향으로 도약할지 예측하는 것은 확실히 불가능하다. 우리는 텔레비전 보도가 베트남 전쟁에 대한 미국인의 대중적 지원을 붕괴하는 데 얼마나 직접적인 책임이 있는지, 그리고 유럽 평화 운동에 있어서 심사숙고해야 할 요소들이 제3세계의 무장 폭력과 제1세계에서의 폭동적 행동에 대한 일일보도에 의해서 어느 정도 영향을 받는지 고찰해야 한다. 분명히 무장충돌에 관한 텔레비전 보도는 전반적으로 세계의 여론을 신속하게 변화시키는 반면에 논쟁의 해결을 위한 무력 사용에 대한 여론의 변화는 늦춘다.

그리고 텔레비전과, 텔레비전의 시각적 보도로 인해 증폭된 라디오의 공명 효과가 있다. 레바논, 걸프처럼 산업 분쟁 및 도시 게릴라 활동을 통한 '평화의 주장'으로부터 다른 인민 전쟁에 이르기까지 폭력적 사건들에 대한 보도가 그 예이다. 우리가 모르고 있고 적어도 내가 상상하기 어려운 일은, 자기 자신과 가족의 생존을 위협하는 대규모 전쟁에서 어떻게 공명 효과에 대응할 것이냐는 점이다. 내 생각에 비록 편협하고 무책임한 보도가 이 효과를 크게 할지라도 이러한 공명 현상이 방송 매체의 고유한 특성임을 인정해야 한다. 이 효과를 도외시하는 학식이 높고 현명한 사람조차도 공명 현상의 이미지뿐 아니라 실제성이 그들에게 급박하고 최악의 예감을 확신시켜줄 때면 그것을 어렵지 않게 받아들일 수 있을 것이다.

불행하게도 나에게는 이러한 전반적인 문제를 분석할 기술과 자료가 없다. 내가 할 수 있는 일은 적합한 전문가가 그러한 문제들을 찾아서 해답을 구하도록 희망하면서 부분적으로 의문점을 제시하는 것뿐이다. 하지만 정보를 충분히 인지하는 데 익숙해진 국가 관리는 군사 면에서 명령의 수행만큼이나 어렵고도 중요한, 정치적인 전쟁 지휘에서 문제를 유발한다. 분명히 말할 수 있는 유일한 사항은 이 문제가 전략적 기습과 신속한 결정에 있어 큰 장점을 제공한다는 사실이다.

인간과 환경

역사적으로 기상과 기후는 직접, 그리고 해양 조건과 지형에 대한 영향을 통해 전쟁의 승패와 관련된 최대 단일 구성 요소를 제공했다. 그러나 20세기 초까지는 때때로 질병의 영향이 더 컸다. 전투에서 살상된 것보다 질병에 의해 전투력이 상실된 군대가 더 많다는 주장을 확인해보지는 않았으나, 심지어 제2차 세계대전에서도 질병은 여러 전구에서 지배적인 살상 원인이었다. 이 모든 본질적, 환경적 영향은 일반적으로 예측이 가능하고 전적으로 (또는 주로) 기후에서 비롯된 영향, 그리고 예측이 불가능하며 기상학적 조건과 미생물에 의해 발생되는 영향으로 구분된다. 우리는 일반적으로 "인간이 만물을 정복

했다"고 말하지만 사실상 어느 정도 정복한 것인지는 앞으로 잘 알게 될 것이다.

제2차 세계대전이 대량 공중 수송을 현실화하기 전까지는 극단적인 기후가 이러한 기후에 의존하는 지대로부터 —— 이 지대에 필적할 만한 질적 수준의 —— 편성 부대에 의한 대규모 활동을 배제시켰다. 극단적인 기후는 더위와 습기, 또한 추위와 냉기 등 직접적인 영향과 대륙 지형, 극지방 및 해양에서의 행동에 의해 간접적으로 영향을 미쳤다. 해상 작전은 모든 어려움에도 불구하고 선박의 미세한 환경이 기상의 영향을 균형적으로 완화시키는 곳에서 전개되었다. 우리가 지금 특수 부대 작전으로 표현하는 규모의 원정 작전은 과거에도 있었다. 그리고 공통점은 없지만 결코 나쁘지만은 않은 적대자에 대항하여 식민전쟁과 끊임없는 내부 치안 작전이 있었다. 그러나 우리가 이해하고 있는 군대는 대부분 제국주의 세력과 기타 선진 국가들의 특권이었다. 만일 이 국가들이 전투를 원할 경우에는 주로 온대지역이나 아열대 해양지역 또는 제3국의 평온한 지역을 우선적으로 선택했다. 위대한 승리는 어려운 환경을 극복하는 데 필요한 선박조종술, 공학 그리고 병참기술에 의해 달성되었다. 하지만 지금 거론하고 있는 편성 부대의 '기상적인 한계'는 제한되었다.

오늘날 필수적인 훈련, 피복, 장비 및 군수 지원만 보장되면 이론적으로는 거대한 병력의 집단이 어떠한 기후와 계절에서도 작전할 수 있다. 여기에는 많은 조건이 필요하다. 나폴레옹과 히틀러가 러시아에서 고난을 겪었던 것처럼, 앞서 언급된 4가지의 대표적인 요구 사항들은 아주 예외적인 것이었다. 극단적인 더위와 추위를 견딜 수 있기 위해서는 엄청난 동력이 필요하다. 그리고 이러한 필요와 조건들이 장비 자체, 그 중에서도 특히 헬리콥터의 성능을 저하시킨다. 극단적인 기후 지대 안의 지형이 개발되어 있지 않고 평균적인 지형보다 더 큰 장애물이라는 점은 분명하다. 그리고 이러한 사실이 전개할 수 있는 장비의 형태와 수량을 제한한다. 기후와 지형의 결합은 때때로 불가능한 조건을 제공하기도 하고 또한 지속시킬 수도 있다. 그러나 과거의 명장들이 극단적인 지형을 이용해서 승리했던 것처럼, 극단적인 기후의 위험에 직면하여 이를 극복함으로써 결정적인 승리를 획득할 가능성은 언제나 있다. "지형이 가하는 위험이 전투의 위험보다 오히려 더 낫다"는 말은 오늘날 기후에도 적용된다.

일반적인 기상학적 경향의 예측, 그리고 대륙의 중심부와 개활한 해양지역에 대한 단기간 예보의 정확성은 어느 정도 발전된 것 같다. 그러나 지상과 해양의 경계면, 즉 해양성 기후를 갖고 있는 연안 및 지상의 경우에 기상예보는 어린 시절에 등산가던 휴일에 경험했던 것보다 더 믿을 수 없다. 기상예보는 계획 수립에 유용한 기초를 제공하지 못하고 모든 종류의 장기예보가 일상적인 농담으로만 취급되어왔다. 과학기술이 성공적으로 발전했고, 그것으로부터 자료 획득과 처리에 많은 영향을 받았음에도 기상학이 발전하지 못한 것은 가슴 아픈 일이다. 내가 아는 한 기상 근무는 너무 신중해서 현재까지의 근무 실적을 공표할 수 없기 때문에 누구나 주관적인 판단에 의지하도록 한다. 나의 주장이 의심스럽다면 며칠 동안 동시에 방송된 BBC 라디오와 텔레비전 그리고 지역 방송의 일기예보가 얼마나 다른가를 주목해보라. 이러한 일기예보 방송을 통하면 연안 수로 예보, 연안 지역 선박 예보 및 농민을 위한 기상예보 그리고 당신이 선택한 모든 종류의 기상을 형상화할 수 있을 것이다. 나는 요트 동호회 회원으로서 해안 경비대와 대영 공군의 기상예보를 이용해왔으나, 이들도 별로 나은 점이 없다. 유일하게 신뢰할 수 있는 예보들은 지방 라디오 방송국의 예보(그들은 아마 유리창을 내다보고 예보할지도 모른다) 그리고 항상 똑같이 '비'만을 예보하는 서부 아일랜드의 기상예보이다. 아이젠하워가 오버로드 작전을 결정한 것은 대단히 위험했다. 나는 그 위험이 최근 40년 동안의 가장 큰 위험이라고 믿는다.

반면 40년 전에는 기상에 크게 의존했던 군사 행동들이 이제는 기상으로부터 대부분 분리되어 있다. 해안 상륙(여하튼 구식 기술이다)을 위한 국지적인 해양 조건을 제외하면 남아 있는 두 가지 문제 영역은 가시성과 진행 중인 강수의 영향이다. 최근에 소련인들이 고정익 항공기의 전천후 능력을 의심하고 있다는 징후가 있는데 이 징후들이 특히 지상 부대의 지원이라는 관점에서 가시성과 관련이 있는 것 같다. 비록 그들이 현재 가시성 때문에 커다란 고충을 받을지라도 항공기는 적어도 군사적 안전도에서 지상 차량과 함정보다 가시성의 위험을 더 빨리 그리고 더 잘 극복하게 될 것이다. 문제는 한정할 수 있는 정확성의 한계에다가 감시 및 표적 획득에 도움을 주지 않는 계기 비행을 '지상 모의 비행 훈련 장치' 비행으로 대체하는 것이다. 여기에는 육안 영상처럼 양호한 수준의 영상과 모든 광도와 가시성의 조건에서 사용 가능한 영상을 제공하는 광전자적 수단을 사용해야 한다. 다중 감지기와 영상 처리기를 운용하는 과학기술적 해결책은 거의 모든 항공기와 차량 시스템 안에 포함되어 있다. 의약과 군사적 방어를 통한 욕구 충족에서 우주 공간에 이르기까지 모두 과학기술이 적용되기 때문에 자신 있게 90년대 중반까지 해결책을 예견할 수 있었다.

레이더, 항법 보조 장치가 주어지고 함정이 통상적으로 이동하는 낮은 속도와 더 느리게 이동할 수 있는 능력이 있다면, 가시성은 복잡한 수로에서조차 문제가 되지 않는다. 그러나 가시성은 아직도 심각한 문제로 남아 있다. 해협에서 항해를 할 때 정보를 가지고 있고 홍미로운 시각으로 상선을 관측하거나 또는 신문에 빈번하게 게재되는 사고 기사를 읽는 사람 중에서 그 원인이 인간적인 것임을 크게 의심하는 사람은 거의 없다. 여기서 인간적인 문제란 훈련 기술이 아니라 앵무새와 같이 단순 숙달에 가까운 훈련의 결핍, 그리고 가끔은 근면 부족을 의미한다. 설명하기는 어렵지만 선박 충돌의 위험은 근접 호송 및 상륙과 같이 대단히 높은 선박 밀도를 요하는 해군 작전에서 여전히 제한 요소이다.

지상의 안개는 지금과 같이 템포를 감소시키는 경향을 가질 것이다. 왜냐하면 앞서 언급했던 엄청난 고가의 광전자 시스템을 주행에 적용하는 것이 경제적이지 않기 때문이다. 주행할 때에는 완전히 두 눈에 의한 입체적인 시야가 요구되므로 그러한 시스템의 적용이 특히 쉽지가 않다. 전술적으로 더 심각한 영향은 감지기 성능의 저하이다. 안개는 시계를 방해할 뿐 아니라 소리도 덮어버린다. 현재는 심지어 기계화 부대의 가장 정교한 장비들도 감시와 표적 탐지를 주로 인간의 눈에 의존한다. 나는 직접 조종해보았고 당해보기도 했기 때문에, 가을 새벽 안개 속에서 방어 진지에 은밀히 침투하는 것이 얼마나 쉬운가를 알고 있다. 탐지의 지연, 혼란된 첩보와 전술적 기동의 어려움이 서로 뒤섞여서 응집력 있는 반응을 불가능하게 만든다.

기상의 가장 극심한 피해는 아마 강수가 아니고 해빙의 시작일 것이다. 그 좋은 예가 러시아의 춘계 해빙이다. 이러한 기상 조건은 일부 포장도로를 제외하고 모든 준비된 도로를 포함하여 평소 무리 없이 통과할 수 있는 지역을 사실상 몇 주 동안 통과할 수 없게 만들어버린다. 가을의 동결과 봄의 해빙을 광범위하게 예측할 수 있지만, 시작 시기와 지속 기간을 정확히 예측할 수는 없다. 또한 독일군이 우크라이나에서의 희생을 통해 알게 된 바와 같이 빙점을 중심으로 한 갑작스러운 온도 변화도 정확히 예측할 수 없다. 러시아 중심부와 같은 기후에서 봄과 가을은 비록 수개월이 아니라 수주일이라도 대규모 지상 작전에는 폐쇄된 계절에 해당된다. 통상 얼어붙은 겨울을 경험하는 지역뿐 아니라 많은 눈이 내리는 모든 곳 또는 쌓여 다져진 눈은 여러 시간, 며칠 동안 기동을 심각하게 방해할 수 있다. 일시적인 영향들을 작전적 시간 규모에 따라서 예측할 수는 없다. 그리고 통로의 폐쇄 및 개방과 같이 계절적 사건의 시기도 예측할 수 없다. 비는 모든 형태의 이동에 클라우제비츠가 정의한 마찰을 발행시킨다. 비와 이동의 결합은 일반적으로 인간과 기계에 저하 효과를 가져오고, 어떤 유형의 장비에는 심각한 손상을 입힐 수 있는 진흙을 만든다. 작전적인 관점에서 더 중요한 것은 비 때문에 일반적으로는 한계적인 노면 상태, 특히 하천 장애물 도하시 진출입이 불가능한 지역을 훨씬 신속하게 만들 수 있다는 사실이다.

모든 것을 요약하면 아마 과학기술적 진보가 기상에 대한 전쟁의 의존성을 엄청나게 감소시켰고 그 영향이 변화하고 있다고 말할 수 있을 것이다. 비록 불량한 가시성의 영향은 전천후 감시 및 조준 시스템이 발전함에 따라서 감소하겠지만 지상 차량과 도보 인원이 관련된 곳에서 기상 때문에 생기는 우연 요소는 크게 변할 것 같지 않다. 선박에 대한 기상의 영향도 해양의 신비와 같다. 그 영향을 설명할 수 없기 때문에 많은 것이 변할 것이라고 가정할 이유는 전혀 없다. 고정익 및 회전익 항공기 그리고 여태까지 대부분 기상에 의존한 모든 종류의 수송 수단 등은 머지않은 미래에 이러한 족쇄를 벗을 것이다. 이 책의 많은 부분에서처럼 헬리콥터와 잠수함이 더 광범위하게 운용될 것이라는 점이 토론의 결론이다.

최근 전염병의 역사를 면밀하게 고찰해보면 물질적 진보의 공허 속에서 가장 날카로운 한 가지 교훈을 발견할 수 있다. 말라리아와 같은 고전적인 질병은 전 지역에 걸쳐서 박멸되었으나 10년 뒤에 저항성을 갖추고 전염성이 더 강해진 변종으로 다시 등장한다. 제트기와 같은 템포의 신속한 움직임은 불충분하게 알고 있는 자들의 부주의와 결합되어 선진 사회에 '재향 군인회병(1976년 미 재향군인회 대회에서 처음 발견된 폐렴의 일종─옮긴이주)'과 티벳 열병을 전염시켰다. 주민들은 이 질병에 전혀 저항력이 없었고 특수한 처방이나 약도 효과가 없었다. 굉장하지는 않지만 더 중요한 것으로 간염과 같은 특수한 질병들이 문외한에게 '인플루엔자'로 알려진 바이러스성 질병의 범주에서 준유행성 전염병의 수준으로 등장했다. 이 질병은 특수하지 않으나 거의 이해할 수 없는 바이러스들의 부단한 흐름에 의해 확산되어왔다. 바이러스는 인체를 쇠약하게 하고 때로는 치명적이며 일부는 치유하는 데 수주일 또는 수개월이 걸린다. 유기체에 기생하는 일단의 바이러스가 기존의 전선에서 봉쇄되거나 퇴치되어가는 동안에, 그것이 다양한 방법으로 그리고 많은 지점에 성공적으로 침투하는 기동의 대가임이 입증되고 있다.

지금까지 선진 사회들은 바이러스와 싸울 때 이상적인 조건에서 전염병으로 널리 알려진 형태만을 경험해왔다. 항생 물질 및 백신에 저항력이 있는 변종을 발전시키는 이미 알려진 미생물, 백신이 존재하지 않는 새로운 바이러스 형태들의 지속적인 흐름 또는 그 변종들을 고려해볼 때, 유행성 전염병이 야전에 있는 군대나 대규모 해군의 병력을 작전적으로 중요한 시기에 꼼짝 못 하게 만들 수 있을 것 같다. 50~60년대에는 질병이 더 이상 전쟁의 운세에 영향을 미칠 수 없게 되었다고 말할 수 있겠지만 더 이상 그런 경우는 없을 것이다.

게다가 오늘날의 형태와 추세는 자연발생적인 질병과 생물학전 사이에서 애매한 부분을 창출하는 유전공학의 현실과 연결되어 있다. 선페스트 또는 보틀리누스 독소(부패한 소시지에 의해 생기는 병균—옮긴이주)로 상대방을 황폐케 하는 힘은 자신에게 정신적 및 물리적으로 무덤을 파는 행동이 될 것일 뿐이다. 그러나 오늘날 독성을 증대시키고 잠복기를 단축시키기 위해 일부 불특정 바이러스나 다른 종류를 적용하는 데는 거의 어려움이 없다(잠복기는 이미 실험상 80%정도로 단축되었다). 군대뿐 아니라 주민들 역시 아마 이러한 종류의 출처를 알아낼 수 없는 변종 바이러스에 의해 감염될 수 있을 것이다.

대실수

게임하는 것과는 반대로 전쟁을 수행하는 데 유일하게 합리적인 정당성은 한쪽 편에 우연성이 작용하거나, 상대방이 테니스 선수들이 말하는 '강요된 실수와 강요되지 않은 자의적 실수'를 조장할 수 있다는 희망에 있다. 우리들은 전쟁의 수행에 있어서 과학기술적 진보가 균형적으로 우연의 역할을 감소시키는 것을 보아왔다. 고도의 과학기술이 대실수의 가능성과 결과의 심각성을 증대하느냐 아니면 감소시키냐에 대해서는 더 말하기 힘들다. 모든 군인들이 최후의 전쟁을 준비하는 데 정통한 반면에 병참가들은 지난 전쟁들의 개막 단계를 특징지웠던 것과 똑같이 기술을 자의적인 실수를 반복하는 지점에 놓는 것처럼 보인다. 예를 들어, 내가 참여했던 어느 작전에서 영국군의 차량들은 브라우닝 기관총을 장착하고 있었다. 그러나 탄띠로 된 소화기 탄약의 모든 후속 지원은 Vikers MK Ⅷ Z 용이었고, 이것은 우리의 기관총과 보병용 무기에 사용할 수 없는 탄약이었다. 본토로부터 재보급이 조치되어야 했고 보급품은 포위된 비행장에 낙하산으로 투하되었다. 항공기는 당연히 미확보된 영토의 장거리 지역을 통과하여 이동했다. 누구든지 컴퓨터가 이러한 종류의 과오를 막을 것이라고 생각한다. 그러나 우리는 일상적으로 체험했듯이 컴퓨터는 입력된 데이터에 충실할 뿐이다. 미국이 테헤란 인질 구출 작전에서 실패한 이유 중의 하나는 투입된 헬리콥터가 사막 조건에 요구되는 공기 흡입 필터를 장착하지 않은 해군 장비였다는 사실을 우리 모두 잘 알고 있다.

그러나 두 가지 이유 때문에 과학기술적 진보가 '자의적인 실수'의 개연성을 높이는 것처럼 보인다. 고도의 과학기술은 한 부대에서 비교적 나이든 비전문가 지휘관과 핵심 참모 장교들이 잘 모르고 있는 장비에 의존하도록 만든다. 이것은 그들에게 예하 전문가들이 무엇을 하는지 점검하거나 효과적인 지휘 통솔에 필수불가결한 '채찍과 당근'의 혼합을 적용할 수 없게 만든다. 두 번째로는 기초적인 신뢰성 이론이 적용된다. 시스템이 복잡할수록 실패의 확률은 높아지고, 이에 대한 과학기술적 해결책은 구성 부품들과 완벽한 하부 체계들을 2배, 3배 증가시켜서 유인 우주선의 기술적 문제들에 의해 대부분 잘 알려진 기술인 '대체 기능성'을 구비하는 데 있다. 그러나 이러한 개념은 군사적인 관점에서 볼 때 충분 질량(제5장 참조)에 추가된 잉여(초과) 질량의 전투 배치를 의미하고, 그 해악은 항공기를 설계할 때와 마찬가지로 작전을 준비할 때에도 엄청나다. 이것은 또한 제9장에서 강조했듯이, 소련군의 능력 중 알려진 제한사항일 뿐 아니라, 내가 클럽 샌드위치 전투를 가치 있는 모델인 동시에 비참한 교리가 될 것으로 믿는 이유가 된다. 클럽 샌드위치 전투는 너무나 크고 복잡해서 식탁에 차려놓거나 먹을 때 옆으로 쓰러지기 마련이다.

반면에 나는 적어도 과학기술적 진보로 인해 '직접적으로 강요된 실수'의 발생 가능성이 높아져야만 하는 이유를 알 수가 없다. 운동량, 즉 속도 및 방향의 변화에 대한 저항과 조화되는 한도 내에서는 과학기술적 진보가 강요된 실수의 결과를 악화시킬 수 있을 것이다. 상식과 역사가 이를 증명하고 있다. 더 중요한 사실은 고도의 과학기술이 지휘관의 행동 템포를 변화시키기 위해 주도적으로 (특히 그 템포를 증대시키기 위한 주도권) 지휘관에게 부여하는 영역이다. 지휘관이 적에게 가하는 압력은 분명히 강요된 실수를 유발할 가능성이 높고 적합한 반응을 막는다.

결론 ─ 과학기술과 기습

위에서 토의한 내용들에 누적된 진의는 충분히 명백해졌다. 과학기술 발전의 영향은 전쟁에서 '우연의 역할'을 감소시키는 것이 아니라, '우연의 역할'을 전쟁의 수행으로부터 적대적인 행위 또는 특수한 작전으로 이동하게 하는 것이다. 다시 말해서 기습의 영역을 증가시키는 것이다. 확실히 신속한 궤도 차량과 회전익 항공기에 의해 가능해진 템포는 작전적 및 전술적 기습의 범위를 확장시킨다. 한편으로 어느 유명한 학파는 위성 감시와 같은 특수 기술의 발전이 전략적 기습을 배제시킨다고 주장한다. 이러한 의문점은 미래전의 전체적인 형태에 관계되어 있다.

우선 잠재적으로 적대적인 두 나라가 쌍방의 감시 위성을 탈취할 능력이 없거나 탈취하려고 하지 않고, 적어도 이를 통해 전략적 기습을 상실하지 않는다고 가정해보자. 또한 위성의 감지기 또는 통신을 방해하는 수단이 아직 발전하지 않았다고 가정해보자. 미사일 사격대와 군사 기지들은 특히 주목받기 때문에, 만일 그 변화가 시설의 열영상에 영향을 미치지 않을 정도로 충분히 깊은 지하에서 발생되지 않는다면 이들로부터의 변화도 감지될 수밖에 없다. 마찬가지로 비정상적인 이동이나 도로, 철도, 해상 및 공중 수송에 의한 부대 배치 등이 정확하게 노출된다. 다음 장에서 다루게 될 것들 중 하나는 작전 준비의 징후를 기만하기 위해 엄호 계획을 활용하는 것이다.

대안은 감시가 제공하는 제한 범위 내에서 전쟁을 계획, 준비 및 수행하는 것이다. 여기서 앞장의 결론 부분에서 토의된 실제적이고 가능한 추세로 돌아간다. 헬기 탑승 부대 또는 부대의 일부가 항상 초계 중인 부대(오늘날의 미사일 탑재 잠수함처럼)와 더불어 잠수 항공 모함에 탑재된 수륙 양용 경기계화 부대는 21세기 중반까지, 아마 50년 주기에 맞추어 상당 기간 전략적 기습을 위한 잠재력을 제공할 것으로 기대된다. 앞장에서 나는 어떻게 공정 여단이 은밀하게 집중되고 작전을 개시할 수 있는지, 그리고 어떻게 기계화 공정 부대들이 아주 깊은 종심에 위치한 분산된 비행장들에서 탑승할 수 있으며 일상적인 공중 이동 형태가 과도하게 동요되지 않고 '전방에서 작전' 할 수 있는지를 입증했다.

그러나 근본적인 요점은 분명히 군인과 정치가의 정신적인 태도에 달려 있다. 제1, 2차 세계대전 당시의 무장 국가들과 내부 독일 국경(IGF) 양쪽의 바로크식 집결은 곧 50년 전의 것처럼 구식으로 보이게 될 것이다. 최후 통첩과 선전포고는 "프랑스 신사들이여 먼저 사격하라!"는 어구처럼 현대적인 상황에 적합하도록 이미 사람들의 생각을 일깨워주고 있다. 만일 한 국가가 개전할 만한 사유에 직면했지만 평시 태세에서 상대를 억제할 수 있을 만큼 강력하지 못하거나 적대 행위를 선제할 정도로 충분한 기동성이 없을 경우, 적에 대해 유일하게 공개된 현실적 방책은 즉각적인 결정을 뒷받침하기 위한 시도로 비밀리에 집결하고 전개하는, 소규모지만 강력한 부대를 투입하는 것이다.

이에 대해 회의적인 사람들을 위해 나는 군사 분야에서 세기의 전환기에 예견되는 것과 오늘날 경제 및 산업 분야에서 벌어지는 현상이 매우 유사함을 강조하고자 한다. 10년 전에 확실하게 예측할 수 있었던 것처럼(실제로 셜리 윌리엄스Shirley Williams가 1976년경에 한 연설에서) 대규모 제조업의 우세권은 제3세계로 이전되었다. 운용상 드문 재주와 고도의 기술 수준을 필요로 하고 정교한 수단에 의해 지원되는, 다시 말해서 우리의 손 대신 주로 두뇌를 사용해서 생존하는 법을 배워야 한다. 마찬가지로 적절하게 사용할 수 없는 구식 장비로 채워진 대군들 사이의 전쟁은 이미 확인된 제3세계의 스포츠가 되었다. 선진 세계가 소모전이나 대량 파괴에서 생존하기에는 너무 어려워졌다. 따라서 그들은 고속 템포 및 전략적 기습을 이용하는 소규모 특수부대의 활용과 그들의 위협에 의해서 임무를 수행하는 방법을 배워야 한다.

제11장 기습과 책략

"오늘날 전쟁은 기만을 토대로 한다. 이로운 방향으로 행동하고, 부대의 집중과 분산으로 상황을 변화시켜라(故兵以詐立 以利動 以分合爲變者也)."

— 《손자병법》 군쟁편

"용병술이란 부대 이동을 노출시키지 않은 채 가능한 최대로 넓은 전략적 전선을 에워싸기 위해 부대 이동을 준비하고, 목표를 숨기기 위해서 부대 이동을 적의 시야로부터 벗어나게 유지하는 것이다."

— 조미니

서론

기습의 가치는 아마 누구도 이의를 제기하지 않는 군사 문제일 것이다. 아직도 소모론자들과 기동의 대가들은 기습을 대단히 상이하게 평가하고 있음을 행동으로 보여준다. 소모 이론을 기초로 한 계획들은 정밀하고 예측이 가능하다. 즉 계획들이 빈번하게 사전에 공개되므로 전략적인 기습은 성공하기 어렵다. 타이밍을 제외하고 상대방에게는 거의 추측할 것이 남아 있지 않다. 소모 지향적인 사람들은 주로 전술적인 기습을 보너스로 간주한다. 이들은 계획의 기초를 기습 없이 승리할 수 있는 충분한 근육을 제공하는 데 두고 있다. 사실 누구나 소모론자의 기습에 대한 입놀림에도 불구하고 그들이 기습의 상실을 선호하지 않는 것이 아닌가 가끔 의심한다. 기습은 불확실성을 암시하기 때문에 소모론자들의 눈에는 즐거운 전투 행위로부터 피투성이지만 굴복하지 않은 채 등장하는 것이 자신과 부하들을 군사적 기술(즉, 기습)을 요구하는 상황에 직면하도록 만드는 것보다 오히려 나은 것으로 보일 것이다. 물론 소모론자들이 옳을 수도 있다. 그러나 공정하게 다음 두 가지 사항을 강조해야 한다. 첫째, 습격(서방측의 개념으로)과 같이 기습에 의존하는 전투 행동은 본질적으로 기동 이론에 기초하고 있다. 둘째, 아이젠하워의 신중함을 비난하는 것이 지배적인 분위기일지라도 그는 아주 훌륭한 기만 계획, 기상에 직면한 고도의 위험한 결정 그리고 독일군의 중대한 오판 덕분에 오버로드 작전에서 작전적 기습을 달성했다. 사실 오버로드 작전이 전개된 방식에서 작전적 기습이 없었더라면, 즉 만일 독일군이 기갑 부대를 남서쪽으로 곧바로 이동시켰더라면 연합군의 공격이 독일군의 포위망에 빠지거나 또는 바다 속으로 밀려났을지 모른다.

이러한 측면에서 오버로드 작전은 기동 이론 원칙의 한 가지를 중시했다. 기동의 대가들이 그 작전을 도울 수 있다면, 작전이 전적으로 기습에 의존하도록 허용하지 않기 위해 기본 계획과 이에 소요되는 전력을 기습 달성에 기초한 뒤, 기습의 상실을 보호하기 위해 보다 합당한 목표를 가진 우발 계획을 수립할 것이다. 물론 전술적, 심지어 작전적 기습을 실행할 수 없거나 또는 기습이 시도되는 장소와 시간에 상관 없이 처음부터 전투를 해야 하는 역사적이고 이론적 예외들이 있다. 이것이 바로 아직 소련군 교범에 '중重돌입' 전투가 남아 있고, 또 이러한 전투를 위해 소련군이 장비되고 훈련된 부대를 보유하는 이유이다. 그러나 이러한 경우들은 기동 승수로서 기습을 활용하는 원칙을 보여주는 예외들이다.

특히 기습의 핵심적 수준은 전투 행동과 다를 수 있기 때문에 전략적, 작전적, 전술적 기습으로 구분해야 한다. 북아프리카처럼 소규모의 사용 가능한 작전지역 또는 동부 전선의 여러 사례에서 볼 수 있는 지형과 상황의 결합은 작전이 반드시 전술적 기습으로 시작되어야 함을 말해준다고 할 수 있다. 오버로드 작전이야말로 작전적 기습에서 크게 이득을 보았거나 작전적 기습의 성공에 의해 결정된 전략적 행동의 사례이다.

풀러는 '정신적 기습'과 '물질적 기습'을 구분하고 있는데, 그 구분은 그가 군사 사상에 유일무이하게 공헌한, 가장 가치 있는 부분이다. 정신적 기습이란 적이 우리가 다가가고 있는 것을 모른다는 의미이다. 풀러의 견해에 의하면 오로지 정신적 기습만이 즉각적인 결정을 유도할 수 있다. 물질적 기습은 우리가 접근해가고 있음을 적이 알고 있지만 저지하기 위한 어떠한 조치도 취할 수 없음을 의미한다. 결론에서 기동 이론의 역학에 대해 제시했듯이(〈그림 29〉) 물질적 기습의 개념이 두 가지 가운데에서는 덜 극적이라 할지라도 기동 이론에서는 더 근본적이다. 왜냐하면 정신적 기습의 기회는 단 한 번뿐이지만, 물질적 기습은 원한다면 재차 시도할 수 있기 때문이다. 정신적 기습은 성공할 수도 있고 못 할 수도 있다. 그러나 물질적 기습은 템포에서 적을 능가하고 적의 결심 주기에 상관 않을 만큼 빠른 템포를 확보해서 유지함으로써 확보될 수도 있고, 만약 기회를 잃었을 경우에는 재시도될 수 있다. 게다가 물질적 기습이라는 개념은 기습의 가치뿐 아니라 기습 성공을 위한 여건들이 적어도 부분적으로는 계량될 수 있어야 함을 시사하고 있다.

기습의 계량화

　제9장 클럽 샌드위치 전투의 이국적인 상부 두 개 층으로 다시 돌아가서, 공자가 3~4개의 주요 도하 지점 중 하나 또는 50Km가량 서로 떨어져 있는 비행장들을 탈취하기 위해 헬리콥터 부대의 사용을 계획한다고 가정해보자. 공자가 한 번에 한 개씩을 노릴 수도 있으나 이는 아무 상관이 없다. 앞의 두 개 장에서 논의한 내용과 어울리도록 공자가 기동 훈련이라는 구실 아래 적절히 기계화 부대를 집결시켜 헬기공정 부대와 공정 작전을 위한 준비 및 배치를 은폐하는 데 성공한다고 가정하자. 그러면 공자는 첫번째 헬리콥터 부대가 국경(또는 함대 수송의 경우 해안선)을 횡단할 때 전략적 기습을 상실하게 될 것이다. 그리고 일단 부대의 진로를 통해 적이 공자의 목표 지역에 대해 아주 타당한 추측을 할 수 있어도 작전적 기습은 상실된다. 이 순간을 '노출 시간'으로 선정하고 방자에게 유리하도록, 공격하는 헬리콥터 부대가 목표에서 200Km 떨어져 있다고 가정하자(〈그림 43〉).
　우리는 쌍방의 행동 시기를 4개의 상당히 일반적인 요소로 분류할 수 있다. 이들 요소 중에서 2가지는 이동에 의존하고 나머지는 별개이다. 그러나 요소들을 발생 시간 순서대로 선택하는 것이 최선일 것이다. 첫번째는 내가 '실시 전 시간'이라고 불렀던 것으로, 지휘관 및 참모가 개략 계획에 도달하는 데 걸린 시간이다. 공자는 임무를 수령하고 준비 명령을 접수하게 된다. 반면에 방자는 예하 부대가 어떤 상태에 있든 간에 즉시 경고 상태로 준비시키고 계획 수립 시작 전에 정

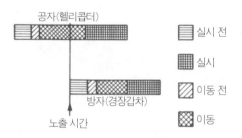

〈그림43〉 물질적 기습의 계량화 개념도(본문 참조)

방자에게 매우 유리하게 공자와 동일한 계획 수립 및 준비시간이 부여되었다. 공자는 헬리콥터로 200Km를, 방자는 경장갑차량으로 50Km를 이동한다.

보 판단을 실시해야 한다. 한편으로 방자는 우발적으로 계획을 세울 것이다. 이와 같이 방자 쪽에 서서 주장을 강화하고, 쌍방에게는 동일한 '실시 전 시간'을 보장해주자.

두 번째 요소는 '이동 전 시간'이다. 이것은 지휘관의 결심에서 '통제된 이동'이 시작되기까지의 시간이다. 사전에 경고를 받은 헬리콥터 부대에게 이 시간은 '0'에 가깝다. 방자가 지표면 이동을 위해서 우발 계획을 사전에 입력해놓은 컴퓨터들은 거의 즉석에서 계획을 산출하게 될 것이지만 명령은 내려져야 하고 이에 따라 부대가 출발점으로 이동해야 한다. 다시 한 번 쌍방에게 동일한 '이동 전 시간'을 부여함으로써 일방적으로 방자에게 유리한 상황을 만들어보자. 세 번째 요소는 출발점으로부터 목표까지의 '이동 시간'이다. 네 번째 요소는 '실시 시간'으로서 통제된 이동과는 무관하나 전개를 포함한다. 사실상 '실시 시간'은 공자가 목표를 탈취하는 데 소요되는 시간이다. 또는 방자측에서 보자면 방자가 목표에 먼저 도착했을 때 공격에 대항해서 목표를 확보하는 시간이다. 방자의 즉각적인 반응이 고속의 템포를 가진다는 점 때문에 우리는 공자가 자신의 위치를 일단 공고히 하면 방자의 반응이 공자를 몰아낼 수 있을 만큼 충분히 강력하지 않다고 생각한다. 이제 공자의 기본적인 이점에 공자가 처음에 취한 두 가지 행동 요소로부터 비롯되는 것과 부분적으로 노출 이전에 발생하는 세 번째 요소도 포함됨을 알 수 있다. 반면에 방자는 노출 이후에야 반응을 시작할 수 있다.

이 단순한 모델은 4가지 사실을 입증하고 있다. 첫째 방자의 상태와 배치를 합리적으로 이해한다면, 만일 공자가 순식간에 정신적 기습을 상실하더라도 물질적 기습을 보장하기 위해 자신의 계획을 구체화할 수 있다. 둘째로 그 모델은 어떻게 물리적 기동성과 템포의 합성 개념이 상호 작용을 하는지에 대한 사례를 제공한다(제6장 참조). 일부 요소들은 이동에 의존하고 다른 요소는 그렇지 않기 때문에, 한 부대의 물리적 기동성은 적과 다른 형태의 아군 부대와 관련된 상대적인 가치뿐 아니라 절대적인 가치를 갖고 있다(제6장 참조).

세 번째, 이동 속도는 제쳐두고 우리는 쌍방에 대략 비슷한 준비 템포(처음 세 개의 요소를 포함한다)와 같은 실시 템포(네 번째 요소를 포함한다)를 부여했다. 공자의 준비 템포는 여기에 직접적으로 관계되지 않는다. 왜냐하면 공자에게 처음 2개 요소는 노출 이전에 발생하기 때문이다. 그러나 실시 템포의 신속성이 어떻게 성공의 개연성을 향상시키느냐는 명백해진다. 네 번째, 이제 공자에게 방자보다 빠른 준비 및 실시 템포를 부여하고 '노출 시간'을 나타내는 선을 제거하여 이 4가지 요소들의 관점에서 어떻게 공자가 물질적 기습을 유지하거나 필요시 회복할 수 있을 뿐 아니라 그렇게 하도록 계획할 수 있는가를 알 수 있다.

정신적 기습 ― 종합적인 운동량

정신적 기습은 심리적 및 물리적 수준에서 물질적 기습보다 우위에 있다. 이것이야말로 거의 확실하게 결정적인 기습이며 주관적인 판단의 문제임과 동시에 제12장에서 '의지의 충돌'이라는 주제로 살펴보게 될 주관적인 반응의 문제이기도 하다. 그러나 질량과 템포를 기준으로 할 때 정신적 기습의 물리적 측면에 대한 평가가 가능하고 가치가 있을 것 같다. 정신적인 기습은 기본적으로 방자의 준비태세에 달려 있으므로 공자가 정신적이나 적어도 물질적인 전략적 기습을 달성했는지 여부가 중요하다. 만일 정신적인 전략적 기습을 가정한다면 우리는 대략 가용 인력 규모에 달하는 1인당 편제 중량(장비의 준비를 표시)과 더불어 방자의 질량이 명목상 가치의 60~80% 사이에 이를 것으로 기대할 수 있다. 또한 공자를 생각하면 정신적 기습의 가치에 대한 계량화 아이디어를 형성할 수 있다. 우리는 〈그림 43〉을 토의하는 과정에서 주로 물질적 기습의 이해 수단으로서 '노출' 선의 우측 부분에 초점을 맞추어왔다.

만일 그 선의 좌측을 염두에 두면 (방자와는 다른) 공자의 준비와 이동을 알게 되고, 이는 곧 정신적 기습을 종합적인 운동량으로 간주해도 좋다는 의미이다. 그러므로 기습 임무를 수행하는 부대는 부대의 질량과 실제 운동량에서 비롯된 기초적인 물리적 전투 가치를 갖게 될 것이다. 최초 결심에서 최종 공격까지 부대의 전반적인 활동(그림의 '노출' 선 좌우측에 있는 전체적인 '공자'의 막대 그래프)이 '노출' 선의 우측에 있는 현존 시간에서 발생한다는 사실을 기초로 부대의 템포를 재평가한다고 상정하자. 이제 우리는 종합적인 템포와 이에 따른 운동량의 종합적인 가치를 파악하게 된다. 이 결과를 적의 준비성 미흡에 따른 전투 가치의 저하와 비교해보면 누구든지 운용할 수 있는 최소 질량을 아주 적절하게 평가할 수 있다. 이론적으로 '종합적인 운동량'의 개념은 기동 이론의 관점에서 볼 때 정신적인 기습의 가치 상한선과 유사한 개념을 제공하고 있다.

준비태세

적어도 이론적으로는 평시의 병력 배치 수준이 48시간 내에 80% 이상으로 증강될 것이다. 그러나 더 이상의 시간적인 개선은 우리가 고려하고 있는 규모에서 벗어나 있다. 기동 직전이나 기동하는 중에도 눈에 잘 띄는 정점들이 있고, 기동 후에는 이에 상응하는 하락이 있다. 비록 서독에 있는 나토군의 경우처럼 군사적 상황이 첩보원들에 의해서 지속적으로 감시되고 보고되지는 않을지라도, 각국의 군대는 일관성이 있고 예측 가능한 형태를 보여준다. 가용 인력의 제한에 종속되기 쉽지만 보병은 그들을 수송하게 될 트럭이나 헬리콥터에 연결될 때까지의 시간을 포함하여 수시간 이내에 단기 또는 즉각적인 경고를 상당히 신속하게 수행할 수 있다.

기계화 전투 부대, 특히 전차 부대와 기갑 포병은 보병과 큰 차이점이 있다. 합리적으로 훈련된 부대라면 차량에 연료를 가득 채울 것이다. 그리고 만일 그 부대가 차량의 전투 적재를 완료한 상태를 유지한다면 보병 부대보다 신속하다는 것이 입증될 수 있다. 만일 보병보다 신속하지 못하다면 문제는 전차와 자주포에 탄약을 '적재'하는 데 달려 있다. 경험으로 볼 때 전차에 실제 탄약을 적재하려면 아무리 빨라도 3시간은 소요되고, 이 시간 동안에 모든 가용 승무원을 운용해야 한다. 탄약 임시 집적소에서 트럭 위로 탄을 적재하는 것과 그 탄약을 개봉하는 것을 고려하면 1개 전차 대대가 7시간 내에 실질적으로 이동 준비를 완료해도 대단히 양호한 수준이라고 생각된다. 즉 대대 선두가 출발점까지 도달하는 데 10시간이 소요된다면 더 현실적인 수치가 된다. 그리하여 앞서 언급한 3개 요소 중 어떤 한 가지 요소의 시간 소요를 증가시킴으로써 준비 템포가 떨어지는 것을 볼 수 있을 것이다. 그러나 일단 준비가 되면 주둔지나 야전에서 모든 유형의 부대들이 상당한 기간 동안 1시간 경고하에 유지될 수 있다.

전략적 기습

전략적 기습의 무한한 가치를 알아보기 위해서는 포클랜드에 대한 아르헨티나의 침공을 회고해보면 된다. 특히 남부 조지아에 타격을 가한 뒤 아르헨티나가 어떻게 전략적 기습을 달성했는지는 역사학자들이 다루어야 할 문제이다. 그러나 아르헨티나는 영국과 전 세계에 기정 사실을 제공함으로써 우선 외교적으로, 나중에는 공중과 해상에서 군사적으로 그들의 정치적 목적을 달성하는 탁월함을 보여주었다. 그들은 재래식 기법을 사용했다. 그러나 일급 군대라면 아마 특수 부대만으로도 임무를 더 신속하고 명쾌하게 수행할 수 있었을 것이다.

만일 쿠바의 그레나다 침공에 관한 미국의 해석이 정확하다면, 이것은 비밀리에 침입한 지원군과 함께 외국 세력이 주도한 쿠테타였다. 전반적인 사건의 규모는 비행장 건설에 투입된 노무 병력들까지 군사적 지원으로 활용해야 할 만큼 작았다. 그리고 적어도 미국이 작전적 기습을 통해 적극적으로 개입하지 않았더라면 대단히 보잘것없으면서 성가신 전쟁이 초래되었을지도 모른다. 사실상 미국은 최초에 전개한 병력보다 3~4배 규모의 부대를 투입해야 했다. 통제권에 있었던 단거리 해상 및 공중 항로의 끝에서 소규모로 작전하면서 미국은 신속히 증원할 수 있었다. 소련이 아프가니스탄을 점령할 당시의 초기 단계에 관해 신뢰할 만한 정보를 입수하기는 어렵지만 소련군의 제반 문제점들은 그들이 진입하여 기계화 부대를 전개하는 데 걸린 시간에서 시작된 것 같다. 상대적으로 느린 템포로 전개함으로써 정치 중심지의 통제를 장악하는 것과 주요 통로 및 지방 중심지로 통제를 확장시키는 것 간의 간격이 너무 벌어졌다. 이것은 결국 상대방에게 전투 태세를 강화하고 재편성할 수 있는 저항 시간을 제공했다.

여기서 얻을 수 있는 교훈은 만일 사전에 충분한 지원 세력이 투입될 수 없다면 미리 배치된 특수 부대와 첩보원이 공공연하게 행동하기 시작하는 동시에 증원 부대가 현장에 도착해야 한다는 사실이다. 이것은 간단히 말해서 '동시성의 원칙'을 적용하는 것이다. 그러나 분명히 기계화 부대는 이를 달성할 수 없고 쿠데타와 동시에 확보되거나 양도된 공두보로부터 전개하는 것도 역시 너무 느릴 것이다. 이지점이 바로 헬리콥터가, 또 미래에는 필요하다면 잠수 항공 모함이템포의 간격을 이어주어야 하는 위치이다.

우리는 2개 헬리콥터 여단과 1개 공정 여단으로 구성된 제1제대 특수 부대를 상상할 수 있다. 제9장에서 개략적인 개념을 설명한 바와 같이, 이 중에서 후자는 비밀리에 집결해서 출발하고 1개 헬리콥터 여단이 비밀 부대의 직접 지원을 위해서 작전을 실시한다. 다른 1개 헬리콥터 여단의 주된 임무는 공두보를 확보하는 것이며 공정 여단이 공두보 탈취를 위한 예비가 된다. 그러나 낙하산 강하가 성공적으로 진행된다면 공정 여단은 착륙한 뒤에 헬리콥터 여단을 구원하고 깊은 종심으로부터 은밀히 집결한 기계화 공정 부대의 진입 비행 및 전개를 조직한다(제9장 참조).

현대적인 기동성이 보장되면 전략적 기습은 순수하게 군사적인 위험(정신적 기습의 조기 상실 위험과 같은 의미이다)을 수반한 채 달성될 수 있기 때문에 이 사례를 인용한다. 비밀 부대가 노출되고 헬리콥터가 이륙하기 전에 취해진 조치들이 적에게 관측될 수도 있다. 그러나 이와 같은 조치들은 거의 전쟁 행위로 해석될 수 없고 정치면의 특집 기사 거리도 되지 못한다. 사실상 어떤 종류의 정치적 불평이든 공자에게는 최악의 영향을 미친다. 바르샤바 조약군의 기동연습이라는 진부한 경우처럼 대규모 부대가 어떠한 구실에 의해서 적대 행위가 시작되기 전에 정신적 기습을 상실하고 이것이 결국 전쟁으로 귀착되는 돌이킬 수 없는 움직임을 유발할 위험이 있다. 따라서 그 위험 및 위험에 대한 판단은 전략적 수준에서 정치적 수준으로 향상된다. 이러한 현상은 필연적으로 무엇을 필요로 하는가에 대한 군인의 평가와 무엇을 잘 해낼 수 있는가에 대한 정치가의 평가 사이에서 갈등을 초래한다. 이 갈등의 고전적인 사례가 히틀러의 라인란트 탈취이다. 대부분의 평가에 따르면 소련군은 단기 경고하에 동독에서 소련군 23개 사단을 물리적으로 동원할 수 있다고 한다. 여태까지 동독에서 이루어진 바르샤바 조약군의 기동 훈련시 집결된 최대 규모는 대략 3만 명에 달한다. 이는 2개 제병군과 2개 전차군보다 다소 작은 규모이다. 이러한 규모의 부대들이 사용했을 수도 있는 동서 통로들의 동시적인 수용력에 거의 들어맞는다는 것이 우연의 일치일 수도, 아닐 수도 있다. 문제는 이러한 규모의 부대가 수년 간에 걸쳐서 여러 차례 집결되었고 기동 훈련을 실시해왔기 때문에 정치적 위험이 낮다는 사실이다. 그러나 이보다 규모가 큰 부대의 집중은 나토군이 놀라서 즉각

눈썹을 치켜올리도록 만들 것이다.

특수 부대와 기습

특수 부대와 첩보원 등 비밀 부대의 운용을 전략적인 선도 부대로서 고찰했다. 이제는 이러한 부대가 작전적 기습에 미치는 영향을 검토해야 한다. 다음 장에서 우리는 작전적 정보의 필요성이라는 동전의 다른 면을 보게 될 것이다. 특수 부대에 의한 공세 행동이라는 극적 효과 때문에 첩보 수집이라는 그 부대 제일의 작전적 역할이 가려지는 경향이 있다. 서독으로 첩보원들이 대량 침투하는 것은 물론이고 이미 알고 있는 소련군의 종심 정찰과 특수 부대 전개의 형태는 사실상 나토 사령부, 통신 센터 및 중포병 부대, 즉 모든 잠재적인 특수 부대 또는 습격 표적이 평시 위치에서 벗어나거나 동원에 의해 전구에 도달하는 시간부터 부단히 감시하에 놓이게 된다는 사실을 확실히 보여준다. 전투 및 병참 부대들의 경우 우선 순위가 낮기 때문에 이 부대들이 정상 상태에서 이탈한 경우에만 보고하도록 교육된 그 지방 출신의 현지 첩보원에 의해서 감시를 받게 된다. 내가 잘못 알고 있을 수도 있지만 제2차 세계대전 종전 후 독일에서 근무한 약 11년의 기간 동안 주요 전투 부대들이 평시 상황하에 계속해서 감시를 받고 있으며 장교들의 보직 이동에 대한 감시 역시 일반적으로 생각하는 것보다 훨씬 광범위한 수준에 도달해 있다는 인상을 받았다.

구체적인 사실이 어떠하든지, 통신 정보(SIGINT) 및 기타 수단과 결합되면 감시 위성이 전략적 수준에서 수행하는 것과 동일한 종류의 통제를 작전적 수준에서도 적용할 수 있는 감시 및 보고 체계가 존재한다. 이러한 대량의 작전적 정보 장치가 작전적 지휘관 및 상위 제대 전술 지휘관에게 그리고 공세적인 특수 부대 작전에 관련된 모든 사람들에게 일급 정보를 지속적으로 제공한다고 생각할 수 있다.

표적으로 선정된 적의 자원이 아군의 감시하에 있다고 가정하면 그것을 처리하는 데는 5가지 이상의 방법이 있다. 내 생각에 모든 군대의 특수 부대 요원들은 포병 화력 통제와 공중 공격을 유도하도록 훈련을 받는 것 같다. 그들은 헬리콥터 부대가 단순히 화력을 제공하든지 아니면 강습을 하는 데 투입되든지, 헬리콥터를 고정익 항공기처럼 유도할 수 있다. 지상 습격의 경우에 관측자는 전술적 기습을 상실하기 전에 습격 부대 지휘관과 접촉하고 그와 명령 그룹에게 표적에 대한 최신 정보를 제공하며 특히 중요하거나 어려운 임무를 수행하는 예하 부대 및 전투정찰대를 직접 안내하기도 한다(특수 부대 분견대는 2명에서 5명까지의 규모로 되어 있다). 마지막으로, '집중된 화력'이나 '전술적 탈취'에 의한 격멸과는 대조적으로 표적이 쉽게 파괴된다면 감시자나 지원 특수 부대 분견대가 혼자 힘으로 임무를 수행할 수 있다.

파괴 임무가 수행된다 하더라도 전술적 기습의 가능성은 대단히 높다. 그리고 표적의 성질을 고려해야 그것을 격멸하는 것이 작전적으로 의미가 있을 것 같다. 따라서 우리는 처음에 고려했던 정치적 의미와는 전혀 다르게 순수한 군사적 맥락에서 은밀히 투입될 수 있을 만한 소규모 분견대나 그룹이 정신적, 작전적 기습을 이룰 수 있는지, 다시 말해 즉각적인 작전적, 전략적 결정을 내릴 수 있는지 질문하게 된다. 어떻게 설명해야 할지 모르겠지만, 내 생각에 이는 오로지 연료 송유관, 물 공급 또는 굴곡이 심한 산악 통로처럼 취약한 자원이 특징적인 곳, 그리고 그러한 자원에 의존하는 부대가 광범위하게 분산되어 있는 작은 전구에서만 적용될 것 같다.

능동적인 작전에 참여하는 편성 부대는 확실한 응집력과 관성을 갖는 경향이 있다(속도 조절 바퀴가 좋은 예이다). 이 응집력과 관성은 물리적으로 편성 부대의 행동을 방해하지 않는 사건들에 대해서 편성 부대를 보호한다. 사령부의 존경받는 고위 지휘관을 포획 또는 살해하는 것이 사건의 즉각적인 전개에 크게 영향을 미치지 않는다는 수많은 역사적 증거가 있다. 이것은 재능의 상실을 의미하고 이로 인해 계속되는 패배는 사기를 조금씩 떨어뜨리게 되지만 커다란 변동은 없다. 우리는 여기서 제2부에서 발전시킨, 충분 질량과 지속적인 위협이라는 2개의 연관된 개념을 도출할 수 있다. 충격에 의한 마비는 자연히 어떠한 최소 질량의 충격을 요구하는 것 같다. 게다가 지레 작용을 발휘하기 위해 기동 부대는 잠재적 에너지(화력 적용 능력)와 잠재적 운동량(이동을 계속할 수 있는 능력)을 유지해야 한다. 이러한 관점에서 특수 부대 분견대는 화력에 상당하는 인간과 더 비슷하다. 그 부대의 행동 효과가 파괴적일 수 있으나 일단 정신적 기습과 기동성이 상실되면 더 이상 확실한 위협이 가해지지 않는다.

독자들은 심리적인 경계선이 어디에 놓여 있는지를 추측하는 데 나와 공감할 것이다. 내 생각에 문제는 지속적인 위협 또는 재생산된 위협이다. 강습 헬리콥터 1개(중대) 전투팀은 전술적 기습을 제대로 달성할 수 있고, 만일 연료 재보충 및 재무장을 할 수 있다면 한 번 타격한 뒤에도 지속적으로 위협하기에 충분한 물리적 전투력을 갖고 있다. 물론 실제로 전투팀은 철수하거나 혹은 제2의 표적으로 전환하기 위해 팀의 '잠재적 운동량'을 사용하게 될 것이다. 적을 회피하는 데 성공한 특수 부대 분견대는 실질적으로 국지적인 위협을 계속 가할 수 있지만 이는 상당히 낮은 수준일 것이며, 그 수준에서조차 심리적인 효과를 낼 수 있을 만한 위협은 되지 못할 것이다. 한편 주민들의 지원을 받은 것으로 알려진 게릴라팀의 같은 행동은 기동 부대의 투입과 동일한 심리적 효과를 갖게 될 것이다. 왜냐하면 게릴라 그룹은 안전하게 자체적인 은폐, 휴식, 급양 그리고 재무장할 수 있는 은닉 장소를 확보할 것으로 예상되기 때문이다. 달리 말하면 기동 부대처럼 게릴라 그룹도 위협을 지속하거나 재생산하고 다시 기습할 수 있는 것으로 보인다. 그럼에도 불구하고 이 작은 규모의 게릴라 부대가 비록 성공적이라 할 수는 있겠지만 군사 표적을 상대로 결정적인 작전적, 전략적 성공을 달성할 것 같지는 않다.

보안, 기만 및 허식

적어도 문외한의 시각으로 보면 제2차 세계대전 동안에는 대부분 첩보의 보안이 양호했다. 소련군의 전통적인 군사 행동이 관련된 곳에서 강력한 리더십, 애국주의, 엄격한 검열과 공포의 혼재 등이 일반적으로 잘 운용되었다. 디페 습격을 보안의 실패라고 평가할 수는 없다. 왜냐하면 이미 정보 기관으로부터 그 계획이 무산되었다고 들은 후에도 처칠은 맹렬히 추진했기 때문이다. 나는 아른헴 전 지역에 나치 친위 기갑 부대가 집중된 것이 우연인지 아니면 첩보 누설의 결과인지를 확실히 말할 수 없다. 그렇지만 앞서 말한 두 가지 실패는 이미 정신적 기습의 상실을 알고 있으면서도 정보를 무시한 채 여전히 정신적 기습을 하고 있는 척하는 것이 가장 나쁘다는 교훈을 납득시켜 준다.

보다 높은 수준에서, 에니그마Enigma(독일군이 고등급의 무선 통신을 감추기 위해 사용했던 장비명으로, 제2차 세계대전 중 처칠이 독일의 비밀 암호문을 해독하기 위해서 사용했다—옮긴이주)의 활약과 킴 필비Kim Philby가 '제D반'(특수 작전 수행 부서special operations executive(SOE)의 모체 기관)의 우두머리이자 SOE의 교관이었으며 그 후에 비밀 정보 기관(M16)에서 근무했었다는 사실은 '보안'을 폭로하기에 충분하다. 일반적으로 그것은 웃음거리에 불과하다. 수동적인 방어처럼 수동적으로 첩보를 보호하는 일은 시간을 버는 일밖에 없다. 양자 모두 일단 허점이 생기면 아무 쓸모가 없다. 나는 보안 체계의 틀 안에서 오랫동안 근무하면서, 만일 보안이 사기 저하를 조장하지 않는다면 중요하지 않은 사람들로부터 중요하지 않은 첩보를 지키는 일은 상당히 효과적이지만, 전문적인 첩자들, 특히 이중 첩자가 극소수의 귀중한 첩보를 손쉽게 자신의 우두머리에게 빼돌릴 수 있는 구실을 제공한다고 확신하게 되었다.

하여튼 현재 많은 서방 국가에서 활약하는 첩자들 가운데 아무리 고집 센 사람들이라도 확실히 최단 기간 아주 좁은 범위가 아니라면 '보안'은 첩보의 보호 수단이 되지 못한다고 믿고 있다. 이것이 민주주의가 제2, 제3세계의 독재 정권들과 대적했을 때 가장 취약한 부분에 속한다. 거의 예외 없이 서방 사회는 결속력과 안정성을 잃어가고 있다. 그들은 잠재적인 적대자들의 침투에 의해 서로 깊이 분열되어 있다. 지난 몇 년 간을 돌이켜보면 선도적인 나토 국가마다 적어도 1명의 고위 책임자는 비밀 첩보를 누설하여 자신의 경력과 자유를 희생한 바 있었다. 여기서 나는 전략적 및 작전적 감시의 스펙트럼으로 조성되는 비밀에 대한 위협과는 전혀 별개로, 단순하게 정신적 기습을 이루는 데 보안 체계가 얼마나 빈약한 도구였는지를 강조함으로써 보안체계를 심하게 비난하려는 것은 아니다.

〈그림 44〉에서 나는 개념 곡선을 가지고 군사 행동에서 정신적 기습을 유지할 가능성이 기습의 진행에 꼭 필요한 준비 상태에 따라 어떻게 체감하는지를 보이고자 했다. 정신적 기습의 유지가 물질적 기습의 달성과 마찰을 일으킬 수 있다는 사실을 입증하기 위해서는 이러한 단계를 추적해볼 만한 가치가 있다. 한 가지 가능성을 위해서 다른 하나를 희생하는 것은 지휘 판단에 있어서 분명히 타당하며, 리더십 측면이 고려될 때는 더욱 그렇다. 사실 제4부에서 보게 되겠지만, 보안 문제는 임무형 전술에서 또 다른 쟁점을 제공한다. 그러나 어떠한 부대 통제 시스템에서도 항상 보안 유지와 마찰을 일으키는 강력하고 정당한 주장이 있기 마련이다. 그 예로 신장비와 특수 절차 및 전술에 대한 교육 훈련의 범위, 질량의 보장 한계에 대한 운용, 더 나아가 전방으로의 집중 그리고 부대의 심리적인 준비가 있다. 이를 명심하면서 다시 개념 곡선으로 돌아가보자. 일단 지휘관들이 자신의 핵심 참모에게 요약 설명하면 일부 첩보가 문서나 컴퓨터에 저장된다. 안전하다고 하는 고성능 자료 처리 시스템에 접근하기 위해서 마치 전문

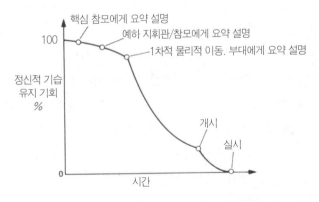

〈그림44〉 작전 진행 준비시 정신적 기습 유지의 체감에 관한 개념 곡선

컴퓨터 범죄자처럼 학생들이 실시하는 '버깅bugging'과 '해킹 hacking' 기술의 성공은 정교한 적이라면 아마 들키지 않고 안전한 시스템에 접근할 수 있을 것임을 시사하고 있다. 그리고 주요 시스템의 설계로부터 시스템 취역 기간(수명 주기)의 끝까지 경과 시간의 관점에서 볼 때 설계 사무실과 소프트웨어 스튜디오로부터 야전 정비팀에 이르는 과정상 어느 한 곳에서의 누설은 불가피한 것으로 보인다.

비밀 유지의 가능성은 예하 지휘관 및 참모들이 브리핑을 듣고 계획을 수립하는 동안 점진적으로 감소한다. 이것은 단순히 관련된 사람들 수, 자료 처리 시스템 및 기억 장소들의 자연적 작용이며, 첩보가 통신 연결 체제로 이첩될 경우 그 결과는 더욱 악화된다. 최초로 첩보의 물리적인 이동이 시작되고 파상적이더라도 부대에게 브리핑될 때에 실질적으로 보안이 무너지기 시작된다. 또한 전체적인 사항이 감시에 노출되고 이를 알고 있는 사람들의 숫자뿐 아니라 그들의 낮은 신뢰도에 의해 첩보의 보안성은 더욱 저하된다. 우리는 제9장과 이 장의 서두에서 최종 집결 및 작전 개시 문제를 논의했다.

그러한 논의 속에서, 그리고 제4장에서 은폐 및 엄폐에 관한 의미의 변화를 검토하면서 우리는 일급 수준의 적과 대치했을 경우 삼림과 같이 밀도가 높은 대규모 지역 또는 열효과를 완전히 차단하기 위해 지하 깊숙이 충분히 이격하여 은폐하는 것을 선택해야 한다는 결론에 이르렀다. 물론 이러한 조치들이 기동전을 시작하는 데 이상적인 방식은 아니다. 동부 전선에서 독일군이 무선 방해를 통해 얻은 첩보의 가치를 강조하는 것을 보면 소련군의 보안에 허점이 많았음을 알 수 있다. 그러나 적군이 광범위하게 '작전적 은폐'를 실행에 옮겨 대성공을 거둔 사례도 있다. 1943년 10월 25일과 26일에 부크린 및 뤼테즈 교두보 사이에서 제3 경계 전차군과 대규모 지원 부대들이 수행한 그레치코/바투틴의 축선 전환은 하나의 고전적인 사례이다. 이러한 종류의 축선 전환이나 또는 비슷한 규모의 전방 이동을 위해 정신적 기습을 유지하는 것은 현대적인 감시 및 특수 부대가 첩보 수집을 위해서 운용되는 방식을 감안하면 상상할 수도 없다. 하지만 당시 소련 군은 적극적인 기만에 열중했고 그 후 점진적으로 이 분야를 발전시키고 있다.

적극적인 기만의 특정 형태를 고려하기 전에, 나는 컴퓨터의 잠재성을 이용하고 그 약점을 보호하는 작전적, 전략적 계획에 대한 첩보 보호의 대안적 방법을 공개하고자 한다. 그 대안은 방어 작전 계획(준비) 또는 이동의 흔적을 은폐하기 위해 달 전체를 조경하는 것과 같고, 또한 다양한 우발 계획을 필요로 한다. 이러한 우발 계획은 선제 공격이나 적대 행위의 개시를 위한 최초 계획에 가장 잘 적용된다. 그러나 열매를 맺기 위해서는 나무에 많은 가지가 있어야 한다는 '나폴레옹의 원칙'이면 작전의 발전을 위해서 이중의 장점을 가질 수도 있다. 각 우발 사태에 대해 다양한 대안적 계획을 작성하고 여기에 전술 및 군수지원에 관련된 구체적인 사항까지를 포함하며 이를 지속적으로 최신화하는 우발 계획 수립 노력을 증대하는 것이 필요하다. 제16장에서 설명하게 되겠지만 구체적인 작업의 많은 부분이 사실상 컴퓨터에 의해서 이루어질 수 있으므로 고급 인적 자원에 대한 요구는 크게 증가하지 않을 것이다. 각 제대별로 적절하게 발전된 계획들이 널리 유포되고 플로피 디스크 등에 보관될 것이다. 물론 이러한 계획들은 모두 비밀로 분류될 것이나 적대자가 손에 넣을 경우를 고려해야 한다. 그러므로 (그리고 이것이 요점이다) 적이 알아채기 어려워서 사전에 중요한 반응을 하지 못하도록 어떤 한 가지 주제는 다양하게 변화해야 한다. 그러면 선정된 계획은 마지막 순간에 단일 암호 문자에 따라 이행될 것이고, 이 단일 암호 문자는 여러 보호 단계에 걸쳐서 적절하게 높은 성공 가능성을 보장한다.

일단 작전이 진행되면, 비록 이러한 종류의 시스템을 유지하는 데 필요한 시간과 노력은 줄어들더라도 적극적인 기만을 위한 특정 수단들은 계속 필요하게 될 것이다. 감시 기법이 발전함에 따라서 물리적 기만의 비용과 노력은 실제 비용과 노력에 근접하게 된다. 빈 위장망, 목제 대포 및 고무 전차 등은 구식 방법이다. 아직도 성공을 확신할 수 있는 유일한 방법은 기만 역할을 위해서 실제 부대를 투입하는 것이다. 집결지에 이르기까지 기만 부대가 어떠한 형태를 택하든, 이 과정을 위해서는 총체적인 자원, 집중 및 예비대에 관해 대단히 신중하게 고려해야 한다. 만일 이와 같은 기만 부대를 야전에 배치할 수 있다면 적으로 하여금 경기를 포기하도록 위협을 증대하는 것이 적을 진퇴양난으로 몰아 넣을 때 얻는 이익을 능가할 수 있다. 그리고 일단 기만 부대가 접촉을 하면 기만의 영역에서 벗어나는 것과 양공과 견제 작전의 영역으로 들어가는 것은 별개의 문제이다(우리의 교리는 기만의 방법으로 양공, 양동, 계략, 허식을 구분하고 있으나 지은이는 다소 다른 시각에서 보고 있다 — 옮긴이주).

여기서 오버로드 작전이 미래의 길을 제시해준다. 앞서 언급한 바와 같이 아이젠하워의 기만 계획은 성공적이었고 아마 작전의 성공에 결정적으로 기여했을 것이다. 기만 작전 성공의 주된 요소(아마 핵심 요소일 것이다)는 켄트와 동부 서식스 지방에서의 허위 부대에 대한 무선 시뮬레이션이었다. 전자 시뮬레이션으로 허위 부대를 만들어내는 것은 실제 통신 소통을 하는 데 위험스러울 정도로 많은 통신 소통량을 필요로 한다. 컴퓨터 또한 적극적인 전자 기만을 더 쉽게 만들 것 같지는 않다. 컴퓨터 운용자와 특수 스테이션station idiosyncrasies

등의 컴퓨터 구성 요소들에 의해서 컴퓨터의 분석, 저장, 복구시 인간의 개입이 최소화된다. 이것들이 이상적인 기만수단으로 보일 수도 있지만 컴퓨터의 운용을 방해할 수 있는 기법들이 늘어날 것으로 예측된다. 또한 '몇 번째 대응책'이라는 게임에 들어서게 되면 발전된 기술을 공개적으로 밝히는 것이 곤란해진다. 여하튼 이 분야는 전문가들에게 맡기는 것이 최선이다. 그러나 대체적으로 전자 공학은 적극적인 기만에 있어서 주요 수단을 제공할 것 같다.

　이러한 일련의 사고에서 하나의 흥미로운 파생물은 '허위 명령'의 사용이다. 내가 아는 범위 내에서 허위 명령은 과거에 직접 음성 교신에 의해서 하위 제대급 및 극히 압력을 가하는 순간에 단기간 작용했을 뿐이다. 나도 유사한 경험에 관하여 듣고 읽은 바를 확인시켜주는 일을 한 번 체험했다. 무선망을 이용한 정상 작동의 모방이 좋든 나쁘든 간에 기만은 거의 이루어지지 못했고 결코 오래 지속되지도 않는다. 가장 보편적으로 효과를 발휘하는 것은 가끔 심각하게 받아들여지는 것처럼 무선 사용시의 혼란과 주저함이다. 오늘날 성문聲紋을 분석하고 목소리를 합성하는 데 유용한 컴퓨터와 같은 확실한 기술로 상황은 오히려 달라질 수 있을 것이다. 군사적인 적용 문제와 대단히 유용한 기술적 이유들 때문에 VHF/FM망 무전 및 무전 중계에는 제한된 주파수 대역과 저수준 증폭을 사용한다. 그러므로 허위 명령은 비교적 낮은 수준의 장비를 통해서 단순한 모델과 목소리 또는 입력된 명령에서 친숙하게 들리는 음성으로 재생될 수 있을 것이다. 이러한 방식은 오늘날 전술적 수준에서 거의 전적으로 무선망에만 의존하기 때문에 생기는 또 다른 위험인 것 같다.

　이제는 허식bluff을 살펴볼 차례이다. 가끔 사람들이 기만과 허식이라는 용어들을 군사적인 맥락에서 사용하는 방식을 보면 두 가지 용

어가 동의어로 아니면 적어도 의미상 중첩되는 것이 아닌가 의심하게
된다. '허식' 이 기만의 한 가지 방법임은 사실이므로 '기만' 은 '허식'
을 포함하는 개념이다. 그러나 나는 양자가 분명히 구분될 수 있고 반
드시 구분되어야 한다고 생각한다. 늘 우리가 이해하고 사용하던 군
사적 의미로서 '기만' 은 성공의 개연성을 증대시킬 수 있도록 실제적
인 역량 위에 부가된 대책을 의미한다. '허식' 이란 존재하지 않는 능
력의 묘사 또는 대단히 제한된 능력의 과장이다(bluff 는 '자랑하다
boast' 라는 의미의 네덜란드 단어인 bluffen으로부터 유래되어 미국의 포커
게임을 거쳐 만들어진 외래어이다). '허식' 의 본질적인 속성은 상대방이
패를 보이라고 요구하면 완전히 실패한다는 데 있다. 반면에 기만 수
단이 폭로되면 성공의 개연성이 단지 감소되거나 성공의 영역이 제한
되는 데 불과할 것이다.

허식은 물리적인 수준에서 신뢰할 수 있어야 한다. 그러나 포커 게
임에서처럼 전쟁에서도 허식이 칭찬할 가치가 있는 대담성이나 예리
한 도박의 수준에 도달하느냐를 결정하는 주요인은 심리적인 것이다.
첫째 허식의 주체는 스스로 성공할 수 있다는 자신감을 가져야 한다.
즉 그는 연승을 확신해야 한다. 둘째 자신뿐 아니라 상대방도 그를 승
자라고 확실히 인정해야 한다. 이것은 앞서 토의한 바와 같이 적에게
전설적인 인물이 되는 지휘관이 주는 위험 요소의 하나이다. 다시 한
번 개인적인 경험과 북아프리카의 로멜에게 주의를 전환해보자. 나는
에드 두다의 동쪽에서 트리프 카푸조를 따라 100대 이상의 독일 전차
들이 무력 시위를 한 것을 기억한다(이 부대는 1941년 11월 29일 이집트
습격에 실패하고 철수하는 제15 기갑 사단이었을 것이다). 남쪽으로 얼마
떨어지지 않은 집결지에 당장이라도 투입할 수 있는 전차 부대가 있
었으나 영국은 전투를 하지 않기로 결정했다. 나중에 밝혀진 일이지

만 독일 전차는 단지 10여 대만 기동하고 사격할 수 있었다. 즉 나머지 중에서 사격할 수 있는 전차와 사격할 수 없는 많은 전차들이 기동 가능한 전차들에 의하여 견인되고 있었다. 비록 당시에는 패배 직후에 단순히 무력화된 부대의 탈출이라는 의도되지 않은 부대 이동이었을지라도 결국 로멜의 명성과 함께 성공적인 허식이 되었다. 거듭 말하지만 작전적 정보에서는 정신적인 요소가 필수적이다. 다음 장과 제4부 '의지의 충돌' 에서 이에 관해 좀더 알아보기로 하자.

적극적인 기만과 허식과는 별개로, 전통적인 군사 지략으로 간주되는 대부분의 활동들이 전쟁 상태에 포함되었거나 되어가는 중에 있다. 트로이의 목마는 오늘날 소련군 스페츠나츠의 '나토군 소대' 로 다시 태어났다. 특수 부대 작전과 정부 지원 테러리즘이 스포츠 정신에 위배된다고 계속 고집하는 자들은 스스로에게 3중의 피해를 입히는 것이다. 첫째, 그들은 자신으로부터 강력한 무기를 박탈한다. 둘째, 그들의 국가는 이러한 기술에 의해 직접적인 전략적 선제 또는 패배에 노출된다. 셋째, 그들의 편성 부대는 적이 지레 작용이라는 반비밀 행동으로 그들의 기동 부대를 강화하는 데 노출된다.

결론

어떤 작전 형태에서는——예를 들어 서방측 개념으로 습격의 경우——사용 가능한 질량이 너무 작기 때문에 성공 여부가 정신적 기습의 달성에 달려 있다. 사용할 수 있는 질량에 대한 제한이 덜 엄격해질 때 어느 정도 정신적 기습에 의존할 것인지에 대한 결심은 극히 복잡한 지휘술의 문제가 된다. 질량의 증가는 정신적 기습의 성공 가능성을 감소시킨다. 이와는 대조적으로 정신적 기습의 투기성을 희생하고 계산 가능한 물질적 기습의 자산을 획득하기 위해서 질량을 증대시킬 가치가 있다. 심지어 초기의 결정적인 성공이 틀림없이 정신적 기습에 좌우되는 곳에서조차, 부분적인 성공과 만일의 경우에 대비한 대체적 목표의 달성과 실패가 대재난이 되는 것을 방지해야 할 필요성이 최소 질량과 물리적 전투력을 결정할 수도 있다.

다음에는 질량 감소에 대한 반대 주장이 있다. 우리는 전투 부대의 사용을 줄이는 적극적인 기만에 의해서 정신적 기습의 가능성을 증대시킬 수 있다. 그리고 전투 부대의 접촉 이탈 이동에 의해서 '현존 함대' 이론과 흡사하게 질량을 분산할 수 있고 이러한 전투 부대들을 견제 작전에 투입할 수도 있다. 주작전에 선행하는 견제 이동이나 견제 작전은 적을 방심하게 함으로써 정신적 기습을 향상시키고, 적 예비대를 철수하게 함으로써 물질적 기습을 향상시킬 수 있다. 동시적인 견제는 적 예비대를 투입하지 못하도록 해서 물질적 기습에 도움이 될 것이다. 이처럼 다소 계량적인 분야에 부가되고 정신적 기습을 지향하는 것이 허식에 의한 질량의 감소이다. 허식은 전적으로 심리적인 요인, 특히 주관적인 판단에 의존한다.

동전의 이면은 준비태세로, 산업 민주주의의 아킬레스건이다. 마한은 준비태세를 다음과 같이 표현했다.

"전형적인 상업 국가들이 평시에 전쟁을 준비할 수는 없다. 왜냐하면 일반 국민들은 준비태세를 취하게 하는 압박감이나 군사적 필요성 또는 국제 문제에 충분히 주의하지 않을 것이기 때문이다."

준비태세를 위해 치러야 할 값은 아주 비싸다. 내가 다른 어디에선가 제시했듯이 오직 사용 가능한 총 전력의 1/3 규모만이 장기간에 걸쳐 고도의 준비태세로 유지될 수 있다. 그러므로 비용은 자명하다.

나는 전투 가치가 평형을 이룬 상태에서 준비태세의 미흡은 곧 템포의 저하라고 간주함으로써 마찬가지로 준비태세 미흡에 대한 대가를 증명할 수 있다고 믿는다. 우리가 제8장에서 보았듯이 이러한 평가들은 단지 상대적일 수밖에 없다. 지속적으로 유지하는 고도의 준비태세가 일반적으로 정상적인 평화 상태에서 전투 가치를 3배 정도 향상시킨다는 점은 그리 놀라운 일이 아니다. 이것은 현실적인 관점에서 비용과 비교했을 때 준비태세를 효과적으로 만든다.

앞으로 이어질 장들과 마찬가지로 이 장에서도 이론과 기술 사이의 경계선을 탐구했다. 이러한 이유 때문에 제11장은 군사 이론의 가치와 한계뿐 아니라 '과학적 관리'에 대한 관점에서 군사 이론의 유사성을 잘 예시하고 있다. 분석할 수 있는 것을 분석함으로써 이론은 전체의 이해를 돕고 판단을 내릴 수 있게 한다. 그런 뒤에 일단 애매한 부분을 좁히고 세부적으로 묘사함으로써 훈련된 판단이 애매한 부분으로 집중되도록 한다.

제12장 정보, 위험 및 행운

"그러므로 총명한 군주와 현명한 장수가 움직이기만 하면 적을 이기고 출중하게 공을 세우는 것은 먼저 적정을 알고 있기 때문이다(故明君賢將 所以動而勝人 成功出於衆者, 先知也)."

— 《손자병법》 용간편

"이런 까닭에 승리하는 군대는 먼저 이기고 그 후에 (승산이 확실할 때) 전쟁을 시작한다. 반면에 패배하는 군대는 덮어놓고 전쟁을 시작하고 그 후에 승리를 찾으려 한다(是故勝兵先勝, 而後求戰 敗兵先戰 而後求戰)."

— 《손자병법》 군형편

"적이 실수를 범하고 있을 때, 너무 즉각 적을 방해해서는 안 된다."

— 나폴레옹(마한 번역)

서론

숫자를 좋아하는 성향과 낮은 수준의 전쟁 놀이를 연구한 약간의 경험에 비추어볼 때, 확률 이론은 과업별로 부대를 할당하는 데 있어서 전투 승리의 보조 수단이 되어야 한다고 오랫동안 확신해왔다. 소련 군이 '승리표'를 사용(예를 들어 데이비스 이스비David Isby가 인용한 바와 같이)한다는 사실이 나의 의견을 확인시켜주고 부수적으로 최소 및 충분 질량(제5부) 개념에 대한 설명에 도움을 준다. 이러한 접근은 확실히 소모 이론에는 타당하다. 왜냐하면 특정 교전에서 승리할 가능성은 그 교전이 상대적 전투력 비율에서의 점진적인 변화에 기여할 수 있는지 그리고 어느 정도나 기여할 것인지를 말해주기 때문이다. 그러나 기동 이론에서는 잘못된 질문이다. 여기서 지도적인 원칙은 "만일 얼마나 비용이 드는지 물어보아야 한다면, 당신은 그것을 감당할 수 없는 것이다"라는 속담에 있다. 승리의 기회를 잡으려면 전투를 하려고 하거나 용납해서는 안 된다. 적이 당신에게 전투를 용인하도록 강요한다면 승산이 어떻든 당신은 선택권이 없다.

그러므로 성공의 개연성, 위험 및 행운을 더 신중하게 구별할 필요가 있다. 그것이 결정을 하는 데 유용한 기초를 제공하든 않든, 성공의 개연성은 제2부와 앞장에서 토의한 기법(손자가 시계편에서 말한 승산)과 같은 종류에 의해 예측할 수 있다. 위험은 예견된 성공의 개연성이 첩보의 결핍에 의해 저하될 가능성을 의미한다. 그리고 행운은 예측이 불가능하고 완전히 양쪽의 통제 밖에 있는 일부 사건에 의해서 상승하거나 또는 감소하는 성공의 개연성을 나타낸다. 이 사실은 '행운 관리'의 개념이 무의미한 것임을 의미하지는 않는다. 다수의 명언들처럼 대 몰트케가 말한 "행운은 오로지 훌륭한 장수와 함께 한다"는 명언 역시 전적으로 타당하다. '행운 관리'에는 지식과 융통성이 요구된다. 즉 전자는 지휘술의 일면이고 후자는 임무형 전술의 산물이다.

승산과 결심

승산을 계산하는 과정과 하나의 계획에 대해 찬반의 명령 결정이 이루어지는 것은 종류가 다르다. 하나는 어느 정도 조작할 수 있는 산술적인 것(수리적)이고 다른 하나는 주관적인 것이다. 여기에는 두 가지 그럴듯한 이유가 있는데, 첫째는 위에서 설명된 상류 사회의 생활 원칙이고 두 번째는 심리적 요인의 지배이다. 그러나 둘 사이에 어떤 관계를 설정하는 것이 진실을 밝혀주는 데 직접적인 도움이 될 것이다. 누구든지 도박, 대담성 및 건전성 사이에서 차단점을 찾고 이를 확률이나 더 손쉬운 '승산'의 관점에서 표현하려고 한다. 독자들과 함께 잠시 경계 지점을 어디에 설정할 것인지 고민해보자.

나의 지나친 조심성으로 미루어볼 때 대등(50%)하거나 또는 그 이하의 확률은 분명히 도박이다. 통계학의 관점에서는 이 경계선을 6:4(60%) 또는 심지어 2:1(67%)까지 밀어놓고 싶어하는 경향이 있다. 칭찬할 만한 대담성이 6:4부터 시작한다면 우리는 그것을 포병에게 익숙한 '확률 지대'의 한계로 확장(9:4 또는 82%)하는 것으로 볼 수 있다. 이것이 흥미로운 이유는 효용체감 법칙의 곡선이 평탄해지기 시작하는 지점이기 때문이다(〈그림 38〉). (통계학자들은 내가 여기서 수학적인 동어 반복을 하고 있음을 알아챌 것이지만 나는 그것이 상식적인 관점에서 도움이 된다고 생각한다.) 과업별 부대 할당을 말했을 때 나는 이 한계를 초과하는 증가는 그것이 초과 보험이 될 수 있다는 의미로서 보험과 같다고 주장했다. 바꿔 말하면 우리는 대담성과 은연중 경멸하는 의미를 갖는 건전성 사이의 경계선에 위치하는 것이다.

이 장에서는 과업별 부대 할당뿐 아니라 심리적 요인들을 포함하여 성공의 개연성에 대한 지휘관의 전반적인 평가를 고려하고 있다. 이점에서 독자들은 자신의 견해와 나의 제안을 비교하고자 할 수 있을 것이다. 도박꾼은 아마 신중함이 지나쳐 잘못하는 것이라고 생각할 것이다. 나로서는 전투를 추구하거나 회피하는 데 기동 이론이 제공하는 범위와 연계하여 손자의 견해에 크게 영향받았음을 인정한다. 그러나 실제로 수치가 크게 문제가 된다고 생각하지 않는다. 확실히 중요한 사실은 도박에서처럼 훈련 중인 지휘관이 군사적인 관계에서도 '도박', '조급성', '대담성', '건전성'과 같은 용어들이 목표 기선에 연계되어 있다는 사실을 직시하고, 계속되는 지휘관의 모험 기회가 어떤 곳에 위치하는가를 평가하는 것이다.

첩보와 위험

나는 소모론자에게 '전술적 및 작전적 위험'이 형태의 문제라고 확신한다(〈그림 45〉). 전선을 똑바로, 정연하게 유지하기 위해 증강하는

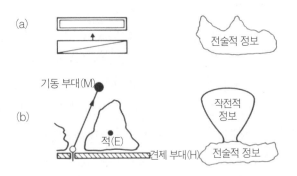

〈그림 45〉 군사적 태세와 정보의 관계

소모전(a)과 기동전(b)에서 군사 태세의 유형과 정보 영역에 부합되는 착상의 도식화이다.

데 계속 실패하는 소모론자에게 넓고 연속된 정면을 할당해주면 그는 스스로 안전하다고 생각할 것이다. 그에게 견제 부대, 받침점, 그리고 적의 종심으로 전진하는 기동 부대로써 기동 이론의 기초적 상황을 보여주면, 바로 기동 부대의 상황을 매우 위험한 상황이라고 부르게 될 것이다. 사실 이 'L자 형태'는 투하체프스키의 최대 접촉 지역 원칙에 따르는 것이다. 내 생각에 소모론자들이 'L자 형태'를 가장 위험하다고 생각하는 이유는 그 형태가 이용 가능한 첩보의 형태에 부합하지 않기 때문이다. 내 생각에 이 견해는 크게 잘못된 것이다.

모든 경영 관리적 차원의 결심처럼 지휘 결심도 일부는 기정 사실과 건전한 첩보에, 일부는 신뢰성이 의문시되는 첩보에, 그리고 부분적으로는 '합리적인' 가정을 기초로 하고 있다. 무언이든 아니든 가정 중의 하나는 전반적으로 모호한 첩보가 특정한 신뢰 수준을 갖고 있거나 또는 첩보 내의 어떤 특수한 요소들이 정확하다는 것이기 때문에 마지막 두 개의 범주는 일치한다. 결정을 내린 사람은 '합리적인' 가정을 기초로 한다. 만일 그가 최악의 가정을 적용하면 그는 실패할 것이다. 따라서 우리는 이러한 '합리적인' 가정에 특정한 정도의 이점이 있다고 생각할 수 있다. 만일 모든 가정이 적용된다면 지휘관이 그 계획에 내재되어 있다고 생각하는 성공의 개연성이 실현될 것이다. 만일 가정 중의 하나 또는 그 이상이 지휘관에게 덜 유리한 것으로 나타날 경우, 예견되는 성공의 개연성은 감소될 것이다. 내가 '위험'이라고 이해하고 있는 것, 바꿔 말하면 적어도 이 장에서 '위험'이라는 단어로 묘사하고자 하는 것은 바로 이러한 감소를 의미한다.

군대와 기동 이론의 복잡성에서 탈피하여 더 단순하고 친숙한 차량 주행의, 특히 추월하는 상황에서 위험의 개념을 검토해보자. 먼저 전쟁에서의 공자와 유사하게 추월 운전자에 의해 만들어지는 —— 또는 만들어질 수 있는——가정들을 분석하겠다.

추월당하는 차량은 방향과 속도를 유지한다. 만일 운전자가 달리 지시하지 않는다면 단지 조건에 반응해서만 방향과 속도를 조정하게 된다. 이것은 당연하게 받아들여져야 한다. 그러나 사실상 가정은 자주 사고의 원인이 된다. 그러므로 우리는 여기서 식별할 수 있으나 계량할 수 없는 최소 위험을 갖는다. 이러한 가정의 오류는 하나 혹은 다수의 합리적인 선택권이 추월당하는 차량에게 주어질 경우에 현저히 증대된다. 이것이 바로 다른 차량이 출현하는 교차로에서 추월해서 안 되는 이유 중의 하나이다.

그러나 여기서 우리는 첩보의 기초가 역할을 하는 것을 본다. 만일 사방으로 갈라지는 작은 차도가 입구라면 추월당하는 차량이 이 도로를 사용할 가능성은 크게 감소된다. 만일 그것이 농장 입구라면 사람들은 화물 트럭, 유조차, 트랙터 또는 독일인들이 육류 수송 차량이라고 부르는 크고 번지르르한 차량을 추월하지는 않을 것이다. 그러나 경적이나 조명등으로 자신의 의도를 알리면서 위스키 수송차량, 가구 수송 밴 트럭 또는 가족용 차량을 추월하기 위해 구체적인 행동을 할 수 있을 것이다. 이러한 가정을 풍부하게 하는 것은 독자들의 경험에 맡긴다. 첫번째 가정은 피추월 차량 운전사의 행위에 대한 예측성과 관련이 있다. 사실 이러한 행위에는 종종 마치 전쟁에서 적이 행동할 수 있는 것처럼 다소 잘 은폐된 방해적 반응이 포함될 것이다.

추월하는 운전자가 생각할 수 있는 다른 가정은 도로 공간에 관련되어 있으므로 상호 가시성에 의존한다. 만일 어떤 사람이 오랫동안 똑바른 길을 달리고 있고, 추월을 하기 전에 추월하고자 하는 차량 앞의 도로를 볼 수 있다면 도로 공간에서의 위험은 '0'에 가깝게 된다. 이때 그는 100% 온전한 첩보를 소유한다. 만일 추월하려고 하는 차량의 전면에 다른 차량이나 장애물이 없다고 가정한다면 다음 두 가지의 위험 요소가 나타난다. 바로 앞의 차량이 추월하기 위해서 차선 밖으로 튀어나오거나 아니면 그가 비어 있을 것으로 계산한 지점을 넘어서 반대 차선에 있어야 할 수 있다. 그는 얻기 어려운 첩보의 중요한 부분을 추월당하는 차량 전면의 도로가 비어 있다는 유리한 가정으로 대체했다. 특수한 경우에 그는 이것을 받아들일 수 있는 위험이라고 생각할 수 있는데, 가속하거나 브레이크를 밟는 것으로 반응할 수 있기 때문이다. 그는 융통성, 즉 무엇인가를 예비로 보유하면서 부분적으로 위험에 대처했다.

이제 도로에 기복이 있다고 가정하자. 그는 전방에 상당히 길게 뻗은 도로를 볼 수 있고 이로써 적정 속도로 이동하는 차량이라면 모두 명백히 사각에 있을 수 없다고 추정할 수 있다. 그의 정보는 상당히 광범위하고 시간이 경과할수록 확고해진다. 그러나 첩보는 불완전하며 '적정 속도로 이동'에 함축된 유리한 가정으로 그 불완전함을 채워 왔다. 만일 사각 지점인 도로 위에 고정된 장애물이 있다면, 더욱이 정지된 차량이 있다가 그가 있는 방향으로 이동해오기 시작한다면 그는 난관에 봉착하게 될 것이다. 다시 한 번 그는 첩보의 격차에도 불구하고 목적을 달성하기 위해서 위험 요소를 도입한다. 그런 다음에 급선회 지점에서 추월하거나 또는 그 지점으로 접근한다. 여기에 첩보의 핵심적인 부분이 결여되어 있다. 즉 그는 반대쪽 차선에서 다가오는 차량이 없다는 사실을 모르고 있다. 그러나 추월하는 운전자로서 그는 (무의식적으로) 좌절이나 공격적인 행동이 당신의 판단을 차단하기 때문에 마주오는 차량이 없다고 가정한다. 이러한 행위는 도박이다. 그리고 그 자신을 이러한 위험(즉 복잡한 교통)에 노출시킬 수밖에 없게 하는 환경 조건에는 마주오는 차량이 있을 수도 있기 때문에 실패하는 도박이다. 여기서 누구든지 악화되는 상황의 역학을 알 수 있다.

나 역시 오랫동안 이러한 유사성에 대해 충분히 고민해왔다. 이제 독자들도 이것의 유용성을 발견하게 되기를 바란다. 이러한 방식으로 주행하는 전반적인 지역을 분석해보면 어떤 유리한 가정들로 채워져 있음을 알게 된다. 일부는 의식적이고 일부는 무언으로써, 일부는 실로 합리적이고 일부는 거칠게. '방어 운전'으로 알려진 접근 방식은 '최악의 경우를 가정'하므로 '합리적인' 가정의 표준 형태가 될 만하다. 전쟁에서와 마찬가지로 자동차 주행 역시 적당한 시간에 적당한 방식으로 목표에 다다를 것 같은 유리한 상황이나 최악의 상황을 적절하게 혼합하여 적용하는 데 그 기술이 있다.

그러나 첩보와 위험에 대한 나의 의견을 결론짓고 위험에 관한 소모 지향적 사고의 오류를 강조하기 위해 추월과의 유사성을 한 단계 더 강조해보자. 어떤 사람이 자유롭게 양방향으로 통행이 가능하고 탁 트인 넓은 도로를 따라서 주행하고 있다고 상상해보자. 그는 앞에 있는 차량을 추월하려고 한다. 또한 도로의 양쪽 방향을 막힘 없이 상당히 멀리까지 볼 수 있다. 그러나 맞은편 차선에서 달려오는 차량이 있다. 상황을 판단할 수 있을 때까지 이를 관찰하고 난 뒤 추월하기 위해 앞 차와의 간격을 사용하기로 결정한다. 그는 서서히 준비를 갖추고 기어를 저속으로 바꾼 다음, 신호음을 울린 뒤 자신이 결정한 순간에 추월한다. 이것은 대담한 이동이다. 왜냐하면 성공은 그의 판단과 실행의 기술에 달려 있기 때문이다. 그러나 그의 첩보는 완전하고 확실하다. 즉 그는 최소한으로 가정하므로 최소한의 위험에만 노출되어 있다. 실패의 가능성은 '운명의 장난', 즉 그 자신이나 또는 다른 차량의 실수에서 비롯된다.

이 모든 사항을 명심하고 전쟁으로 다시 돌아가 전진 중인 기동 부대의 지휘관을 상정해보자. 현대 과학기술을 조금 확대 해석하여 스크린과 그의 머리 안에 지형, 아군 부대(자기 부대는 당연히 포함한다) 그리고 적에 대한 정밀하고 구체적이며 최신의 첩보가 있다고 가정하자. 그는 앞서 우리가 고려했던 운전자의 입장에 놓여 있다. 그가 처한 상황은 위험의 정도를 제기한다. 왜냐하면 그가 '운명의 장난'에 노출되어 있고 자신과 부하들의 기술과 판단이 부적합한 것으로 입증될 수도 있기 때문이다(한때 이 문구는 경쟁 규칙에 대해 글을 쓴 사람들이 선호하던 것이었다). 그러나 그가 처한 상황은 그리 위험하지 않다. 첩보가 완전하기 때문에 예견되는 성공 가능성은 사실상 가정들의 영향을 받지 않는다.

그 결과가 일반적인 해석과 현저하게 다르기 때문에 나는 이 주장에 아주 회의적인 태도로 접근했다. 그러나 내가 내릴 수 있는 유일한 결론은 작전적, 전술적 위험의 정도가 상황에 달려 있는 것이 아니라 지휘관에게 유용한 첩보의 양과 질, 특히 지휘관이 가지고 있는 첩보의 유형과 그가 취하는 태도의 유형이 잘 맞느냐에 달려 있다는 것이다. 소련군이 종심 전투를 위험도가 낮은 작전이라고 간주하는 것이 정당하다고 할 수 있다. 왜냐하면 그들은 작전이 이루어지는 전 종심에 걸쳐서 첩보의 수집, 처리 및 전파에 실질적인 자원을 전적으로 투자하기 때문이다.

작전적 정보

기동 이론을 적용시키기 위한 1차적인 요인은 '작전적 정보'의 신중한 개념 정립과 그것을 현실화하기 위한 수단의 준비라고 말하더라도 크게 지나치지 않을 것이다. 심지어 독일군의 '작전적 정찰'의 개념도 영·미군의 '중거리' 정찰의 개념과 거의 차이가 없으므로 그러한 조건을 충족시키지 못한다. 다른 한편으로 제11 후사르 및 제12 랜서스 부대와 같이 오랜 기간 정찰을 전문으로 한 영국군 기병 연대들은 이러한 기술에 있어서 우수성의 표준이 되었다. 어쨌든 상황이 유동적일 때마다 이 기술들은 작전적 정보를 어떻게 처리해야 할지 전혀 모르던 대부분의 지휘관 및 참모들에게 작전적인 정보를 제공하는 데 유용했다. 그러나 이에 대한 대략의 정보를 파악하기 위해서 우리는 소련군이 동시성의 원칙을 이행하는 방식을 묘사하는 〈그림 39〉를 다시 보아야 한다. 전위의 약 15Km 전방으로부터 최종 작전적 목표 그리고 이를 넘어서 전략적 종심으로까지 정보 수집 자산이 중첩되는 망상 조직이 있다. 연대 중정찰 부대의 지대는 사단 정찰 부대의 지대로 바뀌고 그곳으로부터 다시 사단 종심 정찰 부대의 지대로 바뀌며, 이것은 다시 순서대로 군, 전선군 및 전구 스페츠나츠 부대와 중첩된다. 그리고 전 종심을 통해 확산되는 실로 수많은 첩보원이 있는데 그들 중 2만 명이 서독에 상주한다고 한다.

전장 정보의 조직자들은 투하체프스키가 광정면의 전선에서 종심 전투로 전환할 때 개념을 바꾸었듯이 자신들의 전체적인 개념을 90도 (〈그림 45〉) 전환해야 한다. 작전 지역의 횡단선 개념은 아무리 많은 '안테나'와 돌출부가 횡단선으로부터 불쑥 튀어나와 있더라도 소용이 없을 것이다. 다시 말해 작전 지역의 영상은 종심 깊이 그물망을 던지는 것과 비슷해야 한다.

이러한 '작전적 정보'의 개념이 첩보의 취급에 미치는 영향은 더욱 근본적이다. 더 이상 모든 것을 정면과 종심 속으로 깨끗이 정리하고 이를 제대 수준별로 할당할 수는 없다. 첩보를 대조하는 데 있어서 최하위의 유용한 제대는—전선군 또는 집단군 등—통제하는 작전적 사령부가 될 것이다. 반면에 신속하게 첩보를 필요로 하는 대상은 소련군의 경우 연대급 지휘관이고 서방 군대에서는 전투 그룹(대대 전투팀) 수준의 지휘관이다.

따라서 첩보 수집망은 첩보 처리 과정과 선택적인 전달망에 의해서 조화되어야 한다. 이 거대한 문제를 해결할 수 있는 방법은 첩보 수집 기관으로부터의 입력과 이에 대한 출력을 취급하는 통신 요원, 첩보 요구와 참모장 및 지휘관에게 브리핑하는 것뿐 아니라 상당히 어려운 관리 임무를 수행하는 정보 참모 그리고 컴퓨터가 있다. 이것은 소련군이 작전적 수준의 통제를 최하급 결심 수립 전술 제대에 연결시키는 시스템과 중앙 집권화된 통제와 더불어 C3I 과학기술에 특히 엄청난 양의 자원을 투자해온 이유를 잘 설명해준다.

이러한 종류의 시스템에서 전후방 전달 체계는 분명히 도청 및 전자전 기술에 의한 접근에 취약하다. 그러나 단연 가장 큰 문제는 이 모든 자산들을 동시에 그리고 템포에 제한을 주지 않을 정도로 신속하게 취급할 수 있게 만드는 것이다. 나는 이러한 시스템의 용량과 내부 기술에 관한 전문가는 아니지만 인간과 기계의 공유 영역을 고려해볼 때, 특히 지휘관에게 간단 명료하게 소개하고 소규모로 지휘 본부를 유지해야 할 필요성을 감안하면, 두 개 또는 그 이상 우선 순위의 범주를 설정하는 것이 필수불가결해 보인다. 여기서 염두에 두고 있는 것은 첩보 형태의 우선권이 아니라 그 수준과 지리적 지역의 우선권이다.

나토에는 최상급 작전적 사령부로부터 최하 결심 수립 전술적 본부(전투 그룹, 즉 대대)까지 지휘의 5단계가 있다. 하지만 실시 면에서 보면 각국의 군단은 각자 나름의 전투를 수행하고 집단군 사령관에게 거의 또는 전혀 작전적 예비가 없으므로 이 5단계는 4단계로 감소된다. 소련군은 4단계 즉 전선군, 군(또는 OMG), 사단(또는 특수 여단) 및 연대로 되어 있다. 그러나 소련군의 작전적 개념과 만슈타인의 우크라이나 방어를 연구해보면 적어도 기동 단계에서 기껏해야 2개의 사령부(하나는 작전적이고 다른 하나는 전술적이다)가 어느 한 시기 작전 과정에서 결정적으로 중요하다는 것을 보여준다.

나는 1866~67년에 대 몰트케가 '군 예하 군단'을 우회하던 방식처럼 중요하지 않은 사령부의 지휘계선을 우회해야 한다고 제시하는 것이 아니다(적어도 이 단계에서는 아니다). 그러나 만일 작전적 정보의 시스템이 충분히 반응적이라면 주요 사령부들의 필요성에 따라 첩보 취급 처리, 특히 첩보 선택 및 인적 자원에 의한 해석에서 우선권이 주어질 수 있다. '현역이 아닌' 부대들은 작전의 형태에 따라 이들 제대가 전방으로 이동할 경우 우선적인 지위를 받아들일 수 있도록 충분히 최신화된 상태로 유지될 것이다. 원칙은 동일하게 그리고 더 분명하게 측면 지대와 종심 지대에도 적용될 수 있다.

작전적 정보는 전술적 정보의 필요성을 결코 제거하지 못한다. 실제로 두 가지 정보는 아주 다르다. 작전적 정보는 라디오 또는 텔레비전 뉴스처럼 주로 불완전하고 단기적이다. 신속하게 해석되어 전달될 수 없는 첩보는 아마 사건들을 따라잡지 못할 것이다. 전술적 정보는 신문에 해당된다. 전국 일간 신문과 같이 높은 수준에서는 심도 깊은 보도, 목표 분석, 해설 및 사색적 논평과 관련이 있다. 지방 주간 신문처럼 낮은 수준에서의 전술적 정보는 적이 갖고 있는 것보다 더욱 국지적인 부분을 형상화하는 모든 구체적인 사항과 관련된다. 방송 매체와 신문에 대한 이러한 비유는 대단히 유익한 것이다. 이것은 분명히 아주 다른 부류의 사람을 고용하고 다른 과학기술들을 사용하고 있는, 상호 분리되어 있지만 연동하는 두 가지 체계의 필요성을 시사하고 있다.

작전적 정보는 너무 중요하기 때문에 영국을 포함한 대부분의 서방 군대에서 정보 참모로 보직하는 장교의 자질에 맡겨져서는 안 된다. 물론 나의 견해가 편파적일 수도 있다. 아마 앞서 언급한 과거 영국 기병 정찰대의 우수성, 헬리콥터의 정찰 능력, 군 특수 부대의 뛰어난 능력과 자질, 그리고 소련군에서 사령부 내 '제2 참모 장교(정보 병과의 장)'가 '전문적' 정찰 부대에 대하여 직접적인 지휘를 행사한다는 사실 등을 각자 유용하게 종합할 수 있을 것이다.

나는 작전적 정보를 취급하기 위해서 '정찰'이라는 별도의 참모 기능이 필요하다고 믿는다. 이 부서는 업무상 많은 공통점이 있는 기병, 육군, 항공 및 특수 부대의 운용을 지향하고 적어도 핵심 참모 장교의 자질과 동급의 장교들, 다시 말하면 대 부대 지휘에 대해 잠재력이 있는 장교들이 참모로서 그 부서를 맡게 될 것이다. 이 부서의 장은 지휘관에게 직접 보고하고 정찰 부대와 첩보 수집 임무가 부여된 특수 부대 분견대들을 통제하게 된다. 그리고 이 부서는 자료 처리 시스템과 전문가들을 운용하지만 정상급 장군 참모 수준의 인적 재능에 기초를 두게 될 것이다.

방송 매체에 상응하는 수단이 주어지면 정보 참모의 기능은 광범위하게 컴퓨터로 처리된 기초 위에서 전술 및 일반 정보를 취급하며 현재처럼 상당히 지속될 수 있다. 정보 부서는 관료주의적 성격으로부터 벗어날 수 있도록 정찰 부서와 분리되어야 하나, 정찰 부서의 장 또는 참모장(선임 참모 장교)에게 보고해야 하므로 지휘관에게 직접 접근할 수는 없을 것이다. 하급 부대에서 장교가 증가하는 현상을 회피하기 위해 여단과 대대급 수준의 정보 기능은 하사관에 의해서 수행될 수 있다. 현존 정보 장교는 정찰 장교가 되어야 한다. 과거 영국군 전차 대대에는 이러한 보직이 존재했다(나 자신도 이를 경험했다). 제16장에서 이 주제로 다시 돌아가 참모 편성과 관련해서 검토할 것이다.

행운

마지막 토의 주제에서 볼 수 있는 바와 같이 현대전의 복잡성은 몰트케가 말한 명언을 강조한다. 오늘날 행운은 훌륭한 지휘 및 통제 체제를 갖춘 장군에게만 따른다. 왜냐하면 우리가 예측 가능한 '성공의 개연성'과 '위험'을 분리한 후에도 '행운'에 관한 이야기에서 단지 조미니의 '운명의 장난'에 대한 암시만을 추측하는 것은 상당히 잘못된 일이기 때문이다. '장군의 행운'은 비록 요소들 간에 관련이 있을지라도 확실히 구분된 3개 요소, 즉 기회의 창출, 기회의 포착 그리고 기회의 이용을 포함한다(이후 지은이는 행운과 기회라는 용어를 혼용하고 있다-옮긴이주). 이 중 두 번째 요소에서만이 예측할 수 없는 운명의 장난인 '순수한 우연'이 작용한다.

우연의 요소가 가장 적은 상태에서 행운의 창출은 예측 가능한 우발 사태(즉 누구나의 통제 밖에서 발생 가능한 사건)들을 잘 인식하는 데 달려 있다. 창조적인 사고 과정의 첫 단계란 자신의 목적에 직접적인 관련이 있지 않다고 판단되는 첩보라도 자신의 인식 범위 내에 포함하고 유지하는 것이다. 다음 단계는 만일 우발 사태가 발생할 경우, 이 사태를 이용하기 위해 계획을 구체화하는 것이다. 이때 우발 사태가 일어나지 않는다면 재난을 초래할 일이 없다. 예를 들어 겨울에 눈으로 뒤덮여 있는 높은 산악지대에 의해서 형성된 연안 지방을 따라서 뻗어 있는(개다리 형태의) 돌진선을 이용한 추계 공세를 계획하고 있으며 높은 위치의 통로에 지름길이 있다고 가정하자〈그림 46〉. 전술적 이유뿐 아니라 기상학적인 이유들 때문에 이 통로를 기초로 하는 계획은 심지어 연안 지역을 사용한 우발적인 계획과 더불어 분명히 어리석은 일이 될 것이다. 다른 한편으로는 연안 지방이 자연적인 애로를 길게 형성하고 있으므로 공자는 봉쇄되고 돌입 전투를 하게 될 것이다. 그러므로 비록 이러한 개념하에 전개할지라도 고속 템포 자산의 적절한 부분을 잘 보존해야 한다. 그러고 나서 연안 지방을 따라서 적 주력을 애로의 목까지 전방으로 유인했을 때 통로들이 아직 개방되어 있다면 공정 부대나 헬기 탑승 부대에 의해서 통로의 출구를 탈취하고 이를 통해 예비대를 돌진시킬 수 있다.

행운을 창출하는 가장 적극적인 방식은 의심할 바 없이 상대방의 큰 실수를 유발시키는 것이다. 실수를 유도하기 위해서는 가끔 미끼와

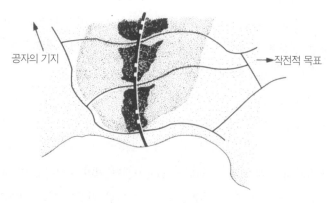

〈그림 46〉 개념적인 지형 요도
연안 및 협로 지역에서 개방되어 있는 통로를 사용하는 주돌진선의 개념적 지형 요도이다.

함정이 필요하다. 일반적으로 테니스처럼 전쟁에서도 템포가 관건이다. 이로써 다시 풀러의 기습에 대한 분류로 돌아가게 된다.

이 편에서 정신적 기습에 성공하면 적은 효과적으로 반응하는 데 실패하게 되고 이 편은 즉각 물리적 또는 심리적 결정을 획득하게 된다. 만일 물리적 기습을 달성 및 유지할 경우, 특히 점차적으로 적의 반응에 대한 당신의 템포 한계를 확장할 수 있다면(적의 결심 주기 내부로 훨씬 더 깊이 진입하면) 조만간 적의 결정적인 실수를 유도할 수 있다. 게다가 치명적인 타격을 가하든지 아니면 나폴레옹처럼 적에게 목을 맬 수 있는 줄을 던져주든지 함으로써 대실수를 이용하기 위해 준비된 시간에 이 실수의 속성을 파악할 수 있게 될 것이다.

대실수의 속성을 파악하는 것은 내가 가정하고 있는 두 번째의 범주인 행운의 포착으로 이어진다. 이것은 왜 작전적 정보와 이를 지휘관에게 보고하는 데 있어서 탁월함이 측정할 수 없을 정도로 중요한 것인지를 말해주는 또 다른 이유이다. 동전의 한 면이 위험의 최소화일 경우, 다른 한 면은 행운의 포착이다. 다시 한 번 상당히 광범위한 확률의 스펙트럼을 보게 된다. '행운이 있는' 장군은 정찰 참모에게 적절한 질문들을 던짐으로써 전반적인 사항을 준비할 수 있다. 또는 장군은 질문을 통해서 자신에게 제공되는 첩보로부터 징후를 알 수 있다. 게다가 참모를 선발하는 것이 용병술의 주요 측면이기 때문에 그러한 질문들은 장군에게 한 명의 우수 자원을 제공할 수도 있다.

이제 확률과 긴급성에 대한 의문이 생겨난다. 그러한 기회는 시공간적으로 다소 멀리 떨어져서, 상호 의존하는 우발 상황의 전체적인 연결고리 끝에 있을 수 있다. 또는 기회가 이미 존재하고 있으며 '이 순간의 행동'을 요구할 수도 있다. 이러한 기회는 적과 직접적으로 관계가 있거나 아니면 순수한 우연의 영역에서 예측 가능한 영역으로 진전된 어떤 외적인 환경이다. 사실상 여기서 관건은 순간적으로 사소하고 전체적으로 무관한 것처럼 보이는 그 무엇의 가능한 중요성을 포착하는 능력이다. 이것은 실로 모든 변혁의 뿌리에 놓인 창조적 사고의 측면으로서, 문학적 및 예술적 재능, 기업가의 재능, 관리(지휘) 능력 또는 과학 분야의 무미건조한 어려움 속에서 선구자적 섬광처럼 명백히 드러날 수 있다.

그러나 기회의 창출, 평가도 기회를 이용하는 능력 없이 사용되는 경우가 많다. 이로써 우리는 아직도 과도하게 사용되는 단어인 '융통성' 또는 더 나은 표현으로 '반응성'에 다시 돌아온다. 비록 영민한 지휘관이 징후가 많아지기 전에 이를 포착하더라도 신속하고 적절하게 반응할 수 없다면 전방으로 더 멀리 진출할 수 없게 된다. 만일 부하와 참모 그리고 자신의 부대가 환경을 무시하고 오로지 구체적인 명령에 따라서만 행동하며 복잡한 SOP(부대예규)에 엄격하게 복종하도록 훈련된다면, 그들이 신호와 동시에 특별한 임무를 수행하리라고 기대할 수 없다. 그는 자신의 의도를 수행해야 하는 예하 지휘관에게 즉각적이고도 분명하게 의도를 전달해야 한다. 그런 뒤 예하 지휘관에게 의도를 해석하고 발전시키도록 위임해야 한다. 이것이 우리가 살펴보게 될 임무형 전술의 요체이다.

결론

이 3개의 장에서 나는 다수의 사람들이 전쟁의 실체와 그 중요성을 인정하는 한편 자신들의 목적에 적합하게 어느 정도 신비로 남기고 싶어하는 전쟁의 한 측면을 규명해보고자 했다. 나는 운명의 장난과

용병술의 실체를 부정하지 않는다. 하지만 현실적인 주장과 분석이 이들 개념들 가운데 파악되지 못한 대부분을 분명히 할 수 있다는 점을 입증했다고 생각한다. 그렇게 되면 용병술에 있어서 재능을 식별하고 개발하는 것이 더 쉬워진다. 여기서 재능이란 단지 창조적인 사고의 특이한 형태에 불과한 것이다.

　나는 전체 영역에서 도출한 결론 중에서 다음 세 가지를 가장 중요한 것으로 평가한다. 한 가지는 최고의 가치가 있으며 계속 가중되는 기습의 중요성이다. 다음은 특히 정신적 기습의 이점이 결여된 경우에도 물질적 기습이 제공해야 하는 신중함의 중요성이다. 마지막으로 첩보의 역할이다. 그 역할은 예견되는 성공 가능성이 손상되는 것을 방지하는 일뿐 아니라 이를 적극적으로 증대하는 것이다. 즉 여기에는 작전적 태세의 형태와 성격에 들어맞는 첩보의 형태 및 성격이 필요하다. 결국 우리는 임무형 전술로부터 얻을 수 있는 '템포'와 '반응성'이라는 기동 이론의 구성 요소로 다시 돌아가게 된다.

제4부 둥근 바위

"그러므로 전투에서 기술적으로 지휘되는 부대의 잠재력은 산의 정상에서 굴러내려오는 둥근 바위의 잠재력에 비교될 수 있다(故義戰人之勢, 如轉圓石於千 之山者, 勢也)."

— 《손자병법》 병세편

"전장에서 가장 행복한 영감은 회상뿐일 때가 많다.

— 나폴레옹(마한 번역)

"기병과 소총병에서 사단장에 이르기까지 전투 경험으로 마찰을 극복한다."

— 클라우제비츠

"집중은 그 자체에 다른 모든 요소들, 즉 전쟁의 군사적 효율성 전부를 포함한다."

— 조미니

"계획은 나무와 같아서 열매를 맺기 위해서는 가지가 필요하다. 한 가지 목표만을 가진 계획은 헐벗은 기둥으로 끝나기 쉽다."

— 리델 하트(나폴레옹 어록 번역)

제13장 의지의 충돌

"경험이 있는 장군들은 전쟁이 한 편의 위대한 드라마임을 의심하지 않는다. 그 안에는 수많은 심리적 또는 물리적 원인들이 크고 작은 영향을 발휘하고 있어서 수학적인 계산으로 폄하될 수 없다."

— 조미니

서론 — 정치적 및 대중적 의지

나는 우연의 신비를 윤곽만 간신히 파악했다고 생각하는데 독자들도 이 점에 대해서 동의할 것이다. 지금은 앞서 인용한 클라우제비츠의 일반적인 단언, 즉 위대한 명장들은 항상 '감각'에 의해서 행동하고 이것이 바로 모든 일이 행해지는 방식이라는 말을 생각해보아야 한다.

바다 및 공중 같은 유동 매체 속에서 전적으로 기계에 의존하는 인간의 결심은 주관적인 판단에 의해서 크고 작게 영향을 받는다. 그러나 일단 전투가 개시되면 훨씬 명확한 물리적인 방식에 의해서 결심이 수립된다. 투쟁은 사실상 거의 분리되지 않은 상태의 대규모 각개 부대에 의해 수행된다. 손상의 정도는 다르게 나타날 수 있다. 하지만 선박은 기본적으로 양호한 상태거나 파손되든가 침몰하며 항공기는 양호한 상태거나 안전하게 착륙할 수 있을 정도로 저속 비행이 가능하든가 아니면 추락한다. 소부대 전술을 제외하고 피해 항공기나 함정의 지휘관에게 주어진 유일한 선택은 교전을 중단하거나 아니면 계속 견디는 것뿐이다. 현대의 지상전처럼 해상과 공중에서의 전쟁 실상은 랜체스터의 선형 법칙과 자승 법칙 사이 어디엔가 위치한다. 그러나 이러한 문제는 상대적으로 적은 숫자의 개별적인 교전에 따라 결정된다. 제2차 세계대전 당시 독일군의 수상 전함처럼 단일 부대의 격멸이 전체의 작전적, 전략적 상황을 변화시키기도 한다.

이러한 사항을 참조하여, 대중적 의지의 파괴(할데인, 풀러, 리델 하트의 화학전 교리에서처럼)와 고전적인 보병의 공격이 성공 또는 실패하는 메커니즘을 고려해봄으로써 개인에게로 주의를 전환해보자. 분명히 1930년대와 50년대 사이 영국과 독일에서의 사건들은 한편으로 정치와 대중적 의지, 다른 한편으로는 물리적인 실체와의 사이에 상관관계가 거의 없음을 보여주고 있다. 이것은 주로 그 시대 이전과 이후의 역사적인 증거에 의해서 확인이 되는 가설이다. 어느 정도 신화적인 이미지를 갖춘 힘 있는 지도자가 분명히 더욱 강력한 요인이다.

과거 호전적인 사회에서 권력을 얻으려는 이러한 유형의 정치가들은 전쟁의 위험과 역경에서 자신 및 자신의 가족들을 보호해주는 고위 직책을 믿을 수 있었다. 테러리즘에 당면했을 때 이 사람들은 '나의 봉사 의식, 당신의 야망, 그의 권력 욕망'이라 말하는 근거에서 개인적인 용기를 얻는 것 같다. 그러나 지도자들의 동기가 무엇이든지 19세기, 20세기에 들어와 제1, 2세계 정부들은 일반적으로 승산에 관계 없이 전쟁을 도발하고 결과와 무관하게 전쟁을 수행할 준비를 하고 있는 것처럼 보인다. 분명히 그들은 자신의 직책을 잃는 것보다 국가가 파괴되는 것이 차라리 더 낫다고 생각한다. 몇몇 장군들은 자신의 이론을 시험해볼 수 있는 전쟁을 기꺼이 받아들인다. 왜냐하면 그들은 전쟁을 하나의 영광 혹은 —— 불행한 클라우제비츠와 같이 —— 진급이나 더 많은 수입을 위한 방편으로 믿고 있기 때문이다. 그러나 아마 군국주의 사회에서조차 아주 소수의 고위 장성들만이 이러한 생각을 할 것이다. 제국 군대의 모든 핵심 인물들은 루덴도르프의 견해, 즉 '전쟁을 위한 전쟁'을 반대했다. 그리고 1938년 베크가 참모총장 임명 제의를 거부한 것이 나치 국방군 전투 준비태세에 대한 전문가로서의 의혹과 히틀러의 전쟁 계획에 대한 도덕적 반대를 기반으로 했다는 주장은 상당히 설득력 있다. 더욱이 괴링Göring의 허풍과 오만한 공격성은 눈엣가시였고 공군의 모든 제대급에게 깊은 분노를 일으켰다.

정치적, 군사적 위계가 구분되어 있는 선진 국가에서는 일반적으로 군사적인 의견이 정부나 국민의 태도보다는 현실주의에 가까운 많은 동맹국들을 속이고 있는 것 같다. 물론 이것은 당연히 그러해야 한다. 우리는 여기서 미묘한 모순을 접하게 된다. 사실 탈레랑Talleyrand의 명언처럼, "전쟁은 아주 심각한 일이기 때문에 군인들에게만 맡겨둘 수는 없다." 그러나 상식적으로 추측하는 것처럼 평화와 전쟁의 문제에 대한 군인의 판단을 믿을 수 없기 때문은 아니다. 오히려 내가 앞으로 간단하게 논의할 것이고 대부분의 군사 저술가와 역사가들이 동의하듯이, 평화시에 최고직에 있는 군인들은 전쟁을 수행할 능력이 없기 때문이다.

그러나 만일 정치적 의지와 대중적 의지가 사건의 진상과 거의 관계 없다면, 정치적 지도자가 엄벌주의의 한계에 대해 강한 의지를 가지는 경우를 제외하고 그 두 의지 역시 서로 상관이 없다. 대중의 의견이 자유로이 표현되는 곳에서 이것은 상당히 날카롭게 차별화된 세 단계를 경험하는 것과 같다. 이 세 가지 중에서 첫번째는, 챔벌린 Chamberlain이 1938년 뮌헨에서 돌아왔을 때 받은 환영에 의해서, 토마호크와 퍼싱 2의 배치가 시작된 후 서부 유럽 국가 간의 역학 관계에 무거운 짐을 지워온 '핵 절망'에 의해 증명된 바와 같이, 어떠한 정치적·경제적 대가를 치르더라도 전쟁에 반대하는 것이다. 확실하게 진리를 주장한다는 마르크스-레닌주의처럼 전쟁이 국내 정치에서 현상을 유지 및 강화하는 수단이라면 호전성은 지배 계층 또는 현재 집권당과 그 관계 기관의 특권이다.

반면에 명목상으로 국가에 반대해서 군대를 움직이는 것조차 곧바로 정부의 배후에 있는 여론을 조장한다. 저항 의지는 피해를 받을수록 공고해지는 단계로 진입하게 된다. '공포의 폭격'에 대한 영국과 독일 국민들의 반응을 보면(여기서 공포의 폭격이란 내 생각에 문화 및 주민의 중심부에 폭격하는 유형에 적당한 용어이다) 군사적 이익을 획득하기보다는 대중적 의지를 걸고자 했던 행동들이 단순히 저항 의지가 이성적인 한계를 초과하면서 저항을 위한 결속력만 강화시킬 뿐임을 알 수가 있다. 여기서 일반적으로 정치적 개혁에 필요하다고 말하는 조건들과의 어떠한 연계성을 볼 수 있다. 즉 이러한 조건들이 악화될 경우 현존하는 리더십에 대한 반대가 약화된다.

어떤 지점을 넘어서면 대중의 감각은 포기와 피동적인 허용이라는 세 번째 단계로 진입한다. 일단 적 부대가 압도적이거나 그렇게 보이면, 저항 의지는 무너지게 된다. 독일에서 유태인들이 대학살에 대해 무기력하게 대응한 것에서 이 사실을 확인할 수 있다. 그리고 무슨 일이 일어나고 있는지가 명백해질수록 더욱 저항이 약해지는 현상에서도 알 수 있다. 핵공격을 받았을 때의 일본도 마찬가지였다. 국토의 크기만 보면 일본과 같이 작은 국가인 영국도 독일이 이에 상응하는 공격을 했더라면 분명히 항복했을 것이다. 누구든지 고통과 두려움에 대한 정신의 반응에서 이 세 가지 단계를 식별할 수 있다.

아마 이 모든 것의 핵심은 군사적 모욕이 발생하는 시기에 정부의 배후에서 가해지는 대단히 날카로운 여론의 타격일 것이다. 이는 영국의 대처 정부가 포클랜드의 상황을 조치할 때에 이해하고 이용했던 현상이다. 적대자가 대항할 수 없을 만큼 명백히 압도적인 위협이 결여된 경우, 군대를 직접적으로 대중 의지와 연계시켜 정치적 목적을 이행하기 위해서는 전략적인 정신적 기습이 필요하다. 만일 정신적 기습의 기회를 잃고 방어하는 정부가 배후의 국민을 결속시킬 시간을 허락하면 공자는 신속히 결정할 수 없을 것 같다. 이렇게 되면 선제 공격이 훨씬 유리해진다. 만일 공자가 방자에게 포착되지 않고 바로 심각한 위협을 가할 수 있도록 배치를 완료할 수 있다면 방자의 정치적 의지가 강화되거나 또는 방자의 여론이 동원되기 전에 최후 통첩을 전달할 수 있다. 지금 다루고자 하는 주제는 정부 정책과 여론 그리고 이 두 가지와 현실 사이의 관계에 있는 일반적인 특징이다.

보병 공격

내가 좋아하는 작전적 연구의 한 가지 사례가 보병 공격의 성격을 잘 증명해준다. 전쟁이 끝난 직후 한 팀이 기초적인 전술 연습에 대해 연구하면서 네 가지 요소를 측정했다. 어느 누구도 네 가지 요소가 많다고는 말할 수 없을 것이다. 이 요소들은 접촉점에서의 실제 상황,

실제 상황에 관해 후방으로 전달되는 첩보, 이 첩보에 반응하여 지휘소에서 발행한 명령, 그리고 결과적으로 전방 부대가 취한 전투 행동이다. 연구팀은 경험이 풍부한 군인이라면 누구라도 예측할 정도로 4개 요소의 상관 관계가 적음을 발견했다. 몇 년 후, 관계 기관이 처음으로 성능이 우수한 컴퓨터를 갖게 되었을 때 전前 팀장은 이렇게 단순한 경험을 프로그램화하고 실행하기로 했다. 전반적으로 준비가 진행되고 본래의 방침에 따라 운용되었을 때 재치 있는 무작위 개념 아래, 말하자면 상황 A와 상황 D에 대한 보고, 보고 C의 결과로 발령한 명령들 그리고 명령 B를 따른 부대의 행동을 결합하는 개념이 포함되었다. 컴퓨터로 시험한 결과에 따르면 역사적으로 보았을 때 이러한 결합은 전방 부대와 적과의 사이에서 상호작용에 거의 차이점을 조성하지 못한다.

더 심각한 현실은 내가 보병 공격이 실패하게 되는 메커니즘에 대한 객관적인 설명을 발견하지 못했고 또한 내 의구심에 대한 해답도 찾지 못했다는 사실이다. 제1차 세계대전과 일부 식민지 전쟁에서 공격 전투는 단 한 사람도 남지 않을 때까지 또는 소수의 생존자들이 맹반격을 받게 될 방자의 참호로 뛰어들 때까지 맹목적으로 강조되었다. 그러나 제2차 세계대전에서 보병의 공격을 지원하고 관찰했던 사람이라면 위의 사실이 예외라는 것을 알고 있다. (극히 제한된 경험이지만 내게는 세계에서 가장 정예 부대로 알려진 오스트레일리아군, 근위 연대, 스코틀랜드 고지인Highlanders과 인도군 보병을 지원하는 특권이 있었다.) 전투시의 결정적인 단계는 보통 마지막 약진(또는 중간 목표)과 최종 목표 사이, 공격하는 보병이 이미 인명 피해와 와해를 겪고 있을 때였다. 한 순간에 그곳에서 사격과 이동이 진행되었다. 그 다음에는 단지 사격만 실시되고 선두 중대들이 '고착'되었음을 보고했다. 가끔 엄호 화력의 강화와 전차에 의한 선도에 의해 공격이 다시 재개되었고 때때로 예비 중대가 초월하여 목표상 발판을 확보한 뒤 선도 부대들이 근접할 수 있도록 통로를 개척했다. 그러나 때로는 공격이 실패하고 중간 목표로 철수하기도 했다.

하지만 적의 포병 사격에 직접적으로 노출된 위치에서 어떻게 이처럼 극히 용감하고 잘 훈련된 군인들이 전진하게 되었는지가 내가 가졌던 의문점이었는데 나는 다른 책을 통해서 앞의 현상이 보편적임을 확신하고 있다. 육군 지원 부대의 'H' 존스 중령이 자신의 생명과 전술 지휘소의 거의 모든 구성원을 희생하면서까지 구스 그린에 있는 아르헨티나의 기관총 진지를 향해 그렇게 영웅적으로 돌진한 것은 사실상 운동량의 상실을 방지하기 위한 것이었다.

전문가적인 판단과 아주 실제적인 용기가 조화롭게 작용하는 멋진 성공 사례 그리고 역사적으로 확인되는 유사한 행위의 결과는 이처럼 낮고 극히 물리적인 수준에서조차 우리가 보통 '의지의 충돌'이라고 부르는 것에 따라 결과가 좌우된다는 점을 보여준다. 문제는 우리가 이해하지도 못한 채 심리적인 승리와 의지의 충돌에 관해 경솔하게 말한다는 점이다. 나는 이 실험적인 토의로 인해 일부 전문가들이 문제를 깊이 연구하는 계기가 마련되기를 기대한다. 왜냐하면 우리가 보병의 공격이 완만해지고 고착되는 메커니즘을 실제로 이해한다면 기동전의 작전적 수준에서 상대 지휘관들의 심리적인 상호작용을 설명할 수 있는 수준까지 도달할 수 있기 때문이다.

나중에 이에 관해 세부적으로 충분히 고찰할 것이다. 앞서 언급한 바와 같이 공격의 패배가 전적으로 물리적인 경우가 있다. 반면에 전방 중대가 적으로부터 크게 타격을 받으면 대대장은 중간 목표상에 중대의 전진을 정지시키고 예비 중대를 앞세운다. 우리는 무엇이 지휘관으로 하여금 이러한 방식으로 질량을 위해서 템포를 바꾸게 만드는지 조사하고 설명해야 한다. 아마 대대장의 생각은 다음과 같을 것이다.

"우측에 있는 B 중대는 상당히 쉽게 통과하고 있다. 그러나 내가 무전으로 보고받은 바에 따르면 이미 A 중대에서 일부 분대장들을 포함한 소수의 사상자가 발생하고 있다. 분명히 A, B 중대의 사격과 이동은 점점 더 고착되고 있는 중이다. 마지막 약진은 두 중대 모두에게 난관이 될 것이다. 만일 A 중대가 고착된다면 2개 중대 모두가 개활지에서 꼼짝 못하게 될 것이다. 그들은 적의 사격을 받아 산산조각나고 유일하게 할 수 있는 일이란 후퇴뿐이다. 그래서 나는 A 중대는 현위치에서 진지를 점령하고 C 중대에게 A 중대를 추월하라고 지시해야 한다. 이것은 B 중대를 전진하지 못하도록 보류시키는 것을 의미한다. 그러나 그들은 중간 목표에 이르기까지 그리고 거기서 적당한 엄호를 받는다."

비록 이것이 즉각적인 결정이라 하더라도 전문가적인 판단에 따른 의식적인 행동이다. 그리고 최초 계획에서 예측한 것으로부터의 변화를 의미하는, 관측된 상황에 대한 계산된 반응임이 분명하다. 대대장은 공격의 제1 단계 동안에 A 중대의 소모율을 적시에 추정했고 A 중대가 목표에 도달할 정도로 전투력이 강하지 못할 것이라는 결론을 내렸다. 그는 이 단계에서 예비 중대를 앞세우는 적극적인 지휘 결심을 통해 이러한 판단을 표현한다.

이제 만일 대대장이 A 중대를 계속 밀어붙인다면 어떠한 일이 벌어질지 생각해보자. 내가 설명한 수준의 부대는 선두 소대가 소대 본부 전체와 분대장을 잃더라도 정지할 것 같지 않다. 벌어질 수 있는 일은 중대장이 마치 대대장이 실행했던 것과 같이 무의식적으로 전방을 추정하고 자신이 목표상에 발판을 확보할 수 있는 힘을 갖고 있지 않다는 것을 의식한다는 점이다. 만일 전방 소대들이 노출되면 그들에게 정지하라고 제대로 명령할 수가 없다. 아마 중대장은 최종적인 중대 한계에서 더 나가라고 명령하지 않고 자신이 고착되어 있다고 보고할 것이다. 다른 가능성은 선두 소대에 사상자가 많아서 더 이상 소대의 기능을 발휘할 수 없다는 것이다. 이는 2~3단계 이상 수준이 높은 제대에서는 흔히 접하게 되는 상황이다. 핵심은 우리가 '고착되어 있다'고 말하는 현상이 어떻게 발생하고 정확히 무엇을 뜻하는지 알지 못한다는 점이다. 우리는 전쟁 일지나 항해(항공) 일지보다 한 단계 낮은 수준에 있다. 그리고 전투 일지나 항해(항공) 일지를 접해본 사람들이 이를 실패작으로 간주할 것이기 때문에 그들은 오랫동안 합리화에 의해서 자신들의 회상을 왜곡하게 될 것이다. 그래서 고착된 상황을 알아내기가 쉽지 않다.

충성심

예를 들어 세계대전과 베트남 전쟁시에 피아 공히 중대 선임 하사관이나 누구나가 등 뒤의 사격이라고 인정하는 '돌격을 주저하는 자'에 대해 기록한 상당히 많은 사례가 있다. 그러나 등 뒤의 사격에 대한 두려움은 엄청난 화력 속에서 용감하게 전진하는 훌륭한 부대의 일관된 행동을 설명하는 데 결코 기여하지 못한다. 그것에 대한 열쇠는 존 해킷 장군이 설명한 것처럼 적에게 자신의 생명을 바칠 준비와 결합된 집단의 충성심임이 명백하다. 대부분의 권위자들도 앤소니 샘슨 Anthony Sampson이 '일당(일정 수의 집단)'과 '부족tribe(일당과 비슷한 의미지만 규모가 더욱 크다 ― 옮긴이주)' 이라고 적절하게 이름 붙인 충성의 두 가지 제대 구분이 있다는 데 동의한다. 확실히 '연대 정신' 의 중요성에는 이견이 없다. 그러나 다른 많은 사람들과 공유하고 있는 나의 경험에 따르면 이렇게 지배적인 숭배 대상인 '연대' 는 실제로 장교와 하사관 동료 집단을 위한 충성의 초점이 되었다. 그것은 본능적인 반응 범위를 넘어서는 것이다.

상업과 산업을 고찰하면서 앤소니 샘슨은 '일당' 이 10명 또는 12명 규모이고 이보다 큰 '부족' 의 개념은 대략 영국군의 '1개' 연대 규모인 수백 명에 달한다고 추산한다. 적어도 영국군에서의 하위 계급 충성심의 상부 초점은 약 100명 규모의 중대임이 거의 확실하다. 더 낮은 초점은 분명하지 않다. 오히려 이상하겠지만 인력 위주의 편성에서 소대 또는 심지어(10여 명 정도의) 분대일 것 같지는 않다. 문제가되는 것은 전차 승무원, 포병 분견대, 사격팀과 같은 최소 규모의 기능 그룹일 것 같다. 더 낮은 수준에서는 두 명의 팀 구성원이 상호 지원하는 가운데 '상호 협력' 에 의해서 (남녀 구별이 없는) 한 쌍으로 결합되는 경향이 있다. 그러나 이것은 본질적으로 수세적이고 보호적이다. 사격을 받으면서 일관성 있는 행동을 하게 하는 충성심의 핵심 대상물은 확실하게 중대이다.

정신적, 물리적 용기

이러한 충성심을 배양하기 위한 잘 알려진 기법들이 많이 있다. 그러나 나는 다소 냉소적으로 보이더라도, 단결하게 하는 충성심의 힘과 신뢰는 대부분의 사람들이 정신적 용기보다는 물리적 용기를 더 많이 갖고 있다는 사실로부터 유래한다고 주장한다. 일단 그들이 충성심의 대상을 형성하는 단결된 그룹의 완전한 구성원임을 자각하게 되면, 그룹이 그들에게 기대하는 행동 형태에서 이탈하는 것보다 차라리 죽음에 맞서는 것이 훨씬 쉽다고 느껴진다. 한 조직 내 하위 제대급에서 정신적인 용기는 창조보다 와해시키는 데 작용한다. 이것은 대부분의 군대와 고용주에게 있어서 —— 만일 잘 처리할 수만 있다면 —— 부분적인 기초 훈련에서 사람들을 비인격적으로 다루는 이유가 된다. 충성이라는 주제에서 벗어나 부분적인 것을 강조하려는 이유는 지휘 채널을 따라 어떤 연결부에서는 정신적 용기가 창조적이 되고 물리적 용기의 최고 중요성은 지속되지 않는 데 있다. 연대 정신의 한계를 넘어서는 제대급에서 이러한 변화가 발생하는데, 소련군의 경우는 사단 그리고 대부분 다른 국가에서는 여단이 해당된다.

물리적 용기는 당연히 리더십의 발휘와 고급 지휘관의 이미지에 있어 하나의 중요한 요소로 남아 있다. 즉 스스로 할 수 없고, 하고자 하지도 않는 것을 타인에게 요구하지 않는다는 것이 근본적인 원칙이다. 그러나 작전적 지휘관의 지휘 결심은 그의 물리적 용기에 좀처럼 영향을 미치지 못한다. 심지어 전방 진두 지휘의 열렬한 지지자들이 전장을 감지하거나 전선에서 지휘하는 데 드는 시간은 작은 부분에 불과하다. 작전적 수준에서 지휘관은 장기적인 목적을 위해서 단기간의 후퇴를 받아들이거나 자신을 신뢰하고 존경하는 사람들에게 큰 희생을 요구하는 방책을 따르라고 요구할 때, 판단을 분명하게 유지할 정신적 용기가 있어야 한다. 무엇보다도 지휘관은 신속히 중대한 결심을 하고 이를 고수하는 용기를 필요로 한다.

마개와 구멍

불행하게도 군사적 판단의 탁월성과 신념을 위한 용기는 평시에는 군인들을 거의 승진시켜주지 못하는 자질들이다. 제1장에서도 강조했듯이 군대는 합리적인 조직체가 아니라 사회적인 조직체이다. 내가 상당히 잘 알고 있는 3개 군대는 장기간 계속된 평화 때문에 군사적인 고려 사항들이 두 가지 기초가 되는 목적들에 자리를 내주었다. 전반적으로 군대에 영향을 미치는 결심에 있어서 지배적인 요소는 사회적 구조의 보존이다. 다시 말해서 병종 간의 목숨을 건 투쟁에서 지배적인 요소는 인력의 통제이다. 경우에 따라서는 아직도 실질적인 재능이 관철되기도 하지만 주로 성공의 열쇠는 순응주의에 있다. 이것은 조악한 판단이지만 두 가지의 논박할 수 없는 사실에 의해 입증된 것이기도 하다. 군부 간의 경쟁에서 한 군부의 장들은 구조의 보존에서 인력 통제로 자신들의 목적을 전환한다. 그리고 더 나은 전쟁의 효율성과 비용 대 효과에 대한 정치적 압력이 심해질수록 군부 내에서의 주안점은 군사적 효율성에서 사회적 보수성으로 전환된다.

영국 육군의 재정적인 압박 속에서 15년을 살아왔고 12년 정도를 관찰해본 결과, 나는 정상에 있는 사람들을 이러한 태도 때문에 비난하기 어렵다는 사실을 발견했다. 그들은 간신히 발끝으로 절벽에 매달려 가지고 있는 아주 작은 것을 잃을까봐 감히 움직일 엄두를 못 낼만큼 위축되었다. 계속 위축되는 경제 상황의 기업가들에게서 똑같은 태도를 발견하게 된다. 기업가들의 접근 방식은 목적의 갈등을 경험하지 않기 때문에 솔직한 동시에 자신과 상대자들을 직접 비교할 수 있기 때문에 훨씬 현저하게 드러난다.

양쪽 모두 자신감 상실은 불가피하다. 이것은 대규모 군대와 직업 장교가 등장한 이래 전쟁을 하는 국가들이 거의 예외 없이 갈등의 초기 단계를 평시 지휘관들의 대다수를 교체하는 데 소모하는 유일한 이유이기도 하다. 나치 국방군 당시에도 이러한 현상은 상당히 빈번하게 발생했다. 문제는 이렇게 아주 드문 습관이 현대 과학기술에 의해 제공되는 기습을 위한 템포와 범위에 직면하여 어떻게 지지될 수 있느냐는 것이다.

두 번째 요소는 의심할 바 없이 연령이다. 만일 장교들이 평화시에 장기간의 경력을 쌓게 되면 계속되는 진급 단계들의 연령대는 야전에서 이에 상응하는 지휘 제대의 권한을 행사하는 것보다 적어도 5년이 늦다. 내가 '적어도'라고 말하는 이유는 직업 장교가 예외였던 당시와 그 후 수많은 전쟁 사례들을 보면 젊은 장교도 고급 지휘 제대에서 크게 성공했음을 입증하기 때문이다. 나는 제15장에서 전적으로 다른 이유를 통해 장교의 복무 기간을 제한해야 한다고 제시할 것이다. 여하튼 능력 있는 사람의 제2, 제3의 경력이 기준이 되기 때문에 현재 일부 군대에서는 55세, 다른 군대에서 60세인 장교의 표준 퇴역 연령은 당연히 10년 정도 단축될 수 있어야 한다. 이것은 그들이 본질적으로 정부에 대한 전문적인 조언자였던 보직에서 최고 상위 계급에 도달한 자들을 위해 확장된 근무의 가능성을 열어주게 될 것이다. 거기에는 경험의 폭과 판단의 성숙이 필요하다.

그러나 전반적인 사안은 이것보다 더욱 심오하다. 클라우제비츠는 "뛰어난 지휘관은 지식이 풍부한 부류나 학자 장교들에게서는 결코 배출되지 않는다"고 기술했다. 베른하르디Bernhardi(제1차 세계대전 때의 장군이자 군사 저술가)의 말을 쉽게 풀어 쓴 멜렌틴Mellenthin은 다음과 같이 해석한다. "순전히 일상적인 군인들, 말하자면 엄밀하게 실질적인 군인들은 현대전의 크고 어려운 문제들의 도전을 받는 즉시 실패하게 될 것이고 또한 그렇게 될 수밖에 없다." 나폴레옹이나 넬슨 Nelson 같은 명장도 면밀히 고찰해보면 마찬가지이다. 말버러 Malborough 역시 전역에서 돌아오자마자 "그가 군화도 벗기 전에 군주가 그에 대해서 두 번이나 만족해했다고" 토로할 만큼 경솔한 부인과 함께 자신이 권력에서 추방되었음을 알게 되었을 것이다. 실제로 이들을 보면 평화시의 고급 장교와 전쟁시의 장군들이 대개 두 가지 다른 인물들임을 알 수 있다. 그들 사이의 유일하게 실제적인 연결점은 범위 면에서 너무 넓지 않고 타당성 면에서 너무 확고하지 않은 전문적인 지식과 기술의 집합체이다. 단어를 포괄적이고 적합하게 사용하기 위해서 기술적인 지식과 결심 수립 능력 사이에 명확히 선을 그어야 한다. 전술적인 수준에서 기술적 지식(베른하르디가 말한 '일상적' 군인의 지식을 지칭한다)은 물리적 용기처럼 지배적이다. 더 높은 수준에서 참모 장교와 병과 전문가들은 탁월한 기술적 지식과 이를 적용하기 위한 고도의 기교를 필요로 한다. 기술적인 지식은 브리핑과 실행이라는 두 가지 행동 단계에서 지휘 결심과 관련되어 있다. 그러나 기술적 지식이 결심에 대해 미치는 유일하게 직접적인 영향은 결심을 실행 가능성의 영역 안에 유지시키는 것이다.

산업과 상업을 고려하면 야전에서 작전적 지휘 경험이 직업 장교들에게 반드시 보장되어야 하는 것인지 의문을 갖지 않을 수 없다. 민간 영역에서 최고 정상의 관리(전략과 작전적 지휘에 상응한다)와 나머지 사이에는 상당히 분명한 경계선이 있다. 소수의 사람들은 조직 속에서 자신의 길을 싸워 나가는 데 성공하고 경계선을 넘을 만큼 충분한 운동량을 갖고서 이 경계선에 도달한다. 그러나 다수의 최고 중역 직책, 특히 무거운 책임이 따르는 직책들은 산업에서 산업으로 또는 산업과 상업 사이에서 이동하는 소규모 인력 집단에 의해 채워진다. 마이클 에드워드Michael Edwardes 경이 이에 관한 영국의 최근 사례를 제공했다(이언 맥그리거Ian McGregor가 시기적으로 더 최근에 제시했지만 전자보다는 수준이 떨어진다). 전쟁에서는 이러한 소규모 그룹의 인원들에게 상급 제대의 지휘권이 주어져야 한다.

　소련군이 이러한 종류의 시스템을 갖고 있는 것 같다. 당연히 그것의 정확한 성격은 베일에 가려져 있고, 마찬가지로 아마 시스템의 중요성과 의미가 서구인들이 바라보는 것과는 정확하게 들어맞지 않을 것이다. 이 주제에 관한 존 에릭슨과의 토의에서 나는 소련군의 시스템이 세 갈래로 되어 있고 총참모본부의 특수 권력이 세 갈래의 가지를 통합하는 손잡이 역할을 한다는 이야기를 들었다. 전쟁을 위한 전략 및 작전적 지휘관들은 평화시에 지명된다. 하지만 그들이 평화시부터 지휘관인 경우는 아주 드문 일이다. 그들은 해당 제대의 본부에, 말하자면 선임 부지휘관으로 또는 1〜2제대 하위급 부대의 지휘관 또는 참모장으로 사전에 보직된다. 아니면 그들이 국방성과 그 예하 기관 또는 방위 산업체의 주요 직위를 맡을 수 있는데, 이러한 직책에 대한 기준은 평화시의 실생활에 있어서 자주 결심을 해야 한다는 점이다. 세 번째 갈래는 비교적 젊은 장군 참모 장교(대령 또는 중령급)인데 그들은 명목상 지휘관이 수용해야 하는 세부 명령들 그리고 예비대의 이동과 투입 권한 같은 특수한 권력을 갖추고 사단급까지의 야전 사령부(본부)에 파견된다. 나의 저서 《소련군의 기갑》에서 사회, 정치적 측면에 관해 조언해준 역사학자 데이비드 롱글리David Long-ley는 총참모 본부와 KGB 사이의 권력 연결을 제시하는 데 핵심을 찌른 것 같다.

　군대에 민간 고위 경영자나 또는 사전에 지명된 장교들을 투입한다는 서방의 착상은 실로 극단적인 개념이 될 것이다. 비록 그러한 투입이 더 전략적이고 작전적인 결심을 유도하더라도 민간인들의 채용이 '최후의 당근'을 제거함으로써 평화시 장교단의 전문적 자질을 더욱 약화시킬 것이다. 그리고 하나의 사회조직으로서 평화시의 군대가 이러한 침입자에 대한 충성심을 제지할 것이다. 제2차 세계대전의 많은 사례들을 보면 '중대 군의관'으로 보직된 정규군에게조차 극심한 저항감이 있었다.

한편 평시에 경력을 쌓아온 다수의 장교들이 전시 지휘관으로서 부적합하다는 데에는 세 가지 이유가 있다. 첫째는 다음 장에서 더욱 깊게 다룰 내용으로서, 그들은 진급을 위한 긴장된 경쟁 속에 있기 때문에 부하의 단 한번의 실수로 자신의 경력이 무너질 수 있다. 따라서 그들은 권한을 위임하지 않도록 배웠다.'

두 번째 이유는 성격과 관련이 있다. 주로 군대 속성의 사회적 측면에서 유래되고 오늘날 안보 체제의 필요성에 의해서 강화되는 '동일한 직업적 압력' 때문에 장교는 자신의 부하뿐 아니라 전체로서의 사회에서 그를 분리시키는 규칙에 가장 엄격하게 순응해야 한다. 만약 그나 그의 부인이 그 범위에서 한 발짝이라도 벗어나게 되면 그것으로 끝장이다(미육군은 장군으로 진급한 군인인 가족들에게 제공하기 위해 '에티켓과 행동'에 관한 소책자를 발간하여 사용하고 있다). 이 모든 것이 엄격함을 장려할 수 있겠지만 손자가 장군의 덕목으로 요구한 지혜, 성실성, 인간성, 용기라는 네 가지 속성은 거의 염두에 두지 않았다.

직업 장교 훈련의 기초적인 목적은 항공기 조종사나 함장의 경우처럼 그가 예상치 못했던 사건에서 결정적으로 중요한 결심을 할 수 있게 하는 것이다. 비상시에 항공기나 함정의 지휘관이 해야 할 결심들은 본질적으로 기술적인 전문성에 의존하는 물리적인 것이다. 그러나 전략적 및 작전적 지휘 결심은 타인(적이나 부하 모두)의 행동에 대해 판단해야 하기 때문에 성격이 다르다. 평화시의 지휘관들은 매일 인위적인 관습 속에서 사소한 행정적 결정들을 내려야 한다. 심지어 연습에 대한 결심들까지도 군사적 이점보다는 자기 상관의 마음에 드는 것을 목적으로 하고 있다. 상관에게 무례하게 했다면 모든 것을 잃게 되고 얻을 수 있는 것은 아무것도 없다. 건전성을 지향해야 하는 압박과 평화시 그의 사소한 결심들이 미래에 미치는 부적절한 영향은 직업 장교에게 부당한 스트레스를 부과하고 실제로 관건이 되는 결심에 직면했을 때 판단을 위축시킨다.

반면에 고위급 집행자의 경우 매일 실질적인 결심을 수립하고 그 결심들을 통해 성공한다. 그는 일부 오류를 범하기도 하지만 자신의 경력과 스스로 선택했다는 바로 그 사실 때문에 자신감을 갖게 된다. 만일 스스로 변화를 요구하거나 또는 위원회가 그를 해고한다면 그는 파일 맨 위에서 채용 의뢰서를 꺼내기만 하면 된다. 그는 자기 방식의 경영 관리를 창조한다. 성공적으로 결심을 수립하기 위해서는 자기가 선택한 생활 방식을 고수할 자유가 많아져야 한다. 결국 그는 전쟁에서의 지휘관과 동일한 위치에 있게 된다.

이 모든 것을 종합해보면 가능한 해결책을 어렴풋이 보게 된다. 중령 진급을 위해 선발될 무렵에 직업 장교는 충분히 훈련되고 전시 상급 부대의 지휘관으로서 선별될 수 있을 만큼 잘 알려지게 된다. 그렇게 선발된 소수의 장교들은 적합한 국가 기관(경영자 연구소 또는 영국 산업 연합)의 충분한 직무를 통해 고위 집행자 보직에서 대외 근무를 명받게 된다. 또한 그들은 매년 일정 기간 군사 연구와는 별개로 상업과 산업 분야에서 경력을 쌓는다. 시스템에 유일한 제한 사항이 있다면 그것은 즉각적인 소집의 가능성이다. 이러한 시스템에서 성공하지 못한 사람들은 평화시의 군대 구조로 전환된다. 이들은 전쟁이 발발하거나 또는 군사적 개입이 결정되었을 때 수시간 내에 핵심적인 지휘관 직책에 오를 수 있다. 하나의 대안이자 더 좋은 새로운 시스템에 대한 보완책은 성공적인 예비역 장교(영국에서는 연대장 직위에 오르고 국방 의용군 참모 과정 자격이 있는 극소수의 인원들을 말한다)와 소수의 직접 충원된 유망한 최고 관리자들이 특수한 예비 자원의 집단을 구성하는 것이다. 이 집단의 구성원들은 접촉을 유지하기 위해 매년 약간의 군사 연구와 훈련을 실시하며 주요 군수 분야 직책뿐 아니라 일부 야전 지휘 보직에 배치될 것이다.

나는 이러한 종류의 시스템이 현대 산업 민주주의 틀 안에서 작동할 것인지 확신할 수 없다. 그러나 만일 작동된다면 이러한 시스템은 전쟁이라는 둥근 구멍에 둥근 마개를 제공하는 반면 평화라는 가장 큰 사각형 구멍조차 사각형 마개로 막아버릴 수 있는 기회를 제공할 것이다. 전쟁이 발발하거나 중요한 군사적 개입이 결정된다면 더 젊은 장교들이 현역 복무 근무 중에 스스로 명성을 높이고 정상으로 진출할 기회를 갖게 될 것이다.

지휘의 통일

제2차 세계대전 당시의 독일측을 고찰해볼수록, 비록 내키지는 않지만 히틀러가 전격전의 성공에 주목할 만한 공헌을 했음을 인식하게 된다. 그 이유는 지휘관주의라는 미명하에 지휘관과 참모장의 책임 공동 부담을 철폐하고 결심 부담을 단호히 지휘관의 어깨에 모두 얹어준 인물이 바로 히틀러였기 때문이다. 그는 또한 '참모 계통'의 폐지를 시도했는데 이는 '지휘 및 인사 문제'에서 차상급 제대의 참모들과 직접 의사 소통을 하는 장군 참모 장교의 권리 상실을 의미한다. 스탈린이 트로이카(지휘관, 참모장, 인민위원)를 폐지했던 제2차 세계대전 기간에 독일군과 비슷한 체제가 적군에 널리 유행했고 오늘날 아직도 소련군에 존재하는 것처럼 보인다.

다음 장에서는 작전 수행시에 참모 계통이 담당하는 건설적인 역할을 보게 될 것이다. 긴급성이 떨어지는 사안에 관해서 고급 장교들에게 단순히 지휘관의 뒤를 따라가서는 안 되며 그들에게도 건설적인 역할이 허용되어야 한다. 예를 들어서 멜렌틴이 대륙 참모장 제도를 제창했다는 주장은 설득력이 있다. 흥미롭게도 나는 합동 참모장 또는 감독자(독일인의 사고에 따른 용어이다)의 사례처럼 결심 수립에 대한 책임 분담이 대륙에서 잘 실행되는 것을 보아왔다. 그러나 이러한 제도가 영국의 경우에는 항상 비참했고 미국에서도 거의 선호되지 않았다. 철학적·실천적 수준에서 극단적인 위임과 책임 분담 사이에 분명한 한계가 있는 것 같다.

군대가 '장교의 신비성'을 강조하는 것이 군 장교단의 과거 적성이나 성실성과는 반대로 변하는 것처럼 보이는 것은 아마 놀라운 일이 아닐 것이다. 나는 영국군 장교들에 의해서 유지된 여왕에 의한 임관이 엄청난 의미와 가치가 있다고 생각한다. 반면에 국왕의 지방 분권으로서 장교의 위치는 분명히 물리적으로 규합된 다양한 군대 또는 위대한 명장이 혼자서 직접 통제할 수 있는 규모와 형태를 넘어선 군대의 성장과 더불어 쇠퇴했다. 나는 복무 당시와 그 후에도 장교의 신비성과 그를 둘러싼 특권이 각개 장교의 주제넘은 무능함, 오판 또는 잘못된 처신에 대해 군기를 유지하는 수단이라고 보아왔다. 장교의 신비성은 현실 주변의 베일을 벗겨내고 관직과 그 직책에 있는 사람 사이의 준규범적인 차이점을 도출한다.

나는 내 주장이 차르주의자나 소련과 마찬가지로 러시아인이 강한 장교의 신비성을 장군 참모 제도와 결합시켰던 방식을 설명하지 못한다고 인정한다. 그러나 능력과 결속력이 있고 헌신적인 장군 참모를 보유한 독일인들은 장교의 신비성을 경시해온 것처럼 보인다. 그들에게 특권이란 적절한 책임 행사에 의해서 획득되는 것이다. 이것은 매우 다른 사실이다. 사실상 특권은 결심 수립자들에게 단순히 그들이 필요로 하는 시간과 편의를 제공하기 위해 수직적인 조직에 필수적인 하나의 원칙이다. 주지하는 바와 같이 특권이 일시적으로 폐지된 곳——예를 들어 단기간 동안의 적군赤軍과 최근에 더 오랜 기간 중단되었던 중국 군대——에서 그것은 다시 부활했다. 비정규군 및 혁명적 군대에서는 지도자들이 존경을 받음에 따라서 종종 아주 색다른 형태로 특권이 강화된다.

비록 지도자들이 다른 방식으로 칭찬받을 만하고 존중되더라도 연대 정신과 애국심은 지휘관을 유일무이한 우두머리로 모시기 위해 장교의 신비성과 결합한다. 이러한 현상은 지휘 통일을 위한 절대적인 존경뿐 아니라 이를 초월하여 적어도 드골이 상징화한 '강력한 지휘관'으로 이어진다. 드골은 멀리서 충성심을 유발하는 데는 능숙했지만 1940년에 그가 지휘하던 기갑 사단으로부터 자유 프랑스군에 있는 그와 합류한 사람은 한 명도 없었다. 드골은 자신의 저서 《칼날》에서 다음과 같이 묘사한 '성격의 소유자'를 자신의 이상형으로 삼았다. "그의 역동성은 모든 사건에 그의 흔적을 남기고, 그는 사건을 자신에게 유리하게 전환하며 사건을 자신의 것으로 만든다.…… 그가 얼마나 곧고 당당하게 서서 당신을 바라보는지 보아라. 그는 명령을 받아들일 수 있다.…… 그러나 그는 자기 결단력의 채찍질 소리가 울리도록 하기 위해 자신의 의지를 불태운다." 드골은 자신의 초연함과 우월함을 상징하는 공간으로 주변을 둘러싸고 심지어 참모장이 들어오는 것조차도 허용하지 않았다. 그는 공포로 지배하면서 예의상 연설을 요구할 때는 침묵을 지키거나 주로 욕설을 했고 상대방의 힘을 빼고자 할 때는 말문을 열었다. 드골은 많은 성공적인 지휘관과 최고 경영자들처럼 첩보의 입수를 엄격하게 통제했지만 보통 적합한 시간 내에 올바른 결심을 하며 더 충실하게 상황 브리핑을 청취한 참모들이 큰 목소리를 낼 수 있게 했다.

이처럼 강력한 지휘관의 이미지는 소련군 장교들이 부하에 대해 취한 태도에 기반이 되었다. 또한 그것은 제2차 세계대전 때 영국군 및 미군에서 크게 선호되었다. 그러나 다음 장에서 드러날 이유들 때문에 내가 대화를 나누었던 나치 국방군의 고위 장교들이 갖고 있는 강력한 지휘관에 대한 견해는 양면 가치가 있다. 여기서 지적해야 할 미세한 구별이 있다. '강력한' 지휘관은 상황을 무시할 정도로 '상황에 자신의 의지를 부가'하는 경향이 있다. 그는 자신이 원하는 그림에 따라서 전투를 실시한다. 상황 전개가 그럭저럭 계획에 따라 제대로 진행이 되면 지휘관의 기민함이 템포를 가속화하면서 아주 잘 작동된다. 그러나 상황이 어긋나기 시작할 때에는 실패를 유발한다. 나는 멜린틴이 말한 '눈가리개 속의 임무들(상황을 제대로 모르고 하달하는 임무—옮긴이주)'이라는 글귀를 상기한다. 우크라이나 방어에서 번번이 독일군이 패배한 원인은 주로 기갑 사단의 선도 부대가 이동의 분진점을 소탕하자마자 사단의 공격을 주장함으로써 2, 3단계 하급 제대에게 자신의 의지를 발휘하려 했던 강력한 지휘관에게 있었다.

'강력한' 지휘관은 자신의 길을 가고 있지만, 상황이 자신을 위해 잘 진행되고 있을 때조차도 그의 태도는 그의 능력을 의문시하게 만든다. 반면에 유능한 지휘관은 예하 참모와 부하들과의 관계에서 공포보다는 존경을 토대로 하는 관계를 갖는다. 그는 만슈타인이 실천했던 바와 같이 단지 직업적으로 정확한 것이 아니라 인간적으로 불완전함으로써 존경심을 진작시킨다. 사소하게 다툼이 있는 결혼 생활에서처럼, 긴장감은 인간 관계를 강화, 심화시키고 관련자 모두에게 만족을 주며 큰 결실을 가져올 수 있다.

지휘 방식

분명히 지휘-참모 관계와 부대 통제의 시스템은 지휘 방식의 전 영역을 포괄할 수 있을 정도로 융통성이 있어야만 한다. 아마 내가 초기 저서에서 사용했던 풍자 만화 4개로 이를 묘사할 수 있을 것이다.

A 소장은 부하들의 어깨를 두드리거나 또는 비디오에 출연하여 열심히 격려한다. 그는 헬멧을 벗은 채 머리와 어깨를 해치 밖으로 드러내고 권총이나 칼빈 소총을 흔들며 부하들을 전투로 이끈다. 이 순간에 부지휘관과 참모는 전투를 진행하고 있다.

B 소장은 지도, 펠트펜, 계산기와 컴퓨터 단말기를 휴대하고 카라얀 Karajan의 강렬함과 독특함으로 모든 예하 부대의 이동을 조화시키면서 입을 굳게 다문 채 지휘 차량에 탑승하고 있다. 이때 전 계급에 걸쳐 있는 부하들은 장군이 그들에게 승리에 대한 최대 가능성과 전사에 대한 최소 확률을 보장해준다고 믿는다.

위기의 순간이 다가오면 X 장군은 지도와 컴퓨터 화면에서 돌아서서 당번병에게 보드카와 토닉을 따르라고 지시하고 자신의 요새에 있는 장미 정원을 한가로이 산책한다. 갑자기 그는 발꿈치를 돌려 뒤돌아서며 "계획 2, 예비대를 투입하라!"고 지시한다. 이것은 그가 자신의 인생 스타일에 상충되는 군사적 활동을 하게 되는 며칠간의 첫번째 시기가 될 것이다. 아직도 그의 지휘하에 있는 모든 사람들은 그의 결심이 승리를 가져올 것이라는 점을 알고 있다. 그리고 그가 예상하는 것처럼 부하들은 해야 할 필요가 있는 모든 것을 수행하게 될 것이다.

Y 소장의 헬리콥터는 그가 신호탄을 사격하여 전진 명령을 하달하기 전까지 접촉선으로 하강 비행할 때 ZSU 23/4로부터의 사격을 피하기 위해 가끔 정상 궤도를 벗어나고 마치 매복한 소련군의 헬리콥터에 대항하듯이 울타리를 뛰어넘고 송전선 밑으로 숨는다.

이 재미있는 인물들은 자신의 임무를 자유롭게 수행하고 주변의 시스템이 형성되면 각자 승리의 지휘관이 될 수 있다. 멜렌틴이 언급한 바와 같이 현대 작전의 수행에 필요한 모든 것을 혼자 처리할 수는 없다. 그래서 지휘관이 결국 올바르고 적시에 결심하게 된다면 그가 하는 일은 크게 문제되지 않는다. 조미니의 총사령관 선발에 대한 논의는 이러한 관점을 잘 드러내고 있다. 그는 지휘관이 잘 계발된 개인적 자질, 도덕적 용기를 가지고 원칙을 이해하며, 경험 있고 끈질기며 강력한 성격의 소유자여야 한다고 말한다. 참모장은 지휘관을 보좌해야 한다. 그러므로 지적인 능력, 공정성 및 충성심 등이 참모장의 가장 중요한 자질이다. 개성과 두뇌라는 대조적인 요소는 아직도 위험하다. 역사를 보면 자신을 위한 것이지만 위기의 순간에 미흡한 것으로 밝혀진 결심을 무성하게 양산해온 명색뿐인 우두머리, 왕족 같은 이들이 너무도 많았다. 마치 장교의 신비성에 대한 의존도가 직업적 자질에 따라 역으로 변하는 것처럼, '리더십 자질'의 중요성도 결심 수립 능력과는 반대로 변한다. 나치 국방군이 입증했고 우리가 다음 장에서 보게 되듯이 성공적인 지휘의 열쇠는 애정도 공포도 아닌 존경심인 것이다.

결론 — 외양과 현실

구체적으로 상급 제대 지휘의 다양한 측면을 탐구하고 나면 '의지의 충돌'이라는 표현이 실제 무엇을 의미하는지 결정할 수 있는 위치에 설 수 있다. 모든 제대에서 결심의 기초는 최근에 보고되거나 관찰된 물리적 상황이 아니라 상황이 신속하게 전개됨에 따라서 지휘관이 만들어내는 정신적인 상황의 모습이다. 쌍방이 마찰 속에 갇혀 있는 하위 제대의 지휘관에게는 행동의 자유가 많지 않다. 만일 우리의 현실처럼 교전이 물리적인 한계점으로 밀려난 드문 경우를 제외하면 지휘관은 자신이 할 수 있다고 느끼는 한 계획대로 밀고나간다. 이렇게 해서 임무를 달성할 수 없을 경우 그는 사실상 임무를 포기한다. 공격 중인 중대장은 목표를 탈취하든지 아니면 잠시 중단하고 '고착'되었다고 보고한다. 방어 중인 중대장은 공격을 피하거나 또는 후퇴한다. 쌍방 모두 상황을 관측하기에 충분하다. 어느 누구도 자신의 상대가 누구인지 모르고 있고 또한 알 필요도 없다.

전투 행동이 소모 이론에 의해 지배되는 중대장들과 기동전을 수행하는 작전적 수준의 상관들 사이에 성격이 다른 두 가지 본질적인 차이가 있다. 첫째 작전적 지휘관들에게는 실제로 차이가 나는 폭넓은 선택이 있다. 둘째 그들은 각자의 정체성을 알고 있다. 즉, 작전적 지휘관들이 정보 윤곽에서부터 각자의 특성을 알고 있어야 하며 개인적으로 서로 알 수도 있다. 이리하여 그들의 실질적인 목표는 각자의 머리 속에 패배의 상을 만들어내는 것이 된다. 그들이 이루고자 하는 물리적 상황은 이러한 상을 만들어낼 수 있는 것이어야 한다. 그러나 물리적 상황이 결과에 있어서 근본적인 것은 아니다. 이것은 기동전의 작전적 수준과 특히 소모전에서 전략적 수준을 한 단계가 아니라 두 단계 떨어뜨린다. 결과는 지면의 탈취 및 확보에 달려 있는 것도, 부대와 자원의 붕괴 및 와해에 의존하는 것도 아니며 상대편 지휘관의 머리 속에 그려진 그림에 달려 있다.

나는 이것을 귀류법으로 증명할 수 있다고 생각한다. 이반 장군은 톰 장군의 사령부로 유입되는 정확한 사실 정보를 완전히 장악하고 톰 장군이 인지하지 못하는 가운데 첩보를 왜곡하여 사실 정보와 바꿔놓을 수 있는 전자적 능력을 갖고 있다고 가정해보자. 그러면 결국 발행되는 톰 장군의 작전적 결심과 명령들은 완전히 허구적인 상황에서 자신이 해석한 것을 토대로 하게 될 것이다. 톰 장군은 이반 장군의 가락에 맞추어 춤을 추는 인형이 될 것이다.

현실로 되돌아와서 이제는 톰 장군이 상대방에 대해 철저히 잘못된 첩보를 가지고 있고 유리 장군(적대 행위 발발시 이반 장군을 대신한다)이 이를 인지하고 있다고 가정해보자. 유리 장군은 이와 같은 잘못된 인상을 강화하고 이를 이용하여 패배의 상을 만들어내기 위해서 작전의 전개를 구체화한다. 톰 장군의 최초 첩보가 훌륭할수록 유리 장군의 계획은 기만, 허식 그리고 첩보 왜곡이 아니라 확고한 군사적 성과에 의존해야 한다.

그리하여 쌍방의 최초 및 후속 첩보가 상당히 건전한 현실에서는 지휘관이 상대방의 머리 속에 그리고자 하는 그림과 그것을 실행해야 하는 물리적 전투 행동 사이의 극히 미묘한 상호 작용이 일어난다. 이러한 행동들은 기동 부대를 우회 진지로 투입하고, 중요한 발사 수단이나 통신 센터를 파괴하며 주요 도하 지점 또는 집중점에 있는 공두보를 탈취하기 위해서 헬기 부대를 사용하는 등 물리적 성과를 분명히 포함해야 한다. 그러나 이러한 성과의 실제적인 목적은 신뢰성이라는 배경을 제공하는 것이다. 그리고 이 배경 위에 기만, 허식 및 첩보 왜곡의 층이 최종적인 그림을 완성할 수 있도록 부가된다.

나는 '의지의 충돌'을 편리한 주제로 받아들였다. 부분적으로는 그것이 상대방 지휘관들 사이의 심리적인 갈등을 의미하는 것으로 널리 이해되기 때문이고 다른 한편으로는 이러한 맥락에서 '정신'이라는 단어가 대중적 의지에 영향을 미치는 '마음과 정신'에 대한 오도된 함축적 의미를 갖고 있기 때문이다. 그러나 '의지의 충돌'에 의해 그려지는 이미지는 잘못이라고 믿는다. 이것은 두 명의 비대한 바바리안들이 넘칠 듯한 맥주잔을 든 팔을 엇갈리게 해서 팔씨름하거나 두 명의 '인격자'가 각자의 사진을 노려보며 서로 굴복하기를 바라는 것과는 심리적으로 다르다. 본질적으로 우리가 언급하고 있는 것은 첩보의 창출과 조작인데, 창조적인 사고와 고도로 미묘한 표현을 요구한다. 지휘관이 마음대로 운용하는 실제 부대는 자신의 창조를 현실화하는 데 필요한 물자와 수단이다.

의지력은 이 드라마에서 주요한 조연 배우이고 이중 역할을 수행한다. 의지력은 지휘관이 상황에 대한 자신의 정신적 그림을 상대에 대한 패배와 굴복을 나타내는 것으로 바라보게 될 시발점을 마련한다. 마찬가지로 작전적 지휘관이 적에게 놀아나지 않기 위한 최선의 방법은 스스로 상황을 명백히 인식하는 것, 다시 말해서 전방 지휘를 실행

하는 것이다. 의지력은 피아 공히 자기 부하의 정신에 자신의 그림과
계획을 깊이 이식하는 지휘관의 능력을 결정한다. 왜냐하면 임무형
전술의 두 가지 원칙 중 하나는 반응성 있게 지휘관의 의도를 정확히
받아들일 수 있도록 조절된 부하들에게 지휘관의 의도를 심어주는 것
이기 때문이다.

제14장 임무형 전술(지령형 통제)

"전쟁은 인간이 교제하는 행위, 즉 사회적 행위이다"

— 클라우제비츠

"모든 명령은 되도록 간단명료해야 한다. 명령은 일반적으로 일련의 대안들로 이어지는…… 가능성 및 확률에 대한 충분한 평가를 근거로 해야 한다."

— 풀러

"부대 지휘는 하나의 기술이며 인격, 능력 그리고 지력에 바탕을 든 자유로운 창조 활동이다."

— HDV 100/1 부대 지휘 교범, 1962(독일군)

서론 — 임무형 전술의 의미

일부 현대 논평가들은 클라우제비츠가 손자보다도 위대한 사상가였음을 주장하기 위해서 위의 인용구를 사용해왔다. 왜냐하면 클라우제비츠는 적과 모든 형태의 의사소통을 유지하도록 권했지만 손자는 '통로의 봉쇄(其次伐交, 謀攻篇)'라는 구절에서 무력의 충돌을 피하도록 모든 연결의 단절을 선호했기 때문이다. 클라우제비츠의 주장이

나는 혐오감을 갖고 있다. 전쟁을 의사소통의 행위라고 부르는 것은 '강간을 애정 행위'라고 말하는 것과 같기 때문이다. 그러나 이러한 반응은 내 해석만큼 그 한계의 폭이 넓다고 생각한다. 앞장에서 지휘관의 궁극적인 목표가 첩보의 창조와 조작에 의해서 적의 머리 속에 패배의 그림을 그려 넣는 것임을 보았다. 나는 이것이 클라우제비츠가 의도하던 바라고 확신한다. 우리는 또한 도처에서 아이디어의 소통과 첩보의 해석이 지휘 제대를 관통해서 이루어져야 함을 보았다. 임무형 전술의 저변에 깔려 있는 의사 소통의 측면이 그것이다. 오제 Ose는 〈임무Der Auftrag〉라는 논문에서 1806년 프러시아의 훈련 규정을 다음과 같이 소개하고 있다.

전투가 일어나기 전에 배치에 대한 장황한 명령이 주어져서는 안 된다. (총사령관은) 자신이 가능한 한 많은 지형을 관찰한다. 하지만 시간이 허용하면 예하 사단장에게 몇 마디의 말로 일반적인 의도를 하달하고 군이 형태를 갖출 지면 위의 일반적인 배치만을 예하 사단장들에게 보여준다. 그러나 전개 방법은 사단장들에게 위임된다. 가장 신속한 것이 최선이다. 총사령관이 '무소부재無所不在' 할 수는 없다. 그는 항상 마음의 눈 속에 전반적인 그림을 보존하고 예비대를 충분하게 운용하여 그 모습을 구체화해야 한다.

영어권 국가들이 임무형 전술의 진의를 알아내려고 노력했지만 실패했기 때문에 독일연방군에서는 영어판 소개서를 제작했다. 거기에서 이해가 되기는 하지만 불행하게도 독일어 단어인 Auftrag(임무)이 영어의 mission으로, Auftragstaktik(임무형 전술)이 'mission-type control'(임무형 통제)로 번역되었다. 당연히 독자들은 이 개념에서

'임무mission'라는 용어를 연상하게 되고 자연스럽게 나토가 적용하는 표준 작전 명령의 제2항과 연결하게 된다. 내가 최근에 들은 바에 따르면, 동료들로부터 강력한 지지를 받은 쩅어는 임무형 전술의 요체가 나토 명령 양식의 3a 때로는 3b 항——일반적 지침과 임무별 부대 할당——과 관련이 있음을 지적한다. 주로 베크가 초안을 집필한 1933년판 독일군 부대 지휘 교범은 젝트의 영향을 받은 1921년판 교범과 이러한 점에서 거의 차이가 없다.

두 가지 교범을 살펴보면, 미군 및 나토군 용어인 '임무'가 독일군의 '결심Entschl' (보통 영어로는 resolution)과 비슷한 반면 Auftrag은 '과업task'이라는 더 일상적인 용어로 가장 잘 표현됨을 알 수 있다. 두 가지 교범 중에서 개념이 더 명확한 베크의 저술판은 다음과 같이 번역될 수 있을 것이다.

36. 지휘는 과업Auftrag과 상황에 기초한다. 과업은 달성되어야 할 목표를 설정하게 되며 목표 달성을 책임진 지휘관은 목표를 중심으로 사고해야 한다.

37. 과업과 상황은 임무(Entschlu :결심)를 생성한다. …… 임무는 한 사람이 모든 노력을 다해 추구하는 분명하게 한정된 목표여야 한다. …… 지휘관은 그렇게 함으로써 자신의 의도가 위험해지지 않는 한 부하에게 행동의 자유를 보장해야 한다.

앞에서 인용한 1962년판 서독군 부대 지휘 교범의 서두는 더 나아가 확정된 과업이 없으면 상급 지휘관의 사고에 맞춰 즉각적인 행동을 취해야 할 필요성을 강조하고 있다. 이러한 점이 임무형 전술과 그 반대인 명령형 전술Befehlstaktik의 대비점을 강조한다. 서독 연방군은 명령형 전술을 '세부 명령 전술detailed-order tactics'이라고 번역했지만 '세부 명령에 의한 통제control by detailed order'가 더 나을 것이다.

1960년대 전술 핵무기 전성 시대로 거슬러올라가면 영국군은 세부 명령이 핵전장에서는 무효할 것이라고 생각했다. 왜냐하면 핵공격이나 피해를 받은 후의 상황을 도저히 예측할 수 없었기 때문이었다. 이 당시 영국군의 사고는 '서구 학파'에 의해서 지배되었고 학파의 구성원이 주로 고도의 지력을 구비한 기병 장교들이었다. 이들에게 있어서 수적 우세가 아니라 근육을 움직이는(운동량을 갖는) 부대의 존재가 상상조차 불가능한 것은 아니었다. '작전 명령'이 어떤 상황에서는 임무형 전술의 기본 방침에 입각하여 '작전적 지령'으로 교체되었다. '작전적'은 여기에서 과거 영미英美의 개념으로 사용되었고, 임무형 전술의 원칙이 전 제대에 걸쳐 있기 때문에 버려야 할 용어이다. 그러나 '명령'과 달리 '지령'은 임무형 전술의 정신을 정확하게 반영하고 있다. 그래서 그 용어를 '지령형 통제directive control'로 번역하자고 제안한다. 이러한 논의는 특히 부수적으로 독일어와 영어 및 프랑스어 사이에서 번역의 위험성에 대한 교과서적인 사례를 제시해준다. 누구나 저변에 깔린 사고를 분석해보고 그것을 다른 방식으로 완벽하게 표현해야만 한다.

지휘의 매개 변수

그러나 임무형 전술에 대한 분석을 시도하기 전에 지휘의 매개 변수에 관해 광범위하게 고찰하고자 한다. 〈그림 47〉은 지휘의 행사에 있어서 세 가지의 주요 변수를 표시하기 위해 데카르트 좌표를 사용하고 있다. 다시 말해서 보통 그래프의 x, y축에 z축이 부가된 3차원 공간이다. 만일 이 3개의 축이 모두 같은 길이로 그려질 경우 이 모델은 모든 지점이 어떤 특정한 지휘 기법을 의미하는 하나의 입체 —— 하나의 속이 빈 구체라고 해도 좋다 —— 를 구현하게 된다.

종이라는 평면 위에서 공간 모델을 묘사하는 것은 불가능하지만 제1차 세계대전시 영 불의 지휘는 좌하단의 멀리에, 아이젠하워와 브래들리Bradley의 접근은 중심부의 어느 곳에 위치함을 알게 될 것이다. 그리고 임무형 전술의 사례로서 전격전은 오른쪽 위로, 소련군의 체제는 원래 우측 꼭대기까지 올라가야 하지만 사실상 신뢰의 결핍과 과도한 복잡성 때문에 오른쪽 아래로 내려온다. 더 광범위하게 고찰해보면 왼쪽 아래의 반구체는 소모 이론을, 오른쪽 위의 반구체는 기동 이론을 묘사하고 있다.

일정한 시간에 일정한 전구를 가정해보자. 제2부와 제11장에서 충분히 토의했던 전쟁의 물리적 측면, 용병술의 과학기술적 상태 그리

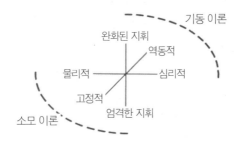

〈그림 47〉 지휘의 매개 변수

고 지배적인 정치, 경제적 제한 사항(주로 영토의 정치, 경제적 가치)들이 이러한 이론적 공간을 '완화된 통제와 엄격한 통제'의 축선을 따라서 시가cigar 형태로 틀어지게 한다. 달리 말하면 통제의 정도는 군대가 갖고 있는 주 선택 사항이다. 그러나 또한 그 모델은 통제의 시스템이 적용된 이론(소모 및 기동 이론)과 어떻게 조화되어야 하는지를 입증하고 있다. 템포 및 역동적인 효과 그리고 이에 따른 반응성에 중점을 두는 기동 이론은 실제로 세부 명령에 의한 통제와 양립할 수 없다. 이미 사용했던 비유를 반복하자면, 수적 우세에 의해 실행되는 이동의 저속도 촬영 사진으로는 결코 역동적인 군대를 만들어내지 못한다. 역으로 독일연방군의 임무형 전술 교리와 진지 방어의 개념 사이에 근본적인 모순이 있다. 만일 부하들이 8계단 좌표를 참조하는데 그친다면 주도권을 효과적으로 행사할 수 없다. 우리는 90년대 동안 서독에 만연된 전술과 부대 구조에 대한 주장 속에서, 또한 심리적인 변화에 따라 독일군 지휘 교범의 현행판이 부하의 '행동의 자유'를 훨씬 강조하는 방식에서 그 갈등을 찾아볼 수 있다.

과거 및 현재의 독일군, 1942년 이후의 소련군 및 미육군의 '개혁가'들은 모두 분명하게 이 모델의 왼쪽 아래에서 오른쪽 위까지의 이동이 군사적 잠재력의 성장과 전투 가치보다 한 단계 넓어진 개념을 나타내는 것으로 인식하고 있다. 소련군들은 틀림없는 아킬레스건으로 증명할 수 있는 모순에 집착하고 있다. 역설적이지만 독일군도 같은 모순의 반대편에서 똑같은 분야에 매달리고 있다. 지금 볼 수 있는 것처럼 앞서 설명한 현상이 계속 진행된다면 기동 이론이라는 강력한 오른팔로 모델의 오른쪽 위까지 도달하는 것이 미군과 영국군에게 가장 중요하게 될 것이다.

임무형 전술의 기초

그 자체만으로도 한 장을 할애해야 하는 임무형 전술의 실제적인 기초는 통제하는 작전적 지휘관으로부터 전차장 또는 반장에 이르기까지 계속 연결된 신뢰와 상호 존경의 끊임 없는 연결 고리이다. 그러나 개념을 파악하기 위해 먼저 그 기초의 물리적 측면을 고려하는 것이 도움이 된다. 그리고 나는 이에 따른 결과로서 임무형 전술이라는 정신적 기초가 제공해야 하는 것에 대해 분명한 아이디어를 갖게 되었다. 미국인과 영국인에게는 아마도 임무형 전술의 원칙을 팀 정신의 수직적인 상대물로 간주하는 것이 최선일 것이다. 하나의 스포츠 팀, 대양에서의 보트 경주, 노 젓는 선원, 산악 등반팀 등은 소규모이고 한곳에 위치하므로 단 하나의 지휘 수준(제대)만 있으면 된다. 여기에는 주장이나 리더가 있고 평범한 구성원도 있다. 물론 이러한 체제는 코치가 책임지고 있을 때에도 적용된다. 왜냐하면 지휘의 기능이 분할되어 코치는 통제를, 주장은 리더십을 행사하기 때문이다.

이러한 집단에서는 반드시 전원에게 목적을 알려주고 모두 참가한 상태에서 주장이 결정해서 브리핑을 하는 식으로 사전에 수행 방법이 선정된다. 만일 기법과 전술상의 변화를 요구하는 상황이 게임 또는 경주 도중에 발생하면 주장은 간략한 지령이나 사전에 준비한 신호를 전달하고 이에 따라 팀원이 반응을 한다. 게임은 즉각적으로 국지적인 상황을 판단하고 목적과 계획에 대한 이해에 비추어 상황에 반응하려는 구성원들에 의해서 실행된다. 그러나 이와 같은 호의적인 믿음으로 이루어진 반응 때문에 전체 상황에 반대의 영향을 미칠지도 모를 사태가 발생할 수 있다. 이러한 부차적인 영향은 부분적으로 게임 규칙, 운동 경기의 실행 또는 요트의 설계에 내재되어 있다. 항상 존재하는 제한 사항들은 개발되고 반복 숙달되는 훈련과 지도의 결합에 의해서 조치될 수 있다. 다른 부차적인 영향은 상대방의 전술, 기상 조건 또는 암벽의 특성 등에서 생긴다. 팀의 주장과 조언자들이 제한 사항들을 미리 알아내고 이를 구성원에게 브리핑하며, 그들의 행동에 대한 표준 훈련이나 제한 사항에서 어떠한 결과적인 변화들을 규정해야 한다. 단독으로 실시하는 한 가지 스포츠 이벤트의 목표는 단순히 승리하는 것뿐이다. 이와 같이 스포츠와 전쟁 사이의 유사성을 높이기 위해 운동 경기의 리그전이나 시리즈의 우승 혹은 등반 원정대의 목표 달성을 생각해볼 필요가 있다. 그렇게 하면 단일 경기에서의 승리나 한 사람의 극복이 하위 개념으로 종속되어야 하는 이유가 생긴다. 현재 역할을 하고 있는 원칙 중의 하나는 병력 절약이지만 내가 탐구하고자 하는 지류는 각 사건들의 목표 수정이다. 요트팀의 주장에게는 배의 항해 속도에 압박을 가하여 멀리 앞서가는 선두 요트를 거칠게 추적하다가 돛대가 부러지는 위험보다 오히려 세 번째나 네 번째 요트를 견제하면서 편안하게 2등으로 항해하기를 결심하는 것이 더 적절할 수 있다. 만일 등산하는 도중에 여건이 악화되면 팀장의 결심에 의해 더 쉬운 통로로 바꾸는 것이 두 배나 옳은 일이 될 것이다. 즉 그는 자신의 병력을 보존하고 스스로 다음 단계를 위해서 대비했음을 확신하고 있을 것이다. 어떠한 경우에도 현장에 있는 책임자가 요트의 소유주나 탐험대의 후원자와 상의할 수는 없다. 갑판 조작수가 작동 불능인 위치 때문에 다른 곳으로 돛의 밧줄을 매달기 전에 망루의 감시자와 협의할 수는 없다. 더 높은 의도는 손을 댈 수가 없다. 목표를 유지하기 위해 당면 목표를 수정하거나 포기해야 한다. 그리고 이러한 결심을 수립하는 사람은 반드시 현장에 있어야 한다.

임무형 전술에서 지휘관은 자기 상관의 의도를 신성불가침으로 간주하고 그 의도를 달성하는 것을 자신이 수행하는 모든 행동의 근본적인 목적으로 삼아야 한다. 지휘관은 과업을 부여받고 이를 수행하기 위해서 필요한 자원과 수행 방법에 대한 제한 사항들을 알게 된다. 그리고 이러한 틀 안에서 그의 계획은 시간이 허용할 경우에 여러 방향으로 토의해야 할 사안이 된다. 그러나 지휘관에게 시간은 충분하지 않을 것이다. 여기서 중점이 되는 것은 예하 지휘관에게 부여된 과업의 상태이다. 독일연방군의 현재 부대 지휘 교범은 이를 다음과 같이 설명하고 있다.

1005. 상급 지휘관은 작전 목표(Zielsetzung:독일어 원어는 목표 선정이라는 의미이다—옮긴이주)의 한계를 결정하고 자원을 사용할 수 있게 보장하며 다른 책임 지역과 협조한다.

지휘관의 의도와 그가 설정한 과업Auftrag은 부여된 과업의 수행 책임이 있는 예하 지휘관들의 사고와 행동을 결정하는 데 지배적인 요소들이다. 이때 예하 지휘관에게는 실시의 자유가 최대한 보장되어야 한다.

이제 '임무'라는 용어에 폭넓은 지위를 부여한 이유를 독자들이 알았으리라고 생각한다. 내 생각에 massgebend라는 단어는 '권위적, 한정적, 결정적'이라는 의미의 독일어 단어군 중 두 번째로 강한 의미를 갖고 있다. 이 단어는 절대적 의무를 의미하는 가장 좋은 표현이다. 부하들에게 1차적인 결정적 요소는 상급 지휘관의 의도이지 그에게 주어진 과업이 아니다. 기술(문서화)된 증거, 고위급 독일군 장교들과의 토의 및 역사적 사례를 볼 때 임무형 전술의 독일식 해석에서 예하 지휘관은 자신이 목표를 계속 추구하는 것이 상급 지휘관의 의도를 추진함에 있어서 주어진 자원의 최적 사용을 의미하지 않는다고 확신할 경우 상급자에게 되묻지 않고서도 주어진 과업을 수정할 자유가 있다.

아마도 이러한 해석을 뒷받침할 수 있는 가장 좋은 방법은 부정적인 증거의 제시일 것이리라. 나치 국방군에는 상황에 반응하기보다는 오히려 자기 의지에 상황을 맞추고자 했던 '강력한' 지휘관이 몇 명 있었다. 그들은 멜렌틴이 표현한 대로 '눈가리개 속의 임무들'을 주장하고 심지어 실행 부대 지휘관이 공식적으로 항의할 때조차도 이를 고수함으로써 '임무형 전술'을 좌절시켰다. 또한 이는 앞장에서 고찰했던 바와 같이, 우크라이나 방어시 독일이 실패한 중요한 요인이 되었다. 동료 참전자들과 독일 역사학자들의 비판은 공히 예하 지휘관(부하)들의 과오가 아니라 상급 지휘관들의 고집에 맞춰졌다.

나는 단순한 요점을 이렇게 거창하게 부풀려온 사실에 사과하고 싶다. 하지만 한편으로 임무형 전술은 특히 오늘날 및 미래의 템포에 있어서 기동 이론의 성공적인 수행에 기본이 된다. 또 한편으로는 앵글로-색슨의 군기에 대한 이해뿐 아니라 미국, 영국 및 독일 사회의 스포츠를 제외한 모든 분야에서 그들의 태도와 관습에 모순이 된다. 게다가 말할 필요도 없이 마르크스-레닌주의에 의해서 크게 강화되어온 러시아인의 행동 방식과는 전반적으로 상충한다.

차차상급, 차차하급

"명령은 토의를 위한 훌륭한 기초이다." 이 말은 오랜 기간 내가 좋아하던 군사 명언이다. 그럼에도 불구하고 동부 전선의 나치 국방군이 기술한 전투 보고서가 전화 토의, 특히 참모장들 사이의 전화 토의에 중점을 두고 기록된 것을 보았을 때, 나는 이것을 단순히 영국군이나 미군에서 제대 간에 실시되는 상황 보고가 확대된 종류일 뿐이라고 간주했다. 실제 관련된 사항들에 귀를 기울이고 질문할 기회를 갖고서야 나는 '토의'가 단순한 토의 이상의 그 무엇을 의미한다고 인식하게 되었다. 종종 중간 사령부에서 차차상급 그리고 차차하급 제대로 확대되는 개인 토의와 전화 토의는 내가 그러한 토의들이나 현대판들이 임무형 전술의 어떤 형태에 기대하는 바와 같이 독일 시스템에서 두 가지의 핵심적인 역할을 수행했다.

행동의 자유가 만들어내는 첫번째 부산물은 즉각적이고 충실한 보고이다. 즉 이러한 토의를 통해 핵심 참모 장교들은 공통적인 상황을 충분히 염두에 두고 어떠한 시간에도 지휘관에게 브리핑을 할 수 있다. 행동의 자유가 주는 두 번째 부산물은 사고의 통일이다. 모두 동일한 사고를 가지고 있는 사람들과 맹렬하게 독자적인 사고를 자랑하는 사람들의 토의는 전 제대를 통해 사고를 조화시키고 새롭게 하는 데 기여한다. 앞장에서 살펴보았듯이 상대방 지휘관의 정신에 어떠한 영상을 그려 넣는 것은 '인간 상호간의 행위'로서, 전쟁이라는 동전의 단면이다. 그리고 다양한 제대의 지휘관들 사이에서 이루어지는 아이디어의 교환은 동전의 다른 면이다. 나는 주저하지 않고 임무형 전술의 근본은 서로 잘 조화된 마음으로 사고와 해석을 공유하는 데 있다고 반복해서 강조하겠다. 아마도 음악 공연과 비슷하면서도 앵글로-색슨의 군사 정신에는 낯선 이 개념은 내가 위에서 언급했던 어의 語義 문제들의 근간에 있다.

하지만 임무형 전술을 좌우하는 자유에는 협조에 의해 요구되는 특정 제한과 상당히 구분이 되는, 근본적인 제한의 필요성이 수반된다.

자신의 사고 능력으로는 임무를 감당하기 어려운 둔감한 소모론자가 차차상급을 고려하는 것은 무엇인가 새로운 일이 되겠지만, 두 계단 아래로 생각해야 하는 필요성은 전 군대에서 모든 중대장들에게 교육하는 내용이다. 많은 독일군의 명령 가운데 집단군에서 군단, 군에서 사단에 이르는 차차하급 제대에 과업을 부여하는 사례가 있다. 이러한 사례에서도 임무형 전술의 원칙들이 준수되었던 만큼, 관련된 제대를 통해 계획이 토의되고 실시 지휘관의 견해에 대한 모든 조정까지 설명이 된 후에야 임무형 전술이 실행될 수가 있을 것이다. 그러나 누구든지 계획에 의문점을 갖고 연구해보면 2단계 하급 부대에 과업을 부여하는 것이 정상적인 협조 한계를 넘어 잘 진행되었고, 사실상 작전에 응집성을 부여하는 데 필수적이었다고 생각하게 될 것이다. 그리고 이것은 내가 제12장에서 작전적 정보에 관해 토의할 때 강조했던 것과 연결된다. 나는 그때 어떤 작전 단계(이 경우 계획 단계)에서도 오로지 2개 제대 수준의 본부——즉 하나는 작전적 그리고 다른 하나는 전술적인 본부——만이 핵심적인 역할을 수행한다고 역설했다. 일례로 군사령부와 같이 계획을 수립하고 통제하는 작전적 사령부는 최고 전술 제대(사단)를 위한 과업을 지정한다. 실행하는 작전적 사령부인 군단의 역할은 사단이 이러한 과업을 수행할 수 있도록 도와주고, 사단의 작전이 전개됨에 따라서 군사령관의 의도에 맞도록 사단의 방향을 이끄는 것이다. 전술 제대 수준에서도 유사한 유형을 찾아볼 수 있다.

다시 한 번 시스템의 정신적, 심리적 측면으로 돌아가보자. 독자적 정신과 결합된 상급 지휘관의 의도에 헌신하는 것은 제2차 세계대전 시 서구 연합군 사이에서 종종 지배적으로 보이던 태도, 즉 자신의 모든 지시에 맹목적으로 복종하는 태도에 대해 상급자가 보이던 깊은 불신과 극명하게 대조된다. 또한 영국의 입장에서 볼 때 이러한 태도는 과도한 연대 정신과 '사막의 생쥐Desert Rats'(제7 기갑 사단의 별칭)의 경우처럼 '연대 정신'이 여단과 사단에 향수처럼 확산된 것에서 비롯된다. 내 생각에 영국군 근위 기갑 사단이 빠르게 정상까지 성장하게 된 배경에는 비록 장병들의 자질이 높았다 하더라도 그 우수한 자질 때문만이 아니라 정신과 전통의 통일에서 시작된 목적의 통일이 있었다. 이에 관해 좀더 알아보자.

전방 지휘(진두 지휘)

서구 연합군에 대한 이러한 논평이 증명되어야 한다면, 영국군과 미군에서 전방 지휘가 실행되지 못한 반면 나치 국방군에서는 빈번히 그리고 성공적으로 적용되었다는 사실이 근거가 된다. 내가 아는 바에 의하면 제대 간의 불신과 마찰에도 불구하고 효과적으로 작동하게 하는 '무언의 동의' 중 하나는 불간섭이다. 상급 지휘관은 명령을 하달한다. 그러면 명령은 전달될 수 있는 한 부하들에게 구속력이 있고 또한 멀리 도달할 수도 있다. 부하들이 자존심을 굽히고 존경심을 유지하도록 하는 동인은 이러한 명령의 한계 내에서 기꺼이 그리고 능력이 있는 한 간섭받지 않는 것이다. 앵글로-색슨이 전방 지휘에 대한 반대 이유를 설명할 수 있는 유일한 가설은 대단히 제한된 위임(전방 지휘를 지칭한다)에 내포된 신뢰가 사실상 신뢰의 결핍을 가리는 가면에 불과하다는 논리이다.

전방 지휘란 대규모 군대가 형성되기 전에 총사령관이 일관하던 실행에 지나지 않는다. 위대한 명장의 뚜렷한 표시는 자신이 직접 관찰함과 동시에 전투를 지휘할 수 있고, 단순히 현장에 있는 것만으로, 혹은 필요하다면 개인적인 용맹성을 보여줌으로써 리더십을 발휘할 수 있는 핵심 지점에 자리잡는 것이다. 제2차 세계대전에서 찾아볼 수 있는 두드러진 독일군의 예들, 즉 1940년 뫼즈에서의 로멜과 타굴 프루모스에서의 만토이펠 장군의 예를 살펴보면 우리는 실제로 주요 예하 부대의 지휘권을 직접 장악하고 중요한 전투 단계에서 진두 지휘한 상급 전술 지휘관을 볼 수가 있다. 정확한 시기는 모르겠지만 당시 로멜은 제7 기갑 사단을, 만토이펠은 대 독일 기계화 사단을 지휘하고 있었다. 후자가 기갑 군단에 더 가깝다고 생각되지만, 두 사람 모두 당시 최고의 전술적 제대를 지휘하고 있었다. 있을지도 모르지만 나는 작전적 지휘관이 실제로 대대 또는 중대를 장악하여 직접 지휘한 사례를 알지 못한다. 만토이펠은 다음과 같이 설명하고 있다.

사단장에 이르기까지 모든 기갑 지휘관들의 위치는 전장이었다. 전장에서는 지휘관이 가장 지형을 잘 살피고 전차와 양호하게 소통할 수 있다. 나는 항상 '전선'에서 무슨 일이 일어나는지 보고 들을 수 있는 곳, 즉 적 가까운 곳이나 주로 핵심 지점(격전 지점)에 있었다. 어떤 것도 그리고 어느 누구도 직접 현장에서 보는 개인적인 인상을 대신할 수는 없다.

로멜은 북아프리카에서 자주 경지휘용 차량이나 경항공기를 타고 전투를 지휘했고 그가 아끼는 Mammut(탈취한 영국군 장갑 지휘 차량)을 직접 화력 지대로 몰고가곤 했다. 1941년 봄, 토브루크 일대 전투에서 로멜은 예하 부대의 지휘권을 인수하지 않았으나 1개 포대 또는 88mm 쌍열포 부대와 함께 이동한 적이 적어도 두 번 있었다. 그는 작전적 수준에서 만토이펠과 같은 마음으로 다음과 같이 기술하고 있다.

전장과 지면상의 피아 배치에 대해 잘 아는 것이 지휘관에게는 가장 중요하다. 종종 대적하는 지휘관들 사이에서는 누가 정신적으로 자격 조건이 더 우수한가, 누가 경험이 더 풍부한가의 문제가 아니라, 누가 전장을 더 잘 파악하느냐가 문제이다. 이것은 특히 결과를 알 수 없는 방향으로 상황이 전개될 때 더욱 그렇다. 그러면 지휘관은 현장을 직접 보기 위해서 전장으로 나가야 한다. 즉 간접 보고는 지휘관에게 필요한 첩보를 거의 제공하지 못한다.

통제권을 행사할 때 상황을 '감지' 하기 위해 직접 보려는 욕구는 인간 내면에 깊게 자리한 본성인 것 같다. 요트를 조종하는 사람은 비록 밀폐된 곳에서 조타를 담당하고 있더라도 조종실로 올라와 날씨를 직접 확인한다. 그는 듣고 느끼는 것에서 실제로 중요한 첩보를 많이 얻게 된다. 비록 고가의 전차장 포탑 광학 장치가 전차장에게 이론적으로는 필요한 모든 시야를 제공하지만, 전차장은 탄에 명중될지도 모른다는 것을 알면서도 해치를 열고 머리를 밖으로 내민다. 나는 상급 전술 및 작전적 지휘관들이 언젠가 현장에 직접 가는 대신 입체 영상 지도, 비디오, 컴퓨터 모니터를 사용할 것이라는 데 의구심을 갖는다.

나치 국방군처럼 소련군 역시 전술 지휘관과 작전적 지휘관의 통제 방식 사이에서 차이점을 도출하는 것처럼 보인다. 러시아군 장교들이 용기가 부족하다고 가정하는 것은 어리석은 일이다. 전시에 적군赤軍 사단장이 최전선에서 지휘한 전례가 있다. 그리고 나는 만일 상황이 심각해서 기계화 사단장이 전차 대대를 투입하게 됐을 경우, 사단장이 예하 전차 대대(60대 규모의 장비)에 직접 지휘권을 행사하여 전투를 실시한 사례를 알고 있다. 반면에 소련군은 작전적 수준에서 C3

과학기술에 대규모 예산을 투자하고 이제 연대급까지 확대시키고 있다. 전장 핵무기의 전성기 당시에 씌어진 글의 숨은 뜻을 간파해보면, 핵타격은 작전적 지휘관들이 전술적인 전투에 간섭할 완벽한 구실을 제공했다. 그리고 이러한 핵무기들과의 결별이 작전의 수행을 대단히 생동감 있고 탄력적으로 만들어주었다. 내가 알고 있는 바로는 확실히 군 사령관, 심지어 전선군 사령관도 주 지휘소에 앉아서 대대급과 아마도 중대급의 세부적인 통제까지 직접 행사할 수 있는 시설을 보유하고 있을 것이다. 만일 서구 군대에서 진두 지휘가 야기한 제반 문제점들이 그런 대로 수용될 수 있는 것이라면, 반면에 '후방으로부터의 전방 지휘'는 사기를 감안했을 때 불행한 일이다.

이 주제를 끝내기 전에 전방 지휘에 대한 영국의 역행을 좀 더 검토함으로써 다음 장의 토의 내용을 보다 명백히 하자. 재능과 경험이 가장 풍부한 사람이 현장에서 중대한 상황을 평가하고 어떻게 처리할 것인지를 결정하는 것이 당연하다는 데는 어느 누구도 논박할 수가 없다. 판단하는 사람 스스로가 연구한 경우에는 더욱 당연하다. 앞장에서 보았던 것처럼, 아직 주요 직책이 평화시의 선점자들에 의하여 채워져 있는 전쟁의 초기 단계에서는 상관에 대한 신뢰감 결여가 정당화될 수 있다. 나는 신뢰 상실의 근본적인 원인이 집단 폭동을 일으키는 연대 정신이며 성 미카엘St. Michael이라고 하더라도 만일 우측 가슴에 수장 표시를 달지 않았을 경우 신뢰받지 못하는 것이 아닌가 생각한다. 영국군은 상급 지휘관에 대한 개인적인 충성심이 부족한 것처럼 보인다. 지휘관 주변에 있는 제병과의 부하들이 지휘관을 너무 쉽게 생각한다. 사회적 기관에 속하는 영국군은 분명히 반대 시스템에서만 큰 효과를 발휘하는 영국 사회의 비범하고 독특한 특징을 잘 반영하고 있다. 그러나 공정하게 말해서 다른 시대의 다른 군대에서도 이와 같이 치열한 투쟁이 있었음을 책을 통해서 확인할 수 있다.

연대 정신이 1계단 또는 2계단 상급 부대로 확장되어온 일부 특수한 경우는 제쳐두고(이들 중에는 근위 기갑 사단이 포함된다), 적극적인 충성심과 실질적인 결속력이 연대급을 초월하여 달성된 유일한 사례들은 견고하게 자리잡고 공개적으로 인정된 엘리트주의에 의존하고 있었다. 이에 관해서 생각나는 주요 사례들은 구데리안의 기갑 부대, 소련군의 공정 부대 그리고 이스라엘 기갑 부대이다. 욤키푸르 전쟁 이래 지지부진했던 사후 토의 과정에서 부분적으로 공개된 결렬한 논쟁은 기갑 부대가 엘리트 부대의 신분을 유지해야 할 것인가에 관한 내용이었다. 이스라엘 사회는 극단적으로 반反엘리트주의를 표방한다. 그리고 기갑 부대의 지위와 평판이 명백히 약화되어 다른 병과보다 오히려 사기가 떨어지고 있었다. 그럼에도 불구하고 이스라엘군은 기갑 부대의 엘리트 정신을 보존하기 위해 진정한 의미에서 결정적인 결심을 수립했다. 나처럼 부끄럼을 모르는 엘리트주의자들조차도 여기에서 마찰을 발견할 수 있다. 우리는 동화《이상한 나라의 엘리스》에 나오는 세계에 살고 있는 것이 아니다. 만일 군대에 일부분이라도 엘리트가 포함되면 거의 대등하게 중요한 다른 요소들은 엘리트보다 못하게 되고 상호 신뢰와 응집력은 원점으로 돌아가게 된다. 그래서 이와 같은 불균형과 이탈을 조장하지 않으면서도 받아들일 수 있는 엘리트주의의 모습을 찾아야 한다. 위에서 언급된 사례들은 이것이 우상숭배를 공유하는 데 있음을 시사하고 있으며 이 견해를 강화할 만한 다른 증거가 많이 있다. 영국군의 근위 여단과 공정 연대는 다양하게 구성된 부대이며 왕실 근위대라는 신분과 낙하 능력에 의해 통합되었다. 그들의 모체 연대들이 공식적으로 혼합 편성되기 전에 녹색 재킷 부대는 군기와 훈련에 있어 존 무어 경의 전통을 따라, 그리고 제2차 세계대전과 그 후에는 차량화 대대의 역할에 의해 공통적인 식별 표식을 받았다. 이와 대조적으로 왕립 전차 연대의 경우 기병 연대와 함께 우상숭배를 공유하기 때문에 전자가 결코 견고한 결속력을 향유하지는 못한 대신에 통합주의자들과 분리주의자들 사이의 중도를 걸었다. 이 주장을 확대해보면 예를 들어, 상이한 군대의 공정 부대, 특공대 또는 특수 부대들 사이에서 그들이 연합했든 아니든 진정한 결속력을 발견할 수 있다. 해군과 공군의 경우에 이러한 현상은 더욱 심하다.

내가 여기에서 얻은 결론은 우상의 공유란 연대 정신을 희석시키지 않고 단일 부대를 초월하여 이를 확대하는 수단을 제공하며, 한 부대가 임무형 전술하에 작전할 수 있도록 계획하는 데 최우선적인 고려 사항이라는 점이다.

부대 예규(SOP)

나는 최근에 어느 선도적인 영국의 기동 이론 옹호자가 자기 자신 그리고 집결한 중대를 향해 다음과 같이 중얼거리는 것을 들었다. "그러나 어떻게 이같이 복잡한 사항을 세부 명령 없이 수행할 것인가?" 그는 사실상 이에 대한 답변을 제일 잘 알고 있었지만 포위 작전에 이어서 복잡한 군 또는 군단 작전을 개시한다는 착상에는 아연실색했다. 대답은 부대 예규에 있다. 그러나 그 답변은 신중하고 균형된 답변이어야 한다. SOP의 범위와 속성은 중요하다. SOP에 대한 지휘관과 참모들의 태도 역시 이에 못지않고 C^3 과학기술에도 마찬가지다. 한마디로 요약하자면 SOP는 자주성이 없는 과업에 한정된 노

예가 되어야지 자신에게 위임된, 자유로운 인간의 과업을 소유해서는 안 된다. 무엇보다도 결코 SOP가 주인이 되어서는 안 된다.

비록 내가 소련군을 과소평가하고 있기는 하지만, 그들이 이러한 함정에 빠지기보다는 신중하고 냉철하게 이 안으로 향하고 있다는 사실에 놀랐다. 소련군은 그들의 작전적 개념에 임무형 전술이 제공하는 반응성이 필요하다는 점을 대단히 잘 알고 있다. 그러나 러시아인들의 독재 및 관료주의에 대한 선호, 러시아인의 기질로부터 마르크스-레닌주의에 의해 만들어진 예외적인 편집증, 더군다나 소름끼치는 계급 의식을 통한 관계 그리고 평범한 장교들에게 팽배한 본질적인 소극성을 통해 러시아인들은 임무형 전술의 융통성 및 템포를 세부 명령의 확실성과 결합하고자 해왔다. 러시아인들이 상위 제대에서는 '작전적 질'에 관해 그리고 하위 제대에서는 '주도권'에 대해서 벌인 소동은 그 진상을 말해주고 있다. 이러한 모순을 해결하기 위해서 러시아인들이 극히 세부적인 SOP 그리고 기준과 모델(컴퓨터와 'steam')의 법전을 만들어냈다. 이것들은 너무 방대하기 때문에 사관학교의 냉철한 분위기에서조차 그 세부 내용을 파악하고 구체적인 방식에 관해서 알고 있다고 말할 수 있는 사람은 거의 없었다. 어느 누구도 자신에게 필요한 모든 것에 정통하다고 자신할 수 없다. 우리는 이미 제9장에서 클럽 샌드위치 전투의 복잡성이 어떻게 자멸하는지를 보았다. 나는 세부 명령에 의한 '임무형 전술'을 적용하면서 '후방으로부터의 전방 지휘'를 통해 이 전투를 수행하고자 하는 사고에서 더 이상 생각할 수 없다.

임무형 전술을 지원하도록 계획된 SOP는 임무형 전술의 원칙을 스스로 중시해야 한다. 여기서 시금석은 SOP의 내용이 판단력의 행사를 어느 정도 요구하는가에 있다. 사실 SOP는 자료 처리 체계와 언어적으로 유사하다. 마치 계산 기능과 최적화 임무가 컴퓨터로 완전히 이전될 수 있는 것처럼, 일상적이고 기술적인 문제들은 SOP가 전적으로 담당할 수 있다. 포병이 이러한 '혼합적' 기능의 훌륭한 사례를 제공한다(〈그림 48〉). 대포의 취급과 조작은 판단을 요구하는 전술적인 문제이다. 즉 일단 포병 장교가 판단에 의해서 어떤 광범위한 원칙과 방침을 스스로 형성했다면, 그에게는 기술된 지침서가 아니라 자료가 필요하다. 야포를 전투에 투입하고 철수시키는 것과 탄약을 보급하는 것은 비상시를 제외하고는 일상적인 문제이다. 즉 SOP는 훈련에 기초를 제공하며 야전에서 보조적인 역할을 수행한다. 일단 사격 임무가 주어지면 과업의 수행은 자료 처리 장치에 맡기는 것이 최선이고, 이 장치는 인간이 개입하지 않아도 기상 예보와 같은 일상적인 입력 요소를 취급할 수 있다. 그러나 화력 계획의 수립과 화력을 위한 특별한 요구사항들은 훈련된 인간의 판단력이 필요한 전술적인 문제이다. 소련군이 사용하는 문서의 뭉치(부대 예규SOP를 칭한다― 옮긴이주)가 능력 있고 잘 훈련된 장교와 하사관 또는 숙달된 조작자들에 의해서 운용되는 나토군 포병의 육성 절차보다 얼마나 유리한지

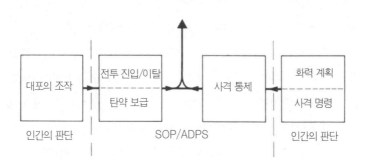

〈그림 48〉 포병 운용시의 판단과 일상적인 기능

모르겠다. '무선 통신 예규'가 SOP와 자유로운 행동 사이의 적절한 공유 영역을 탁월하게 보여 준다. 그것의 운용 목적은 통신을 가능하게 하는 것이지 제한하는 데 있는 것이 아니다.

나는 SOP와 전술 시험의 학교측 안을 배제하는 영국 및 과거 독일 군의 행동이 옳으며, 더욱이 작전적 지휘의 문제에 있어서 표준적인 해결책을 정하는 어떠한 시도 역시 어리석다고 확신한다. 반면에 보병이나 전차 소대의 기본적인 소부대 전술적 이동 훈련은 본능적으로 시행될 때까지 표준화되고 철저하게 반복해야 한다. 전개와 전투 훈련 숙달이 흥미로운 중용中庸을 제공한다. 가끔은 표준 절차(SOP를 지칭한다)가 요구를 충족시켜주지만 대부분은 변경되고 축약되어야 한다. 이에 대한 최상의 접근 방식은 SOP와 '예외에 의한 관리'의 결합이 될 것이다. 지휘관이 다른 명령을 내리지 않으면 표준 절차가 준수되어야 한다. 대부분 지휘관은 단지 SOP에서 출발만 지정하면 된다. 그러나 경우에 따라서는 단순히 SOP를 참고의 기초로만 사용하고 완전히 상이한 방식으로 일을 하게 된다. 이것은 예를 들어서 정상, 긴급, 초긴급 전개를 위한 SOP의 모든 설정이 유리하다는 점은 인정할 수 있지만 그 어느 것도 특수한 요구를 충족시키지는 못한다.

이러한 접근 방식에 대해 더 강력한 한 가지 이유가 있다. 해상에서의 충돌 방지 규정처럼 SOP는 단지 규정을 기억하는 것뿐 아니라 '본능적으로' 이를 준수할 수 있도록 지속적으로 요구 사항을 연습하고 반복 숙달하는 훈련된 인원을 위해 분량이 적고 단순해야 한다. SOP는 단지 경우에 따른 사례를 위해서만 사용된다. 즉, 원하는 규칙이 그 문서에 있는지, 있다면 어디에서 발견할 수 있는지를 알아야 한다. 그러므로 SOP는 간결해야 한다. 내용과 표현은 검증에 의해서 정제되어야 하고 절실하게 필요한 경우에 한해서만 변경되어야 한다. 어떤 절차들은 심지어 효율성 면에서 일부 희생을 감수하더라도 훈련의 용이성을 위해서 SOP에 반영되어야 한다.

요약하자면 SOP는 훈련된 정신을 통해 안전하고 자유롭게 움직일 수 있는 규율의 틀을 제공해야 한다. 그 목적은 인간의 판단을 제한하는 것이 아니라 인간의 판단이 수행할 수 있는 과업을 위해서 판단을 자유롭게 하는 것이고, 주 통제 주기로부터 인간의 판단을 배제하는 것이 아니라 그것을 통제 주기 속에 유지시키는 것이다.

결론 — 임무형 전술의 역할

지휘 통제에서 무엇보다도 중요한 부분은 상호 신뢰와 존경이고, 부하가 상관의 의도 구현에 적합하게 스스로 생각하는 대로 자유롭게 행동하도록 허용하는 것이며, 설령 상관이 판단상 실수를 하더라도 지원할 것을 확신하는 것이다. 따라서 임무형 전술의 역학은 이 원칙을 좌절시키지 않고 촉진시키기 위해 반드시 아주 간단해야 한다. 본부는 소규모로 단순하며 유연할 뿐 아니라 지휘관과 주요 참모 장교 등을 최소한의 핵심 인물로 구성해야 한다. 분명히 독일인들은 구원의 시스템을 운용하는 것보다 핵심 장교들을 현장에 도달하게 하는 것이 낫다고 믿었다. 이러한 장교들은 작은 배의 선원이 기대하고 있듯이 선의가 담긴 단순한 위로를 제공해야 한다. 미국과 영국군 지휘 본부처럼 거대하고 '화려한 술집'은 임무형 전술의 원칙과 실행에 전혀 일치하지 않는다.

상하 제대 간에 빈번하고 자유로운 토의는 가장 필수적인 부분이다. 그 토의는 5단계로 확장되어야 한다(2단계 위로 그리고 2단계 아래로).

임무형 전술에서 발생하는 오해는 세부 명령에 의한 통제에서 생기는 오해보다 심각할 수 있다. 왜냐하면 그 오해는 아주 오랫동안 발견되지 않을 수 있기 때문이다. 그래서 전자전이든 아니든 믿을 만하고 안전하며 고용량의 육성 통신 체계가 필수적이다. 통신의 연결부는 릴레이에 의해서 상부 및 하부로 확장할 수 있는 능력이 있어야 한다. 마찬가지로 각 본부에 기여하는 통신 및 컴퓨터 간의 데이터 연결이 필수적이다. 그리고 이러한 센터와 본부 사이의 국지적 연결을 위해 전송 출력과 팩스 장치를 제공해야 한다. 내가 아는 한 영국군과 최근까지 미육군에서만 무시한 황금 규칙들이 있다. 모든 전자 및 전기 통신 시스템들이 아무리 믿을 만하고 적의 방해에 대응책이 있어 보이더라도 기술된 메시지는 한 명의 장교나 병사에 의해서 운반되는 체제(전령이나 연락병)의 지원을 받아야 한다. 고급 제대에서 이를 위한 최선의 이동 수단은 분명히 경헬리콥터가 될 것이다. 더 하급 제대에서는 오토바이가 최적일 것 같다. 하지만 지프차에 타고 있는 두 명에게는 기상, 지형 그리고 안전한 상황의 결합이 요구된다.

견고한 틀 안에서 정해져야 할 행동의 자유가 필요함을 강조했기 때문에, 나치 국방군 출신의 독일인들은 간략히 문서화된 행정과 확증적인 명령을 존중했다. 그리고 이러한 명령은 아주 간결했다. 대규모 작전을 위한 야전군의 명령은 종이 한 장의 1/4이면 충분했고 결코 3~4페이지를 넘지 않았다. 이렇게 명령을 전달하는 목적은 모든 사람들이 공동의 이유를 토대로 분명하게 시작할 수 있게 하는 데 있었다. 명령은 참모계 선에서 처리될 수 있는 정보, 행정 및 군수 분야의 세항이 섞여 있지 않았다. 명령은 통제 중인 지휘관의 의도, 예하 지휘관의 과업, 그들이 사용할 수 있는 자원 그리고 그들이 준수해야 할 제한 사항들을 간단명료하게 설명해야 했다.

제15장 유연한 사슬

'무엇보다도 앞에서 제시된 바와 같이 독립적이고 책임을 수용하는 비범한 정신은 당시 다른 어떤 군대에서도 찾아볼 수 없었으나 프로이센 장교단을 통해 성장해온 것처럼 보인다. …… 프로이센 장교들은 러시아, 오스트리아 또는 영국에서 그렇듯이 규칙과 틀에 박힌 인습에 구속당하는 것에 찬성하지 않을 것이다……. 우리는 통제를 완화함으로써 각 개인이 유연하게 재능을 발휘할 수 있도록 보장해주는 좀더 자연적인 과정을 따른다. 우리는 당연히 모든 성공 가능성을 추구한다. 심지어 그러한 성공이 총사령관의 의도에 역행할지라도……. 이때 예하 지휘관은 상관의 인지나 승인 없이도 혼자 힘으로 주도권을 장악함으로써 모든 이점을 활용한다.'

— 프로이센의 프리드리히 왕자(1860년)

서 론

일부 독일인들은 대 몰트케 이전 시대와 그의 생존 당시에 실행되었고 엘리트 제국군대Reichswehr와 함께 부활된 '임무형 전술'은 인간의 품성과 사회적 환경이 독특하게 결합된 산물이라고 주장한다. 그들의 주장에도 일리는 있다. 나는 고전들을 살피고 성경과 테니슨 Tennyson(영국의 계관시인, 1809~1892)의 대표작에 초점을 맞추어 부하들을 존경하는 것은 차치하고 신뢰하는 것을 찬양하는 인용구를 찾고자 애썼지만 별 성과가 없었다. 따라서 우리가 거론하려는 전구와 군 사령관 그리고 전차장 또는 반장 사이에 존재하는 지속적인 신뢰와 상호 존경의 사슬을 절대적으로 명확히 해야 한다. 하지만 사슬의 비유가 한 가지 관점에서 실패임을 인정하지 않을 수 없다. 사슬은 가장 약한 연결 부위의 강도가 사슬 전체의 강도가 된다. 어떤 지휘 및 관리의 수직 구조에도 취약한 연결부는 있기 마련이고, 그것이 완전하게 폭로되지는 않더라도 약하다는 사실이 자주 널리 알려질 것이다. 임무형 전술의 사슬은 이처럼 약한 부위를 연결하는 자력磁力을 충분히 형성할 수 있도록 전체적으로 강력해야 한다. 만일 특권이 무능력 및 무책임성과 손을 잡는 장교단에서 임무형 전술의 개념이 함부로 남용되지 않는다면 아마도 이 제한된 기능을 장교 신비성의 적합한 역할로 간주할 수 있을 것이다. 왜냐하면 '평범한' 장교들의 경우 도덕적인 성실성과 직업적인 능력, 보통 수준을 넘는 뛰어난 직감력, 희생정신 그리고 지력을 겸비해야만 임무형 전술을 제대로 운영할 수 있기 때문이다.

나는 이 장에서 과연 이러한 유연한 사슬이 개방산업 민주주의에 기초를 둔 군대에서 정립될 수 있는지, 가능하다면 어떻게 정립될 수 있는지를 검토해보고자 한다.

'융커' 사회

일부 영국의 사전 편찬자들이 '융커junker'를 명백히 폭언으로 정의하고 있기 때문에, 나는 도덕적 의미는 제외하고 '귀족주의적인 프로이센 대지주'의 단축어로서 이 단어를 사용하고 있음을 밝힌다. 군사적인 전통은 적어도 프리드리히 대왕 시대로 거슬러올라가지만, 사람들은 주로 비스마르크Bismarck의 출현에서 제1차 세계대전 말기까지, 즉 나치 국방군 명장들의 형성기에서 절정을 이루는 시기를 생각하고 있다. 불행하게도 트레벨리언G. M Trevelyan이나 아서 브라이언트Arthur Bryant 및 앨런 테일러Alan Taylor 같은 인물을 배출하지 못한 것은 놀라운 일이 아니다. 역사적인 설명들은 내가 받아들이기 힘들 만큼 과장되어 있다. 그리고 그 동안 읽어온 소설과 역사일기 작품들을 보면 지주 계급을 당연시하면서 시골의 기인들과 도시의 세련된 사람들을 묘사하는 데 집중하는 것 같다. 여러 측면에서 사회적 다큐멘터리 소설의 대표작인 토마스 만Tomass Mann의 《버든 브룩스 Buddenbrooks》도 영국 사회의 가족에 상응하는 유사한 조직을 소개함으로써 도움을 주었을 뿐이다. 사실 내가 영국의 대지주 계급을 경험할 수 있도록 인연을 맺어준 것은 20세기에 자신의 어린 시절을 회상한 에바 폰 젱어 운트 에테를린Ebba von Senger und Etterlin의 순문학 소책자인 《성공하거라!Mach's Gut, du》였다.

프로이센 장교의 배경은 무엇보다도 안정성으로 대표되는 강한 온정주의적 유사 봉건사회라는 것이 일반적인 정설이다. 이러한 사회 구조는 20세기에도 산업혁명에 의해서 변함 없이 유지되었다. 적어도 자식들이 모르는 목적 때문에 여기저기 왕래하곤 했던 대지주는, 비록 부인이 가정에서 많은 영향력을 행사할지라도 가정과 자신의 영역에서 실질적인 가부장이었다. 귀족 사회는 개인적인 신앙보다는 관습에 따라 기독교인들로 구성되었으며, 카톨릭 교도와 신교도 모두 청교도주의에 경도되어 있었다. 융커에 상응하는 영국의 귀족과 마찬가지로 아직까지도 대다수 남성 귀족의 추진력은 불특정한 이상에 대한 의무와 봉사라는 관점에서 기독교인의 믿음 바깥에 놓여 있다. 이것은 차라리 신화라고 부르는 편이 나을 수도 있다. 왜냐하면 독일인의 경우에는 바그너의 음악에서 발견할 수 있는 북유럽 신화의 강한 음률을 갖고 있었기 때문이다. 여성에게 음악은 하나의 핵심적인 형성적 요소였으며, 노래하고 연주하는 능력이 중요한 사회적 자산이었다. 그러나 이러한 예외사항과 더불어 융커들이 예술을 대하는 태도는 열정이라기보다는 차라리 존경에 가까웠다.

대체로——적어도 말기에는——예술을 즐길 만한 경제적 여유가 별로 없었다. 그들은 가족의 거주지이자 상징적인 존재인 성을 보존하고 품위를 유지하는 것을 제외하면 돈에 대한 욕구가 거의 없는 것처럼 보였다. 삶의 모든 근본 요소들은 토지에서 비롯되었다. 도시나 궁궐에서 체류해야 할 때에는 수적으로 적은 특권 계급층의 조직이 구원자 역할을 했다. 왜냐하면 독일에서는 궁전이 지방귀족과 도시귀족을 연결하고 영국에 비해 훨씬 첨예한 신분 구별이 있어왔기 때문이다. 하지만 최고의 사회적 신분으로서 독일의 융커는 영국이나 프랑스, 러시아의 귀족보다 영국의 요맨yeomen 과 공통점이 많은 것으로 생각된다. 그리고 성적인 관습은 제쳐두고라도 스코틀랜드의 지주 계급과 더 많은 유사점을 갖고 있다.

이 개략적인 설명에서 우리는 두 가지의 특징을 파악해야 한다. 하나는 매우 신비롭게 여겨지는 헌신이며, 다른 하나는 이것과 관련이 있으나 단지 상층에서만 보유하고 있는 것으로서 대지주와 '가신' 의 관계가 보여주는 친밀성과 우수성이다. 특정한 전통적 형태와 시기로 한정되는 수직적 사회의 혼합과 더불어 사회적 관계와 다른 관계 사이에 절대적인 구분이 있었다. 이러한 특성으로 인하여 모든 종류의 관계, 심지어 크게 관련이 없는 기능적 유대도 번성하게 되었다. 그리고 지역사회는 서로 의존하면서 신뢰로 결속되었다. 이러한 신뢰를 배신한 자는 누구든, 가령 처녀가 임신하거나 사소한 절도를 저지른 경우에도 신랄하게 비판을 받거나 추방되었다. 같은 이유에서 대지주의 경영 기술, 책임의 수용, 의사와 교사(그 당시에는 사회적으로 인정받지 못한 직업이다)의 전문적인 기술, 그리고 수공업 노동자들의 기술 등이 모두 필수적인 기능으로서 존중되었다. 여기서 우리는 장교, 고참 하사관, 하부 계급으로 이루어진 군사적인 수직구조와의 유사성을 발견하게 된다. 영국과 달리 독일에서 대지주의 자녀들은 도시의 사립학교에 입학하기 전에 가정교사의 지도를 받더라도 최초 교육은 흔히 마을 학교에서 시작했던 것 같다.

현대 도시사회와는 크게 다르기 때문에, 일반적으로 적용되는 원칙을 찾기 위해 한 단계 더 깊이 조사해볼 필요가 있다. 나는 그것이 상호 의존에 대한 인정과 무조건적인 수용이라고 생각한다.

계급간 문제의 공유 영역

이러한 융커들이 어떻게 장교가 되었는가를 검토하기 전에, 현대군의 계급간 '문제의 공유 영역'을 살펴봄으로써 반대편 끝으로부터 주제에 도달해보자. 이것은 우리가 정직하게 직시해야 하는 사안이지만 실상은 거의 그렇지가 못하다. 다른 직업과 마찬가지로 군인으로서 성공하려는 사람들의 첫번째 동기는 논쟁의 여지 없이 야망이다. 권력욕은 그 다음에 나타나게 되고 이를 즐기게 된다는 것이 내 생각이다. 평화시에 군인은 종종 자기 자신보다는 가족의 안락한 생활과 사회적인 출세를 위해서 노력한다. 그러나 전시에는 지향점이 명성으로 바뀌게 된다. 이러한 종류의 야망은 그 영향력이 공개적으로 또는 공평하게 묵시적으로 인정될 때는 건전하고 수용 가능하며 감탄할 만한 자질이다. 단지 각 개인 특히 고위층이 자신이나 다른 사람들이 이타적인 동기를 지녔다고 잘못 믿을 때 문제가 생기기 시작한다.

이러한 관점에서 볼 때, 중대한 선택의 장벽이 작용하는 두 계급 사이에서 문제가 야기될 수 있다. 하위 계급에서 성공을 열망하는 지원자들과 실패자가 동일한 팀에 소속되어 있을 때에 더욱 그러하다. 이러한 문제가 발생하는 것은 장교 훈련의 형태에 달려 있다. 일례로 영국군이나 독일연방군의 대대에서 장교들 사이에 이러한 문제를 일으키는 유일한 장애물은 참모 훈련을 위한 적합성 및 선발이다. 다음 단계의 진급(또는 누락) 이후로 마치 양과 염소들처럼 갈라진 길을 따라가므로 대대장과 일부 중대장들 사이에 잠재적인 문제의 공유 영역이 존재한다.

소련과 미국의 시스템(소련군 1개 대대는 서구의 중대급에 해당한다)에는 상위 제대 훈련을 위한 2단계 기관, 즉 병과 아카데미와 총참모 대학원, 그리고 지휘 참모 대학과 육군 전쟁 대학이 있다. 이들 장애물 중에서 전자는 소련군 연대나 미군 대대급, 후자는 소련군의 사단이나 미군 여단의 지휘와 관련된 인원 선발에 영향을 미친다. 따라서 덜 이상적인 결속력이 2개 제대에서 발생할 수 있다. 분명히 이러한 현상은 적어도 사단급 이하부터(즉 장군참모장교와 기타 장교 사이에서) 공개적인 욕설과 공포에 의해 유지되고 강요된 군기를 바탕으로 전투하

는 소련군에서는 별로 중요하지 않다. 그러나 한 지휘관의 예하 지휘
관들은 비록 상급 지휘관의 수준에는 이르지 못하더라도 충분히 상급
제대를 지휘할 수 있는 역량을 갖추어야 한다는 것은 합리적인 원칙
인 듯하다.

문외한들은 장교와 하사관의 공유 영역에서 가장 빈번하게 문제가
발생한다고 생각할지 모른다. 소련군은 문제가 너무 심각해지자 1972
년에 새로운 형태의 준사관 계급을 장교와 하사관의 연결 고리이자
'장교의 오른팔'로 도입했다. 내 경험에 따르면 '우리와 그들'이라
는 분열적인 의식이 항상 미 육군에 존재했고 베트남 전쟁에서 악화
된 것 같다. 나는 이러한 간격을 메우기 위해 교량을 건설하고 울타리
를 보수하는 데 기울인 바로 그 의식적인 노력 때문에 결속력의 균열
이 아직도 심각한 상태가 아닌가 생각한다. 여기서 미국 사회가 다양
하고 서로 다른 특성을 가진 복잡한 사회 계층으로 구성되어 있다는
점을 명심해야 한다. 이 점은 평범한 '계급'으로 구성된 유럽 사회보
다 훨씬 다루기 어려운 문제를 야기한다. 누구나 특권과 신비성에 지
나치게 의존하는 장교단을 보유하고 있으며 상호간에 깊이 분리된 영
국에서 이러한 문제가 최악의 상태일 것이라고 예측하기 마련이지만
사실은 그렇지 않다. 그 이유는 네 가지로 설명할 수 있는데, 그 중에
서 가장 중요한 것은 사병 계급에서 임관하는 장교 규모가 극히 작다
는 점이다(현 시점에서 볼 때 더욱 그러하다). 그 다음으로 영국군 하사
관(준사관 포함)의 전문적이고 제도화된 능력을 들 수 있다. 이것은 연
대의 장교들이 자신들에게 부족한 직업적인 전문성을 확보하기 위해
하사관 고참 계급에게 크게 의존한다는 '무언의 인정'과도 결부되어
있다. 셋째는 연대정신의 힘이며, 넷째는 이들 하사관 고참 계급의
특성과 자질이 군대 밖에서 널리 존중된다는 사실이다.

지금까지 살펴본 모든 공유 영역은 강력한 사슬에 존재하는 작은 취약 부위를 보여준다. 연결부가 명백히 취약하기 때문에 누구나 '끊어지지 않게 보호' 해야 한다고 생각하는 부위는 풋내기 시절의 중·소위이다. 이 취약점은 독일군을 제외하고 내가 알거나 연구해온 모든 선진 군대에 널리 퍼져 있고 네덜란드와 같은 일부 소규모 유럽 군대에서 가장 현저하게 문제점이 드러나고 있다. 이러한 군대(소련군 포함)에서는 대다수의 직업 장교 또는 적어도 잠재적인 엘리트들을 고등학교나 대학에서 선발하여 곧바로 비슷한 종류의 사관학교에 입학시키고 있다. 경험이 풍부한 장교들이 인식하고 있지만 신비성의 규칙 때문에 인정받지 못하는 결과적인 취약점은 실증할 수 있는 바와 같이 장교의 선발과 훈련체제에서 비롯된다. 내가 실증적이라고 말하는 이유는, 독일군의 체제를 검토함으로써 이것을 입증할 수 있기 때문이다. 계속해서 독일식의 접근방식을 대폭적으로 수용하고 있는 이스라엘군의 체제를 검토하더라도 결과는 마찬가지이다.

독일군의 구조와 훈련

대다수의 군대는 지나치게 많은 장교를 보유하고 있다. 전시 독일군 전차 대대와 영국군 부대의 전차 대수 및 인원을 비교한 〈표 3〉을 보면 이 점이 확연히 드러난다. 그러나 만일 독일군의 편제상에는 포함되어 있으나 영국군의 경우 배속되는 것으로 분류하는 병과 전문가들을 고려한다면, 독일군 대대는 절반 규모의 장교를 보유하고 있을 뿐이다. 이 사례가 분명하게 보여주는 원칙은, 독일군은 항상 직업 장교들을 엄격하게 최고 경영자나 직업적인 전문가로 간주하고 있다

독일군 전차 대대(1944년 편성)			영국군 기갑 연대 (전후 편성)		
●대대 본부(3명)			●연대 본부(5명)		
○대 대 장	소령	(1)	○연대장	중령	(1)
○부관	중위	(1)	○부연대장	소령	(1)
○부관보좌관	소위	(1)	○부관	대위	(1)
			○정보 장교	중위	(1)
●본부 중대(3명)			○후방본부 소대장	소위	(1)
○중대장	중위(대위)(1)				
○통신 장교	중위	(1)	●본부 대대(10명)		
○소대장	중위	(1)	○대대장	소령	(1)
			○부대대장	대위	(1)
●지원 중대(5명)			○연대통신 장교	대위(중위)(1)	
○중대장	대위	(1)	○정비기술 장교	대위(중위)(1)	
○기술 장교(장비)	대위	(1)	○병참 장교	?	(1)
○기술 장교(무기)	중위	(1)	○기술병참 장교	?	(1)
○행정 장교	중위	(1)	○의무 장교	대위	(1)
○경리 장교	?	(1)	○공병 장교	대위	(1)
			○공병 장교 보좌관	소위	(1)
●전차 중대(3~4개)(12명)			○경리 장교	?	(1)
○중대장	대위(1)				
	중대 평균 2.5명		●기갑 대대(3개 대대) (21명)		
			○대대장	소령	(1)
○소대장	소위(1~2)		○부대대장	대위	7 3
	대대 평균9명		○전투 중대장	대위	(2)
			○소대장 (4)	중 소위	
평균 22명			평균 36명		

〈표 3〉 장교 규모의 비교
(나치 국방군 전차 대대와 영국군 기갑 연대의 장교 편성을 비교한 것이다.)

는 점이다. 전체 소대의 50%를 약간 상회하는 지휘자를 포함하는 중
간 관리자는 다소 복잡한 선임하사관 계급 구조에서 비롯된다. 야전
부대가 아닌 곳에서 행정 및 유사 직위들은 예비역 장교와 간부 사관

(주로 하사관) 출신 장교들 그리고 단기 복무 장교들로 충원된다. 뒤의 두 가지 경우는 상대적으로 규모가 작지만 직업 장교들을 경제적으로 충원하는 데 기여하고 있다.

기타 다른 나라의 군대에서 장교의 구조는 중간 관리자에 대한 정책적인 문제로서 점유 비율이 40 또는 50% 정도까지 확대된다. 이것은 네 가지의 부정적인 영향을 낳는다. 우선 높은 장교 비율은 야전 부대에서 청년 장교들의 전문적인 능력이 엄밀하게 보아 시대에 뒤떨어진 사회적인 붕당을 형성할 만한 인적 밀집 현상을 초래하며, 그들의 행위는 장교 전체가 병사들의 존경을 받지 못하고 군대가 전반적으로 외부세계의 신망을 받지 못하도록 만든다. 둘째, 장교와 하사관 사이에서 신분의 혼란을 야기하며 중간 관리 차원에서 기능적인 중첩을 초래한다. 셋째, 장교들의 자질을 저하시키며, 마지막으로 기저부가 너무 넓어 직업 구조를 불균형하게 만들고 결정적인 선발 단계에서 실패를 낳는 피라미드를 조성한다.

독일군 체제의 두 번째 특징은, 독일연방군 당시보다 그 이전의 체제에서 더욱 현저했던 것으로서, 장군참모 장교의 엄정한 조기 선발이다. 여기에서 두 가지 차이점이 파생된다. 장교들은 전형적으로 7~8년 일찍 참모대학을 졸업하고 선발되는 순간부터 최고의 자리를 위해 교육받게 된다(흥미롭게도 영국군은 하급 참모 과정을 도입함으로써 70년대 초에 두 가지 측면에서 모두 독일식으로 이동했다). 셋째로 임무형 전술과 인명 피해 허용치의 연관성이 요구하듯이, 이러한 장교들은 3단계 상위제대 훈련을 받음으로써 1단계 상위제대를 지휘하고 이로부터 2단계 상위제대와의 토의에서 자신의 지휘권을 유지한다. 이것의 확대 개념으로서 미래의 장군참모 장교들에게는 일찍 작전적 지휘 감각을 익힐 수 있는 기회가 주어진다. 예를 들어 대위 시절 동프러시아 및 폴란드의 한 전역에서 군사령관 역할을 연습했던 힌덴부르크 Hindenburg는 훗날 바로 그 현장에서 군사령관으로서 지휘를 하게 되었다.

전투 경험이 많은 고위급 독일군 장교들은 조기에 '작전적 감각'을 배양하는 것을 크게 강조하기는 하지만, 이러한 감각을 나치 국방군이 임무형 전술을 성공적으로 시행할 수 있게 하는 디딤돌로 간주하지는 않는다. 그들은 신뢰와 상호 존경의 사슬이 갖는 힘은 전통적으로 모든 독일군 직업 장교들이 병생활에서 시작하여 각 계급을 경험한다는 사실에서 비롯된 것이라고 믿는다. 병생활은 단순히 동료의식을 고취하는 데만 유리한 것은 아니다. 적어도 한 명이 동부 전선에서 이러한 과정의 중간 계급으로 근무한 경험이 있고 모두가 나중에 독일연방군에서 두각을 나타냈던 세 명의 장교는 병생활부터 하사관까지의 체험이 장교로서 성장하는 데 필수적이라고 나에게 솔직히 밝힌 바 있다. 그들은 이러한 방식이야말로 지휘의 대상이 되는 사람들을 실질적으로 이해하는 길이며, 더욱 중요한 것으로서 임무형 전술이 요구하는 진정한 부하들의 존경을 이끌어내는 최상의 방법이라고 주장했다. 이 세 명 중의 한 사람이 바로 이 원칙을 고수하기 위한 사회민주연방정부(SDFG)와의 성공적인 투쟁에서 자신의 솔직한 표현 때문에 처벌을 받았다. 이는 영국의 노동당 정부가 영국군 장교의 충원 기반을 확대하기 위한 상당히 온건한 노력을 차단한 이래 두 배는 흥미로운 사건이었다.

명백히 일부 독일 청소년들은 (적어도 과거에는) '생도학교'에 입학했고 이들 중 대부분이 처음부터 미래의 장교로 지정되었다(현재도 마찬가지이다). 그러나 이 제도는 영국군이 교육연대에서 때때로 '미래 장교의 부대' 혹은 그 무엇으로든 간에 입에 발린 소리를 했던 것과는 성격이 다르다. 일반적으로 독일의 청소년들은 최초 모체 연대에 사병으로 입대한다. 만사가 순조롭게 진행될 경우 기초 훈련과 숙달 훈련을 마치게 되는 6개월 후면 일병으로 진급하게 되고, 그 다음에 '장교생도하급하사officer – cadet – lance – sergeant(독일어 Fahnenjunker의 영어식 표현이다)' 계급까지 진급하게 된다. 그런 뒤 1년 동안 장교학교(이전에는 보병학교였다)에서 보병 전술과 군사적인 세부사항을 학습하고 이후 각 병과 학교에서 1년 동안(영국군에서는 6주이다) 군사교육을 받게 된다. 그리고 모체 부대를 떠난 뒤 총 2년이 경과한 후에는 다시 연대로 복귀하여 견습사관ensign(독일어로 Fähnrich의 영어식 표현이다) 근무를 계속한다. 그들은 이러한 과정을 거쳐야만 장교(소위)로 임관할 수 있다. 다음 계급은 중위로서 대대 부관처럼 훨씬 큰 책임을 부여받을 수 있게 된다.

현대적인 관점에서 볼 때 이러한 체제는 심각한 결점을 안고 있는데, 이것은 사실 독일의 대학들이 운용하는 방식 때문에 악화되었다. 만일 한 소년이 19세에 대학입학자격을 얻고 학교를 떠날 경우, 최종적으로 임관할 무렵 그는 24세가 되고 그 후 부대에서 다시 3~4년을 보내게 될 것이다. 또한 내가 알기에 기본적인 장교 훈련은 본질적으로 학술적인 요소를 전혀 포함하지 않는다. 따라서 자유롭게 모체 연대를 떠날 무렵에 대학 입학을 원하는 장교는 다음 세 가지 문제점에 봉착하게 된다. 우선 대학에 들어가기에는 어중간한 나이이다. 또한 이미 공부하는 요령을 망각한데다 대부분의 독일 대학 과정이 요구하는 4~5년의 시간을 유지할 경제적 여유도 없다. 그러므로 연방군 대학 중에서 하나를 택해 3년 동안 수학할 것을 결정하게 된다. 그러한 대학의 학부참모들이 느끼는 바와 같이, 그리고 비슷한 학교 기관을 연상했던 누구라도 알게 되듯이 연방군 대학은 지력과 특성의 개발에 관한 한 결코 정규 대학과 비교할 수가 없다.

여기서 공정하게 두 가지 사실을 언급해야 한다. 미래의 장교로 하여금 사병 계급 전반을 체험하도록 하는 독일의 방식은 영국에서 확고하고도 심각한 반대에 부딪혔는데 이는 지금도 마찬가지이다. 제1, 제2 세계에서 독일은 이러한 문제에 관한 독보적인 존재이고 프랑스는 형세를 관망하고 있다. 내가 보기에 대다수의 견해는 두 가지 강령에 의존한다. 그 하나는, 수준이 낮은 장교들이 만든 장교상에 직면하여 여왕이 임명하거나 그에 상응하는 지위와 군기를 고양하기 위해서 장교의 신비성을 지속시켜야 할 필요성이다. 이것은 전적으로 부자연스럽고 사회적 인공물에 의해서만 조성 가능한 장교와 사병의 차이점을 요구하기 위해 유지된다. 다음은 사병 계급을 거친 장교가 하급자들의 인내심을 키우는 묘안을 많이 알고 있기 때문에 병사들에게 인기가 없다는 주장이다. 이것은 아마도 1930년대와 대전 초기의 몇 년 동안에는 타당한 관점이었지만, 전후 사회적 혁명 이후에, 그리고 적어도 영국에서 장교 충원의 기반이 확대된 후에도 이 관점이 살아남아 있는지는 또 다른 문제이다. 내가 이러한 생각이 아직도 부분적으로 효력이 있다고 가정하는 유일한 이유는, 현명하고 경험 많은 하사관 고참 계급들이 있는 그대로의 군인과 —— 만일 그가 조직과 개인 사이의 올바른 균형을 강조해야 한다면 —— 장교가 필요로 하는 이미지 사이에서 완충장치 역할을 하는 것이 자신의 임무 중의 하나라고 생각하는 방식이다. 적어도 내 눈에는 독일과 비교할 때 이러한 접근 방식이 신뢰에 대한 기반으로서 빈약하다고 평가할 수밖에 없다.

두 번째로, 분명히 영국에서는 장교와 병사의 구별이 눈에 띌 정도로 지나치게 심화되고 있다. 징집제를 기초로 하는 이스라엘군에는 적어도 이론적으로는 장교에 대한 예비적인 사전 분류 표시가 없다. 모든 사람은 동일한 조건에서 출발한다. 남성(소수 경우에 여성)들은 하사관으로 선발되고 하사관 과정을 수료한 후 주로 특성 계발과 리더십 고취를 지향하는 6개월 과정의 장교 훈련 대상자로 선발되기 전에 소속 연대에서 전차장, 분견대장, 반장으로서 자신의 능력을 입증해야 한다. 이스라엘군 장교는 2년간 복무한 후에 소위로 임관되며 임관 후 장기 복무장교가 되기 위해서는 2년을 더 복무해야 한다(단기 근무자가 3년 복무하는 것과는 달리 총 4년 동안 복무한다). 독일군과 마찬가지로 이스라엘군도 전체 병력의 6%에 해당하는 소규모 장교단을 보유하고 있다. 이스라엘군의 연대 체제는 영국보다 훨씬 강력하고 특히 장교들에 관한 한 더욱 그러하다. 이스라엘군에는 아주 우수한 자질을 갖춘 예비 인력이 대비하고 있다(혹은 최근까지도 있었다). 그리고 국가의 존립을 위한 수차례의 전쟁을 통하여 대부분의 군인들이 적어도 저강도 작전에서 적극적인 근무 경험을 쌓아왔다. 나는 이스라엘군이 6일전쟁에서 보여준 탁월한 지휘 기술이 심지어 엘리트 기갑군단에서조차 지속적으로 악화되고 있음을 간파했다. 6일전쟁은 유망한 장교들을 양산한 것처럼 보이지만, 내가 위대한 명장으로 평가하는 모세 다얀(Moshe Dayan)이 군에서 물러나자 군의 작전적 수행 능력이 계속 어설프게 되었다. 제1차 레바논 침공은 전쟁의 정치적 부당성에 필적하는 군사적인 서투름을 폭로했다. 또한 제2차 레바논 침공에서는 6일전쟁에 참전했던 영리한 청년들의 일부가 그들의 전투 행동을 통해 —— 1984년 8월 유엔의 안보이사회 표결이 보여준 바와 같이 —— 이스라엘에 대한 모든 서방국가들의 동정심을 손상시켰고 미국의 지원을 차단했다.

이렇게 하여 우리는 한쪽 끝에 미국, 영국, 소련이 있고 프랑스를 거쳐 독일과 이스라엘에까지 걸쳐 있는 선발 및 훈련 체제의 스펙트럼을 갖게 된다. 이러한 사실은 장교와 하사관 고참 계급을 무엇으로 구별하는지, 혹은 둘을 구별해야만 하는가라는 질문을 낳는다. 나는 최고 관리와 중간 관리를 구분하기 위해서 인정되어야 할 자질, 즉 창의적인 상상력이 이 질문에 대한 답변이라고 생각한다. 비록 민간 관리자에게는 필수적이지 않을지라도 장교에게는 창의적인 상상력이 임무형 전술이 요구하는 전문적인 능력 및 리더십의 자질과 함께 결합되어야 한다. 유태 민족은 선천적으로 타 민족보다 창의적인 상상력을 물려받았기 때문에 이스라엘의 체제는 평등주의의 방향으로 멀리 나아갔다. 그 체제를 설계했던 사람들은 주도면밀하게 영민함보다는 건전함을 선택했다. 선발 의식과 제도는 잘못이며, 임관을 위한 투쟁은 정열을 소진시킨다. 임무형 전술을 통해 기동 이론을 실행하고자 하는 군대는 '장교 겸 신사', '장교 겸 관리자' 또는 '임관된 초인간적 군인'이 아니라 그 사이에 있는 무엇을 찾아내야만 한다.

사회 · 경제적 배경

많은 독일인들은 현존하는 독일군 장교단이 나치 국방군의 장군참모 요원들과 동일한 수준의 지휘 능력을 보여줄 것인지, 그리고 임무형 전술을 실행하기 위한 전제조건들이 오늘날의 개방된 산업민주사회에 존재하는지를 의문시하고 있다. 확실히 융커의 출신 배경의 핵심적인 특징은 안정성과 응집력이었다. 실로 제2차 세계대전은 서구 국가들 중에서도 특히 영국과 독일의 사회구조를 파괴했다. 그 이후부터 '제3의 산업혁명'과 재래식 제조산업 분야가 제3세계로 이전함으로써 서유럽을 몰락으로 인도했고 정치적, 문화적으로 불안정하며 분열된 사회의 반半 대륙으로 만들었다. 또한 비록 규모와 부에 의해서 완화되기는 했지만 크게 보면 미국 역시 같은 운명에 놓여 있다.

상이한 세대와 각계 각층의 사람들은 더 이상 공동 목적의 유사함조차 갖고 있지 않다. 토마호크와 퍼싱 2가 배치된 이래 점차 유럽인의 마음을 지배하고 있고 핵 절망에 의해서 그림자가 드리워진 재정적 불확실성의 분위기 속에서 대부분의 사람들이 자기 자신과 가족들의 단기적인 이익을 얻으려고 안간힘을 쓰는 것은 이해할 만한 일이다. 영국에서는 선거 제도에 의해, 그리고 아마 프랑스를 제외한 각국에서는 정부의 빈약한 능력 때문에 뒤섞여 있는 핵무기 보유와 배치에 관한 뿌리 깊은 의견 분열이 사회를 더욱 갈기갈기 찢고 있다. 이는 머지않아 심지어 군대의 결속력을 잠식하는 결과를 낳을 수도 있다. 사실상 이것은 대서양을 횡단하는 데 10년이나 소요되는 현상의 또 다른 사례이다. 서유럽은 장기적인 경제 동향에 부가하여 베트남 문제 때문에 미국의 국민과 군대를 분열시킨 것과 같은 의혹과 와해를 경험하고 있다. 미국은 최근에 이러한 문제에서 벗어나기 시작했다.

나는 분열된 사회의 군대가 직면하는 문제를 명백히 드러내기 위하여 현재나 미래의 실상을 크게 벗어나지 않는 범위에서 정밀하게 암울한 모습을 그려왔다고 자부한다. 사실은 크게 변화하지 않았다. 손자는 '군주의 도덕적 영향道' 을 군사적인 성공의 첫번째 선결 요건으로 기술하고 있다. 군대 계급이나 가족들 사이에서 목적의 통일이 이루어지지 않는다면 임무형 전술에 내재된 신뢰의 결합을 달성하는 것은 제쳐두고 세부 명령의 효과적인 통제에 필요한 사기를 형성, 유지하는 것도 실로 어렵게 된다.

따라서 누구나 매우 위험한 길로 들어설 수밖에 없는데, 그것은 바로 군사 소문화를 창조하는 것이다. 제19장에서는 보편적인 세포 시민군이 부과하는 개인의 자유에 대한 위협을 살펴볼 것이다. 이러한 유형의 체제를 갖고 있는 국가(덴마크, 스웨덴, 스위스, 이스라엘)는 모두 본질적으로 단결된 사회들이다. 이들과 대조적으로, 군부가 지배하는, 혹은 군대의 힘으로 권력을 얻고 유지하는 정부가 지배하는 유엔 회원국은 수없이 많다. 그 국가가 영국, 독일, 프랑스, 네덜란드든 또는 미국이든 간에 그러한 군대에서 실제로 어떠한 일이 발생할 수 있는지를 우리는 알고 있다. 그러므로 장기 복무하는 상비군의 존재에 내재된 정치적 위협에 잠시 초점을 맞추어보자.

우리는 1960년대의 영국에서 징병제도의 종식 및 예비군의 폐지와 함께 최초의 위험을 보았다. 강력한 국지적 연결이 존재하는 곳에서조차 주로 정규군인 상비군은 전반적으로 사회로부터 분리되었다. 이 현상은 아마도 크롬웰Cromwell 시대 이후로 영국에서 뚜렷해진 경향을 강조한 것에 불과했고 영국이 과거 미국에 지속적으로 수출한 것 중의 하나였다. 그러나 지난 25년에 걸쳐서 대단히 추잡하고 위협적인 빙산의 일각이 여러 차례 영국, 프랑스, 독일 그리고 미국에서 증명되었다. 신중함이 경직된 표현을 강요하는 법이다. 따라서 '준군사적 속성의 초의회적 활동'이라는 표현에 만족하면서 계속 이야기하고자 한다.

그러나 군사 소문화는 군국주의 문화처럼 세 번째의 위험을 수반하기 쉽다. 이는 보다 미묘하고 심각한 것이다. 군사 소문화는 통합된 목적에 따라 건설되어야 한다. 그것의 유일한 현실적 목적은 효율적인 전쟁 수행이다. 독일에서 비스마르크의 몰락 후 슐리이펜-소 몰트케-루덴도르프로 이어진 데서 명백해진 것처럼 최악의 경우 이 목적은 본질적인 목적으로서의 전쟁에 대한 찬미 속으로 후퇴하게 된다. 다른 목적들은 "평화 유지는 우리의 전문적인 직업이다"라는 미전략공군사령부의 모토에서 불멸화된 준안정적 정신 상태를 달성함으로써 그들의 존재 이유와 절충하게 된다. 잠재의식의 차원이기는 하지만 위선에 기초했기 때문에 이러한 태도는 장교와 병사간 신뢰 결속을 위하여 이상적인 기초를 제공하지 못한다. 그리고 몇 가지 이상한 이유 때문에 그들 중의 많은 숫자가 요구되는 정신적 훈련을 수행할 능력이 없는 것처럼 보인다.

이렇게 하여 우리는 때때로 비상사태의 동요와 궁지에 몰렸음에도 불구하고――주로 영국의 경우와 같이――이러한 면도날을 사용하는 방법이 발견되어왔음을 추측하게 된다. 단결되고 안정된 민주사회가 스스로를 방어하기 위하여 또는 사람들이 좀더 외부 지향적인 정치적 목적으로 간주하는 것을 추구하기 위해 상비군을 필요로 한다는 것이 어떤 의미에서는 훨씬 현실적이지만 다른 의미로 보면 그렇지도 못하다. 이러한 틀 안에서 우리는 좀더 다루기 쉬운 문제, 즉 전 계급에 걸쳐 건전한 관계를 창조하는 문제로 돌아갈 수 있다.

결론 ― 가능한 체제

위에서 살펴본 사항들을 종합하기 위해서, 임무형 전술의 요구사항들에 부합되는 체제의 요점을 가정하고자 한다. 나는 영국인의 관점에서 이야기할 것이다. 왜냐하면 많은 독자들이 이를 친근하게 받아들일 것이고, 내가 비록 다른 국가의 체제들을 심층적으로 연구했다 하더라도 그들을 비교할 수 있는 '감각'이 부족하기 때문이다. 신속하게 청사진으로 채택할 수 있는 거창한 계획을 수립하기보다는 단단한 핵심부가 내 앞에서 산산히 부서질 것이라는 희망 속에 문제의 연약한 모서리를 공격하면서 기동 이론을 적용하고자 한다.

첫번째 책략은 명백하게 역사적으로 성공을 거둔 대부분의 군대의 사례를 따르는 것으로서 현역 장교단의 규모를 현재의 15% 이상이 아니라 총 병력의 5~6%로 제한하는 것이다. 이러한 한 가지 행동은 사기를 두 배로 향상시킨다. 또한 분명히 장교를 고위 관리와 동일시하며, 장교의 직업 피라미드의 기초를 좁혀준다. 이와 동시에 중요한 것은 고참 하사관 계급에게 중간 관리의 영역을 완전히 개방하는 것이다. 이것은 동시에 악명 높은 부적절한 인적 자원, 즉 평범한 장교의 자질을 향상시키게 된다. 다음 단계는 임관 후에 장교로서 복무하는 최대 16년 정도의 기간을 포함하여 총 복무 기간을 20년으로 제한하는 것으로서, 최소한 일석이조의 효과를 얻을 수 있다. 이것은 현행 영국 공군의 실무제도와 일치하고 또한 영국 육군의 연금 보조금 1차 선택 시기와도 연계되어 있다. 임관 후의 복무 기간은 현재 영국 공군처럼 10년 또는 15년을 선택함으로써 연장될 수 있으며, 3성 장군으로 진급하는 경우 자동으로 복무 연장이 된다. 많은 사람들이 복무 시작 이후 '55세까지' 보장하는 영국군의 직업 보장 체계를 의문시해왔다. 이러한 변화가 시행될 수 있는 시대에는 아마 두세 가지의 직업 활동을 하는 생활이 서구 사회 전체의 기준으로도 용납되는 형태가 될 것이다. 20년 이상의 복무 기간이 경과한 후 풍부한 퇴직금의 일시 지급과 연금 지급의 선택, 그리고 매력적인 제2의 직업을 선택할 수 있는 기회가 결합함으로써 경제력과 성공을 위한 강력한 자극제가 될 뿐 아니라 삶의 질을 향상시킬 것이 분명하다.

다음의 조건은 모든 배낭 안의 지시봉 혹은 보다 정확하게 표현하여, 차르 군대와 오늘날의 영국군이 가장 적절한 사례인 것처럼, 후세에게 물려주기로 되어 있는 지휘봉과 모든 배낭 속의 중령 계급장이다(은유적인 표현으로서 군인이 사회적으로 인정받는 체제를 의미한다—옮긴이주). 내 생각에 이처럼 통제된 상부로의 '사회적 기동성'은 영국군의 특징 중에서 가장 높이 평가받을 만한 것이다. 그러나 이것은 이스라엘군 체제가 제공하는 바와 같이 복무 1년차나 2년차에서 주어지는 기회 균등에 의해 달성되지는 않는다. 아마도 제한되거나 어려운 배경 출신으로 교육 수준이 낮은 사람에게는 복무시에 자신을 계발하기 위한 시간과 기회가 필요하다.

사실상 영국군의 체제는 더 이상 발전하기 어려울 것이다. 소수의 인원들만이 종종 중사 소대장으로서 테스트를 받은 후 20대 후반에 장교로 임관되기 위해 선발된다. 표면적으로는 그들에게 장군참모 훈련을 받을 수 있는 기회가 주어지지만 이러한 장애물을 극복하고 직업 장교에 합류하는 것은 고작 한두 명 정도이다. 훨씬 많은 수의 군인들은 30대 후반에 고참 하사관 계급(영국의 경우 준위)에서 승진하여 장교로 임관한다. 이처럼 훌륭한 전문가들이 야전 부대의 행정 직위, 학교 기관의 교관 및 행정 직위 그리고 군수 직위를 수행한다. 이러한 임관 방식들을 제한해야 한다는 주장을 인정하는 한 가지 이유는 하사관들의 질적 약화이다. 내가 영국군에서 경험한 바에 따르면, 이러한 두 가지 흐름이 임관 전후 자질의 약화 없이 전체 병력의 약 3% 또는 소규모 장교단의 절반 정도를 제공할 수 있다.

이 점에서 우리는 시각을 재정립하기 위한 판단의 기준점이 필요하다. 영국군과 미군의 현존 병력을 참고 기준으로 삼기로 하자. 위에서 살펴본 두 가지 변화는 현재 규모의 거의 1/6이나 1/5 수준으로 젊은 장교들의 임용 규모를 감소시킬 것이다. 나머지 부분은 다양한 유형의 대학 출신 전문가들로서 주로 공병과 의사이며 그들의 지위는 전문적인 능력에 달려 있다. 만일 영국군이 다른 국가의 군사제도가 지닌 탁월함을 따르고 '사무직의 단■'을 설립한다면 몇몇 다른 과정을 수료한 사람에게도 동일한 경로가 개방되어야 할 것이다. 이러한 전문가들은 대학원 졸업 후 직접 입대하거나 오늘날 다양한 경우의 '대학 생도'(미국의 ROTC와 대체로 유사하다), 또는 대학 입학 허가를 받은 군의 도제徒弟가 될 수 있다. 이와 유사하게, 공병의 경우 일부 군대에서 창안된 이래로 오랜 세월동안 유지된 형태로서, '전투 공병'과 기타로 분류하는 전통을 제외하면 논란의 여지가 없다. 우리는 전투 병과, 즉 기갑, 포병, 항공, 전투 공병 및 보병(공정 부대 포함)의 청년 장교 문제를 안고 있는데, 그 규모가 매년 임용 인원의 10%에 불과하다. 나는 있을 법한 재정적인 반격에 선제공격을 가하기 위하여 이 점을 강조하고 있다.

임용 기간과 의무 복무 기간의 다른 조건들은 문제가 되는 시간과 장소 측면에서 사회 경제적 조건에 지나치게 의존하기 때문에 일반적인 관점에서 토론의 대상이 될 수 없다. 독일연방군과 미군은 내가 프랑스군에 대해서 이해하고 있는 바와 같이, 상급 일반직 및 전문가 보직을 채우기 위해 복무 기간을 12년 이상으로 연장하는 인원 규모와 상급 하사관들의 자질과 관련하여 크나큰 문제점을 안고 있다. 소련군에는 훨씬 더 심각한 문제가 있지만 그것은 별개의 이야기이다. 주류를 형성하는 장교의 징집과 선발을 고려할 때, 평준화된 사병 계급 전체에 걸쳐 충분하고 건전한 재원이 유입되도록 해야 한다.

나는 두 가지 문제에 대한 하나의 가능한 해결책으로서 영국의 '소년 지도자' 제도의 원칙에 기초한 방안을 제시하고자 한다. 오늘날 이 제도는 영국과 다른 나라의 군대에서 재정적인 한계 때문에 사라진 제도다. 소년들은 16세에 소년 지도자 부대에 입대한 후 18세에는 의무 복무를 위해서 이 부대를 떠난다. 그들은 모험적인 훈련과 운동, 군사적인 기본 과목을 부수적인 교육(대학 입학 허가 포함)과 결합시킨 '하니스트Hahnist' 원칙(제20장 참조)에 기초하여 커리큘럼을 이수한다. 부대에 입대한 소년들은 말단 사병부터 하사관 계급인 소년 연대 상사뿐 아니라 '소년 지휘관'('장교' 신분)까지 훈련병 계급 구조에 따라 진급한다.

이러한 부대는 젊은 시절에 전투 병과로 임관하여 직업 장교가 될 수 있는 유일한 경로이자 장래 상위 계급으로 진급할 수 있는 주요 경로이기도 하다. 조기 임관 후보생들은 비록 그들이 일찍 능력을 증명하더라도 미리 선발되지는 않는다. 후보생들은 학부 과정의 자격을 취득하고 매우 치열한 경쟁 속에서 소년 지도자로서 이름을 떨쳐야 한다. 더욱이 장교단의 1/4 또는 총 병력의 2% 이하만이 이런 식으로 임관을 하고 조기 임관에 선발되지 않을 경우에는 사병으로 입대한다. 그러나 경험과 그들의 재능이 그들이 조기 진급할 수 있도록 보장해준다.

나는 독일과 이스라엘처럼 장교들로 하여금 전 계급을 충분히 경험하도록 하지 않음으로써 위와 같은 형태의 모든 '장교 학교'의 제거라는 대가를 치르게 된다고 확신한다. 군인과 민간인 모두 이러한 학교의 장점에 대해서 이해하지 못하고 있다. 그들은 이러한 학교를 장교의 신비함을 감춘 사원으로, 학교의 과정을 단순히 입문 의식으로 간주한다. 임관을 위해 선발된 자들은 기수나 기타 견습 사관의 지위를 갖게 되는데, 이는 해군의 수습 사관에 해당된다. 그들은 연대 예하 제병과 소속 장교의 직접적인 감독 아래 병과 학교나 특수 학교에서 1년 동안 수학한다. 이 과정은 일반적인 전문 과목, 병과 특수 커리큘럼, 사회적 품위 유지에 필요한 최소한의 요구사항 그리고 선택 과목인 스포츠에서 고도의 훈련을 포함하고 있다. 성공은 자격 요건과 추천에 달려 있고 어떤 측면에서든 실패한 사람들은 본래의 계급으로 되돌아가거나 전역하게 된다. 성공한 사람은 소위로서 3년간의 잠정 임관을 승인받기 전에 견습 사관으로 소속 연대에서 1년 동안의 추가 견습 기간을 보낸다.

이 제도에 따르면 청년들은 19세에 견습 사관으로 연대에 배치되어 20세에 잠정적으로 임관한다. 그들은 실제로도 어렵지만, 보다 중요한 것으로서 이제 하사관의 대부분을 차지하는 옛 동료인 소년 지도자들에게 힘들게 여겨졌던 일련의 장애물들을 극복하게 된다. 그들은 부대에서 4년 동안 근무한 뒤에도 아직 23세이므로 참모 훈련의 준비에 착수하기 전에 충분히 학위를 받을 수 있다. 이러한 사실은 장교와 부하들이 신뢰와 상호 존중의 결속력을 다질 수 있도록 도와준다. 이 제도가 지휘 경험이 부족한 장교를 보직해야 하는 문제점을 극복할 수는 없다. 그러나 단위 부대(중대) 내 젊은 장교의 규모 축소, 그리고 우수한 중간 관리의 지원과 더불어 이 제도는 청년들을 대학에서 미숙한 시절을 보내도록 파견하는 것보다 다소 바람직한 것으로보인다. 그리고 학위를 위해 공부하고 있는 중위들은 전쟁 발발시에 이러한 직책들을 채우는 데 활용될 수 있을 것이다.

이것은 중대급 이상의 지휘를 위한 자격 확보와 장군참모 진입을 위한 주된 경로가 될 것이다. 사실 내가 사용한 자료에 따르면, 이 경로를 성공적으로 거친 사람들은 모두 참모 훈련을 받아야 한다. 나는 다음 세 가지 자료를 추가로 살펴보고 싶다. 첫째는 이미 언급한 것으로서, 20대 후반에 중사 계급에서 임관된 사람들을 대상으로 하는 참모 훈련을 위한 선발이다. 다른 두 가지 자료의 합계가 이 첫번째 자료의 숫자를 초과하지 않도록 정책적인 조치를 취해야 한다. 두 번째는 전투 병과의 단기 복무 임관자에게 적어도 5년 동안 근무하도록 하는 것과 더불어 자질이 뛰어난 명예 졸업생을 배출하는 것이다. 셋째 오늘날 대부분의 군대처럼 일부 전문가들이 자신의 병과 상위직에 적합하도록 할당 기초에 의거, 참모 훈련에 참가하는 것이다. 극소수의 인원들은 참모 훈련에서 뛰어난 능력을 발휘한 후 야전 부대의 장군참모 보직에 지명되고 그렇게 하여 장군참모로 인정받는다.

이러한 개략적인 설명에서 나는 전문가를 공급하는 한편 장교와 장기 복무 군인의 결속력 있는 집합체를 제공하기 위하여 독일군과 이스라엘군의 제도, 즉 내가 최선의 전통적인 요소로 생각하는 것을 결합하려고 노력했다. 이 제도는 직업군의 장기 복무 핵 또는 징집군이나 시민군의 직업적인 핵에게도 똑같이 적합한 것처럼 보인다. 아이디어의 골자는, 장래의 장교들과 청년 군인들로 하여금 공정히 경쟁하게 하되 그들을 야전 부대보다는 종합적인 측성 재배용 온실 환경 하에 두는 것이다. 그 계획은 전투 병과 장교와 특수 병과 전문가들이 공유 영역을 창출하는 것, 아니 좀더 정확히 말하면 인정하는 것을 희생하더라도 임무형 전술이 요구하는 방식으로 장교와 고참 하사관 계급의 공유 영역을 연결한다. 전투 및 기타 병과의 공유 영역은 전투 병과 장교들의 보수가 그들이 대학을 졸업하는 데 든 비용을 상쇄해야 하는 필요성에서 생겨난다. 이상적으로 생각하면, '확대된 소년 지도자' 원칙을 군 양성학교에 적용하고 현재처럼 대부분의 공병들이 졸업 때까지 기숙사 생활을 하게 함으로써 공유 영역은 충분히 가교 역할을 할 수 있을 것이다. 아무튼 나는, 내가 적어도 신뢰의 사슬을 공고히 하려면 극단적인 해결책보다는 장교와 하사관을 아우르는 중도적인 제도가 필요하다는 사실을 입증했기를 바란다. 그리고 미래의 장교가 될 재목들이 이러한 종류의 도전을 기꺼이 받아들일 것이라고 믿는다.

제16장 멋쟁이와 동료들

"그러므로 적의 상황에 따라서 전술을 변화시켜 승리할 수 있는 자는 신성하다고 불려도 좋다(能因敵變化而取勝者, 謂之神)."

— 《손자병법》 허실편

"위대한 공적은 거의 드러나지 않는다. 즉 보이는 것이라기보다는 실재하는 것이다."

— 슐리이펜

서론 — 결심 주기의 투쟁

소련군은 과거 40년 동안 시간과 개선된 실시 템포의 균형을 유지하며 네 가지 요소 중 하나를 통해 작전의 준비 템포를 개선해왔다(제3장 및 6장 참조). 빠른 준비 템포는 언뜻 보기에 반응성의 기초가 되므로 누구나 소련군 기동 부대가 엄청난 힘을 지녔다고 생각하기 마련이다. 사실 소련군은 '후방으로부터의 전방 지휘'를 행사하기 위해 C³ 기술을 오용함으로써 뿌리 깊은 융통성의 부재를 심화시켰다고 해도 과언이 아니다. 소련군이 비록 신속성을 보유하고 있을지라도 그것은 손자가 '서투른 신속성'이라고 부른 것에 지나지 않는다. 공자가 주도권을 유지하는 한 도로 공사용 증기 롤러 효과와 같은 운동량을 이용함으로써 성공적으로 주도권을 활용할 수 있다. 반면에 방자는 반응할 때에 속도와 정확성을 결합시켜야만 한다. 비록 외적인 요소의 제약을 받는다 하더라도 소련군이 과학기술을 이용하면서 추진해온 방식은 컴퓨터 기술을 오용한 하나의 사례에 불과하다. 컴퓨터나 경영 고문이 당신에게 조언하는 것처럼, 자동 통제 및 자료 처리의 적용에 나타나는 큰 실수들은 과학기술 및 경영 관리의 전 분야에서 발견된다.

이처럼 비싼 대가를 치러야 하는 여러 가지 넌센스들은 한편으로 적극적인 판매 광고와 유행의 압력 그리고 다른 한편으로는 어처구니없는 이해의 부족에서 비롯된다. 그러나 나는 그밖에도 더 이상의 것이 있다고 믿는다. 심지어 익숙한 사용자들도 인체 조직이 주 통제 주기에서 지속적으로 작용해야 하는 부분에 관해 상반되는 감정을 가지고 있다. 이것은 대전차 유도무기에서 작전적 지휘 결심에 이르는 모든 제대급의 군사 영역에서 매우 중요한 문제이다. 훌륭한 결심 수립자들은 일반적으로 과학적 관리 기법들이, 그리고 특수하게는 컴퓨터 기술이 더 나은 자료를 제공하고 인간의 판단이 행사되어야 하는 애매한 영역을 좁히는 방식을 환영한다. 여기까지는 문제가 없다. 그러나 이것을 넘어서면 '결심 주기'를 완전 자동화함에 따라서 시스템으로부터 '인간의 오류 가능성을 제거'하는 화려한 길로 접어든다. 나는 과학자 스스로 책임감을 혐오하는 의식이 기계에 양도하는 것을 선호하는 데 반영되어 있는 것이 아닌가 생각한다.

반면에 훌륭한 관리자나 지휘관이 될 사람들은 책임감을 통해 잘 성장하게 된다. 그에게는 결심 수립 과정이 엄격하고 고될수록 몸에 좋은 자양분이 될 것이다. 애매한 영역을 좁힌다는 것 자체가 직업 만족도를 감소시키고 자신이 울타리 안에 갇혀 있다고 느끼게 만든다. 무엇보다도 그는 바로 애매한 장소에서 전력 질주하기를 원한다. 나는 두 번째 태도가 적어도 군대 지휘와 관련된 곳에서 그리고 두 가지의 매우 합당한 이유 때문에 정확한 태도라고 생각한다. 컴퓨터는 인간이나 고등 동물의 두뇌 조직과 유사한 염색체 접합적이고 관념적인 조직을 갖추기 전까지는 오직 입력된 만큼만 능력을 발휘할 수 있다. 심지어 가장 정교한 소프트웨어라도 창조적이지는 못하다. 그것은 공유 영역을 인간 쪽으로 전환시킴으로써 인간을 기계로부터 분리시킨다. 컴퓨터 시스템이 데이터상의 일부 과오를 탐지할 수는 있지만, 프로그램을 실시하는 과정에서 생기는 한계나 착각을 치유할 수는 없다. 우리는 인간으로부터 기계로 기능을 이전함으로써 오류의 가능성을 제거하는 것이 아니라 말단 사용자와 운용자들 그리고 하드웨어와 소프트웨어의 설계자들에게 책임을 전가하고 있는 중이다. 현재까지보다 중요한 것은, 컴퓨터가 아무리 독창적인 사고를 한다는 인상을 강력하게 줄지라도 실제로 창조적인 종합 능력은 갖고 있지 않다는 점이다. 컴퓨터는 제대로 입력된 것만을 수행하고 훌륭하게 학습된 기교를 발휘할 뿐이다. 그러나 예상치 않은 것에 직면하게 될 경우에는 끝까지 방도를 발견하지 못한다.

이것이 바로 한 대의 전투기에 한 명 내지 두 명의 값비싼 인간의 두뇌를 탑승시키는 것과 마찬가지로 모든 제대의 지휘관이 결심 주기에서 공정성과 공평성을 유지해야 한다고 내가 확신하는 이유이다. 마찬가지로, 지휘관은 아직까지 인간 참모들의 지원을 필요로 한다. 이 장에서 나는 이러한 원칙들을 참모의 기능을 분석하는 데 적용하고 그에 따라 참모들이 재편성될 수 있는 지침을 제시하고자 한다. 그러나 우선 '임무형 전술'을 실행하는 데 본질적인 두 가지 일반적인 사항을 살펴보자.

지휘관과 선임 참모 장교

제13장에서 지휘 통일의 원칙에 대해 부분적으로 살펴보았는데, 지금은 본질적으로 핵심을 파헤쳐볼 시기다. '지휘 통일'이라는 용어에서 결심의 책임과 결과가 한 사람에게 달려 있다는 의미를 추출해내는 것은 합리적인 일이다. 그러나 설교의 일치는 결과적으로 실행의 불일치와 대조를 이룬다. 그러한 변화의 범주에 대하여 다음과 같이 네 가지 요점을 가려낼 수 있을 것이다.

〔영국의 실행〕
단지 예외적으로 그리고 오직 최상급 제대에서만 부지휘관이나 참모장을 발견할 수 있다. 비상사태에 대비하기 위하여 예하 부대의 본부 또는 병과 전문가의 본부가 예비 본부로 지정된다. 참모부는 선임 행정 참모장교와 더불어 동료들 가운데 제일인자인 작전부서(G3)의 장에 의해 운영된다. 보통 지휘관이 계획을 수립하기 시작하면 참모들이 세부적으로 발전시킨 후 지휘 결심을 얻기 위해서 지휘관에게 환류feed back되며, 최종적으로 참모에 의해 시행된다.

〔미국의 제도〕
최하 여단급까지의 사령부가 부지휘관을 보유하고 있다. 그는 도하 작전 수행과 같은 특수한 부수 과업을 부여받고 일반적으로 지휘관이

'부재중'일 때 사령부에 위치한다. 그 다음에 함정의 1등 항해사와 같은 '선임장교'가 있는데 그는 참모 부서의 일원은 아니지만 참모 활동을 조정한다. 각 부서의 장은 지휘관과 직접 접촉할 수 있다.

〔1938년 이후 독일의 제도〕

전략 제대를 제외하면 부지휘관은 존재하지 않는다. 지휘관 유고시에는 참모장이 일시적으로 지휘권을 인수하게 된다. 그리고 본부가 파괴되더라도 차차상급 및 차차하급 제대에게 보고 및 전파함으로써 지속성의 상실을 막을 수 있다. 사단급 이상에서 참모장은 참모부에서 분리된다. 그는 지휘 책임을 공유하지 않으나 의견이 다를 경우 서식으로 표현할 권한이 있다. 지휘관과 참모 모두 계획 수립을 시작할 수 있다. 사실 이러한 원리는 일부 지휘관들이 초연하게 처신하면서 권위 있는 결심을 하달하고, 일부 지휘관들의 경우 참모장과 함께 2인 1조의 팀으로 작업하는 결과를 낳았다.

〔독일의 구 제도와 소련의 현 제도〕

소련군은 현재 전장핵 전성기의 유물로서 작전적 제대에 부지휘관을 두고 있다. 그리고 군단급 사령부 이상에 지휘관과 책임 및 명예를 분담하는 참모장이 편성되어 있다(우리가 앞에서 살펴보았듯이 현실적으로 참모장이 통제 권한을 보유하고 있을지도 모른다).

지휘 통일은 우선 부지휘관의 존재로 침해받게 된다. 얼핏 보면 부지휘관은 지휘관을 잃을 위험이 현저한 경우에 필수적인 대책으로 보인다. 그러나 좀더 깊이 들여다보면 다른 관점이 있을 수 있다. 만일 지휘관이 전투 도중에 무력화되는 경우가 아니라면 다른 사람으로 대체할 시간이 있다. 결심 수립 측면에서 중도에 지휘권을 인수한 부지휘관이 마지막으로 할 수 있는 조치는 사람이나 계획을 바꾸는 것이다. 이는 단지 결속력을 파괴하고 사기를 저하시킬 뿐이다. 선임 참모 장교는 최초 계획의 수행시 예하 지휘관들을 완벽하게 지휘할 수 있는 능력을 지녀야 한다. 이것은 그가 지휘관이 부재중인 평시나 휴가 기간에 부대를 운영하는 능력과도 같다. 부지휘관이 리더십에 지속적으로 영향을 미칠 수 있는 경우는 실로 드물 것이다. 아무리 좋은 의도라도 지휘권 인수 이전의 허세는 지휘관에 대한 부대의 충성심을 손상시키기 마련이다. 야전사령부에서 부지휘관과 그의 업무는 상당량의 불필요한 과잉 지방과도 같다.

반면에 참모장의 존재는 실로 논쟁적인 주제로서, 세 가지 명백한 문제점을 야기한다. 첫째는 규모와 관계가 있다. 실행과 명칭의 차이점에도 불구하고 영국과 서독 및 소련군은 협조관의 존재가 사단급 이하에서는 낭비이지만 군단(군)급 이상에서는 정당화된다는 일치된 의견을 갖고 있는 것 같다. 두 번째는 책임 분담에 관한 문제이다. 책임 분담은 통제의 분담을 의미하거나 더 정확하게 말하면 비록 장군참모단의 구성원이 아닐지라도 지휘관 스스로 장군참모 내부에서 통제 수단을 유지하는 것을 의미하는 것이 틀림없다. 이 개념의 근거는, 지휘관이 소군주小君主나 다른 비전문적인 명목상의 우두머리일 수 있다는 점에서 역사적으로 입증이 된다. 그리고 제2차 세계대전시에는 그 이유가 정치적이었던 것 같다. 히틀러는 장군참모를 좌절시키기 위해서 제도를 변경했는데, 부분적으로 정당한 측면도 있으나 장군참모를 지나치게 신중하게 의식한 것 같다. 절박한 패배의 압력을 받고 있던 스탈린의 경우 삼두마차 체제에서 '정치적인 말'은 꺼냈지만, 장군참모가 계속 통제권을 분담하도록 했다. 이것은 유능한 지휘관들을 모두 숙청한 뒤에도 소수의 유능한 참모장교들을 보유하기 위한 합리적인 조치였다. 그러나 이러한 관습을 보존하는 데 있어서 군사적으로 합당한 이유를 전혀 발견할 수 없다.

셋째는 훨씬 흥미로운 문제의 영역으로서 지휘관과 선임 참모장교가 함께 일하는 방식이다. 이것은 분명히 각자의 개성과 지휘관의 스타일(러시아의 개념이 아니라 서구의 개념으로서)에 따라 좌우될 것이다. 그러나 누구든지 이 범위를 초월하여 지휘관의 기능까지 탐사할 수 있다. 지휘관은 비록 호르몬 분비에 의해 리더십을 발휘하지는 않겠지만 여왕벌처럼 창조자이자 노력을 고무시키는 존재이다. 창조적인 사고를 수행하기 위해 지휘관이 행동해야 하는 것은 무엇이든지 이 두 가지 기능을 저하시킨다. 게다가 지휘관이 한 가지든 전체든 제 기능을 발휘하는 것이 달리 지시하지 않는 한——전방 지휘를 행사할 때와 마찬가지로——그는 지나치게 떠받들어질 것이 틀림없다. 이처럼 다른 측면에서 보면, 취사반장이나 당번이 지휘관의 육체를 만족시켜주는 것과 마찬가지로 선임 참모 장교의 역할은 지휘관의 정신을 만족시키는 것이다.

나는 지휘관을 여가 시간에 보이스카웃단을 운영하는 일종의 사회사업가로 바라보는 통속적인 이미지를 불식시키기 위해서 내 기호와는 상관없이 극단적인 용어들을 사용하고 있다. 그리고 이러한 용어들이 지휘관과 참모의 기능적 관계를 강조한다는 사실 또한 극단적 표현을 강행하는 한 가지 이유가 될 것이다.

잠시 비약해서 말하면, 지휘관과 참모의 관계는 참모와 컴퓨터의 관계와 동일하다고 할 수 있을 것이다. 그렇다고 해서 참모 장교가 지휘관에게 복종해야 한다는 의미는 아니다. 조미니의 설명대로 지휘관이 직감력과 품성에 의해 선발되듯이 참모 장교들은 책임 분야에 대한 능력과 지력을 기준으로 선발되어야 한다. 지휘관의 의지를 집행하는 데 참모가 담당하는 역할 중의 하나는 지휘관의 의지를 구체화하기 위해 지휘관과 적극적으로 상호작용을 하는 것이다. 이렇게 할 때 최고의 팀워크가 형성된다. 대부분의 권위자들은 지휘관이 자신의 선임참모 장교를 선발할 때 긍정적인 발언뿐 아니라 거부권을 행사할 수 있는 권리가 보장되어야 한다는 데 동의한다. 나는 여기에다 선임참모 장교 역시 자신의 장래에 대한 편견 없이 '스스로를 전속轉屬 명단에 올릴' 수 있어야 한다고 덧붙이고 싶다.

본부의 규모와 구조

지휘관과 핵심 참모가 팀을 이루어 일해야 한다는 필요성은 본부의 규모를 줄여야 한다는 물리적인 주장과 혼합되어 있다. 나치 국방군 출신의 독일인들은 임무형 전술을 적절하게 발휘하는 데 이것이 필수적인 요소라고 간주한다. 그들의 견해에 따르면, 작전적 제대의 본부는 10명 또는 12명의 장교와 최소한의 지원 인원을 보유해야 한다. 이는 미군과 영국군 부대의 지휘관들을 본떠 주변을 배회하는 서커스단 같은 부류가 아니라 최소한의 장교 규모를 의미한다. 나의 주장에 설득력을 부여하기 위해서, 독일인과 소련인 모두 교대로 근무하는 참모 장교 시스템에 분명히 반대한다는 사실을 강조하고 싶다. 그들에게 지속성의 상실은 용납될 수 없다. 그리고 만일 위기가 발생했을 때 핵심 인물이 비번이라면 그를 깨워서 보고하는 데 너무 많은 시간이 소요된다. 그들은 해당 본부가 작전적 또는 전술적 지휘를 하는 동안 참모 장교들을 긴장시키는 것이 바람직하다고 간주한다.

이러한 토대 위에서 지휘관과 전투 지원 조언자를 포함하여 12명의 장교면 충분할 것이다〈표4〉. 이 지휘소command post는 제한된 기간 동안 전술지휘소나 지휘관 그리고 2명의 참모 장교로 구성된 전방 지휘소를 파견할 수 있을 것이다.

잠시 이러한 제안이 지닌 혁신적인 측면을 살펴보자. 그러나 본부를 소규모로 유지해야 하는 필요성이 모든 관점에서 너무 중요하기 때문에 이것을 출발점으로 삼아야 한다. 영국군과 미군은 이러한 관점에서 오류를 범해왔고 독일만이 어느 정도 이 화려한 길을 제대로 걸어왔다는 사실을 논박할 사람은 거의 없다. '전술' 및 '후방' 지휘소가 갈라지는 '주' 지휘소의 개념에서 사고의 오류가 시작된다. 이것은 통제의 초점을 중추보다는 부레에 맞추게 한다. 독일군이 과거에 시행했고 소련군 역시 항상 적용해왔듯이 소규모지만 세분화할 수 있는 지휘소의 개념에서 시작하여 이 지휘소가 필요로 하는 지원 요소

지휘관
선임 참모 장교(협조관)
2명의 작전참모
2명의 '정찰' 참모
각 1명의 조언자
   포병
   공병
   항공(고정익 및 회전익)
각 1명의 '공유 영역' 장교
   정보
   통신
   군수

〈표 4〉 작전적 차원의 지휘소

를 충분히 보장해준다는 관점에서 사고하는 편이 훨씬 낫다(〈그림
49〉). 지휘소의 통신 단말기는 전방 단말기와 안전하게 육성으로 연
결될 수 있어야 한다. 만일 이 단말기가 한 대의 헬리콥터나 두 대의
경차량으로 구성될 경우는 데이터 전송이나 팩스를 취급할 수 없고
아마 할 필요도 없을 것이다. 그러나 통신 채널을 통해서 승인받은 후
에 하급 제대 지휘망과 연결할 수 있는 수단을 보유해야 한다.

　지휘소는 통신 및 컴퓨터 센터를 통해 육성, 데이터 및 팩스 연결의
지원을 받아야 하며, 세부적인 정보 업무를 처리하기에 편리한 장소

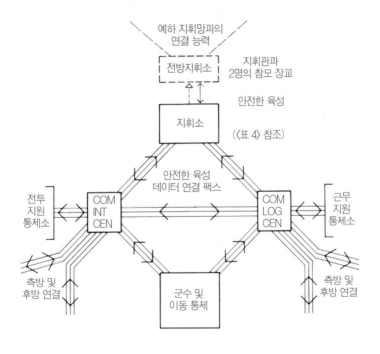

〈그림 49〉 발전된 개념의 소규모 지휘소

에 위치해야 한다. 이를 COMINTCEN이라고 부르자. 전투 지원 본부 역시 지휘소의 기초 위에 편성되고 COMINTCEN에 연결될 것이며, 당연히 모든 유형의 외부 연결 장치를 갖고 있을 것이다.

만일 참모 기능을 위해 컴퓨터에 의존하고 고도의 템포를 달성하기 위해 일급 통신에 의존하려 한다면, 전술적인 위험을 최소화하기 위해 두 가지 형태의 시설과 데이터 저장을 각자 분리된 위치에 똑같이 복제를 해야 한다. 논리적으로 사고해보면COMINTCEN과 COM-LOGCEN을 비교할 수 있다. 후자 역시 필요한 복제시설뿐 아니라 근무 지원 통제소에 대한 군수 업무와 통신 지원을 위하여 중심 시설을 제공한다. 추가적인 예방책으로서 COMINTCEN은 소규모 군수팀을, COMLOGCEN은 소규모 정보팀을 보유하게 될 것이다. 근무 지원 통제소는 지휘소와 유사한 곳으로 이동 통제 센터로서 작전에 기여하게 될 것이다.

가장 중요한 요소인 지휘소를 복제하지 않는 것은 어리석은 일이다. 만일 지휘소가 분리되어 하나의 요소만이 살아남는다면, 이것은 지휘 통제를 행사할 수 있는 최상의 위치에 자리잡아야 한다. 전체의 운명이 좌우되는 경우에는 상급 부대나 지정된 예하 부대 지휘소가 지휘권을 인수한다. 이것은 어느 한 시기에 4단계 또는 5단계의 지휘 제대 중에서 단지 2개 제대만이 완전히 활동하게 될 것이라는 원칙을 이용하는 것이다. 현재 활동 중인 지휘소가 파괴될 가능성이 가장 크기 때문에 이를 11명으로 편성된 제2의 지휘소로 교체하는 것은 바람직하지 않다. 그보다 그다지 중요하지 않은 임무를 수행하며 여유가 있는 11명 인원의 제1 지휘소로 이동하는 편이 훨씬 낫다. 더욱이 이러한 접근 방식은 임무형 전술에 필수적인 '2단계 위로, 2단계 아래로' 상황을 보고 및 전파하는 것과 연계되어 있다.

내게는 표준화의 비용 효과를 검증할 데이터도, 전문성도 없다. 그러나 이러한 방식으로 조직된 본부의 기술 요원과 행정 요원 그리고 물자는 제대급에 상관없이 비슷할 것이라는 게 내 생각이다. 그것은 말하자면 집단군과 사단 또는 여단 사이의 본부급에 기여하는 표준형의 '벽돌'을 설치하는 데 바람직할 것이다.

준비 템포와 참모 기능

나는 지휘소를 조직하는 것으로 얘기를 시작했다. 왜냐하면 최고 수준의 경험을 토대로 할 때 이 경우 '소규모'란 아름다운 것일 뿐 아니라 필수적인 것이라고 확신하기 때문이다. 하지만 새로운 사고와 조직에는 분명히 현대의 C³ 기술을 이용해야 한다. 공세 작전에서 훨씬 선명한 모델을 얻을 수 있으므로(왜냐하면 공자가 주도권을 장악하기 때문이다) 나는 《소련군의 기갑》에서 발전시켰고 더 구체적으로는 1984년 3월 미 육군 전쟁대학의 심포지엄에서 발표한 소련군 전차군 또는 전선군 수준의 OMG 공세에 대한 연구를 다시 한 번 적용할 것이다. 문제의 핵심은 소련군이 이러한 작전을 위하여 1945년과 1980년 사이에 3~4개의 예하 부대로 구성된 1개 부대를 통해 실시 시간과 보조를 맞추어 준비시간을 감소시켜왔다는 것이다. 다음에 이어지는 내용은 소수의 실증적 연구자들의 도움을 받아 내가 추론한 것이다.

〈그림 50〉이 개략적인 타이밍을 설명해준다. 계획에 중대한 변화가 있을 경우 통제하는 작전적 사령부(군 및 OMG)의 계획 수립 시간은 명령 수령 시간으로부터 11~12시간으로 고정된 것처럼 보인다. 이

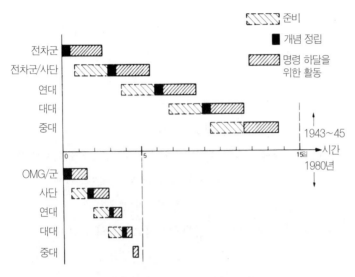

준비

개념 정립

명령 하달을
위한 활동

전차군

전차군/사단

연대

대대

중대

1943~45

시간

1980년

OMG/군

사단

연대

대대

중대

〈그림 50〉 소련군의 전차군 작전(1943~45)과
OMG 작전(예를 들어 1980년 기준)의 준비 템포

와 대조적으로 '작전 문서'가 통보되는 데 걸리는 시간은 반감되었다.
서구인의 눈에 이상하게 보이는 만큼 내가 주의깊게 점검해본 소련군
의 전쟁 수행 특징은, 명령이 통보되기까지의 소요 시간(48~60시간)
이 하부 제대로 갈수록 감소되지 않고 각 제대급에서 반복되었다는
것이다. 이것이 명령으로부터 작전 개시일까지 항상 15일이라는 일
관된 데이터를 보여준다.

사전에 첩보와 세부 명령을 예하 부대로 하달하기 위해 데이터 및
팩스 연결 장치를 사용하는 것은 사단급의 (전술적) 계획 수립이 군 및
OMG가 명령을 수령한 후 48시간 이내에 완료되어야 함을 의미한다.
만일 유사한 방식이 연대까지 사용된다고 가정한다면 선두 중대장들
은 4~5일 이내에 간략한 명령을 수령할 수 있는데, 여기서 4~5일이

란 기간은 그들이 집결지에서 재보급을 완료해야 하는 시간이다.

방자는 물론 12시간의 계획 수립 시간을 가질 여유가 없다. 방자에게 이 시간은 우발 계획을 선택하고 그대로 유효하게 하거나 일부 수정하여 실시하는 시간이다. 우리가 살펴보았듯이 이러한 우발 계획의 세부 사항은 플로피 디스크(미래에는 상호 연결된 비디오 디스크 기법을 사용하게 될 것이다)에 미리 저장하여 분배될 수 있다. 여기서는 어떠한 변화에 대한 단지 간결한 지령과 실행을 위한 암호명을 이용할 때만 파일을 볼 수 있도록 해야 한다. 이러한 시스템은 보안에 도움이 될 뿐 아니라 방자에게 물질적 기습을 획득하고 유지할 기회를 준다. 이는 공자가 갖는 내선內線의 이점을 상쇄하고 공자의 결심 주기에 개입하기 위한 것이다. 그러므로 컴퓨터화와 임무형 전술의 결합이 제공하는 템포상의 이득은 공자보다 방자에게 훨씬 중요하다.

그러나 공세 작전은 거듭 이러한 개선을 분석하는 데 있어서 좀더 분명한 모델을 제공한다. 일반적으로 공세 작전을 준비하는 데 관련된 참모 업무의 유형을 다음 세 가지 범주로 분류할 수 있을 것이다.

(1) 주로 인간의 판단을 요구하는 업무(H)

(2) 인간과 컴퓨터가 결합하여 최상으로 수행되는 업무(HC)

(3) 매우 단순한 특수 상황별 입력에 의해 컴퓨터가 최상으로 수행하는 업무(C)

〈표 5〉는 이러한 업무상의 분류를 통하여 공세 작전을 준비하는 연속적인 단계를 분석하고 있는데 이러한 단계들은 야전 부대의 주요한 참모 기능을 광범위하게 표현해준다.

그것은 어떻게 작동할까?

　독자들은 이러한 분류의 세부 사항을 가볍게 여길지 모르지만, 나는 그 본질을 제대로 살펴보아야 한다고 생각한다. 이 점에서 소규모의 기초 위에 제시된 본부의 조직과 그 분류를 다음과 같이 결합시킬 수 있다.

　협조관, 작전 부서 그리고 '정찰' 부서(즉, 우선 정보)를 보유한 지휘소는 COMINTCEN을 통하여 지시를 전달하는 'H' 기능들에 대해서 책임이 있다. '정찰 부서'는 '공유 영역' 정보 장교로부터 입력 자료를 수령하고 정보 장교 또는 정찰 부서의 직접적인 통제를 받는 첩보 수집 자원에게 특정한 질문을 할 수 있다. 두 방향의 상호작용이 협조관 및 작전 부서와 필요시 지휘관 또는 전투 지원 조언자들 사이에서 계속 이루어진다. 후자는 구체화 및 실행을 위하여 차례대로

정보 수집 및 비교	HC
작전적, 전술적 계획수립	H
계획의 선택	H
집중-계획 수립/이동 명령	C
부대를 과업에 할당	H
화력 계획 수립(개략)	HC
화력 계획 수립(세부)	C
공병 운용 계획 수립	HC
작전적 이동(접촉 단절)	C
작전적 지시의 준비	HC
군수지원 계획 수립	HC
군수지원 세부 사항 상술	C
군수지원 명령의 준비 C	

〈표 5〉 참모 기능 분야의 전산화

COMINTCEN을 거쳐서 지휘소로 지시를 전송한다. 유사하지만 덜 세부적인 교환이 군수 '공유 영역' 장교와 협조관 사이에서 계속된다. 그리고 이러한 교환을 통하여 적과 접촉하지 않는 상태의 '통제된 이동'을 포함하는 출력물이 COMLOGEN으로 전송된다.

나는 경험 있는 선임 장교(아마 병과장들)가 이러한 연결 장치의 역할을 맡아야 한다는 사실을 보여주기 위해 '공유 영역 장교' 라는 용어를 만들어냈다. 다음 세 가지 이유 때문에 초급 연락 장교들은 이러한 역할을 맡을 수 없다. 첫째, 이 장교들은 개연성이 가장 높은 전문가적 조언 능력을 보유해야 한다. 둘째, 이들은 COMINTCEN의 '정보(INT)' 요소와 COMLOGEN에 도달하게 되는 지시들을 도출해내야 한다. 마지막으로 가장 중요한 이유는 이 장교들이 너무나 우수하기 때문에 지휘관과 작전참모의 위협을 받아서는 안 된다는 것이다. 만일 공유 영역 장교들이 자신들의 관점을 지휘관에게 이해시키고 관철할 수 없다면 지휘관이 스스로 실행할 수 없는 계획을 선택하는 경우가 많다.

통신 공유 영역 장교의 역할은 매우 다양하다. 이 장교가 통신 및 본부 대대의 지휘관이 되어야 하는가의 여부는 그럴듯한 문제이다. 이 장교의 직접적인 기능은 지휘소 시설이 적절하게 운영되는가를 살피는 것이다. 그는 또한 결정적으로 중요한 이중 조언자 역할을 하며, 고려되는 선택안들이 C³ 장치의 자산 범위 내에 있도록 보장해야 한다. 그리고 선택안들에 관하여 전자전의 측면에서 조언하고 COM-INTCEN과 COMLOGCEN으로 실행 지시를 하달하는 기능도 마찬가지로 중요하다. 통신 장교(CO)가 공유 영역 장교로서 지휘소에 있어야 하느냐 또는 COMINTCEN에 위치해야 하느냐는 것은 두 개의 통신 및 컴퓨터 센터의 기능적 작용이 작전적 지휘와 상급 전술 지휘를 행사하는 데 필수적이기 때문에 그럴듯한 문제이다. 내가 강조한 바와 같이 지원 시스템들이 필요하지만 증기 동력으로 기동 속도를 계산하고 차륜으로 의사 소통하는 것은 극심한 템포의 저하로 이어진다.

만일 컴퓨터화가 이루어질 경우 통신 병과는 소프트웨어를 관리하는 책임을 져야 한다. 확실한 프로그래밍 기술과 시스템 분석 능력이 COMINTCEN과 COMLOGCEN 차원에서 요구될 것이다. 야전에서 자동 자료 처리 체계(APDS)를 확장하여 사용할 경우에는 보다 낮은 제대급에서 소프트웨어를 최신화하는 특수한 문제를 해결해야 한다. 이를 자동으로 실행하는 확실한 프로그램이 고안될 수 없다면 COMINTCEN 및 COMLOGCEN 차원에서 디스크를 교환하는 것이 유일한 해답이 된다.

결론 ― 두 가지의 중대한 변화

나는 정당화 과정 없이 제시했던 두 가지 중대한 변화 중의 하나로 슬며시 파고들었다. 이것은 작전(G3)에서 군수(G4)로 계획 수립과 '통제된 이동'의 통제권을 양도하는 것인데, 조미니가 당시 프랑스가 실행했던 것을 묘사한 것에서 내가 골라낸 개념으로서 컴퓨터화에 꼭 들어맞는 것 같다. 물론 작전참모가 전투 부대의 이동을 총괄적으로 계획해야 한다. 그러나 컴퓨터의 능력을 이용하여 이동 문제를 해결하려는 노력은 단지 이동 명령을 완벽하게 작성하는 것이 아니라 인간 참모보다 뛰어나게 도로 공간을 가장 적절히 사용하고 상황 변화에 즉각 반응하며 전환 통로와 정지 지역을 훨씬 효율적으로 사용하는 데 중점을 두어야 한다. 이 변화는 자동적으로 작전참모가 최악의 잡무이면서 가장 빈번한 교통 혼잡의 원인 중 하나로부터 벗어날 수 있도록 해준다. 이동은 성능이 가장 미약한 컴퓨터라도 가장 유능한 사람들보다 더 잘 해낼 수 있는 종류의 작업이다.

두 번째로 좀더 큰 변화는, 혁신이라기보다는 역사적 사실과 현존하는 경향의 융합이다. 기동전에서 성공한 군대들은 소규모의 본부를 보유하고 있었다. 전자공학의 발전이 직접적으로 그리고 전자전의 위협 때문에 C³I 분야에서의 편성과 절차에 결정적인 영향을 미치고 있다. 지금까지 전자공학은 전도된 성장과 중복을 초래하면서 현존하는 구조에 부가되어왔다. 이제 사고를 새롭게 할 때가 된 것이 틀림없다.

내가 시도한 것은 결심을 구상하고 수립하며 시행하는 기능의 핵과 이러한 기능을 수행하는 데 필요한 장교들을 단순히 격리시키는 것이다. 다음에 '결심 팀'의 부분을 구성하는, 본질적으로 필수적인 조언자들을 추가했다. 이 팀은 확실하게 입력되고 확실하게 출력할 필요가 있다. 나는 조언자로서 이중 역할을 하는 '공유 영역 장교'들을 추가함으로써 이를 해결했다. 내가 이러한 지휘소에 허용한 유일한 군더더기는 전방 요소를 파견하는 데 필요한 것이다.

대부분의 선진 군대들은 오늘날 해당 본부에서 통신 센터를 분리하여 전개하고 이러한 센터들을 분리된 위치에 복제한다. 따라서 나는 전반적으로 컴퓨터화된 참모 기능을 COMINTCEN과 COMLOGCEN이라고 부른 시스템의 센터들로 이전시키고자 했다. 각각 분리하여 위치한 전투 및 근무 지원 통제소들은 앞서 언급한 센터들과 지휘소와 마찬가지로 서로 연결되어 있다. 그리고 이동을 물리적으로 통제하기 위해서 참모가 직접 위치해야 하는 지점이 있다.

통신과 컴퓨터 관련 시설들은 현재 작전적, 전술적 지휘를 행사할 때 실제보다 더 크게 의존하는 것으로 고려되는 자원들이다. 그리하여 심리적인 이유와 기술적인 이유 때문에 부대들은 편제된 본부와 통신 부대를 처음부터 유지해야 한다. 이들로부터 지휘소 인원과 물자들이 하부 구조를 형성한다. 그러나 나는 이 모든 주장이 단지 시작에 불과한 것은 아닐까 생각하며, 혁신하기보다는 현재의 추세로부터 객관화시키고 있는 중이다. 나는 COMINTCEN과 COMLOGCEN에서 유지되어야 하는 데이터의 용량이 얼마나 될지, 그리고 그 중 얼마만한 비율이 제대별이나 부대별로 특수하게 될지 전혀 알지 못한다. 그러나 저장용량과 데이터 전송의 속도 및 확실성의 결합이 보장되면 특정한 센터를 특정한 제대 또는 개별적인 부대에 연결할 필요가 없을 것이다. 그러면 이러한 센터들과 지휘 및 통제소들 사이의 공유 영역을 표준화하기 위하여 SOP를 만들기 시작할 수 있을 것이다. 이곳이 SOP에게 이상적인 영역이다. 왜냐하면 SOP의 대부분이 사실상 컴퓨터 소프트웨어로 통합될 것이므로 적절하게 주목받을 만한 좋은 기회가 되기 때문이다.

이 단계는 융통성과 자원의 절약 측면에서도 크게 발전하게 된다. 왜냐하면 이러한 센터들을 부대에서 분리시켜 작전의 전 지역에 걸쳐 중앙의 통제를 받는 격자로 설치하는 것이 가능해지기 때문이다. 통제 중인 작전적 수준의 본부에서 여단에 이르기까지 모든 제대급의 지휘소들은 관련된 전투 지원 지휘소 및 근무 지원 통제소들과 함께 가장 가까운 거리에 위치한 한 쌍의 센터에 단순히 '접속하게' 될 것이다. 한 대의 중형 헬기 수송을 초과하지 않는 규모의 참모 장교와 전문가들을 물리적으로 전이시킴으로써 COMLOGCEN은 COMINT-CEN으로, 또는 그 역으로도 변환될 수가 있다. 이것은 일시적으로 보다 광범위한 공간에서 처리되는 군수지원과 더불어 작전적 측면과 정보 측면의 통신과 컴퓨터 자원들로 하여금 '작전적 노력의 중점' 가까이로 고양되도록 만들 것이다. 게다가 격자 내에서 채널을 변환할 수 있는 능력이 적이 통신 정보를 조직하는 활동을 어렵게 만들 것이다.

그러나 격자 이론의 실행 가능성과 그 반대 역시 문제의 핵심을 다루지는 못한다. 기동 이론의 성공적인 적용은 반응의 속도와 정확성에 달려 있고, 클라우제비츠의 마찰 효과를 기억할 경우 그 의존도가 배가된다. 반응성은 임무형 전술을 요구한다. 이는 소규모 지휘소들에서 결속력이 강한 팀이 발휘하는 적합한 지휘 기능을 요구함과 동시에 이를 가능하게 한다. 이러한 지휘소들은 이동과 은폐가 용이하게 되고, 소형화함에 따라서 관련되는 수많은 인원 중에서 측근만을 유지하게 된다. 지휘관이 전방 지휘를 자유로이 실행할 때 그의 지휘소는 수도원처럼 은둔하는 예비대와 같이 여유를 즐길 수 있을 것이다. 이것이야말로 기동전의 승리를 좌우하는 결심 수립의 자질에 가장 크게 도움이 되는 요소이다.

제5부 목적과 수단

"전쟁의 정당한 목적은 보다 완전한 평화이다."

— 셔먼Sherman 장군의 동상에 새겨진 문구(워싱턴 DC)

제17장 수용 가능한 목적

> "국가의 목표는……평시 정책이라고 불리는 것의 재개와 점진적인 지속
> 이……(되어야 하고), 국가의 정상적인 생활을 최단 기간 동안 그리고 최소의 희
> 생으로 방해해야 한다."
>
> — 리델 하트

서론 — 최후의 스포츠

기독교 시대의 어느 단계에서 전쟁이 스포츠와 같은 성격을 띠었는
지는 불확실하다. 벨리사리우스Belisarius가 수행하고 프로코피우스
Procopius가 연대순으로 기록한 6세기의 중세 전쟁은 분명히 그렇지
않았다. 사실 역사적으로 볼 때 벨리사리우스는 정치적, 경제적 압력
에 대한 대책으로서 군대를 최소로 사용하고 전투가 아니라 위협과 선
제를 운용한 뛰어난 사례에 해당한다. 여전히 신성함과 고전주의를
똑같이 표방하던 신성로마제국 당시의 '군주들 간의 전쟁'(실제로는 대
부분 공작들 간의 전쟁이었다)은 18세기에 절정에 이르렀고 제대로 정립
되었다. 아마추어의 시각이지만 내 견해로는 전쟁에 대한 유럽 문명

의 태도, 즉 마이클 하워드가 잘 설명했듯이 '호전성'은 암흑 시대와 여기서 벗어나던 시기의 무어인과 몽고인의 영향에서 유래한다. 우리는 십자군 시대에 성장한 전쟁의 법칙과 중세 기사도의 규약 그리고 '운동 경기처럼 정정당당' 하고 '신사적'인 행동이라는 개념들 사이에 존재하는 확실한 연결고리를 찾을 수 있다. 나는 마지막 두 가지는 본질적으로 기독교 윤리 또는 르네상스 형성기에 기독교 고전주의가 배양시킨 휴머니즘이 아니라 이슬람의 영향을 더 크게 받은 것이라고 항상 생각했다.

비록 이것이 사실이더라도 금세기 중반까지 전쟁은 본질적으로 윤리성(존 해킷 경이 자신의 저서 《전문직업군 Profession of Arms》에서 탁월하게 설명했다), 성문 및 불문 규칙의 법전, 시작과 끝을 알리는 호각 소리, 경우에 따라서는 중간에 휴식 시간이 있는 단체 경기와 똑같은 방식으로 수행되었다. 비록 나는 목적을 변경하는 경쟁자들의 구체적인 사례를 알지 못하지만, 그들은 빈번하게 편을 바꾸어왔을 것이다. 매력적인 중세의 약탈, 대학살 및 강간의 관습을 포기한 시기와 나폴레옹이 '군주들 간의 전쟁'의 전통을 파괴한 시기 사이에 스포츠와의 유사성이 더 명확해졌으며, 도덕적으로도 예외가 없었던 것처럼 보인다. 심지어 제1차 세계대전의 대량 살육조차 영국의 상류 및 중류 계급의 호전적인 태도를 약화시키지 못했다. 한 가지 예외적인 사실로서, 나의 견해에 영향을 미칠 만큼 오랫동안 나를 가르치거나 개인 지도한 모든 교육학자들은 호전주의에 흠뻑 빠져 있었다. 그리고 이들 중 많은 사람들이 일반적으로 생명에 관한 매우 낯선 견해를 정당화하기 위해서 전쟁의 영광을 이용했다.

내 경험에 따르면, 제2차 세계대전 당시 공군력을 사용한 것도 문제를 크게 변화시키지는 못했다. 대학살은 다른 모든 공포를 그림자로 덮어버렸고 독일이 전후에 겪은 고통에 대해서 동정의 여지가 거의 없도록 만들었다. 독일 및 소련 영화가 개봉하여 소련이 받은 피해를 서방 국가들이 상상할 수 있도록 하기까지는 오랜 시간이 소요되었다. 독일의 점령 치하를 경험한 서방 국가들만이(프랑스는 예외이다) 전쟁을 국가 정책의 수단으로 삼는 데 반대하는 전통적인 중립국을 지향했다.

다시 말해서 적어도 서부 유럽에서는 국가에 대한 근본적인 견해가 흔들리기 시작했다. 엄밀하게 말하면 군대에 의존하는 평화주의가 아니라, 군대를 정책의 수단으로 사용하는 것을 거부하는 '반호전주의'의 물결이 존재한다. 이 물결은 두 가지 경향이 야기한 것으로, 전쟁 개념의 양 극단에 걸쳐 있다. 한편으로는 1962년 쿠바 미사일 위기가 많은 사람들에게 핵 위협을 각인시킨 후 광기에 대해 전혀 무지한 사람들을 제외한 모두가 핵 문제의 심각한 위협을 인식하게 되었다. 다른 한편으로 모든 형태의 혁명 전쟁과 국가가 지원하는 테러리즘 역시 평화와 전쟁의 경계선을 모호하게 만들어왔다. 무엇보다도, 암살에서 기습 침공에 이르기까지 거의 모든 격렬한 행동이 정치적 목적을 달성했거나 적어도 촉진시켜왔다. 이와는 대조적으로 각국의 정부는 테러 단체들의 전복 행동에 맞서 자국 내에서조차 그들을 견제하는 것 이상을 실행하는 데 실패했다. 이러한 단체들로는 아일랜드의 IRA, 프랑스와 스페인의 바스크 지역의 ETA, 독일의 적군파, 이탈리아의 붉은 여단 등 널리 알려진 것만 해도 이렇게 많다. 전쟁 수행을 위해 편성 부대(대규모 정규군으로 이해하면 된다)를 운용하는 것은, 도덕적인 배척감이 높아지는 데다 거의 매일 벌어지는 갑작스러운 사태가 '신뢰의 틈'을 벌어지게 함에 따라 어려움을 겪고 있다. 평화와 전쟁으로 나뉘어 인식되던 상태들이 변화와 붕괴로 인해 똑같이 위협받는 준안정 상태로 점차 동화되고 있는 것이다.

'좀더 완벽한 평화'는 머나먼 미래에나 이루어질 것이기 때문에 나는 서두에서 설명했던 일련의 생각들을 제1, 제2 세계가 직면한 상황에 적용하고자 한다. 제한된 범위일지라도 합리적으로 수용할 수 있는 광범위한 원칙들을 가정하기 위해서 나는 장기적인 안목을 갖고 시작할 것이다. 그 다음에 마지막 2개의 장에서는 바르샤바 동맹 및 나토의 대결과 혁명 전쟁의 위협으로 다시 돌아갈 것이다.

광범위하고 장기간을 내다본 나의 시나리오는 다음과 같다. 제1, 제2 세계는 혼재된 성공과 더불어 자신의 영향권 아래에 있는 제3 세계에 군사적으로 개입하도록 점차 강요받고 있다. 이 국가들은 남부의 위협에 대항하여, 나토에서 프랑스가 차지하는 것과 같은 역할을 수행하는 중국과 함께 점진적으로 화해하고 스스로를 정비하고 있다. 이슬람 군국주의자들이 일으킨 위협은 70년대의 경제 위기와 80년대의 국가 지원 테러리즘에서 핵무기의 지원을 받는 대규모 편성 부대의 위협으로까지 성장했다. 이슬람권 시아파 근본주의자들의 영향력은 말레이시아에서 모로코에 이르는 북부 열대 지역에 걸쳐 있다. 워싱턴과 모스크바에 우호적인 체제들이 아직도 일부 지탱하고 있으나 이들 중에서 안정되어 보이는 체제는 거의 없다. 서방 측의 냉대 속에 오히려 소련으로부터 신중한 환대를 받아온 이스라엘은 혼란의 초점으로 남아 우수한 군사력과 핵 능력에도 불구하고 직접적인 도발 위협을 받고 있다. 나는 확실히 믿을 만하고 현재의 모습에 일어날 실질적인 변화를 나타내는 그림에서 또 다른 50년 주기의 미래를 내다보도록 단순히 독자들을 초대함으로써 '미래의 역사' 속에서 연습하는 데 몰두하고 있는 것이 아니다.

전쟁 목적

성전을 제외하면 혁명 전쟁을 포함한 대부분의 전쟁들은 아주 훌륭하게 규정된 정치, 경제적 목적을 도모하기 위해 시작되었고, 이러한 목적에 맞게 수행되었다. 전쟁의 역사적인 사례들이 보여주는 것처럼 그러한 목적의 많은 부분은 오늘날 전적으로 수용될 수 없으며 때로는 어리석게 보이기까지 한다. 그러나 부분적으로는 전쟁을 위한 자원들이 아직도 인간과 동물의 근육에 바탕을 두고 있기 때문에 대체로 목적의 중요성과 성취된 성공 정도에 따라서 노력과 희생이 조절되었다. 전쟁 당사국은 양쪽 모두 타협의 기회를 제공하는 상황을 명백히 경계했다. 나는 조미니의 저서를 읽으면서 나폴레옹의 '절대 전쟁' 개념이 한정된 목표를 달성하기 위해 모든 가용한 자원을 무자비하게 운용하는 것 이상을 의미했다고는 결코 생각하지 않는다. 또한 그 자체로서 극히 최적격인 '절대 전쟁'에 대한 클라우제비츠의 언급이 리델 하트가 설명했듯이 '통제에서 이탈한' 전쟁 때문에 비난받을 수 있다고도 생각하지 않는다. 역설적이게도 전쟁을 정상으로 끌어올린 것은, 대 몰트케가 거둔 성공의 '3중 상승 효과'와 클라우제비츠에 대한 외국의 오해 그리고 (슐리이펜, 소 몰트케, 루덴도르프를 통하여 구현된) 전쟁 자체를 위한 전쟁에 대한 믿음으로의 점진적인 변화였다. 적국을 파괴하지 않는다는 손자의 충고는 망각되었다. 진정한 정치, 경제적 이익을 달성하고자 했던 긍정적인 전쟁 목적들은 증오에 기초한 부정적인 목적에게 자리를 양보했다. 또는 최초의 목적은 긍정적이었을지라도 전쟁이 전개되면서 이것은 '적 격멸'을 요구하는 주장에 밀려 무시되었다. 리델 하트를 비롯한 사람들은 제1차 세계대전이 이러한 변화를 입증한 것이라고 간주했다. 그러나 확실히 그러한 변화는 연합국의 무조건 항복에 대한 주장이 코카서스 문명의 몰락을 진행시켰던 제2차 세계대전과 같은 범주에 속하지는 않았다.

여러 국가들이 전쟁 기간뿐만 아니라 전쟁과 전쟁 사이의 시기에도 자기 편을 바꾸어왔던 준비성을 통하여 보여주듯이, 13세기와 19세기 사이에 유럽의 전쟁들은 주로 비슷한 국가들이나 동맹국들 사이에서 벌어졌다. 문화, 기독교와 같은 형태로 나타나는 이데올로기 그리고 지배 계층의 노동 가치 척도가 공통적인 요소였다. 그러나 러시아혁명은 이를 좌절시켰고 제1차 세계대전의 패배가 독일에게 요구한 경제적인 대가는 또 다른 급진적인 '주의ism'를 만들었다. 그리하여 공동 기반을 공유하는 대신에 유럽과 북아메리카는 3개의 상반된 이데올로기에 따라 분할되었다. (혹은 그렇게 보였다.) 즉 자유민주주의 국가들은 훨씬 후에야 정치적 범위가 오른쪽에서 왼쪽으로 그은 직선이나 심지어 아이젠크Eysenck 격자가 아니라, 한쪽 극에서는 좌측이든 우측이든지 간에 독재주의에 의한 원형의 연속이고 다른 극에서는 자유주의라는 사실을 깨닫기 시작했다. 사실 이러한 사실을 인식하는 데 실패한 것은 80년대 나토 문제의 본질에 놓여 있다. 용납할 수 없는 정부들이 범세계적으로 가득 찬 상황에 직면하여 미국은 본능적으로 '우파' 정부를, 미국의 유럽 동맹국들은 '좌파' 정부를 선호한다.

제2차 세계대전의 총체적인 경제적, 사회적 불안정 그리고 해결되지 않은 이념적 갈등의 유산은 '이념적 소국분할주의Balkanisation'라고 부를 수 있는 것, 즉 거대한 종교의 내부에서, 그리고 사회주의의 스펙트럼을 가로질러 두드러진 하나의 경향으로 이어졌다. 이와 동시에 점차 방송 매체의 공명판 효과를 강화시켰고 각양각색으로 표명된 혁명 전쟁의 압도적인 전략적 성공은 대부분 '하부 발칸Sub-Balkan'의 파당들이 종종 그들의 규모나 대의명분에 어울리지 않는 결과와 더

불어 폭력에 호소하도록 이끌었다. 혁명 전쟁은 한편으로는 정부가
지원하는 테러리즘을 포용하고 다른 한편으로는 조직적인 범죄를 포
용해왔다.

"모든 전쟁의 근본적인 원인은 경제이다"라는 마르크스Marx의 견해
는 그가 처음 주장을 펼칠 당시에는 힘이 있었지만 오늘날에는 명백히
무기력하게 되었다. 아주 오래 전부터 독재정부 및 과두정부들은 아
마 마르크스가 의도했던 것보다 훨씬 광범위하게 군대의 최우선적인
역할이 국가의 내부 상황을 안정적으로 보존하는 것이라는 공식 견해
를 제시해오고 있다. 국내의 정치적 난관을 타개하기 위해서 해외에
서 군사적 행동이 필요한 상황을 조성하는 것은 독재자들의 낡은 수법
이다. 80년대 초에 중앙아메리카, 카리브 해와 남대서양에서 벌어진
사건들을 보면 민주적으로 선출된 우파 정부에게 점차적으로 우호적
인 태도를 취하고 있음을 알 수 있다. 내가 강조하려는 요점은, 우리
가 전쟁의 목적 및 정치적·경제적 문제에 제한되었던 시대에서 벗어
나 이념적 갈등(종교의 차이를 포함한다)이 유발시켰거나 또는 상당히
다른 내적, 외적 의도를 숨기고 있는 전면적인 정치적 열망의 시대로
이동해왔다는 것이다.

이러한 변화가 가져온 한 가지 결과는 그것이 국민이 선출한 정부에
서 국가의 자신감을 약화시키고 독재주의 사회에서 불일치를 조장하
는 핵 위협과 제휴하여 작용해온 방식이다. 때때로 '현대적 사회주의'
라고 불리고 집단주의 경향과 결부된 이러한 영향력은 이미 어느 정도
선진화된 사회들, 주로 캐나다와 북서 유럽의 작은 국가와 오스트레
일리아 대륙의 국가들을 전통적인 호전적 태도에서 멀어지게 했다.
'죽음보다 더 붉은'이라는 스티븐 킹 - 홀Stephen King - Hall의 절규
는 아직 상당한 추종 세력을 갖고 있다. 그러나 정확한 정보에 기초한

민주국가이든 인민민주주의에 따라 통제된 정보만 공유하는 공산국가든 간에 변화하는 견해의 무게중심은 호전주의(편성 부대 사이에서 허용할 수 있는 정책의 도구로서 선포된 전쟁을 수용하는 것)와 엄격한 의미에서 닥치게 될 어떠한 저항도 거부하는 평화주의 사이의 어딘가에 위치하는 것으로 보인다.

여기에는 본질적으로 정치적인 함축이 전혀 없으며, 이러한 태도와 중립주의는 엄연히 구별된다. 우리는 순전히 방어 태세를 채택하고 있는 국가가 편의성을 제공하는 정도로만 군사 동맹에 가입하는 상황을 상정해볼 수 있다. 이러한 군사 태세를 '오직 방어just defence'라는 슬로건으로 요약할 수 있다. 그러나 나는 이 구절이 곤혹스러운 과격 단체의 이름으로 채택된 영국에서 제대로 기능을 발휘할 수 있다고 생각하지 않는다. '수동주의'란 용어도 그 의미가 내포하는 것 이상으로 평화주의처럼 들리지 않는다면 적합할 것이다. 경제 분야에서 '보호무역주의protectionism'라는 단어가 이미 사용되고 있으므로, 나는 '보호주의protectivism'라는 새로운 단어를 만들고 이를 '군대에 호소하는 것을 정책의 적극적 수단으로 삼는 것은 배척하나 한 국가의 현존 영토와 영해를 적의 군대로부터 보호하는 수단으로서는 승인하는 정책'이라고 정의하고자 한다. 이와 같은 정책을 다음 장에서 심도 있게 다룰 것이다.

군사 목적

'통제를 벗어난 전쟁'의 결과로서, 그리고 주로 이념적 열정에 의해 대체된 정치, 경제적 의미의 결과로서, 마지막으로 너무 파괴적이라

더 이상 정치, 경제적 목적을 달성하는 수단이 되지 못하는 핵 위협과 화학 위협의 결과로서 군사 목적의 틀과 관련된 것들에게 제기된 문제들을 잠시 검토해보고자 한다. 압도적인 위협을 가하는 선제 공격 후에 최후 통첩을 선포하는 행동은 오늘날의 작전적 템포와 더불어 전체적인 전략적 의미를 배가시키기 때문에 살아남을 것으로 보인다. 그러나 우스꽝스럽게 최후 통첩을 계속해대는 행위는 도덕적, 혹은 실용적 정당성을 거의 확보하지 못한다. 선제 공격으로 목적을 달성할 수 없는 곳에서, 공자는 테러리즘부터 전략적 데잔트에 이르기까지 하나 또는 그 이상의 형태에 의거 전략적 기습을 시도할 것이다.

일방이나 쌍방이 핵 능력 및 공세적인 화학 능력을 갖고 있는 곳에서 외교 및 군사적 수단 사이에 일어나는 상호 작용의 속성은 정치적 현실주의의 압력 아래 결국 변화하게 된다. 다음 장에서 보다 깊게 검토하겠지만, 묘하게도 이러한 추세는 다양한 전쟁 수행 수단의 '사용 불가능성'에 대한 소련군의 교리에 가장 잘 나타나 있다. 나토의 군인 및 행정 관리들이 보다 진보적인 회원국 정부들과는 대조적으로 이미 암묵적으로 인정하고 있듯이, 재래식 수단을 통해 얻은 군사적인 승리가 상대방으로 하여금 핵 문지방을 넘어서게 한다면 그것은 건전한 목적이 되지 못한다. 결과적으로 지난 30년 간의 역사는 만일 시간이 주어질 경우 전쟁에 반대하는, 특히 제1, 제2 세계 구성원이 무장충돌에 참여하는 것에 반대하는 세계적인 여론이 형성된다는 것을 결과론적으로 입증해왔다. 이러한 여론의 물결은 경위나 시시비비를 거의 고려하지 않고 분쟁 해결 수단으로 전쟁을 택하는 것을 거부하게 된다. 왜냐하면 만일 초강대국 중의 한 나라가 관련될 경우 반대하는 강도가 다시 배가되기 때문이다. 어떤 형태이든 유엔이 초강대국 간의 적대성에 대하여 행사하는 압력이 너무 비대해짐에 따라 경쟁자들이 신경질적으로 상호 공멸로 향하는 것이 아니라면 상호간에 압력을 무시하기가 매우 어렵다는 사실을 발견하게 될 것이다. 그러므로 재래식 군대의 합당한 목적은 적을 패배시키는 것이 아니라 다른 수준에서 상황을 안정시키고 협상이나 중재가 재개되도록 하는 것이다. 요컨대 외교는 다른 수단을 통한 전쟁의 연속이 된다. 예를 들어 존 해킷 경의 저서 《제3차 세계대전》의 시나리오에 누락된 버밍햄 - 민스크 사이의 상호 핵사용을 가정한다면 평화협상에 이어 현존 내부 독일 국경선이 수백 킬로미터 이상 서쪽으로 이동하는 선에서의 휴전을 상상해볼 수 있다. 이것은 공상이 아니라 역사적으로 초창기부터 금세기의 시작에 이르기까지 유지되어온 유형이 재정립된 것이다. 이미 진지에 배치된 부대들과 더불어 다음 전쟁에서 전투해야 한다는 것은 위험스러운 '반쪽의 진리'는 아닐지라도 하나의 자명한 이치가 될 것이다. 선제 공격과 전략적 기습의 발생 가능성은 준비태세에 프리미엄을 부여한다. 앞서 필자의 저서인 《대전차》에서 서독 주둔 나토 상비군의 1/3 규모라도 일거에 실질적인 고도의 준비태세를 유지한다면 그 부대들의 억제력과 전투 가치가 크게 향상될 것이라고 제안한 바 있다. 제11장에서도 이러한 주장에 대해서 다루었지만, 일반원칙으로서 대단히 중요한 문제이기 때문에 여기서 다시 반복하고자 한다.

내가 생각할 수 있는 모든 종류의 장비들은 충분히 사용할 수 있는 상태를 유지하고 규칙적으로 훈련함으로써 최고의 신뢰성을 확보할 수 있다. 단기 및 중기 수명을 가진 장비의 교체 비용은 예정에 없는 정비 노력을 절약함으로써 상쇄하는 것 이상의 효과를 제공한다. 준비태세에 대한 낡은 사고방식은 수분 안에 전투 준비를 마치고 나머지 시간을 장비에 사용할 것을 요구한다. 만일 기계가 고도의 준비태세 상태로 발전하는 반면 인간은 그럴 수 없다는 사실을 인식하게 되면 사기에 나쁜 영향을 미치지 않는 준비태세의 절차를 고안할 수 있다.

대부분의 군대가 실행해온 준비태세 절차를 보면 보통 수준의 준비태세일지라도 평시에 장기간에 걸쳐서 1/3 이상의 규모를 유지하는 것은 사실상 불가능하다. 그러나 나는 독일 연방 내에서 발견할 수 있는 여건과 배치라면 전략적 기습에 대응하기 위해서 단기 경고하에 1/2 수준의 병력을 유지해야 한다고 계산한 바 있다. 만일 단순성을 위하여 1개 사단은 6개월 출동 대기 근무를 하고 1개 사단은 3개 여단 그룹 또는 특수임무 부대로 구성된 2개 사단 규모의 부대를 선택한다면 그 형태가 〈표 6〉에서 보는 바와 같을 것이다. 표 내부의 수치들은

A 사단 (출동 대기)	· 출동 대기 전방 엄호 부대(10일 단위 교대) —1개 대대 그룹(대대 전투팀)은 전개 지역 내 또는 직후방에서 1시간 경고 내 출동 · 출동 대기 엄호 부대(1개월 단위 교대) —1개 대대 그룹을 결여한 1개 여단 그룹 -장비 및 정비/준비팀은 전개 지역 내 또는 그 후방에 위치 —잔여 병력은 주둔지에 위치, 병력은 경고 후 3시간 내 75%, 6시간 내 99% 출동 준비 · 출동 대기 주력 부대 —주둔지에서 경고 후 3시간 내 67%, 6시간 내 90% 출동 준비
B 사단 (2개월 단위로 교대되는 여단 그룹)	· 1개 여단 그룹은 경고 후 9시간 내 75% 출동 준비 · 1개 여단 그룹은 경고 후 24시간 내 67% 출동 준비 · 1개 여단 그룹은 경계 태세 해제

〈표6〉 2개 사단으로 구성된 부대의 준비태세 유형

개괄적인 제안에 비하여 너무 구체적인 것으로 보일 수 있으나, 광범위하게 다양한 조건들 아래서의 명목상 및 실제적인 준비태세 상태의 많은 경험에 근거를 두었다.

요컨대 손 안에 있는 한 마리 새는 수풀 속에 있는 두 마리 새의 가치가 있다. 나는 '목적'이라는 표제어 아래 준비태세를 다루었다. 왜냐하면 준비태세가 가장 중요한 요소의 하나이며, 평화시에 달성하기가 매우 어렵기 때문이다. 따라서 준비태세는 방위 예산에 포함되는 부대 수준과 유지 비용의 기본적인 결정 사항에서 중요한 요소가 되어야 한다. 제14장에서 도출한 바와 같이 충분한 준비태세의 상태는 행운과 함께 전략적 기습 공격을 억제하게 될 것이다. 또한 '현존함대 이론'에 따라 이러한 수준을 신속하게 향상시키는 능력을 갖춤으로써 어떠한 적의 위협도 효과적으로 선제할 수 있을 것이다.

그러나 우리가 보아왔던 것처럼 예방적인 이동과 기동전은 정신적, 물리적 전투력의 지원을 받지 못하면 종이 호랑이가 된다. 그러므로 외교와 군대 사이에서 '전도할 수 있는 반응'에 비추어 재래식 군사 목적을 재고해야 한다. 여기서 전략적 목적은 어떠한 새로운 균형에서 다시 안정을 찾는 것임이 분명하다. 이것은 방자로 하여금 협상을 통해 부분적으로 또는 완전하게 다시 획득하기를 바라는 영토로부터 대가를 지불할 것을 요구한다. 방자의 최초 작전적 목적은 그 용어의 의미로 보아 봉쇄containment, 즉 시간상 최대의 이익을 얻기 위해 공간을 최소로 양보하며 공자를 저지하는 것이 될 것이다. 그러나 이제 우리는 전통적으로 군사적 결정을 획득하기 위해 '공세로 전환'한다는 낡은 군사 원칙에 직면하게 된다. 바로 이 점에서 변화가 필요하다. 작전적 지휘관들은 핵 또는 화학적 대재난으로 이어질 수 있는 승리의 관점이 아니라 형세를 바꾸기에 충분한 것을 실행하는 관점에서 생각하는 방법을 배워야 한다. 이는 매우 정확한 판단과 실행의 정교함을 필요로 하며, 무엇보다도 넬슨이 언급했듯이 '장교들의 정치적인 용기'를 요구한다.

명백하게 수세적인 방어와 봉쇄선의 유지는 적이 진취적인 정신을 고취하는 것을 방해할 수 없을 듯하며, 적을 협상 테이블로 유도할 수 없을 것이다. 전술적인 수준에서의 공세적 방어는 방자의 위치를 더 공고히 해주지만 접촉선이 불균형하게 되거나 기껏해야 톱니 모양이 되며 너무 유동적이고 복잡한 상황으로 귀결되는 경향이 있다.

그러므로 방자는 아마도 일종의 '통제된 작전적 반격'에 의지해야 할 것이다. 이는 공격 중인 지휘관의 정신에 형세 전환의 이미지를 각인시킬 만큼 용감하고 동시에 작전의 범위에서 핵전이나 화학전의 문지방으로 밀고 가지 않을 정도로 제한적이어야 한다. 올바르게 납득하기만 한다면 사실 완전하게 성공적일 필요도 없다. 다른 한편 방자의 작전적 예비대는 적에게 포위되거나 격멸될 위험을 최소화하기 위해 우수한 작전적 정보를 필요로 한다. 왜냐하면 작전의 흐름이 공자에게 유리하도록 부대를 집중하고 방자가 핵 또는 화학 반응에 의존하도록 강요받을 수 있기 때문이다. 80~90년대의 관점으로 보면 존 해킷 경이 《제3차 세계대전》에서 사용한 사례가 매우 적절하다고 생각한다. 이것은 뮌스터 - 오스나브뤼크 - 브레멘 고속도로(〈그림 13〉)를 잇는 선 상부에 대한 반격 작전으로서 나토군이 '크레펠트 돌출부'(대략 요도의 좌하단 화살표 머리)를 차단하고 바르샤바 조약군이 브레멘에 있는 비행장과 항만 시설을 사용할 수 없도록 만드는 데 목적을 두고 있다.

클라우제비츠는 분명히 작전적 목적에 이러한 강제성을 부여하는 것은 '전쟁의 원리'에 반대하고 전쟁의 속성과 갈등을 일으키는 정치적 통제의 정도를 나타내며, 전쟁의 마찰과 양립할 수 없는 정확성을 요구한다고 주장할 것이다. 소모론자 및 기동의 대가들을 포함하여 대부분의 군인들도 아마 클라우제비츠와 견해를 같이할 것이다. 아직도 나는 재래식 억제의 신뢰성과 능력이 이러한 요구에 달려 있다고 제안한다. 우연이 전쟁을 수행하는 데 중요한 역할을 하는 한 이러한 종류의 섬세한 조율은 전혀 불가능한 논외의 사안임을 인정한다. 그것은 아마도 반응의 속도와 정확성이 물리적 기동성과 이동의 선형 법칙에 따라 제한되는 한 불가능하게 남아 있었을 것이다. 그러나 이 책의 서두에서 구체적인 논의를 통해 증명했듯이, 미래에 과학기술의 민감한 적용이 훈련의 우수성, 임무형 전술의 반응성 그리고 무엇보다 고도의 결심 수립과 결합되었을 때 이러한 종류의 섬세한 조율이 가능해질 것이다.

만일 재안정화의 요구에 대처할 능력이 있으며 또 그렇게 보이는 부대가 전개될 수 없다면 우리는 두 가지 대안에 직면하게 된다. 우선 다음 장에서 논의하게 될 편성 부대의 '사용 불가능성'에 대한 소련군의 견해가 일반적으로 수용되고 혁명 전쟁이 전 세계에 만연될 것이다. 또는 먼저 동서간에 그리고 나중에는 남북간에 존재하는 세력 불균형은 어느 한쪽 편이 핵 문지방을 넘어서게 만드는 불안정화의 냉혹한 흐름으로 귀착될 것으로 보인다.

작전적 개념

그럼에도 불구하고 작전적 반격의 목적을 위하여 위에서 설정한 요구사항들은 아마 어떤 역동적인 시스템도 묵인할 수 있는 가장 엄격한 제한사항들의 집합체를 나타내고 있을 것이다. 대전 시나리오에 대한 사고를 불가피하게 지배하고 있는 나토 중심부에서 최후의 보루로 입증될 수 있는 추가적인 제한사항이 있는데, 바로 독일연방공화국 영토의 무한한 정치적, 경제적 가치이다. 독일 정부는 독일연방군을 전방 진지에서의 방어에 투입하도록 지시해왔다. 이 정책은 사실 논쟁의 여지가 없는 당연한 것이다. 그러나 나토의 3개 주요 지상군 대표의 손을 등 뒤에서 묶는 것은 적을 봉쇄하는 데 나쁜 전조를 보이고 있다. 제19장에서 이 점을 살펴볼 것이지만 우선적으로 전반적인 교훈을 도출하고자 한다.

역사적으로 보아 완충 국가를 설치하는 것은 강대국들 간의 전쟁을 예방하거나 제한하는 데 종종 성공을 거두었다. 강대국들은 상호간에 완충 국가를 인정하지만 빈번하게 그들의 희생으로 자국의 병력을 크게 투입하지 않고도 문제를 해결했으며, 완충 국가 지역을 자국의 병력이 자유롭게 활동할 수 있는 지리적 공간으로 활용했다. 얄타 회담 당시에 독일 영토와 독일 경제, 독일 민족은 처칠, 루스벨트 및 스탈린에게 희생시켜도 좋은, 가장 소모적인 것으로 보였을 것이다. 이들의 의도는 협정된 경계선에 의해서 완충 국가를 만드는 것인 듯했다. 만일 과거의 연합국 사이에서 물리적 충돌이 발생한다면 내부 독일 국경 양쪽의 종심은 충돌 흡수를 충족시켜야 한다. 10년이 채 지나기도 전에 "건축자들이 거부했던 바로 그 돌멩이가 건물 기둥의 초석이 되었다". 복수심에 근거한 부적절한 전쟁 목적의 달성은 신속하게 전에 없이 불완전한 평화를 초래했다.

소모 이론의 개념 아래에서라도 바르샤바 조약군이 개시할 수 있는 것과 같은 공세가 내부 독일 국경의 수킬로미터 이내에서 제1차 세계대전의 성격과 같이 정적으로 지속되는 전선을 형성하면서 확고하게 진행될 수 있다고 가정하는 것은 군사적인 광기이다. 이러한 성격을 가진 선들은 모두 데잔트에 의해 우회되거나 돌파되고 또는 양자 모두에 의해서 독일연방군의 주력을 붕괴시킬 것이다. '구부러지지 않으면 부러진다' 라는 독일 속담이 있다. 독일인들은 이 점을 누구보다 잘알고 있지만 심리적으로 수용하거나 정치적으로 인정할 수는 없다. 그들 또한 소련 위성국 영토로 선제 침입을 하거나 내부 독일 국경 너머로 조기 반격을 하는 것조차 나토의 기타 유럽 국가들에 의해 결코수용될 수 없다는 사실을 잘 알고 있다. 왜냐하면 위성국 체제 내에서의 예측 가능한 불안정이 소련을 핵 문지방으로까지 몰고 갈 수 있기때문이다. 내 견해로는 부대의 부족이 아니라 더 나은 도약을 향한 주저함이라는 정치적 무능력이 왜 나토 중심부가 낮은 핵 문지방을 갖고있는지를 설명해주는 현실적인 이유이다. 이 문제에 관해서는 제19장에서 더 깊이 살펴볼 것이다.

결론

논리적으로 볼 때 방자는 재안정화와 시간 획득의 전략적 목적을 위해 대가를 지불해야 한다. 방자가 갖고 있는 유일한 지불 수단은 공간이다. 우리가 이미 알고 있듯이 편성 부대가 봉쇄 및 통제된 반격의 작전적 목적으로 재안정화의 전략적 목적을 달성하는 데 운용될 수 있다면 군대의 지휘관들은 종심 깊게 기동할 수 있는 자유를 가져야 한다. 종심은 깊이를 의미한다. 만슈타인은 도네츠에서 작전하고 있을 때 "아직 러시아 영토에 충분한 종심을 갖고 있으므로" 대담한 기동의 필요성에 대하여 히틀러와 논쟁을 벌였다. 그는 자신의 후방에 소련 영토의 1200km를, 그리고 원래의 독일 영토에 가장 가까운 지점까지는 약 800km 정도를 추가적인 종심으로 보유하고 있었다. 내부 독일 국경에서 피니스테르 곶까지의 종심은 약 1,250km에 불과하다.

만슈타인이 작전적 기동을 위하여 염두에 둔 종심의 종류는 아시아나 아프리카의 광대한 토지에 대한 개입이라는 관점에서 전략적 의미를 갖는다. 그런데 문제는 바르샤바 조약군에 의해서 위협을 받는 규모와 성격의 공세적 운동량을 파괴하는 데 필요한 종심을 유럽 전구의 차원에서 정치적으로 수용할 수 있는 한계까지 어떻게 감소시키느냐하는 것이다. 다음 장에서는 대규모의 편성 부대가 이를 달성하는 데 유일한 수단이 아니며 또한 가장 주된 수단도 아님을 주장하고자 한다. 나는 앞으로 50~60년을 자세히 내다보고 난 후에 21세기 초반으로 돌아가서 만일 내부 독일 국경을 가로질러 현존하는 대립이 계속 존재할 경우 어떻게 나토 중심부를 최상으로 방어할 수 있는지를 심사숙고해볼 것이다.

나는 고도로 신속한 준비태세와 기동전을 배합하는 것이 억제 및 선제의 수단으로서 '현존 함대'에 대한 지상의 상대자를 제공하는 방식임을 다시 강조함으로써 끝을 맺고자 한다. 여기서 다시 한 번 마한의 예리한 사고를 적용하여 요새화된 전진 해군 기지의 작전적 대응물로서 무인 조종 요새가 설치된 국경 지대를 살펴보자. 이러한 지대는 지리적으로 기동 부대(함대)의 전방에 위치한다. 반면에 기동 부대가 군수 지원 면에서 요새화 지대에 의존하지 않는다는 사실이 이 주장을 무의미하게 만드는 것은 아니라고 생각한다. 요새화 지대는 네 가지 역할을 충족시킨다. 즉 그것은 적을 막아내는 방패뿐 아니라 인계 철선의 역할도 수행한다. 또한 공자의 초기 템포를 감소시키고 그리하여 상대적 관점에서 보면 적어도 전술적인 주도권을 확보할 수 있을 만큼 방자의 템포를 상승시킨다. 나는 여기에 아직 탄력과 저항력이 있는 방어의 실마리가 있다고 본다. 결국 작전이 요새화 지대의 영향 범위 안에서 진행되는 한 요새화 지대는 방자 견제 부대의 질량에 기여하게 된다.

제18장 편성 부대의 적절성

"1932년 제네바 군축 회의에서 순전히 방어적인 무기의 정의를 추구했던 현인들은 만일 그 정의를 발견했더라면 인간이 공포에서 해방되어 살 수 있는 시대를 세상에 구현함으로써 인간의 운명을 완전히 바꾸었을 것이라는 점을 의심하지 않았을 것이다."

— 페레로Ferrero(리델 하트 번역)

서론 — 소련군의 '사용 불가능성' 개념

소련군은 편성 부대의 '사용 불가능성' 개념에 관하여 어느 국가보다도 훨씬 많은 것을 응집하여 기술해왔다. 이러한 사실은 개념 발전의 원인이 아이러니컬하기 때문에 더욱 놀랍다. 마르크스-레닌주의의 근본적인 교의 중의 하나는 자본주의 국가에서 군대가 담당하는 주된 역할은 외국과 전쟁을 하는 것이 아니라 대내적으로 현상을 유지함으로써 지배 계급의 우위를 지속시킨다는 것이다. 반면에 공산주의 사회에서는 이러한 필요성이 발생하지 않으므로 군대의 유일한 역할은 대외적인 기능이다. 나는 외형상 매끄럽지 못하고 완벽하게 적절하다고도 할 수 없는 '사용 불가능성unusability'이라는 단어를 선택했다. 왜냐하면 라이더Lider와 그 동료들이 이 용어를 사용하고(그리고 라이더 이전에 다른 사람들도 라이더 이전에 사용했다고 생각한다) 정착시켜왔기 때문이다. 러시아 단어인 '네고드노스트negodnost'는 '부적당한' 또는 '부적절한'이라는 범주에서 좀더 흥미로운 의미를 함축하고 있다. 이것은 본래 러시아인들이 병역 의무에 부적격한 사람에게 사용하는 단어다. 정치, 전략 문제에 관한 러시아인들의 저술과 대부분의 소련 연구가들의 해석과 주석을 기준으로 하면, '사용 불가능성'의 의미가 뚜렷하게 드러난다. 전체적인 군사적 성공이 정치, 경제적 손해로 귀결될 경우, 편성 부대는 '사용 불가능'하다고 간주된다.

이 개념은 호전성과 반호전적인 태도 사이에 존재하는 합리적인 위치이자 중간적 위치이다. 그리고 정치적 목적이 경제적으로 정당화될 수 있어야 한다(이는 마르크스주의자의 주제에 있어서 또다른 근본적인 변화이다)는 의미에서 진정한 클라우제비츠식 견해의 '좌파'에 어느 정도 기울어 있다. 베를린, 헝가리 및 체코슬로바키아 사태 이후 억압을 목적으로 편성 부대를 다시 사용할 필요가 없다는 생각은 기껏해야 너털웃음을 자아낼 뿐이다. 그러나 소련이 아프가니스탄을 제외하면 승인된 영향권의 밖에서 소련군을 공격적으로 사용하지 않은 점은 공정하게 인정해야 한다. 그리고 아프가니스탄에서의 결과가 너무 비참했기 때문에 소련군의 '사용 불가능성'에 대한 견해가 훨씬 오래 전에 정립되었다고 기록할 만한 가치가 있다.

다른 저변에 깔린 경향

과학기술의 발전과 호전주의의 쇠퇴를 제외하더라도 편성 부대 또는 적어도 대규모 편성 부대의 적절성을 감소시키는 두 가지 강력한 경향이 있다. 첫번째 경향은 역사적인 것으로, 편성 부대가 혁명 전쟁이 보유한 약간의 기술에 대항해서도 전체적으로 승리할 가능성이 거의 없는 무기력함으로 요약될 수 있다. 앞 장에서 강조한 바와 같이 선진 사회들은 이러한 표현에 대하여 설명은커녕 국내에서 자신들의 입장을 고수하기조차 힘들다. 그리고 제1 또는 제2세계가 제3세계에 개입하게 되면, 설사 아프가니스탄에서처럼 압도적인 병력을 동원하더라도 자존심을 크게 다치게 된다. 말라야에서 템플러Templer가 전개한 작전은 당시뿐 아니라 아직까지도 토착 세력의 활동에 군사적으로 개입하여 성공을 거둔 유일한 사례일 것이다. 어떤 사람들은 이 사례와 보르네오에서 거둔 인도네시아인들의 승리를 비슷한 수준으로 간주한다. 즉 혁명 전쟁의 기술에 맞서 전문적인 특수 부대를 사용하여 승리를 거둔 최상의 성공적인 사례였다고 생각하는 것이다. 그러나 나는 적대자들이 근본적으로 현지의 섬 주민들과 무관했다고 이해하고 있다.

조미니는 이 주제에 대한 최고 권위자라고 할 수 있다. 그는 수많은 역사적인 사례를 이용하여, 그중에서도 특히 티롤과 스페인에서 드러난 나폴레옹의 문제점을 들어 자신의 논제를 설명하며 다음과 같이 요약하고 있다.

적대적인 주민들이 훈련된 상당 규모의 핵심 부대의 지원을 받을 때 이러한 종류의 전쟁은 특히 엄청난 문제점을 야기한다. 당신은 오직 하나의 군대만을 보유하고 있다. 그러나 당신의 적들은 하나의 군대와 하나의 완전한 무장 국가를 보유한다. 모든 사람이, 모든 곳에서 무장되어 있다. 개개인 전체가 당신의 파멸을 계획하고 있다. 비전투원들조차 모두 당신의 대의를 손상시키는 데 이해관계를 갖고 있다. 당신은 숙영하는 위치에 세심하게 주의를 기울여야 한다. 숙영지의 경계 범위 밖에서는 모든 것이 적대적이고 당신이 매걸음마다 조우하게 되는 난관들을 수천 가지 방법으로 증가시킨다.

이것이 내가 여태까지 발견한 것 중에서 가장 명백한 미래에 대한 지침이다. 그러나 분명히 짚고 넘어가야 할 중요한 차이점이 있다. 말라야에서와는 달리 혁명 전쟁의 기법이 난관에 봉착하는 유일한 경우는 그것이 마오 쩌둥의 '제3단계', 즉 중장비를 갖춘 편성 부대로 발전했을 때이다. 이러한 대대는 마치 볼테르 시대(종교적 회의론자의 시대)의 신처럼 단지 허울좋게 규모가 큰 대대에 불과하다. 현대적인 관점에서 표현하자면, 조미니가 주장한 요점은 방자가 자국의 영토에 위치하는 것을 전제로 할 때 상비군과 시민군을 기초로 하는 방어와 관련이 있다.

서부 유럽 대부분의 지역과 북아메리카 전역에서 관찰할 수 있는 두 번째 경향은 민주국가의 정치 지도자들에 대한 신뢰도가 낮아지고 있다는 것이다. 정치에 입문한 사람들, 더욱이 정치 생활에서 성공한 사람들의 지속적인 질적 하락은 자기가 타고 있는 차량 운전의 과실과 비슷하다. 사람들은 항상 자동차와 더불어 생활하기 때문에 차가 언제 출발했는가를 생각하지 않고 차량의 상태가 점점 나빠지고 있다는 사실을 의식하지 못한다. 이 주제를 더 깊이 탐구하자고 제안하지는 않겠다. 그러나 아직 자신의 용기가 공고하게 정립되어 있지 않은 독자들을 위해서 순수하게 개인적인 견해를 개략적으로 피력하고자 한다.

고등교육과 취업을 위한 경쟁으로 인해 최고 수준의 자유로운 교육의 범위와 폭은 다소 퇴보하게 되었다. 박학자가 소멸함으로써 많은 분야는 적어도 몇몇 주요한 학문분야들과 교류해왔던 사람들이 부족하게 되었다. 자신의 분야에서 가장 재능이 많은 사람들조차도 종종 인간적인 지혜와 판단의 자질 면에서는 미흡한 것으로 보인다. 이러한 자질들이야말로 훌륭한 정부를 만드는 데 기여하는 인적 특성이다. 내 마음속 깊이 이러한 질적 저하의 표시로 기억되는 3가지 사건, 즉 애들라이 스티븐슨Adlai Stevenson의 이혼, 아이언 맥레오드Ian Macleod의 죽음, 그리고 빌리 브란트Willi Brandt의 구상 등이 있다. 영재 교육제도를 수용하고 시골의 마을학교에서부터 4단계에 이르는 집중된 교육제도(grandes e´coles라고 부른다)를 운영하는 프랑스만이 아직도 일급 국민들을 공적인 생활의 정상까지 이르게 할 수 있는 것 같다.

이러한 이야기가 망령든 노인이나 엘리트주의자의 잠꼬대처럼 들릴지도 모르지만 나는 그렇게 생각하지 않는다. 얼마 전 미국의 수학자이자 저술가 한 사람을 처음 만났을 때 내가 정중히 '당신 나라의 현정부'라는 표현을 하자 '레이건 갱집단'이라고 응답했다. 또한 우리는 영국에서도 푸자드 파poujadiste(1950년대 프랑스의 극우파 정당) 정부와 유사 마르크스주의자의 반대당 사이에서 샌드위치가 된 성실하고도 지혜로운 소수 정치가들이 아직 남아 있음을 알고 있다. 나는 더 거대한 자유민주주의 국가들 중에서 드골이 실정에 맞는 제도를 물려준 프랑스와 정확히 5%의 차단점으로 비례대표제를 성사시킨 독일연방공화국에서만이 제대로 진행이 되는 주장을 할 수 있다고 본다. 그리고 캐나다와 서부 유럽의 소규모 민주주의 국가들이 훨씬 더 일 처리를 잘하고 있는 것 같다. 그러나 그 이유가 호전성을 포기해왔기 때문인지 아니면 '작은 것이 아름답기 때문인지' 또는 '풀은 항상 푸르러지기' 때문인지는 잘 모르겠다.

나는 주목받고 있는 자질의 쇠퇴에 대한 관점을 설명하는 데 주관적인 견해를 사용했다. 왜냐하면 이 방법이 나의 주장을 신속하고 간단하게 전달하여 독자들의 관심을 끌 수 있는 유일한 방식이기 때문이다. 만일 여론조사가 조금이라도 의미를 갖는다면 —— 정치인들이 여론조사를 질색하는 것을 보면 좋은 거래임을 확인할 수 있다 —— 적어도 유럽에서는 위험한 장난감을 소유한 정부를 신뢰하거나 심지어 정부에게 위험한 장난감에 대한 아이디어를 허용하는 데 동의하는 투표권자의 비율이 계속적으로 그리고 어느 때보다 급격하게 감소하고 있다. 지금부터 시작하여 21세기 중반에 이르는 50년 주기 내에서 이 경향은 방어 정책에 급진적인 영향을 미칠 것이다.

상호확증파괴(MAD)에서 광기까지

20세기 중반에 걸쳐 있는 50년 주기의 말기로 돌아가면, 핵 억제의 신뢰성이 급속히 하락하고 있음을 보게 된다. 이 현상은 1983년과 1984년에 전구 무기 및 핵겨울 가설의 좌파와 우파에 의해 가속화되어 왔다. 흥미롭게도, 나토가 중거리 탄도미사일을 배치했던 과거 두 번의 경우 모두 수년 뒤에 다시 미사일을 철수했다. 우리는 단지 현재의 추세가 계속되기를 바라는 수밖에 없다. 모든 사람들이 핵무기는 그 자체로서 어떠한 군사목적을 달성할 수 없으며, 다른 수단보다 덜 자극적으로 군사 목적을 충족시킬 수 없다는 데 동의하는 것 같다. 그러나 유럽의 평화 운동은 간접적이라 하더라도 옳게 인식되어왔기 때문에 이러한 운동들의 존재가 전장 핵무기의 사용을 미리 선제함으로써 전장 핵무기에 대한 나토의 의존성을 무너뜨리고 있다.

우선, 토마호크와 퍼싱2에 대한 유럽의 반응에 미국이 불만을 토로하는 것을 살펴보자. 서독 수상 헬무트 슈미트Helmut Schmidt가 미국에게 미사일의 배치를 요구했을 때 나토는 슈미트를 지지했다. 그리고 미국은 다른 방어 계획에서 상당한 희생을 감수하면서까지, 심지어 온건한 유럽의 견해가 이를 반대함에도 불구하고 핵 미사일을 공급했다. 여기서 위기는 유럽의 선거권자들이 정치 지도자들에게 품는 심각한 불신에 있고 미 행정부에도 같은 영향이 작용했다.

나는 존 해킷 경이 오래 전 처음 개략적으로 설명했던 핵 억제의 '대도시권metropolitan' 이론에 언제나 동의해왔다. 하지만 내가 주장하려는 특수한 사항에 대해서 그가 동의하지 않는다는 것을 밝혀야겠다. 그의 이론에 따르면, 핵무기 보유의 실제 가치는 핵무기가 소유자의 대도시 영토에 대한 적의 핵 공격을 선제한다는 것이다. 존 포스터 듀얼스John Foster Duells가 미국의 정책을 '대량 보복'에서 '유연 반응'으로 조정한 이래 나토 중심부의 부대에 대한 수킬로 톤의 핵무기 투하와 어떠한 초강대국도 공격을 개시할 의도가 없는 전략적 핵 교환 사이에 명백하게 한정된 문지방은 전혀 존재하지 않았다. 과거에는 중거리 미사일을 배치함으로써 군사적 능력의 결함을 메웠는데, 이때 미사일은 지정된 '전구 무기'가 아니었다. 오늘날에는 '유럽의 경계'라는 문지방이 있다. 초강대국 대도시권의 영토가 파괴되는 엄청난 위험을 초래하지 않고서는 초강대국들이 유럽에서 서로의 영향 영역을 전멸시키는 것을 제지할 방법이 더 이상 없다. 그러므로 전장에서 핵무기를 '처음 사용할' 경우 전체 유럽 지역에서의 핵 교환으로 즉각 확대될 것이라고 예측할 수 있다.

이러한 상황에서는 쌍방에게 모두 결점이 있다. 먼저 핵 공격을 하겠다는 나토의 위협은 종이 호랑이와 같다. 나토 유럽연합군 사령부(SACEUR)는 핵무기를 사용하는 데 유럽 국가들의 동의를 얻지 못할 것이다. 또한 만일 미국이 단독으로 핵무기를 사용하더라도 미국의 유럽 동맹국들이 즉각 화평을 청할 가능성이 높다. 훨씬 냉소적으로 바라보면, 소련이 '샘Sam 아저씨(미국)'의 호의를 통해 동요하는 위성국들을 제거함과 동시에 독일연방공화국을 격멸하는 기회를 환영할 것이라고 가정할 수 있다. 하지만 다행스럽게도 어머니의 나라 러시아는 우세한 기상 시스템을 이용하여 가슴 부위에 해당하는 내륙지방을 가로지르는 대류권 낙진의 엄청난 양을 예측할 수 있을 것이다.

미 행정부가 '하나를 위한 전부 그리고 전부를 위한 하나'에 관하여 무엇을 약속하든지 간에, 전구 무기의 배치는 유럽의 핵 교환을 어떤 대통령이라도 거의 확실하게 행사하는 현실적인 선택이 아니라 오직 미 당국의 관점에서 도덕적, 이론적으로 올바른 선택으로 만든다. 국민을 피해로부터 보호하는 것이 정부의 1차적인 의무이자 방어정책의 적절한 목표이다. 그러나 다행스럽게도, 아무리 규모가 작더라도 영국과 프랑스가 잠수함 발사 핵무기 체계를 보유하고 있는 한 서부 유럽은 최후의 수단을 가지고 있는 셈이다. 이러한 부대들은 유럽의 핵 교환에서 파멸되지 않고 소련의 대도시권 영토를 전략적으로 타격할 수 있는 능력이 있다. 나는 적이 대도시권 이론과 '방아쇠 억제 이론'을 함께 선택한다면, 나토가 붕괴되거나 영국이 탈퇴할지라도 영국은 당분간 독립적으로 잠수함 발사 핵 억제력을 유지해야 한다고 확신한다.

이 책을 쓰고 있는 지금 '핵겨울'에 관한 미국의 가장 권위 있는 연구가 아직 진행중이다. 그러나 메가톤급의 핵 사용이 이루어질 경우, 동서에서 공히 권위 있는 과학적 의견은 이러한 가설을 옹호하는 입장으로 굳어질 듯하다. 하드 데이터hard data와 계량적인 예측들은 제쳐두더라도, 이러한 가설은 광범위한 오늘날의 발전 추세와 조화를 이루고 있는 만큼 개연성이 높다. 농업에서 예방의학에 이르기까지 생물학 체계와 생태계를 크게 손상시키는 사람들은 자신의 행동이 초래할 결과를 거의 인식하지 못한다. 그리고 이러한 뜻하지 않은 결과들은 결국 자업자득이 됨에 따라서 그 결과가 거의 항상 역전되기 마련이다. 핵 전장에서 나타나는 다른 두 가지 사례를 고찰해보자. 먼저, 초창기에 미군과 영국군에 고의적으로 노출되었던 방사선이 장기적으로 암을 유발하고 유전적 영향을 초래한다고 가정할 수 있다. 그리고 영국에서 대기나 해상으로의 배출을 통하여 인공적인 방사선에 노출된 지역에서 적어도 소아 백혈병 발생율은 불안의 원인이 되고 있다. 만일 개연성이 낮더라도 '핵겨울'에 대한 예측들이 확인 된다면 상호확증파괴는 분명 완전한 광기가 되고 핵 억제의 신뢰성은 결국 무용지물이 된다.

비핵 억제

발생하든 않든 간에 핵 위협은 직접 지향 에너지 무기나 전자포를 사용하여 우주 공간에서 전투하는 '별들의 전쟁'의 위협 및 실제로 대치될 것이다. 그러나 현재 미국의 연구가 탄도 미사일을 차단하기 위해서 정립된 기술을 사용하는 데 집중되어 있다는 사실은 다음 50년 주기에서 대기권을 지배하기 위해 과감하게 노력할 것이라는 대부분의 다른 증거와 일치한다. 그러므로 우리는 핵 억제가 이미 신뢰성을 상실하고 우주 공간에서의 대체물이 전혀 존재하지 않는 시기를 검토해야 한다. 이미 20년 전이라면 핵무기가 필요했을 많은 과업들이 재래식 화력에 의해서 달성될 수 있다. 제10장을 포함하여 여러 부분에서 살펴보았듯이, 그리고 모든 권위 있는 견해들이 동의하다시피 우리는 화력 우세의 시대로 진입하고 있다. 바로크식 장비의 갑옷을 입고 높은 밀도로 전개된 대규모 편성 부대는 글자 그대로 산산조각이 난다는 의미에서 '사용 불가능' 하게 될 것이다.

그러나 역사적 발전의 템포와 현 상황의 현실 때문에 아직까지도 대규모 부대가 곧 해체되거나 크게 감소하게 된다는 사실을 상상하기가 어렵다. 핵의 배후지원이 배제되면 나토는 재래식 힘의 균형을 달성해야 한다. 나는 다음 장에서 이러한 균형이 전적으로 실행 가능한 일임을 보여줄 것이다. 제1, 제2세계 역시 제3세계의 위협에 직면하여 핵 억제와 실질적인 편성 부대를 유지해야 한다. 이러한 위협의 관점에서 볼 때 핵겨울의 가설은 앞으로 오랫동안 적용되지 않을 것이다. 좀더 솔직하게 씌어진 군사 저작들을 보면 파키스탄처럼 군사적으로 앞선 나라들에서조차 페르시아 만 전쟁(이란, 이라크 등이 도발한 전쟁 —옮긴이주)의 증거를 확인시켜준다. 결국 제3세계 국가들이 선진 장비를 효과적으로 사용할 수 있는 기술 수준을 달성하더라도, 기동전에서 기계화 부대 또는 공중 기계화 부대를 운용하거나 화력의 우세를 이용하기 위해 지휘 능력을 발전시키는 징후는 전혀 없다. 아직도 제3세계 국가들을 억제하기 위해서는 소모전에 입각한 사고가 필요할 것이다.

그러한 국가들과의 사이에 대략적인 세력 균형이 이루어진다면 제1, 제2세계의 대규모 편성 부대는 '사용 불가능한 억제력' 인 핵무기를 대체하는 작업에 착수할 것이다. 대규모 편성 부대는 계속 존재해야 하며 신뢰성이 있어야 한다. 그러나 전쟁에서 이러한 부대를 사용하는 것이 공자나 방자에게 정치, 경제적 이득을 가져다 줄 것 같지는 않다. 기껏해야 부대 이동 또는 보다 개연성이 있는 것으로 전체적인 경계 및 준비태세 시스템에 조화를 이루는 형태로 '현존함대' 이론을 적용함으로써 평시 억제상태를 첨예하게 만들 가능성이 높다.

사용 가능한 군대의 형태

앞서 주장한 것들을 모두 종합해보면, 두 가지 양상이 분명한 경향으로 자리잡았음을 감지할 수 있다. 그 하나가 SAS, SBS, 미국의 레인저Rangers와 스페츠나츠Spetsnaz로 대표되는 특수 부대의 발전 및 확장에 대해서 대부분의 선진 강대국들, 특히 소련이 선택하는 강화책이다. 다음 50년 주기의 중반 지점까지인 30년 정도를 내다보면서 나는 특수 부대를 지상군 구조의 초점으로 보고자 한다(〈그림51〉). 이

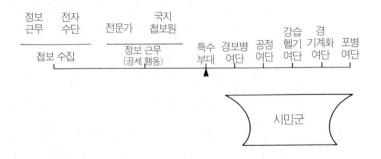

〈그림 51〉 장기적인 부대 균형

는 특수 부대가 오늘날의 기계화 부대나 가까운 미래의 헬기 탑승 부대처럼 수적으로 가장 많은 구성 요소가 된다는 의미가 아니라 작전적, 전략적 수준에서 공세 행동의 결정적인 수단이 된다는 뜻이다.

두 번째 양상은 시류의 다른 쪽에 편승함으로써 가장 정확하게 묘사될 수 있는데, 그것은 바로 혁명전쟁이 진화해온 이중 날실의 형태이다. 한편, 마오 쩌둥이 예견했으며 여태까지 단지 그만이 성공적으로 실행했던 발전 양상이 변화하고 있다. 즉 혁명 게릴라들이 '제3단계'에 진입하여 편성 부대(그들 중 일부는 중장비를 갖추고 있다)로 변화하고 있다. 나중에 여단으로 통합된 이러한 대대들은 독자적으로 또는 다른 부대와 협조하여 편성 부대의 방식으로 싸워야 했다. PLO의 예를 들면 3단계로 이동하려는 시도는 결국 오히려 비효율성에 대한 소란한 비판이 되었다. 일반적으로 편성, 지휘 기술 및 기계적인 적합성에 필수적인 힘이 결여되어 있다. 결과적으로 이와 같은 움직임은 기동 이론의 원칙을 적용하는 공세적 게릴라 작전(이를 제2단계라고 한다)의 영역을 확대하는 것을 선호하면서 소모론적인 제3단계에 가까이 가지 않도록 조종하고 있다. 공식적인 부대와 혁명적인 부대들을 연결하는 두 번째 실마리는 정부 지원 테러리즘이다. 나는 "내가 자유라는 대의 아래 용감한 특수 부대를 수세적으로 이용하는 것"은 "국제법에 반하는 당신의 파괴적인 행동주의"이며 "정부의 지원을 받는 테러리즘이다"라고 말하는 것이 정당하다고 생각한다.

군대가 선제 상황을 획득하는 전략적 기습을 이용함으로써 오로지 '사용 가능'해진다는 인식의 확산이 광범위한 경향이 되었다. 이러한 접근은 선제 태세를 확립하는 데 하나 또는 그 이상의 폭력적인 기습 행동이 요구될 수 있다는 점에서 이 책의 서두에서 고려했던 선제의 형태와 다소 다르다. 휴대용 가방에 핵무기를 소지한 테러리스트는 목표물에 도달하여 행동으로 옮기기 위해서 항공기를 납치해야 하는 경우가 있다. 좀더 현실적으로 볼 때, 문제는 게릴라 특수 작전을 실시하는 것이 아니라 변화 및 반응의 상황을 달성하는 것이다. 즉 이들은 협상을 타결하여 결실을 맺는 데 필요한 융통성을 제공함으로써 작전의 성공을 보장한다. 이것이 바로 내가 헬기 수송 잠수함이 엄청나게 강력한 개념이며 이에 근접하는 경기계화 부대의 잠수 수송 역시 큰 의미를 갖는다고 믿는 이유이다. 여기에서는 고도의 기동성이 있는 소규모 공정 부대, 헬기 탑승 부대 그리고 기계화 공정 부대들이 특수 부대와 첩보원의 지원을 받으며 작전을 실시한다. 헬리콥터를 전투지원 체계보다 오히려 더 강력한 전투 무기체계로 만드는 것과 유사하게, 혹은 세부 명령에서 임무형 전술로 변환되는 것처럼, 이러한 개념은 물리적인 문제점들을 거의 제기하지 않는다. 이것은 단지 사고의 대전환을 위한 군인다운 정신을 요구한다.

지상군의 구조

미래의 부대 구조를 어느 정도 구체적으로 검토하기 전에 사단이라는 '고정관념'에서 벗어날 필요가 있다. 사단의 개념은 사실 기술의 진보가 구획한 하나의 발전 단계에 불과하다. 물론 '사단'은 고대의 중요한 전술적 개념이다. 그러나 핵심적인 편성 부대로서 사단을 착상한 것은 19세기 중반인 것 같다(대대는 핵심 단위 부대이다). 이 책에서 내가 여러 번 언급해왔듯이, 전통이 짧을수록 더 격렬하고 불합리한 태도로 옹호하게 된다. 현존하는 사단의 개념이 두 번의 50년 주기 동안에 걸쳐 존속될 만한 가치를 지닌다면 놀라운 일일 것이다. 사실

이러한 관점에 반대하는 세 가지 주장이 있다.

첫째, 제9장에서 공정 부대를 살펴볼 때 1개 여단이 미확보된 영토에 투입될 수 있는 최상의 부대는 1개 여단이라고 제시했으며, 제7장에서는 작전적 회전익 부대를 위한 최상의 규모가 약 100대의 일급 헬리콥터로 편성된 여단이라는 광범위한 인식에 주목했다. 나토 중심부의 관점에서 보면 아마 기갑 사단이 아직도 최소한의 작전적 부대일 것이다. 그러나 나토 측방에서 작전하는 혼성 부대에서 또는 국외 지역으로 개입할 때는 분명히 경기계화 여단이 작전적 충격력을 갖고 있다. 둘째, 나의 독자적인 연구를 포함하여 미국의 1986년 부대 구조 및 다수의 기타 훈련처럼 균형잡히고 독립적인(일체가 완비된) 사단을 만들려는 제안과 시도들은 현실성 없이 거대한 사단으로 귀착되고 있다. 이것은 주로 실질적인 회전익 항공기의 도입 그리고 포병 대 전투병과의 비율이 1/3에서 1/1로 변화하는 데서 기인한다. 이러한 비율의 변화는 화력 우세에 따른 필수적인 부산물이다. 이것은 앞으로 의심의 여지 없이 반대에 부딪힐 것이므로 그만큼 더 강력하게 고무되어야 한다. 그러나 전술 지휘관과 지원 포병 지휘관을 동일한 수준에 위치시킴으로써 명백한 문제점이 야기된다. 대부분의 군대에서 이 문제는 포병 그룹을 대령이 지휘하는 '연대' 예하에 대대를 편성하고 이 연대를 다시 준장이 지휘하는 여단에 편성시킴으로써 손쉽게 해결된다. 셋째, 제안된 미국의 경보병 및 '하이테크 경사단' 처럼 모든 종류의 주요 예하 부대들을 편제하고 있는 사단은 너무 규모가 크기 때문에 공중 수송에 의존하는 개입 부대가 할 수 있는 취급 가능한 구성요소가 될 수 없다. 그러므로 논의의 기초를 여단에 둘 것이다.

특수 부대를 구조의 초점으로 고려해보자. 특수 부대의 한 측면으로서, 국지적으로 충원된 첩보원의 세포 조직을 형성하는 고정 첩보원과 더불어 이제 종료되는 50년 주기 안에서 특수 부대의 발전과 대등하게 CIA, KGB와 같은 비밀 기관들의 공세적 활동이 뚜렷하게 성장하는 것을 예측할 수 있다. 첩보 수집 및 처리에서 점차 역할이 커지는 선진 기술과 이들 기관에서 첩보 수집 및 공세 활동이 차지하는 상대적인 중요성은 오늘날 특수 부대에서의 여건에 잘 들어맞는다. 이와 유사하게 특수 부대에 대한 강조의 균형이 공세 행동의 방향으로 이동할 것이다.

우리는 특수 부대의 '편성적' 측면에서 공정 부대(낙하산 부대), 헬기 탑승 부대, 특공대, 경보병 부대처럼 인원 및 장비의 질이 인원수보다 더욱 중요한 '반半 특수 부대'를 강조하는 것을 분명히 보게 된다. 이처럼 '사용 가능한' 기동 부대들은 전술적 수준에서 재래식 공세 역량을 제공하고 특수 부대 작전을 지원하는 데 운용될 것이다. 나는 '사용 불가능한' 재래식 억제의 중추로서 남아 있는 중기계화 부대들을 예견해보고 싶다. 그리고 다음에는 별도로 선線보병의 재생 가능성을 살펴볼 것이다.

이러한 관점에서 그림 51에 설명된 5개 유형의 여단을 예측할 수 있다. 이들 중 처음 4개 여단에 대해서는 더 이상의 설명이 필요 없다. 공정 여단, 경여단 및 경기계화 여단은 다른 전투 및 근무 지원 요소들과 더불어 이들에게 편성된 적절한 포병 연대를 보유하고 있다. 일단 기술 지원이 가능하게 되면 헬리콥터 여단은 다련장 로켓의 형태로 포병 지원이 보장된다. 포병 여단은 전적으로 새로운 개념은 아니지만 매우 급진적인 개념이다(가령 동일한 명칭을 가진 소련군 부대와 비교할 때 그러하다). 내가 알고 있는 바와 같이, 포병 여단은 엄청난 중량과 강도 그리고 다양한 형태로 집중된 화력을 생산할 능력을 갖춘 기동 화력 기지를 제공하게 된다. 여단은 아마 편제된 국지 경계 부대로서 자체적으로 하나의 경기계화 대대를 보유하고 각 포병 대대는 하나의 경기계화 포대를 보유하게 될 것이다. 나는 포병 지원 비율의 증가를 통해서뿐 아니라 대규모 간접 화력에 기여하는 부대 배치를 통해 획득되는 화력의 우세를 인지해야 한다는 점을 지적하고 싶다.

자국 방어

위에서 언급한 내용은 사실 현재와 예측할 수 있는 미래의 반영이며, 편견 없는 눈으로 바라보면 혁명이라기보다는 과학기술이 선도하는 진화를 나타낸다. 이 속에서의 근본적인 특징은 전략적 기습에 대한 강조를 통해 두드러지게 나타난다. 이러한 강조는 결국 선포를 통해 전쟁을 합법화하는 것을 포기하고 언제, 어떠한 장소에서라도 폭력으로 나타날 수 있는 이념적, 경제적 갈등이 지속되는 상태를 인식하는 것을 의미한다.

여기서 방어 정책의 군사적 의미를 살펴보자. 현 정부는 과거의 영광 이후에 호전주의와 제국주의의 갈망에서 벗어나 방어 정책의 적합한 목표가 국민과 영토의 안전임을 인정하고 있다. 이러한 '보호주의'는 곧 수용 가능한 수준에서의 경제적 자급자족을 의미한다. 프랑스가 오랫동안 성공적으로 이러한 방침을 유지해왔고 기타 서부 유럽 국가들도 그러한 방향으로 노력하고 있는 중이다. 보호주의 정책은 초강대국들을 위한 정책이 아니다. 그리고 나토와 바르샤바 조약의 대결이 계속되는 한 이 정책으로의 전환이 갑자기 시작될 수도 없다. 그러나 유럽에서 훌륭하게 운영되는 두 국가인 스웨덴과 스위스에서 보호주의가 지금까지 전적으로 성공적이었음이 입증되었다. 덴마크도 비록 나토에 잔류하기는 했지만 가능한 한 이 두 국가와 같은 길을 걸어왔다. 여론의 실체를 인정한다면, 그리고 나토 내에서의 지리적 위치 때문에 대규모 동맹국들의 활동을 끌어들이지 않는다면 벨기에, 네덜란드, 노르웨이 역시 선례를 따르게 될지도 모른다. 만일 서독의 차기 선거가 사회민주당과 녹색당 연합의 승리로 귀결된다면 시민군에 관한 작은 토의는 신속하게 급류가 되어 흐를 것이고 영국이 본토로 철수하는 것 외에는 선택권이 거의 남아 있지 않다.

모든 사람들이 미국인을 불쾌하게 만드는 데 두려움을 갖고 있기 때문에 이러한 정책을 토론하는 데 소극적이다. 나는 이러한 방향으로 흐르는 움직임이 결코 '미국인을 불쾌하게 한다'고 생각하지 않는다. 미국인은 색안경을 끼고 바라보는 것을 좋아하지 않는다. 그들은 솔직함을 좋아한다. 그리고 미국 역시 불안정으로 이어질 수 있는 갑작스러운 변화를 회피하는 데 유럽의 나토 회원국과 같은 이해관계를 갖고 있다. 서독연방군이 새로이 가입하고 프랑스가 군사조직에서 탈퇴한 것을 제외하면 나토는 사실상 거의 40여 년 동안 변화가 없었다. 가속화되고 있는 시대적 변화의 템포에도 불구하고 나토는 자유민족국가들의 다른 유사한 그룹보다 오래 생존했다. 변화는 반드시 도래한다. 그리고 변화가 공개적이고 점진적으로 다가올 때에만 동맹 관계가 본래의 목적을 유지할 것이다.

하여튼 위에서 묘사된 기동 부대, 기동 부대의 해상 및 공중 파트너들 그리고 최소한의 핵 역량도 매우 높은 비용을 필요로 한다. 한편, 순전히 정적인 방어는 비효율적이고 정밀한 파괴 무기에 취약하다. 그러므로 대규모의 적에 대항하여 전술적인 행동만 취할 수 있지만 수적으로 열세하거나 전반적으로 질이 떨어지는 적에 대항하여 작전적, 전략적 충격을 가할 수 있을 만큼 강력한 기동 부대를 가정해보는 것은 경제적으로나 군사적으로 합리적인 것처럼 보인다. 실제 미래의 위협이 동쪽이 아니라 남쪽에서 시작된다고 확신하더라도 잠수함 수송 핵능력과 전략적 기습 능력을 보유하고 장거리 능력을 갖춘 소규모 기동 부대가 필수적이다. 그리고 이러한 부대는 예측 가능한 장래에 잠재적인 적들의 분할과 정복 행위에 맞서기 위해 민족적인 토대 위에 존재해야 한다. 나의 주장을 설명하기 위하여, 전 계급 통틀어 40,000 ~45,000명 규모의 기동 부대를 보유하는 영국군을 상정해보자. 이 부대는 물론 자국에 기지를 두고 있고 〈표 7〉의 선상에서 편성될 수 있을 것이다. 또한 각각 1개 특수 부대 중대(SBS), 1개 강습 헬기 대대, 1개 경기계화 대대, 그리고 특공 대대 및 적절한 전투 및 근무 지원 부대로 구성되며, 잠수함으로 수송되는 두 개의 혼성 영국 해병 여단들로 보강될 수 있다. 오직 해병 여단, SAS 여단, 공정 여단만이 영국 본토 외부에서의 임무 수행을 위해 투입되고 편성되며 장비를 갖춘다. 특히 이 3개 여단의 적절한 일부가 국외에서 일어나는 분쟁에 개입하기 위해서 고도의 준비태세를 갖춘 채 유지되고 위협을 선제하기 위하여 사전에 배치될 것이다.

이러한 부대들은 1~3개 대대로 구성된 편제 포병 연대 그리고 적절한 공병과 근무지원 제대들을 보유한 독립 여단 그룹이 될 것이다. 어

- 1개 특수 부대 '여단' (SAS)
- 2개 공정 여단
- 2개 강습 헬기 여단 (근위 부대 : Guards로 추정된다)
- 3개 경 보병 여단
- 3개 경 기계화 여단 (1개 근위기병대)
- 4개 포병 여단 (본문 참조)

〈표 7〉 미래 영국군 기동 부대의 가능한 구성

림짐작으로 인력 규모를 40,000(＋)명으로 추산할 때 이 부대에는 평균 3,000여 명이 분포될 것이라고 가정할 수 있다. 그들은 일부 훈련을 시민군과 공통적으로 실시하고 대부분의 행정 시설을 같이 사용하기 때문에 총 인력 규모를 약 70,000명으로 하면서 전투 부대 대 기타 부대가 60 : 40 비율이라면 임무 수행을 잘 해낼 것으로 기대해도 좋다.

다른 많은 국가들에서 그렇듯이 영국 영토에 기지를 둔 선보병은 시민군 또는 만일 당신이 원한다면 진정한 의미에서의 향토방위군(영국에서는 국방의용군이라고 한다)이 될 것이다. 아마 25～30세 사이의 모든 적합한 남녀가 시민군으로 복무하는 것이 보편적인 현상이 되고 병역면제란 없을 것이지만, 소집 개념에 따라 의사와 같은 주요 전문직의 경우에는 전문가들이 시민군에서도 직업을 계속 영위하게 될 것이다. 이러한 계획이 도입될 수 있는 시기에는 여론이 시민군 전투 부대에 여성을 포함하는 것을 선호하게 되리라고 생각한다. 그러나 이것이 핵심은 아니다. 왜냐하면 여성들을 다르게 운용할 수 있는 영역이 무수히 많이 있기 때문이다.

소규모의 동질적 주민에 기초한 스웨덴, 스위스 그리고 덴마크의 모델은 영국과 같은 나라들을 오도할 수도 있다. 이러한 시민군의 편성을 위해서는 아마 3개의 계층, 즉 상비 전문 핵심 요원, 임시 자원 기간 요원(오늘날의 향토방위군과 비슷하다) 그리고 단지 의무적인 정기 훈련에만 투입되는 주력군이 필요할 것이다. 많은 사람들이 오늘날 개방된 산업사회의 대규모화가 시민군에게 적당한 매개물이 아니라고 주장할 것이다. 우리는 영국이 관련되는 한 그들의 견해가 특별히 옳다는 점을 인정해야 한다. 그러나 나는 그러한 의혹을 품는 사람들에게 '자유로운' 시민이 가정에 무기와 탄약을 소지하는 것이 신뢰받지 못하는 '개방된' 사회가 도덕적 관점에서 방어되어야 하는 실체를 나타내는지 또는 군사적인 관점에서 방어될 수 있는 실체를 나타내는지 생각해보라고 요구하고 싶다. '도덕적 권위(道)'에 대한 손자의 명언이 여기서 나를 감동시킨다.

나는 3백만 명 이상의 병력을 제공하기 위하여 5년차까지의 연령대를 취했다(예를 들면 20세부터 25세까지). 그리고 장교와 하사관 직책이 차지하는 부분이 징집자들에게 개방되어야 하기 때문에 300,000명의 임시 자원 기간 요원과 30,000명의 전문핵심 요원을 요구하고 상비군을 전체적으로 약 100,000명 규모로 유지해야 한다.

시민군은 매우 좁은 의미에서 자국 내의 작전을 위해서만 장비를 갖추고 훈련을 받으며, 자국에서 멀리 떨어져 인원을 수용, 급식하거나 수송할 준비는 이루어지지 않을 것이다. 그리고 전 시간제 훈련 시기의 필요성도 전혀 없어 보인다. 부분적으로 전 시간제 훈련이 필요한 자원 기간 요원의 범주에서만 전문가들이 제공될 것이다. 징집병의 훈련에는 2가지 중점이 있다. 첫째, 첩보 수집을 강조하여 훈련 내용이 단순한 지역 방어에서 전차 사냥과 사보타주와 같은 공세적 준게릴라의 전술에 이르기까지 폭넓게 걸쳐 있다. 두 번째는 민간 방어 및 재난 구조와 관련이 있다. 그들은 재래식 보병 계선에 따라서 사격팀(1개 분대의 1/2)까지 편성되고 조직될 것이다. 적에게 점령된 지역에서 이들 1/2 규모의 분대들은 '저항' 조직이 된다. 지휘 계통은 좁게 국지화되고 필요하다면 은밀하게 작전할 수 있을 것이다. 좀더 넓은 연령대를 취함으로써 이 부대를 확장하는 것이 모든 면에서 바람직할 것 같다. 나는 단순히 사회적으로 실행 가능성이 있어 보이고 경제적, 조직적으로 취급 가능한 인력 규모의 창출을 출발점으로 선택했다.

미래의 모든 자국 방어에서 세 번째 핵심 요소는 제5장에서 논의한 무인 방어물이 될 것이지만, 항공 및 연안 방어의 정적인 요소들을 제공하도록 확장되어야 한다. 무인 방어물은 위에서 설명한 지상군 기동 요소, 경해군 부대 그리고 단거리 요격 및 타격 항공기로 보완될 것이다. 스웨덴인들이 계속 추진하고 있는 것처럼 해안은 침투에 대비하여 빈틈없이 방어되어야 한다. 그러나 해안을 통한 강습 상륙이 미래전에서 특별히 기대되는 데잔트의 형태는 아닌 것 같다.

우리가 보았다시피 해상 수송 헬리콥터의 위협은 전적으로 예측 불허이고 즉각적인 국지 방어 및 기동의 혼합에 의해서만 대응될 수 있으나 규모상으로 제한된다. 무인 방어물의 가장 우선적인 요구 사항은 침공자의 착륙 수송기를 막는 것이다. 다른 많은 유럽 국가들과 마찬가지로 영국에서도 수송기가 다시 이륙하겠다는 희망을 품고 착륙할 수 있는 자연적인 지표면이 부족하다. 그리고 시민군의 우선적인 과업 중의 하나가 차량에 의해 중요 도로의 적당한 확장 지점을 차단하는 것이다. 다양한 형태의 공항은 또 다른 문제이다. 자국 방어시에는 평시 준비의 일부로서 군사 공군 기지, 민간 공항 및 스포츠용 활주로 등이 통합되고 경제적으로 긴요한 규모로 감소되어야 한다. 이러한 곳들은 모든 방어 요소에서 우선 순위가 매우 높은 장소이다. 나머지 다른 비행장과 활주로는 파괴되어도 좋을 것이다. 적어도 영국에서 편성 부대에 의하여 적의 침공을 방어하는 것은 비행장 방호를 위한 전투로부터 시작될 것이다.

시민군의 위험

시민군 체제가 특히 젊은 층의 정치적 견해의 조류에 부합되고 가장 민주적인 국가에서 수용될 뿐 아니라 20~30년 이내에 정치적으로 수용될 수 있는 유일한 태세라고 확신하지 않았다면, 나는 보호주의자 방어 정책이라는 개념을 설명하지도 않았을 것이다. 미래를 내다볼 때 잠수하는 핵 능력이 얼마나 오랫동안 지원받을 수 있을지, 혹은 크게 제한된 개입 부대가 과연 다가올 50년 동안 수용 가능한 상태로 남아 있을지는 대단히 의심스럽다.

그렇지만 시민군에 기초한 방어를 추구하려는 자유민주주의에 측정 불가능한 한 가지 위험이 있다. 이것은 내적인 갈등에 직면했을 때 법과 질서를 유지하기 위해서 시민군을 프랑스의 특수 경찰과 같이 '제3의 부대'로 사용하려는 유혹이다. 이 문제는 영국이 고통을 겪고 있는 광산 파업의 폭력성과 무법성에 의해서 완벽하게 입증된다. 시민군은 소집될 때 일종의 군법의 적용을 받아야 한다. 또한 재난 구조를 위해서 시민군을 소집할 수 없다면 어불성설일 것이다. 시민군이 소집될 수 있는 상황을 정의하여 시민군에게 적용할 입법에 포함하는 것도 충분히 쉬운 일이다. 그러나 정부가 제한사항들을 간단히 무시하거나 비상권을 발동하여 무효로 만들거나 대내적 불안과 대외적 위협이 연결된 시나리오를 조작하는 것을 저지할 방법이 없다.

성문법과 행정부 및 의회 사이에 일련의 견제와 균형이 보장된 미국의 정부 제도는 안전 장치를 제공한다. 그러나 영국처럼 원칙상으로는 의회가, 실행상으로는 내각이 지배하는 국가가 이러한 남용으로부터 어떻게 적절히 보호받을 수 있는지를 안다는 것은 실로 어려운 일이다. 여기에는 국가 수반이 동의하기 전에 사법부의 의견을 청취할 권리를 가짐으로써 반드시 정치적으로 연루되도록 만드는 것이 해당된다. 하나의 해결책은 제20장에서 주장하게 될 전문적인 '제3의 부대'를 창설하는 것으로서 총체적인 방어 형태에 적합하다. 여하튼 독일의 킬만젝Kielmansegg 장군이 미국의 상대국인 독일연방을 성토할 때 강조하는 바와 같이 시민군이 해당국 군대에 통합된 일부분이어야 한다는 것은 더 말할 필요가 없다. 더욱이 시민군 개념은 압력단체나 원외 활동의 형태로 조장되는 것이 아니라 총선거에서 주요 정당의 선언을 통해 발표되어야 하며, 주로 지원병이 아닌 의무 복무자의 근무에 기초를 두어야 한다.

결론

이 장에서는 서부 유럽 방어 정책의 미래를 형상화하기 위해 다양하고 광범위한 주장들을 결집시키려고 했다. 먼저 서두에서는 군대가 순수하게 수세적인 방어 정책 아래 취할 수 있는 형태를 개관하기 위해서 토론을 유도했다. 나는 최소한의 잠수함 수송 핵 능력을 유지하는 것을 옹호하는 데 유사 지침을 생각하는 대다수의 사람들과 나의 생각이 다르다는 사실을 잘 알고 있다. 그러나 영국과 독일의 인구 규모 및 밀도로 핵 공격을 견뎌내는 것은 불가능함을 인정해야 한다. 이러한 조건에서 일방적으로 우리의 핵군비를 축소한다면 글자 그대로 전멸함으로써 제3세계의 폭군이나 종교적 광신자의 '일시적인 변덕'을 만족시키는 결과를 낳을 수도 있다.

개입부대를 유지하는 것은 이처럼 논쟁의 여지가 있다. 그러나 나는 일상적인 체험이 되어버린 야만적인 위협으로부터 한 명의 외교관 또는 한 명의 시민을 구제하기 위해 필요할 수도 있다는 차원에서 이 문제를 거론하고자 노력했다.

나는 편성 부대의 침공에서 외부 세력의 지원을 받은 전복에 이르기까지 어떠한 위협에 맞선 경우일지라도 자국 방어를 위해서 작전적 차원보다 전술적 차원의 기동성을 보유한 지상, 해상, 공중 부대로 제한한 반면에 견제 부대(유인 및 무인 조종)와 기동 부대 요소를 포함한 기동 이론의 요구사항을 충족시켰다. 그러나 이러한 부대들은 적 주력에 대한 공세를 시작하거나 위협의 회피 또는 봉쇄가 아닌 '공세이전'을 실시할 만큼 강력하지는 못하다. 이는 많은 독자들에게 패배주의자의 환상으로 여겨질 것이다. 그러나 다음 장에서는 과거로 거슬러 올라가 아주 다른 전제에서 출발하여 미래 나토 중심부의 방어가 어떻게 나의 진보적인 개념을 현재 상황에 연결시키는지 입증하도록 하겠다.

제19장 나토 중심부 방어

"우리의 재래전 부대는 확전을 위한 '지연 인계 철선' 이상의 역할을 하기 위해 충분히 건장해져야 한다. 나토가 직면한 문제는 새로운 전략을 찾는 것이 아니다. 유연 반응 전략은 1960년대에 처음으로 정성들여 만들었을 때와 마찬가지로 유효하다. 차라리 합리적인 자원 투입의 범위 내에서 최상으로 유연 반응 전략이 요구하는 중요한 역할을 수행할 수 있도록 어떻게 재래전 전력을 최상의 상태로 강화할 것인지를 결정해야 한다. 요컨대 우리의 과업은 유연 반응 전략을 융통성 있게 지속시킴으로써 효과적으로 전쟁 억제력을 유지할 수 있는 수단을 발견하는 것이다."

— 버나드 W. 로저스 장군Bernard W. Rogers, SACEUR(1983)

서론 — 나토의 낡은 강령

소련의 전제적인 정부 치하에서도 통렬하고도 떠들썩한 러시아인의 유머감각은 남아 있으며 모스크바에서 1984년에 만들어진 농담 중에 유럽경제공동체(EEC)를 '레닌의 밧줄'이라고 표현하는 습관이 있다 ("자본주의자들에게 충분한 밧줄을 줘라……"). 러시아인들이 적절하게 별명 붙인 공동시장 안에서 벌어지는 사소한 다툼과 관료주의는 40년 동안 당당한 확신에 차 있던 유럽인인 나에게 영불 해협보다는 오히려 대서양과 북해를 건너다보도록 재촉했다. EEC 회원국 사이의 불협화음은 미국의 대외 정책과 유럽인의 불일치보다 아마 나토의 결속력에 더욱 심각하고 중대한 위협일 것이다. 미국이라는 나라의 윤리적 포장이 미국과 영국 외의 다수 유럽 국가 사이에서 유인력을 창출하고 있다. 만일 나토의 군사조직 형태가 변화하더라도 나토가 존속될 것이라고 가정해보자.

그러나 군사적 관점에서 보면 나토 중심부를 상세하게 토의하기 전에 조직의 강령에서 결함사항을 강조해야만 한다. 이중 가장 명백한 결함은 남쪽 측방 지역의 취약성이다. 대내적으로 그리스와 터키는 서로 동요하고 있다. 또한 이탈리아는 고질적으로 불안정하고 스페인은 양적으로 미지수이며 포르투갈의 능력에 대해서는 의심쩍기 때문에 미국의 제6함대야말로, 리비아 또는 알제리를 전진 기지로 하여 남프랑스로 전략적인 우회 기동을 할 때 실질적인 유일한 장애물이다. 그러므로 알프스, 중앙 단층지괴 그리고 피레네 산맥을 따라서 노출되어 있는 측방을 생각해보는 것 자체가 두말할 필요도 없이 신중한 일이다.

두 번째로 낡은 강령의 항목은 소련의 역량이 전략적 기습을 적용하는 것을 점차 선호하는 이때, 나토가 열흘에 달하는 경고 기간을 공공연히 선포하고 이에 의존한다는 사실이다. 리포저Reforger 시리즈, 크루세이더Crusader 80 그리고 라이온 허트Lion Heart와 같은 대규모 훈련들은 놀랍게도 매끄럽게 진행이 된다. 그러나 이러한 기동 훈련들이 더욱 큰 전략적 의미를 가지려면 전광석화처럼 신속히 전개될 필요가 있다. 이와 같은 부대들만이 반격 작전에 기여할 수가 있다. 바르샤바 조약군의 전진이 봉쇄될 것인지 또는 핵 문지방을 넘어설 것인지는 분명 서독과 뫼즈 강 삼각지대에 위치한 상비군의 능력에 상당 부분 달려 있다. 이처럼 부대의 증강과 경고 시기에 대한 낡은 개념은, 나토 회원국 정부들로 하여금 대부분 전략적 기습의 선제나 대응을 위한 고도의 준비태세를 갖춘 후 군대의 적정 비율을 유지하는 비용 산출에 부응하는 것을 거부하게 만든다.

세 번째의 애매한 부분은 서독의 태도에서 비롯되는 군사적 취약점과 잠재적인 불협화음이다. 이러한 감정은 때때로 미국 의회와 언론 매체를 통해, 유럽 지역의 나토가 전반적으로 자기 역할을 수행하지 못하는 것을 분개하는 것으로 위장되어 나타난다(이는 전적으로 옳은 의견이다). 1973년 이래 서독 정부는 줄곧 케이크를 받아 먹었을 뿐 아니라 스스로 동맹국들에게 케이크에 사용한 설탕을 공급하고 있음을 주장했다. 나는 이 개념이 1982년 2월 에드윈 브로멀Edwin Bramall 원수가 왕립 국가연구소에서 연설할 당시, 이면에 깔려 있던 사고임이 틀림없다고 생각한다. 세계 제4위의 강력한 경제력에 고급 인력이 풍부한 국가(서독을 지칭한다)가 국가를 방위하는 데 필요한 인력과 예산 중 최소한 절반을 용케도 제3자들이 부담하도록 만드는 방식을 역사적인 한 예로 쉽게 기록할 수 있을 것이다. 더욱 용서가 안 되는 것은, 1973년 이후 독일인과 다른 모든 사람들이 무너질 것이라 예측하는 선형 전방 방어에 전 서독군 야전부대를 투입하는 정치적 압력이 시작된 사실이다. 대략 1982년에 이르기까지 종심에서의 작전적 기동에 최적인 부대들을 전방 방어에 고착시키는 행동은 나토를 위해서 군사적으로 어리석은 일이었음을 다시 한 번 언급할 수 있을 것이다. 당시의 서독연방군이 나치국방군과 같은 계보 아래 있다고 어느 누구도 주장하지는 않았으나 그때까지만 해도 나치 국방군에서 훈련된 장교들에 의하여 지도되고 있었다. 반면에 미군은 —— 과거에도 그러하였고 현재도 문제점을 갖고 있다고 정직히 인정하는 것처럼 —— 사병들의 사기 및 자질의 관점에서 베트남 전쟁 후의 후유증에 고통스러워하고 있었다. 라인 주둔 영국군도 다시 한 번 새롭게 태어나기 위하여 알을 품기에 분주했다. 이제 나치 국방군의 영향력이 사라짐으로써 서독연방군은 방공호를 더욱 더 깊이 파고, 육중하고 다루기 힘든 장비를 갖추는 것에 주력하는 것처럼 보인다. 미군이 70년대의 도랑에서 벗어나 기동 이론으로 전향하고 영국이 60년대 초의 현명한 기병 접근방식으로 회귀함에 따라서 정적인 역할은 서독연방군에게 걸맞게 되었을 수 있다.

그렇다고 해서 이것이 가장 짜증나는 측면 —— 평화시 국경 장애물 지대 설정에 대한 서독 정부의 완강한 거부 —— 을 변화시키지는 않는다. 의미심장하지만 믿을 수 없게도, 이러한 강요가 보호주의자 방어 정책에 관한 막스 플랑크 연구소Max Planck Institute의 연구에까지 확대되고 있다. 아마 서독 당국은 그러한 지대가 독일 분할의 영구화를 상징하는 것으로 인식하는 것 같다.

그럴 수도 있다. 만일 그들이 자체 인원과 예산으로 스스로 방어를 준비한다면 충분히 정당한 주장이다. 그러나 예를 들어 독일에서 방어하는 것에 대한 영국의 이익이 급속히 감소하면, 독일은 역으로 지속적인 동맹국의 주둔을 위하여 군사적인 이익을 확실히 제공해야만 한다. 무인 방어물에 의해 제공되는 가능성과 그 아래에서 논의되는 경향들은 내부 독일 국경을 연하여 단지 바람직한 부가물이 아니라 나토 중심부 미래의 방어에 필수적인 구성 요소로서 영구적인 요새화 지대를 설치하도록 촉진한다.

지상군의 수준

전체적인 지상군 규모를 숫자로 계산해보면 나토 중심부에 할당되고 서독에 주둔하는 상비 지상군이 6개의 일급 군단으로 구성되어 있다. 그들 중 3개가 독일군, 2개가 미군, 1개가 영국군이다. 6개 군단을 제외한 다른 군대에 부여된 역할은 서독에 주둔하든 아니면 서독의 배후에 위치하고 있든지 간에 막 형성되려고 하는 돌파 상황을 상상해보면 널리 알 수 있다. 사실상 종심상에 일급 예비대가 전혀 없고 야전군(집단군) 사령관에게도 작전적 예비대가 없다. 때문에 재래식 전투의 결과는 핵 문지방을 마지못해서 낮추는 행위, 즉 '핵 선제 불사용'의 솔직한 선언으로부터 나토를 확실히 배제시키는 행동을 충분히 공개적인 이슈로 만든다. 많은 것이 공중 전황에 달려 있고 이에 대한 판단이 너무나 광범위하게 변화하기 때문에 판단 자체가 크게 도움이 되지 않는다.

대조적으로 추가적인 2개의 일급 군단의 존재가 매우 다른 모습을 그려낼 것이라고 주장하는 상당히 확고한 의견들이 있다. 철저한 분석에 바탕을 둔 작품 《제3차 세계대전》에서 존 해킷 경은 새롭게 편성한 약간 불안정한 2개의 영국군 군단을 가정하고 바르샤바 조약군의 전진이 라인 하부의 양쪽에 걸쳐서 정지되는 상황을 묘사했다. 만일 야전군 지휘관이 작전적 예비대로서 자신의 수중에 회전익 항공기 부대를 보유한 강력한 기계화 군단을 갖고 있다면 제17장에서 요구되는 안정화를 거의 확실하게 달성할 수 있다. 왜냐하면 바르샤바 조약의 사용 가능한 질량이 통로의 포화 현상에 의해서 제한되기 때문이다.

미국이 이미 소요되는 2개 군단을 제공했기 때문에 추가적인 부대들은 명백히 서독 자신이나 영국으로부터 염출해야만 한다. 나토는 전

세계 인구의 1/8을 점유하고, 전 세계 생산량의 거의 1/2을 담당하고 있다. 즉 '동맹국' 들이 이러한 부대를 유지할 능력이 없다고 주장하는 것은 불합리하다. 서독은 인구 통계학적으로 볼 때 급속히 저하되고 있어서 새롭게 제안된 18개월 대신 15개월에서 22개월로 병역의무 기간을 연장해야만 추가적인 군단을 편성할 수 있다. 이에 상응하는 조치로서 '선제 불사용' 선언을 하면 SPD 좌파 및 녹색당에 의해서 확실하게 지지를 받을 수 있을 것이다. 그리고 나는 비록 육군의 이런 팽창이 영국의 잉여인력을 흡수하는 데 거의 효력을 내지 못하더라도 영국이 해상전력 증강계획의 일부를 교체하거나 또는 연기한 뒤의 비용 균형에 대해 광범위한 정치적 승인을 받으리라고 생각한다.

이같은 핵 문지방 높이기는 심지어 유럽인의 대중적 사기를 향상시킴으로써 경제적 이득을 가져온다고 다들 주장할 것이다. 독일인들이 자국 영토에 더 큰 규모의 영국군 부대를 받아들일 준비가 되어 있지 않을 경우 이에 적합한 미 - 영의 반응은 학생들이 가끔 권고하는 비결에 가장 잘 표현되어 있다.

전술적 개념

프리드리히 대왕이 한 번 이상 쓰라린 체험을 통하여 발견한 바와 같이, 작전적 탁월성은 결코 전술적 건전성의 대체물이 아니다. 비록 다음의 약 20년 간 영 · 미국인들이 기동 이론 쪽으로 크게 선회할지라도 가깝고 머지않은 장래에 현실적인 문제가 놓여 있는 곳은 과학기술이 선도하는 전술적 발전이다. 그래서 나는 먼저 전술적 수준을 거론하는 것이 타당하다고 생각한다. 이 범주 내에서 기동 부대의 발전 방향은 경궤도가 중궤도 차량을 보완하고 회전익이 점진적으로 큰 역할을 담당하는 것으로서 상당히 분명해진다. 템포와 밀도는 제쳐두고 유일하게 예측 가능한 전술적 혁신은 회전익 강습의 발전이다. 그리고 혁명이 절실하게 요구되는 분야는 견제 부대이다. 나는 혁명을 다음의 4단계로 보고 있다.

비록 지금 몇 가지 관점에서 공지전투에 의해 대체되고 있을지라도 출발점으로서 립시의 적극 방어를 고려하고자 한다. 이 개념은 본질적으로 '최종 참호' 거점들의 격자格子로 구성되어 있다〈그림 52〉a). 이 격자 안에서 일련의 전술적 망치와 모루 전투, 다른 유형의 저지 전투 그리고 짧고 예리한 타격이 수행된다. 내 생각에 그 원칙은 반복하여 소련군 연대 – 대대의 결심 주기에 진입함으로써 지휘 연결을 분쇄하는 것이다. 비록 한 가지 형태의 모루만을 갖고 있을지라도 영국의 '형틀전투framework battle'가 나의 주장과 상당히 유사하다. 발전의 첫 단계는 적의 돌진선상에 놓여 있는 방해 지형인 시가지 및 기타 지역을 이용하기 위하여 내가 '그물망'이라고 부르고 독일인들이 '스폰지'라고 호칭하는 제3의 요소를 망치와 모루 전술에 부가하는 것이다〈그림 52〉b).

그물망은 소대급까지 포병과 공병 분견대에 의하여 증강되고 정상적인 보병 밀도의 10%를 절대 초과하지 않으며 5% 정도의 밀도로 전개된 경보병으로 구성된다. 또한 그물망은 1개 소대로 하여금 2~3km의 정면과 7km까지의 종심을 책임지게 하고 이 지대 내에서 소대는 포병을 통하여 화력 및 공중 지원을 요청하면서 준게릴라 전술을 구사한다. 전형적인 야지의 방해 지형에서 소대는 4~6개의 전차 파괴 순찰대를 투입하기 위해 2개 분대를 운용할 수 있다. 그리고 본부(별도의 사격팀을 보유한다) 및 제3분대를 공병 지원의 대부분이 소요되

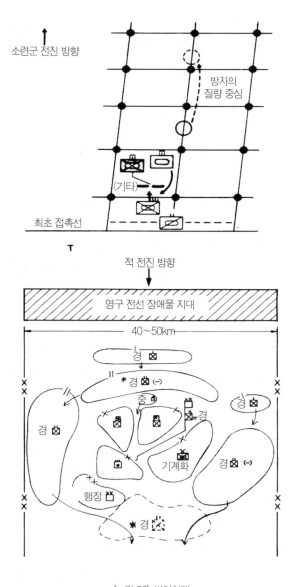

소련군 전진 방향

방자의 질량 중심

최초 접촉선

T

적 전진 방향

영구 전선 장애물 지대

40~50km

경

경 (-)

중

경

경

경

기계화

경 (-)

행정

경

〈그림 52〉 방어형태

a : '적극방어' 원칙의 개념도, b : 망치, 모루 및 그물망의 체계도

는 매복 진지에 전개할 수도 있다. 주 전투를 회피하면서 도보로 철수하기 위해서는 상호 '그물망 조직'이 필요하다.

그물망의 과업은 소모가 아니라 통로 차단에 기초하는 가장 광범위한 개념에서의 '기동성 거부'다. 그 목적은 적의 보병을 밀집시키고 차량에서 하차하게 하며 방해 지형을 도보로 극복하도록 강요하기 위하여 위협을 충분히 제공하는 것이다. 자신의 이동 계획에 대한 영향은 제쳐두고 적의 위협 아래 장애물 개척을 경험해본 사람이라면 이것이 공자의 템포에 무엇을 강요하는지 의심하지 않을 것이다.

제2단계는 동일한 지침을 따르는 것이지만 부대 구조의 균형에 있어서 좀더 급격한 변화를 요구한다. 프란츠 울레-베틀러Franz Uhle-Wettler는 이 책을 저술할 당시 '제5기갑 사단장'이었는데, 자신의 저서인 《중부 유럽 전장Gefechtsfeld Mitteleuropa(Battlefield Central Europe)》에서 그러한 변화를 주장했다. 이는 나토군 기계화 부대의 사용을 가장 적합한 지형으로 국한하고 포병과 고정익 및 회전익 항공기의 지원을 잘 받을 수 있는 경보병으로 나머지 서독 영토의 약 50% 지역을 엄호하는 것이다. 이러한 경보병은 재래식 및 준게릴라 전술의 혼합을 사용하게 되며 모든 종류의 특수 부대와 전복 위협에 대한 경계 부대로서의 역할을 수행할 것이다.

'그물망'과 '스폰지' 개념에 대한 수용이 지속적으로 확산되는 듯하다. 하지만 어떻게 이 개념이 체득되어야 하는가에 대한 논란도 많이 있다. 이 책을 쓸 당시에 미 제7군단장이자 확실히 떠오르는 별인 존 갤빈John R. Galvin 중장이 공식적으로 울레-베틀러의 견해를 지지했다. 따라서 첫 번째 두 단계는 합리적인 속도로 진척되는 것을 입증하기가 아무리 어려울지라도 이미 반대 논쟁이 없는 지점에 이른 것 같다. 제3단계는 글자 그대로 방어 전술의 안팎을 뒤집듯하는 점에서 좀더 급진적이다. 그것은 화력 모루에 의해 부대 모루를 교체하는 것으로 가장 잘 요약될 수 있다.

내가 제10장 및 다른 장에서 강조했던 화력 우세의 증대는, 기갑과 보병 다 같이 고밀도로 전개하는 것이 극히 위험하고 공중 위협이 없다고 하더라도 재래식 밀도에 의한 이동이 어려워지는 시점까지 이르렀다. 소련군의 탄약 기준량과 그밖의 많은 증거들이 이제는 '확장된 무력화' 그리고 필요시 현실적인 탄약 소모에 의거하여 군수물자의 파괴가 가능함을 보여준다. 이러한 능력은 화력이 예측되는 것이 아니라 관측될 경우에 좀더 향상된다. 표적을 구체화하고 견제하기 위하여, 또한 간접 화력의 층을 두껍게 하기 위하여 직접 화력이 운용되는 경우에 그 능력은 더욱 증대된다.

이는 방어 견제 부대 혹은 모루에 적이 포화를 퍼부어 껍데기를 벗겨내야 하는 바위로부터 적이 그 속으로 유인되어야만 하는 바위로 변형시키고 있다〈그림 5〉). 그리고 바위의 껍질을 형성하는 진지들이 포병 관측자들을 보호할 뿐 아니라 전차, 전차파괴차량 및 헬리콥터를 저격하기 위한 국지적인 선회축으로서의 역할을 한다. 분명히 이 개념은 어떠한 전술적 애로 지역의 형태를 요구하고 만일 애로 지역의 끝에 자연 장애물이 없다면 포병 투발 지뢰 및 헬기와 차량 투발 살포 지뢰로 인공적인 장애물을 설치해야 할 것이다. 애로 지역이 우회되는 것을 방지하고 관측화력과 대전차 저격의 범위를 확대하기 위해 애로의 측방에는 '그물망'이 필요하다. 이러한 화력 모루의 소 전술에는 상당한 사고력이 필요하지만 일단 필수적으로 요구되는 사고의 대전환을 이루면 명백해진다.

제4단계는 내 취향에서 보더라도 급진적이고, 앞 장에서 묘사했던 장기적인 개념에 현재 개념을 접목시키기 때문에 특별히 중요하다.

그리고 '그물망'으로부터 화력 모루에 의해 태어났기 때문에 그것을 '총체적인 그물망'이라고 부를 것이다. 이 개념을 도식적으로 묘사하기보다는 독자들이 지도 위에서 상상의 날개를 펼쳐보도록 하고 싶다. 전체 작전 지역은 내가 묘사해온 것과 유사하게 '그물망'에 의해서 방호되어 있으며 시민군에 의해서 방어 지역이 잘 준비될 수 있을 것이다. 이때 포병 관측자들은 직업군인 또는 자원 예비역이어야 한다. 게다가 자기 고향에 대한 지역적인 지식과 직접적인 위협 의식이 훈련의 제한 사항들을 상쇄하고도 남음이 있을 것이다. 시민군은 적에 의해서 유린되었을 때에도 최소한 첩보 수집을 계속하고 이상적인 경우에는 새로운 지면 편성을 위하여 재배치될 것이다. 나토의 관점에서 보아 이러한 종류의 '총체적인 그물망'이 토착 부대, 시민군 또는 다른 형태에 의해서 편성되어야 하는 것이 문제다. 그러나 이는 울레-베틀러가 가졌던 사고의 단순한 확장에 불과하다. 독일연방군 내에서도('제3의 부대'가 아니라) 시민군의 요소를 위한 움직임이 성장하고 있는데 그 중에서도 킬만젝 장군이 적극 후원하고 있다. 그러므로 이 개념은 얼핏 보이는 것보다 훨씬 현실적이고 더욱 신속하게 이룰 수 있다.

이 '총체적인 그물망'이 방자에게 제공하는 엄청난 군사적 이점은 방자의 견제 부대를 이동시키는 적의 전술적 위협으로부터 자유로워지는 것이다. 방자는 기동 부대가 지상의 통로 위에서 자유로이 활동하는 동안 헬리콥터 부대에 의해 방자가 원하는 곳이라면 어디든지 그물망을 단단하게 함으로써 즉각적인 화력의 모루를 이상적으로 조성할 수 있다. 역으로 공자는 방자가 집중하거나 이동하지 않기 때문에 공자가 취하는 행동의 매 단계마다 미리 식별할 수 없는 위협에 직면한다. 손자의 어법에 따르자면 그것은 "형체가 없다(至於無形, 虛實篇)". 공자가 방자의 일부를 각개격파하고 붕괴시킬 수도 있으나 전투를 도보 병력으로 실시해야만 하고 더욱이 실로 매우 느린 작업이라는 것을 적 스스로 알게 될 것이다.

현존하는 나토의 대규모 기계화 부대는 총체적인 그물망을 지원하는 데 그리 적합하지 않다. 앞 장에서 설명된 것과 동일한 성격의 여단급 특수 임무 부대와 특히 거기에서 제시된 기동성을 가지며 자주 방호력을 보유한 포병 여단의 필요성이 있다. 누구나 나토의 현존 형태에 이 '총체적인 그물망' 의 개념을 접목시키는 방식을 이해할 수 있을 것이다. 그물망 부대는 토착 현지 주민으로 구성해야 한다는 것이 내 견해다. 그러나 하부 제대급에서 군 상호간의 협동 문제가 극복될 수 있으면 이러한 전술적 기동 부대의 일부는 영국과 미국에서도 차출이 가능할 것이다. 각각 1개 군단의 가치로 조율할 경우에 2개국의 군대는 각기 작전적 예비로서 1개 군단씩을 제공하고 독일은 자체에서 2개 군단을 공급하게 될 것이다. 나는 이론과 실제 사이의 이같은 섬세한 영역을 너무 어렵게 검토하고 싶지는 않다. 그러나 현재로부터 장기적인 미래로의 원만한 발전이 상상 불가능한 것이 아님을 충분히 제시했다고 기대한다.

작전적 개념

현재 나토 중심부의 야전군 사령관들은 작전을 수행하는 면에서 할 말이 그다지 없을 것이다. 그들 대부분이 원하는 것은 다양한 국가들의 군단 전투를 협조하고 지원하는 것이다. 각 군단은 해당 국가의 군대들이 선호하는 방식으로 전투를 한다. 독일의 시각처럼 나토군에는 쓸 수 있는 작전적 예비대가 전혀 없으므로 작전적 수준이라는 개념도 없다. 나는 이같은 상황을 위하여 위에서 중·장기 치유책들을 제시해왔다. 그러나 사실 라인 강 전방의 종심 및 서독 영토의 정치·경제적 가치에 제2차 세계대전시 동부 전선에서 나치 국방군이 수행했던 작전적 기동의 여지는 거의 존재하지 않는다.

진정한 작전적 예비대의 목적에는 아마 이중성이 있을 것이다. 예비대는 후방에 잘 보유하고 있다가 적의 일방적인 돌진을 차단하거나 전략적 우회 기동에 대응하기 위해서 사용될 수 있다. 일단 봉쇄가 되면 예비대의 존재는, 상황을 다시 안정시키는 데 필요한 '계획된 반격'을 가하기 위하여 새로운 부대의 가용성을 보장한다(제17장). 나는 미군들이 군단 전투를 작전적 개념을 요구하는 작전으로 간주하는 데 모두 합세해야 한다고 생각한다.

이러한 관점에서 서독연방군의 작전적 개념이란 오직 전술적 예비 및 전술적 역습(엄격한 의미에서 진지를 회복하기 위한 이동)과 더불어 종심 약 50km 내에서의 가장 강력한 전방 방어임이 명백하다. 미국의 공지전투 개념도 마찬가지로 기동 부대의 기동이 관련되는 한 종심이 30~50km으로 제한된다.

이러한 이유에서 존 해킷 경을 포함한 많은 권위자들이 돈 스태리 대장에 의해 발전되고 현재 미국에 널리 보급되어 있는 공지전투와 로저스 대장이 선포한 교리인 '종심 타격' 사이에서 깊은 갈등을 보이고 있다. 즉 관건이 되고 있는 평시 준비의 견지에서 두 개념 사이에 자원의 마찰이 있다. 종심 타격을 할 때 갖춰야 할 값비싼 감시·무기 체계는 오직 군단 전투에 필요한 군수 물자의 희생을 통해서만 제공될 수 있다. 그러나 나는 근본적인 갈등을 이해할 수가 없다. 귀류법과 극단적인 사례 속에서의 아주 작은 훈련이 이러한 의견을 확인시켜준다. 방자가 적의 선두제대는 자유롭게 질주하도록 허용하는 반면에 바르샤바 조약 영토 내에 위치한 종심 깊은 후속 부대를 타격하는 데 전 역량을 집중하는 것은 상상할 수 없는 일이다. 후속 부대가 선두 부대를 초월하여 모든 역량을 다해 전 속력으로 방자를 타격하도록 허용하면서 방자가 공자 선두 부대만 전적으로 처리하는 것도 마찬가지로 생각할 수 없다. 내가 이해하고 있는 것처럼, 후속 부대를 차단하는 작전적 목적은 적의 제대 간격에 좀더 강한 전술적, 작전적 망치의 타격이 시작될 수 있도록 창문을 만드는 것이다. 이것은 전술적으로 超超 종심 방어 화력처럼 직접적인 압력을 완화하기 위하여, 작전적으로는 후속 부대의 약화, 와해 그리고 가능하다면 이를 정지시키기 위하여 퍼붓는 화력에게 우선권을 부여한다.

공지전투와 종심 타격은 이처럼 비록 우아하지는 못하지만 '모루와 삼중망치'로 가장 잘 묘사되는 방어 개념에 합치되는 것 같다(〈그림 53〉). 우선은 부대 모루이든지 화력 모루이든지 문제가 되지 않는다.

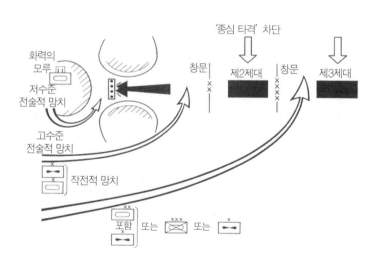

〈그림 53〉 '모루와 삼중 망치' 방어의 개념도

첫번째 망치가 저수준(하급 제대)의 궤도 망치이며 모루의 여단 내에서 전차 위주의 전투 그룹(대대)이라고 상정하자. 그의 존재 목적은 모루를 회복하기 위한 역습, 만일 모루가 애로 지역을 기초로 할 경우 위급 상황에서 나타나는 것을 처리하기 위한 역습의 수행이다. 강력한 헬기 지원을 받는 전차 위주의 여단 또는 1986년형 편성인 미군의 항공 기갑 수색 공격 여단(ACAB : Air Cavalry Attack Brigade)과 같이 헬리콥터 부대로 구성될 수 있는 좀더 고수준(상급 제대)의 전술적 망치는 타굴 프루모스Targul Frumos에서 공자 선두 부대의 후방으로 종심 깊이 훅을 치거나 만토이펠 장군의 사례처럼 마치 파성추와 같이 모루를 관통하고 공자를 와해시키는 고전적인 망치의 타격을 가한다. 기동과 우회에 전적으로 중점을 두면서 금이 간 항아리처럼 글자 그대로 조직이 와해되고 약화된 부대를 파쇄하는 데 목표를 둔 이 정면 망치 타격은 독일군이 동부전선에서 대성공을 거두면서 사용했던 전술임을 상기할 필요가 있다.

두 개의 미국식 개념 사이에서 공유 영역을 표시하는 작전적인 망치는 제3의 망치다. 이것은 분명히 전략적 상황에 직접 영향을 미치고 위협의 유형이 주어지면 적의 후속 부대뿐 아니라 재보급 체계에도 영향력을 가해야 함을 의미한다. 존 해킷 장군의 《제3차 세계대전》에 묘사된 브레멘 지역 역습이 그러한 목적을 갖고 비교적 온건하게 작전하는 탁월한 사례다. 자원에 대한 위기가 찾아오는 것은 아마 이 작전적 망치 타격의 광범위한 범위 안일 것이다.

미군의 86중사단의 A형이나 휘하에 공격 헬리콥터 1개 연대를 보유한 기갑 사단에 의해 수행되는 작전을 가정해보자(영국의 '기갑' 사단은 너무 소규모다). 이 부대는 군단 또는 소련군의 전선군급 OMG에 상응하는 대규모 부대가 요구하듯이 작전 전반에 걸쳐서 장거리 포병 및 고정익 항공기의 대량 지원을 필요로 한다. 한편, 만일 이 타격이 실제 영토의 지정된 부분에 일시적인 발판을 얻는 것이 아니라 붕괴와 격멸을 위한 작전적 목적을 이루는 것이라면 좀더 깊은 종심에서 적 후속 부대에 관하여 어떠한 조치가 이루어져야 한다. 만일 누군가 작전적 망치를 지원하는 것뿐 아니라 후속 부대를 차단하는 자원을 갖고 있다면 그는 클럽 샌드위치에 대항하여 역공격을 발전시키는 도중에 있다. 특히 기갑 부대를 전진 기지 또는 받침점으로 하면 ACAB가 훨씬 신속한 망치 타격으로써 차단을 지원할 수 있을 것이다.

간단한 답변은 '이기는 것'이 무엇을 수반하든지 간에 열세한 자원으로 당신이 이길 수 있다는 데 있다. 그러나 당신은 극도의 절약으로 인해 나토 정상의 군인들에게 따라붙는 이중적 신념에 의지하도록 강요받지 않고서도 현실적인 계획을 수행할 수 있는 충분한 자원을 보유해야만 한다. 이와 같이 역공격을 실시하는 데 필요한 지휘관이 신속하고 고통 없이 (제16장에서 요구된 방식으로) 공격을 적당한 선에서 그치는 능력을 심리적으로 지니는지에 대해 더욱 흥미로운 의문이 생긴다. 지상에서의 성공은 대규모 기동 부대가 서로 나란히 위치하고 각자 다른 부대의 꼬리를 물려 하면서 작전적 조우전 같은 상황을 만들어낸다. 이것은 본래 극히 불안정한 상황이고 소련의 작전 개념이 이 상황을 더욱 큰 규모의 더 나은 공세를 위하여 이상적인 출발점으로 간주하기 때문에 불안정이 배가 된다. 방자에게 필요한 것은 포위당한 부대를 극히 신속하게 처리하는 것이다. 이러한 것이 '이중 포위'와 '전면 포위'에 대하여 최근의 소련식 사고에 깔려 있는 아이디어가 될 수 있다. 나토의 관점에서 좀더 실질적으로 보자면, 그것은 작전적인 망치 타격의 지리적 목표가 해안이나 또는 하천 장애물의 제방이 되어야 함을 강력하게 시사한다. 이러한 작전적 계획이 기동이론의 두 대가인 트리안다필로프와 투하체프스키의 사고에서 크게 특징적이지만 소련인을 비롯 다른 모든 사람들이 오히려 잊고 있는 것 같다.

반격과 역위협

전략적 종심에서 차단에 의해 지원되는 작전적 망치 타격은 작전적, 심지어 전략적 수준에서 공세적인 방어를 생각하게 한다. 내부 독일 국경을 넘어선 반격은 명백하고도 완벽한 이유가 있는 것으로, 서독 연방군이 창설된 이래 계속 논의 중이다(그들은 이 점을 부정하는 경향이 있으나 나는 1960년도의 학술모임에서 그러한 논의에 참여하여 경청한 적이 있고, 60년대 초와 말에도 같은 체험을 여러 번 했다). 최근 미국에서는 이 같은 사고가 두개의 노선을 따라서 발전되어왔다. 그 하나는 내가 반격이라고 부르는 것으로, 바르샤바 조약군이 내부 독일 국경을 넘어 침략할 때에 즉각 반응하여 바르샤바 조약군 영토 내부로 전면적인 공세 작전을 개시하는 것이다. 다른 하나는 내가 역위협이라고 부르는 것으로 전자와 유사하지만 좀더 종심 깊은 선제 공격 이동에 바탕을 둔 것이다. 이는 체코슬로바키아를 통과한 뒤 그곳으로부터 일반적으로 단치히로 방향을 지향하는 북쪽으로의 우회 타격이다. 이것은 여태까지 다른 위성국들보다 보통 '정치적인 신뢰성'이 있다고 여겨지는 동독(GDR)과 동독 주둔 소련군 그룹(GSFG : Group of Soviet Force in Germany)을 우회하게 된다. 성공은 확실히 체코와 폴란드 민족들을 봉기시키는 데 달려 있다. 이러한 관점에서 주 작전은 과거 발틱 국가들 내에서의 전복작전에 의하여 지지될 수 있을 것이다. 최근의 상황을 보면 동독 역시 사실상 반기를 들 거라고 상당히 기대된다.

이러한 개념들의 군사적인 측면을 검토하기 이전에 정치·전략적 측면을 잘 고려해야 할 것이다. 현재의 서독 정부가 그러한 움직임을 지원할 것 같으나 사회, 민주당의 계승자들은 분명히 거의 지원하지 않을 것이다. 대처 수상 체제하의 영국 정부는 예외지만 그 밖의 나토 회원국들은 탈퇴를 불사할 정도로 반대하리라고 예상된다. 미국은 내부 독일 국경선의 동쪽에서 항공작전을 수행하는 것과 지상군 부대로 국경을 넘는 것 사이에 사실상 차이가 없다고 주장할 것이다. 그러나 나는 모든 사람의 마음속에 자리잡고 있는 심리적인 차이점이 하나의 차이점이라고 확신한다.

위성국가에서의 역逆혁명이 상당한 효과를 발휘할 수 있기 전에 소련이 상황의 군사적 통제를 회복할 것으로 예측할 수 있다. 만일 그들이 실패한다면 얼마나 오랜 기간 핵 또는 대량 화학무기에 의한 반응을 자제할지 판단하기 어렵다. 소련은 인력 및 경제 자원을 상실하면서도 생존할 수 있을 테지만 동부 유럽 제국의 붕괴로 인한 제3세계에서의 체면 상실을 수용할 수는 없을 것이다. 비록 서방 국가들이 좋아하지 않을지라도 소련연방공화국은 제3세계 여러 국가와 기타 국가에서 정부 및 혁명 운동에 대하여 자격이 없는 공식적인 지원 이상을 하고 있다. 아직도 많은 비동맹 국가들이 소련의 군사·경제 원조에 의존하고, 소련은 이념적 지원을 제공하기 위하여 준비하고 있다. 나토의 돌진이 선제이든 즉각 반응이든 간에 유엔 총회에서의 투표가 아무리 효과가 없더라도 어느 방향으로 그 결과가 지향될 것인지는 거의 명백하다. 1984년 8월 이스라엘에 대한 투표가 그러했듯이, 결국 안보이사회에서조차 미국은 비난을 막기 위해 거부권을 행사하게 될 것이다.

서독이 바르샤바 조약의 정보망에 의해서 침투되는 정도를 고려해 볼 때 정신적, 전략적 기습을 수반하면서 실행 가능한 역위협은 상상할 수 없다. 기습에 실패하면 반격과 역위협이라는 두 가지 개념 모두 4개의 근본적인 군사적 반대 상황에 노출된다. 첫째, 나토의 재래식 상비군 수준이 위에서 제시된 바와 같이 향상될지라도 이 작전은 중기간中期間의 작전적 예비대인 2개 군단으로 구성된 충격 그룹을 필요로 할 것이다. 즉 단지 6개의 일급 군단만이 방어 태세에 남아 있게 되고, 이것은 단지 현재상황을 되풀이할 뿐이다. 둘째, 나토의 돌진은 한쪽으로는 동독 주둔 소련군 그룹, 다른 한쪽으로는 폴란드와 키에프 군관구 지역 소련군 부대 대부분 등 양 측방의 외선外線에 위치하게 될 것이다. 셋째, 이 작전은 아주 우수한 작전적 정보가 제공된 위험도 높은 작전이 될 것이다. 왜냐하면 측방에 대한 방해를 방지하기 위해서 작전이 대중적 봉기에 의존하게 될 것이기 때문이다. 넷째, 동독 주둔 소련군은 엄청나게 강력한 부대이면서도 단기간 독립 작전이 가능한 부대다. 이 부대는 두 가지 공개된 선택권을 갖고 있는데 아마 전력상 두 가지 모두를 추구할 수 있을 것이다. 먼저 뮌헨 양쪽으로 걸쳐 있는 알프스를 향하여 남남동으로 진출한 후에 뉘른베르크를 축으로 하여 북서쪽을 유린할 수 있다. 아니면 동쪽으로부터 돌진하여 북부 독일 평원을 횡단하고 베젤 – 레스로 향한 뒤 다시 남쪽으로 선회하여 라인 – 뫼즈 삼각지대로 향하거나 또는 북해 및 영국 해협 해안까지 계속 돌진할 수도 있다. 정치, 경제적으로 귀중한 서독의 영토를 보호하기는커녕 반격과 역위협은 거의 똑같이 적에 의한 점령을 가속화하게 될 것이다.

결론 — 위협 평가

이미 나는 《소련군의 기갑》에서 바르샤바 조약군의 위협을 상세히 분석하여 설명했고 이 책에서도 하나의 모델로 적용했지만 마지막으로 한 번 더 인용하고자 한다. 우선 나토가 '모스크바로 진격'하는 것처럼 소련 정부가 '나토에 대항하는 진격'을 추구하는 일은 발생할 것 같지 않다. 한편으로는 '동쪽으로부터의 독일 통일'이 소련에게는 솔깃한 정치적 목적임에는 틀림없다. 제2차 세계대전은 러시아인들에게 독일인에 대한 공포를 실로 가슴 깊이 아로새겼고, 이 두려움은 마르크스-레닌 주의자의 편집병과 결합되었다. 나토 상비 병력의 현 수준과 준비태세 상태 아래에서 소련군은 정신적, 물리적으로 전략적 기습을 이룰 수 있을 뿐 아니라 48시간 내에 전략적 목적까지 달성할 수 있다고 생각할 것이다. 다른 나토 회원국들이 독일을 위해서 스스로를 핵으로 파괴하는 데 주저한다는 점을 소련이 제대로 활용하는 것 같다.

한편 나는 서구 국가들이 러시아 군사사에서 우회 기동이 발휘하는 역할의 범위와 정도를 제대로 이해하지 못하고 있다고 확신한다. 우리가 우회 작전의 사상을 파악하려고 노력하면 할수록 러시아인들의 사고는 데잔트에 기초한 전략적 우회 기동으로 좀더 발전하는 것 같다. 위에서 논의한 바와 같이, 나토 중심부에 대한 바르샤바 조약군의 공세력과 템포는 '통로 포화'에 의해서 증강된 나토가 대처할 수 있는 수준으로 제한된다. 만일 라인 – 뫼즈 삼각지대가 상비된 작전적 예비 전력을 보유한 나토에 의해서 방호될 수 있다면, 그리고 소련군이 남프랑스에 도착할 수 있다면, 소련군은 당연히 남프랑스의 관점에서 생각함과 동시에 그들의 입장에서 좀더 접근이 쉬운 북동 스코틀랜드 역시 고려할 것이다. 대체적으로 말하여 이같은 성격의 임무를 수행할 수 있는 소련군의 역량이 증대되고 있다.

이처럼 나토에 대한 위협을 허심탄회하게 근본적으로 분석해보면 종심 방어의 필요성이 제기된다. 여기서 종심이란 내부 독일 국경으로부터 라인까지의 종심이 아니라 서부 유럽 전체의 종심을 의미한다. 우선 종심 방어에는 핵무기에 의존할 위험이 아주 적도록 직접 강습을 저지하기에 충분한 전투력과 준비태세를 구비한 독일 주둔 상비군이 필요하다고 제시했다. 그런 다음에 이 부대가 요새화된 국경 지대 배후에서 '총체적인 그물망'에 의한 방어로 점진적인 전환을 하도록 순수하게 군사적인 발전 추세를 고려했다. 이것은 독일의 시민군을 기초로 하면서도 미국과 영국이 제공하는 기동 부대도 일부 보유할 것이다. 이러한 변화와 조화를 이루며 기동 지원과 더불어 시민군에 기초한 방어의 '총체적인 그물망'은 유럽 지역 나토의 전 종심과 정면에 걸쳐 확대되어야 한다.

이 광범위한 지침에 관한 장기 정책은 세 가지 정치적 목적에 기여하게 된다. 먼저 점진적으로 독일의 침공이라는 러시아인들의 공포심을 완화시키게 된다. 그리고 더 이상 신빙성이 없는 핵 억제력을 가시적인 재래식 억제력뿐 아니라 소련의 전략적 우회 작전에 대항하여 실로 효과적인 방어 체계로 교체하게 된다. 또한 유럽 국가들은, 계속 증가되는 불균형이나 갑작스러운 불안정화의 위험 없이 점차적으로 추구하는 것처럼 보이는 진정 수세적이고 보호주의자적인 태세를 고양하게 된다.

제20장 소규모 부대 기동 이론

"여기서 가장 중요한 것은 주관적인 것과 객관적인 것을 서로 잘 조화시키는
것이다."

— 마오 쩌둥(그리피스 번역)

"어떤 사람들은 자신을 아는 데 현명하나 상대방을 아는 데는 어리석다. 또한
그 반대의 경우도 있다. 그러나 어느 쪽도 전쟁의 법칙을 배우고 적용하는 문제
를 해결할 수 없다."

— 마오 쩌둥

"공격은 방어로, 방어는 공격으로, 전진은 퇴각으로, 퇴각은 전진으로 각각 전
환될 수 있다. 견제 부대와 공격 부대의 관계에서도 마찬가지다."

— 마오 쩌둥

"도피 능력은 분명히 게릴라가 갖는 특징 중의 하나이다. 그것은 피동성에서
벗어나 주도권을 장악하는 데 최고의 수단이다."

— 마오 쩌둥

"융통성 있는 부대 운용은 정규전에서보다도 게릴라전에서 훨씬 필수불가결하
다…… 그리고 부대 운용에서 최고의 방식은 부대를 분산, 집중, 전환하는 데 있
다…… 보통 부대의 전환은 비밀리에 신속히 수행되어야만 한다."

— 마오 쩌둥

서론 — 군인과 게릴라

현대 지상전의 가장 두드러진 두 가지 형태로서 기동전과 혁명전쟁은 모두 손자에게서 비롯된다. 이 중에 전자는 명백히 칭기즈 칸을 거쳐 러시아인들에게 전달되었고 트리안다필로프와 투하체프스키에 의해서 다시 표현되었다. 그리고 마오 쩌둥은 손자, 레닌, 투하체프스키에 근거하여 자신의 혁명전쟁 교리를 도출했는데 이는 다시 체 게바라Che Guevara에 의해 발전되었고 라틴화했다. 그러나 내 생각에는 마오 쩌둥에 의한 적용이 더욱 보편적으로 남아 있다. 나는 이 장 서두의 인용문들이 두 이론의 공통적인 기원뿐 아니라 근본적인 유사성을 예증하는 데 기여할 것으로 기대한다.

처음에는 마지막 장을 '혁명 전쟁에 대항하는 기동 이론'으로 부르려고 의도했었다. 그러나 지금 나는 대규모 군대 및 테러리즘에 의해서 진지전과 연결된 군사적 운용의 연속체에 직면해 있다. 대규모 부대 기동전, 소규모 부대 기동전 그리고 게릴라전은 이 연속체에 근접해 있는 분파들이다.

그렇지만 편성 부대와 게릴라 부대 사이에 전투원의 동기 유발이라는 명백한 관점에서 누구나 도출해야 할 한 가지 차이점이 있다. 혁명적 투사들은 너무나 분명하게도 정치적 또는 종교적으로 동기 유발이 되어 있거나 양쪽 모두를 겸비하고 있다. 체 게바라는 심지어 규모를 작게 유지하고 운동의 발전이 둔화되는 것을 감수하면서까지 대의에 전적으로 헌신할 것을 주장한다. 반면에 마오 쩌둥은 자신의 현실주의적 특성으로서 제2단계(광범위한 게릴라작전)를 발전시키면서 더 나아가 제3단계(편성 부대)로의 이동은 각 개인의 동기 유발력을 희석시킨다는 사실을 인정하고 있다. 그럼에도 불구하고 마오 쩌둥은 응집력과 사기 진작이 개인적인 헌신에서 우러나와야 정신적인 주입으로 이루어질 수 있다고 주장한다. 게다가 성공적인 집단의 경우 단체정신뿐 아니라 대의에 헌신하는 것을 강화하고 어느 정도 대신할 수 있는 종속적 혹은 연대적 전통을 발전시킨다는 증거가 무수히 많이 있다.

편성 부대의 경우는 군인에 대한 동기 부여가 훨씬 복잡하다. 이 장에서는 내가 제4부에서 고찰했던 것보다 집단이 아닌 각 개인에 대해 면밀히 살펴보고자 한다. 종종 나의 정치적인 견해가 스페인 내전에 의해 결정되었다는 것이 당황스럽다. 나는 개인적으로 깊은 슬픔에 잠긴 시기에 초등학생처럼 호기심을 갖고 문서기록 속에서 스페인 내전을 추적했다. 사실 나에게 정치적으로 조금이라도 영향을 미친 제2차 세계대전에서의 유일한 사건은 소련과 긍정적인 동맹을 결성한다는 처칠의 결정이었다(나는 그에 정면으로 반대했었다). 나와 동세대의 사람들은 청년층으로부터 무엇이 전쟁터에서 그토록 용감히 싸울 수 있도록 만드는가 하는 질문을 자주 받고는 한다. 전쟁을 경험하지 않은 사람들 사이에서 할 수 있는 보편적인 가정은 애국심에 의해 동기가 유발된다는 것이다. 나는 이것이 사실이 아니라고 생각한다. 기독교와 휴머니즘이 그 바탕을 르네상스에 기초한 개인주의로부터 집단주의로 변화시켜왔기 때문에 재래식 '제3차 세계대전'에서는 서구의 군인들이 '집단 보호'라는 비교적 고상한 생각을 함으로써 동기가 유발될 수 있다. 그러나 솔직히 제1차 세계대전을 노래한 시인들에 의하여 널리 표현된 것처럼, 누구나 자신의 가족 그리고 무엇보다도 자신의 생활방식을 보존하기 위하여 적과 싸운다. 이 사실은, 왜 전장에서 가장 용감한 사람이야말로 잃을 게 가장 많은 사람이 되는지를 설명해 준다.

나는 존 해킷 경이 자신의 저서 《전문직업군》에서 매우 명확하고 정

연하게 설명한 군대 윤리를 존경하는 반면, 십자군과 중세 기사도의
강령에서 비롯된 전체적인 접근 방식에 대해서는 전적으로 생소한 느
낌이다. 이러한 군인의 윤리강령들은 균형이 잡혀 있고 관대한 것에
서 광신적인 것에 이르기까지 넓게 걸쳐 있다. 어느 강령의 극단적인
형태에서는 (예를 들어 일본의 사무라이처럼) 혁명적 투사의 강령 만큼이
나 위대한 헌신을 요구한다. 그러나 적어도 코카서스 문화권에서는
강령들이 대규모 군대의 대다수 군인들을 감동시키지 못한다. 이들에
게 있어서 전투의지의 고양(동기 유발)은 가정을 지킨다는, 전적으로
칭찬할 만한 결심과 그들을 순응하도록 하는 정신적 용기에 대한 물리
적 용기의 초과로 뒤섞여 있다. 이것은 군사훈련의 시작 단계에서 부
도덕한 비인간화의 과정을 적용하는 방식이 왜 나의 눈에 어리석게만
보여지는가에 대한 이유가 된다.

왜 혁명군이 승리하는가?

묘하게도 동기 유발의 속성과 힘은 그것이 전투 기술에 영향을 미치
는 것만큼 전투에서의 용감성에 거의 영향을 미치는 것 같지 않아 보
인다. 마오 쩌둥은 전쟁을 위한 최선의 훈련은 전쟁이기 때문에 민간
인들이 재빨리 손쉽게 게릴라로 변화한다고 주장한다. 이 책을 쓸 당
시 어느 누구도 아프가니스탄에서 무슨 일이 일어날 것인지 또는 엘살
바도르의 사태가 어느 쪽에 유리하게 타결될 것인지를 알지 못했다.
나는 혁명 전쟁의 기술을 운용하는 운동이 자기 입장을 고수하지 못한
사례로 단 두 가지만을 기억해낼 수 있다. 그 외에 여러 사례들은 정
치적 목적을 충분히 달성해왔다. 첫번째 실패 사례는 니카라구아인데

실패의 이유가 명백하다. 산디니스타Sandinista 정부는 다당제 자유 민주주의 정부의 모델은 아니지만 대중의 의지를 넓게 대표한다. 반면에 CIA의 지원에 의해서 주로 조직되었고 CIA에 전적으로 의존하는 콘트라스contras는 명확하게 '마음과 정신'을 얻는 데 실패한 가짜 운동이다. 콘트라스는 결국 미국이 편제 부대로 대대적으로 개입하지 않는다면 패배하게 될 것이다. 그리고 조미니의 가르침에 의하면, 베트남에서의 경험과 연계하여 볼 때 이러한 과정들이 거칠게 진행되어 간다는 점을 시사하고 있다.

다른 사례는 말라야에서의 템플라Templar의 성공이다. 당시 그곳에서의 혁명 운동은 분명히 수적으로 제한되었고 주민들로부터 일치된 지원을 받지 못했다. 그리고 영국이 메르데카에게 독립 약속이라는 강력한 심리적 무기를 갖고 있었다. 템플라는 정글을 지배하고 게임에서 게릴라를 이기기 위하여 주로 같은 지역 주민 출신의 징집자로 구성된 부대를 사용함으로써 승리를 쟁취했다. 이러한 접근방식은 본래 한 가지의 중요한 교훈을 수반하는데, 무엇보다도 훈련과 적극적인 사기 앙양의 승리였다고 할 수 있다. 비록 전적으로 유사한 것은 아닐지라도 보르네오 역시 비슷한 사례를 제공한다. 내가 만났던 말라야 참전 군인들은 모두 전율할 만한 경험을 회상하고 있다. 그러나 엄청난 만족감을 갖고 그러한 경험이 자신의 생애에서 핵심적으로 중요한 영향을 미쳤음을 인정한다. 이것은 한국전쟁 그리고 자치 독립 시대의 성공적이지 못한 많은 전역에 참전한 사람들의 유사한 행동과는 현저하게 대조적이다. 영국군 직업장교 및 장기 복무 군인들에게 북아일랜드에서의 교착 상태는 혐오감을 불러 일으키고 있다.

헌신과 대중적 지원에 의해 부여된 장점들을 최대로 참작하더라도 우리는 '혁명 전쟁'이라는 용어로 포괄되는 군사적 전기戰技의 영역이 실제로 편성 부대에 의한 작전보다 전쟁을 수행하는 데 훨씬 효과적인 방법을 나타낼 수 있음을 결론으로 도출해야 한다. 이것은 편성 부대의 '사용 불가능성'에 대한 소련군의 견해(제18장)와 울레 - 베틀러의 논제로 다시 돌아오게 한다. 그러한 논제의 한 측면은 두 일급 군대 사이의 경쟁에서도 정교한 장비가 자산이라기보다는 불리한 점이 될 수 있다는 것이다. 이것은 손자와 마오 쩌둥이 주장한 '상황에 반응을 끼워 맞추는 원칙', 즉 주관적인 것을 객관적인 것에 맞추는 원칙의 사례가 된다. 그러나 비정규전 부대와는 달리 편성 부대는 전쟁을 위한 훈련에 전쟁을 이용할 수 없기 때문에 훈련 문제가 쟁점이 된다.

훈련 철학

나는 장교와 하사관의 선발 및 훈련에 한 장 전체를 할애했으나 여태까지 군인들의 기본 훈련에 관해서는 거의 언급하지 않았다. 내가 알고 있는 모든 국가에서 징병자 훈련에 개선의 여지가 충분히 있는 반면에 이러한 개선은 필연적으로 대량 생산 절차와 비슷할 것이다. 그러므로 소규모 자원병 부대의 훈련을 고찰하고 이의 변형에 의존하는 것이 천편일률적인 방식을 수정하는 데 도움이 된다. 요컨대 근본적으로 서로 다른 두 가지 훈련 철학이 존재하는데 나는 두 가지를 모두 목격했을 뿐 아니라 직접 경험했다. 나는 이것들을 '경호이즘 gunghoism'과 '하니즘Hahnism'으로 부르기로 하겠다(전자는 '열성적인', '충용무쌍한'이라는 뜻을 가진 gungho에서 나온 용어이며 후자는 Salem, Gordonstoun 등 비국교도 교회조직과 그 분파의 창시자인 쿠르트 한 Kurt Hahn의 이름에서 나왔다). 나는 후자의 용어가 정당하다고 생각하는데 왜냐하면 후자가 표현하는 접근 방식이 현역 장교인 에딘버러 Edinburg 공작에 의해서 영국 해군에 도입되었고 핵 전장에서 잔존물의 중요성에 대한 영국군의 사고 물결에 제대로 편승했기 때문이다.

경호이즘은 적용 당시 대단한 유행을 일으켰는데 이것의 훈련 목적은 정신적 · 육체적 강인성, 철저한 단체정신 그리고 즉각적인 복종으로 요약할 수 있다. 다시 말해서 그것은 소모 이론에 의해 요구되는 고밀도 근접 전투와 대전복에서 '편성 부대'의 이용과 관련한 전통적인 지혜에 바탕을 두고 있다. 경호이즘은 인간을 비인간화하고, 열렬한 '연대 정신'에 의해서 인간적인 동기를 유발하며 매우 특수한 이미지로 인간을 새롭게 만들어낸다. 이 기법은 영국군 공정 여단의 'P 중대' 과정이 전형이 되고 프랑스의 파라스Paras, 미국의 공정 부대, 보병(어느 정도는 기갑) 및 해병대에서도 적용이 된다. 영국군 해병대의 기본 특공대 과정과 미국의 레인저 훈련은 힘이 들지만 임무 완수와 책임을 더욱 강조하는 반면 비인간화는 덜한 편이다. 이것은 미묘하지만 중요한 차이점이다. 이와 같이 훈련의 기초를 경호이즘에서 찾는 사람들은 그 훈련 철학이 목적 달성을 위하여 뛰어나게 성공적이라는 데 의심의 여지를 남기지 않을 것이다. 내가 아는 바처럼 경호이즘은 샌드허스트, 쌍시르, 웨스트 포인트 심지어 유명한 모스크바 고급 제병학교의 저변에 깔려 있는 훈련 철학에 근본적으로 상응한다. 확실히 전후 영국군에서 샌드허스트로부터 배출된 사람들이 연대를 지휘하게 되자 하니즘에서 경호이즘으로 방향을 다시 급격하게 선회했다. 후자의 유행은 역으로 내가 왜 제15장에서 미래의 장교들이 전 계급을 거치는 것보다 '소년 지도자' 형태의 훈련과 선발을 경험해야 하는지 제시했던 이유가 된다.

최근에 쿠르트 한이 역설한 많은 원칙들이 행동으로 옮겨지는 실태를 직접 경험한 뒤에야 교육적인 차원에서 경호이즘의 원칙에 대해 크게 의심하게 되었다. 잘 되었든 못 되었든 간에 그러한 원칙들은 시간, 규모, 그리고 실제적인 위험 제거에 의해 심하게 희석되어왔다. 그러나 좀더 신중하게 생각해보면 만일 쿠르트 한이 나치에 의해 주어진 최고의 영예를 받지 않았다면 어떻게 그의 착상이 영국에서 받아들여졌을 것인지 종종 의문시된다. 그를 알고 있던 사람들 중의 일부는 쿠르트 한이 자신의 철학과 베네딕트파의 규칙 —— 이보다 더 고상한 모델은 상상하기 어렵다 —— 사이의 밀접한 유사성을 보았다고 말한다. 아직 나의 자유주의자적인 사고에 의하면 '리더십을 위한 준비' 그리고 '정신적 리더십'의 개념들이 만일 민주정체와 같이 어느 정도 커다란 전체 안에서 확고히 수용되지 않는다면 극히 위험스러울 것이다. 이것은 하니즘이 현대군의 훈련을 위해서 가장 이상적인 기초가 됨을 의미한다.

하니즘의 본질은 개인이 결코 비인간화되거나 강요되지 않는다는 데 있다. 각 개인은 특정한 성격의 범주 내로부터 발달을 촉진시키도록 계획되고 신중하게 통제된 환경에 놓여 있다. 이것은 고도의 도전과 아무리 근소할지라도 생명에 실질적인 위험요소를 수반하는 다수의 특수 환경에 의해 지원된다. 군인들을 훈련시키는 데 있어 이러한 도전의 대부분은 주로 물리적이다. 그리고 팀 정신의 구도 안에서 개인의 주도권을 고취하도록 일반·특수 환경이 계획될 것이다. 이러한 접근 방식은 자아들에게 강한 압력을 행사하고 아마 4~5%의 소규모 비율이 그 압력에 의하여 부서져 사라지게 될 것이다. 그래도 좋다. 나머지는 정신적으로 깨어 있고 육체적으로 강인하며 침착하게 자신을 극대화하도록 결심할 뿐 아니라 스스로 수용한 군기의 범위 내에서 행복하게 일하는 완전하고 성숙한 인격체로 발전하게 된다.

사실 하니즘은 제15장에서 논의한 '소년 지도자' 훈련의 토대가 된다. 그러나 주로 신병들로 구성된 기초 훈련 부대의 체제하에서 하니즘의 작용은 낙관하지 못한다. 올바른 환경 보장을 위해서는 야전 부대가 훈련 중대를 보유하고 있어야 한다. 어떤 사람들은 영국군 기병 부대에서 전통적으로 '수용된 군기'보다 일보 전진해 있는 이와 같은 자율적인 군기는 대전복을 위한 재래식 접근과 같은 엄격한 통제와 즉각적인 복종을 요구하는 상황에서는 제대로 효력을 발휘하지 않을 것이라고 주장한다. 내가 제시하는 내용은 북아일랜드에 배치된 영국군 기갑 부대와 포병 부대의 행동에 의해 거침없이 반박되었다. 그들은 겉으로 보기에 군기와 과도함으로 인한 균열 부분이 좀더 적도록, 마치 선보병과 공정 연대처럼 교묘하고 까다로운 보병의 역할을 완벽하게 수행하였다.

혁명전쟁에 대한 대응

이것을 보면 다시 그어야 할 필수적인 경계선을 상기하게 된다. 대개 북아일랜드에 참전한 영국군 지휘관들과 베트남전쟁의 대게릴라전에 참여한 미군 지휘관들은 템플러의 사례를 따르지 않았다. 이러한 지휘관들은 기갑 차량을 방호된 기동성으로 사용하지만 아직도 힘의 과시에 의존하고 화력 사용에 엄격한 제한을 유지하면서 '민간 세력에 대한 보조적' 절차로부터 다소 재래식의 보병 전술로 이동했다. 격렬한 혁명 운동에 대처할 때, 예를 들면 내가 저술 작업을 하는 지금도 진행 중에 있는 영국 광산 노동자들의 파업과 관련하여 부대가 투입되는 경우, 군대의 역할이 본질적으로 선제가 되는 초기 단계가 종종 있을 것이다. 군 부대들은 다음에 발생할 사태의 경고로서 경찰을 지원하기 위하여 고밀도로 확실하게 전개한다. 개인적인 견해로, 나는 이와 같은 운용은 마치 정규 경찰을 '폭동 진압' 분대로 잘못 사용하듯이, 군 부대를 그릇되게 사용하는 것이라고 항상 생각한다. 반대 의견이 아무리 강력하더라도 경찰과 군대에게는 그들이 훈련받은 고유의 역할을 맡기고, 애매한 영역에는 프랑스의 사례와 노선에 따른 '제3의 부대'를 투입하는 것이 균형상 훨씬 좋을 것이다. 그런데 이 견해에 대한 나의 입장은 양면적이다. 나는 언제나 한편으로 대규모 폭력 사태와 소화기의 합의된 사용을 위해 경찰을 노출시키는 것과, 다른 한편으로는 군인들에게 제한 없는 화력의 이용을 허락하지 않고 자신의 생명을 제공하도록 기대하는 것은 잘못이라고 보아왔다.

'제3의 부대'의 존재는 군대로 하여금 본연의 역할로 복귀하도록 하고 국가 영토에서 벌어지는 파괴 운동을 제거하는 명확한 목적을 갖게 한다. 경찰과 군대의 활동 사이에는 기능의 중첩이 존재하지 않는다. 다시 말해 여기에는 공유 영역이 아니라 '제3의 부대'에 의해서 충족되는 경계 지대가 있어야 한다. 한편 특수 부대와 군사 정보 그리고 다른 한편으로는 특수국(경찰)과 국가 정보 기관들 사이에 기능적 중첩이 필요하다. 정보 세계의 많은 불쾌한 특징 중의 하나는 피비린내나는 투쟁의 경향이다. 잠시 동안 이들 사이에 협동이 이루어질 수 있다고 가정해보자.

누구나 혁명 전쟁과 이에 대응하기 위한 군사 활동이 평행하게 발전할 수 있는 상황에 처할 수 있다. 물론 둘 다 은밀하게 비폭력적인 수준에서 시작한다. 1단계는 '마음과 정신'의 캠페인(심리전을 의미한다—옮긴이주), 가능하다면 지도자 또는 주요 무기 저장소의 탈취를 목표로 하여 기습적인 타격을 가해 절정을 이루는 특수 부대의 은밀한 전개에 의해서 대처된다. 만일 이에 불구하고 혁명 운동이 광범위하고 지속적인 게릴라 활동을 의미하는 제2단계로 넘어간다면, 군대는 심리전 노력에 의해 지원되는 똑같은 전술을 채택함으로써 자유롭게 대항할 수 있어야 한다. 그리고 템플러의 부하들처럼 두 가지 관점에서 모두 군대가 상대방보다 우세해야만 한다.

혁명전쟁의 범위는 제1, 제2세계에서 미래에 있을 가장 가능성 있는 무장 충돌의 형태와 제1, 제2세계가 제3세계에 개입하는 가장 효과적인 수단으로 대표된다. 이것이 특수 부대('반半특수' 부대의 경우는 특수 부대 다음으로 우선 순위가 높다)가 미래 군대의 질량 중심에 위치해야 한다는 나의 주장에 깔려 있는 사상이다(제18장 참조). 이를 잠시 동안 소련군의 시각에서 살펴보자. 소련군의 공정 부대는——사실상 별도의 병과이고 곧 명목상으로도 분류될 것이다—— 자신의 특수 부대인 스페츠나츠를 포함하고 있다. 스페츠나츠의 '전문적인' 병력은 상당한 수준에 있고 KGB 및 내무성도 자체에 비슷한 부대를 보유하고 있다. 소련군이 천명한 목표는 공정 부대의 모든 요원을 '스페츠나츠 표준에 따라' 훈련하는 것이다. 이 목표가 단순히 요원들에게 스페츠나츠의 품질 증명인 고공강하를 훈련시키는 것만이 아니라고 가정해보자. 소련군이 해병 사단에게도 같은 훈련을 실행한다고 가정하는 것이 불합리하지는 않을 것이다. 이 모든 것은 소련군에게 은밀한 작전, 준게릴라 전술 및 고도의 습격을 능히 수행할 수 있는 거의 10만 명의 병력을 보장하게 된다. 이러한 활동 형태에 투자한 노력의 효율성은 활동 형태의 강도가 증가할수록 감소한다. 규모의 확장 역시 결국 수준의 하락을 야기한다. 그러나 효율의 손상 요인을 최대로 참작할지라도 특수 부대에 의해 제기되는 위협과 개입 수단으로서의 잠재력은 심리적으로 위협을 조성한다.

잠시 순전히 군사적인 관점에서 말하자면 이스라엘은 이 세 갈래의 접근 방식을 매우 효과적으로 사용하고 있다. 영국, 프랑스, 이탈리아 및 미국에 의해서 레바논에 투입된 7,000여 명 규모의 부대는 스스로를 '민간 세력 지원'과 시아파에게 훌륭한 표적을 제공하는 것으로 한정시켜버렸다. 만일 출발 대기 상태의 헬기공정 타격부대의 지원을 받는 은밀한 정찰대와 준게릴라 그룹이 레바논에 투입되었더라면 결과가 어떻게 되었을지 재고하지 않을 수 없다. 전적으로 이러한 작전의 목적은 비정규 외국군 부대를 제거하고 다양한 토착 무리들의 분리를 강요하는 데 있다. 만일 작전을 이렇게 실행했더라면 분명히 정치적인 광기로 간주되었을 것이다. 그러나 이러한 가정은 혁명 운동에 대항하는 직접적인 개입이 절대적으로 요구될 때, 이 접근 방식의 군사적 가치를 평가하는 하나의 모델을 제공한다.

개입

도덕적인 옳고 그름과는 무관하게, 초강대국들은 자신의 '결정적인 이익'이 위협받거나 또는 세계 여론이 반응하기 이전에 이득을 취할 수 있다고 계산할 때에는 분명히 개입을 자제하지 않을 것이다. 심지어 자국 방어에 근거한 보호주의자 방어 정책을 표방하는 국가들도 외교관 및 동포를 구제하기 위하여 개입해야 할 경우도 있다. 그리고 초강대국의 관계가 꽤 온건하여 UN이 개입 부대의 편성을 맹렬하게 허용할 날이 올 것이다. 개입을 요구하는 상황은 특정한 국지적 위협(테헤란의 미 대사관 인질사건), 1단계 전복운동(그레나다), 2, 3단계에서 작동되는 운동들 간의 투쟁(레바논), 한 국가의 편성 부대에 의한 전투

들(탄자니아와 이디 아민의 우간다), 전복운동을 지지하는 외국의 편성 부대(차드의 리비아 군) 또는 노골적인 침공(포클랜드) 등에서 발생하게 된다.

개입은 장거리 항공로 및 해상로의 말단에서 가장 빈번히 발생할 것이다. 그리고 미확보되거나 —— 적의敵意가 있을 수도 있고 없을 수도 있는 —— 미개발된 영토의 거대한 지역을 가로지르는 지상작전을 포함할 수 있다. 혁명 운동에는 자국 내에서 활동하는 유리한 점 또는 적어도 윤리적, 문화적으로 유사한 주민들이 있는 지역에서 활동하는 이점이 있을 것이다. 현지 편성 부대들은 대규모로 우수하게 장비를 갖추고 있지만 이스라엘, 파키스탄과 같이 알려진 예외들을 보면, 편성 부대의 전체적인 질이 저하될 것이다. 그러나 엘리트 그룹들은 전술적으로 우수하고 일반적으로 이류급 부대들 역시 특정 시간 및 장소에서 '군사 고문관'에 의해 크게 보강될 수 있다. 비록 항공기 승무원들이 '군사 고문관' 또는 용병이 아닐지라도 그들은 세계 일류의 표준에 이를 것 같다.

일반적으로 말하여 편성 부대에 의한 대대적인 개입은 기껏해야 비용이 너무 많이 소요될 뿐이고 최악의 경우에는 재앙적이기도 하다. 만일 헬기 공정 부대의 타격으로 절정에 이르는 특수 부대 작전에 의해서 파괴되거나 구축되지 않았더라면 포클랜드에서 아르헨티나의 사기가 약화되지 않았을 것이고, 아르헨티나 본토에서 성공적인 영국군의 작전이 널리 확대될 수 없었을 것이다. 미국은 피아 사상자의 견지에서 볼 때 그레나다에서 상당히 경솔하게 철수했다. 그 위협에 대해서 미국에게 이용할 수 있었던 것이 틀림없는 첩보를 고려해보면 같은 작전을 좀더 정연하고 저렴한 비용으로 실행할 수도 있었을 것이다. 그리고 은밀한 '1단계' 및 준게릴라의 '2단계' 작전에 의해서 아주 적

은 적개심만을 조장할 수도 있었을 것이다. 소련이 결국 아프가니스
탄으로 진입해야만 했다면 틀림없이 그들이 강조하는 혁명 전쟁 기법
을 사용하여 진입하기를 희망했을 것이다. 이러한 작전들과 엔테베에
서의 이스라엘군, 모가디슈에서의 독일 특수 경찰 그리고 여러 가지
사례 별로 프랑스와 영국의 특수 부대들이 기습적인 타격에 의하여 전
체적인 성공을 달성했던 방식을 비교해 보자. 그러면 이 모든 것이 대
규모 편성 부대의 사용 불가능성을 강력히 주장하는 것처럼 보인다.

반면에 특수 부대 및 준게릴라 작전에 의한 개입은 자국 내에서 작
전하고 있는 대규모 편성 부대에 대항하여 신속한 결정을 하게 되지는
않을 것이다. 전략적 기동성의 문제가 물리적인 전투력(제5장, 1인당
편제중량)뿐 아니라 투입될 수 있는 편성 부대의 질량을 제한하게 된
다. 이러한 부대의 일부는 명백히 공두보나 항만 주변의 견고한 기지
를 확보하고 상황을 발전시키기 위하여 운용되어야 한다. 기지 외부
에서도 기동 이론을 적용하면 소규모 및 경輕 개입 부대들은 자신들의
자질을 극대화하고 수적 우세에 대항하여 결정을 할 수 있게 될 것이
다. 만일 이 부대가 원거리 외선의 끝에서 소모 전쟁의 수렁에 빠진다
면 기껏해야 교착 상태가 되거나 아마도 패배하게 될 것이다.

현재 및 과거의 강대국들은 곤봉보다 오히려 검의 사용을 배워야 한
다고 쉽게 말한다. 요구되는 정신적 반전은 군사적이라기보다는 정치
적이다. 전쟁 선포를 정신적, 사회적으로 수용 가능하고 조직화된 대
규모 살육으로 간주하는 호전적인 문화는 비밀작전은 고사하고 다소
전략적인 기습도 비스포츠적이고 범죄적인 것으로 필히 비난하게 되
어 있다. 만일 과거 50년 간의 증거를 가지고 이를 조망해보면 비밀과
기습이 오늘날 혁명전쟁뿐 아니라 21세기에 국제적인 전쟁 방식이 될
것이라고 믿어 의심치 않는다.

적절하게 동기 유발이 되고 훈련, 지도될 경우 선진 민주주의 군대의 군인들은 조직적인 전쟁에서와 마찬가지로 개인적 자질과 과학기술로부터 비밀 및 소규모 부대 작전에서도 같은 정도의 우위를 점하게 될 것이다. 이러한 군인들은 심지어 원거리에서 임무를 수행할 때에 다른 사람의 과업을 인수할 뿐 아니라 질적으로 더욱 우수하게 과업을 수행할 수 있을 것이다. 게다가 다행스러운 일은 국가방위 시민군이 필요로 하는 전문적인 지원과 기동 이론의 원칙을 기초로 한 개입에 요구되는 부대 사이에 결코 모순이 없다는 사실이다.

결론 — 정치적, 합법적 장치

소모 이론, 기동 이론 및 혁명전쟁 교리라는 3가지 전쟁 이론이 존재하며 모든 이론들은 연속체 위에 놓여 있다. 소모 이론은 편성 부대와 비정규 부대 사이에서 일단 전투가 발발하면 다른 이론과 보완 관계가 된다. 그러나 기동 이론의 범위 안에서 공격 및 방어가 동일한 연속체의 반대 양상인 것처럼 위협과 군대 사용의 연속체 범위 내에서 소모전은 한 끝에 위치한다. 반면에 기동전과 혁명전쟁은 반대극의 양쪽에 걸쳐 서로 인접하고 있다

기동 이론과 마오 쩌둥의 교리는 같은 뿌리를 갖고 있으며 이론의 다양한 진화 단계에서 교배되었다. 사실 마오 쩌둥의 이론이란 기동 이론에 포장된 군사적 관례의 외장을 벗고 얻은 기동 이론의 발전적 정제물이다.

이에 대처하기 위해서 각 정부들은 평화와 전쟁에 대한 편협된 태도를 버려야 한다. 그들은 시간, 자원 및 무엇보다도 인명에 있어서 가

능한 최소의 희생으로——즉, 평시생활 및 관계의 어려움을 최소화하면서——적의 폭력적인 행동을 좌절시키기 위해 군대를 적용하는 방법을 찾아야 한다. 마찬가지로 편성 부대 역시 구식 장비를 가진 대규모 군대들 사이에서 단지 고강도 기동전을 숙달하고 구사하는 것 이상으로 행동해야 할 필요가 있다. 편성 부대는 자국 내에서 적과의 게임에서 승리하기 위해, 다시 말해서 혁명전쟁의 기법을 운용하기 위해서 일보 전진하고 이에 맞도록 조직, 장비 및 훈련을 실시해야 한다.

생각해 보면 '기습'이란 견줄 데 없는 전투 승수이다. 혁명전쟁은 재래식 군사정신이 상상할 수 없을 정도로 병력 절약의 원칙을 실행하기 위해서 기습을 이용한다. 이 책을 쓸 당시 한 명 또는 두 명의 인원, 단순한 전자공학기술, 그리고 10kg 정도의 상용 폭발물을 가지고 얼스터로부터 영국군 부대를 축출한다는 천명된 정치적 목적하에 전 영국 내각의 살해를 기도한 일이 있었다. 가해자는 (그들의 주장에 따르면) IRA였다. 물론 그들이 이슬람 근본주의자 단체나 KGB였을 수도

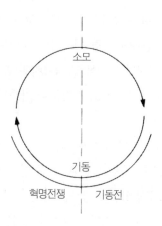

〈그림 54〉 소모 – 기동의 연속체

있다. 수십 억의 방위예산에도 불구하고 영국 정부뿐 아니라 기타 선진 민주국가의 정부들도 그와 같은 사건을 예방하거나 신속히 징벌하는 효과적인 수단을 전혀 갖고 있지 못하다. 이것은 거의 상식 밖의 일이다. 만일 테러리즘과 전복 행동이 승리하도록 허용된다면, 테러 단체는 조만간 정부가 견뎌내지 못하는 공갈 협박의 수준을 적용함으로써 선제를 달성하게 될 것이다.

한편 민주 정부는 법에 의존해야 한다. 그러나 전쟁 선포가 결코 전략적 기습에 의해 행동하는 적을 방해하거나 적에게 대응할 수 있는 방법이 될 수는 없다. 보다 중요한 것은, 자유 민주주의 경찰이 적용하는 절차가 더 이상 혁명 전쟁의 기술을 적용하는 적에게 대응하기 위한 방법이 될 수 없다는 사실이다. 정부로 하여금 어느 경우에는 즉각 대응하고 또 다른 경우에는 무자비하게 반응하도록 자격을 주는 법적 장치가 필요하다. 틀림없이 조만간에 요란한 과학기술 진보의 직·간접적 효과들이 우리를 안정성과 법규의 시대로부터 무정부 및 폭력의 시대로 쓸어 넣는다는 사실에 직면하게 될 것이다. 문제의 한 가지 관점은 군대 및 다른 공식적인 정부기관(KGB나 CIA와 같은)의 편성 부대와 비정규 작전들에 의한 침공이다. 여기에서는 고도의 준비태세와 방어정책과 연계된 불가침 및 상호지원 협약만이 유일한 해답이다. 소규모 상비군이 지원하고 시민군을 기초로 하는 방어가 우리의 승리 요구에 부합한다.

반면에 정부 지원 및 기타 조직체들과 정치·경제적 목적을 위하여 폭력에 호소하는 개인들에게 '선전 포고'를 할 필요가 있다. 과거 무법 시대의 초기에도 불법성을 규정하는 장치가 제대로 작동되었고 크게 두려움의 대상이 되었다. 적당한 입헌적 장치는 오히려 조직, 유명 인사 그리고 그들의 동료에게 무법화를 제공한다. 이러한 가치기준이 오늘날 '조직의 불법성을 선포하는 것'을 실행하는 것보다 더욱 휩쓸게 될 것이다. 각개 불법자와 불법화된 조직체들의 알려진 구성원은 불법선언을 하는 국가와의 전쟁에서 반드시 전투원과 동일한 합법적 신분을 갖게 된다. 이러한 국가에는 혁명전쟁 기법의 전 영역과 만일 적절하다면 혁명전사에 대항하여 편제 부대에 의해 무제한적인 행동을 할 수 있는 권한이 주어지게 될 것이다. 또한 이러한 국가는 우방국들을 설득하여 이러한 개인과 단체를 불법화하도록 노력할 것이다. 인도 협약과 다소 유사한 권능 부여 조항 등이 위에서 언급한 조약의 네트워크 안에 통합될 수 있을 것이다. 모든 종류의 비정규 작전들이 미래에 가장 있음직한 무장 충돌의 형태를 구성한다. 그러한 작전들은 있는 사실 그대로 전쟁의 방식으로서 이해되고 인정되어야만 한다!

완충력으로서 최소 부대의 원칙에 따라 작전하는 '제3의 부대'를 보유하더라도 불법화의 결정, 즉시성 및 보호장치 사이의 균형이 제도적인 문제를 야기한다. 아마 내각이나 행정부의 수반이 단순한 선포에 의해서 일시적으로 불법화 규정을 호소할 수 있을 것이다. 이러한 규정은 정부 모든 부서의 정족수(사법부 포함)에 의해서, 말하자면 3일 안에 승인되거나 거부되고 마침내 정상적인 입법절차에 의해서 확정되며 이후 법률가와 정치가의 문제로 전환된다. 많은 사람들이 그러한 복잡한 절차와 행동은 깡패 정부들에게 자유로운 활동을 보장한다고 주장할 것이다. 실제로 깡패 정부들은 어찌하든지 이러한 기술을 교묘하게 사용하고 있다. 나는 단순하게 선진 민주사회들이 정책 구현의 능동적인 수단으로서 군대의 사용을 삼가하게 되면 오로지 자체 방어를 위해서 효과적인 군대의 운용을 배울 수 있게 된다는 아이러니를 강조하고자 한다.

참고문헌

[보다 자세한 소련에 관한 연구자료는 나의 저서 《소련군의 기갑Red Armour》의 참고문헌을 참조하기 바란다.]

Books

Adan, Avraham ("Bren"). *On the Banks of Suez : an Israeli General's Personal Account of the Yom Kippur War*, London, Arms and Armour Press, 1980.

Aron, Raymond. *La rencontre des deux révolutions*(photocopy used, publishing details not traced).

———. *Penser la guerre, Clausewitz*, Paris. Gallimard, 1976 (also translation: Clausewitz, Philosopher of War, London, Routledge, 1983).

Babadzhanyan, Marshal of Armoured Forces A. Kh.(ed.), *Tankii tankovye voiska*(Tanks and tank forces).(new edition), Moscow, Voenizdat, 1980.

Carver, Field Marshal The Lord. *The Apostles of Mobility : the theory and practice of armoured warfare*, London, Weidenfeld & Nicholson, 1979.

von Clausewitz, Carl. *Vom Kriege*(On War)(16th edn), Bonn, Dümmlers Verlag, 1952(with a critique by Dr Werner Hahlweg).

Clutterbuck, Professor Richard L. *Living with terrorism*, London, Faber,

1975.

———. *Britian in Agony* : Growth of Political Violence, London, Faber, 1978.

———. *Guerrillas and Terrorists*, Ohio, University Press, 1981.

———. *The Media and Political Violence*, London, MacMillan, 1983.

Cooper, Matthew. *The German Army 1933~45*, London, Macdonald and Jane's, 1978.

van Crefeld, Martin. *Supplying War*, Cambridge, Syndics of Cambridge University Press, 1977, and New York and Melbourne.

———. *Fighting Power : German and US Army Performanc, 1939~1945*, New York, Greenwood Press, 1982, and London, Arms and Armour Press.

Deutscher, Isaac. *The Prophet Armed*, Oxford, OUP.

Druzhinin, Colonel. General V. V. and Colonel (Technical) D. S. Kontorov. *Ideya, algoritim, reshenie*(Concept, algorithm, decision), Moscow, Voenizdat, 1972.

Duffy, Christopher. *Russia's Military Way to the West*, London, Routledge & Kegan Paul, 1981.

Engelmann, J. *Manstein : Stratege und Truppenführer*, Friedberg, Podzun-Pallas Verlag, 1982.

Erickson, John. *The Soviet High Command*, London, Macmillan, 1962, and New York, St Martin's Press(reprinted Boulder (Col.), Westview Press, 1984).

———. *The Road to Stalingrad*, London, Weidenfield & Nicholson, 1982.

———. (with Richard Simpkin). *Deep Battle—the genius of Marshal*

Tukhachevskii. (Brassey's forthcoming 1986).

Esame, H. *Patton the Commander,* London, Batsford, 1974.

Fuller, J. F. C. *The Reformation of War,* London, Hutchinson, 1923.

————. *Foundations of the Science of War,* London, Hutchinson, 1926.

————. *On Future Warfare,* London, Sifton Praed, 1928.

————. *Armoured Warfare,* London, Eyre & Spottiswoode, 1943 (reprinted New York, Greenwood, 1983).

De Gaulle, General Charles. *La Discorde chez l'ennemi,* 1944.

————. *Le Fil de l'Eplée,* Paris, Plon, 1926(?).

————. *Vers l'armée de métier, 1934.*(Latest publishing details not available).

Guderian, Colonel-General Heinz. *Panzer Leader*(trans. Fitzgibbon), London, Michael Joseph, 1952, and New York, E. P. Dutton.

————. *Panzer-Marsch!*(ed. B.-G. Oskar Munzel), Munich, Schild-Verlag, 1955 (2nd edn 1957).

Hackett, General Sir John. *The Third World War, a future history* (with others), London, Sidgwick & Jackson, 1978, and New York, Macmillan.

————. *The Third World War, the untold story*(with others), London, Sidgwick & Jackson, 1982, and New York, Macmillan.

————. *The profession of Arms,* London, Sidgwick & Jackson, 1983.

Hemsley, John. *Soviet Troop Control,* Oxford, Brassey's, 1982.

Hess, Wolf. *Mein Vater Rudolf Hess,* Munich, Langen Müller, 1984.

Howard, Michael. *The Causes of War and Other Essays* (2nd edn), London, Unwin Paperbacks, 1984.

Huard, Paul. *Le Colonel de Gaulle et ses Blindés,* Paris, Plon, 1980.

Isby, David. *Weapons and Tactics of the Soviet Army,* London, Jane's, 1981.

De Jomini, Le Baron Antoine. *Precis de l'art de la Guerre* (2 vols.), Paris, Anselin/G-Laguionie, 1983.

Keegan, John. *World Armies*, London, Macmillan, 1983.

————. (with Joseph C. Darracott). *Nature of War*, London, Cape, 1981.

Kitson, General Sir Francis. *Low Intensity Operations : Subversion, Insurgency and Peacekeeping*, London, Faber, 1971.

Lanchester, F. *Aircraft in Warfare, the Dawn of the Fourth Arm*, London, Constable, 1916.

Lenin, V. I. *Collected Works* (4th edn), Vol. 21(August 1914~December 1915), London, Lawrence and Wishart, 1964(Lenin on Clausewitz, 304~305).

Liddell Hart, Sir Basil(see also Mao Tse Tung, Sun Tzu). *Paris, or the Future of War*, London, Kegan Paul, Trench, Trubner, 1925 and New York, Dutton (monograph in series "Today and tomorrow").

————. *The Revolution in Warfare*, London, Faber & Faber, 1946.

————. *The Rommel Papers* (ed. B.H.L.H., trans Findlay), London, Collins, 1953, and New York, Harcourt Bruce Jovanovitch.

————. *Strategy, the Indirect Approach*, London, Faber & Faber,(3rd edn) 1954.

————. *The Sword and the Pen*(ed. Adrian L.H.), New York, Crowell, 1976.

Lider, Julian. *Military Force—an analysis of Marxist-Leninist concepts* Farnborough(Hants), Gower, 1981.

Losik, Professor Marshal Of Armoured Forces(ed.), *Stroitel'stvo i boevoe priminenie sovetskikh tankovykh voisk v Velikoi Otechestvennoi Voiny*(The structure and employment of Soviet tank forces in the Second World War), Moscow, Voenizdat, 1979.

Lucas, J. and M. Cooper. *Panzergrenadiers*, London, Macdonald and Jane's, 1979.

Mahan, A.T. *Naval Strategy— compared and contrasted with the principle and practice of military operations on land*, London, Sampson, Low, Marston;1911(reprinted : New York, Greenwood, 1975).

Von Manstein, Field Marshall Erich, *Verlorene Siege*(1957), Bonn, Athenaum Verlag.

————. *Aus einem Soldatenleben*(1958), Bonn, Athenaum Verlag.

Mao Tse Tung and Che Guevara, *Guerrilla Warfare*(trans. Griffith) (foreword by Liddell Hart), London, Cassell, 1962.

Martin, Professor Laurence. *The Two-Edged Sword*(the Reith Lectures 1981), London, Weidenfeld & Nicholson, 1982.

Von Mellenthin, *Major-General. F.W. German Generals of World War* Ⅱ, University of Oklahoma Press, 1978.

————, *Panzer Battles*, London, Futura Books, 1979.

Mostovenko,V. D. *Tanki(Tanks)*, Moscow, Voenizdat, 1956(see also under von Senger).

Radzievskii, Professor Army General A. I. *Dictionary of Basic Military Terms* (trans. DGIS Ottowa), Moscow, Voenizdat, 1966, Washington D C,(under auspices of) USAF, 1977(in series "Soviet Military Thought").

————. *Tankovyi udar*(Offensive tank operations), Moscow, Voenizdat, 1977.

Saaty, T. L. *Mathematical Methods of OR*, New York, McGraw Hill, 1959.

Sargent, William. *Battle for the Mind*, London, Heinemann, 1957.

Savkin, V. Ye. *Basic Principles of Operational Art and Tactics*(A Soviet View), Moscow, Voenizdat, 1972 Washington D C,(under auspices of) USAF, 1974 (in series "Soviet Military Thought").

Scott, Harriet, Fast and William F., *The Armed Forces of the USSR*, 1979.

————, *The Soviet Art of War—doctrine, strategy and tactic*, 1982. Both Boder(Col.), Westview Press, and London, Arms and Armor Press.

Von Senger und Etterlin, General(a.D.) Dr F. M., *Der Gegenschlag* : Neckargemünd, Vohwinkel Verlag, 1959.

————, *Panzergrenadiere*, 1961.

————, *Die Roten Panzer— Geschichte der Sowjetischen Panzertruppen 1920~1960* (ed.), 1963(see also Mostovenko). Both Munich, J. F. Lehmanns Verlag.

(Soviet General Staff). *"PU-36"* (Soviet Field Service Regulations 1936) Moscow, Voenizdat, 1937 (certainly masterminded and probably drafted by Marshal Tukhachevskii).

Stanhope, Henry. *The Soldiers : an Anatomy of the British Army*, London, Hamish Hamilton, 1979.

Sun Tzu, *The Art of War* (trans. Griffith, foreword by Liddell Hart), Oxford, OUP(Clarendon), 1963.

"Suvorov, Viktor"(nom de plume of Soviet officer defector). *The Liberators*,1981.

————. Inside the Soviet Army, 1982. Both London, Hamish Hamilton.

Taylor, A. J. P. *The Course of German Hostory : a survey of the development of Germany since 1815*, London, Hamish Hamilton, 1945.

Triandafillov, V. K. *Kharakter operatsii souremennykh armii* (The character of the operations of modern armies), Moscow, Voenizdat, (3rd edn)

1936, (4th edn) 1937.

Trythall, A. J. *'Boney' Fuller : The Intellectual General,* London, Cassell, 1977.

Tukhachevskii, Marshall of the Soviet Union M. N. *Uzbrannye proizvedenye* (selected works), (2 vols.), Moscow, Voenizdat, 1964 (see also Soviet General Staff).

Uhle-Wetter, Major General Franz. *Gefechtsfeld Mitteleuropa* (Battlefield Central Europe) (3rd edn), Koblenz, Bernard & Graefe Verlag, 1981.

(United States Army Armor School), *Airland Battle 2000* (a collection of readings from professional journals).

(United States Army Infantry School), *Mechanized Infantry : Past, Present, Future,* Reference ATSH-CDT, 23 April 1979.

United States Army, Training and Doctrine Command. *FM100-2-1 : Soviet Army Operations and Tactics.*

————. *FM100-2-2 : Soviet Army Specialized Warfare and Rear Area Support.*

————. *FM100-2-3 : Soviet Army Troops Organization and Equipment.* All due out 1984/5.

————. *FM100-5 Operations,* August 1982.

(United States Army War College), *German Military Thinking—selected papers on German theory and doctrine* (May 1983).

————. *Soviet Operational Concepts* (June 1980), (ten articles from *Voyennaya mysl'* (Military Thought), the restricted Soviet General Staff periodical). Both Art of War Colloquium publications.

Vigor, P. H. *Soviet Blitzkrieg Theory,* London, Macmillan, 1983.

Papers and extracts—unpublished/limited publication

Klink, Dr Ernst. *Die Begriffe "Operation" und "operativ" in ihrer militärischen Verwendung in Deutschland*, Freiburg-im-Breisgau, Militärgeschichtliches Forschungsamt, 1958 (copy marked *Ausarbeitung für Führungsvorschrift* i.e. ideas draft for Command and Control Regulations) (courtesy of United States Army War College).

Von Manteuffel, General Hasso. *Some thoughts on the employment of the Panzergrenadier Division Grossdeutschland in the defensive and tank battle of Targul Frumos (Rumania)*, 2~5 May 1944 (typescript, December 1948) (a copy of this paper, with maps, was given to me by General Sir Desmond Fitzpatrick, GCB DSO MBE MC, when I was a student Staff College in 1951, I presented it to the Staff College Library in 1971, and later obtained a copy from them without the maps—which were in any event almost unintelligible).

(Reichswehrministerium, Truppenamt), *Reise des Chefs des Truppenamts nach Russland, August/September 1928* (Visit of the Chief of the Army General Staff of Russia). Reference : Nr. 231/28 geh-Kdos. T3V, Berlin, 17. 11. 1928 (kindly provided from his research papers by Professor John Erickson).

(United States Army Air Assault Corps), *The Air Assault Corps and the Light Division* (undated).

(United States Army Armor School), *Battlefield Management System* (BMS) ("white paper" discussion draft 9 May 1984).

(United States Army Infantry school), *7th Infantry Division (Light*

Division). 9th Infantry Division (Hi-Tech Light Division). Briefing folders.
(United States Army Office Of Military History), *Russian Airborne Operations.* Ref MSP-116, 1952(translation from German).

Articles

〔독자의 편의를 돕기 위해서 목록을 발행연월 순으로 나열했다.〕

Armada International

4~5/80   "Airborne Anti-tank Warfare"(Parts 1 & 2), Konrad
(36~75)   Alder.
(74~104)
2/83   "Helicopterborne Anti-armour Warfare. Illustrated by
(7,77)   AH-64", Mark Lambert.

ARMOR Magazine

May/Jun 80   "Soviet Combined Arms Operations", Professor John
(16~21)   Erickson.
Nov/Dec 80   "Increased Combat Power" (1986 force structure), LTC
(30~34)   Ralph G. Rosenberg
Jan/Feb 81   "Mission-oriented   Command   and   Control",
(12~16)   (Bundeswehr, Fu. H. Ⅲ. 2).
Jul/Aug 81   "Training for Maneuver Warfare", LTG William R.
(31~34)   Richardson.

Jan/Feb 82   "The Armor Force in the Airland Battle", MAJ Michael

(26~32)   S. Lancaster

Mar/Apr 82   "Armor Aviation", CPT Thomas H. Trant.

(26~29)

Sep/Oct 82   "Airland Battle's Power Punch", CPT Marc C. Baur.

(38~41)

Jan/Feb 83   "Airland Battle Defeat Mechanisms", MAJ Michael S.

(35~37)   Lancaster and Jon Clemens.

May/Jun 83   "The LHX Pursuit Helicopter Squadron", CPT Greg R.

(26~29)   Hampton.

British Army Review

66(Dec 80)   "Bricks without Straw" (review article—de Gaulle),

(10~13)   Richard Simpkin.

72(Dec 82)   "Hammer, Anvil and Net", Richard Simpkin.

(11~21)

(45~48)   "Lanchester's Square Law", Fergus Daly.

74(Aug 83)   "The French Home Defence System", Maj A.J. Abbott,

(19~24)   MBE.

78(Dec 84)   "Manoeuvre Theory and the Small Army", Richard

(5~13)   Simpkin.

Defence

Sep 81   "Military Helicopters" (composite feature).

(636~650)

Défense nationale

〔내가 아래의 정기간행물들을 접하는 데 어려움이 많았지만 대영도서관의 도움으로 획득할 수 있었다. 하지만 아직도 1984년 이전의 자료를 연구할 수 있는 기회를 갖지 못했음을 밝혀둔다.〕

Jan 84	"La Stratégie, et ses sources", Louis le Hégarat.
(25~41)	
(165~168)	"Le concept suédois de défense globale", Michel Darfren.
Mar 84	"La stratégie, théorie d'une pratique", Louis de Hégarat.
(51-67)	
(152~157)	"Réforme de l'Ecole spéciale militaire de Saint-Cyr et politique de recrutement et de formation des cadres", Gorges Vincent.
May 84	"La stratégie totale de l'URSS", René Cagnat.
(67~80)	
Jul 84	"L'Airland Battle et le nouveau débat doctrinal dans l'OTAN"(Part 1), Robert A. Gessert.
(89~104)	
(9~22)	"Défenses alternatives, 1—Défense classique et nucl éaire tactique", Maurice Faivre.
Aug/Sep 84	"L'Airland Battle et le nouveau débat doctrinal dans l'OTAN"(Part 2), Robert A. Gessert.
(23~42)	
Oct 84	"Défenses alternatives, 2—D'autres formes de défense", Maurice Faivre.
(27~42)	

Europäische Wehrkunde (et al.)

〔본 발간물은 전후에 군사과학지(Militärwissenschaftliche Rundschau)의

후신인 WWR(국방과학지)를 계승하고 있다. 이 정기간행물들 역시 확보하는 데 어려움이 많았는데 특히 오래 전에 발간된 것일 수록 그러했다. VFZ(분기시사지)는 별도의 한 가지 간행물로 취급했다.]

VFZ/1 (53)	"Reichswehr und Rote Armee", Helm Speidel.
(9~45)	
WWR/9 (62)	"Die geheime Luftrüstung der Reichswehr und Ihre
(540~549)	Auswirkung auf den Flugzeugbestand der Luftwaffe
	zum Beginn des Zweiten Weltkrieges", Karl-Heinz
	Völker.
EW6/82	"Nessie" und die Miliz—Anmerkungen als Beitrag zur
(252~256)	Klärung", General a. D. J. A. Graf Kielmansegg.
(264~265)	"Der 'Auftrag'—Eine deutsche militärische Tradition",
	Dieter Ose.
2/84	"Militärische Aussichten in den nächsten dreissig
(82~89)	Jahren", G.-L., a. D. Carl-Gero von Ilsemann.
(90~94)	"Konzeptionelle Vorstellungen für die gepanzerten
	Kampftruppen der 90er Jahre", OT i. G. Gero Koch.
4/84	
(209~214)	"Die 'deutsche Frage' als ein Kernproblem der
	Friedensordnung in Europa", OT i. G. Gerhard
	Hubatschek.
(224~230)	"Die Führungsinformationssystem des Heeres
	(HEROS)", OTL i. G. F-J Schächter.
7/84	"Renaissance der Infanterie", OT i. G. Gero Koch.
(409~413)	

Flight International

Feb 79   "Battlefield Helicopters", D. Richardson, G. Warwick,
(319~327)   M. Lambert.

Infantry

Mar/Apr 84   "Infantry Division, Light" (editorial feature).
(14~16)

Jul/Aug 84   Five-article feature on heavy-light forces and related
(10~31)   topics.

Sep/Oct 84   Five-article feature on leadership and command.
(14~31)

International Defense Review

[소련군에 대한 1982년 9월호까지의 자료는 《소련군의 기갑》의 참고문헌
을 참고하기 바란다.]

8/78   "AH-64: the US Army's Advanced Attack Helicopter", J.
(1247~52)   Philip Geddes.

3/80   "Helicopters for the Central Front—Part 1", Mark
(400~406)   Hewish.

6/83   "Soviet Operational Manoeuvre Groups—a closer
                look", C. J. Dick.

9/83   "Spetsnaz—the Soviet Union's special forces", "Viktor
(1210~16)   Suvorov" (nom de plume).

(1241~45)   "Flying the AH-64 Apache", Mark Lambert.

10/83	"The Warsaw Pact Strategic Offensive—the OMG in
(1391~95)	context", John G. Hines and Phillip A. Peterson.
11/83	"The Airland Battle 2000 Controversy—who is being
(1551~56)	short-sighted?", Ramon Lopez.
12/83	"Soviet Doctrine, Equipment, Design and Organization
(1715~22)	—an integrated approach to war", C. J. Dick.
2/84	"The Real Danger to World Security is Nuclear
(123~124)	Proliferation", General Sir John Hackett.
4/84	"Some Thoughts of Operational Manoeuver Groups",
(380)	Dr Juan Carlos Murguizir.
(389~392)	"Sun Tzu and Soviet Strategy", Thomas Ries.
(473~478)	"Fire and Manoeuvre-the German armoured corps and combined-arms operations", K. G. Benz.
5/84	"The Soviet Helicopters on the Battlefield", C. H.
(559~566)	Donnelly.
(585~588)	"LHX—helicopter program of the century", Ramon Lopez.
9/84	"Low Intensity Conflict—an operational perspective",
(1183~91)	M. G. Donald, R. Morelli and Maj Michael M. Ferguson.
	"The US Army's 9th Infantry Division", Sutton Berry, Jr.
(1211)	

Military Review

Mar 81	"Extending the Battlefield", General Donn A Starry. (see also under Books, US Army Armor School, *Airland Battle 2000*)

Military Technology

5/83	"Strike Deep" : a new concept for NATO, General
(38~60)	Bernard W. Rogers, SACEUR.
	"Requirements and weaponry" (for Strike Deep),
	Erhard Heckmann.
3/84	"Countering the OMG", Richard Simpkin.
(82~92)	
8/84	"Flying Tanks?—a tactical-technical analysis of the
(62~82)	'main battle air vehicle' concept", Richard Simpkin.

RUSI Journal

125/2(June 80)	"Doubts and Difficulties Confronting a Would-be Soviet
(32~37)	Attacker", P. H. Vigor.
126/? (81)	"The Soviet Biological and Chemical Warfare Threat",
(45~52)	Charles J. Dick.
127/2 (June 82)	"British Land Forces : the Future", Field Marshal Sir
(17~22)	Edwin Bramall, GCB, OBE, MC.
127/4 (Dec 82)	"NATO : The Next Decade", General Bernard W.
(3~6)	Rogers.
128/1 (Mar 83)	"Force Strategy, Blitzkrieg Strategy and the Economic
(39~43)	Difficulties : Nazi Grand Strategy in the 1930s",
	Professor Williamson Murray.
(52~60)	"Heirs of Genghis Khan : the Influence of the Tartar-
	Mongols on the Imperial Russian and Soviet Armies",
	Christopher Bellamy.
128/2 (Jun 83)	"Conventional Defence of Europe", Field Marshal the

(7~10)   Lord Carver.

(11~15)   "New Operational Dimensions", General Dr F. M. von
              Senger und Etterlin.

128/3 (Sep 83)   "The Continental Commitment and the Special
(9~12)   Relationship in 20th Century British Foreign Policy",
              Professor Paul Kennedy.

128/4 (Dec 83)   "Military Power in Soviet Strategy against NATO",
(50~56)   Phillip A.Petersen and John G. Hines.

129/1 (Mar 84)   "Europe and the Security of Russia", Dr Edwina
(46~48)   Moreton.

129/2 (Jun 84)   "The Impact of Surprise and Initiative in War", Corelli
(20~26)   Barnett.

(27~32)   "The Light Attack Helicopter in World War Ⅲ", Col. J.
              N. W. Moss and Col. J. L. Waddy.

129/3 (Sep 84)   "A Positive Approach to Terrorism : the Call for an Elite
(17~22)   Counter-Force in Canada", Lt-Col. (Retd) G. Davidson-
              Smith.

(50~58)   "Antecedents of the Modern Soviet Operational
              Manoeuvre Group (OMG)", Chris Bellamy.

(59~66)   "Concepts of Land /Air Operations in the Central
              Region", Parts 1 and 2, General Sir Nigel Bagnall and
              Air Marshal Sir Patrick Hine.

Soldat und Technik

5/82   "Hughes AH-64—ein Kampfhubschrauber modernster
(266~268)   Art", Hans-J. Kreker.

6/82   "Mi-8/HIP-— Meistgebauter sowjetischer Hubschrauber
(316~317)   und seine Varianten", OTL Günter Lippert.

Teknika i vooruzhenye
〔나는 이 간행물을 1984년 초판부터 획득할 수 있었는데 아직도 그 이전
판을 구할 기회가 없었다.〕
1/84   "Podvizhnost' tankov" (Tank mobility), S. Vygodskiy.

(10~11)

2/84   "Mnogotselevoi armeiskii vertolet" (The multipurpose
(10~11)   army helicopter), Col. (Tech.) Dr V. Volodko.

(12~13)   "Bronyetankovaya tekhnika v osobykh ysloviyakh"
              (armoured vehicle technology under special
              conditions), Lt-Col. (Tech.) M. Igol'nikov, Lt-Col.
              (Tech.) B. Zaslavskii, and Maj. (Tech.) A. Rykov.

Truppenpraxis

3/82   "Gedanken über die Gepanzerten Kampftruppen der
              Zukunft", Gero Koch & Bauers.

7/83   "Gedanken über den Einsatz der Panzergrenadiere der
              Zukunft", Schütze & Remuel.

11/83   "Gedanken zum Gefecht der gepanzerten Kampftruppen",
(812~814)   B.-G. Gerd Röhrs.

12/83   "Panzergrenadiere 90" OT i. G. Gero Koch.

(880~886)

2/84   "Die Entwicklung der sowjetischen Militärstrategie von
              1945 bis heute", Maj. i. G. Jürgen Hübschen.

3/84   "Die Entwicklung der sowjetischen Streitkräfte in den
(155~158)   Jahren 1970~1983", Maj. i. G. Jürgen Hübschen.

4/84   "Panzeraufklärungstruppe : Aufklärung oder Kampf als
(251~256)   Hauptaufgabe?", OT i. G. Gero Koch.

(265~269)   "Der israelische Offizier : Zentrale Figur für den
             Zusammenhalt der Truppe", Maj. Richard Gabriel USAR
             & Col Reuven Gal IDF(original—"The Israeli Officer :
             Lynchpin of unit cohesion", Army Magazine, Nov 83).

5/84   "Kampf gegen gepanzerte Kräfte in Mitteleuropa", G.-L.
(325~332)   Meinhard Glanz (also as "Defeating Enemy Armour",
             NATO's Sixteen Nations special 1/83).

8/84   "Gewässerzone in der Foward Combat Zone (FCZ)",
(582~587)   OTL Gustov Lünenborg.

(604~607)   "Der Einsatz mittlerer Transportflugzeuge in der
             vorderen Kampfzone—Möglichkeiten und Grenzen",
             Maj. i. G.H.-W. Ahrens.

9/84   "Anweisung für Führung und Einsatz"(AnwFE 700/108
(674~679)   VS-Nfd), OTL i. G. Klaus Hammel.

Voenno-istoricheskii zhurnal

1/65   "Razvitie teorii sovetsckogo operativnogo iskusstba v
(34~46)   30-e gody", Part 1 (Development of The theory of
             Soviet operational art in the 3-s), G. Isserson.

3/65   (Part 2 of above.)
(46~61)

7/65   "Izbrannye proizvedeniya M N Tukhachevskogo" (review article) (The selected works of M N Tukhachevskii). Professor Col-General N. Lomov.

5/75
(28~35)

"Sovetskoe operativnoe iskusstvo v kampanii 1945 goda v Evrope", (Soviet operational art in the 1945 European campaign), Army General S. Sokolov.

(36~43)

"Taktika sovetskikh voisk v zavershayushchem periode voiny v Evrope", (The tactics of Soviet forces in the closing stages of the war in Europe), Professor Army General A. Radzievskii (while head of Frunze Military Academy).

2/76
(19~26)

"Vvod tankovykh armii v proryv" (The commitment of tank armies to the break-in), Professor Army General A. Radzievskii.

8/76
(38~45)

"Razvitie teorii strategicheskoi nastupatel'noi operatsii v 1945~1953 gg." (The development of the theory of strategic offensive operations, 1945~53), Maj-Gen. M. Cherednichenko.

9/77
(24~33)

"Vstrechnye strazheniya tankovykh armii v nastu-patel'nykh operatsiyakn" (Encounter battles of tank armies in offensive operations), Col. B. Frolov.

2/78
(27~34)

"Razvitie taktiki obschchevoiskovykh soedinenii" (The development of the tactics of all-arms formations), Professor Army General A. Radzievskii.

9/79
(25~32)

"Kharakternye cherti razvitiya i primeneniya tankovykh voisk" (Characteristic features of the development and employment of tank forces), Maj-Gen. of Tank Forces

I. Krupchenko.

9/80 (18~25)	"Sposoby vedeniya vysokomanevrennykh boevykh deistvii bronetankovymi i mekhanizirovannymi voiskami po opytu Belorusskoi i Vislo Oderskoi operatsii" (Questions of the conduct of the high-tempo manoeuvre battle-based on the actions of armoured and mechanised forces in the Belorussian and Vistula-Oder operations), Professor Marshal of Armoured Forces O. Losik.
6/81 (12~20)	"Sposoby razvitiya yspekha v operativnoi glubine silami tankovykh armii, tankovykh i mekhanizirovannykh korpusov" (Problems of the exploitation of success at operational depth with the forces of tank armies, and tank mechanised corps), Professor Maj-Gen of Tank Forces I. Krupchenko.
8/82 (13~16)	"Operativnaya maskirovka" (Concealment and deception at operational level), Col-Gen. P. Mel'nikov.
11/82 (42~48)	"Boevoe priminenie bronetankovykh i mekhan-izorvannykh voisk" (The combat employment of armoured and mechanised forces), Professor Marshal of Armoured Forces O. Loisk.
6/83 (26~33)	"O nekotorykh voprosakh razvitiya strategii i opera-tivnogo iskusstva v kurskoi bitve" (Soviet questions about the development of the strategic and operational art in the Battle of Kursk), Army General A. Luchinskii. "Ocobennosti primeneniya bronetankovykh i mekha-

7/83	nizirovannykh voisk v Kurskoi bitve" (Special factors
(19~25)	affecting the employment of amoured and mechanised
	forces in the Battle of Kursk), Professor Maj-Gen. of
	Tank Forces I. Krupchenko.

"O nekotorykh tendentsiyakh razvitiya teorii i praktiki
nastupatel'nykh operatsii grupp forntov" (Some
tendencies in the theory and practice of front-level
operational groups), Col-Gen. V. Karpov and Professor
Maj-Gen N.Zubkov.

10/83
(16~22)

"O nekotorykh tendentsiyakh v sozdanii i ispoll'zovanii
udarnykh gruppirovok po opyty frontovykh
nastupatel'nykh operatsii Velikoi Otechstvennoi voiny"
(Some trends in the structure and employment of
offensive groupings as shown by front-level offensive
operations in Wold War), Colonel B. Petrov.

11/83
(11~19)

"O stile raboty voenachal'nikov" (Style in the exercise
of command), Army General P. Lashchenko.

"Nekotorye osobennosti organizatsii i vedenya
armeiskikh nastupatel'nykh operatsii v lesistobolotistoi
mesnosti" (Some special factors in the organisation and
conduct of army offensive operations in overgrown
marshy terrain), Col. (Retd) F. Utenkov.

1/84
(10~21)
(31~37)

"Otrazhenie kontrudarov krupnykh gruppirovok
protivnika v khode frontovykh nastupatel'nykh
operatsii Velikoi Otechestvennoi voiny" (The repulse of
counter-offensives by major enemy groupings against

4/84

(Soviet) front-level offensive operations of World War
Ⅱ), Lt-Ge-n. A. Evseev.

5/84
(15~23)

"Nekotorye voprosy podgotovki i vedenya posl-
edovatel'nykh po glubine frontovykh nastupatel'nykh
operatsii" (Some questions of the mounting and conduct
of follow-on phases in depth in front-level offensive
operations), Col-Gen. M. Bezkhrebtyi.

6/84
(10~60)

"Sovetskoe voennoe iskusstvo v Belorusskoi operatsii
1944 goda" (Soviet military art in the Belorussian
operation of 1944) (group of articles, including Losik
on armour).

8/84
(24~31)

"Organizatsiya i sovershenie marshei tankovymi i
mekhanizorovannymi soedinenyami v gody Velikoi
Otechstven noi voiny" (The planning and execution of
controlled moves of tank and mechanised formations
in World War Ⅱ), Professor Maj-Gen of Tank Forces
I. Krupchenko.

9/84
(12~21)

"Opyt organizatsii i vedeniya krupnykh tankovykh
srazhenii v gody Velikoi Otechestvennoi voiny"
(Lessons from the mounting and conduct of major tank
battles in World War Ⅱ), Professor Marshal of Armed
Forces O. Losik.

Voennyi vestnik

[1981년 이래 본지는 '제병과 전투의 이론과 실제'라는 주제로 정기적으로

논문을 게재하고 있다. 각 논문을 종합하면 그 자체로 한 권의 전술 교범이 되겠지만 여기서 그 목록을 완전하게 거론하는 것은 불가능하다.]

8/75 (49~50)	"O primenenii BMP v boyu" (Battle employment of the BMP), Col. E. Kamenskii.
(55~57)	"Na BMP vo vstrechnom boyu" (The BMP in the encounter battle), Col. E. Brudno.
12/75 (55~57)	"O primenenii BMP v boyu" (BMP in battle—comments on previous articles), Capt. V. Chernikov and Lieut. V. Varenik.
3/76 (19~22)	"BMP v boyu" (The BMP in battle—final article of series), Col-Gen. V. Merimskii(at the time deputy director of combat preparedness).
4/76 (46~51)	"Upravlenie voiskami-na uroven'sovremennykh trebovanii" (Command and control—What it means today), Col. Gen. D. Grinkevich (at the time C of S, Group of Soviet Forces Germany).
8/76 (49~53)	"Operativnost' v upravlenii voiskami" ('Operational quality' in the command of forces), Col-Gen. M. Tyagunov.
9/76 (35~38)	"Manevr—dusha taktiki" (Manoeuvre—the soul of tactics), Col. V. Savel'ev and Lieut-Col. V. Shkepast.
4/77 (68~71)	"Manevr—klyuch k probede" (Manoeuvre—the key to victory), Col. P. Simchenkov.
12/77 (67~70)	"Prinimaya reshenie na boi······" (Decision-making in battle, in the series 'Sophisticated techniques in real

life'), Col. V. Matvee v and Lieut-Col. A. Malishev.

4/79
(12~16)
"Aktual'naya problema sovremennogo boya" (Current problems of modern combat), Col-Gen. V. Yakushin (written while Chief of General Staff, Land Forces).

7/79
(28~33)
"Komandir i shtab" (The commander and his staff), Col. P. Simchenkov.

2/83
(20~27)
"Batal'on nastupaet s khody" (Hasty battalion attack)(editorial). [Note : The importance of this article is that it confirms a mounting tempo of 18-22 hours.]

7/83
(34~37)
(12~15)
10/83(?)
"Vo vzaimodeistvii i taktycheskim vozdushnym desantom" (Cooperation with a tactical helicopter force), Lt-Col. V. Peusher.
"Razvedka i tempi prodvizheniya" (Reconnnaissance and rates of advance), Majors A. Sagakyantz and N. Kolomychenko.

11/83
(16~19)
(58~59)
"Po moryu—v tyl protivnika" (By sea into the enemy rear), Col. B. Skripnichenko.
"Peredovoi otryad forsiret reku" (The vanguard in the opposed crossing), Col. R. Baikeev.

2/84
(26~31)
"Sovremennyi nactupatel'nyl boi" (The modern offensive battle), Colonels P. Konoplya and A. Malyshev.

6/84
"Upravleniyu—vnimanie osoboe" (Focus on command), V. Khaidorov.

8/84
"Vstrechnyi boi" (The encounter battle) A. Z heltoukhov.

(15~18)

Wehrtechnik.

5/82 (69~74)	"Drei Jahre Panzerabwehrhubschrauberregimenter im Heer : Auftrag, Gliederung Erfahrung", Istvan Csoboth.
6/82 (23~24)	"Militärische Hubschrabuer-Technik und Taktik", B.-G. Dr H Tiedgen (part of report on 14th Helicopter Forum, Buckeburg, 1982).
8/83 (18~25)	"Die Panzerabwehr der Kampftruppen : Eine Voraussetzung für die Vorneverteidigung", Edelfried Baginski.
12/83 (75)	"Roboter auf dem Gefechtsfeld : Ersetzt der Kampfautomat der Kampfpanzer" (editorial item).
5/84 (45~47)	"In Etwartung des Panzerabwehrhubschraubers 2", B.-G. Dr. H. Tiedgen (interview).
7/84 (14~23)	"Stärkung der konventionellen Verteidigungsfähigkeit", Wolfgang Altenburg.
8/84 (52~59)	"Führungssysteme im bündnisweiten Verbund", G-L. Eberhard Eimler (airforce C^3 systems).
9/84 (46~60)	"Die Rolle der Luftstreitkräfte in der NATO", G.-L. Eberhard Eimler.
10/84 (20~25)	"Aufklärung im Heer : Lücken werden geschlossen", Wolfgang Flume.

해설

심킨과《기동전》

차례

1. 심킨은 어떠한 인물인가?

2.《기동전》의 원제 및 부제가 갖는 의미는 무엇인가?

3. 이 책의 일독一讀을 추천하는 이유는?

4. 이 책의 기술 방법상 특징은 무엇인가?

5.《기동전》의 가치와 저자가 전달하고자 하는 주요 내용

6. 미래 기동전에 대한 인식의 확산

1. 심킨은 어떠한 인물인가?

이 책의 지은이 리처드 심킨Richard Simpkin은 잘 알려진 바와 같이 30여년 간을 영국군에서 기갑 장교로 복무한 예비역 장군이다. 그는 군 복무기간 동안 영국 내뿐 아니라 중동 지역 실전에 참전하여 무공훈장을 수여했고 포로생활까지 직접 체험했으며 세계 도처에서 파견근무를 했다. 이 사실은 그가 고급장교로서, 한편 군사저술가로서 충분한 야전 실무와 군사기술 및 이론을 겸비하고 있었음을 입증해준다.

더욱이 그는 1951년 영국군 참모대학을 졸업한 후 곧바로 왕립 군사과학대학 기술참모 과정에서 차량학을 전공하고 1953년에 학위를 취득하여 병기공학 및 차량학에 대한 과학기술적인 배경을 축적하게 되었다. 그리고 1957년부터 59년까지 참모대학과 왕립 군사과학대학의 전투차량 기술과에서 교수로 재직한 바 있다. 이듬해 그는 1960년부터 63년까지 영국군 기갑무기체계의 개발부장으로서 영국군 주력 전차(MBT)인 치프테인Chieftain의 실용시험과 스콜피온Scorpion 수색정찰 차량계열 및 스윙파이어Swingfire 대전차 미사일의 연구 개발을 주도했다. 뿐만 아니라 대외적으로는 나토의 전차 및 기타 전투차량 연구위원회에서 영국측 대표를 역임하기도 했다.

심킨은 정책부서에서 근무한 후 1963년, 영국군이 자랑하는 최정예 영국군 제1전차 연대의 지휘권을 인수하여 성공적으로 연대장 근무를 마치고 다시 왕립 군사과학대학의 군사연구부장(무기 및 차량연구)으로 재직했다. 이어 1968년에 준장으로 진급하여 국방성에서 직사화기 및 기동장비 운용 개념과 설계 방침을 담당하는 육군담당 운용/소요부장으로 보직했다. 이것이 그의 군생활의 마지막 직책이었으며 이 책에서 자신이 역설했듯이 장교로서 당연히 거쳐야 할 제2의 인생경력을 위해 스스로 조기 전역을 결심했다. 전역 후 심킨은 1971년, 사설 언어 상담회사를 설립하고 1973년에는 이를 개인회사로 확장시켰으며 1986년 11월 3일 사망하기 전까지 우리에게 친숙한 수많은 군사연구서를 집필함으로써 전 세계적인 군사사상가로 각광받게 되었다. 이 책과 연계하여 그의 군 경력을 고찰해보면 야전 지휘관과 전력 증강 관련 부서에서 전문성을 가지고 근무한 정책형 장교의 표본이 아닌가 생각되며, 어찌 보면 자신이 이 책에서 제시한 '미래의 장교상'을 직접 실천했다고 평가할 수 있겠다.

그는 자신의 저술을 통해 무기체계와 전술, 기계화전 이론, 기동전 사상에 대해 한 세대 앞서가는 선각자적인 관점을 제시해주었다. 잘 알려진 바와 같이 소련군 종심 전투 이론에 대한 분석서《종심 전투Deep Battle》, 90년대 기갑 위협에 대한 공중기계화 대응이론을 역설한《대전차Antitank》, 아직까지도 기계화 보병에 관하여 참신하고 방향 제시가 가능한 아이디어를 제공하는《기계화 보병Mechanized Infantry》, 기계화전에서 인간 요소의 중요성을 날카롭게 고찰한《기계화전에서의 인간 요소Human Factors in Mechanized Warfare》, 전차전에 관한 고전인《전차전Tank Warfare》등이 우리의 사랑을 받고 있다. 특히《기동전Race to the Swift》은 공식적으로 심킨의 마지막 저술임과 동시에 가장 훌륭한 기동전 관련 고전 중의 하나라고 자신한다.

그는 비단 영국군뿐만이 아니라 서부 유럽, 동구권 및 러시아군에 이르기까지 군사사상적으로 큰 영향을 미쳤는데 평소 영국인들이 그에게 갖고 있던 각별한 애정은 그가 사망했을 때 확연하게 드러났다. 〈런던 타임스〉는 사망 기사와 함께 심킨을 현시대 최고의 군사사상가이자 저술가로 극찬했고 〈데일리 텔레그래프〉 역시 그의 저술이야말로 서구의 군사정신에 괄목할 만한 영향을 미쳤다고 논평했다.

독자들은 이 책을 통하여 심킨의 독일어 및 러시아어 능력이 저술활동에 크게 뒷받침이 되었고 그가 《손자병법》과 《전쟁론》에 전문가적인 지식을 갖고 있었으며 정책 및 전략가로서 출중한 마인드를 구비하고 있었음을 공감하게 될 것이다.

2. 《기동전》의 원제 및 부제가 갖는 의미는 무엇인가?

독자들은 제2의 풀러로 칭송받는 심킨의 의욕적인 저술활동에 친숙할 것이다. 다시 강조하지만 옮긴이는 그가 연구해온 모든 군사이론과 실제를 집대성한 것이 이 책이라고 생각한다. 원제를 그대로 직역하자면, '기동전을 향한(또는 기동전으로의) 경주競走'이다. 통상적으로 기동전이라 함은 '기동이 결정적으로 승패를 좌우하는 전쟁', 즉 적의 장비 및 인원과 직접적으로 부딪쳐서 화력을 교환하는 전투보다 그 이전에 이러한 전투상황을 유리하게 이끌어내기 위해 기동이 결정적인 역할을 하는 전쟁을 말한다. 이로부터 원제의 의미를 유추해보면, 동서고금을 막론하고 전쟁에서 승리하기 위해서는 상대방보다 빠른 기동성에 도달하기 위한 경쟁이 필수적이고, 이는 곧 기동전을 수행하기 위한 경주의 양상과 동일하다는 의미로 해석된다.

부제인 '21세기 전쟁에 대한 사고'를 보자면 21세기에도 기동전이야말로 결정적인 승인勝因이 될 것이므로 당시를 기준하여 미래전에서의 기동전 수행에 대한 시각을 중점적으로 기술했음을 인지할 수 있다. 처음에는 심킨이 영구불변의 기동전 이론을 취급했기 때문에 '21세기 기동전'이라는 제명을 고려했으나 한편으로 시대적 한계를 자초하는 것 같고 고전으로서의 가치를 보존하기 위해서 '기동전'이라는 제목이 보다 적절할 것으로 생각된다.

물론 이 책을 기술할 당시와 비교하여 군사적 상황을 포함한 정치, 경제, 문화, 사회적 환경이 크게 변화했지만 기동전 사상의 본질과 접근 방식에는 크게 달라진 점이 없다. 역사는 반복된다고 한다. 만일 독자들이 시대성을 고집한다고 하더라도 고전은 고전으로서 남는 것이다. 이 책은 처음 출간된 80년대 중반부터 군사학도들의 관심을 모았고 미군, 독일군, 영국군 장교들의 필독서가 되었다.

심킨은 전쟁의 본질과 수행방법을 분석하고 기동전을 통하여 미래전에서 승리하는 길을 제시하고 있다. 또한 이를 뒷받침하기 위해 다양한 군사사상을 적절하게 예시하면서 독창적인 이론 및 논리적인 전개로 독자를 설득할 수 있도록 조화시키고 있다. 우리가 통상 전쟁을 術述의 영역으로만 간주하고 있으나 그는 사회과학 더 나아가서 자연과학까지 포함하는 개념으로 확장했다. 이러한 관점에서 심킨은 우리에게 무한한 사고의 모티브를 제공하는 것이다.

3. 이 책의 일독 —讀을 추천하는 이유는?

내가 철원에서 중대장으로 근무할 당시, 개인적으로 행운이자 영광스럽게도 K-1전차의 전술적 운용시험에 동참하는 기회가 주어졌다.

수개월 동안의 운용 시험과 분석 과정은 생소했던 편성, 무기체계, 교리, 군수지원, 교육훈련 등 제반 전력화 지원요소에 관하여 새로운 시야를 갖게 했으며 전문 직업장교에게 무엇이 요구되는지 어렴풋이 깨우치게 해주었다. 그러나 평소 이러한 분야를 게을리하던 나는 주변의 도움을 받아서야 가까스로 군사 연구의 기본자세와 방법을 간접적으로 체험할 수 있었다.

이때 추천받은 두 권의 원서 중 하나가 《Race to the Swift》였는데, 제목부터 대단히 어렵다는 인상을 받았다. 당시 기껏해야 《손자병법》의 유명한 구절을 기억하기 위해 병서를 뒤적거리고, 풀러가 쓴 《전격전의 기초이론》과 리델 하트의 《전략론》을 피상적으로 접한 경험이 전부였던 나에게 심킨 장군과의 만남은 큰 충격이었다. 그러나 반가움과 기대감은 곧 좌절과 포기로 이어졌다. 그의 난해한 문체와 내용의 현학성은 마치 독자에게 도전장을 던지는 것과 같았기 때문이다.

어떤 이들은——특히 번역서를 만들어본 경험이 없는 사람은——"번역서는 일고—考의 가치도 없어", "엉성하더라도 창작만이 진정한 저술이야"라는 말을 서슴없이 한다. 아마 클라우제비츠, 조미니, 풀러, 앙드레 보프르, 마한, 삭스, 리델 하트 등 이름만 대면 알 수 있는 대 군사사상가들이 새로운 군사사상의 폭넓은 전달과 스스로 원전을 충실하게 소화하려는 두 가지 목적을 달성하기 위해서 창작활동에 선행, 혹은 병행하여 수많은 번역서를 저술했다는 사실을 모르기 때문일 것이다.

옮긴이 역시 책 속에 담긴 내용을 보다 확실히 이해하자는 목적이 번역을 시도하게 되었다. 처음 이 책을 접했을 당시에는 책에 담겨 있는 군사이론과 사상에 대한 기본지식이 부족하여 서두 부분만을 다루다가 도중하차하고 말았다. 돌이켜 생각해보면 밀리터리 클래식 시리즈 출간에 동참해달라는 제안을 받고 다시 번역에 착수하게 된 것이 얼마나 다행스러운 일인지 모르겠다.

이 책을 접해본 경험이 있는 사람들은 대다수가 책이 어렵다고 평을 한다. 그러나 반면에 현대 기동전 이론을 연구하면서 이 책만큼 빈번하게 인용되는 책도 흔하지 않을 것이다. 사실 내용을 따라가다 보면 저자의 은유적이고 다소 논리를 비약하는 기술방식 때문에 상상의 날개를 펼쳐야 하는 순간을 자주 접하게 된다. 번역에는 항시 어려움이 뒤따른다. 원문에 충실한 번역은 간결하지 못하고 또한 간결한 번역은 원문에 충실하기 어렵기 때문이다. 여기에서 이상적인 중도를 택하려고 노력했지만 역부족인 경우가 다반사였음을 솔직히 시인한다.

번역을 하면서 확인한 부수적인 사실은 심킨이《손자병법》에 심취한 또 한 사람의 군사대가라는 것이다. 영어로 절묘하게 표현하려고 시도했지만 그 뒤에 숨어 있는 사상은 바로《손자병법》의 중심사상이었다. 군생활을 통하여 많은 군사서적 가운데 양서良書 2권을 선택해 보라면 주저하지 않고《손자병법》과 풀러의《전격전의 기초이론》을 권해왔던 나는 이제 그 반열에 감히 이 책을 포함시키고자 한다.

4. 이 책의 기술방법상 특징은 무엇인가?

이제 기동전에 관해서는 누구라도 한 마디씩 보탤 수 있는 정도로 수많은 저술과 다양한 이론들이 산재해 있다. 그러나 이에 관한 개념을 정확히 알고 제3자를 납득시킬 수 있는 사람을 찾아보기 힘든 것 또한 사실이다. 대부분의 군사학도들도 기동전보다는 입체고속기동전(또는 입체기동전)에 익숙해 있으며, 타군의 경우 이를 육군의 기본

전법 수준으로 이해하는 것이 오늘날의 현실이다. 그 이유의 하나는 대부분의 기동전에 관해 쏟아져나온 논의들이 심리적인 관점에 편중되어 있기 때문일 것이다. 교리적으로도 입체기동전이란 '가용수단을 최대한 이용하여 적의 배후로 기습적이고 대담하게 기동함으로써 적을 심리적으로 마비시키고 중심을 와해시켜 적 전투력을 격멸하는 전투수행방법'으로 정의하고 있다.

따라서 "기동전은 마비痲痺다", "기동전은 적의 심리가 목표다" 등 개념 위주의 사고와 정의를 보편적으로 주장한다. 물론 전쟁에서 심리적 우세를 통한 마비의 달성으로 승리한다는 사실은 어느 누구도 부정할 수 없는 군사적 진리다. 그렇지만 과도하거나 천편일률적으로 심리에 편중하여 기동전에 접근할 경우 오히려 유·무형적인 기동전의 실체를 가리게 되고, (특히 문외한에게는) 기동전이 손에 잡히지 않는 추상적인 개념으로 오해될 위험이 크다. 아마 장사정 정밀타격 유도무기(PGM)와 정보혁명이 미래전쟁의 질적 전환을 가져온다는 RMA와 MTR 등, 첨단 무기체계를 지향하고 물리적인 전투력을 중시하는 관점에서 바라보면 기동전의 본 모습을 놓치고 단지 고전적인 군사사상으로 평가절하할 가능성마저 있다. 미래전에서 우리가 지향해야 하는 군사사상은 더 이상 기동전이 아니라 첨단무기에 의한 정보전, 과학전이라고 잘못된 시각을 갖는 것은 지극히 위험한 발상이다. 왜냐하면 정보전, 과학전 등은 기동전을 성공적으로 수행하기 위한 수단의 하나이기 때문이다.

기동전에 대한 편향된 사고를 보완하고 그 본질에 보다 근접하기 위해서 현실적으로 존재하는 기동전의 모습, 즉 물리적 현상으로서 기동을 분석해야 할 필요성이 대두된다. 우리는 현실적으로 기동전 이론을 적용하는 과정에서 전략적 수준은 차치하고 작전술 수준에 너무 치중한 나머지 전술적 수준의 기동전을 경시함으로써 기동전의 실체를 완전히 규명하지 못했고 전반적으로 기동전에 대한 공감대 형성이 불완전해졌다. 기동전은 분명히 심킨의 주장처럼 어느 전쟁 수준, 어떠한 형태의 전쟁방법에서도 승리할 수 있는 결정적인 요인이다.

심킨 장군의 저서는 이러한 관점에서 우리에게 신선한 충격을 주며 기동을 물리적인 실체로 인식할 수 있는 최적의 안목을 제공한다. 그는 질량 그 자체가 아니라 질량의 운동에서 형성되는 운동량 momentum(즉 질량에 속도를 곱한 물리적 가치)으로부터 기동의 실체를 발견했다. 그의 주장에 따르면 질량의 운동 결과로 동적인 힘이 생성되고 지렛대 원리가 적용되어 적진으로 돌입한 기동 부대가 전투력의 승수 효과를 가져온다. 이와 같이 적의 측·후방으로 지향된 기동의 실체적인 힘은 자체의 파괴력보다 그 위치에서 가하는 심리적 위협과 합쳐져서 적에게 결정적으로 타격하는 효력을 발휘하므로 심리적 마비와 이로 인한 조직의 와해 및 붕괴가 뒤따르게 된다는 것이다. 그러나 이때에도 분명히 기동은 실체 그대로 존재한다.

뿐만 아니라 심킨은 클라우제비츠가 최초로 주장한 섬멸 개념에 격멸과 붕괴의 개념이 포함된다고 역설하며 기동의 성격을 용병술의 차원별로 물리적인 실체성의 예를 들어 규명하고 있다. 또한 그는 지렛대의 원리로부터 발전된 작전적 기동성, OMG 운용교리, 템포에 대한 개념 및 러시아군의 전통적인 기동전 계획수립 등 기동의 속성과 특징을 구체적으로 분석하여 기동전에서 승리하기 위한 대안을 제시하고 있다. 우리는 이구동성으로 미래전에서는 초고속 통신체계, 고성능 컴퓨터 시스템 그리고 3차원 공간에서의 회전익 혁명으로 지칭되는 기동성의 획기적인 증대 등으로 인해 전쟁의 계획과 실시가 실시간real time에서 더욱 가속화될 것으로 전망한다. 따라서 이러한 전쟁에서는 본질적으로 전승의 요체임이 틀림없는 기동 및 기동전의 의미가 더욱 절대적으로 작용하게 될 것이 틀림없다.

심킨이 보여주는 놀라운 관점을 한 가지 더 언급한다. 우리는 통념적으로 기동전이 전쟁술의 한 형태이자 좁은 의미로는 최소의 희생으로 단기간에 승리하는 군사작전의 유형으로 이해하고 있다. 그러나 이를 구현하기 위해 어떠한 전제 조건이 충족되어야 하는지를 소홀히 하는 경향이 있다. 저자는 기동전 이론의 결정적인 국면이 바로 여기에 있다고 주장한다. 기동전은 전쟁에서 승리하기 위한 군사사상이자 운용개념이며 실체적으로 구현된 수행방법을 포함한다. 그러므로 전략적, 작전적, 전술적 이론과 실제, 임무형 전술, 편성의 뒷받침, 창의적인 학교교육과 부대훈련, 융통성이 있고 합리적인 부대운용, 장교의 도道 등이 모두 기동전을 보장하는 데 내재되어 있다. 요컨대 기동전은 군인이라면 누구든지 평생동안 수련해야 할 군사력 운용의 본질로서 정의할 수 있을 것이다.

4. 《기동전》의 가치와 지은이가 전달하고자 하는 주요내용

가. 이 책의 가치는 어디에 있는가?

이 책은 전쟁을 진지하게 연구하고 현실 세계에 관한 지식과 이해를 개선하려는 욕구가 있는 모든 사람들에게 무한한 가치를 지니고 있다. 그리고 현재까지 발간된 어떠한 군사 연구서보다도 통찰력이 있고 포괄적으로 전쟁에 관련된 간접 경험과 분석서를 제공하므로 군사술과 군사과학을 연구하는 생도들에게는 필독서로서, 군사전문가들에게는 논의할 만한 가치가 풍부한 창의적 소재를 포함하고 있다. 게다가 범세계적으로 수용이 가능하다고 보여지는 미래 위협의 양상과 이에 대한 대응책을 구체적으로 제시하는 양서이다.

그는 이미 1980년대 중반에 강대국들이 앞으로 처하게 될 잠재적국으로부터의 비대칭 수단 및 전략에 의한 공격개념을 인식하고 이러한 위협하에서 기동전에 의해 전쟁을 승리로 이끌 수 있다는 자신감과 불가피성을 역설하고 있다. 또한 방대한 군사사軍事史에 관한 지식과 명석한 분석 결과를 곁들이고 있을 뿐 아니라 미래의 비전들이 놀랄 만하게 혼합되어 독자로 하여금 깊이 사고하도록 자극한다. 그는 동양의 병서와 서양의 전쟁철학서를 섭렵하고, 소련군 기동 이론에 관한 지식을 토대로 하여——서구 군대의 발전사와 모순이 되지 않는——무기체계의 개발 방향 및 미래전의 양상을 제시할 뿐 아니라 현실적으로 미래에 양병 및 용병을 성공적으로 수행할 수 있는 하드웨어 및 소프트웨어를 동시에 제시하고 있다. 따라서 전략과 군사력 건설을 구상하고 국가를 지도하고자 원하는 사람이라면 필히 읽어야 할 책임이 분명하다.

이 책은 21세기 RMA의 관점에서 바라보더라도 손색이 없는 착상을 제시한다. 심지어 테러 및 개입에 의한 마찰을 해결하기 위해 기동전 측면에서 대처할 수 있는 전략, 작전, 정보전, 생물전, 부대구조 발전 방향을 그려내고 있으므로 미래 전장에서 안보에 관련된 의사 결정권자가 직면하게 될 위협의 형태에 대하여 훌륭하게 방향을 제시한다고 생각한다.

오늘날 대량 살상무기로 무장한 이라크 및 북한과 대립할 경우, 군사대국은 군사력의 밀집을 회피하면서 기동, 분산, 속도, 이동, 사거리의 우세 등을 활용하여 위협에 대응해야 한다. 또한 이러한 적과 대적했을 경우, 효율적인 지휘 · 통제 · 통신체계를 이용하여 단일 지휘 통제를 유지하는 것이 과거 어느 때보다 중요하다. 더욱이 정보전 시대에는 전자전 수단을 이용함으로써 전쟁을 수행하는 쌍방이 상대방의 지휘·통제체계를 마비 및 무력화하기 위해 모든 노력을 집중하게 된다. 독자들은 본서에서 이에 관한 참신한 사고를 풍부하게 체험할 수 있을 것이다.

나. 본서의 주요 내용은 무엇인가?

이 책은 기술 당시를 기준했을 때 '21세기 전장에 대한 사고', 즉 미래전에 관한 논리를 전개하고 있다. 이는 강대국의 핵우산 아래 재래식 및 핵 능력과 제3세계에서의 군사분쟁이 나날이 가속화되는 변화 속에서 국가정책의 수단인 군대와 군사력의 미래를 의미한다. 사실상 군사 문제의 미래는 가정하기조차 어려운 일이지만, 독자들이 본서에서 제시하는 방안에 동의하든 안 하든, 심킨은 미래를 예측하는 데 중요한 기본요소를 이 책에 담고 있다.

러시아식의 작전적 개념을 운용하는 군대는 '질량'과 속도의 산물인 '운동량'을 형성하고 재래식 무기의 조합과 화학 및 전구무기로 아군을 압도, 격멸하기 위해서 종심상에서 제대화 편성을 한다. 따라서 이에 대적하여 전쟁을 수행하는 쪽은 결과를 예측할 수 없는 핵전쟁을 시작하지 않고 초기에 우세한 적에게 대항할 수 있도록 재래식 군대와 무기를 보유해야 한다.

새로운 문제점은 제3세계 국가군에서 현대적인 무기체계를 갖추어 점진적으로 투쟁을 군대화하는 현상이다. 오늘날 상당히 현대화된 재래식 무기와 소규모로 핵을 비축한 소국小國들은 수년 전 나토 회원국들이 선택했던 이유와 동일하게 핵무기라는 과학기술로 양적인 열세를 만회한다는 발상을 할 수 있다. 이를 최근에는 비대칭 위협이라는 개념으로 새롭게 정의하고 있는데 이러한 소국들의 생각은 핵전쟁에 의한 위협을 가중시키고 핵 확산을 위협하고 있다.

그렇다면 우리는 군사적으로 무엇을 준비해야 하는가? 여기서 심킨의 접근방식대로 전쟁사가 교훈이 된다. 왜냐하면 전쟁의 작전적, 전술적 수준에서 전쟁의 역사를 보면 전투의 시간과 결과가 전투를 개시할 때 가용한 병력 비율에 좌우된 것이 아니라는 사실을 분명히 가르쳐주기 때문이다. 전투의 효과는 병력의 규모보다 구성 요소에 달려 있다. 물론 양과 전혀 무관하다고 강변하는 것은 아니며 주로 양적 우세가 아니라 '수단과 방법'에 의해서 승리가 획득된다는 점을 의미한다. 이 사실은 국가 정책의 현실에 의거하여 양적인 열세에 처할 수밖에 없는 국가들에게 자신감을 부여한다.

심킨은 제1부에서 전쟁술의 본질을 규명하면서 나폴레옹 전쟁을 현대 군사사상의 시작으로 보고 그 후 전쟁 이론의 발전 패턴을 50년 주기로 분석했다. 즉 군사 이론이 그때부터 50년의 주기를 형성하면서 발전했다는 것이다. 여기서 기계화전 이론은 제3주기의 산물로서 20세기 초반에 내연기관이 도입되고 지상군에 전차 및 항공기가 도입되어 군이 전면적으로 기계화되기 시작한 시기이다. 네 번째 주기는 20세기 후반으로 회전익에 의한 기동혁명에 직면한 시기이다. 그는 50년 주기설로 시작하여 종심 전투력 부족이 패인이었다는 새로운 시각에서 독일군의 전격전 이론을 비판하고 있으며 독일군의 기계화 이론 전수의 적자適者인 러시아군의 종심작전이론을 심도 있게 분석하여 이를 기동전 이론이 현대적으로 발전하게 된 역사적 배경으로 가름하고 있다. 이를 통하여 우리는 심킨이 독창적인 기술방식으로서 무기체계의 발전 양상과 교리의 연계성, 작전적 교리의 발전을 도입부로 적용하고 있음을 알 수 있다.

그는 러시아 지상군의 개념이 두 명의 차르 시대 장교인 트리안다필로프와 투하체프스키의 사상에 기초하고 있으며 특히 후자에 의해 발전된 기계화 이론이야말로 20세기의 군사적 교훈으로 평가한다. 그리고 그의 이론 중에서 '부대와 자원의 호환성' 즉 '동시성'에 대한 개념이 종심전투에 관한 연구시 주요 모티브가 되어왔다고 주장한다. 투하체프스키는 이론과 실제라는 양면성을 충족시킨 군사대가로서 스탈린의 피의 숙청시 아깝게 희생되었지만 아이러니컬하게도 다시 관심의 대상이 되고 있다. 이 책은 상당 부분이 러시아군의 기계화 이론, 특히 전차전Tank Warfare에 관한 철저한 분석과 학술적인 차원에서 권위 있는 지은이의 면모를 유감없이 보여주고 있다. 참고문헌 목록 중 약 반 정도가 러시아측의 문헌자료임을 고려해 보더라도 이 사실은 더욱 분명해진다. 심킨이 관심을 가진 핵심 개념은 집중 전개한 기동 부대의 종심작전 이론으로서, 이는 본질적으로 러시아의 우회전투 기술을 내포하므로 정면 공격과는 완전히 상이하고 포위와도 물론 다르다. 그의 이론에 따르면 이동이야말로 가장 중요한 테마이고 기동 부대에게 있어서 전투는 본질적으로 이동을 계속하기 위한 수단에 불과하다. 특히 데잔트 이론은 정면에서 작전하는 정규작전 부대의 기동속도를 보장하고, 동시 전장화를 시도함으로써 분산으로 집중을 달성하고자 하는 러시아군 작전술의 핵심개념이다.

현저히 열세한 전력으로 단순히 진지전을 준비하는 것은 어리석은 일이다. 좁고 예리하며 종심 깊은 타격에 의해 최고의 속도로 최상의 기습과 기만을 달성하며 적의 심장부를 위협함으로써 적 대형이 붕괴되도록 강요하는 것이 전승의 관건이다. 다시 말해서 전투를 지속하기 위해 정체하기보다는 적으로 하여금 배치를 강요한 뒤에 즉각 이탈하면 다른 곳에서도 동일한 전투행동이 가능하게 되는 것이다. 우리가 전차를 오랫동안 공격용 무기로 사용해온 것을 의심하지 않는 것처럼 전차에 대한 방어와 헬기 등에 의한 전차 대체 기동수단의 발전이 지상전의 양상을 크게 변화시킨 것도 역시 부정하지 않는다. 그러나 오늘날 우리가 알고 있는 전차가 대단히 식별이 곤란한 형태로 변형되거나 사라지게 되더라도 기갑 및 기갑전이라는 용어는 그대로 존재할 것이다.

일례로서 아직 군함이 항해한다고 표현하지만 바람 외의 동력으로 배를 움직인 지도 이미 100여 년이 경과했고 노를 저어 동력을 얻던 이후 자유롭게 배를 이동시켜 해전을 수행하는 개념이 등장하기까지는 많은 시간이 걸렸다.

이 책은 어떠한 참고서적이나 자료로 사용되기보다는 독자에게 새로운 착상을 제공하기 위해 기술되었다. 그는 제2부 '전쟁의 물리학'에서 기동이론과 필연적으로 연계되어 있는 두 가지 물리적인 요소(지면, 질량)를 설명하고 있다. 이는 기동에 장애 요소이면서 동시에 유용한 요소가 되는 지면地面을 기본적인 지형모델로부터 작전적, 전술적 가치의 개념을 정립하고 영토의 정치적, 경제적 가치까지 분석한 뒤에, 기동 이론의 물리적인 전투력을 형성하는 질량의 가치에 관해 논하는 것이다. 특히 '사용 가능한 질량'의 개념으로부터 물리적인 전투력을 도출하고 전투승수의 개념을 적용한 것은 대단히 창의적인 접근방식이라고 생각한다.

이어서 심킨은 《손자병법》의 '병형상수(兵形象水), 병문졸속(兵聞拙速)'이라는 구절에서 연상할 수 있는 현상을 질량과 템포의 관계 그리고 지레 효과 및 템포의 승수 효과에 의한 기동 이론의 전투력 생성으로 규명하고 있다. '템포'의 사전적인 의미는 어떤 활동의 속도 또는 운동의 속도이다. 그러나 군사용어로서 개념화된 템포의 의미를 이처럼 단순하게 정의할 수는 없다. 심킨은 이 책에서 템포를 "지휘관으로부터 명령을 수령한 후 임무를 완수 또는 도중에 중단할 때까지 최초 접촉선으로부터 작전적 목표, 후방에 이르기까지의 작전수행에 걸리는 일수日數로 계산된 시간거리"라고 정의했다. 포괄적 의미의 템포는 두 가지로 구분되는데 준비 템포와 실행 템포가 그것이다. 전자는 명령을 수령한 시각으로부터 적과 접촉을 하게 되는 선을 통과할 때까지의 소요시간을 의미하고, 후자는 그 후부터 임무를 완수할 때까지 소요되는 시간을 말한다.

우리는 앞에서 기동이 갖는 동적인 힘을 언급했다. 그렇다면 종심 기동이 갖는 힘의 실체는 무엇일까? 심킨에 따르면 이 힘은 질량 운동을 한 결과 나타나는데 그는 물리적인 힘을 다음 네 가지로 설명한다. 첫째, 종심 기동의 종대대형은 반전개semi-deployed로 압박하는 힘을 발휘한다. 후속 부대의 밀어내는 힘이 바로 공격력의 실체라는 것이다. 둘째, 본대 자체는 잠재적인 힘이며 저장된 힘이다. 셋째, 종대 대형의 속도가 발휘하는 물리적인 힘으로서 이동의 힘이라 할 수 있다. 'E=1/2mv²' 이라는 공식에서 볼 때 속도를 배가시키면 그 힘은 4배로 증가한다. 마지막 요소가 운동량으로서 이는 종대의 관성력이며 질량과 속도의 곱에 비례한다.

그는 군사적인 대안으로서 주전투 공중차량이라는 개념을 도입하고 기동 수단적 측면과 기동 부대의 물리적 전투가치를 포함하는 회전익 혁명을 제시하고 있다. 그리고 유럽 전역에서 러시아군에 의해 예상되는 '클럽 샌드위치' 개념의 취약성을 찾아내고 이를 보완하기 위한 전략적 대응개념으로서 공정부대의 장래와 헬리콥터가 선도하는 전략적 행동 및 잠수항공모함의 효과를 소개하고 있다.

제3부에서는 미래 과학기술의 발전에 따라 기동 이론의 핵이라 할

수 있는 기습 효과와 과학기술의 관계를 개념적으로 정립하고 기습을 달성할 수 있는 다양한 방식들을 제시하고 있다.

제4부에서는 보다 심리적인 요소로서 인간과 인간의 상호관계에 전승의 요인이 내재되어 있음을 강조하고 있다. 심킨은 전쟁을 '의지의 충돌'이라고 정의하면서 적과의 경쟁에서 승리하기 위해서는 스스로 상황을 의식하는 것, 즉 전방 지휘를 실현하는 것이 긴요하다고 주장한다. 더욱이 놀라운 사실은 그가 전통적인 경쟁국으로서 독일이 자랑하는 임무형 전술의 본질을 명확하게 인식하고 이를 지령형 통제 Directive control라고 대단히 창의적으로 번역하면서 임무형 전술의 개념, 기초, 전제 조건 및 역할 등을 규명하여 이 제도의 수용을 강력하게 주장하고 있다는 것이다.

심킨은 독일의 융커 사회를 역사적, 사회적으로 고찰하고 독일군의 구조와 훈련, 사회·경제적 배경을 분석한 뒤 영국에 요구되는 임무형 전술의 관점을 장교 양성 및 보수교육 과정에서 강조하고 있다. 다음에는 앞 장의 기술 내용을 토대로 미래에 적합한 참모 조직의 편성 방안 및 운용 개념을 제시하고 있다. 여기서 한 가지 강조해야 할 사항은 기동 이론의 성공적인 적용은 반응의 속도와 정확성에 있고 반응성이 임무형 전술을 요구한다는 점이다.

제5부에서는 전쟁 목적과 군사 목표의 관계를 명확하게 규명하고 장래 편성 부대의 운용을 보장하기 위하여 현존함대 이론을 충족시키는 새로운 형태의 지상군 부대구조를 제시하면서 탄력과 저항력이 있는 방어의 실마리로 무인 조종요새가 설치된 국경을 주장하고 있다. 그는 편성 부대의 적절성에서 서부 유럽 방어정책의 미래를 형상화하기 위해 다양하고 광범위한 아이디어를 제시하려고 시도했다. 상대국의 편성부대에 의한 침공으로부터 외부 세력에 의해 지원된 전복顚覆

에 이르기까지 어떠한 위협에 대처해서도 자국의 방어를 달성하기 위해서는 작전적 수준과 전술적 수준의 기동성을 보유한 지상 · 해상 · 공중 부대를 요구한다. 이러한 부대는 물론 견제 부대와 기동 부대 요소를 포함한 기동 이론의 요구사항을 충족시켜야 한다.

그는 나토에 대한 위협을 근본적으로 분석하면서 종심 방어의 필요성을 제기한다. 그리고 종심 방어에는 적의 기습을 저지하기에 충분한 전투력과 준비태세를 구비한 독일 주둔 상비군이 요구되고 이 부대가 요새화된 국경지대 배후에서 '총체적인 그물망' 형태에 의한 방어로 점진적인 전환을 하도록 군사적인 발전을 제시한다. 심킨은 방어조직이 분명히 독일 시민군을 기초로 하지만 미국과 영국에 의해 제공되는 기동 부대를 일부 보유할 것이며 이와 같은 방어의 총체적인 그물망은 유럽 지역 나토의 전 종심과 정면에 걸쳐 확대되어야 한다고 주장한다.

마지막 장에서는 소모 이론, 기동 이론, 혁명전쟁 교리라는 3가지 전쟁 이론이 존재하는데 모든 이론들이 연속체 위에 놓여 있고 기동 이론과 혁명전쟁 교리가 같은 뿌리에서 교배된 것이며 기동 이론의 발전적 정제물이라고까지 평가한다. 혁명전쟁에 대항하는 기동 이론 즉, 게릴라전에 대비하여 혁명군과 대결시 승리할 수 있는 소규모 부대 기동 이론을 "곤봉보다 검의 사용법을 배워야 한다"고 비유적으로 역설하고 있다.

6. 미래 기동전에 대한 인식의 확산

전쟁이 국가의 존망과 민족의 사활을 결정하는 차원의 '게임'인 만큼 군사학처럼 국가가 먼저 장려하면서 깊고 신중하게 다루어야 될 학문도 없을 것 같다. "전 국민이 군사학에 관심을 크게 가지는 풍토가 조성되기 전에는 군사적 천재가 배출되지 않는다"는 클라우제비츠의 말은 만고불변의 진리일 것이다. 군사학은 전쟁에 관한 이론적 탐구, 장차전에서 승리하기 위한 방법과 수단의 개발, 군대의 관리와 운영에 관한 개선 등 군대에 관한 전반적인 문제를 취급한다. 군사학은 군사력의 운용보다 훨씬 포괄적인 분야이다. 그런데 우리는 현실적인 운용을 강조한 나머지 군인으로서 군사학에 대한 연구는 등한시한다 해도 과언이 아니다. 일례로 내일 전쟁이 일어났을 경우 싸워 이길 수 있는 태세와 용맹성의 구비에만 치중하고, 군사 이론에 대한 연구는 비군인적 업무로 간주하는 경향이 있다.

이러한 측면에서 심킨은 독자로 하여금 스스로를 겸허하게 만들어주며 기동전에 대한 사고의 심연으로 깊이 빠져들게 한다. 나는 이 책이 기동전의 개념과 전개방법에 관한 창의적인 사고를 유도해주며 독자들의 흥미감까지 유발한다고 확신한다. 그래서 내용은 다소 어렵지만 초급장교들까지 이해가능하도록 번역시 최대한 노력했다.

독자들이 이 책을 읽어가면서 도전적인 내용에 전적으로 동의하지는 않을지라도 대부분 그의 명쾌한 논리성과 물리학적인 해석에 공감할 것이다. 그러나 매 장마다 진지하게 사고하려고 노력하지 않는다면 이 책을 본질적으로 이해하는 데 반드시 어려움에 봉착하게 된다. 지은이는 사려 깊고 독창성이 있는 군사사상가이며 결코 순응주의자가 아니다. 이 한 권의 책으로 전반적인 기동 이론이 망라되었다고 단언할 수 없지만 나름대로 결산을 보았다고 자평하며 앞서 언급한 양서와 마찬가지로 이 책이 시대성을 극복하고 미래에도 애독서로 남기를 기대한다.

기동전은 현대 전략이 추구하는 최고의 전쟁 형식으로서 점진적인 해결방식인 소모전과 달리 늘 결정적인 승리와 패배의 취약성을 동시에 지니고 있다. 기동전과 같이 역동적인 전쟁에서는 피아 사령관의 지적인 우열이 전쟁 승패를 결정적으로 좌우하게 된다. 지적인 우열이란 상대방의 정확한 약점에 건전한 노력을 집중시킬 수 있는 능력을 의미한다. 따라서 기동전하의 범장凡將은 그의 전략적 능력의 한계성 때문에 참패하며, 명장名將은 반대로 크게 승리하게 된다.

궁극적으로 사람을 대량 살상하는 전쟁은 원한과 보복의 악순환을 초래하므로 완전한 승리를 달성할 수 없다. 《손자병법》〈모공편〉의 "부전이 굴인지병 선지선자야(不戰而 屈人之兵 善之善者也)" 그리고 〈작전편〉의 "고병귀승 불귀구 부병구이 국리자 미지유야(故兵貴勝 不貴久 夫兵久而 國利者 未之有也)"이 주는 의미를 음미해보아야 한다. 기동전이 살상을 회피하고 경제적인 전쟁을 지향하는 반면 소모전은 인원, 장비, 물자, 금전의 소모가 매우 크기 때문에 우리는 기동전으로 단기 결전하여 인명과 재화의 소모를 방지하는 전쟁을 수행해야 할 것이다. 공지 전투와 첨단 전쟁으로 대표되는 미국식의 기동전은 우리로서 감당하기 어려운 경제력이 뒷받침되어야 구현이 가능하다. 우리는 고유의 역사적 전통과 잠재력 및 군사사상이 제공하는 기동전을 발전시켜나가야 한다. 왜냐하면 약소국이 강대국을 이기는 비결은 고도의 기동전 수행 여부에 의해 좌우되기 때문이다.

무엇이 기동전에서 승리를 가져다주는가? 승자는 보통 초기 전력비가 "합리적인 한계" 이내에 있었고 어떻게든지 적으로부터——주로 기동에 의해서——주도권을 탈취 및 확보했다. 평화시 군대의 목적은 정치적 문제에 대해 군사적인 해결책을 찾으려는 적 지도자의 동기를 최소로 감소시키는 데 있다. 그러나 정치적 목적을 위해서 군사력을 투입할 경우, 군대는 반드시 승리해야 한다. 그렇지 않으면 정치적으로 승리하기 위해서 협상할 수 있는 기초가 없게 된다. 이는 나토, 중동 또는 한국에서 어떠한 방어전략도 상대방의 승리를 거부하는 데 그치지 말고 그 이상으로 확대되어야 함을 의미한다.

방어전략은 비록 제한이 되더라도 방자를 위하여 명확하게 피아가 인식할 수 있는 승리를 가정해야 한다. 미군이 투입되리라 판단되는 세계 어느 중요 지역에서도 소모전을 토대로 한 고전적인 종심방어전략을 수용할 수 있는 충분한 공간은 가용치 않다. 그러므로 방어는, 신속하게 주도권을 탈취하기 위하여 충분히 전방에서 시작하고 그곳으로부터 공세적으로 진행하여 적의 돌격 제대를 격멸하며 동시에 적의 후속 제대를 감속, 와해, 분쇄, 분산 및 격멸해야 한다.

이 개념을 실행하기 위한 작전술은 정치권이 유리한 위치로부터 적과 협상하도록 허용하는 상황하에서 신속한 전투의 결정성을 제공해야 한다. 그리고 분명하게 작전적 충돌의 한 가지 목적은 군사작전이 장기화되는 가능성을 줄이는 것이어야 한다. 전쟁의 작전적, 전술적 수준에서 주도권을 확보, 유지하며 승리하기 위해서는 기동전이 필수적이다.

현재 우리 군은 전략 환경의 변화와 과학기술의 발전추세에 따라 군사혁신, 특히 정보화 시대의 군으로 탈바꿈하기 위해 진력하고 있다. 분명히 21세기에는 새로운 유형의 위협과 새로운 형태의 분쟁에 직면하게 될 것이나 승리를 쟁취하기 위해서는 한국적 기동전의 수행을 위한 개념적 발전과 수행 수단 및 방식의 현대화가 변함 없이 절실하게 요구될 것이다.

전쟁에서 승리한 지휘관은 전사적 인격에 열성적 확신을 부여하면서 군인됨의 초석인 군사학 연마에 최상의 가치관을 가졌던 사람임을 발견하게 된다. 확실히 전투력의 무형적 주요분야인 군사학은 전쟁 승리를 지향하는 군인의 기본 척도이다. 물론 이것이 자연과학처럼 명확한 해답을 기대할 수 없는 사화과학 분야에 속하기 때문에 직업 군인 영역의 모든 개인은 나름대로 전문적 식견의 대가임을 자부하고 있다. 기동전이 전쟁 승리의 원천이라는 주장을 인정한다면 군사학의 요체임도 부정할 수 없다. 물론 지은이의 견해가 전적으로 옳다고 강변하는 것은 아니다. 오히려 이와는 반대이다. 왜냐하면 지은이의 견해는 앞으로 그 진위가 입증될 때까지 그 판결을 유보해야 되기 때문이다. 하지만 이와 더불어 구국의 영웅이 될 기동전의 명장이 탄생하는 것을 항시 기원하는 마음은 변함이 없다.

연제욱

찾아보기

【ㄱ】

간접 사격 149, 168, 196, 255, 268

간접 접근 66, 92, 127, 166, 260, 319

감시 130, 156, 170, 226, 246, 257, 295, 319, 325, 341, 345, 349, 351, 529

개연성 68, 171, 176, 330, 339, 355, 360, 363, 372, 468, 501, 503

개입 176, 264, 273, 287, 302, 342, 354, 396, 466, 478, 495, 506, 510

경호이즘 543, 544, 545

게릴라 185, 321, 504, 539, 546, 548

견제 34, 101, 118, 233, 283, 353, 357, 413, 477, 514, 526

견제 부대 75, 109, 117, 202, 211, 221, 224, 232, 263, 284, 287, 299, 302, 357, 363, 492, 516, 526

결심 주기 282, 374, 453, 466, 523

경기계화 부대 127, 287, 332, 505

경기동 방호포(LMPG) 124, 155, 287

경보병 55, 253, 259, 302, 506, 525

고착 75, 105, 175, 191, 205, 212, 235, 384, 386, 402, 519

공두보 211, 253, 293, 296, 404, 551

공역 통제 294, 317, 319

공유 영역 58, 258, 315, 369, 426, 433, 452, 455, 467, 470, 531

공정 강습 여단 122, 125, 183, 218, 239, 252, 287, 289

공정 부대 73, 75, 97, 123, 126, 211, 235, 237, 240, 253, 258, 288, 293, 296, 332, 337, 344, 373, 422, 505, 548

공정 작전 126, 235, 294, 297, 337

공중 기계화 126, 163, 190, 209, 258, 273, 502

공지 강습 그룹 125, 290

공지전투 14, 209, 523, 529, 530

과학기술 10, 14, 30, 67, 89, 122, 155, 172, 180, 194, 216, 238, 257,

367, 391, 421, 454, 495, 522, 552, 554

구데리안 76, 88, 90, 104, 422

군사 목적 482, 486, 499

군사하중분류(MLC) 148, 154, 177

군수지원 14, 73, 104, 234, 250, 471

기계화 부대 73, 97, 109, 118, 163,
185, 190, 205, 218, 228, 234, 237,
254, 283, 337, 343, 502, 504, 525, 528

【ㄴ】

나토(NATO) 59, 120, 151, 170, 182,
209, 220, 290, 293, 408, 425, 480,
483, 498, 502, 508, 527, 532, 534

【ㄷ】

데잔트 122, 127, 155, 187, 292, 483,
490, 513, 536

돌격포(SU포) 115, 124

돌입전투 112, 117, 119, 206

돌진선 99, 163, 165, 195, 207, 210,
290, 373, 523

동독 주둔 소련군 그룹 533, 535

동시성 109, 111, 129, 267, 279, 281

드골 29, 72, 74, 398, 497

드 기베르 27, 52

드니페르 101, 118, 151, 177

【ㄹ】

라인-뫼즈 삼각 지대 293, 535, 536

렌체스터 방정식 174, 181, 185

레닌 517, 539

로멜 100, 275, 419

루덴도르프 66, 72, 74, 92, 96, 101,
381, 445, 479

리더십 140, 382, 389, 402, 412, 419,
442, 458, 545

리델 하트 28, 38, 65, 72, 87, 90, 165,
278, 380, 479

【ㅁ】

마이클 하워드 28, 257, 476

마찰 35, 200, 224, 285, 287, 327,
350, 402, 422, 472, 487, 529

마케팅 삼각형 178, 179, 184

마한 28, 51, 69, 92, 140, 211, 267,
272, 357, 491

만슈타인 96, 101, 104, 210, 370,
400, 490

만토이펠 286, 419, 531

망치와 모루 209, 253, 272, 523, 530

마오 쩌둥 496, 504, 539, 543, 552

몽고메리 265, 275

무력화 81, 118, 191, 266, 268, 457

무어, 존 53, 286, 422

무인 방어물 187, 192, 208, 513, 520

물리적 기동성 93, 118, 122, 199, 216, 218, 220, 224, 276, 283, 301, 488

물리적 전투력 178, 186, 196, 201, 229, 255, 260, 275, 297, 302, 486, 551

민첩성 67, 104, 246, 255

【ㅂ】

바르샤바 조약 35, 59, 165, 170, 274, 299, 487, 490, 518, 529, 533, 535

바르바로사 작전 100, 112, 265

반격 8, 113, 209, 487, 518, 529,535

반응성 70, 75, 375, 376, 411, 424, 453, 472, 488

받침점 75, 83, 98, 122, 195, 212, 217, 232, 272, 292, 363, 532

방호 152, 155, 166, 205, 235, 237, 283, 310, 314, 513, 527, 536, 546

베르사이유 조약 87, 93

베른하르디 391, 392

베어내기식 공격 92, 119, 224, 290

베크 66, 92, 95, 96, 100, 381, 408

보병 9, 47, 55, 93, 105, 119, 121, 156, 170, 182, 195, 250, 262, 284, 329, 341, 384, 449

보병 공격 383, 512, 523, 544, 546

보병 전투 차량 118, 126, 150, 189, 216, 237, 240, 248, 251, 287, 289

보호주의(자) 482, 508, 520, 537, 549

본부 369, 427, 464, 467, 470, 523

봉쇄 71, 130, 373, 406, 489, 519, 529

부대 구조 39, 54, 56, 91, 118, 251, 265, 284, 313, 411, 505, 525

부대 예규(SOP) 114, 286, 423, 471

부대 이동 80, 105, 120, 237, 261, 334, 356, 503

부지휘관 393, 400, 456

붕괴 11, 30, 63, 98, 154, 163, 202, 204, 271, 303, 321, 403, 477, 527, 532

비스마르크 72, 431, 445

【ㅅ】

사격과 이동 55, 160, 227, 254, 285, 384, 386

사격 통제 158, 194

사기 128, 134, 139, 178, 205, 275,

320, 347, 349, 422, 444, 458, 485, 520, 522, 540, 542, 550

사단 8, 11, 39, 48, 70, 86, 93, 110, 114, 118, 132, 177, 183, 195, 207, 216, 251, 284, 296, 344, 355, 370, 399, 417, 434, 464, 485, 505

사용 불가능성 257, 483, 543, 551

삭스 27, 34

상대 속도 212, 283

상승 작용 효과 32, 70, 86, 275, 364

상호 가시성 157, 254

스페츠나츠 128, 356, 368, 503, 548

시간장경 227, 237, 238, 240

시민군 77, 445, 452, 496, 509, 511, 527, 537, 552

식민지 전쟁 67, 80, 384

실시 템포 225, 229, 453

【ㅇ】

아이젠크 격자 480

아이젠하워 8, 410

알렉산더 278

애로 81, 373, 526, 531

억제 32, 77,

억제력 35, 303, 484, 500, 502, 537

엄호 192, 195, 205, 228, 386, 525

에릭슨, 존 88, 393

역습 204, 205, 529, 531

역위협 533, 535

오버로드 작전 353

와해 11, 13, 63, 97, 113, 213, 218, 236, 319, 384, 389, 403, 444, 530

외선 71, 535, 551

요새(화) 156, 195, 401, 491, 520, 537

용병술(지휘술) 51, 66, 178, 334, 374, 376, 410

우회 73, 92, 102, 150, 171, 191, 202, 218, 233, 404, 490, 518, 531, 533, 536

운동량 9, 14, 83, 99, 117, 233 385, 392, 409, 454, 491

유럽경제공동체 35, 36, 517

유엔(UN) 442, 445, 483, 534, 549

융커 431, 432, 433, 443

융통성 114, 122, 132, 262, 264, 276, 281, 287, 375, 400, 424, 453, 471, 505

의지력 404, 405

의지의 충돌 340, 356, 385, 402, 404

이동 60, 84, 104, 117, 130, 161, 211, 357, 365, 370, 393, 411, 426, 428, 438, 469, 472, 484, 488, 507, 526, 533

인계 철선 491

임무형 전술 67, 70, 135, 140, 405, 423, 424, 427, 438, 443, 446, 452, 460, 463, 466, 472, 488, 505

【ㅈ】

자국 방어 508, 512, 513, 516, 549

저항 105, 129, 143, 162, 165, 201, 224, 228, 232, 382

적극 방어 195, 523

자주 포병 111, 115, 116

작전적 교리 95, 130

작전적 개념 9, 15, 39, 104, 424, 529

작전 기동단(OMG) 11, 120, 216, 464, 531

작전적 정보 106, 345, 370, 417, 535

작전적 종심 113, 117, 206, 221, 223

작전참모 468, 469, 456, 469

잠수함 76, 127, 316, 500, 508, 515

장갑 47, 103, 104

장갑 차량 40, 76, 115, 124, 130, 190

장군참모 29, 94, 438, 448, 451, 458

장애물 81, 142, 144, 146, 149, 152, 154, 165, 168, 226, 318, 324, 327, 365, 520, 525, 532

전개 7, 11, 57, 75, 98, 100, 113, 195, 209, 373, 403, 470, 502, 525, 547, 548

전격전 78, 84, 87, 90, 95, 97, 99, 102, 104, 107, 232, 317, 322, 345, 347, 368, 396, 410

전구 8, 70, 85, 127, 410, 430, 491

전구 무기 37, 498, 499, 500

전략 공군 사령부(미국) 446

전면 포위 213, 532

전방 지휘 117, 134, 404, 453, 459

전선군 112, 116, 120, 122, 210, 223, 289, 368, 421, 464, 531

전자전 428, 468, 470

전장 핵무기 37, 118, 130, 421, 497

《전쟁론》 61, 62

전진 속도 98, 117, 224, 227

전차 사냥 226, 512

전투 가치 83, 97, 124, 166, 176, 178, 180, 183, 196, 214, 302, 411, 484

전투 승수 184, 195, 229, 553

절대전쟁 67, 72, 479

정부 지원 테러리즘 30, 504

정찰 106, 315, 345, 371, 374, 467

제국 군대 87, 90, 96, 119, 381, 429

제대 55, 81, 113, 126, 312, 347, 387,

396, 402, 424, 438, 456, 469, 510, 530

제병전투 75, 109, 120, 132, 133

제3의 부대 514, 547, 555

제2차 세계대전 59, 81, 99, 112, 117,
121, 311, 322, 348, 380, 384, 396,
399, 417, 443, 458, 480, 529, 536, 540

제1차 세계대전 67, 70, 73, 79, 81,
96, 384, 410, 431, 476, 479, 489, 540

조우전 93, 219, 532

종심 돌파 55, 97

종심작전 이론 88, 108, 111, 117,
123, 128, 132

종심 타격 529, 530

조미니 53, 60, 66, 69, 92, 334, 372,
401, 459, 469, 479, 495, 542

주도권 12, 132, 331, 411, 424, 454,
491, 545

주력 부대 70, 73, 99, 102, 105, 113

주력 전차(MBT) 122, 124, 126

준게릴라 314, 512, 523, 548, 551

준비태세 338, 357, 381, 484, 491,
503, 510, 519, 536, 554

준비 템포 221, 339, 342, 453, 464

중重수송 헬리콥터 125, 126, 232

집중점 107, 404

지레 작용 83, 93, 99, 105, 121, 201,
209, 213, 215, 221, 229, 232, 233

지령형 통제 67, 406, 409

지면 81, 302, 403, 407, 420, 527

지형 32, 93, 98, 104, 121, 123, 216,
225, 249, 255, 263, 276, 283, 290,
407, 419, 428, 525

지휘 51, 94, 114, 122, 229, 253, 371,
389, 391, 506, 512, 523

진지전 67, 106, 229, 539

질량 9, 14, 80, 114, 148, 174, 180,
195, 203, 221, 232, 302, 492, 548, 551

집단주의 267, 481, 540

집중 96, 102, 126, 237, 254, 261,
262, 264, 267, 276, 294, 487, 507, 527

【ㅊ】

차단 14, 97, 104, 442, 487, 501, 513,
525, 529, 532, 533

차장 113, 119, 121

참모 기능 464, 470

참모대학 28, 66, 90, 92, 438

참모장 62, 94, 393, 396, 399, 401,
416, 456

처칠, 윈스턴 72, 489, 540

철도 53, 60, 66, 71, 105, 113

철수 233, 385, 425, 498, 509, 525

첩보 수집 74, 127, 467, 507, 512, 527

첩보원 123, 129, 505, 506

축선 164, 207, 216, 217, 227, 411

충성심 387, 394, 398, 401, 421, 458

충적토 153, 154

취약성 132, 151, 191

측방 73, 116, 209, 210, 518, 526, 535

칭기즈 칸 52, 108, 539

【ㅋ】

카버 79, 166

카이사르, 율리우스 52

컴퓨터 58, 307, 330, 350, 368, 371,
420, 425, 428, 459, 463, 466, 469, 470

쾨스틀러, 아아더 307

쿠르트 한 543, 544, 545

쿠퍼, 매토우 98

클라우제비츠 28, 33, 53, 60, 79, 81,
92, 98, 130, 171, 221, 224, 327, 379,
381, 391, 406, 472, 479, 487, 494

클럽 샌드위치 132, 302, 330, 337,
424, 532

【ㅌ】

테러리즘 356, 380, 477, 481, 483,
504, 539, 554

테일러, 앨런 28, 431

템포 83, 95, 104, 106, 121, 151, 176,
227, 281, 314, 331, 342, 358, 373,
386, 391, 411, 491, 502, 509, 523, 536

투키디데스 28, 51

투하체프스키 30, 75, 88, 90, 96, 107,
119, 123, 533, 539

트리안다필로프 27, 30, 108, 110,
123, 533, 539

특공대 55, 423, 507, 544

특수 부대 35, 75, 86, 118, 120, 122,
128, 423, 503, 510, 525, 547, 550, 551

【ㅍ】

파장 141, 142, 148

포가세 192, 194

포병 47, 74, 93, 109, 114, 118, 151,
194, 205, 226, 388, 425, 449, 506,
523, 525, 531, 546

포슈 55, 67, 71

포위 98, 112, 216, 218, 219, 423, 532

폰 젝트 91, 93, 96, 108, 408

풀러 72, 90, 91, 96, 123, 380
프리드리히 66, 72, 431, 522

【ㅎ】
하니즘 543, 544, 545, 546
하이테크 경사단 183, 506
항공 기갑 수색 공격 여단(ACAB) 531
해병대 86, 544
해킷, 존 146, 387, 476, 484, 487,
499, 521, 529, 531, 540
핵겨울 498, 500, 501, 502
핵추진 76, 127
허식 348, 353, 403, 404
헬기 공정 부대 125, 337, 550
헬기 탑승 부대 125, 150, 210, 213,
217, 504, 507
헬리콥터 76, 150, 316, 318, 323,
327, 341, 344, 347, 462, 505, 526, 531
헬리콥터 여단 343, 507
혁명군 115, 541
혁명전쟁 30, 35, 37, 504, 539, 546,
548, 551, 555
현존함대 이론 74, 230, 486, 503
호전주의(자) 476, 482, 495, 508
화력 11, 84, 110, 130, 156, 178, 184,

192, 208, 224, 387, 502, 530, 546
화력 계획 116, 425
화력 기지 81, 507
화학전 10, 37, 72, 89, 110, 171, 380,
487
확장된 무력화 526
회전익 76, 122, 124, 130, 199, 206,
213, 216, 218, 221, 506, 521, 523
효용 체감의 법칙 159, 262
후속 부대 112, 119, 177, 530,
훈련 철학 543, 544
히틀러 94, 95, 99, 112, 171, 381,
396, 458, 490

CIA 507, 542, 554
IRA 477, 553
KGB 128, 393, 507, 548, 553, 554
PLO 504
ROTC 449

옮긴이 / 연제욱

서울에서 태어나 1978년 육군사관학교에 입학한 후 이듬해 유학생도로 선발되어
독일육군사관학교에서 기갑장교 양성과정을 마치고 1982년 육사 38기로 임관했다.
임관 후 독일군 전투병과학교와 지휘참모대학에서 군사학을 연구했고
러시아 기계화학교에서 전차 운용 및 전술을 공부했다.
야전부대에서 지휘관과 참모 업무를, 학교기관에서 전투발전 업무를 수행했다.
옮긴 책으로 《임무형 전술》, 《러시아군의 기동전》, 《전술적 결심수립훈련서》 등이 있으며,
무기체계와 교리에 관한 다수의 논문을 발표했다.

기동전

초판 1쇄 발행 1999년 7월 30일
개정 1판 1쇄 발행 2021년 9월 17일

지은이 리처드. E. 심킨
옮긴이 연제욱

펴낸이 김현태
펴낸곳 책세상
등록 1975년 5월 21일 제2017-000226호
주소 서울시 마포구 잔다리로 62-1, 3층(04031)
전화 02-704-1250(영업), 02-3273-1334(편집)
팩스 02-719-1258
이메일 editor@chaeksesang.com
광고·제휴 문의 creator@chaeksesang.com
홈페이지 chaeksesang.com
페이스북 /chaeksesang   트위터 @chaeksesang
인스타그램 @chaeksesang   네이버포스트 bkworldpub

ISBN 979-11-5931-689-0 04390
      979-11-5931-273-1 (세트)

. 잘못되거나 파손된 책은 구입하신 서점에서 교환해드립니다.
. 책값은 뒤표지에 있습니다.